"十四五"职业教育国家规划教材

"十二五"职业教育国家规划教材
经全国职业教育教材审定委员会审定
（修订版）

加工中心培训教程

第3版

主　编　王荣兴
副主编　倪贵华
参　编　章　磊
主　审　王志平

机械工业出版社

本书是"十四五"职业教育国家规划教材。本书选用了机械加工行业使用广泛的 FANUC、SINUMERIK 系统和具有我国自主知识产权的华中系统作为典型数控系统进行剖析。通过介绍典型数控系统和数控机床将各部分教学内容有机联系、渗透并互相贯通，在课程结构上强化实践操作和编程技能，增强学生对所学知识的应用能力，促进学生综合能力的提高，满足数控铣削岗位的编程和操作要求。对于重点与难点的知识，本书嵌入多处二维码多媒体视频，为课堂教学创造了条件。

本书适合高等职业技术院校机械类专业学生考证培训使用，也可作为数控铣削操作技术工人的培训教材和日常查阅手册。

图书在版编目（CIP）数据

加工中心培训教程/王荣兴主编. —3 版. —北京：机械工业出版社，2021.4（2025.6 重印）

"十二五"职业教育国家规划教材：修订版

ISBN 978-7-111-67770-3

Ⅰ.①加… Ⅱ.①王… Ⅲ.①加工中心-技术培训-职业教育-教材 Ⅳ.①TG659

中国版本图书馆 CIP 数据核字（2021）第 046269 号

机械工业出版社（北京市百万庄大街 22 号　邮政编码 100037）
策划编辑：汪光灿　责任编辑：汪光灿　赵文婕
责任校对：张　薇　封面设计：张　静
责任印制：张　博
固安县铭成印刷有限公司印刷
2025 年 6 月第 3 版第 6 次印刷
184mm×260mm・25.25 印张・619 千字
标准书号：ISBN 978-7-111-67770-3
定价：69.80 元

电话服务　　　　　　　　　　　网络服务
客服电话：010-88361066　　　机　工　官　网：www.cmpbook.com
　　　　　010-88379833　　　机　工　官　博：weibo.com/cmp1952
　　　　　010-68326294　　　金　书　网：www.golden-book.com
封底无防伪标均为盗版　　　　　机工教育服务网：www.cmpedu.com

关于"十四五"职业教育国家规划教材的出版说明

为贯彻落实《中共中央关于认真学习宣传贯彻党的二十大精神的决定》《习近平新时代中国特色社会主义思想进课程教材指南》《职业院校教材管理办法》等文件精神，机械工业出版社与教材编写团队一道，认真执行思政内容进教材、进课堂、进头脑要求，尊重教育规律，遵循学科特点，对教材内容进行了更新，着力落实以下要求：

1. 提升教材铸魂育人功能，培育、践行社会主义核心价值观，教育引导学生树立共产主义远大理想和中国特色社会主义共同理想，坚定"四个自信"，厚植爱国主义情怀，把爱国情、强国志、报国行自觉融入建设社会主义现代化强国、实现中华民族伟大复兴的奋斗之中。同时，弘扬中华优秀传统文化，深入开展宪法法治教育。

2. 注重科学思维方法训练和科学伦理教育，培养学生探索未知、追求真理、勇攀科学高峰的责任感和使命感；强化学生工程伦理教育，培养学生精益求精的大国工匠精神，激发学生科技报国的家国情怀和使命担当。加快构建中国特色哲学社会科学学科体系、学术体系、话语体系。帮助学生了解相关专业和行业领域的国家战略、法律法规和相关政策，引导学生深入社会实践、关注现实问题，培育学生经世济民、诚信服务、德法兼修的职业素养。

3. 教育引导学生深刻理解并自觉实践各行业的职业精神、职业规范，增强职业责任感，培养遵纪守法、爱岗敬业、无私奉献、诚实守信、公道办事、开拓创新的职业品格和行为习惯。

在此基础上，及时更新教材知识内容，体现产业发展的新技术、新工艺、新规范、新标准。加强教材数字化建设，丰富配套资源，形成可听、可视、可练、可互动的融媒体教材。

教材建设需要各方的共同努力，也欢迎相关教材使用院校的师生及时反馈意见和建议，我们将认真组织力量进行研究，在后续重印及再版时吸纳改进，不断推动高质量教材出版。

机械工业出版社

第3版前言

  本书以党的二十大精神为指导，全面推动党的二十大精神进教材、进课堂、进头脑，全面贯彻党的教育方针，落实立德树人根本任务，突出职业教育的类型特点，根据高等职业教育人才培养要求，结合多年课程建设与职业技能培训、鉴定等实践工作经验编写而成。本书坚持产教融合、校企合作，坚持工学结合、知行合一，切实履行新时代职业教育的职责和使命，为促进经济社会发展和提高国家竞争力提供高素质复合型技术技能人才服务。

  本书选用了占市场份额较大的FANUC、SINUMERIK系统与具有我国自主知识产权的华中系统作为典型数控系统，是在对机械制造行业中使用数控铣削机床进行零件加工情况进行调研，在与企业专家探讨其加工要素的基础上，以具有多种加工要素的零件为教学载体，进行系统的编写。为此，本书力求体现以下特点：

  1. 以职业工作过程为导向，结合高等职业院校学生的认知规律，由浅入深构建教学载体，强化实践操作和编程技能，增强所学知识的应用能力和综合能力。

  2. 案例真实准确。本书中所举例题的程序均在加工中心上进行运行验证，确保编写程序的准确无误。

  3. 多角度描述难点。对于铣螺纹加工、缩放、镜像、简化编程等难点进行多角度描述，确保读者准确理解。

  4. 配置二维码视频资源。对于难以理解、需要更加感性认知的地方，通过多媒体视频等形式予以展示。

  每单元的学时安排见下表，仅供参考。

教学内容		建议学时
第一单元	加工中心及数控铣削机床	4
第二单元	数控铣削用夹具、刀具与量具	2
第三单元	FANUC Series 0i-MODEL D 系统加工中心的编程	30（根据教学需要选择）
第四单元	FANUC Series 0i-MODEL D 系统加工中心的操作	32（认知实训，根据教学需要选择）
第五单元	SINUMERIK 802D 系统加工中心的编程	30（根据教学需要选择）
第六单元	SINUMERIK 802D 系统加工中心的操作	96（中级工考证，根据教学需要选择）
第七单元	华中 HNC—210B 系统加工中心的编程	30（根据教学需要选择）
第八单元	华中 HNC—210B MD 系统加工中心的操作	128（高级工考证，根据教学需要选择）

  本书由常州工业职业技术学院王荣兴任主编，倪贵华任副主编，章磊参加编写。编写分工如下：王荣兴编写第一~第四单元，倪贵华编写第五~第七单元，章磊编写第八单元及附录。第三、第四单元视频由王荣兴录制，第五~第八单元视频由倪贵华录制。全书由王志平主审。

  由于编者水平有限，书中不足之处在所难免，恳请读者批评指正。

编 者

第2版前言

本书是按照教育部《关于开展"十二五"职业教育国家规划教材选题立项工作的通知》，经过出版社初评、申报，由教育部专家组评审确定的"十二五"职业教育国家规划教材，是根据《教育部关于"十二五"职业教育教材建设的若干意见》及教育部新颁布的《高等职业学校专业教学标准（试行）》等要求，同时参考加工中心国家职业技能鉴定标准，在第1版的基础上修订而成的。

数控技术是集机械制造技术、计算机技术、微电子技术、现代控制技术、网络信息技术、机电一体化技术于一身的多学科高新制造技术。数控技术水平的高低、数控机床的拥有量已经成为衡量一个国家工业现代化的重要标志之一。

本书选用了机械加工行业使用广泛的 FANUC、SINUMERIK 系统与具有我国自主知识产权的华中系统作为典型数控系统，以 Mastercam X3 作为 CAD/CAM 软件，通过对机械制造行业中使用加工中心进行零件加工情况的调研，在与企业专家探讨其加工要素的基础上，归纳整理出具有多种加工要素的零件为教学载体，进行系统的组织。本书以国家职业技能鉴定为标准，强化实践操作和编程技能，增强所学知识的应用能力和综合能力的提高。

本书由常州轻工职业技术学院王荣兴任主编，倪贵华任副主编，褚守云参编，由王志平主审。编写分工如下：王荣兴编写第一单元至第四单元、第八单元、附录，倪贵华编写第五单元、第六单元、第七单元，褚守云编写第九单元。

本书经全国职业教育教材审定委员会审定，教育部专家在评审过程中对本书提出了宝贵的建议；本书在编写过程中得到了常州轻工职业技术学院领导和国家级数控实训基地的大力支持，在此一并表示衷心感谢。由于编者水平有限，谬误欠妥之处，恳请读者批评指正。

编 者

第1版前言

数控制造技术是集机械制造技术、计算机技术、微电子技术、现代控制技术、网络信息技术、机电一体化技术于一身的多学科高新制造技术,数控技术水平的高低、数控机床的拥有量已经成为衡量一个国家工业现代化的重要标志。目前,数控技术已广泛应用于制造业。企业急需大批能熟练掌握数控机床编程、操作、维修的工程技术人员。为此,国家制定了数控技能型紧缺人才的培养培训方案。技能型紧缺人才的培养要把提高学生的职业能力放在突出的位置,加强生产实习、实训等实践性教学环节,使学生成为企业生产服务一线迫切需要的高素质技术人员。

本书选用了技术先进、占市场份额最大的FANUC(法那科)、SIEMENS(西门子)系统和具有我国自主知识产权的华中系统作为典型数控系统进行剖析,通过典型数控机床和数控系统将各部分教学内容有机联系、渗透和互相贯通,在课程结构上打破原有课程体系,以国家职业技能鉴定为标准,突出了实践操作和编程技能,突出了学生对所学知识的应用能力和综合能力。

全书以加工中心国家职业技能鉴定中高级、技师考工的应知应会内容为主线、重点,设置了加工中心中级、高级及技师试题库。许多理论和操作试卷就来自国家及各省市技能鉴定试题库和数控技能竞赛试题,书中有详细的工艺分析、刀具选择、节点基点数值计算和完整的程序及说明。在本书中还详细介绍了宏程序及各种工件倒圆、倒角的编制。

本书特别适应中等和高等职业技术学校数控、模具、机电类专业学生参加国家职业技能鉴定等级考工培训使用,也可作为加工中心技术工人的培训教材。

本书由常州轻工职业技术学院国家级数控职业技术教育实训基地(国家高职高专数控技术师资培训基地、国家数控系统工程技术研究中心——常州培训分中心、江苏省职业技能鉴定基地、江苏省职工数控技术培训基地)王荣兴副教授、高级考评员主编并统稿,倪贵华高级技师、高级考评员为副主编。参加编写的有常州轻工职业技术学院王荣兴(第一、二、三、七章)、陈朝阳(第四章)、倪贵华(第五章)、袁飞(第六章)。顾青、顾伟东负责加工中心高级工技能鉴定程序的编写及数控仿真演示的操作、录制。袁锋副教授、高级工程师、高级考评员主审全书。书中精选了大量典型实例,是上述编者多年实践和教学经验的结晶,是常州轻工职业技术学院老师的集体智慧和成果。

由于编者水平有限,不足及欠妥之处,恳请读者批评指正。

编 者

本书二维码

名　称	图形	名　称	图形
1. 内、外轮廓加工（P69）		9. 使用 CF 卡进行加工程序的复制（P161）	
2. 四槽槽轮加工（P86）		10. 对刀、工件坐标系等设置（P165）	
3. 排孔加工（P100）		11. MDI 运行操作（P173）	
4. FANUC 系统操作面板（P147）		12. 读取 CF 卡程序进行加工（P176）	
5. 开关机操作（P155）		13. 使用固定循环指令编程（P208）	
6. 手动操作（P156）		14. 零件的综合加工编程（P246）	
7. 程序输入与管理（P159）		15. 802D 系统的操作面板（P265）	
8. 程序的传输（P160）		16. 开机、返回参考点及关机操作（P271）	

(续)

名　　称	图形	名　　称	图形
17. 手动与 MDA 操作(P272)		25. 开机、回参考点、关机(P357)	
18. 加工程序的管理(P275)		26. 加工中心的手动操作(P358)	
19. 刀具设置(P280)		27. MDI 运行(P359)	
20. 刀具补偿设置(P281)		28. 刀库中刀柄的装入与取出(P361)	
21. 工件坐标系的设置(P282)		29. 对刀与建立工件坐标系(P361)	
22. 运行控制与加工(P284)		30. 刀具补偿的设置(P363)	
23. 零件的综合加工编程(P334)		31. 程序的输入与管理(P363)	
24. 华中系统加工中心操作面板(P348)		32. 运行控制与加工(P367)	

目 录

第 3 版前言
第 2 版前言
第 1 版前言
本书二维码

第一单元　加工中心及数控铣削机床 ………………………………………………… 1
　课题一　数控铣削机床的组成 …………………………………………………………… 1
　课题二　数控铣削机床的日常维护与保养 ……………………………………………… 4
　课题三　数控铣削机床的坐标系统 ……………………………………………………… 9
　课题四　铣削加工、铣削时切削参数的选择 …………………………………………… 10
　课题五　DNC 串口连接与程序传输格式 ……………………………………………… 15

第二单元　数控铣削用夹具、刀具与量具 ……………………………………………… 18
　课题一　工件的装夹和找正 ……………………………………………………………… 18
　课题二　刀具的安装 ……………………………………………………………………… 28
　课题三　常用量具的使用 ………………………………………………………………… 35

第三单元　FANUC Series 0i-MODEL D 系统加工中心的编程 ……………………… 43
　课题一　FANUC Series 0i-MODEL D 系统的功能指令和程序结构 ………………… 43
　课题二　坐标系的设定与坐标值 ………………………………………………………… 47
　课题三　使用插补功能指令编程 ………………………………………………………… 53
　课题四　铣削加工路线的确定与刀具补偿的使用 ……………………………………… 60
　课题五　用子程序进行轮廓加工编程 …………………………………………………… 71
　课题六　应用缩放、旋转与镜像功能编程 ……………………………………………… 78
　课题七　使用简化功能指令编程与螺纹铣削加工编程 ………………………………… 89
　课题八　使用宏程序编程 ………………………………………………………………… 109
　课题九　零件的综合加工编程 …………………………………………………………… 133

第四单元　FANUC Series 0i-MODEL D 系统加工中心的操作 ……………………… 147
　课题一　FANUC Series 0i-MODEL D 系统的操作面板 ……………………………… 147
　课题二　开机、返回参考点及关机操作 ………………………………………………… 155
　课题三　加工中心的手动操作 …………………………………………………………… 156
　课题四　加工程序的输入和管理 ………………………………………………………… 159

| 课题五 | 对刀、工件坐标系及刀具补偿设置 | 165 |
| 课题六 | MDI 及自动运行操作 | 173 |

第五单元 SINUMERIK 802D 系统加工中心的编程ꎻ178

课题一	SINUMERIK 802D 系统编程功能	178
课题二	使用基本功能指令编程	183
课题三	使用刀具补偿功能指令编程	196
课题四	使用简化功能指令编程	200
课题五	使用固定循环指令编程	208
课题六	使用 R 参数指令和程序跳转编程	242
课题七	零件的综合加工编程	246

第六单元 SINUMERIK 802D 系统加工中心的操作ꎻ265

课题一	SINUMERIK 802D 系统的操作面板	265
课题二	开机、返回参考点及关机操作	271
课题三	手动与 MDA 操作	272
课题四	加工程序的管理与通信	275
课题五	工件坐标系、刀具补偿的确定与设置	280
课题六	运行控制与加工	284

第七单元 华中HNC—210B系统加工中心的编程ꎻ290

课题一	华中 HNC—210B 系统的程序	290
课题二	使用基本功能指令编程	295
课题三	使用刀具补偿功能指令编程	307
课题四	使用简化功能指令编程	311
课题五	使用固定循环指令编程	321
课题六	使用宏程序编程	330
课题七	零件的综合加工编程	334

第八单元 华中HNC—210B MD系统加工中心的操作ꎻ348

课题一	华中 HNC—210B MD 系统加工中心的操作面板	348
课题二	上电、返回机床参考点与关机操作	357
课题三	加工中心的手动操作	358
课题四	对刀与建立工件坐标系及刀具补偿设置操作	361
课题五	程序输入与文件管理操作	363
课题六	运行控制与加工	367

附　　录 操作练习题ꎻ373

参考文献ꎻ393

第一单元　加工中心及数控铣削机床

> ➢ 加工中心虽然有智能芯,但是它没有"心"。学生要提高责任心,掌握主动性,用好数控设备,为中国制造服务。
>
> ➢ 操作数控机床要提高责任意识和安全意识,必须严格按操作规程进行作业。没有规矩不成方圆。
>
> ➢ 大师的成功来自于刻苦钻研与严谨的工作态度。只有树立正确的世界观、人生观和价值观,只有认真学、刻苦练,才能走向成功。

课题一　数控铣削机床的组成

一、数控铣削机床的类型

根据有、无刀库,数控铣削机床分为加工中心(见图1-1)和数控铣床(见图1-2)两种。

 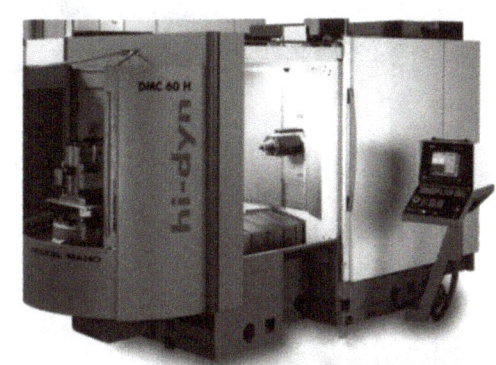

a) 立式加工中心　　　　　　　　　　b) 卧式加工中心

图1-1　加工中心

常见的加工中心有立式和卧式两种类型,其刀库形式可分为斗笠式、圆盘式和链式,如图1-3所示。其中,圆盘式和链式刀库均带有换刀臂,机械手刀具交换装置如图1-4所示。

通常操作的加工中心为立式加工中心,它的价格相对较低,适用范围也较广,常用于板类、盘类、壳体类、精密零件的加工,也适用于模具加工。

卧式加工中心具有高精度、高速度和高刚性等优点,但价格较高,广泛使用于军工、航天、汽车、模具、机械制造等行业的箱体零件、壳体零件、盘类零件、异形零件的加工。

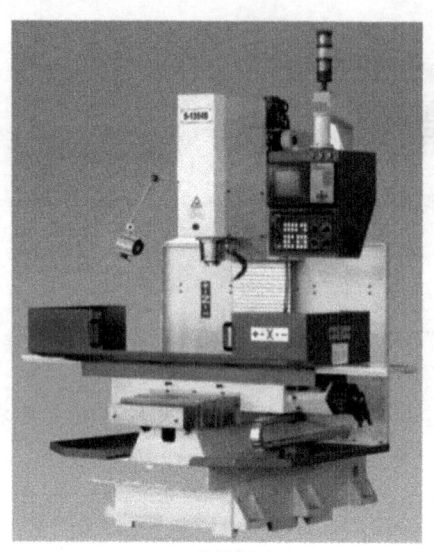 

a) 半封闭　　　　　　　　　　　　　　b)全封闭

图 1-2　数控铣床

a) 斗笠式刀库　　　　b) 圆盘式刀库　　　　c) 链式刀库

图 1-3　加工中心刀库形式

此外，还有一些其他类型的加工中心，如图 1-5 所示。

二、加工中心的主要组成部分

加工中心的主要组成部分与工作过程如图 1-6 所示。

加工中心主要由数控系统（电气控制柜和操作面板等）、机械本体（工作台、主轴箱、刀库等）和辅助装置（气源等）组成，如图 1-7 所示。

数控铣床除没有刀库外，其他与立式加工中心相似，如图 1-8 所示。

图 1-4　机械手刀具交换装置

a) 车铣复合加工中心

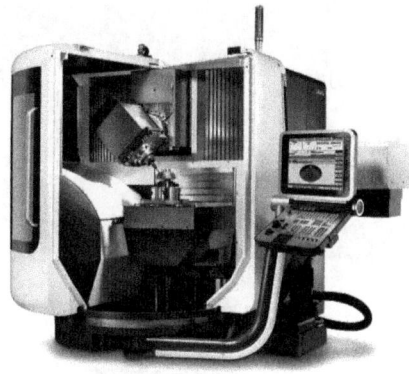

b) 五轴联动加工中心

c) 并联轴加工中心

d) 龙门式加工中心

图 1-5 其他类型的加工中心

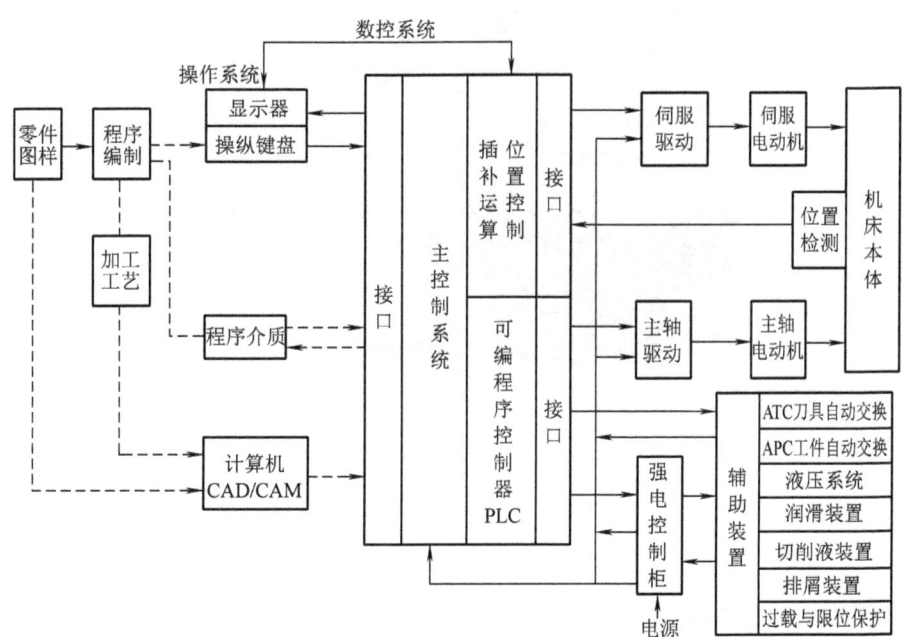

图 1-6 加工中心的主要组成部分与工作过程

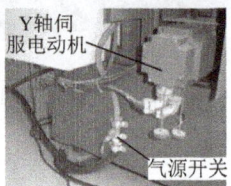
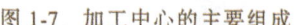

图 1-7 加工中心的主要组成

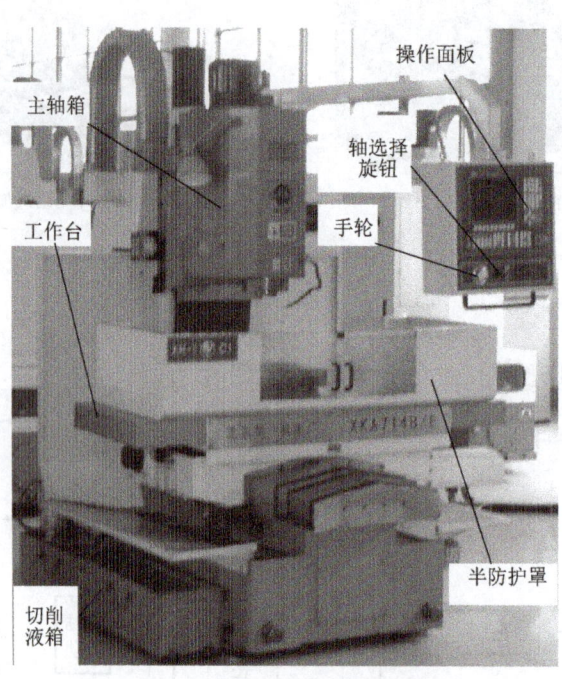

图 1-8 数控铣床的主要组成

课题二　数控铣削机床的日常维护与保养

一、数控铣削机床的润滑

数控铣削机床在高速运行、受载切削的过程中，机床导轨、滚珠丝杠、主轴等会出现磨损的现象。润滑剂能保持数控铣削机床正常的运行和减少磨损，另外，润滑剂还有防锈、减振、密封等作用。

润滑可分为以下三种类型：①流体润滑，指使用的润滑剂为流体，它包括气体润滑（采用气体润滑剂，如空气、氢气、氦气、氮气、一氧化碳和水蒸气等）和液体润滑（采用液体润滑剂，如矿物润滑油、合成润滑油、水基液体等）两种；②固体润滑，指使用的润滑剂为固体，如石墨、二硫化钼、氮化硼、尼龙、聚四氟乙烯、氟化石墨等；③半固体润滑，指使用的润滑剂为半固体，它是由基础油和稠化剂组成的塑性润滑脂，有时根据需要要加入各种添加剂。

在数控铣削机床中，由于润滑部位不同，所采用的润滑方式也不相同。在导轨、滚珠丝杠等部位主要使用液体润滑，由数控铣削机床的中央润滑系统通过油泵从油箱中吸油，经过滤器过滤后送到分油器，然后沿油管分流到各摩擦面进行润滑。

在数控铣削机床主轴部件中的润滑方式通常有以下两种：

（1）循环式润滑方式　此方式采用液压泵供油强力润滑，可有效地把主轴组件的热量带走，同时在油箱中使用油温控制器控制油液温度，以保证主轴不发热。这种润滑方式因润滑油的交换量比较大，所以需要液压泵专门负责抽吸润滑后存留在箱内的油液。此时，吸油管要尽量位于最低处，尤其是在主轴为立式时更应如此。

（2）高级润滑脂与润滑油混合润滑方式　采用此方式往往是主传动部分用润滑油润滑，而主轴部件特别是主轴轴承用高级润滑脂润滑。这种方式可大大简化结构，降低制造成本且维护保养简单。因为密封存于主轴轴承处的高级润滑脂可长期使用（8年左右），在正常工作条件下既不会稀化流出，也不会因润滑不充分导致主轴端部的温升高。

二、切削液

在数控铣削机床切削加工中，正确地选用切削液，对降低切削温度和切削力、减少刀具磨损、提高刀具寿命、改善加工表面质量、保证加工精度、提高生产率，都有非常重要的作用。

1. 切削液的作用

（1）冷却作用　切削温度取决于切削时所产生的热量与传导的热量之差，切削液正是从这两个方面起到冷却作用：一是减少刀具与切屑、工件之间的摩擦，减少切削热的产生；二是将产生的切削热从切削区迅速带走，降低切削温度。常用的切削液有水溶液、乳化液和油类。冷却性能最好的是水溶液，其次是乳化液，油类最差。

（2）润滑作用　切削液的润滑作用是指它可减少刀具与切屑、工件之间摩擦的能力。

（3）清洗作用　清洗作用是指切削液在喷淋的过程中将黏附在刀具或工件上的细碎切屑清除，以减少刀具的磨损，防止划伤工件已加工表面，保证加工精度。

（4）防锈作用　为使工件、工作台面等不受周围介质（空气、水分）的腐蚀，要求切削液有一定的防锈作用。防锈作用的强弱取决于切削液本身的成分和添加剂的作用。

2. 切削液的选用

切削液应根据工艺要求、工件材料、刀具材料和切削方式等合理选用。

1）粗加工时，加工余量和切削用量较大，刀具易磨损，应以降低切削温度为主要目的，选择以冷却为主的切削液。

2）精加工时，为保证工件精度、表面质量和提高刀具寿命，选择以润滑为主的切削液。

3）使用高速钢刀具加工金属材料时，应使用切削液。使用硬质合金刀具加工金属材料时，一般不使用切削液；如果使用，应在切削开始前就进行喷淋，严禁在切削开始后进行喷淋而导致硬质合金刀具开裂。

4）加工铸铁等脆性材料时，一般不使用切削液。加工不锈钢等合金材料时，应选用冷却、润滑性能较好的切削液；为防止粘刀，可在切削液中适当添加一定量的食醋。

三、数控机床的日常维护与保养内容

数控机床是机电一体化在机械加工领域中的典型产品，它将电子电力、自动化控制、电动机、检测、计算机、机床、液压、气动和加工工艺等技术集中于一体，具有高精度、高效率和高适应性的特点。

要发挥数控机床的高效益，就要保证它的开动率，这就对数控机床提出了稳定性和可靠性的要求。数控机床中传动部件等运动副的润滑良好，机床的磨损少，机床的精度得到保证；电气部分没有尘埃积聚，电气短路的可能性小；液压和气压系统中没有泄漏等现象，数控机床的辅助动作产生误动作的可能性就小。将以上等因素综合起来，数控机床的故障发生率就会低，从而保证了数控机床的稳定性和可靠性。数控机床故障发生率的降低离不开数控机床平时的维护和保养。

对数控机床进行维护保养的目的就是要延长机械部件的磨损周期，延长元器件的使用寿命，保证数控机床长时间稳定可靠地运行。

数控机床的维护保养要有科学的管理，有计划、有目的地制定相应的规章制度，并严格遵守。对维护过程中发现的故障隐患应及时加以清除，避免停机待修，从而延长平均无故障时间，增加机床的开动率。表1-1为某加工中心定期维护保养的项目表。

表1-1 某加工中心定期维护保养的项目表

维护保养周期	检查及维护保养内容
日常维护保养	1. 清除围绕在工作台、底座、十字滑台等周围的切屑和灰尘，以及其他外来物质 2. 清除机床表面上下的润滑油、切削液与切屑 3. 清除无护盖保护的导轨上的所有外来物质 4. 清理导轨护盖 5. 清理外露的极限开关及其周围 6. 小心地清理电气组件 7. 检查中央润滑油箱的油液高度，应时常维持油量在适当的液面位置 8. 检查并确认空气过滤器的杯中积水已被完全排除干净 9. 检查所需的压力值是否达到正确值 10. 检查管路有无漏油，如果发现漏油，应采取必要的对策 11. 检查切削液、切削液管、切削液槽中是否有外来物质，如果有，则需要清除 12. 检查切削液量，如果有需要，则添加补充 13. 检查操作面板上的指示灯是否正常或是闪烁不定
每周维护保养	1. 完成日常保养 2. 检查主轴前端、刀塔与其他附件是否出现锯齿状裂纹或其他损伤 3. 清理主轴的四周 4. 检查液压系统的油液位，如有需要，添加所指定的液压油

(续)

维护保养周期	检查及维护保养内容
每月维护保养	1. 完成每周保养 2. 清理电气箱内部与 NC 设备,如果空气过滤器已脏,则更换,不要使用溶剂清洗过滤网 3. 检查机床水平,检查其地脚螺栓与紧固螺母的松紧度并调节 4. 清理导轨的刮油片,如果有损耗或破裂情形,则需要更换 5. 检查变频器与极限开关是否功能正常 6. 清理主轴头润滑单元的油路过滤器 7. 检查配线是否牢固,有无松脱或中断的情形 8. 检查互锁装置的功能是否正常 9. 更换切削液,清洗切削液箱及管路内部,重新加入新的切削液
半年维护保养	1. 完成每周与每月的保养 2. 清理 NC 设备中电气控制单元与机床 3. 更换液压油以及主轴头与工作台的润滑剂,在供应新的液压油或润滑剂之前,先清理箱体内部 4. 清理所有的电动机 5. 检查电动机的轴承有无噪声,如果有异音,则将其更换 6. 目视检查电气装置与操作面板 7. 检查每一个指示器与电压计,看是否正常,如有需要,则将其调整或更换 8. 冲洗润滑泵,按照制造者的指示,清洗主轴头润滑过滤器 9. 使用测试用卷尺,检查机床的移动 10. 测量每一个驱动轴的间隙,如有必要,则调整其间隙

四、维护保养时的注意事项

1)执行维护保养与检查工作之前,应先按下紧急停止开关或关闭主电源。

2)为了使数控机床维持最高效率的运转,以及随时得以安全的操作,维护保养与检查工作必须持续不断地进行。

3)事先妥善规划维护保养与检查计划。

4)如果保养计划与生产计划抵触,也应执行保养计划。

5)在电气箱内工作或是在数控机床内部维修时,应将电源关闭并加以闭锁。

6)不要以压缩空气清理数控机床,这样会导致油污、切屑、灰尘或砂粒从细缝侵入精密轴承或堆积在导轨上面。

7)尽量少开电气控制柜门。加工车间飘浮的灰尘、油雾和金属粉末落在电气柜上容易造成元器件间绝缘电阻下降,从而出现故障。因此,除了定期维护和维修外,平时应尽量少开电气控制柜门。

五、其他维护保养内容

1. 数控机床电气柜的散热通风

安装于电柜门上的热交换器或轴流风扇,能对电控柜的内外进行空气循环,促使电控柜内的发热装置或元器件(如驱动装置等)进行散热。应定期检查控制柜上的热交换器或轴流风扇的工作状况,以及风道是否堵塞,否则会引起柜内温度过高而使系统不能可靠运行,甚至引起过热报警。

2. 支持电池的定期更换

数控系统存储参数用的存储器采用 CMOS 器件，其存储的内容在数控系统断电期间靠支持电池供电保持。在一般情况下，即使电池尚未消耗完，也应每年更换一次，以确保系统能正常工作。电池的更换应在 CNC 系统通电状态下进行。

3. 备用印制电路板的定期通电

对于已经购置的备用印制电路板，应定期装到 CNC 系统上通电运行。实践证明，印制线路板长期不用易出故障。

4. 数控系统长期不用时的保养

数控系统处于长期闲置的情况下，要经常给系统通电，在数控机床锁住不动的情况下，让系统空运行。系统通电可利用电器元件本身的发热来驱散电气柜内的潮气，保证电器元件性能的稳定可靠。实践证明，在空气湿度较大的地区，经常通电是降低故障的一个有效措施。

六、数控铣削机床安全操作规程

1）开机前，要检查数控机床各部分是否完好；中央自动润滑系统油箱及主轴强力润滑油箱中的润滑油是否充裕（在数控铣削机床运行的过程中，如果油温控制器所显示的温度不能达到所调节的温度，说明润滑油不足），若发现不足，应按规定牌号的润滑油进行补充。

2）检查压缩空气开关是否已经打开并达到所需的压力；检查切削液是否充裕。

3）打开电气总开关。

4）按下数控机床控制面板上的"ON"按钮，启动数控系统，等自检完毕后，可进行其他操作。

5）手动返回参考点。首先返回+Z 方向，然后返回+X 和+Y 方向；返回参考点后应及时退出参考点，先退-X 和-Y 方向，然后退-Z 方向。

6）手动操作时，在 X、Y 轴移动前，必须使 Z 轴处于较高位置，以免撞刀。

7）装入刀库的刀具不得超过规定的重量和长度，刀具装入刀库前，应擦净刀柄和主轴锥孔。

8）数控系统出现报警时，要根据报警号查找原因，及时排除警报。

9）在自动运行程序前，必须认真检查程序，确保程序的正确性；在工作台上严禁放置任何与加工无关的物件，如平口钳扳手、量具、毛刷、木槌等。在操作过程中必须集中注意力，谨慎操作，运行前关闭防护门。运行过程中，一旦发现问题，及时按下紧急停止按钮。

10）在操作时，旁观人员禁止按控制面板上的任何按钮、旋钮，以免发生意外及事故。

11）注意不得使切屑、切削液等进入刀库，一旦进入应及时清理干净。

12）严禁任意修改、删除机床参数。

13）关闭数控机床前，应使刀具处于较高位置，把工作台上的切屑等清理干净。对工作台上的切屑等杂物，应使用毛刷、长柄棕刷等刷下，对细小的切屑，可采用切削液冲洗，严禁用压缩空气进行清理，以防油污、切屑、灰尘或砂粒从细缝侵入精密轴承或堆积在导轨上面；将进给速度修调旋钮置零。

14）关机时，先按下控制面板上的"OFF"按钮，然后关闭电气总开关。

课题三 数控铣削机床的坐标系统

一、数控机床坐标轴的命名

为了简化编制程序的方法,我国制定了《工业自动化系统与集成 机床数值控制坐标系和运动命名》标准(GB/T 19660—2005),在标准中规定统一采用右手直角笛卡儿坐标系对机床的坐标系进行命名。用 X、Y、Z 表示直线进给坐标轴,X、Y、Z 坐标轴的相互关系由右手法则决定,如图 1-9 所示。图 1-9 中大拇指的指向为 X 轴的正方向,食指指向为 Y 轴的正方向,中指指向为 Z 轴的正方向;根据右手螺旋定则,围绕 X、Y、Z 轴的旋转运动用 A、B、C 表示。

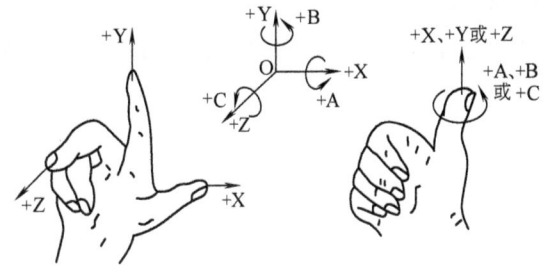

图 1-9 数控机床坐标轴

二、数控铣削机床的坐标系

1. 机床坐标系

机床坐标系是数控机床上的基本坐标系。机床坐标系的原点也称机械原点或零点,这个原点是数控机床上固有的点(由生产厂家设定),不能随意改变。数控机床在接通电源后要做回零操作,这是因为在数控机床断电后就失去了对各坐标位置的记忆(对使用绝对编码器的数控机床不存在这种现象),所以数控机床接通电源后,让各坐标轴回到机床一固定点上,这一固定点就是机床坐标系的原点或零点(机械原点或零点),也称机床参考点。使机床回到这一固定点的操作称返回参考点或回零操作。回参考点后数控机床各坐标轴的位置自动复零,并记住这一初始化的位置,使数控机床恢复了位置记忆。立式加工中心(数控铣床)的坐标系统如图 1-10 所示,卧式加工中心的坐标系统如图 1-11 所示。

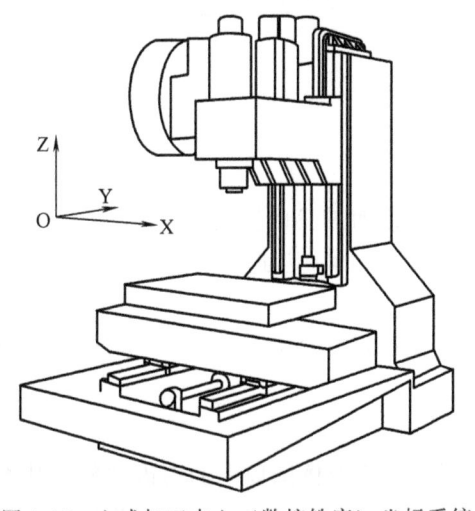

图 1-10 立式加工中心(数控铣床)坐标系统

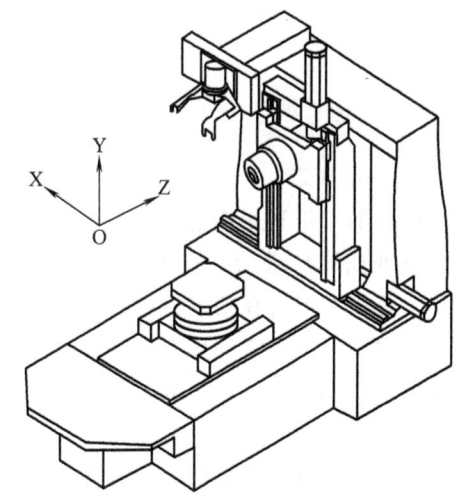

图 1-11 卧式加工中心坐标系统

机床坐标系不作为编程使用，常常用它来确定工件坐标系，即通过"对刀"（具体的"对刀"操作参见后面加工中心的操作部分）来确定工件坐标系的原点。

2. 工件坐标系

工件坐标系是用来确定工件几何形体上各要素的位置而设置的坐标系，工件坐标系的原点即为工件零点。工件零点的位置是任意的，它是由编程人员在编制程序时根据零件的特点选定的。考虑到编程的方便性，工件坐标系中各轴的方向应该与所使用的数控机床的坐标轴方向一致。

工件装夹到工作台之后，通过"对刀"把规定的工件坐标系原点所在的机床坐标值确定下来（见图1-12），然后用G54等设置，在加工时通过G54等指令进行工件坐标系的调用。

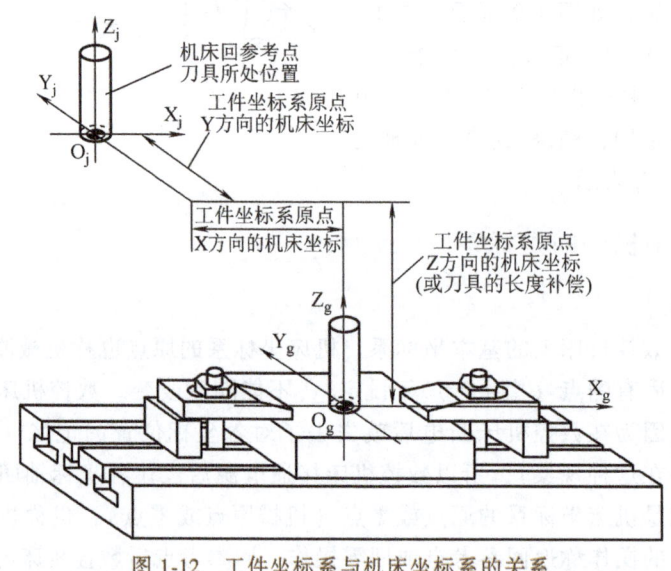

图 1-12　工件坐标系与机床坐标系的关系

课题四　铣削加工、铣削时切削参数的选择

一、铣削加工与形式

1. 铣削加工

铣削加工是利用旋转的铣刀作为刀具的切削加工。铣削时刀具回转完成主运动，工件作直线（或曲线）进给。旋转的铣刀是由多个切削刃组合而成的，因此铣削是非连续的切削过程，且每个刀齿在切削过程中的切削厚度是变化的。

一般情况下，铣削属于半精加工和粗加工，可以达到的尺寸公差等级为IT9~IT7，表面粗糙度 Ra 值为 6.3~1.6μm。

2. 铣削形式

铣削一般分周铣和端铣两种方式（见图1-13）。周铣是用刀体圆周上的刀齿铣削，其周边刃起切削作用，铣刀的轴线平行于工件的加工表面。端铣是用刀体端面上的刀齿铣削，周边刃与端面刃同时起切削作用，铣刀的轴线垂直于工件的加工表面。

周铣和某些不对称的端铣又有顺铣和逆铣之分。凡切削刃切削方向与工件的进给运动方向相同的称为顺铣；方向相反的称为逆铣。图 1-14 所示为周铣铣削方式，图 1-15 所示为端铣铣削方式。为便于记忆，在周铣时可以这样理解："在铣削外轮廓时，整个走刀路线是绕轮廓顺时针方向进行的，以及在铣削内轮廓时，整个走刀路线是绕轮廓逆时针方向进行的，均为顺铣。而铣削外轮廓时，整个走刀路线是绕轮廓逆时针方向进行的，以及在铣削内轮廓时，整个走刀路线是绕轮廓顺时针方向进行的，均为逆铣。"

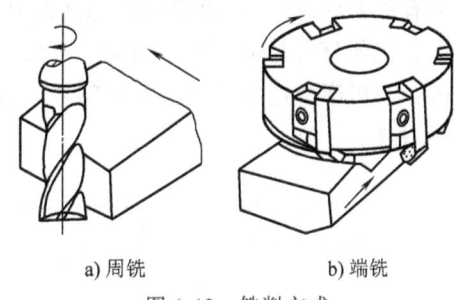

a) 周铣　　　　b) 端铣

图 1-13　铣削方式

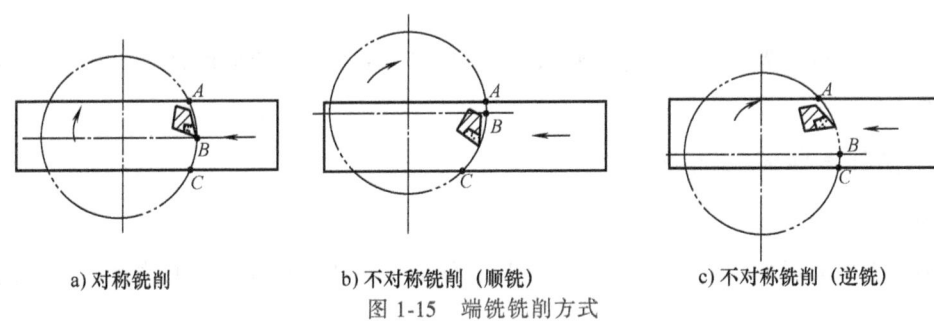

a) 顺铣　　　　　　　　　　　　　　　b) 逆铣

图 1-14　周铣铣削方式

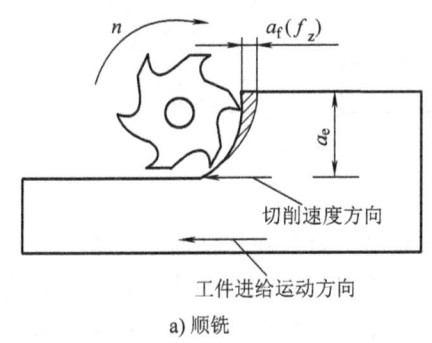

a) 对称铣削　　　b) 不对称铣削（顺铣）　　　c) 不对称铣削（逆铣）

图 1-15　端铣铣削方式

3. 顺铣与逆铣对切削的影响

对于安装到立式数控铣削机床上的立铣刀，刀具处在一个悬臂梁结构状态。在切削加工时，刀具在切削分力的作用下会产生弹性弯曲变形，如图 1-16 所示。

从图 1-16a 可以看出，当用立铣刀顺铣时，刀具在切削时会产生让刀现象，即切削时出现"欠切"；而用立铣刀逆铣时（见图 1-16b），刀具在切削时会产生啃刀现象，即切削时出现"过切"。这种现象在刀具直径越小、刀杆伸出越长时越明显，所以在选择刀具时，从提高生产率、减小刀具弹性弯曲变形的影响等方面考虑，应选较大的直径，但需满足刀具半径 R 小于铣削轮廓中凹圆弧的 R_{min}；在装刀时刀杆尽量伸出短些。

逆铣时，铣刀每齿的切削厚度从零逐渐增大（在切削分力的作用下有啃刀现象），刀齿载荷逐渐增大；刀齿在开始切入时，将与切削表面发生挤压和划擦，这对铣刀寿命和铣削工件的表面质量都有不利影响。

顺铣时的情况正相反，铣刀每齿的切削厚度是从最大逐渐减小到零（在切削分力的作用下有让刀现象），所以顺铣能提高铣刀寿命（刀具寿命提高2~3倍）和铣削表面质量；顺铣时，切削分力与进给方向相同，可减小机床的功率消耗。但顺铣在刀齿切入时承受最大的载荷，当机床的进给传动机构有间隙或铸锻毛坯有硬皮时，不宜采用顺铣，以免引起振动和损坏刀具。

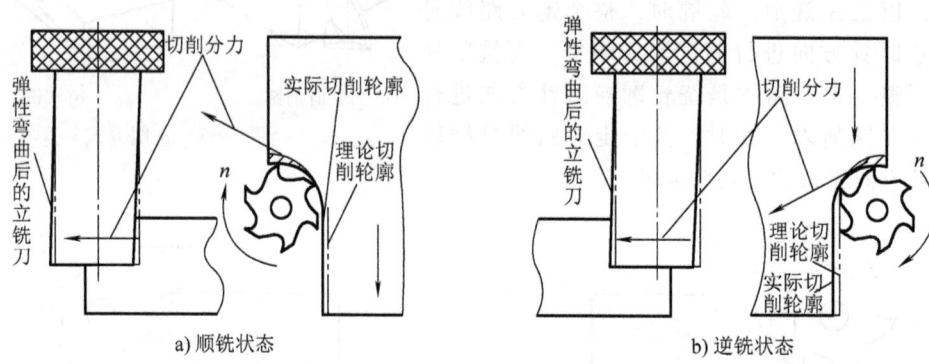

图1-16　顺铣、逆铣对切削的影响

另一方面，不管是顺铣还是逆铣，从图1-17中可以看出，刀具在切削时还受到一个向下的拉力（切削分力），而工件受到一个向上的拉力，如果在装刀具时没有夹紧或工件没有压紧，那么在铣削过程中会出现铣削越来越深的情况，即出现所谓的"拉刀"现象（在粗铣、用平口虎钳装夹工件时，常会发生这种情况）。因此在装夹刀具和工件时，必须夹紧、压紧。

综合以上分析，为延长刀具寿命和减少"过切"现象，在后面的加工程序编制中均采用顺铣方式。

二、切削参数的选择和加工顺序

1. 切削参数的选择

铣削时采用的切削参数（见图1-18），应在保证工件加工精度和刀具寿命、不超过数控

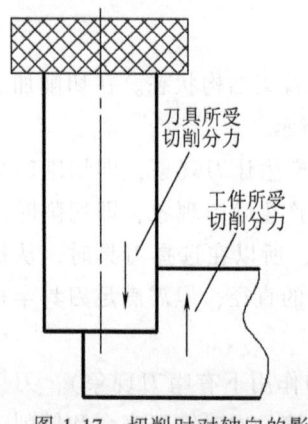

图1-17　切削时对轴向的影响

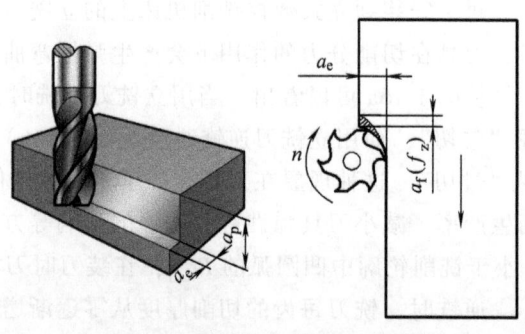

图1-18　铣削时切削参数示意图

机床允许的动力和转矩的前提下,获得最高的生产率和最低的成本。铣削过程中,如果能在一定的时间内切除较多的金属,就有较高的生产率,从刀具寿命的角度考虑,切削参数选择的原则是:根据侧吃刀量 a_e×背吃刀量 a_p 与刀具直径 D_c 的关系,由刀具材料与加工工件材料确定切削速度 v_c,见表1-2。

表1-2 SANDVIK Coromant 某刀具切削参数

GC1620 GC1630 H10F			$a_p \times a_e > D_c$	$a_p \times a_e < D_c$	$a_e \leq 0.05 \times D_c$	$a_e \leq 0.05 \times D_c$ $a_p \leq 0.05 \times D_c$
ISO	CMC	HB HRC	v_c/(m/min)	v_c/(m/min)	v_c/(m/min)	v_c/(m/min)
P	01.1	125	155	200	375	690
	01.2	150	135	185	340	630
	01.4	200	120	140	255	470
	02.2	250	100	130	245	450
	02.2	300	90	120	220	410
	03.22	400	75	95	180	335
	03.22	450	65	85	160	300

对于高速铣削机床(主轴转速在10000r/min以上),为发挥其高速旋转的特性,减少主轴的重载磨损,其切削参数应选择较小的 a_p。

表1-3为铣刀每齿进给量(f_z)的推荐值,表1-4为切削速度(v_c)的推荐值。也可从刀片盒的标签选择切削参数,如图1-19所示。

表1-3 各种铣刀每齿进给量 f_z 的推荐值 (单位:mm/齿)

工件材料	铣刀类型					
	圆柱形铣刀	立铣刀	面铣刀	成形铣刀	高速钢镶刃铣刀	硬质合金镶刃铣刀
铸铁	0.2	0.07	0.05	0.04	0.3	0.1
可锻铸铁	0.2	0.07	0.05	0.04	0.3	0.09
低碳钢	0.2	0.07	0.05	0.04	0.3	0.09
中、高碳钢	0.15	0.06	0.04	0.03	0.2	0.08
铸钢	0.15	0.07	0.05	0.04	0.2	0.08
镍铬钢	0.1	0.05	0.03	0.02	0.15	0.06
高镍铬钢	0.1	0.04	0.03	0.02	0.1	0.05
黄铜	0.2	0.07	0.05	0.04	0.3	0.21
青铜	0.15	0.07	0.05	0.04	0.03	0.1
铝	0.1	0.07	0.04	0.02	0.1	0.1
Al-Si 合金	0.1	0.07	0.04	0.04	0.18	0.08
Mg-Al-Zn 合金	0.1	0.07	0.04	0.03	0.15	0.08
Al-Cu-Mg 合金	0.15	0.07	0.04	0.02	0.1	

表 1-4　铣刀切削速度 v_c 的推荐值　　　　　　　　（单位：m/min）

工件材料	铣刀材料					
	碳素钢	高速钢	超高速钢	合金钢	碳化钛	碳化钨
铝合金	75~150	180~300		240~460		300~600
镁合金		180~270				150~600
钼合金		45~100				120~190
黄铜(软)	12~25	20~25		45~75		100~180
黄铜	10~20	20~40		30~50		60~130
灰铸铁(硬)		10~15	10~20	18~28		45~60
冷硬铸铁			10~15	12~18		30~60
可锻铸铁	10~15	20~30	25~40	35~45		75~110
钢(低碳)	10~14	18~28	20~30		45~70	
钢(中碳)	10~15	15~25	18~28		40~60	
钢(高碳)		10~15	12~20		30~45	
合金钢					35~80	
合金钢(硬)					30~60	
高速钢			12~25		45~70	

切削速度 v_c、刀具直径 D_c 与主轴转速 n 的关系为（也可查表 1-5）

$$v_c = \frac{\pi D_c n}{1000} \text{ 或 } n = \frac{1000 v_c}{\pi D_c}$$

式中　v_c——切削速度，单位为 m/min；

　　　n——主轴转速（编程时指定的 S），单位为 r/min；

　　　D_c——刀具直径，单位为 mm。

工作台进给速度 v_f 与主轴转速、铣刀齿数 z 及每齿进给量 f_z 的关系为

$$v_f = n z f_z$$

式中　v_f——工作台进给速度（也就是通常编程时指定的 F），单位为 mm/min；

　　　n——主轴转速，单位为 r/min；

　　　z——铣刀齿数；

　　　f_z——进给量，单位为 mm/齿。

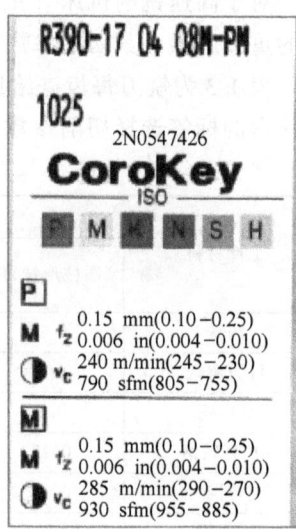

图 1-19　刀片盒的标签

2. 铣削加工顺序

(1) 先粗后精　铣削按照粗铣→半精铣→精铣的顺序进行，最终达到图样要求。粗加工应以最高的效率切除表面的大部分余量，为半精加工提供定位基准和均匀适当的加工余量。半精加工为主要表面精加工做好准备，即达到一定的精度、表面粗糙度和加工余量，加工一些次要表面，使之达到规定的技术要求。精加工使各表面达到规定的图样要求。

(2) 先面后孔　平面加工简单方便，根据工件定位的基本原理，平面轮廓大而平整，以平面定位比较稳定可靠。以加工好的平面为精基准加工孔，这样不仅可以保证孔的加工余

量较为均匀，而且为孔的加工提供了稳定可靠的精基准；另一方面，先加工平面，切除了工件表面的凹凸不平及夹砂等缺陷，可减少因毛坯凹凸不平而使钻孔时钻头引偏的现象，并防止扩、铰孔时刀具崩刃；同时，使加工中便于对刀和调整。

表 1-5 主轴转速 n 的选择　　　　　　　　　　（单位：r/min）

零件或刀具直径 /mm	切削速度 v_c/(m/min)									
	30	40	50	100	150	200	300	400	500	600	700
12	795	1060	1326	2652	3979	5305	7957	10610	13262		
16	597	795	995	1989	2984	3978	5968	7957	9947	11936	
20	477	637	796	1591	2387	3183	4774	6366	7957	9549	11140
25	382	509	637	1273	1910	2546	3819	5092	6366	7639	8912
32	298	398	497	994	1492	1989	2984	3978	4973	5968	6963
40	239	318	398	795	1194	1591	2387	3183	3978	4774	5570
50	191	255	318	636	955	1272	1909	2546	3183	3819	4456
63	151	202	253	505	758	1010	1515	2021	2526	3031	3536
80	119	159	199	397	597	795	1193	1591	1989	2387	2785
100	95	127	159	318	477	636	952	1273	1591	1909	2228
125	76	109	124	255	382	509	764	1018	1237	1527	1782
160	60	80	99	198	298	397	596	795	994	1193	1392
175	55	71	91	182	273	363	544	727	909	1091	1273
200	48	64	80	160	239	318	476	636	795	954	1114

（3）先主后次　主要表面先安排加工，一些次要表面因加工面小，和主要表面有相对位置要求，可穿插在主要表面加工工序之间进行，但要安排在主要表面最后精加工之前，以免影响主要表面的加工质量。

课题五　DNC 串口连接与程序传输格式

一、串口线路的连接

串口连接主要采用 9 孔插头及 25 针插头，其编号关系如图 1-20 所示。

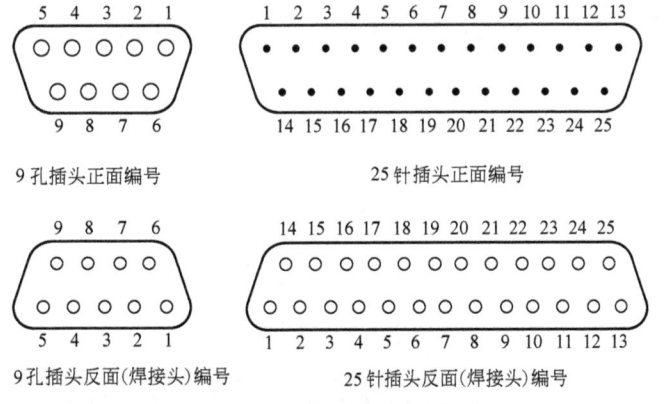

图 1-20　9 孔插头与 25 针插头

1. 华中系统串口线路的连接

华中系统加工中心或数控铣床的 DNC 采用两个 9 孔插头（一个与计算机的 COM1 或 COM2 相连接，另一个与数控机床的通信接口相连接），用网络线连接。其焊接关系采用 1、9 空以外，其他一一对应进行焊接。

2. FANUC 系统串口线路的连接

FANUC 系统数控机床（车、铣、加工中心）的 DNC 采用 9 孔插头（与计算机的 COM1 或 COM2 相连接）及 25 针插头（与数控机床的通信接口相连接），用网络线连接。其焊接关系如图 1-21 所示。

3. SINUMERIK 系统串口线路的连接

SINUMERIK 系统数控机床（车、铣、加工中心）的 DNC 采用两个 9 孔插头（一个与计算机的 COM1 或 COM2 相连接，另一个与数控机床的通信接口相连接），用网络线连接。其焊接关系如图 1-22 所示。

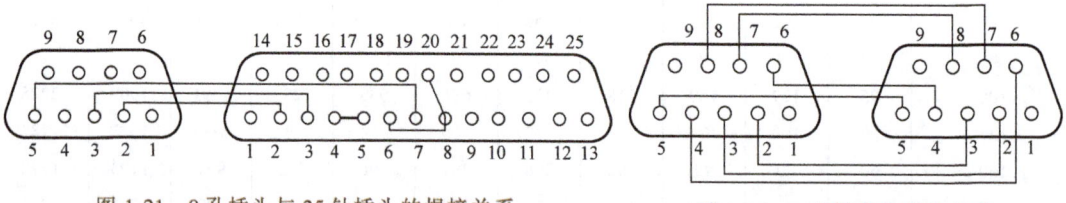

图 1-21　9 孔插头与 25 针插头的焊接关系　　　图 1-22　9 孔插头的焊接关系

二、程序传输格式

1. 华中系统

（1）程序的编写　一般可以在记事本中编写程序。

（2）程序传输格式

%××××	四位以内的数字组成程序名。×为数字，下同
…	编写的程序段
…	

（3）保存到文件夹中的程序文件名　O△×…（它由数字、字母等组成，但必须以英文"O"为开头，文件的扩展名为".nc"或不要。△为字母，下同）。

2. FANUC 系统

（1）程序的编写　在记事本中或在 DNC 传输软件中编写程序。

（2）程序传输格式

%	传输数据交换信号开始（必须有）
O××××	由英文的"O"加四位以内的数字组成程序名
…	编写的程序段
…	
%	传输数据交换信号结束（必须有），也是程序结束符

（3）保存到文件夹中的程序文件名　它可任意给（最好为英文或数字），文件的扩展名为".nc"。

3. SINUMERIK 系统

（1）程序的编写　在记事本中或在传输软件中编写程序。

（2）程序传输格式

%＿N＿△△××…×＿MPF	其中"△△××…×"是由开头的两个字母和后面的数字、下划线及字母等 16 个以内半角字符所组成的程序名。子程序可以以 L 开头加 7 位以内的数字组成程序名，但 MPF 应改为 SPF
;$PATH=/＿N＿MPF＿DIR	子程序时 MPF 应改为 SPF
… …	编写的程序段

（3）保存到文件夹中的程序文件名　它可任意给（最好为英文或数字），文件的扩展名为".nc"。

第二单元　数控铣削用夹具、刀具与量具

> ➢ 中国制造要为"两个一百年"奋斗目标服务好，数控加工是高质量、高水平中国制造的保障。
> ➢ 以大国工匠邓建军为榜样，爱岗敬业，自强不息，打好基础，勤学苦练，努力成为技艺精湛的技能大师。
> ➢ 在平凡的工作岗位上踏实工作、不断学习、追求创新，树立"以学习增强能力、以奉献体现价值"的人生观。

课题一　工件的装夹和找正

为保证工件加工精度，在工件装夹时需使用夹具。夹具包括定位和夹紧两大功能。将夹具调整到某一理想位置，即进行找正操作，以保证加工精度。

一、定位和夹紧

1. 定位的形式

工件定位的实质就是要限制对加工不良影响的自由度。一个工件的六个自由度都被限制了，称完全定位；根据零件加工要求，限制部分自由度的定位，称对应定位（也称不完全定位）；根据零件加工要求，而未能满足应该限制的自由度数目时，称欠定位；如果工件的同一个自由度被多于一个的定位元件来限制，称过定位。在工件定位时，应采用完全定位或对应定位，避免欠定位和过定位。

2. 定位方式

加工中心（数控铣床）夹具常用定位方式有以平面定位、以圆柱孔定位和以外圆柱面定位，它们的适用范围和定位特点见表2-1。

表2-1　工件定位方式

定位方式	适用范围	定位特点
平面	箱体、机座、支架等零件加工	以平面为主要定位基准
圆柱孔	盘类、套类零件加工	用定位心轴来定位，以保证加工表面对内孔的同轴度
外圆柱面	盘类、套类、轴类零件加工	以外圆柱面定位

3. 工件的夹紧

夹紧是工件装夹过程中的重要组成部分。工件定位后，必须通过夹紧机构使工件保持正确的定位位置，并保证在切削力等外力的作用下，工件不产生位移或振动。

工件在夹紧时应满足以下要求：

(1) 夹紧过程可靠　夹紧过程中不破坏工件在夹具中的正确位置。
(2) 夹紧力的大小适当　夹紧后的工件变形和表面压伤程度必须在加工精度允许的范围内。
(3) 结构性好　结构力求简单、紧凑，便于制造和维修。
(4) 使用性好　夹紧动作迅速，操作方便，安全省力。

确定夹紧力包括确定其大小、方向和作用点。夹紧力的作用点应选在工件刚性较好的部位，适当靠近加工表面；夹紧力的作用方向不应破坏工件的定位，与工件刚度最大的方向一致，尽量与切削力、重力方向一致；夹紧力大小一般通过类比法或经验法确定。

二、常用工具

1. 扳手类

扳手主要用于对工件、夹具及刀片等的紧固。常用的扳手如图2-1所示。

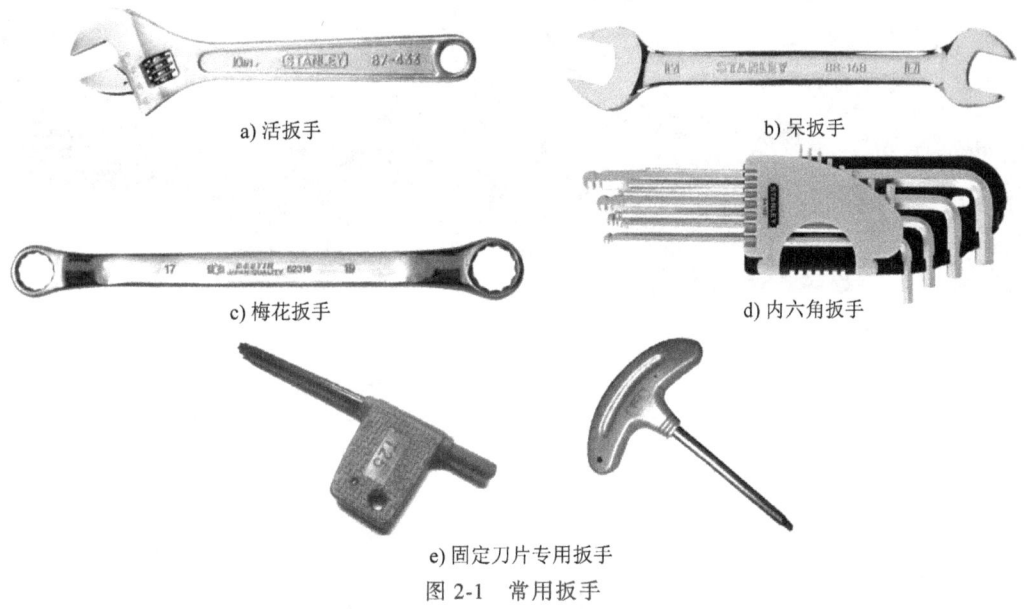

图 2-1　常用扳手

2. 锁刀座与装刀用扳手

锁刀座结合装刀用扳手（见图2-2）主要用于刀具安装到刀柄上时的紧固。锁刀座结合活扳手或呆扳手主要用于刀柄上拉钉的安装。

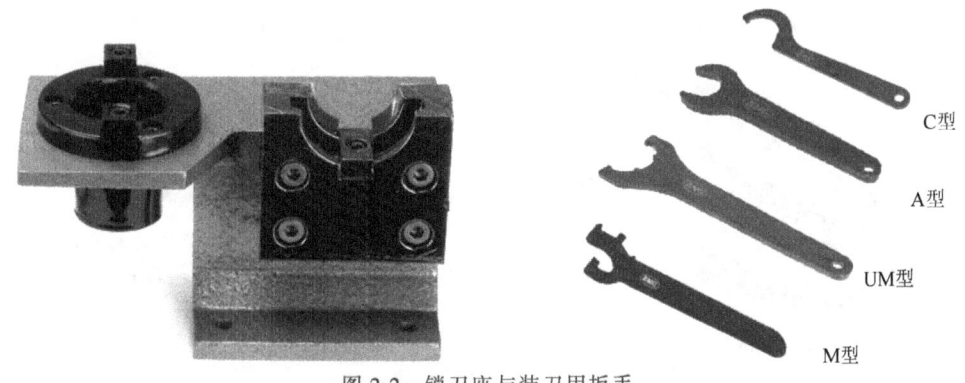

图 2-2　锁刀座与装刀用扳手

三、工件的装夹

1. 用机用虎钳安装工件

机用虎钳适用于中小尺寸和形状规则的工件安装（见图 2-3）。它是一种通用夹具，一般有非旋转式和旋转式两种。前者刚性较好，后者底座上有一刻度盘，能够把机用虎钳转成任意角度。

（1）基本结构　机用虎钳的结构如图 2-4 所示，机用虎钳的规格见表 2-2。其他形式的机用虎钳如图 2-5 所示。

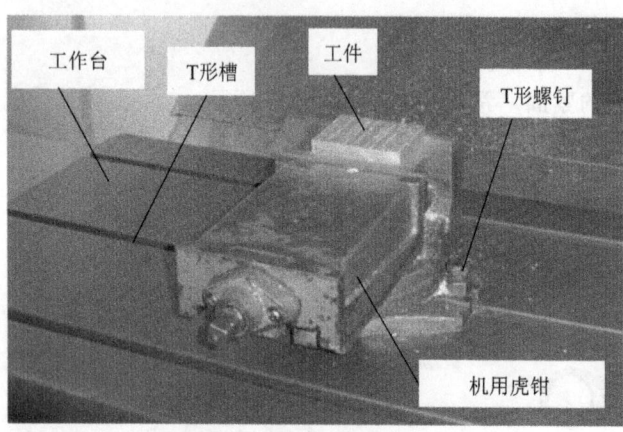

图 2-3　机用虎钳装夹工件

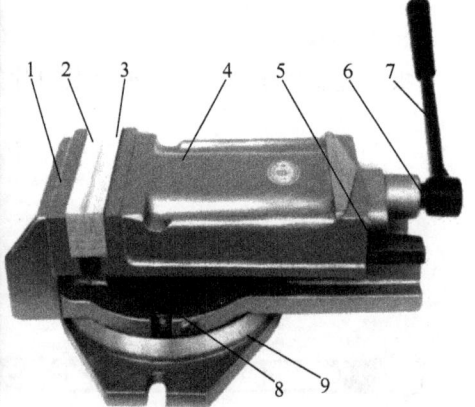

图 2-4　机用虎钳
1—固定端　2—固定钳口　3—活动钳口
4—活动部分　5—导轨　6—丝杠螺杆
7—操纵手柄　8—固定螺钉　9—带刻度底座

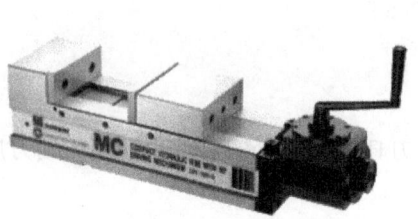

a) 液压精密虎钳

b) 快动精密虎钳

c) 可倾角虎钳

d) 精密正弦快动虎钳

图 2-5　其他形式的机用虎钳

表 2-2 机用虎钳的规格

规格名称	规格/mm					
钳口宽度	100	125	136	160	200	250
钳口最大张开量	80	100	110	125	160	200
钳口高度	38	44	36	50(44)	60(56)	56(60)
定位键宽度	14	14	12	18(14)	18	18

（2）机用虎钳的安装　机用虎钳的定位面是由虎钳体上的固定钳口侧平面和导轨上平面组成的。使用时应注意定位侧面与工作台面的垂直度，和导轨上平面与工作台面的平行度。

机用虎钳的虎钳体与回转底盘由铸铁制成。使用回转底盘时，各贴合面之间要保持清洁，否则会影响虎钳的定位精度。在使用回转底盘上的刻度前，应首先找正固定钳口与工作台某一进给方向平行（见图2-6），然后在调整中使用回转刻度。

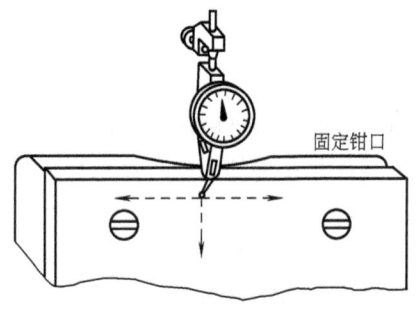

图 2-6　机用虎钳的找正

由于铣削振动等因素影响，机用虎钳各紧固螺钉，如固定钳口和活动钳口的紧固螺钉、活动座的压板紧固螺钉、丝杠的固定板与螺母的紧固螺钉和定位键的紧固螺钉等会发生松动现象，应注意检查和及时紧固。

机用虎钳的钳口可以制成多种形式，更换不同形式的钳口，可扩大机用虎钳的使用范围，如图2-7所示。

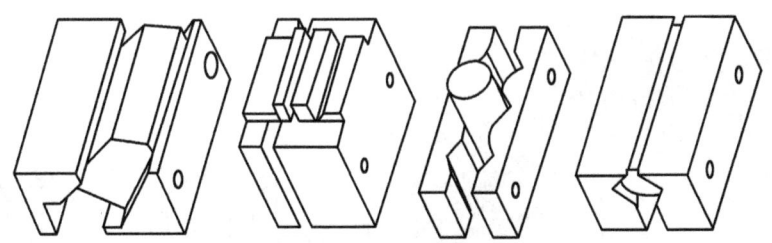

图 2-7　机用虎钳钳口的不同形状

（3）机用虎钳的使用　在对机用虎钳进行夹紧时，应使用定制的机用虎钳扳手，在限定的力臂范围内用手扳紧施力；不得使用自制加长手柄、加套管接长力臂或用重物敲击手柄，否则可能造成虎钳传动部分的损坏，如丝杠弯曲、螺母过早磨损或损坏，甚至会使螺母内螺纹崩牙、丝杠固定端产生裂纹等，严重的还会损坏虎钳活动座和虎钳体。

利用机用虎钳装夹的工件尺寸一般不能超过钳口的宽度，所加工的部位不得与钳口发生干涉。机用虎钳安装好后，把工件放入钳口内，并在工件的下面垫上比工件窄、厚度适当且加工精度较高的等高垫块，然后把工件夹紧（对于高度方向尺寸较大的工件，不需要加等高垫块，可直接装入机用虎钳）。为了使工件紧密地靠在垫块上，应用橡胶锤或木槌轻轻地敲击工件，直到用手不能轻易推动等高垫块为止，最后再将工件夹紧在机用虎钳内。工件应当紧固在钳口比较中间的位置，装夹高度以铣削尺寸高出钳口平面3～5mm为宜，用机用虎钳装夹表面粗糙度较大的工件时，应在两钳口与工件表面之间垫一层铜皮，以免损坏钳口，并能增加接触面。图2-8所示为使用机用虎钳装夹工件的几种情况。

不加等高垫块时，可进行对高出钳口3～5mm以上部分的外形加工、非贯通的型腔及孔

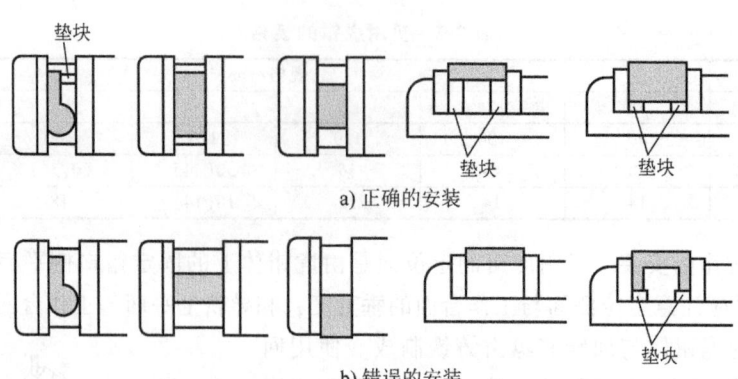

图 2-8　机用虎钳的使用

加工。加等高垫块时，可进行对高出钳口 3～5mm 以上部分的外形加工、贯通的型腔及孔加工（注意不得加工到等高垫块，如有可能加工到，可考虑更窄的垫块）。

2. 直接在工作台上安装工件

（1）装夹形式　对于体积较大、形状规则、其中有一个非加工面为平面的工件，大都直接压在工作台面上，用压板夹紧（见图 2-9）。图 2-9a 所示的装夹方式，只能进行非贯通的挖槽、钻孔及部分外形等加工；也可在工件下面垫上厚度适当且加工精度较高的等高垫块后再将其压紧（见图 2-9b），这种装夹方法可进行贯通的挖槽、钻孔及部分外形等加工。这种装夹形式在工件与机床主要坐标轴校平行、压紧后，需在工件侧面安装定位块（图 2-9 中未画出），使其完全定位。

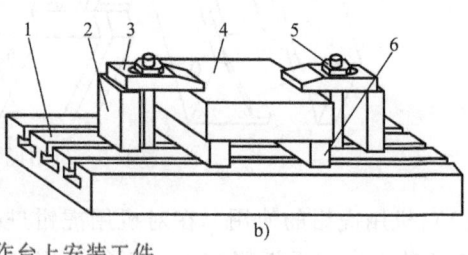

图 2-9　直接在工作台上安装工件
1—工作台　2—支承块　3—压板　4—工件　5—双头螺柱　6—平行垫块

（2）装夹附件

1）压板和压紧螺栓。为了满足装夹不同形状工件的需要，压板也做成多种形式。图 2-10 所示为压板的几种形式，图 2-11 所示为固定压板用螺栓。压板的装夹方法如图 2-12 所示。

2）阶梯垫块。阶梯垫块是搭压各种不同高度工件用的，压板的一端搭在工件上，另一端放在阶梯垫块的阶梯上，如图 2-13 所示。

3）平行垫铁。平行垫铁是一组相同尺寸的长方形垫铁，具有较高的平行度和光整的四个表面，用来垫高或垫实工件的已加工表面，如图 2-14 所示。

4）挡铁。图 2-15 所示为各种形状的挡铁，它们用来在工作台上装夹工件时挡住工件，以支承夹紧力或切削力。挡铁下面的方榫用来在 T 形槽内定位，紧固螺栓穿过圆孔或长圆形孔将其固定在工作台上。

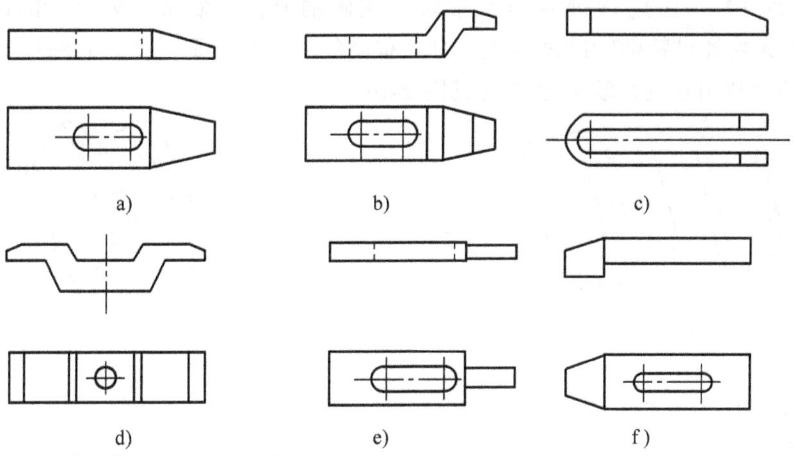

图 2-10 压板

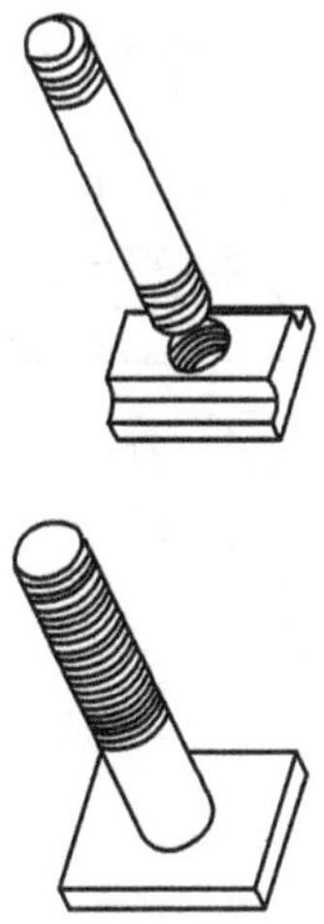

图 2-11 固定压板用螺栓

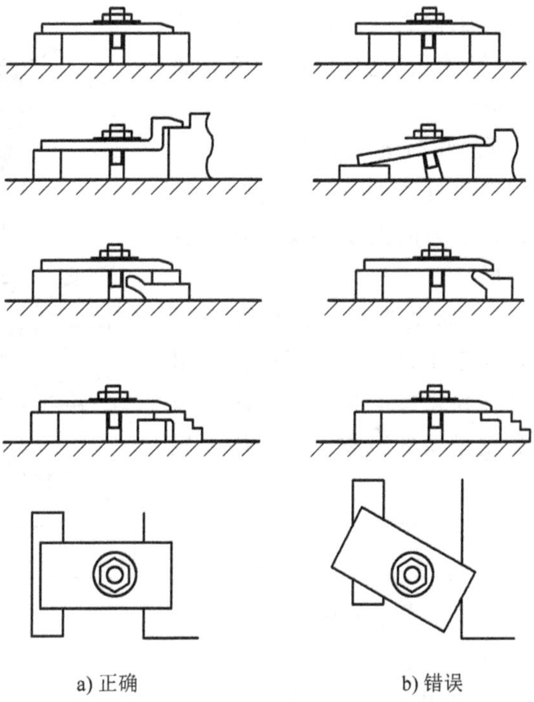

图 2-12 压板的装夹方法

a) 正确　　b) 错误

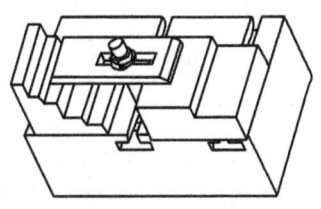

图 2-13 阶梯垫块

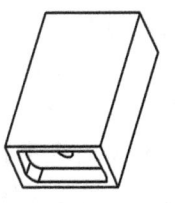

图 2-14 平行垫铁

5）V形架（V形块）。V形架（V形块）用碳钢或铸铁制成，V形面的内角为90°或120°，各个表面均经过精确的磨削修正，具有很高的平面度和平行度。对圆柱形工件进行加工时，一般都是利用它进行装夹定位（见图2-16）。

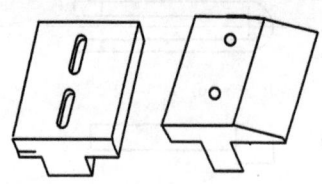

图2-15 挡铁

图2-16 V形架

（3）装夹时应注意的事项

1）必须将工作台面和工件底面擦干净，不能拖拉粗糙的铸件、锻件等，以免划伤台面。

2）在工件的光洁表面或材料硬度较低的表面与压板之间，必须安置垫片（如铜片或厚纸片），这样可以避免表面因受压力而损伤。

3）压板的位置要安排得妥当，要压在工件刚性最好的地方，不得与刀具发生干涉，夹紧力的大小也要适当，否则会产生变形。

4）支撑压板的支承块高度要与工件相同或略高于工件，压板螺栓必须尽量靠近工件，并且螺栓到工件的距离应小于螺栓到支承块的距离，以便增大压紧力。

5）螺母必须拧紧，否则将会因压力不够而使工件移动，以致损坏工件、机床和刀具，甚至发生事故。

3. 用组合夹具安装工件

组合夹具是由一套结构已经标准化、尺寸已经规格化的通用元件、组合元件所构成。可以按工件的加工需要组成各种功用的夹具。组合夹具有槽系组合夹具、孔系组合夹具和槽与孔综合的柔性组合夹具。

（1）槽系组合夹具（见图2-17）槽系组合夹具主要元件表面上具有T形槽，组装时通过键和螺栓来实现元件的

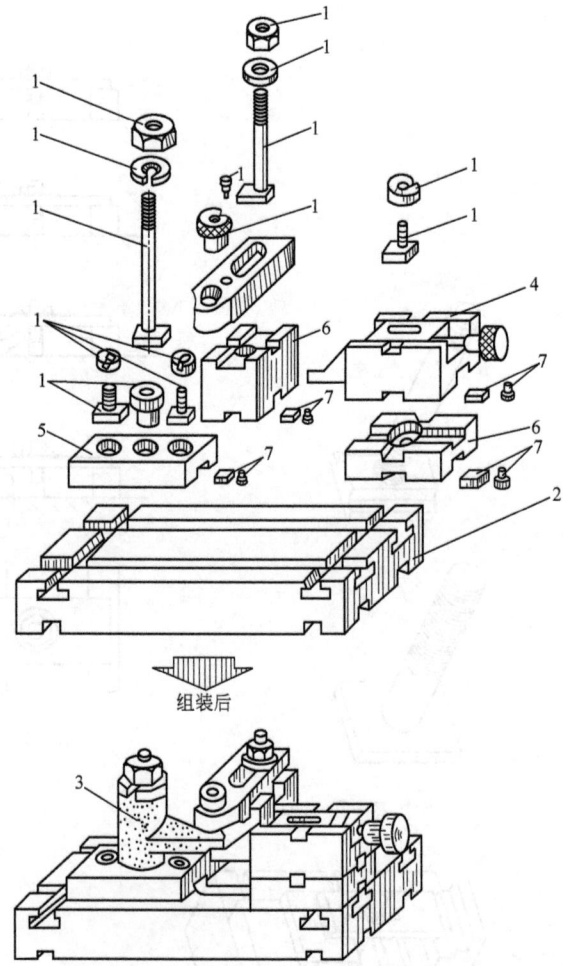

图2-17 槽系组合夹具组装过程示意图
1—紧固件 2—基础板 3—工件 4—活动V形块合件
5—支承板 6—垫铁 7—定位键及其紧定螺钉

相互定位和紧固。根据 T 形槽的槽距、槽宽、螺栓直径不同，槽系组合夹具有大、中、小型三种系列。

（2）孔系组合夹具（图 2-18）　孔系组合夹具主要元件表面上具有光孔和螺纹孔。组装时，通过圆柱定位销（一面两销）和螺栓实现元件的相互定位和紧固。根据孔径、孔距和螺钉直径不同，孔系组合夹具分为不同系列，以适应工件。定位孔孔径有 10mm、12mm、16mm 和 24mm 四个规格，相应的孔距为 30mm、40mm、50mm、80mm，孔径公差为 H7，孔距公差为 ±0.01mm。

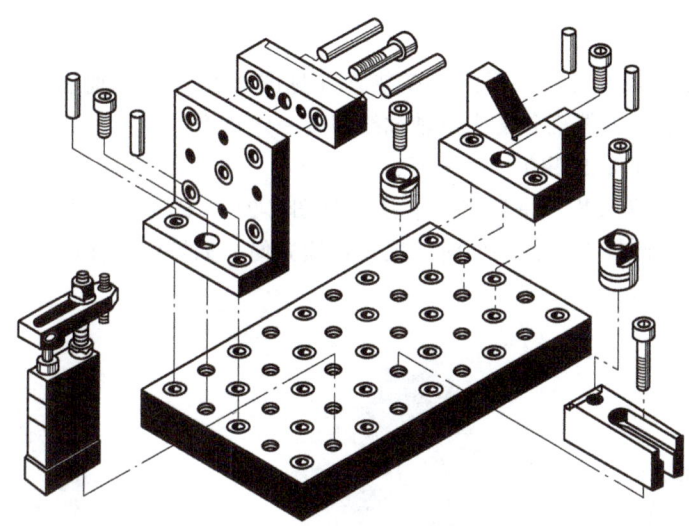

图 2-18　孔系组合夹具

孔系组合夹具的元件用一面两圆柱销定位，属允许使用的过定位。其定位精度高，刚性比槽系组合夹具好，组装可靠，体积小，元件的工艺性好，成本低，但组装时元件的位置不能随意调节，常用偏心销钉或部分开槽元件进行弥补。

（3）柔性组合夹具（见图 2-19）　柔性组合夹具通过销与孔、键与槽及销与槽等确定元件之间的相互位置，即通过槽和孔结合的方式进行定位和紧固。它吸收了槽、孔系列的精华，与之相比具有组装安装调整简易、快速、灵活多变（柔性）、组装结合强度高、精度稳定、安全可靠的优点。

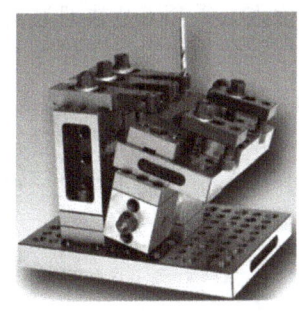 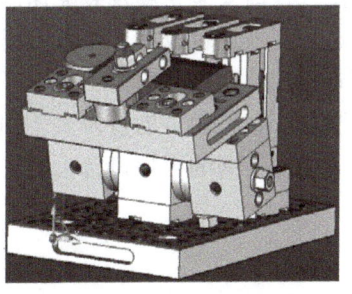 

图 2-19　柔性组合夹具

（4）组合夹具的应用　组合夹具的基本特点是满足三化：标准化、系列化、通用化。

组合夹具具有组合性、可调性、模拟性、柔性、应急性和经济性、使用寿命长的优点，能适应产品加工中的周期短、成本低等要求，比较适合在数控铣削机床上使用。

但是，由于组合夹具是由各种通用标准元件组合而成的，各元件间相互配合的环节较多，夹具精度、刚性仍比不上专用夹具，尤其是元件连接的接合面刚度，对加工精度影响较大。通常，采用组合夹具时，其加工尺寸精度只能达到IT8~IT9级，这就使得组合夹具在应用范围上受到一定限制。此外，使用组合夹具首次投资大，总体显得笨重，还有排屑不便等不足。对中、小批量，单件（如新产品试制等）或加工精度要求不十分严格的零件，应尽可能选择组合夹具。

4. 用其他装置安装工件

（1）用万能分度装置安装　万能分度装置（见图2-20）是三轴加工中心（数控铣床）常用的重要附件，能使工件绕分度头主轴轴线回转一定角度，在一次装夹中完成等分或不等分零件的分度工作，如加工四方、六角等。

（2）用自定心卡盘安装　将自定心卡盘（见图2-21）安装在工作台面上，可装夹圆柱形零件。在批量加工圆柱形工件端面时，装夹快捷方便，如铣削端面凸轮、不规则槽、冷冲模冲头等。

图2-20　万能分度装置　　　　　　　　　　图2-21　自定心卡盘

5. 用专用夹具安装工件

为了保证工件的加工质量，提高生产率，减轻劳动强度，根据工件的形状和加工方式不同，可采用专用夹具安装。

专用夹具（见图2-22）是根据某一零件的结构特点专门设计的夹具，具有结构合理、刚性强、装夹稳定可靠、操作方便、提高安装精度及装夹速度等优点。采用专用夹具装夹所加工的一批工件，其尺寸比较稳定，互换性也较好，可大大提高生产率。但是，专用夹具所固有的只能为一种零件的加工所专用的狭隘性，与产品品种不断变换更新的形势不相适应，特别是专用夹具的设计和制造周期长，花费的劳动量较大，加工简单零件显然不太经济。但在模具生产过程中，由于单个零件需在不同的数控设备上加工，为了保证其加工精度，也会采用专用夹具。

四、工件的找正

1. 找正用具

工件利用上述任一方法定位后必须进行找正（在安装放置时首先应目测工件，使其大致与坐标轴平行）才能夹紧，找正一般用百分表（见图2-23）与磁性表座（见图2-24）配合使用来完成。

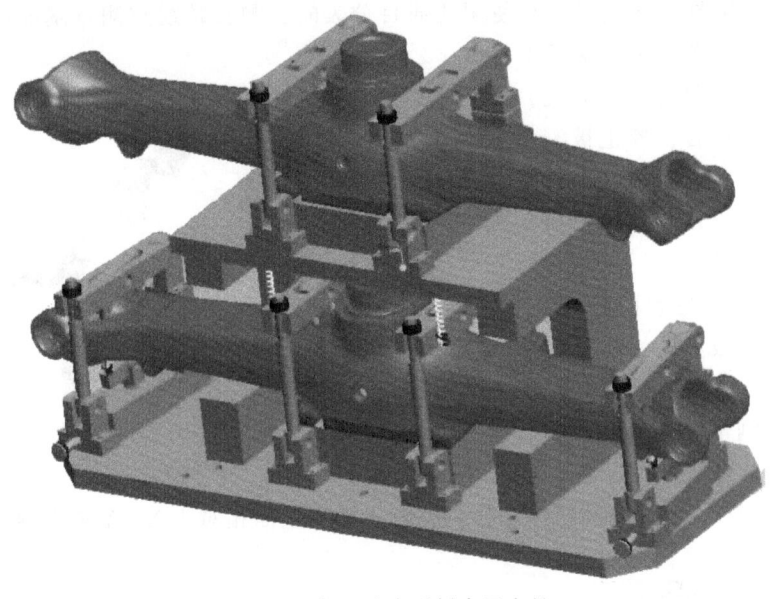

图2-22 加工汽车后桥专用夹具

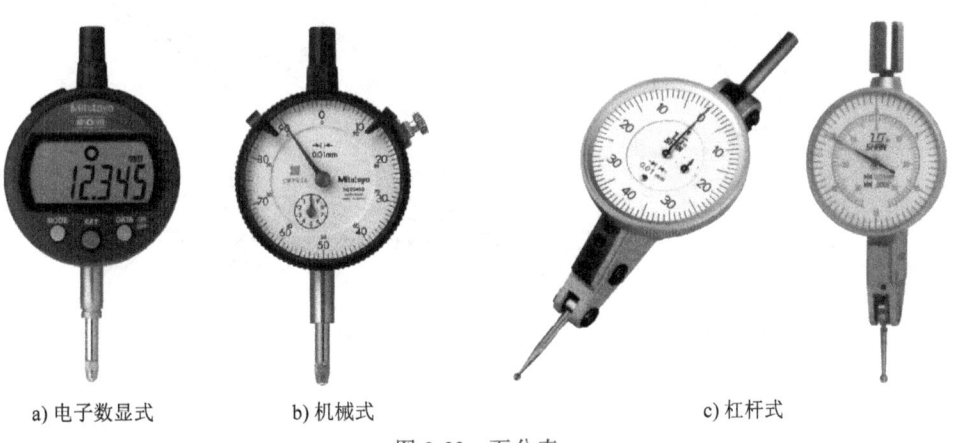

a) 电子数显式　　　　b) 机械式　　　　　　　c) 杠杆式

图2-23 百分表

图2-24 磁性表座

2. 找正方法

根据找正需要，可将表座吸在机床主轴、导轨面或工作台面上，百分表安装在表座接杆上，其安装形式如图 2-25 所示。在使用普通百分表时，测头轴线与测量基准面应垂直（见图 2-26a），测头与测量面接触后，指针转动两圈（5mm 量程的百分表）左右，移动机床工作台，校正被测量面相对于 X、Y 或 Z 轴方向的平行度或平面度（一般可以用纯铜棒敲击还没有完全夹紧的工件，利用工作台边移动边敲击工件进行位置的校正）；使用杠杆式百分表校正时，杠杆测头与测量面间成约 15°的夹角（见图 2-26b），测头与测量面接触后，指针转过 1/3 圈左右（杠杆式百分表的行程一般为 0.8~1mm），同样移动机床工作台，校正被测量面相对于 X、Y 或 Z 轴方向的平行度或平面度。

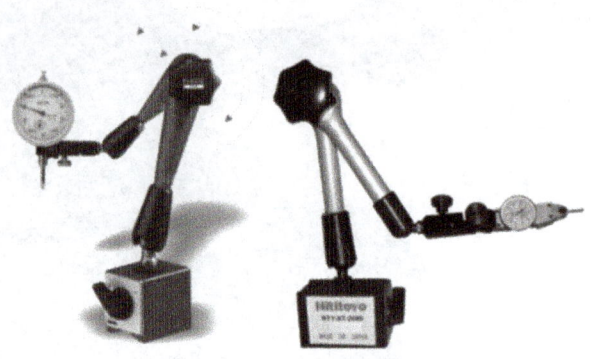

图 2-25　百分表的安装

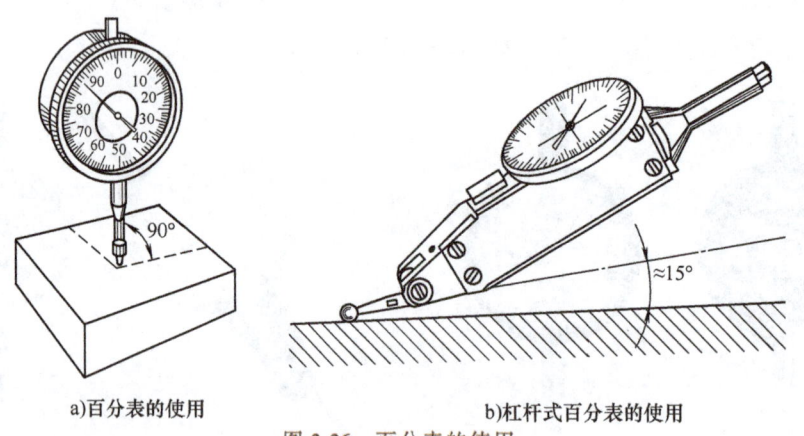

a) 百分表的使用　　　　b) 杠杆式百分表的使用

图 2-26　百分表的使用

课题二　刀具的安装

一、刀柄与拉钉

1. 刀柄

刀柄是加工中心必备的辅具，在刀柄上安装不同的刀具，以备加工时选用。刀柄要和主机的主轴孔相对应，刀柄是系列化、标准化产品，其锥柄部分和机械手抓握部分都已有相应的国际和国家标准。ISO 7388 和 GB/T 10944.3~10944.5—2013 对此做了统一的规定。

图 2-27 所示为数控铣削用部分刀柄，弹性筒夹与直筒夹如图 2-28 所示，各种固定用圆螺母如图 2-29 所示。刀柄系统与加工中心刀具的配置如图 2-30 所示，部分装配结果如图 2-31 所示。

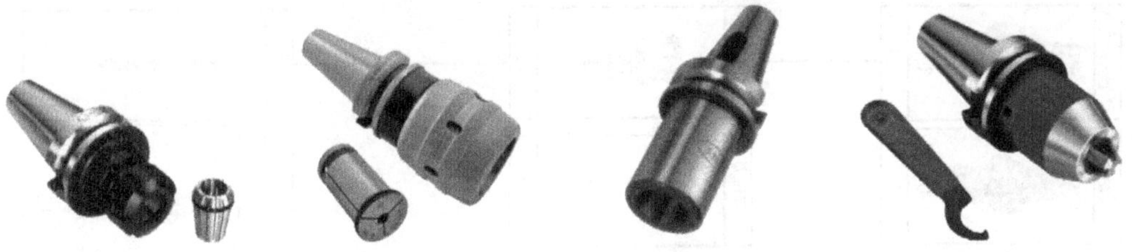

a) ER弹性筒夹刀柄　　b) 直筒式强力刀柄　　c) 莫氏刀柄　　d) 钻夹头刀柄

e) 侧压式刀柄　　f) 平面铣刀柄　　g) 丝锥刀柄与夹套　　h) 精镗刀柄

图 2-27　数控铣削用部分刀柄

图 2-28　弹性筒夹与直筒夹

图 2-29　固定用圆螺母

2. 拉钉

固定在锥柄刀柄尾部且与主轴内拉紧机构相配的拉钉也已标准化，ISO 7388 和 GB/T 10944.3~10944.5—2013 对此做了规定。图 2-32 所示为 JT-40 刀柄所用的 LDA40 拉钉；图 2-33 所示为 BT-40 刀柄所用的 P40T-1 拉钉。

3. 加工用刀具

（1）孔加工刀具　孔加工刀具有中心钻、麻花钻（直柄、锥柄）、扩孔钻、锪孔钻、铰刀、丝锥、镗刀等，如图 2-34 所示。

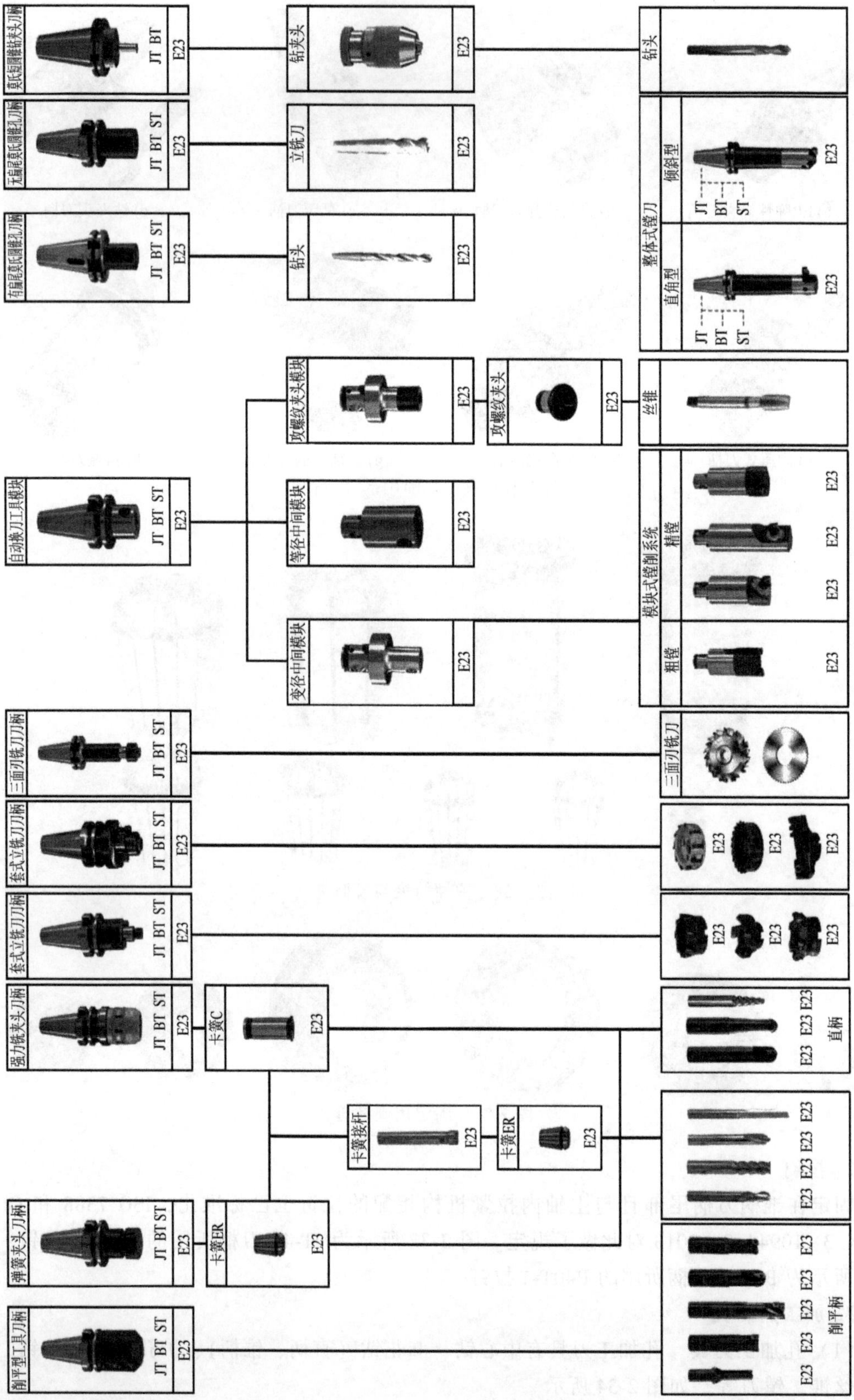

图 2-30 刀柄系统与加工中心刀具的配置

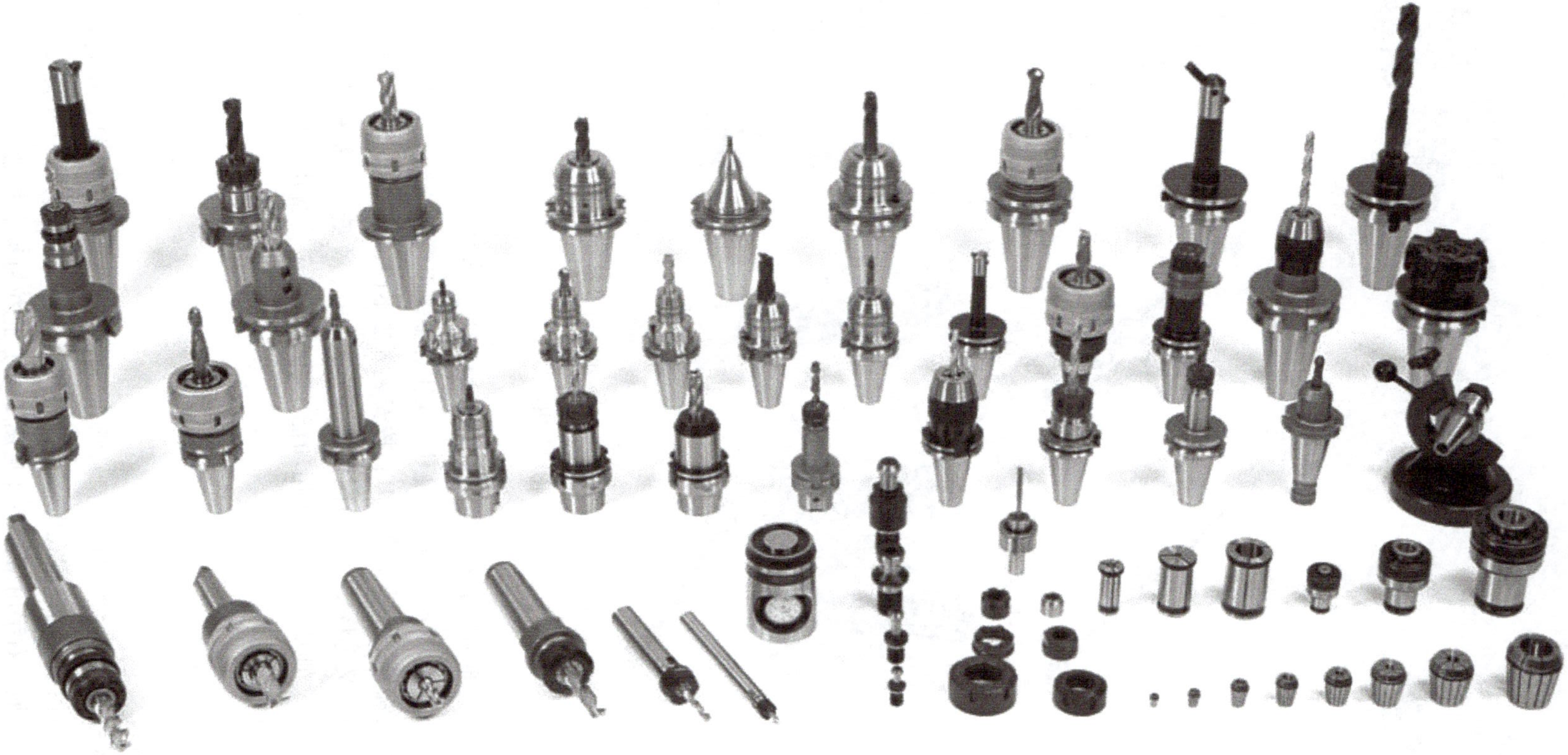

图 2-31　刀具与刀柄装配示意及部分附件

第二单元　数控铣削用夹具、刀具与量具

图 2-32　LDA40 拉钉 　　　　　　　图 2-33　P40T-1 拉钉

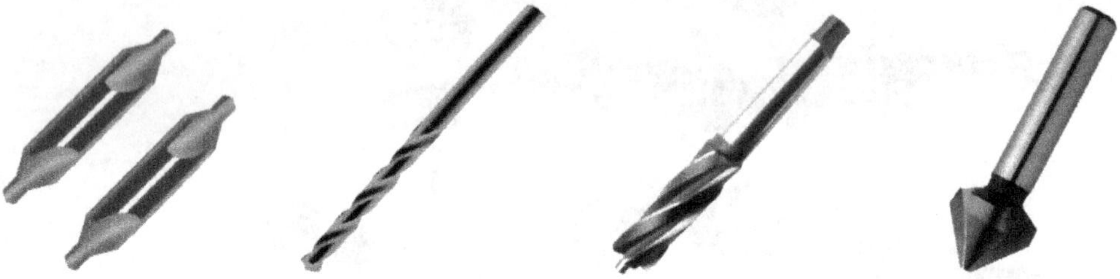

a) 中心钻　　　b) 麻花钻　　　c) 扩孔钻　　　d) 锪孔钻

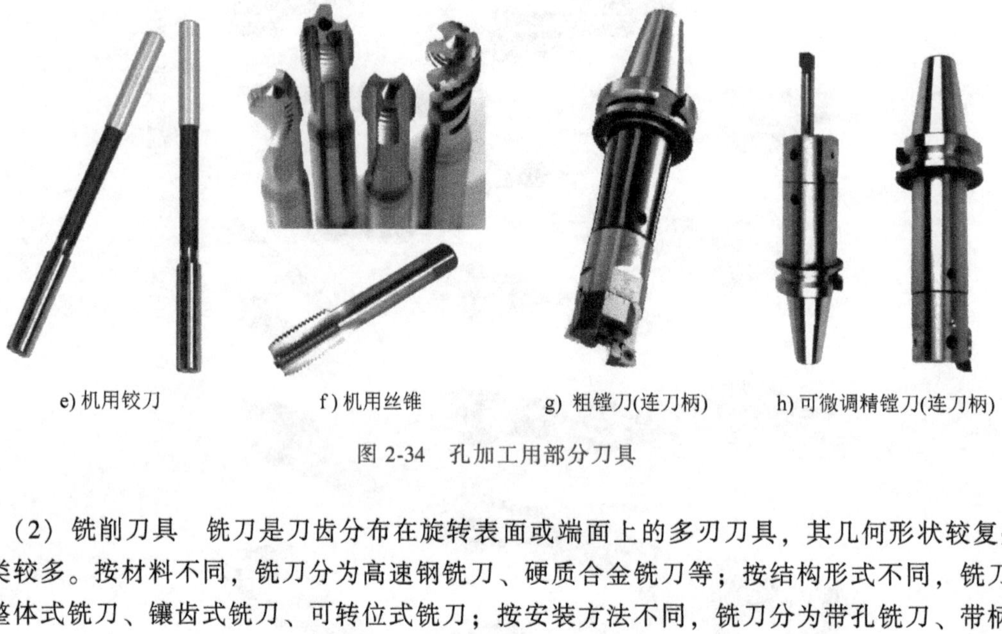

e) 机用铰刀　　f) 机用丝锥　　g) 粗镗刀(连刀柄)　　h) 可微调精镗刀(连刀柄)

图 2-34　孔加工用部分刀具

（2）铣削刀具　铣刀是刀齿分布在旋转表面或端面上的多刃刀具，其几何形状较复杂，种类较多。按材料不同，铣刀分为高速钢铣刀、硬质合金铣刀等；按结构形式不同，铣刀分为整体式铣刀、镶齿式铣刀、可转位式铣刀；按安装方法不同，铣刀分为带孔铣刀、带柄铣刀；按形状和用途不同，又可将铣刀分为圆柱铣刀、端铣刀、立铣刀、键槽铣刀、球头铣刀等。图 2-35 所示为数控铣削刀具的各种使用功能，图 2-36 所示为常用整体式铣削刀具，图 2-37 所示为常用可转位铣削刀具。

二、拉钉及刀具的安装

1. 拉钉的安装

要使刀柄在装入机床主轴时能被拉紧，必须在刀柄上安装相应的拉钉。在安装拉钉时，首先用手把拉钉拧入刀柄小端的螺纹孔中，然后把刀柄水平放在锁刀座（见图 2-2）右侧的卡槽内，用左手压住刀柄，右手用呆扳手（见图 2-1b）把拉钉彻底拧紧。

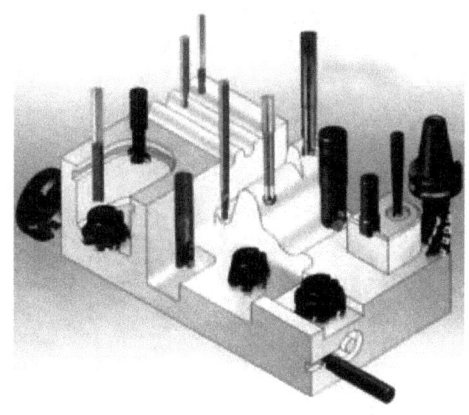

图 2-35　数控铣削刀具的各种使用功能

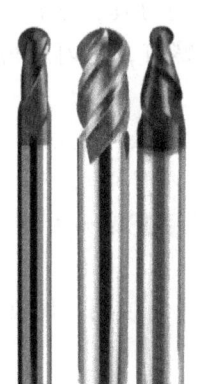

a) 立铣刀　　　　　　　　b) 球头铣刀　　　　　　　c) 键槽铣刀

图 2-36　常用整体式铣削刀具

2. 刀具的安装

把装好拉钉的刀柄竖放在锁刀座左侧的锥孔中，使刀柄上的键槽与锁刀座上的键相配合。

（1）铣刀刀片的安装　用图 2-1e 中的专用扳手拧下内六角螺钉进行刀片的安装。

（2）直柄刀具的安装

①把刀柄上的圆螺母（见图2-29）拧下；②把弹性筒夹（见图2-28）压入圆螺母中；③把直柄铣刀光杆部分装入弹性筒夹孔中；④把上述一体放入刀柄锥孔中，用手把圆螺母拧入到拧不动；⑤用图2-2中的扳手锁紧螺母。

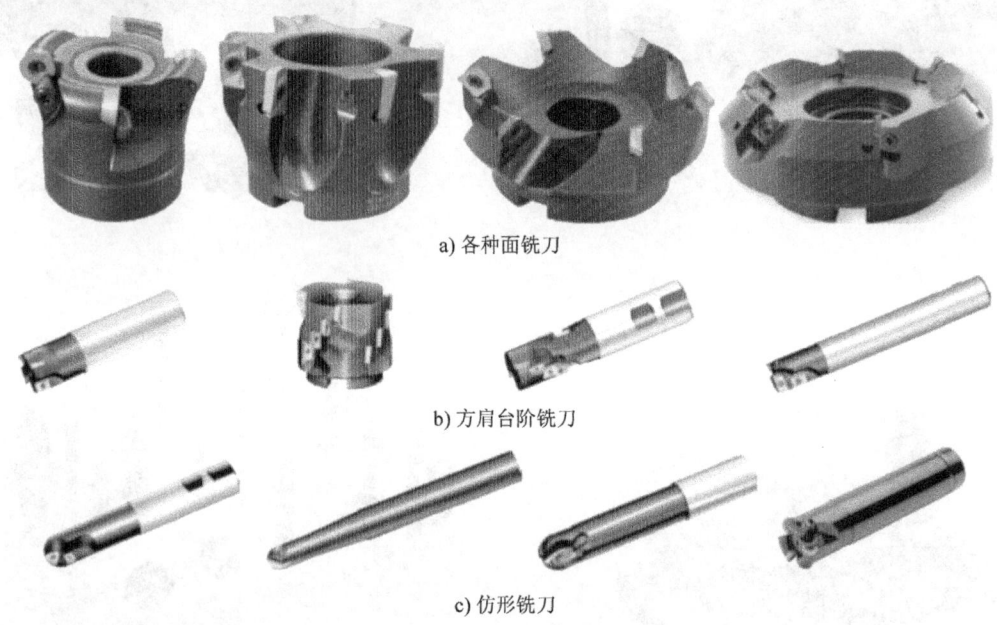

a) 各种面铣刀

b) 方肩台阶铣刀

c) 仿形铣刀

图 2-37 常用可转位铣削刀具

（3）锥柄刀具的安装
①对带扁尾的锥柄刀具，在装入时使扁尾与刀柄上的月形槽相对，然后沿轴向稍用力插入即可；②对尾端带螺纹孔的锥柄刀具，则在装拉钉前，先把锥柄刀具装入刀柄锥孔，然后从刀柄小端孔中插入内六角螺钉，用内六角扳手（见图2-1d）拧紧螺钉，最后装上拉钉。

（4）机用丝锥的安装　机用丝锥的安装比较方便，先把丝锥夹套（见图2-27g）中的锁圈沿轴向压入，再把机用丝锥的方榫插入即可。

（5）直柄麻花钻的安装　用月牙扳手把钻夹头松开（三爪往里收），到一定的开口后插入麻花钻，然后用月牙扳手拧紧。

其他类型刀柄的安装可参考刀柄包装说明。图2-38所示为部分安装好刀具及拉钉的刀柄。

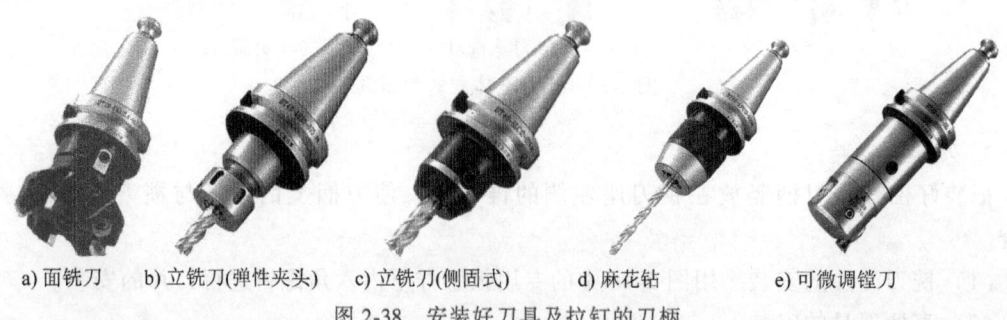

a) 面铣刀　　b) 立铣刀(弹性夹头)　　c) 立铣刀(侧固式)　　d) 麻花钻　　e) 可微调镗刀

图 2-38　安装好刀具及拉钉的刀柄

课题三 常用量具的使用

一、常用量具的外形

1. 卡尺类量具

图 2-39 所示为卡尺类量具。根据测量的用途不同,把卡尺分为测量内外径和深度的一般卡尺(见图 2-39a~c),测量深度的游标深度卡尺(见图 2-39d),测量内槽端面到轴端轴向距离的带钩游标深度卡尺(见图 2-39e),测量内槽直径的内孔槽游标卡尺(见图 2-39f),测量角度、深度、高度和角度划线的组合角度尺(见图 2-39g),测量角度的游标万能角度尺(见图 2-39h),测量齿轮齿厚的齿厚卡尺(见图 2-39i),测量两孔中心距的中心距卡尺(见图 2-39j),测量高度的游标高度卡尺(见图 2-39k)。

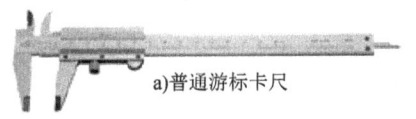
a)普通游标卡尺

b)数显卡尺

c)带表卡尺

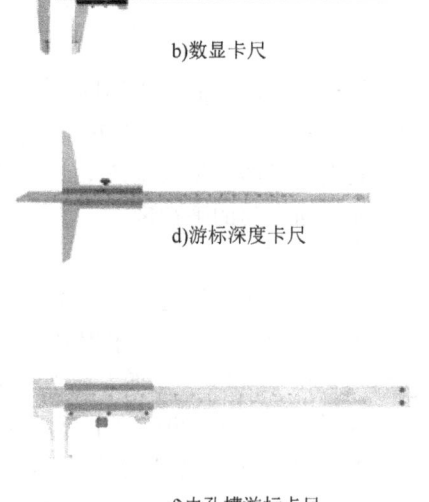
d)游标深度卡尺

e)带钩游标深度卡尺

f)内孔槽游标卡尺

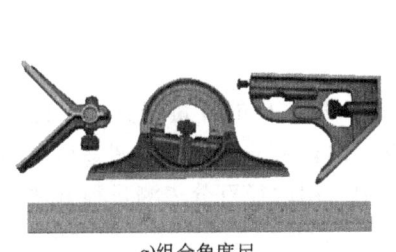
g)组合角度尺

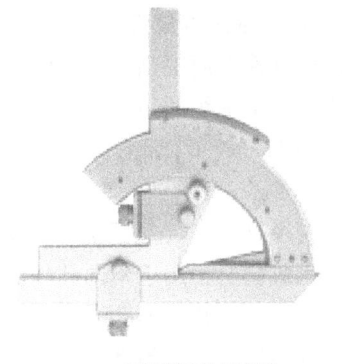
h)游标万能角度尺

图 2-39 卡尺类量具

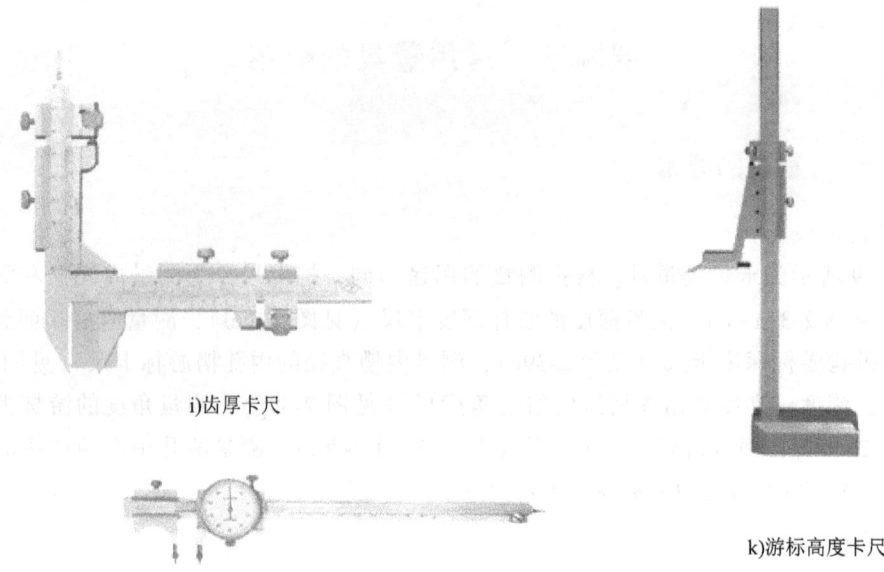

i)齿厚卡尺

k)游标高度卡尺

j)中心距卡尺

图 2-39　卡尺类量具（续）

根据卡尺的示值方式不同，又把卡尺分为普通卡尺（见图 2-39a）、数显卡尺（见图 2-39b）和带表卡尺（见图 2-39c）等。

高度卡尺的测量部位还可用来划线。卸下测量头，装上表夹，在表夹上装上各种表，可测量面与面之间的平行度。

2. 千分尺

千分尺是测量精度比卡尺更高的精密量具，目前常用的千分尺的分度值为 0.01mm。

千分尺的种类很多，根据其使用场合的不同可分为外径千分尺（见图 2-40a）、内测千分尺（见图 2-40b）、三爪内径千分尺（见图 2-40c）、深度千分尺（见图 2-40d）、公法线千分尺（见图 2-40e）和壁厚千分尺（见图 2-40f）等。

图 2-41 所示为测量范围为 0～25mm 的千分尺。千分尺的测量范围为 25mm 一档，如 0～25mm、25～50mm、50～75mm、75～100mm 等。图 2-41 所示外径千分尺的弓架左端装有砧座，右端有固定套筒，上面沿轴向刻有格距为 0.5mm 的刻线（即尺身）。固定套管内孔是螺距为 0.5mm 的螺孔，它与测微螺杆的螺纹相配合。测微螺杆的右端通过棘轮与微分筒相连。微分筒沿周围刻有 50 格刻度（即游标）。当微分筒转动一周，测微螺杆和微分筒沿轴向移动一个螺距的距离，即 0.5mm。因此，微分筒每转过一格，轴向移动的距离为 0.5mm/50＝0.01mm。

3. 内径百分表

内径百分表（见图 2-42）是将测头的直线位移变为指针角位移的计量器具，用比较测量法完成测量，用于不同孔径的尺寸及其形状误差的测量。内径百分表经一次调整后可测量多个基本尺寸相同的孔而中途不需要调整。在大批量生产中，用内径百分表测量很方便，内径百分表适合测量精度等级为 IT8、IT9 的孔。

4. 其他量具

（1）量块　量块又称块规，是无刻度的端面量具。用铬锰合金制成，线胀系数小，不易变形，且耐磨性好。量块的形状有长方体和圆柱体两种，常用的是长方体。量块精度指标主要是尺寸精度、测量面平行精度、测量面黏合性。按"级"和"等"划分精度等级。按"级"分0、1、2、3、4五级，其中0级最高。按"等"分1、2、3、4、5、6六等，其中1等最高。

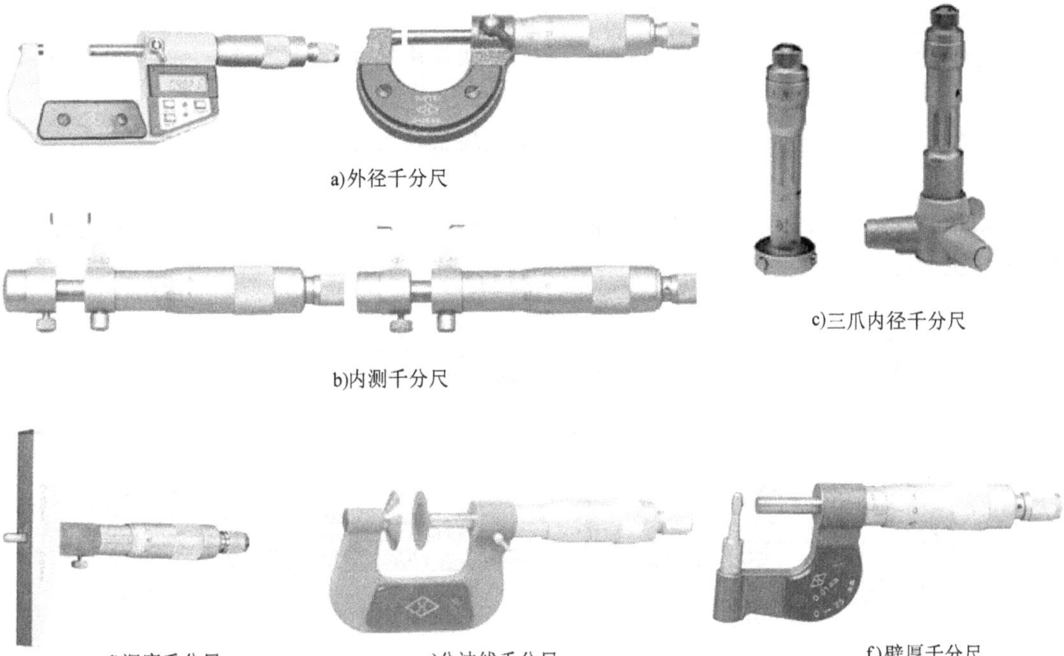

a)外径千分尺

b)内测千分尺

c)三爪内径千分尺

d)深度千分尺

e)公法线千分尺

f)壁厚千分尺

图 2-40 千分尺量具

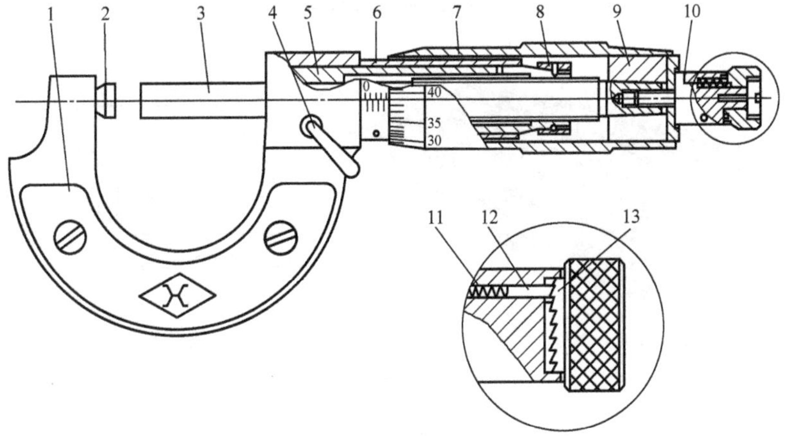

图 2-41 外径千分尺结构

1—尺架 2—砧座 3—测微螺杆 4—锁紧装置 5—螺纹轴套 6—固定套管 7—微分筒
8—螺母 9—接头 10—测力装置 11—弹簧 12—棘爪销 13—棘轮

为了能组成所需要的各种尺寸，量块是成套制造的，每一套将具有一定数量的不同尺寸的量块，装在特制的木盒内（见图2-43a）。为了获得较高的组合尺寸精度，应力求用最少的块数组成一个所需尺寸，一般不超过5块。为了迅速选择量块，应从所需组合尺寸的最后

一位数开始考虑,每选一块应使尺寸的位数减少一位。例如要组成 51.995mm 的尺寸(见图 2-43b),其选取方法为

$$
\begin{array}{rl}
51.995 & 需要的量块尺寸 \\
-1.005 & 第一块量块尺寸 \\
\hline
50.99 & \\
-1.49 & 第二块量块尺寸 \\
\hline
49.5 & \\
-9.5 & 第三块量块尺寸 \\
\hline
40 & 第四块量块尺寸
\end{array}
$$

量块用途很广,除作为长度量值基准的传递媒介外,也用作检定、校对和调整计量器具、精密机床等。

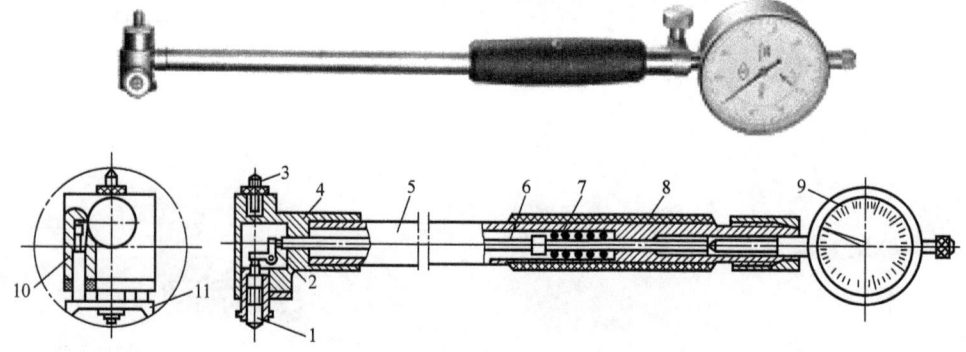

图 2-42 内径百分表外形及其结构

1—可换测头 2—等臂杠杆 3—活动测头 4—壳体 5—直管 6—推杆
7、10—弹簧 8—绝热手柄 9—百分表 11—定位护桥

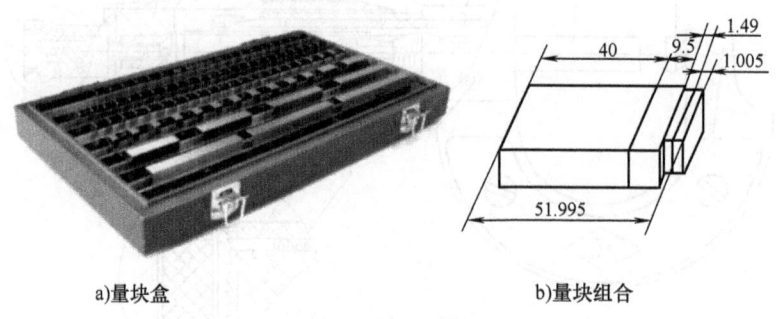

a) 量块盒　　　　　　　　b) 量块组合

图 2-43 量块的使用

(2) 宽座角尺、刀口尺、塞尺　它们是用来检验零件的形状和位置误差的。宽座角尺(见图 2-44)在检测面与面垂直度时常配合塞尺(见图 2-45)使用,以达到定量检测的目的。刀口尺(见图 2-46)在检测平面度和直线度时,配合塞尺使用也可达到定量检测效果。

(3) 极限量规和自制卡板　极限量规是一种没有刻度的专用量具,结构简单,使用方便,检验可靠。对成批生产的工件,其尺寸是否合格,多采用光滑极限量规检验。

极限量规的外形与被检验对象相反。检验孔的量规称为塞规,检验轴的量规称为卡规或环规。它们由通规(或通端)与止规(或止端)组成,通常量规总是成对使用的。

图 2-44 宽座角尺

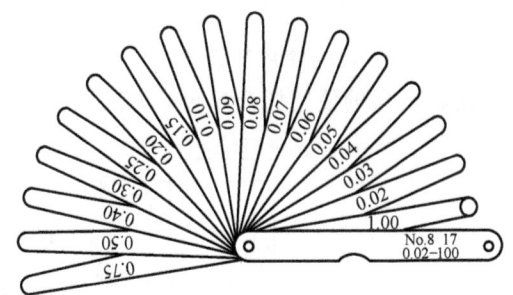

图 2-45 塞尺

通规的作用是防止工件尺寸超出最大实体尺寸；止规的作用是防止尺寸超出最小实体尺寸。因此，通规应按最大实体尺寸制造；止规应按最小实体尺寸制造。通规和止规（或通端和止端）分别用汉语拼音字母"T"和"Z"表示。图 2-47 所示为螺纹塞规（左端为通规，右端为止规）；图 2-48 所示为光滑极限塞规（长端为通规，短端为止端）；图 2-49 所示为螺纹环规（厚者为通规，薄者为止规）；图 2-50 所示为光滑极限环规；图 2-51 所示为卡规。

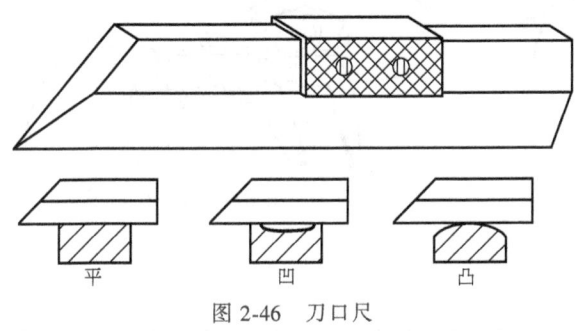

图 2-46 刀口尺

图 2-47 螺纹塞规

图 2-48 光滑极限塞规

图 2-49 螺纹环规

图 2-50 光滑极限环规

图 2-51 卡规

自制卡板是根据零件的实际极限尺寸做成的量规,实际检验中应用也较广泛。

二、常用量具的使用与读数

1. 游标卡尺的使用与读数

游标卡尺的使用场合和测量方法如图 2-52~图 2-53 所示,其读数方法见表 2-3。

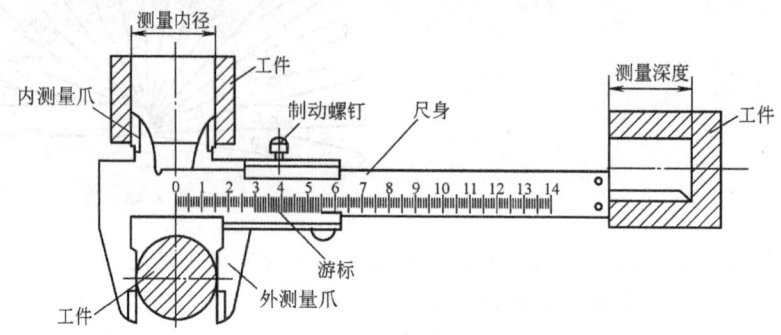

图 2-52 游标卡尺的使用场合

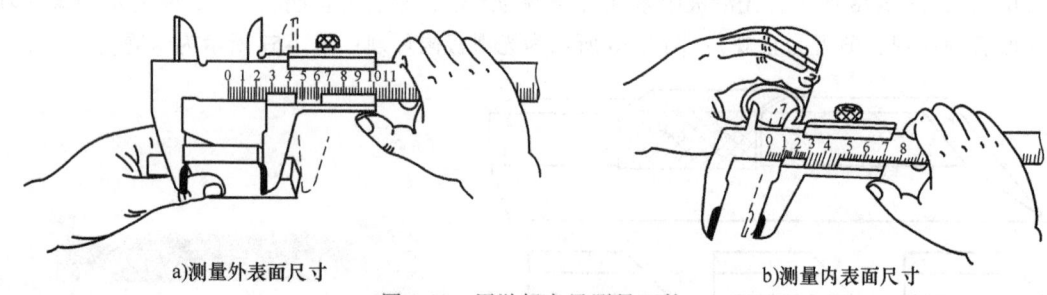

a)测量外表面尺寸　　　　　　　　b)测量内表面尺寸

图 2-53 用游标卡尺测量工件

表 2-3 游标卡尺的刻线原理及读数方法

分度值	刻 线 原 理	读数方法及示例
0.02mm	尺身 1 格 =1mm 游标 1 格 =0.98mm,共 50 格 尺身、游标每格之差 =(1-0.98)mm=0.02mm	读数=游标零位指示的尺身整数+游标与尺身重合线数×分度值 示例: 读数=(22+9×0.02)mm=22.18mm

使用游标卡尺检验零件时应注意以下事项:

1) 使用前应擦净内、外测量爪,检查尺身、游标零线是否重合。若不重合,则在测量后应根据原始误差修正读数。

2) 用游标卡尺测量时,应使内、外测量爪逐渐与工件表面靠近,最后到达轻微接触。

3) 测量时,内、外测量爪不得用力压紧工件,以免内、外测量爪变形或磨损,影响测量的准确度。

4) 游标卡尺仅用于测量已加工的光滑表面。表面粗糙的工件或正在运动的工件都不宜用游标卡尺测量,以免使内、外测量爪过快磨损。

2. 千分尺的使用与读数

用外径千分尺测量工件的方法如图 2-54 所示，其读数方法如图 2-55 所示。内测千分尺的使用及读数如图 2-56 所示。读数=游标所指的尺身上整数（应为 0.5 的整数倍数）+尺身基线所指游标的格数×0.01。

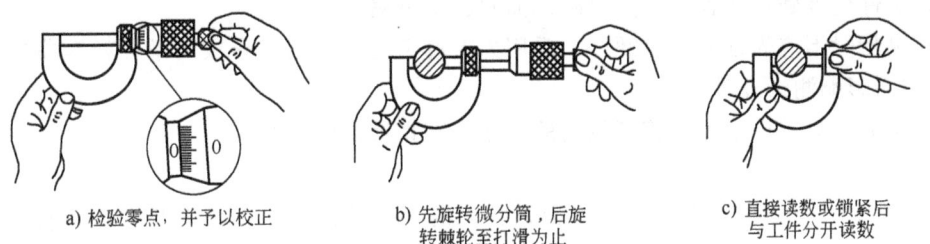

图 2-54 用千分尺测量工件的方法

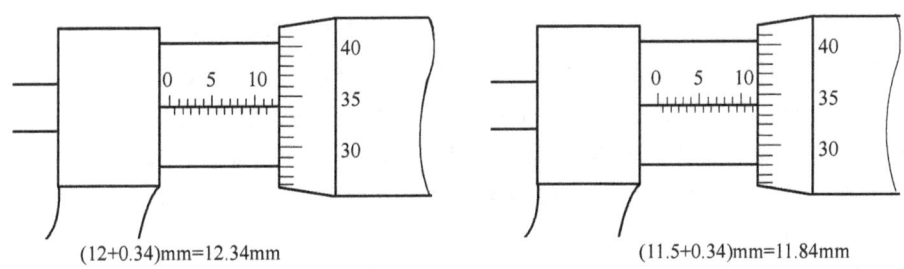

图 2-55 外径千分尺的读数

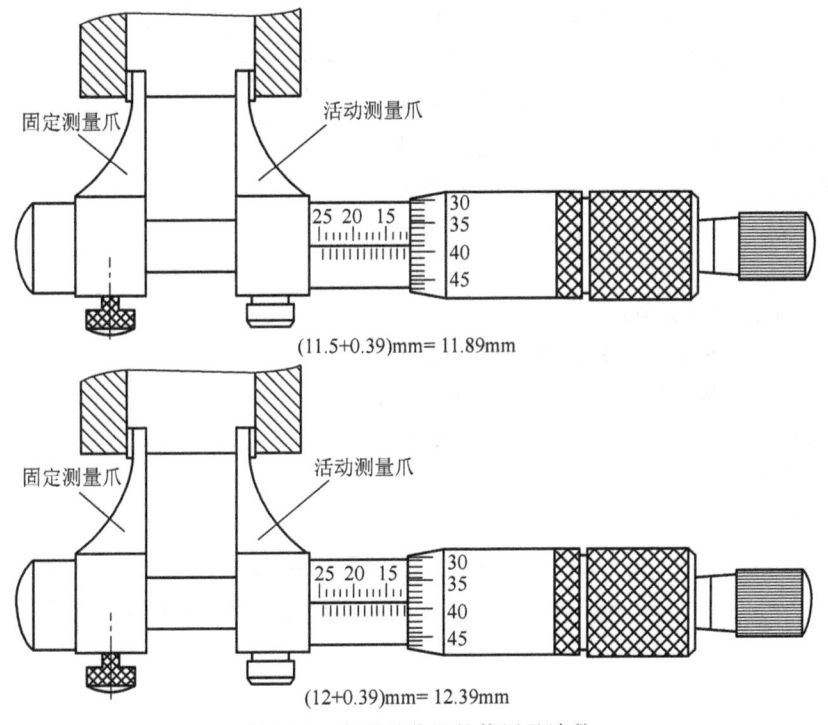

图 2-56 内测千分尺的使用及读数

使用千分尺时的注意事项如下：
1) 测量前后均应擦净千分尺。
2) 测量时应握住尺架。当测微螺杆即将接触工件时必须使用棘轮，并至打滑1~2圈为止，以保证恒定的测量压力。
3) 工件应准确地放置在千分尺测量面间，不可偏斜。
4) 测量时不应先锁紧测微螺杆，后用力卡过工件，否则将导致测微螺杆弯曲或测量面磨损，因而影响测量准确度。
5) 千分尺只适用于测量精度较高的尺寸，不宜量粗糙表面。

3. 内径百分表的使用

（1）内径百分表的装夹和对零　把百分表的夹持杆擦净，小心地装进表架套中，并使表的指针转过1~2圈后，用夹紧手柄紧固夹紧套，夹紧力不宜太大。根据被测孔的内尺寸，选取一个相应尺寸的可换测头装在主体上，并用锁紧螺母紧固。根据被测孔的基本尺寸，调整可换测头，使其尺寸略大于公称尺寸+公差/2，选择校对环规（可用外径千分尺），用棉纱或软布把环规、可换测头擦净。用手压几下活动测量头，百分表指针移动应平稳、灵活、无卡滞现象，然后对零，一手压活动测头，一手握住手柄，将测头放入环规内，使可换测头不动。沿轴向截面左右摆动内径表架（如放入千分尺内，则应前后左右摆动），找出表的最大（在使用千分尺时为最小）读数，即"拐点"。转动百分表度盘，使零线与指针的"拐点"处相重合，对好零位后，把内径百分表从环规（或千分尺）内取出。

（2）测量方法　对好零位后的内径百分表，不得松动其夹紧手柄，以防零位变化。测量时，一手握住上端手柄，另一手压住下端活动测头，倾斜一个角度，把测头放入被测孔内，然后上下（或左右）摆动表架（见图2-57），找出表的最小读数值，即"拐点"，该点的读数值就是被测孔径与环规孔径（或千分尺读数）之差。为了测出孔的圆度，可在同一径向平面内的不同位置上测量几次；为了测出孔的圆柱度，可在几个径向平面内测量几次。

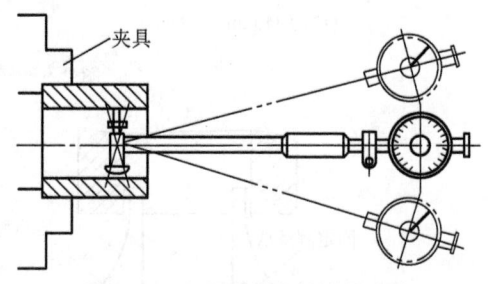

图2-57　内径百分表的测量方法

测量时应注意以下事项：
1) 测量时不得使活动测头受到剧烈振动。
2) 在接触活动测头时要小心，不要用力太大。
3) 装卸百分表时，要先松开表架上的夹紧手柄，防止损坏夹头和百分表。
4) 安装可换测头时一定要用扳手紧固。

4. 极限量规的使用

检验时，如果通规能通过工件，而止规不能通过，则认为工件是合格的；反之，则为不合格。用这种方法检验，虽不能确切知道工件的具体尺寸，但能保证工件的互换性。

第三单元　FANUC Series 0i-MODEL D系统加工中心的编程

> 成功的人干一行，爱一行，钻一行，有付出才能有收获；向劳模学习，要为中国制造高质量产品而努力学、刻苦练。
>
> 平凡的事业也会造就不平凡的人。在学习中，知识每天长一点，技能每天练一点，也能成为大师。

课题一　FANUC Series 0i-MODEL D 系统的功能指令和程序结构

一、FANUC Series 0i-MODEL D 系统的功能指令

加工中心在编程时，对数控机床自动运行的各个动作，如主轴的转、停，刀具的自动换刀，切削的进给速度，切削液的开、关等，都要以代码（指令）的形式予以给定。它有准备功能 G 代码（指令）、辅助功能 M 代码（指令）以及 F、S、T、H、D 代码（指令）等几种。

1. 准备功能 G 代码（指令）

准备功能 G 代码（指令）有模态和单步两种代码（指令）。单步 G 代码（指令）只在指令它的程序段中有效；模态 G 代码（指令）一直有效，直到被同一组的其他 G 代码（指令）所替代。

FANUC Series 0i-MODEL D 系统的准备功能 G 代码（指令）见表 3-1。

表 3-1　FANUC Series 0i-MODEL D 系统 G 代码（指令）表

G 代码	组号	功　能	G 代码	组号	功　能
G00*	01	定位（快速移动）	G20	06	英制输入
G01*		直线插补（切削进给）	G21		米制输入
G02		顺时针圆弧插补/螺旋线插补	G22*	04	存储行程检测功能有效
G03		逆时针圆弧插补/螺旋线插补	G23		存储行程检测功能无效
G04	00	暂停、准确停止	G27	00	返回参考点检测
G05.1		AI 先行控制/AI 轮廓控制	G28		自动返回至参考点
G05.4		HRV3 接通/断开	G29		从参考点移动
G07.1（G107）		圆柱插补	G30		返回第二、第三、第四参考点
G09		准确停止	G31		跳过功能
G10		可编程数据输入	G33	01	螺纹切削
G11		可编程数据输入方式取消	G37	00	刀具长度自动测定
G15*	17	极坐标指令取消	G39		刀具半径补偿拐角圆弧插补
G16		极坐标指令	G40*	07	刀具半径补偿取消
G17*	02	$X_P Y_P$ 平面　其中 X_P：X 轴或者其平行轴	G41		左侧刀具半径补偿
G18*		$Z_P X_P$ 平面　Y_P：Y 轴或者其平行轴	G42		右侧刀具半径补偿
G19*		$Y_P Z_P$ 平面　Z_P：Z 轴或者其平行轴	G40.1	19	法线方向控制取消方式

（续）

G代码	组号	功能	G代码	组号	功能
G41.1	19	法线方向控制左侧接通	G75	01	切入式磨削循环（磨床用）
G42.1		法线方向控制右侧接通	G76	09	精镗循环
G43	08	正向刀具长度补偿	G77	01	切入式直接恒定尺寸磨削循环（磨床用）
G44		负向刀具长度补偿			
G45	00	刀具位置偏置（伸长）	G78	01	连续进给表面磨削循环（磨床用）
G46		刀具位置偏置（缩小）	G79		间歇进给表面磨削循环（磨床用）
G47		刀具位置偏置（伸长2倍）	G80*		固定循环取消/电子齿轮箱同步取消
G48		刀具位置偏置（缩小1/2）	G81		钻孔循环、镗孔循环/电子齿轮箱同步开始
G49*	08	刀具长度补偿取消			
G50*	11	比例缩放取消	G82		钻孔循环、镗阶梯孔循环
G51		比例缩放	G83		深孔钻削循环
G50.1*	22	可编程镜像取消	G84	09	攻螺纹循环
G51.1		可编程镜像	G84.2		刚性攻螺纹循环（FS10/11格式）
G52	00	局部坐标系设定	G84.3		反向刚性攻螺纹循环（FS10/11格式）
G53		机械坐标系选择	G85		镗孔循环
G54*	14	工件坐标系1选择	G86		镗孔循环
G54.1		选择追加工件坐标系（P1~P48）	G87		反镗循环
G55		选择工件坐标系2	G88		镗孔循环
G56		选择工件坐标系3	G89		镗孔循环
G57		选择工件坐标系4	G90*	03	绝对指令
G58		选择工件坐标系5	G91(*)		增量指令
G59		选择工件坐标系6	G91.1		最大增量指令值检测
G60	00/01	单向定位	G92	00	工件坐标系的设定/主轴最高速度限制
G61	15	准确停止方式			
G62		自动拐角倍率	G92.1		工件坐标系预置
G63		攻螺纹方式	G93		反比时间进给
G64*		切削方式	G94*	05	每分钟进给
G65	00	宏指令调用	G95		每转进给
G66	12	宏模态调用	G96	13	周速恒定控制
G67*		宏模态调用取消	G97*		周速恒定控制取消
G68	16	坐标旋转方式有效	G98*	10	固定循环初始平面返回
G69*		坐标旋转方式取消	G99		固定循环R点平面返回
G73	09	深孔钻削循环	G160*	20	横向进给控制取消（磨床用）
G74		反向攻螺纹循环	G161		横向进给控制（磨床用）

注：1. 如果设定参数（No.3402的#6CLR），当电源接通或复位时，机床进入清除状态，此时模态G代码的状态如下：
① 表中*指定的模态G代码被激活。
② 当电源接通或复位而使系统为清除状态时，原来的G20或G21保持不变。
③ 可以用参数No.3402#7（G23）设置电源接通时是选择G22还是G23。在复位的状态下，不影响G22或G23。
④ G00和G01，可根据参数No.3402#0的设定处在哪个G代码位置而确定。
⑤ G90和G91，可根据参数No.3402#3的设定处在哪个G代码位置而确定。
⑥ G17、G18以及G19，可以由参数No.3402#1（G18）和#2（G19）来设定。
2. 00组G代码中，除了G10和G11以外，其他都是单步G代码。
3. 当指令了G代码表中未列出或没有相应的选项时，会有报警（PS0010）显示。
4. 编程时，前面的0可省略，如G00、G01可简写为G0、G1。
5. 可以在同一程序段中指令多个不同组的G代码。如果在同一程序段中指令了多个同组的G代码，仅执行最后指令的G代码。
6. 如果在钻孔用固定循环中指令了01组的G代码，则固定循环被取消，这与指令G80的状态相同。但01组G代码不受固定循环G代码的影响。
7. G代码按组号显示。
8. 根据参数No.5431#0（MDL）的设定，G60的组别可以转换。当MDL=0时，G60为00组G代码；当MDL=1时，G60为01组G代码。

2. 辅助功能 M 指令

M 指令主要用于机床操作时的工艺性指令，如主轴的启停、切削液的开关等。它分为前指令和后指令两类。前指令是指该指令在程序段中首先被执行（不管该指令是否写在程序段的前或后），然后执行其他指令；后指令则相反。具体的 M 指令参见表 3-2（一般由数控机床生产厂家设定）。

表 3-2　辅助功能 M 指令

指令	功　能	指令执行类别	指令	功　能	指令执行类别
M00	程序停止	后指令	M30	程序结束并返回	后指令
M01	程序选择停止		M63	排屑起动	
M02	程序结束		M64	排屑停止	
M03	主轴正转	前指令	M80	刀库前进	单独程序段
M04	主轴反转		M81	刀库后退	
M05	主轴停止	后指令	M82	刀具松开	
M06	刀具自动交换	前指令	M83	刀具夹紧	
M08	切削液开（有些厂家设置为 M07）		M85	刀库旋转	
M09	切削液关	后指令	M98	调用子程序	后指令
M19	主轴定向	单独程序段	M99	调用子程序结束并返回	
M29	刚性攻螺纹				

注：1. M00 指令实际是一个暂停指令。当执行有 M00 指令的程序段后，程序停止执行（进给停止，但主轴仍然旋转）。它与单段程序执行后停止相同，模态信息全部被保存，按下"循环起动"按钮，可使加工中心（数控铣床）继续运转。利用该指令的暂停功能，可以用来检测加工件的尺寸，但在执行上述操作时，在 M00 程序段前必须加一个 M05 的程序段，使主轴停转。

2. M01 指令的作用和 M00 相似，但它必须是在预先按下操作面板上的"程序选择停止"按钮的情况下，当执行完编有 M01 指令的程序段中其他指令后，才会停止执行程序。如果不按下"程序选择停止"按钮，M01 指令无效，程序继续执行。

3. 编程时，前面的 0 可省略，如 M00、M01 可简写为 M0、M1。

4. M02 只将控制部分复位到初始状态，表示程序结束；M30 除将机床及控制系统复位到初始状态外，还自动返回到程序开头位置，为加工下一个工件做好准备。

5. 在一个程序段中只能指令一个 M 指令，如果在一个程序段中同时指令了两个或两个以上的 M 指令时，则只有最后一个 M 指令有效，其余的 M 指令无效。

3. 其他指令

（1）进给速度指令（F）　它用字母 F 及其后面的若干位数字来表示，单位为 mm/min（G94 有效）或 mm/r（G95 有效）。如在 G94 有效时，F150 表示进给速度为 150mm/min。一旦用 F 指令了进给速度，就一直有效，直到指令新的 F 指令。

（2）主轴转速指令（S）　它用字母 S 及其后面的若干位数字来表示，单位为 r/min。例如，S300 表示主轴转速为 300r/min。

（3）刀具指令（T）　它由字母 T 及其后面的三位数字表示，表示刀具号，如 T001（编程时前面的 0 可省略，简写为 T1）。

（4）刀具长度补偿值和刀具半径补偿值指令（H 和 D）　它由字母 H 和 D 及其后面的三位数字表示，该三位数字为存放刀具补偿量的存储器地址字（No.）。刀具补偿存储器页面如图 3-1 所示，如 H002（编程时前面的 0 可省略，简写为 H2），则调用的长度偏置值为 -298.368mm；D002（编程时前面的 0 可省略，简写为 D2），则调用的半径补偿量为 6mm。

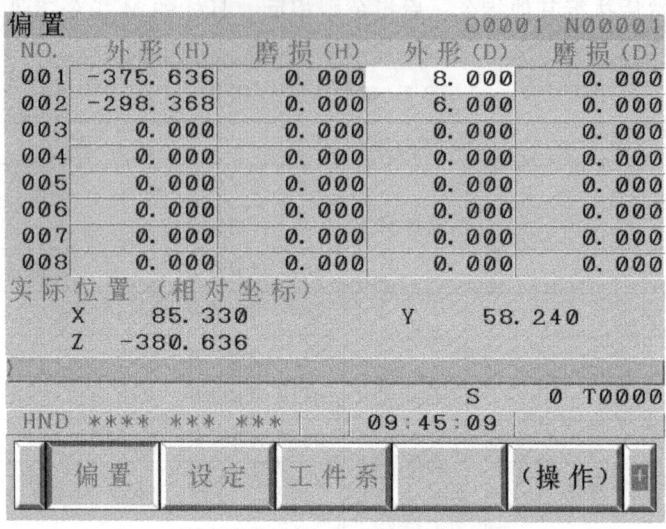

图 3-1 刀具长度、半径补偿设置界面

二、FANUC Series 0i-MODEL D 系统程序结构

1. 加工程序的组成

加工程序可分为主程序和子程序，但不论是主程序还是子程序，每一个程序都由若干个程序段组成。程序段由一个或若干个字（字是由表示地址的字母和数字、符号等组成，它表示控制数控机床完成一定功能的具体指令）组成，它表示数控机床为完成某一特定动作而需要的全部指令。例如：

```
O3001;                          程序名
N10  M6  T1;
N20  G54  G90  G0  G43  H1  Z100;
N30  M3  S600;                  程序段
...
N80  M30;
%                               程序结束符
```

上面每一行称为一个程序段，N10、G54、M3、S600…都是一个字。

2. 加工程序的格式

每个加工程序都由程序名、程序段、程序结束符等几部分组成。

（1）程序名　程序名的格式：

O××××;

××××为程序号，可以从 0000~9999 中选取。存入数控系统中的各程序名不能相同。在书写时其数字前面的零可以省略不写，如 O0020 可写成 O20。另外，O9000 以后的程序名，在某些加工中心中有特殊的用途，因此会出现无法输入的情况，应尽量避免使用。

(2) 程序段　程序段的格式：

N__　　G__　　X__Y__Z__　M__T__F__S__　；
程序段号　准备功能　坐标运动尺寸　工艺性指令　　结束代码

程序段号仅作为"跳转"或"程序检索"的目标位置指示，因此，它的大小及次序可以颠倒，也可以省略。程序段在存储器内以输入的先后顺序排列，而程序的执行是严格按信息在存储器内的先后顺序一段一段地执行，也就是说执行的先后次序与程序段号无关。为方便修改程序后插入程序段，程序段号一般以 10 为增量值。程序段号不得超过 N10000。

(3) 程序结束符　FANUC 数控系统的程序结束符为"%"。

课题二　坐标系的设定与坐标值

一、坐标系设定

在切削加工过程中，数控系统将刀具移动到指定位置，而刀具位置由刀具在坐标系中的坐标值表示。在系统中可应用三种坐标系：机床坐标系、工件坐标系和局部坐标系。

1. 用机床坐标系指令

数控机床在运行时，可以用机床坐标系来指令。

编程格式：

G90　G53　X__　Y__　Z__；（X、Y、Z 为机床坐标值）

G53 指令使刀具快速定位到机床坐标系中的指定位置上。当指定 G53 指令时，就清除了刀具半径补偿、刀具长度补偿和刀具偏置。该指令一般在换刀时使用，只给定 Z 轴。

2. 用工件坐标系指令

工件坐标系通过"对刀"预先设置。在图 3-2 中，假如编程的工件坐标系原点选在工件上表面的 O 处，那么通过"对刀"使刀具刀位点（立铣刀的端面中心、球铣刀的球心或最下面的象限点）与此位置重合，然后把此位置对应的机床坐标值输入到数控系统中（见图 3-3）。

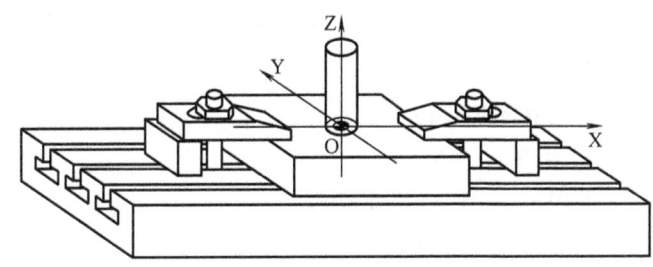

图 3-2　设定工件坐标系

(1) 用 G54～G59 指令选择工件坐标系　G54～G59 指令可以分别用来选择相应的工件坐标系。在电源接通并返回参考点后，系统自动选择 G54 坐标系（见图 3-3 中第二行）。

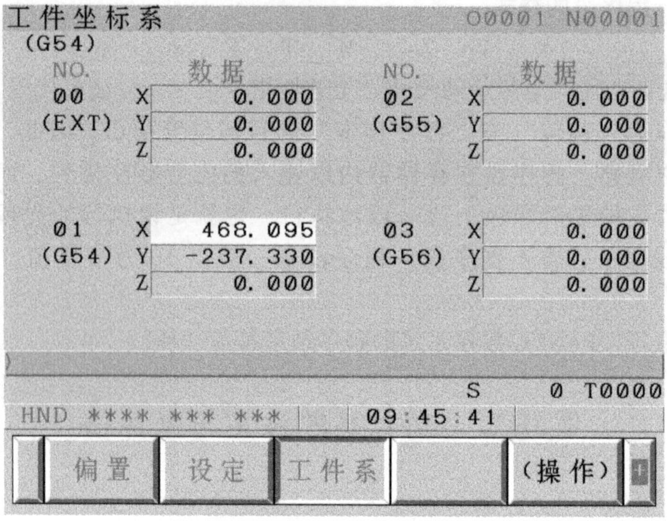

图 3-3 G54 等设置界面

例 3-1 在图 3-4 所示零件的坐标原点处加工一个通孔（工件厚 15mm）。用 G54 指令选择工件坐标系。加工程序：

O3001;	程序名（下面所有 G、M 指令中前面的"0"省略）
G90 G80 G40 G21 G17 G94;	程序的初始化
M6 T1;	换上 1 号刀
G54 G90 G0 G43 H1 Z50. M3 S600;	选择 G54 工件坐标系，绝对编程，在 Z 方向调入了刀具长度补偿后快速移动到 Z50 处，主轴正转，转速为 600r/min
X80. Y50.;	刀具快速移动到 G54 工件坐标系设定的点
X0 Y0;	快速定位
Z5. M8;	主轴快速下降，切削液开
G91 G1 Z-22. F30;	增量值编程，Z 下降 22mm 加工通孔
G90 G0 Z50. M9;	绝对值编程，Z 快速上升，切削液关
M30;	程序结束并返回
%	程序结束符

说明：

1) 程序名可不必作为独立的程序段，可放在第一个程序段的段首，如"O3001 M6 T1;"。

2) 本系统参数 No.3401#0（DPI）决定整数坐标值是否输入小数点，即输入 X、Y、Z 坐标值整数时，后面是否加小数点，如输入 50mm 时是输入"50"还是"50."。后面编写的程序都按整数不加小数点输入。

3) 程序段结束符为";"，在面板上输入程序段时系统不会自动生成，必须输入结束符";"

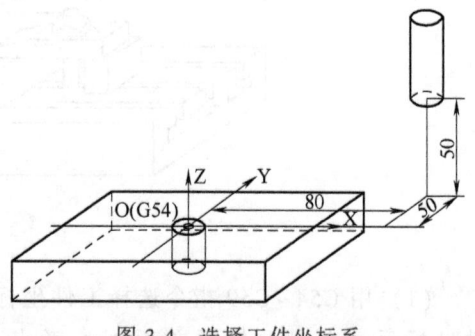

图 3-4 选择工件坐标系

（图4-1中"EOB"键）；而采用传输软件通过R232传输的程序，在编写过程中可以省略
";"，因为传输后系统会自动生成结束符";"。

4) 在面板上输入程序时，系统不会自动生成程序段号N10、N20…必须人工输入。

5) 参数No.3402#6（CLR）使电源接通或复位时，CNC进入清除状态，即在复位后，程序所执行的G43（或G44）、G41（或G42）被强制取消，系统恢复到G49、G40状态。

在加工比较复杂的零件时，为了编程方便，可以利用G54~G59指令对不同的加工部位设定不同的工件坐标系。

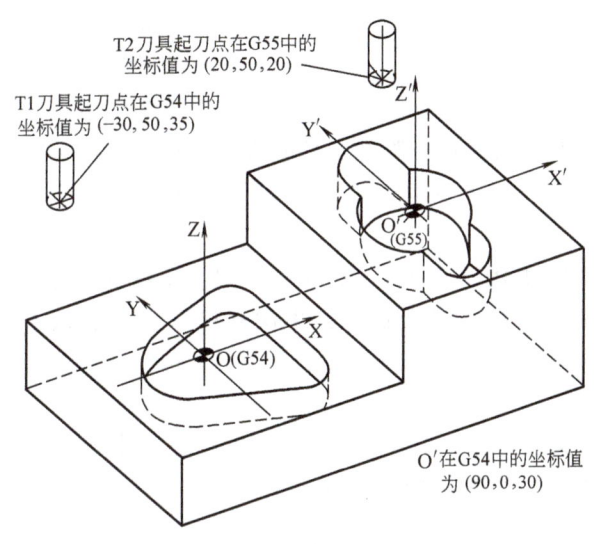

图3-5 多任务件坐标系及局部坐标系的应用

例3-2 多任务件坐标系设定编程举例。加工图3-5所示零件上、下两个水平面中的型腔。加工程序：

```
O3002;                                  程序名
N10  G90 G80 G40 G21 G17 G94;           程序的初始化
N20  M6 T1;                             换上1号刀
N30  G54 G90 G21 G0 G43 H1 Z35 M3 S600; 选择G54工件坐标系，绝对编程，在
                                        Z方向调入了刀具长度补偿后快速移
                                        动到Z35，主轴正转，转速为
                                        600r/min
N40  X-30 Y50;                          刀具快速移动到G54工件坐标系设定
                                        的点
N50  X0 Y0 M8;                          快速定位，切削液开
N60  M98 P8001;                         调用子程序O8001加工下平面的型腔
N70  G0 Z100 M9;                        Z轴快速上移，切削液关
N80  G53 Z0;                            Z轴快速移动到机床坐标Z0处
N90  M5;                                主轴停转
N100 M6 T2;                             换上2号刀
```

```
N110  G55  G90  G0  G43  H2  Z20  M3  S600;   选择G55工件坐标系,绝对编程,在Z方向
                                               调入了刀具长度补偿后快速移动到Z20,
                                               主轴正转,转速为600r/min
N120  X20  Y50;                                刀具快速移动到G55工件坐标系设定的点
N130  X0   Y0   M8;                            快速定位,切削液开
N140  M98  P8002;                              调用子程序O8002加工上平面的型腔
N150  G0   Z100  M9;                           Z轴快速上移,切削液关
N160  G49  G90  Z0;                            取消刀具长度补偿,Z轴快速移动到机床坐
                                               标Z0处
N170  M30;                                     程序结束并返回
%                                              程序结束符
```

(2) 用G54.1 P1~P48指令选择附加工件坐标系 G54.1 P1~P48指令共有48个附加工件坐标系,其使用方法与G54~G59指令相同。在例3-1中只需把G54更改为G54.1 P1即可。

利用G54~G59、G54.1 P1、G54.1 P2、…、G54.1 P48指令建立的工件坐标系、附加工件坐标系,在机床系统断电后并不破坏,再次开机后仍然有效,并与刀具的当前位置无关。

3. 局部坐标系

当在工件坐标系中编程时,为了方便编程,可以设定工件坐标系的子坐标系,子坐标系称为局部坐标系。两者的关系如图3-6所示。

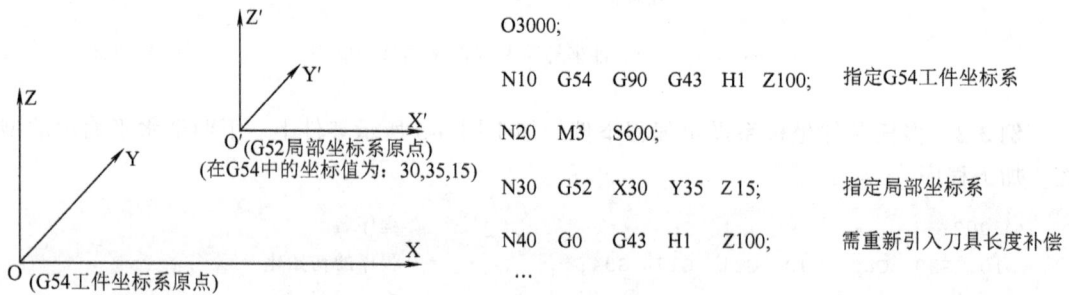

```
O3000;
N10  G54  G90  G43  H1  Z100;    指定G54工件坐标系
N20  M3   S600;
N30  G52  X30  Y35  Z15;          指定局部坐标系
N40  G0   G43  H1   Z100;         需重新引入刀具长度补偿
…
```

图3-6 局部坐标系与工件坐标系的关系

编程格式:

```
G52  X__ Y__ Z__;    设定局部坐标系。X__ Y__ Z__为局部坐标系原点在工件坐标系中
                      的坐标值
…                    编写的程序段
G52  X0  Y0  Z0;     取消局部坐标系
```

当执行完G52指令(设定或取消局部坐标系)后,就清除了刀具半径补偿、刀具长度补偿等刀具偏置,在后续的程序段中必须重新指定刀具长度补偿,否则会发生撞刀现象。

例3-3 局部坐标系设定编程举例。用一把铣刀加工图3-5所示零件上、下两个水平面中的型腔。加工程序为:

```
O3003;                                  程序名
N10  G90 G80 G40 G21 G17 G94;           程序的初始化
N20  M6 T1;                             换上1号刀
N30  G54 G90 G21 G0 G43 H1 Z100 M3 S600; 选择G54工件坐标系,绝对编程,在Z方
                                         向调入了刀具长度补偿后刀具快速移
                                         动到工件下腔水平面上方100mm处,
                                         主轴正转,转速为600r/min
N40  G52 X90 Y0 Z30;                    设定局部坐标系(图3-5中的O'现为局
                                         部坐标系原点)
N50  G0 G43 H1 Z20;                     重新设置刀具长度补偿,刀具移动到工
                                         件上水平面以上20mm处
N60  X0 Y0 M8;                          快速定位,切削液开
N70  M98 P8002;                         调用子程序O8002加工上平面的型腔
N80  G0 Z100 M9;                        Z轴快速上移,切削液关
N90  G52 X0 Y0 Z0;                      取消局部坐标系
N100 G0 G43 H1 Z100;                    重新设置刀具长度补偿
N110 X0 Y0 M8;                          快速定位,切削液开
N120 M98 P8001;                         调用子程序O8001加工下平面的型腔
N130 G0 Z100 M9;                        Z轴快速上移,切削液关
N140 G49 G90 Z0;                        取消刀具长度补偿,Z轴快速移动到
                                         机床坐标Z0处
N150 M30;                               程序结束并返回
%                                       程序结束符
```

二、坐标值

1. 绝对值指令与增量值指令（G90、G91）

刀具的移动有两种方法进行指令：绝对值指令G90和增量值指令G91。

G90指令按绝对值方式设定坐标，即移动指令终点的坐标值X、Y、Z都是以坐标系的坐标原点为基准来计算的。G91指令按增量值方式设定坐标，即移动指令终点的坐标值X、Y、Z都是以当前点为基准来计算的，当前点到终点的方向与坐标轴同向取正，反向取负。其编程关系如图3-7所示。

2. 英制/米制转换（G20、G21）

G20：英寸输入；G21：毫米输入。

G20、G21指令必须在设定坐标系之前，在程序的开头以单独程序段指定。G20、G21是两个互相取代的G指令，且具有断电后的续效性。

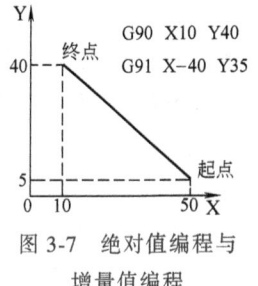

图3-7 绝对值编程与增量值编程

在英制/米制转换之后，将改变下列值的单位制：①由F代码指令的进给速度；②位置指令；③工件坐标系设置值；④刀具补偿值；⑤手摇脉冲发生器的刻度单位；⑥增量进给中的移动距离；⑦某些参数。

警告：

1）在程序执行期间，绝对不能切换 G20 和 G21。

2）当英制输入（G20）切换到米制输入（G21）或进行相反的切换时，刀具补偿值必须根据设定的单位重新设定。但是，当参数 No.5006#0（OIM）= 1 时，刀具补偿值会自动转换而不必重新设定。

国内生产的数控机床一般设置 G21 为默认状态，所以为避免出现意外，在使用 G20 英制输入后，在程序结束前务必加一个 G21 指令，以恢复机床的默认状态。

3. 极坐标指令（G15、G16）

终点的坐标值可以用极坐标（半径和角度）输入。

在 G17 指令有效时，编程格式：

```
G90(G91)  G16;                          启动极坐标指令(极坐标方式)
G1(G2、G3)  X__ Y__  (R__)  F__;       X__:终点极坐标半径;Y__:极坐标角度。
...
G15;                                    取消极坐标指令(取消极坐标方式)
```

在 G90 状态，X 为终点到坐标系原点的距离（工件坐标系原点现为极坐标系的原点，见图 3-8a）。当使用局部坐标系（G52）时，局部坐标系的原点变成极坐标系的原点。在 G91 状态，X 为刀具所处的当前点到终点的距离（见图 3-8b）。

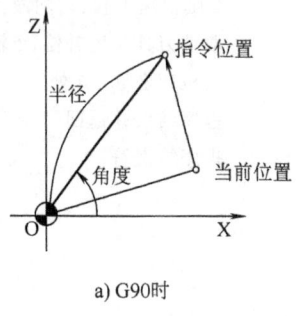
a) G90时

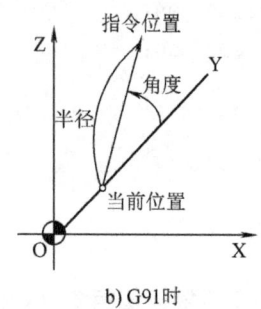
b) G91时

图 3-8 极坐标值与 G90、G91 的关系

在 G90 时，Y 为终点到坐标原点的连线与 +X 方向之间的夹角（见图 3-8a）。在 G91 时，Y 为当前点到坐标原点的连线与当前点到终点的连线之间的夹角（见图 3-8b）。"+"代表逆时针，"-"代表顺时针。

例 3-4 对图 3-9 中的 A→E 用极坐标指令编程。加工程序：

```
O3004;                                          程序名
N10  G90 G80 G40 G21 G17 G94;                   程序的初始化
N20  M6  T1;                                    换上1号刀
N30  G54 G90 G21 G0 G43 H1 Z35 M3 S600;         选择G54工件坐标系,绝对编程,在Z
                                                方向调入了刀具长度补偿后快速移
                                                动到 Z35,主轴正转,转速为
                                                600r/min
N40  X50  Y45;                                  刀具快速移动到A点上方
```

```
N50   G1  Z-2  F100;                          在A点切入深度2mm,进给速度为100mm/
                                              min
N60   G16 X42.426 Y45;                        直线移动到B点
N70   X30 Y0;                                 直线移动到C点
N80   G2  X30 Y-270(或Y90) R-30;              顺圆移动到D点
N90   G91 G1  X40  Y-60;                      增量极坐标,直线移动到E点(注意此处以
                                              OD射线为角度的度量起始位置)
N100  G15 G90 G0  Z100;                       取消极坐标,绝对编程,主轴快速上升
N110  G49 G90 Z0;                             取消刀具长度补偿,Z轴快速移动到机床坐
                                              标Z0处
N120  M30;                                    程序结束并返回
%                                             程序结束符
```

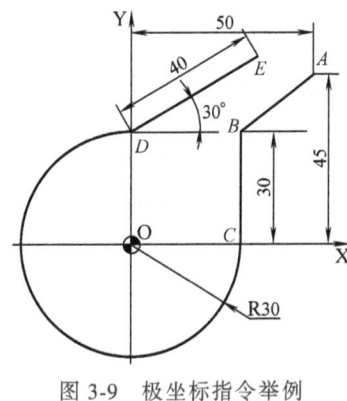

图 3-9 极坐标指令举例

课题三 使用插补功能指令编程

一、快速点定位指令(G00)

1. 指令说明

G00指令使刀具以点位控制方式从刀具当前点以最快速度(由机床生产厂家在参数No.1420对每个轴单独进行设定)运动到另一点。其运动轨迹不一定是两点一线,而有可能是一条折线(是直线插补定位还是非直线插补定位,由参数No.1401#1(LRP)所设定)。例如,在图3-10中从起点 A (10, 10, 10) 运动到终点 D (65, 30, 45),其运动轨迹可能是从点 A→点 B→点 C→点 D (非直线插补定位,参数No.1401#1(LRP)设置为0),即运动时首先是以立方体(由三轴移动量中最小的量为边长)的对角线三轴联动,然后以正方形(由剩余两轴中移动量最小的量为边长)的对角线二轴联动,最

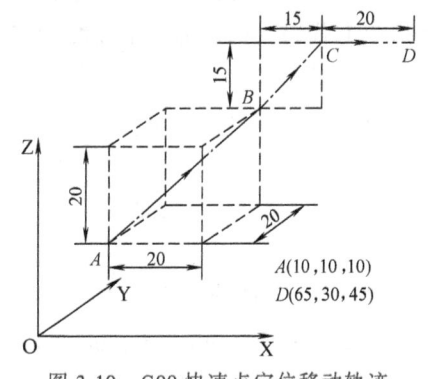

图 3-10 G00快速点定位移动轨迹

后一轴移动；也可能是从点 A→点 D ［直线定位插补，参数 No. 1401#1（LRP）设置为 1］。执行 G00 指令时不能对工件进行加工。

2. 编程格式

G00　X＿＿　Y＿＿　Z＿＿；

参数说明：X、Y、Z：直角坐标系中的终点位置。

在执行 G00 时，为避免刀具与工件或夹具相撞（特别在参数 No. 1401#1（LRP）设置为 0 时），可采用三轴移动不同段编程的方法。

刀具从上往下移动时的编程格式：

G00　X＿＿　Y＿＿；

Z＿＿；

刀具从下往上移动时的编程格式：

G00　Z＿＿；

X＿＿　Y＿＿；

即刀具从上往下时，先在 XY 平面内定位，然后 Z 轴下降；刀具从下往上时，Z 轴先上升，然后再在 XY 平面内定位。

3. 应用举例

编写图 3-10 中的点 A→点 D 的快速点定位程序：

1）用 G90 编程。

G90　G00　X65　Y30；

Z45；

2）用 G91 编程。

G91　G00　X55　Y20；

Z35；

二、直线插补指令（G01）

1. 指令说明

直线插补指令（G01）使刀具从当前位置起以直线进给方式，运行至坐标值指定的终点位置。运行速度由进给速度指令 F 所指定，指定的速度通常是刀具中心的线速度。直到新的 F 值被指定之前，F 指定的进给速度一直有效，因此无需对每个程序段都指定 F 值。如果不指令 F 代码，则认为进给速度为零。

2. 编程格式

G01　X＿＿　Y＿＿　Z＿＿　F＿＿；

参数说明：X、Y、Z：直角坐标中的终点坐标。

　　　　　F：进给速度。

3. 应用举例

例 3-5　以直线插补（G01）方式完成如图 3-11 所示的刀具轨迹（P_1→P_2→P_3→P_4）。刀具速度为 300mm/min，刀具从起始位置（坐标原点）到点 P_1 可用 G0 快速定位方式。

绝对值方式编程格式：　　　　　　　　　增量值方式编程格式：

…　　　　　　　　　　　　　　　　　　…

G90　G0　X20　Y20;　　　O→P_1　　　G90　G0　X20　Y20;　　　O→P_1

G1　X40　Y50　F300;　　P_1→P_2　　G91　G1　X20　Y30　F300;　P_1→P_2

X70;　　　　　　　　　　P_2→P_3　　X30;　　　　　　　　　　P_2→P_3

X50　Y20;　　　　　　　P_3→P_4　　X-20　Y-30;　　　　　　P_3→P_4

X20;　　　　　　　　　　P_4→P_1　　X-30;　　　　　　　　　P_4→P_1

…　　　　　　　　　　　　　　　　　　…

三、圆弧插补指令（G02、G03）与平面指定指令（G17、G18、G19）

1. 指令说明

在图 3-12 中从起点 A 到终点 B 走一个半径为 R 的圆弧，可能有四种移动轨迹（图 3-12 中①~④）。到底走哪个轨迹，则由圆弧插补指令 G02、G03 所决定。G02 指令表示在指定平面内顺时针插补（见图 3-12 中的①、②）；G03 指令表示在指定平面内逆时针插补（见图 3-12 中的③、④）。圆弧插补顺、逆方向的判断方法是：沿圆弧所在平面（如 XY 平面）的另一根轴（Z 轴）的正方向朝负方向看，顺时针方向为顺时针圆弧，逆时针方向为逆时针圆弧（见图 3-13）。

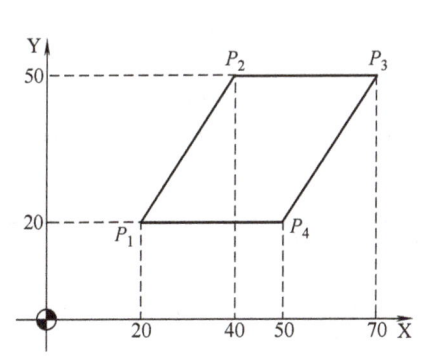

图 3-11　直线插补举例

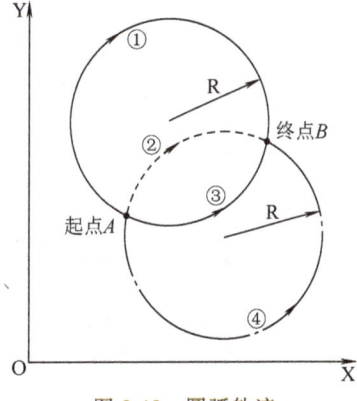

图 3-12　圆弧轨迹

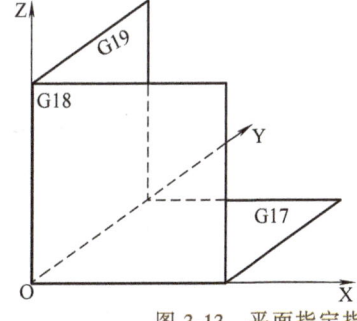

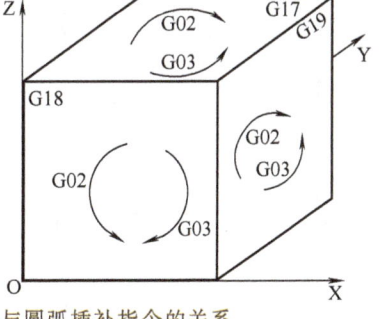

图 3-13　平面指定指令与圆弧插补指令的关系

2. 编程格式

（1）在 XY 平面上的圆弧

$$\text{G17} \begin{Bmatrix} \text{G02} \\ \text{G03} \end{Bmatrix} \text{X}\_\_ \text{Y}\_\_ \begin{Bmatrix} \text{R}\_\_ \\ \text{I}\_\_ \text{J}\_\_ \end{Bmatrix} \text{F}\_\_ ;$$（对于立式加工中心、数控铣床，G17可省略）

（2）在 ZX 平面上的圆弧

$$\text{G18} \begin{Bmatrix} \text{G02} \\ \text{G03} \end{Bmatrix} \text{X}\_\_ \text{Z}\_\_ \begin{Bmatrix} \text{R}\_\_ \\ \text{I}\_\_ \text{K}\_\_ \end{Bmatrix} \text{F}\_\_ ;$$

（3）在 YZ 平面上的圆弧

$$\text{G19} \begin{Bmatrix} \text{G02} \\ \text{G03} \end{Bmatrix} \text{Y}\_\_ \text{Z}\_\_ \begin{Bmatrix} \text{R}\_\_ \\ \text{J}\_\_ \text{K}\_\_ \end{Bmatrix} \text{F}\_\_ ;$$

参数说明见表 3-3。

表 3-3 平面指定与圆弧插补

项目	指令内容		指 令	意 义
1	平面指定		G17	指定 XY 平面
			G18	指定 ZX 平面
			G19	指定 YZ 平面
2	旋转方向		G02	顺时针旋转(CW)
			G03	逆时针旋转(CCW)
3	终点位置	G90 方式	X、Y、Z 在指定平面中的两个	终点位置的工件坐标
		G91 方式	X、Y、Z 在指定平面中的两个	终点相对于起始点的坐标增量
4	圆弧的圆心坐标		I、J、K 在指定平面中的两个	从圆弧起点到圆弧圆心方向的矢量分量，或圆弧圆心相对于圆弧起始点的坐标增量。不管指定 G90 还是 G91，总是增量值（见图 3-14）
	圆弧半径		R	圆弧半径（见图 3-15）。0°＜圆弧对应的圆心角≤180°时取正，即劣弧取正；180°＜圆弧对应的圆心角＜360°时取负，即优弧取负
5	进给速度		F	沿圆弧移动的速度

注：1. I、J、K 为零时可以省略；在同一程序段中，如 I、J、K 与 R 同时出现时，R 有效。

2. 用 R 编程时，不能加工整圆；加工整圆时，只能用圆心坐标 I、J、K 编程。

3. 为更好地理解"圆弧的圆心坐标"，可以在圆弧起始点上临时建立一个以 I、J、K 中的两个为坐标轴的坐标系，通过这个临时坐标系所确定的圆心坐标值，即为圆弧的圆心坐标（见图 3-14）。

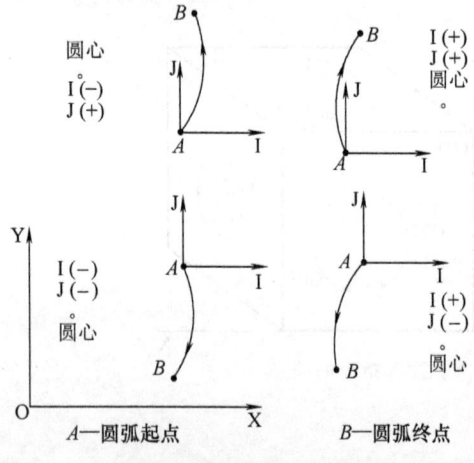

图 3-14 XY 平面内圆弧的圆心坐标矢量（增量）

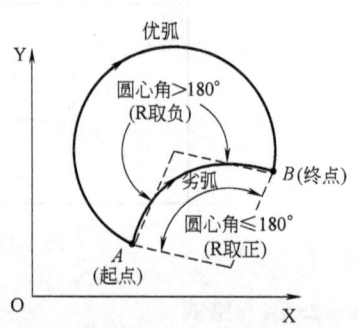

图 3-15 圆心角与 R 的正负指定

例 3-6 用 G02、G03 指令编程（见图 3-16）。程序如下：

```
O3006;                                    程序名
N10  G90 G80 G40 G21 G17 G94;             程序的初始化
N20  M6 T1;                               换上 1 号刀
N30  G54 G90 G21 G0 G43 H1 Z35 M3 S600;   选择 G54 工件坐标系，绝对编程，调入了
                                          刀具长度补偿后快速移动到 Z35mm，
                                          主轴正转，转速为 600r/min
N40  X-10 Y20;                            刀具快速移动到 P 点上方
N50  Z2;                                  快速下降
N60  G1 Z-2 F30;                          刀具沿-Z 方向进给，加工到 Z-2mm，进
                                          给速度为 30mm/min
N70  X5 Y0 F100;                          刀具以 100mm/min 的速度直线插补到
                                          点 A
N80  G2 X42.5 Y21.651 R25 F50;            刀具以 50mm/min 的速度顺时针圆弧
(或 N80  G2 X42.5 Y21.651 I25 F50;)       插补到点 B
N90  G3 X79.821 Y31.651 R-20;             刀具以 50mm/min 的速度逆时针圆
(或 N90  G3 X79.821 Y31.651 I20;)         弧插补到点 C
N100 G91 G2 X0 Y60 R-30;                  增量值编程，刀具以 50mm/min 的速
(或 N100 G91 G2 X0 Y60 J30;)              度顺时针圆弧插补到点 D
(或 N100 G90 G2 X79.821 Y91.651 J30;)
N110 G90 G3 I17.32 J-10;                  绝对值编程，刀具以 50mm/min 的速度
                                          逆时针走整圆
N120 G0 Z100;                             Z 轴快速上移
N130 G49 G90 Z0;                          取消刀具长度补偿，Z 轴快速移动到机
                                          床坐标 Z0 处
N140 M30;                                 程序结束并返回
%                                         程序结束符
```

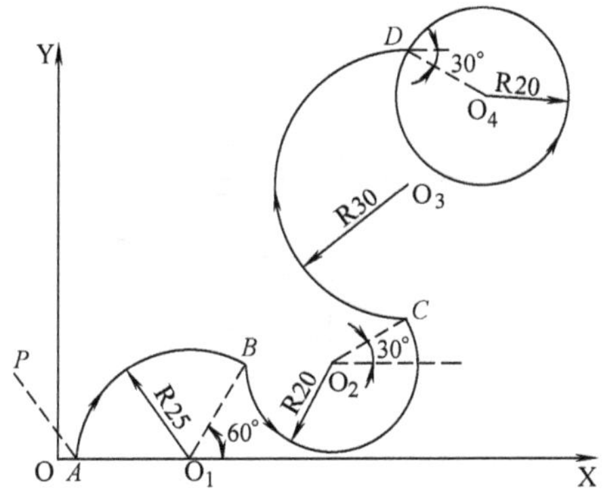

各点的坐标值

	X	Y
P	-10	20
A	5	0
B	42.5	21.651
C	79.821	31.651
D	79.821	91.651
O_1	30	0
O_2	62.5	21.651
O_3	79.821	61.651
O_4	97.141	81.651

图 3-16 用 G02、G03 指令编程举例

3. 圆弧切削速度修调问题

在加工圆弧轮廓时，切削点的实际进给速度 $F_{切削}$ 并不等于编程设定的刀具中心点进给速度 $F_{编程}$。由图 3-17 可知，在直线轮廓切削时，$F_{切削}=F_{编程}$；在凹圆弧轮廓切削时，

$$F_{切削} = \frac{R_{轮廓}}{R_{轮廓} - R_{刀具}} F_{编程} > F_{编程};$$ 在凸圆弧轮

廓切削时，$F_{切削} = \frac{R_{轮廓}}{R_{轮廓} + R_{刀具}} F_{编程} < F_{编程}$。

在凹圆弧轮廓切削时，如果 $R_{轮廓}$ 与 $R_{刀具}$ 很接近，则 $F_{切削}$ 将变得非常大，有可能损伤刀具或工件。因此要考虑圆弧半径对进给速度的影响，在编程时对切削圆弧处的进给速度作必要的修调，具体按下面的计算式进行，即

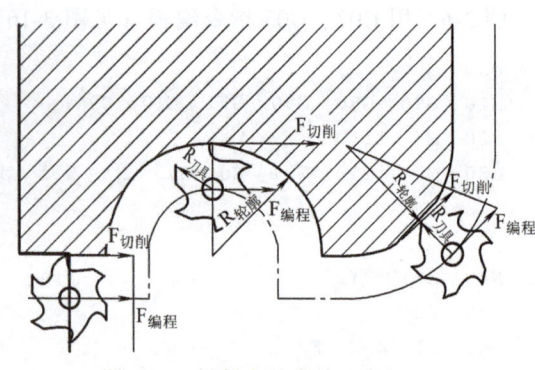

图 3-17 切削点的进给速度与刀具中心点的速度关系

切削凹圆弧时的编程速度：

$$F_{凹圆弧} = \frac{R_{轮廓} - R_{刀具}}{R_{轮廓}} F_{直线段编程}$$

切削凸圆弧时的编程速度（通常情况下可不作修调）

$$F_{凸圆弧} = \frac{R_{轮廓} + R_{刀具}}{R_{轮廓}} F_{直线段编程}$$

四、编程实例

例 3-7 编写如图 3-18 所示零件内、外轮廓的加工程序，毛坯尺寸为 120mm×80mm×20mm，工件材料为 45 钢。

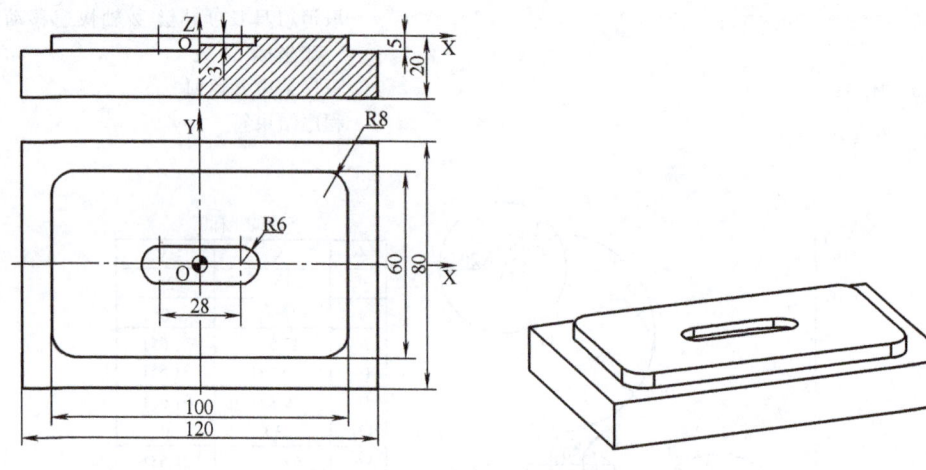

图 3-18 不带半径补偿的轮廓加工

1. 夹具及刀具选用

本例中，夹具可选用规格为 136mm 的机用虎钳。加工外轮廓选用 ϕ16mm 的立铣刀；为提高内壁加工质量，不直接用 ϕ12mm 的键槽铣刀，而采用 ϕ10mm 的键槽铣刀加工腰圆型槽。刀具切削参数见表 3-4。

2. 刀具轨迹

在加工外轮廓时，刀具轨迹如图 3-19 中双点画线所示。在不采用半径补偿编程时，程

序中所编程的坐标点位置（即实际刀具中心点的位置）应在零件外轮廓基础上等距偏置一个刀具半径；在凸圆角处，其转角圆弧半径也变为在原来圆弧半径的基础上加上刀具半径。

表 3-4 刀具与切削用量

刀号	参数				
	型号	刀具材料	刀具补偿号	刀具转速 /(r/min)	进给速度 /(mm/min)
1	φ16mm 立铣刀	高速钢	1	400	100
2	φ10mm 键槽铣刀	高速钢	2	800	30

在加工内轮廓时，刀具轨迹如图 3-20 中双点画线所示。编程轮廓为在原零件轮廓的基础上等距偏置一个刀具半径；在凹圆角处，其转角圆弧半径也变为在原来圆弧半径的基础上减去刀具半径。

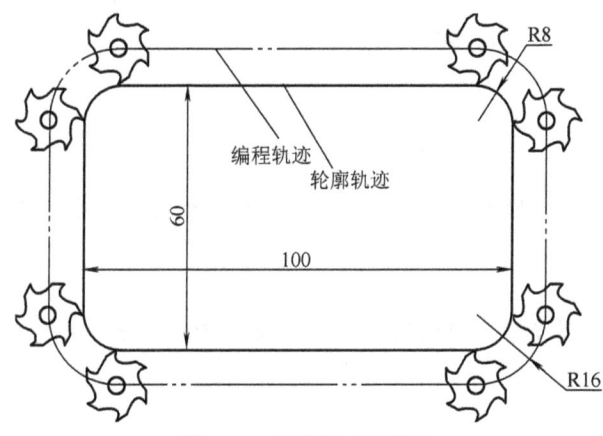

图 3-19 外轮廓刀具轨迹

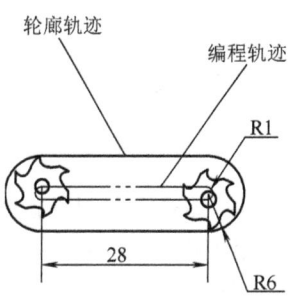

图 3-20 内轮廓刀具轨迹

3. 参考程序

```
O3007;                                   程序名
N10  G90 G80 G40 G21 G17 G94;            程序初始化
N20  M6 T1;                              换取1号刀，即φ16mm立铣刀
N30  G54 G90 G43 Z20 H1 M3 S400;         绝对编程方式，调用G54工件坐标系，执行1号刀
                                         长度补偿，使刀具快速进给到Z20处，主轴正转，
                                         转速为400r/min
N40  G0 X-42 Y38 M8;                     刀具快速进给至起刀点，切削液打开
N50  G1 Z-5 F50;                         Z方向直线进给，速度为50mm/min
N60  G1 X42 F100;                        XY平面外轮廓进给开始，进给速度为100mm/min
N70  G2 X58 Y22 R16;
N80  G1 Y-22;
N90  G2 X42 Y-38 R16;
N100 G1 X-42;
N110 G2 X-58 Y-22 R16;
N120 G1 Y22;
```

```
N130  G2  X-42  Y38  R16;              XY平面外轮廓进给结束
N140  G0  Z150  M9;                    快速抬刀,切削液关
N150  M5;                              主轴停转
N160  M6  T2;                          换2号刀,即φ10mm键槽铣刀
N170  G90  G43  H2  Z10  M3  S800;     执行2号刀长度补偿,使刀具快速进给到Z10处,
                                         主轴正转,转速为800r/min
N180  X-14  Y1  M8;                    刀具快速进给至起刀点,切削液打开
N190  G1  Z-3  F20;                    Z方向直线进给,进给速度为20mm/min
N200  G3  Y-1  R1  F30;                XY平面内轮廓进给开始,进给速度为30mm/min
N210  G1  X14;
N220  G3  Y1  R1;
N230  G1  X-14;                        XY平面内轮廓进给结束
N240  G0  Z150;                        快速抬刀
N250  M5;                              主轴停转
N260  M9;                              切削液关
N270  M30;                             程序结束并返回
%                                      程序结束符
```

对于稍微复杂一点的轮廓形状,如果按这样的方法进行编程,其编程难度将是相当大。

五、暂停指令（G04）

G04指令可使刀具暂时停止进给,直到经过指定的暂停时间,再继续执行下一程序段。一般用于锪平面、镗孔等场合。

编程格式：

G04 X__;（或G04 P__;）

地址字符X__或P__为指定的暂停时间。其中,地址字符X后可以是带小数点的数,单位为s（秒）；地址P不允许用小数点输入,只能用整数,单位为ms（毫秒）。

课题四 铣削加工路线的确定与刀具补偿的使用

一、铣削加工路线的确定

1. 铣削加工路线的确定原则

在数控加工中,刀具刀位点相对于零件运动的轨迹称为加工路线。加工路线的确定与工件的加工精度和表面粗糙度直接相关,其确定原则如下：

1）加工路线应保证被加工零件的精度和表面粗糙度,且效率较高。
2）使数值计算简便,以减少编程工作量。
3）应使加工路线最短,这样既可减少程序段,又可减少空刀时间。
4）加工路线还应根据工件的加工余量和机床、刀具的刚度等具体情况确定。

2. 切入、切出方法选择

采用立铣刀铣削外轮廓侧面时,铣刀在切入和切出零件时,应沿与零件轮廓曲线相切的

切线或切弧上切向切入、切向切出（图3-21中A→B与B→D）零件表面，而不应沿法向直接切入零件，以避免加工表面产生刀痕，保证零件轮廓光滑。

铣削内轮廓侧面时，一般较难从轮廓曲线的切线方向切入、切出，这样应在区域相对较大的地方，用切弧切向切入和切向切出（图3-22中A→B与B→D）的方法进行。

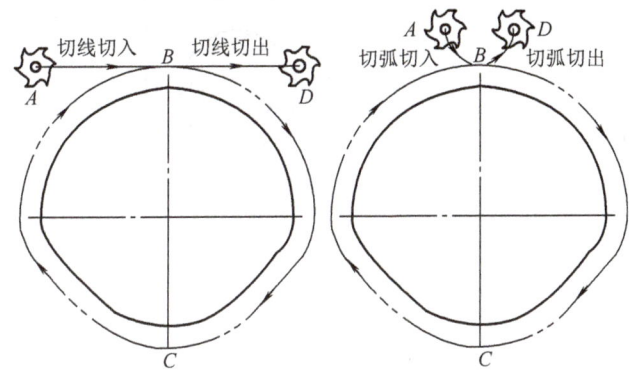

图3-21 外轮廓切线（弧）切入切出

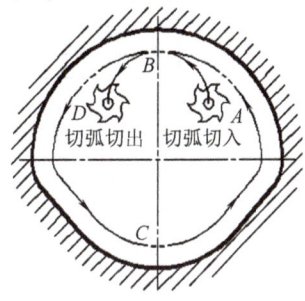

图3-22 内轮廓切弧切入切出

3. 凹槽切削方法选择

加工凹槽的切削方法有三种，即行切法（见图3-23a）、环切法（见图3-23b）和先行切最后环切法（见图3-23c）。三种方案中，图a方案最差（左、右侧面留有残料），图c方案最好。

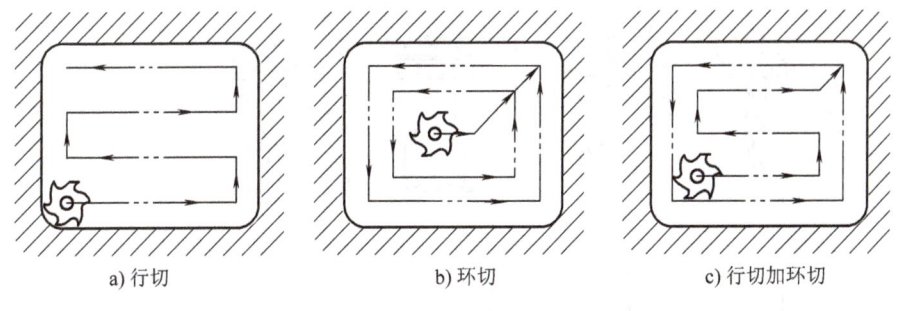

a) 行切　　　　b) 环切　　　　c) 行切加环切

图3-23 凹槽切削方法

在轮廓加工过程中，工件、刀具、夹具、机床系统等处在弹性变形平衡的状态下，在进给停顿时，切削力减小，会改变系统的平衡状态，刀具会在进给停顿处的零件表面留下刀痕，因此在轮廓加工中应避免进给停顿。

4. -Z方向的进刀

在进行外轮廓铣削时，起刀点一般选在工件的外面，刀具沿-Z方向的进刀（到达所需的加工深度）可直接下刀。

在进行内轮廓铣削时，-Z方向进刀一般采用直接进刀与斜向进刀的方法。直接进刀主要适用于键槽铣刀的加工；而在用立铣刀的场合，就要用斜向进刀的方法。斜向进刀又分直线式与螺旋式两种，具体如图3-24所示。

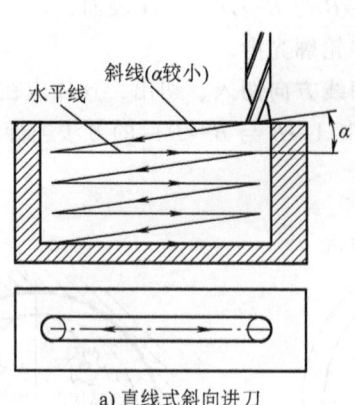

a) 直线式斜向进刀　　　　b) 螺旋式斜向进刀

图 3-24　斜向进刀方法

二、刀具长度补偿指令

对于装入主轴中的刀具,它们的伸出长度各不相同(见图 3-25),在加工过程中为每把刀具设定一个工件坐标系也是可以的(FANUC 系统可以设置 54 个工件坐标系),但通过刀具的长度补偿指令在操作上更加方便。

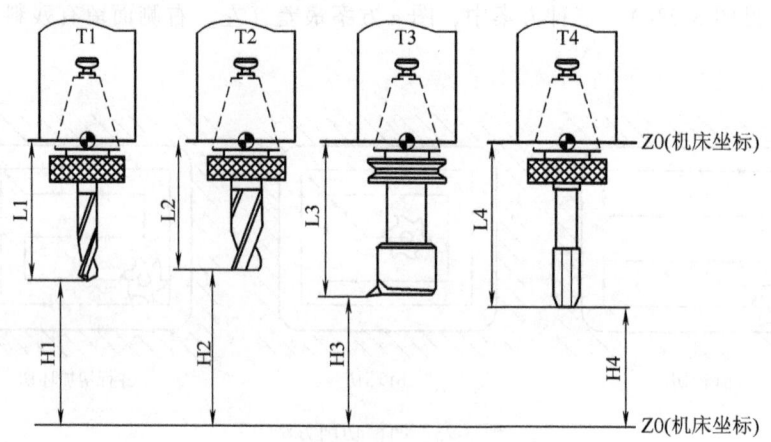

图 3-25　刀具的伸出长度与补偿量

1. 刀具长度补偿的功用

在加工前将每把刀具的长度补偿值(见图 3-26)设定于刀具偏置存储器(见图 3-1)中,然后在程序中通过使用刀具长度补偿功能指令来补偿这个差值。

系统规定所有轴都可采用刀具长度补偿,但一般用于刀具轴向(Z 方向)的补偿。

2. 刀具长度补偿指令格式

编程格式：$\begin{Bmatrix} G43 \\ G44 \end{Bmatrix}$　Z＿＿　H＿＿;

…

G49　Z＿＿;

3. 指令说明

G43：刀具长度沿正方向补偿。

G44：刀具长度沿负方向补偿。

刀具的实际移动方向必须与设定于刀具偏置存储器中偏置量 H 的 "+" 和 "−" 进行相应的运算后才能确定（见图 3-27）。

G49：取消刀具长度补偿。

G43、G44 为模态指令，可以在程序中保持连续有效。G43、G44 的撤销可以使用 G49 指令进行。在实际编程中，为避免产生混淆，通常采用 G43 的指令格式进行刀具长度补偿的编程，此时偏置量 H 按刀具刀位点与工件坐标系 Z 零点重合时所在位置的机床坐标值进行设定（分别见图 3-26、图 3-1）。

三、刀具半径补偿指令

1. 刀具半径补偿功能

数控机床在加工过程中，它所控制的是刀具中心的轨迹。在铣削加工过程中，由于刀具总有一定的半径，刀具中心的运动轨迹并不等于所需加工零件的实际轨迹，也就是说，数控机床进行轮廓加工时必须考虑刀具半径。在进行外轮廓加工时，刀具中心必须向零件的外侧偏移一个刀具半径值（见图 3-19）；在进行内轮廓加工时，刀具中心必须向零件的内侧偏移一个刀具半径值（见图 3-20）。

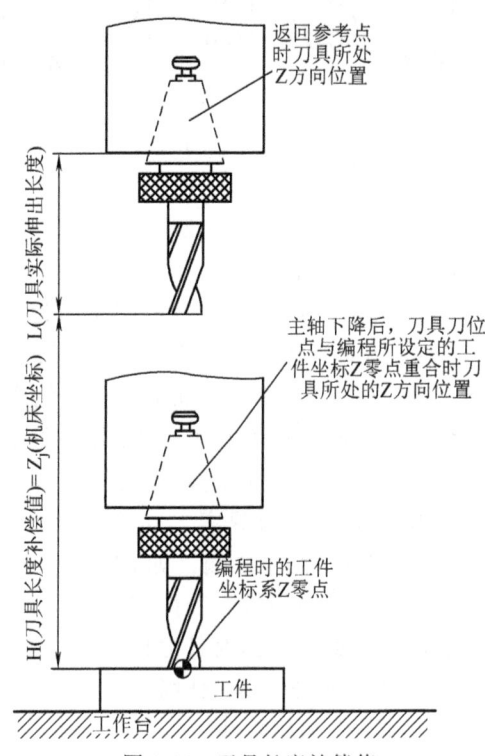

图 3-26 刀具长度补偿值

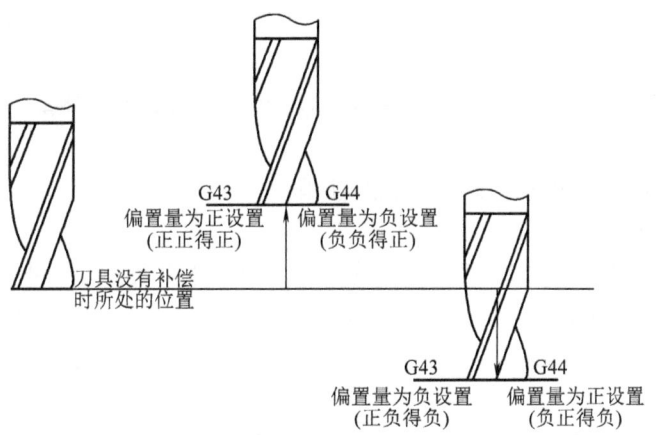

图 3-27 G43、G44 与设置偏置量的运算结果

为了方便起见，用户总是按零件轮廓编制加工程序，因而为了加工出所需的零件轮廓，数控系统通过一定的指令使刀具中心轨迹自动偏移一定的补偿量（如刀具的半径、磨损量、

加工余量等），这种数控装置能实时自动生成刀具中心轨迹的功能称为刀具半径补偿功能。

2. 刀具半径补偿指令

（1）编程格式

$$\begin{Bmatrix} G17 \\ G18 \\ G19 \end{Bmatrix} \begin{Bmatrix} G41 \\ G42 \end{Bmatrix} \begin{Bmatrix} G00 \\ G01 \end{Bmatrix} \begin{Bmatrix} X\_\_\ Y\_\_ \\ X\_\_\ Z\_\_ \\ Y\_\_\ Z\_\_ \end{Bmatrix} D\_\_\ F\_\_ ; \qquad 指令半径补偿$$

…   加工程序

$$G40 \begin{Bmatrix} G00 \\ G01 \end{Bmatrix} \begin{Bmatrix} X\_\_\ Y\_\_ \\ X\_\_\ Z\_\_ \\ Y\_\_\ Z\_\_ \end{Bmatrix} F\_\_ ; \qquad 取消半径补偿$$

（2）指令说明

G17/G18/G19：刀具半径补偿平面为 XY 平面/ZX 平面/YZ 平面。

G41：刀具半径左补偿指令。沿着刀具的前进方向观察，刀具中心在工件轮廓的左侧，如图 3-28a 所示。通常顺铣加工时（外轮廓总的编程路线是顺时针方向，内轮廓总的编程路线是逆时针方向）选用 G41，即采用左补偿。

G42：刀具半径右补偿指令。沿着刀具的前进方向观察，刀具中心在工件轮廓的右侧，如图 3-28b 所示。通常逆铣加工时（外轮廓总的编程路线是逆时针方向，内轮廓总的编程路线是顺时针方向）选用 G42，采用右补偿。

X、Y、Z：刀补建立或取消的终点（注：投影到补偿平面上的刀具轨迹受到补偿）。

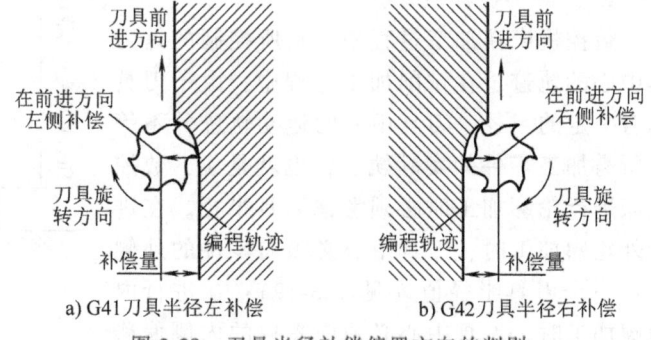

a) G41刀具半径左补偿　　b) G42刀具半径右补偿

图 3-28　刀具半径补偿偏置方向的判别

D：用于存放刀具半径补偿值的存储位置（见图 3-1），它代表了刀补表中对应的半径补偿值。

G40：取消刀具半径补偿，即取消 G41 或 G42 指令的刀具半径补偿，使刀具中心与编程轨迹重合。

G40、G41、G42 都是模态代码，可相互注销。

（3）刀具半径补偿过程

刀具半径补偿过程如图 3-29 所示，共分三步，即刀补建立、刀补进行和刀补取消。

1）刀补建立。刀补的建立是指刀具从起点接近工件时，刀具中心从与编程轨迹重合过渡到与编程轨迹偏离一个偏置量的过程（见图 3-29 中 A→B）。该过程的实现必须有 G00 或 G01 功能才有效。

2）刀补进行。在 G41 或 G42 程序段后，程序进入补偿模式，此时刀具中心与编程轨迹始终相距一个偏置量（见图 3-29 中 B→C），直到刀补取消。

在补偿模式下，FANUC 系统要预读两段程序，找出当前程序段刀位点轨迹与下一个程序段刀位点轨迹的交点，以确保刀具实时的偏置。

3)刀补取消。刀具离开工件,刀具中心轨迹过渡到与编程轨迹重合的过程(见图3-29中 C→D)称为刀补取消。

刀补的取消用G40来执行,要特别注意的是,G40必须与G41或G42成对使用。

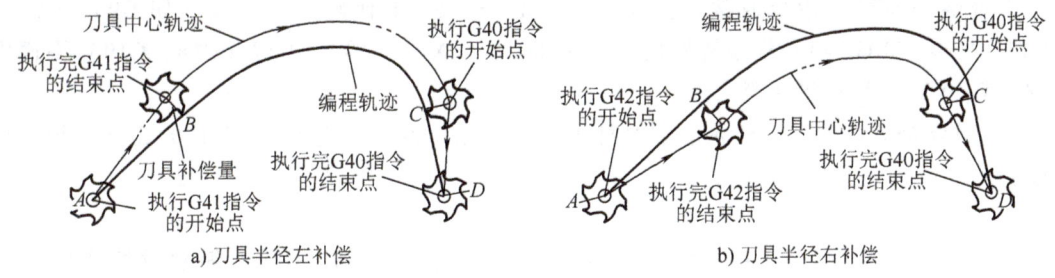

a) 刀具半径左补偿　　　　　　　　　b) 刀具半径右补偿

图3-29　刀具半径补偿过程

3. 应用刀具半径补偿时的注意事项

1)半径补偿模式的建立与取消程序段只能在G00或G01移动指令模式下才有效。

2)为保证刀补建立与刀补取消时刀具与工件的安全,通常采用G01运动方式来建立或取消刀补。如果采用G00运动方式来建立或取消刀补,则要在切削毛坯外完成。

3)为了保证切削轮廓的完整性、平滑性,特别在采用子程序分层切削时,注意不要造成"欠切"或"过切"的现象。内、外轮廓的走刀方式如图3-30所示(图中走刀路线均为顺铣)。具体为:从起刀点用G41或G42指令走直线进行刀具半径补偿(必须是直线段)→走过渡段(一般可采用1/4圆弧)→轮廓切削→走过渡段(1/4圆弧)→用G40指令走直线取消刀具半径补偿到终刀点(必须是直线段),即走所谓的"8"字形轨迹。

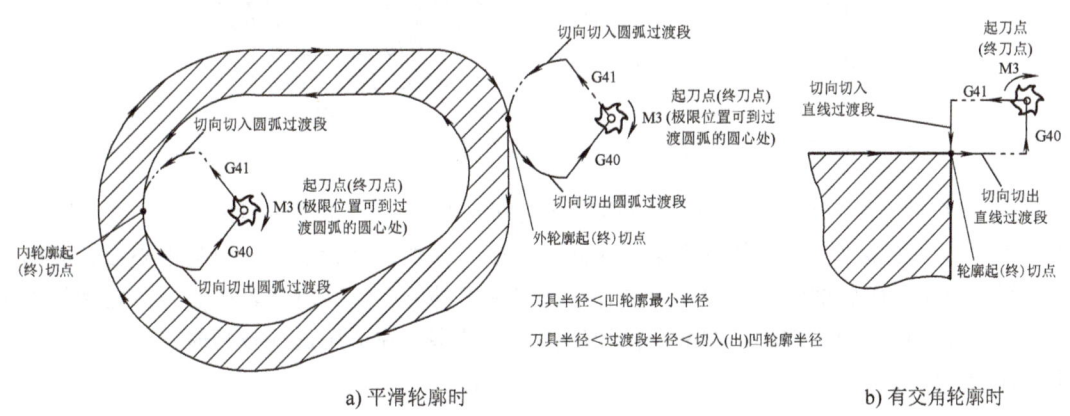

a) 平滑轮廓时　　　　　　　　　　　b) 有交角轮廓时

图3-30　内、外轮廓刀具半径补偿时的切入、切出

4)切入点应选择那些在XY平面内最左(或右)、最上的点(如圆弧的象限点等)或相交的点。

5)用G18、G19指令平面时(用球铣刀切削曲面),注意G41与G42指令的左、右偏方向。

6)在刀具补偿模式下,即从G41(或G42)开始的程序段到G40结束的程序段之间,FANUC系统一般不允许存在连续两段以上的非补偿平面内移动指令,否则刀具将不能实时进行偏置(即半径补偿功能将暂时丧失,等下一个移动时再进行补偿)而产生过切现象。

7) 起刀点与终刀点可以选择在不同的位置，但为了方便多次调用子程序等情况，一般推荐起刀点与终刀点重合，位置必须在后面所用的过渡圆弧所组成的半圆外，其极限位置是圆心。

非补偿平面移动指令通常指：只有 G、M、S、F、T 代码的程序段（如 G90、M98 P2121、M99、M05 等）；程序暂停程序段（如 G04　X10.0 等）；G17（G18、G19）平面内的 Z（Y、X）轴移动指令等。

8) 只要是顺铣加工（外轮廓顺时针走刀，内轮廓逆时针走刀），刀补的建立必须采用 G41 指令。

4. 刀具半径补偿的应用

1) 采用同一段程序，对零件进行粗、精加工。如图 3-31a 所示，编程时按实际轮廓 ABCD 编程，在粗加工时，将偏置量设为 R+Δ，其中 R 为刀具的半径，Δ 为精加工余量，这样在粗加工完成后，形成的工件轮廓的加工尺寸要比实际轮廓 ABCD 每边都大 Δ。在精加工时，将偏置量设为 R，这样，零件加工完成后，即得到实际加工轮廓 ABCD。同理，当工件加工后，如果测量尺寸比图样要求尺寸大时，也通过刀具磨损量的设置进行修整解决。

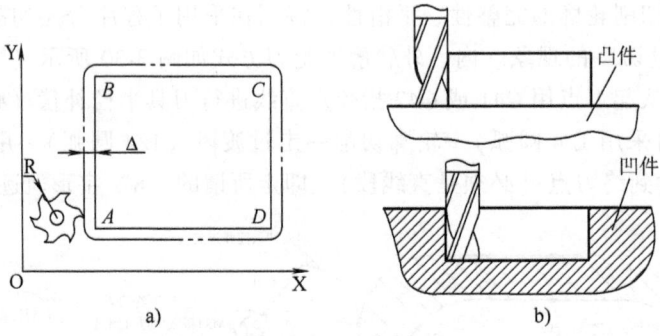

图 3-31　刀具半径补偿的应用

2) 采用同一程序段，加工同一公称尺寸的凹、凸型件。如图 3-31b 所示，对于同一公称尺寸的凹、凸型件，内、外轮廓编写成同一程序。在加工外轮廓时，刀具中心沿轮廓的外侧切削；当加工内轮廓时，可改变刀具补偿起点和刀补方向，这时刀具中心将沿轮廓的内侧切削。这种编程与加工方法，在配合件加工中运用较多。在应用这一技巧时，要注意刀具半径的补偿方向。

四、用程序输入补偿值

对于刀具长度与半径补偿值（见图 3-1 中 H 与 D），既可以直接输入，也可以用程序指令输入。其输入补偿值指令为 G10。

1. 编程格式

外形 H 的补偿值编程格式：G10　L10　P__　R__；

磨损 H 的补偿值编程格式：G10　L11　P__　R__；

外形 D 的补偿值编程格式：G10　L12　P__　R__；

磨损 D 的补偿值编程格式：G10　L13　P__　R__；

2. 参数说明

P：刀具补偿号，即图 3-1 中 "NO." 所对应的编号。

R：刀具补偿量。①在 G90 有效时，执行完 G10 程序段后，R 后的数值被系统直接输入到图 3-1 中相应的位置；②在 G91 有效时，执行完 G10 程序段后，R 后的数值与图 3-1 中相应位置原有的数值相叠加，用新的数值替换原有数值。

3. 程序输入半径补偿值的应用

1）在执行 G41 或 G42 指令前，系统先执行 "G10　L12　P ＿　R ＿;"，通过程序输入了半径补偿值，这样可以避免由于忘掉输入半径补偿值而产生过切发生的情况。

2）在使用宏程序时，半径补偿值会随时变化，只有通过执行 "G10　L12　P ＿　R ＿;" 来实现。

五、编程实例

例 3-8　应用半径补偿功能编写如图 3-18 所示零件内、外轮廓的加工程序，毛坯尺寸为 120mm×80mm×20mm，工件材料 45 钢。

加工外轮廓选用 φ16mm（S400、F100）的立铣刀；加工内轮廓选用 φ10mm（S800、F30）的键槽铣刀。起刀点、切入点及过渡圆弧半径如图 3-32 所示，图中粗实线为编程轨迹，双点画线为刀具中心轨迹。加工内轮廓圆弧时，由于圆弧半径与刀具半径较接近，所以要进行进给速度的修调。

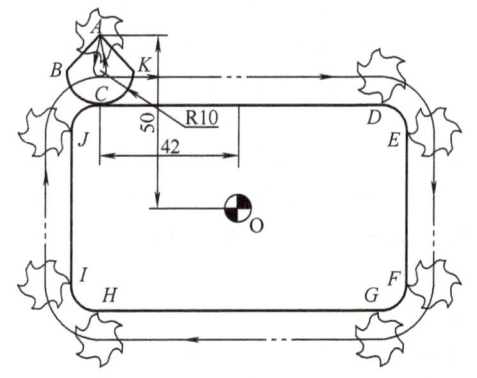
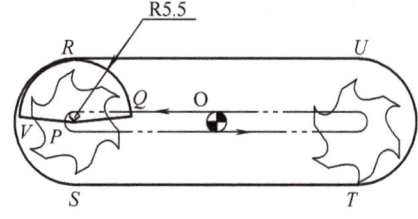

图 3-32　外、内轮廓的编程与刀具中心轨迹

加工程序如下：

```
O3008;                                         程序名
N10  G90 G80 G40 G21 G17 G94;                  程序初始化
N20  M6 T1;                                    换取 1 号刀，即 φ16mm 立铣刀
N30  G54 G90 G0 G43 H1 Z200 M3 S400;           绝对编程方式，调用 G54 工件坐标系，执行
                                               1 号刀长度补偿，使刀具快速进给到
                                               Z200 处，主轴正转，转速为 400r/min
N40  X-42 Y50 M8;                              刀具快速进给至起刀点 A，切削液打开
N50  Z3;                                       刀具快速下降到 Z3 处
N60  G1 Z-5 F50;                               Z 方向直线进给至 Z-5，速度为 50mm/min
```

N70 G41 D1 X-52 Y40 F100;	引入刀具半径左补偿,速度为100mm/min,A→B
N80 G3 X-42 Y30 R10;	走R10mm的过渡圆弧,到外轮廓的起切点C,B→C
N90 G1 X42;	XY平面外轮廓加工开始,C→D
N100 G2 X50 Y22 R8;	D→E
N110 G1 Y-22;	E→F
N120 G2 X42 Y-30 R8;	F→G
N130 G1 X-42;	G→H
N140 G2 X-50 Y-22 R8;	H→I
N150 G1 Y22;	I→J
N160 G2 X-42 Y30 R8;	到外轮廓的终切点C,J→C
N170 G3 X-32 Y40 R10;	走R10mm的过渡圆弧,C→K
N180 G40 G1 X-42 Y50;	取消刀具半径补偿,返回到起刀点A,K→A
N190 G49 G0 Z0 M9;	取消刀具长度补偿,快速抬刀至机床坐标Z向原点,切削液关
N200 M5;	主轴停转
N210 M6 T2;	换2号刀,即φ10mm键槽铣刀
N220 G90 G0 G43 H2 Z200 M3 S800;	执行2号刀长度补偿,使刀具快速进给到Z200处,主轴正转,转速为800r/min
N230 X-14 Y0 M8;	刀具快速进给至起刀点P,切削液打开
N240 Z3;	刀具快速下降到Z3处
N250 G1 Z-3 F20;	Z方向直线进给至Z-3,速度为20mm/min
N260 G91 G41 D2 X5.5 Y0.5 F30;	增量编程,引入刀具半径左补偿,速度为30mm/min,P→Q
N270 G3 X-5.5 Y5.5 R5.5 F3;	走R5.5mm的过渡圆弧,速度修调为3mm/min,到内轮廓的起切点R,Q→R
N280 Y-12 R6 F5;	XY平面内轮廓加工开始,速度修调为5mm/min,R→S
N290 G1 X28 F30;	速度恢复为30mm/min,S→T
N300 G3 Y12 R6 F5;	速度修调为5mm/min,T→U
N310 G1 X-28 F30;	XY平面内轮廓加工结束,速度恢复为30mm/min,到内轮廓的终切点R,U→R
N320 G3 X-5.5 Y-5.5 R5.5;	走R5.5mm的过渡圆弧,R→V
N330 G1 G40 X5.5 Y-0.5;	取消刀具半径补偿,返回到起刀点P,V→P
N340 G90 G49 G0 Z0 M9;	恢复到绝对编程,取消刀具长度补偿,快速抬刀至机床坐标Z向原点,切削液关
N350 M5;	主轴停转
N360 M30;	程序结束并返回
%	程序结束符

例3-9 编写如图3-33所示零件内、外轮廓的加工程序,毛坯尺寸为120mm×80mm×20mm,工件材料45钢。

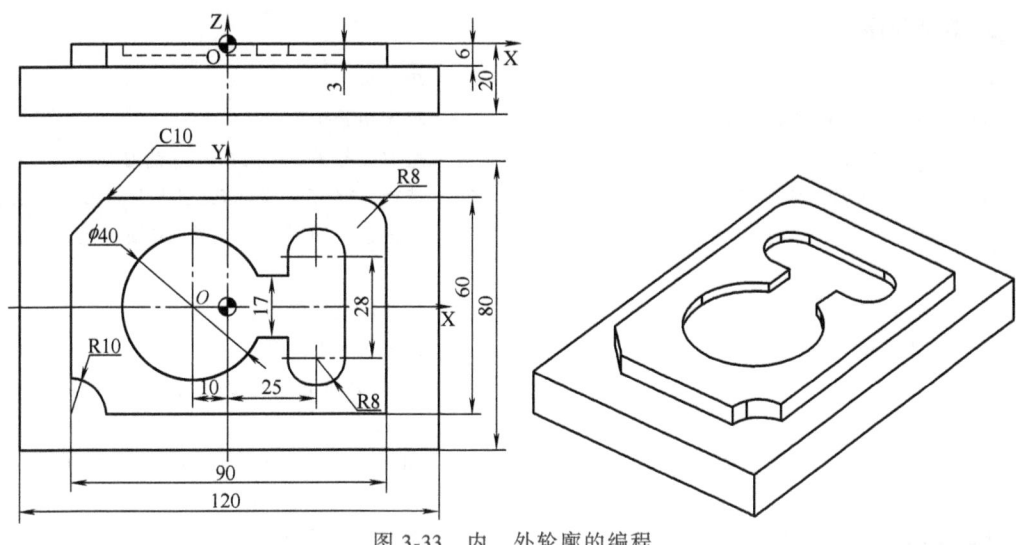

图 3-33 内、外轮廓的编程

1. 夹具及刀具选用

本例中,夹具选用规格为 136mm 的机用虎钳。加工外轮廓选用 ϕ16mm 的立铣刀;加工内轮廓选用 ϕ12mm 的键槽铣刀。刀具切削参数见表 3-5。

内、外轮廓加工

表 3-5 刀具与切削用量

刀号	参数 型号	刀具材料	刀具补偿号	刀具转速 /(r/min)	进给速度 /(mm/min)
1	ϕ16mm 立铣刀	高速钢	1	400	100
2	ϕ12mm 键槽铣刀	高速钢	2	600	60

2. 刀具轨迹

起刀点、切入点及过渡圆弧半径如图 3-34 所示,图中粗实线为编程轨迹,双点画线为刀具中心轨迹,内轮廓中大圆与两条水平线的交点位置(X 向)通过计算为无理数,为保证轮廓的正确性,在编程时采用整圆与水平线轮廓分开切削,自然形成交点的方式进行。加工内轮廓圆弧时,要进行进给速度的修调。

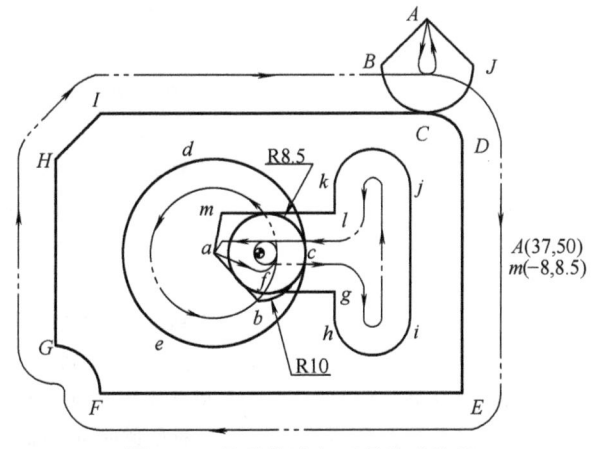

图 3-34 编程轨迹与刀具移动轨迹

3. 参考程序

```
O3009;                                程序名
N10  G90 G80 G40 G21 G17 G94;         程序初始化
N20  M6 T1;                           换取1号刀,即φ16mm立铣刀
N30  G54 G90 G0 G43 H1 Z200 M3 S400;  选择G54工件坐标系,引入刀具长度补偿后
                                      快速移动到Z200处,主轴正转,转速为
                                      400r/min
N40  X37 Y50;                         快速定位到起刀点
N50  Z5 M8;                           主轴快速下降到Z5,切削液开
N60  G1 Z-6 F50;                      刀具切削下降到Z-6,进给速度为50mm/
                                      min
N70  G41 D1 X27 Y40 F100;             引入1号刀具的半径补偿,A→B,进给速度
                                      为100mm/min
N80  G3 X37 Y30 R10 F20;              走过渡圆弧,到起切点C,B→C,进给速度修
                                      调为20mm/min
N90  G91 G2 X8 Y-8 R8 F100;           外轮廓切削开始,用增量编程,C→D,进给速
                                      度恢复到100mm/min
N100 G90 G1 Y-30;                     用绝对编程,D→E
N110 G91 X-80;                        增量编程(计算比较方便),E→F
N120 G3 X-10 Y10 R10 F20;             F→G,进给速度修调到20mm/min
N130 G1 Y40 F100;                     G→H,进给速度恢复
N140 X10 Y10;                         H→I
N150 G90 X37;                         绝对编程,到终切点C,I→C,外轮廓切削加
                                      工结束
N160 G3 X47 Y40 R10;                  过渡圆弧切向切出。残料较少,进给速度不
                                      作修调,C→J
N170 G40 G1 X37 Y50;                  取消刀具半径补偿,回到起刀点,J→A
N180 G1 X60;
N190 Y-40;
N200 X-60;                            切除外轮廓残料程序
N210 Y40;
N220 X-45;
N230 G0 G49 Z0 M9;                    刀具取消长度补偿,Z向快速返回到机床
                                      原点
N240 M6 T2;                           换取2号刀,即φ12mm立铣刀
N250 G0 G43 H2 Z200 M3 S600;          引入刀具长度补偿后快速移动到Z200,主
                                      轴正转,转速为600r/min
N260 X-10 Y0;                         快速定位到起刀点a
N270 Z5 M8;                           主轴快速下降到Z5,切削液开
N280 G1 Z-3 F30;                      刀具切削下降到Z-3,进给速度为30mm/min
N290 G91 G41 D2 X10 Y-10 F60;         增量补偿,引入2号刀具的半径补偿,a→b,
                                      进给速度为60mm/min
```

N300	G3 X10 Y10 R10 F24;	走过渡圆弧,到起切点c,b→c,进给速度修调为24mm/min
N310	I-20 F42;	切削大整圆,进给速度修调为42mm/min,c→d→e→c
N320	X-8.5 Y-8.5 R-8.5 F18;	走过渡圆弧准备切削水平直线,c→f
N330	G90 G1 X17 F60;	绝对编程,切削水平直线,进给速度恢复为60mm/min,f→g
N340	Y-14;	g→h
N350	G3 X33 R8 F15;	加工R8mm的半圆,进给速度修调为15mm/min,h→i
N360	G1 Y14 F60;	进给速度恢复为60mm/min,i→j
N370	G3 X17 R8 F15;	加工R8mm的半圆,进给速度修调为15mm/min,j→k
N380	G1 Y8.5 F60;	k→l
N390	X-8;	切削另一水平直线,l→m
N400	G40 X-10;	取消刀具半径补偿,m→a
N410	G3 J-8.5;	走整圆切除型腔残料
N420	G0 G49 Z0 M9;	刀具取消长度补偿,Z向快速返回到机床原点,切削液关
N430	M30;	程序结束并返回
%		程序结束符

课题五　用子程序进行轮廓加工编程

一、子程序的概念

1. 子程序的定义

数控加工程序可以分为主程序和子程序两种。主程序是一个完整的零件加工程序，或是零件加工程序的主体部分，它和被加工零件或加工要求一一对应，不同的零件或不同的加工要求，都有唯一的主程序。

在编制加工程序中，有时会遇到一组程序段在一个程序中多次出现，或者在几个程序中都要使用它。这个典型的加工程序可以做成固定程序，并单独加以命名，这组程序段就称为子程序。

子程序一般都不可以作为独立的加工程序使用，它只能通过调用，实现加工中的局部动作。子程序执行结束后，能自动返回到调用的程序中。

2. 子程序的嵌套

为了进一步简化程序，可以让子程序调用另一个子程序，这一功能称为子程序的嵌套。

当主程序调用子程序时，该子程序被认为是一级子程序。在FANUC系统中，嵌套深度为四级（见图3-35），最多可重复调用下一级子程序999次。

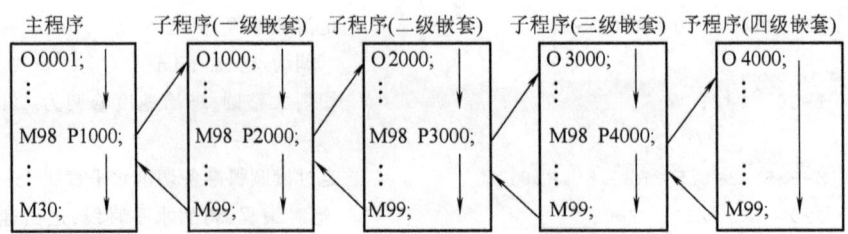

图 3-35 FANUC 系统的子程序嵌套

二、子程序的格式与调用

1. 子程序的格式

子程序的编写与一般程序基本相同，只是程序结束指令有所不同。在 FANUC 系统中用 M99 表示子程序结束并返回。

O××××;　　子程序名。在 FANUC 系统中引用子程序时，为避免过切，可不必作为独立的程序段，可放在第一个程序段的段首，如 O1234　N10　G91　G1　Z-5　F50;

N10 …

…

M99;　　M99 可不必作为独立的程序段，可放在最后一个程序段的段尾，如 N60 X100　Y60　M99;

%　　　程序结束符

2. 子程序的调用

在 FANUC 系统中，子程序的调用可通过辅助功能代码 M98 指令进行。

调用子程序的程序段编程格式。

格式1：M98　P△△△　××××
　　　　　　　　　　　　└── 被调用的子程序号(此处程序号前面的 0 不可以省略，否则出现混乱或报警)
　　　　　　　　└── 重复调用的次数(最多可调用 999 次。如果省略，则调用 1 次)

例如，M98　P50023 表示调用程序名为 O0023 的子程序 5 次；M98　P0023 表示调用程序名为 O0023 的子程序 1 次；M98　P5023 则表示调用程序名为 O5023 的子程序 1 次。

格式2：M98　9××××　L△△△（L 后为重复调用次数，最多可调用 999 次。调用 1 次，L1 可省略）

3. 子程序的执行

子程序的执行过程如图 3-36 所示。

4. 使用子程序的注意事项

（1）注意主程序与子程序之间的模式变换　有时为了编程的需要，在子程序中采用了增量的编程形式，而在主程序中是使用绝对编程形式的，因此需要注意及时进行 G90 与 G91 模式的变换。

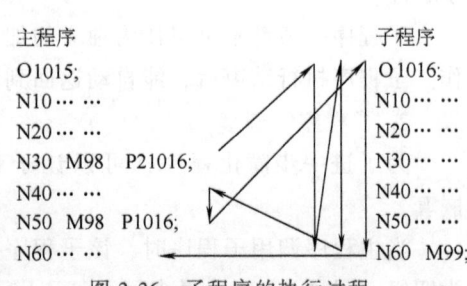

图 3-36 子程序的执行过程

（2）半径补偿模式不要在主程序与子程序之间被分解　有时为了粗、精加工调用子程序的需要，会在主程序中使用 G41 指令，而其他半径补偿模式在子程序中。在这种情况下，由于可能会有调用子程序程序段连续两段以上的非补偿平面内移动指令，刀具很容易出现过切的情况。在编程过程中应尽量避免编写这种形式的程序，应使刀具半径补偿的引入与取消全部在子程序中完成。

三、子程序的应用

1. 零件的分层铣削

有时零件的总切削深度比较大（见图 3-37），要进行分层铣削，则编写该轮廓加工的刀具轨迹子程序后，通过调用该子程序来实现分层铣削。这种情况，XY 平面内铣削加工的编程通常采用 G90 进行；Z 向加工的编程既可以用 G90（在主程序中使刀具到达要求的深度，然后调用子程序一次；结束后返回到主程序，使刀具继续到另一深度，再调用子程序一次；依次类推，完成分层铣削），也可以用 G91（在主程序中刀具到达某一位置，根据此位置到加工总深度的距离，分配分层铣削次数和背吃刀量。在子程序的第一个程序段中往往采用这样的编程：G91　G01　Z-__　F __;）进行编程。

例 3-10　应用子程序编写如图 3-37 所示零件的加工程序。

（1）刀具选用与编程说明　选用 φ16mm 高速钢立铣刀，转速为 400r/min，切削速度为 100mm/min，背吃刀量为 5mm/层。

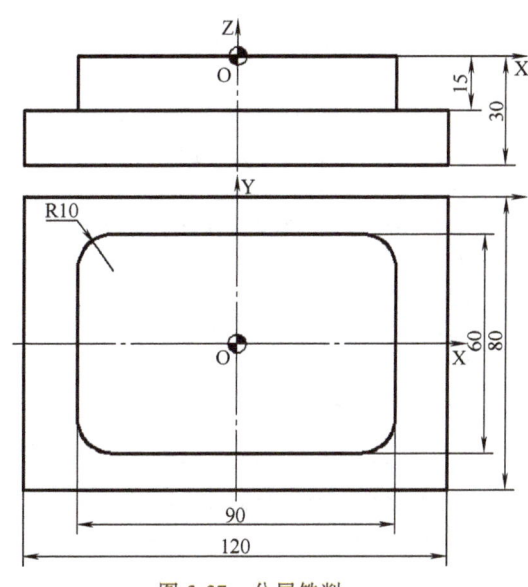

图 3-37　分层铣削

图 3-37 所示零件凸台外形轮廓高度为 15mm，显然 Z 方向要分层切削，如果每次背吃刀量为 5mm，在不同的切削层上相同的轮廓程序将执行 3 次。因此只要编写一个子程序，通过调用它 3 次，使其在 3 个不同的切削层执行相同的外轮廓轨迹即可。

（2）参考程序　编程如下。

主程序：

```
O3010;                                    主程序名
N10  G90 G80 G40 G21 G17 G94;             系统初始化
N20  M6 T1;                               换取 1 号刀，即 φ16mm 立铣刀
N30  G54 G90 G0 G43 H1 Z200 M3 S400;      选择 G54 工件坐标系，引入刀具长度补偿后
                                          快速移动到 Z200，主轴正转，转速为
                                          400r/min
N40  X-35 Y50;                            快速定位到起刀点
N50  Z5 M8;                               主轴快速下降到 Z5，切削液开
```

```
N60  G1  Z0  F50;                    刀具进给下降到Z0,进给速度为50mm/min
N70  M98  P33110;                    调用O3110子程序3次
N80  G0  G49  Z0  M9;                刀具取消长度补偿,Z向快速返回机床原点,切削液关
N90  M30;                            程序结束并返回
%                                    程序结束符
```

子程序（独立文件）：

```
O3110;                               子程序名
N10   G91 G1 Z-5 F50;                沿-Z方向增量进给5mm,通过此句调用3个
                                     不同切削层
N20   G90 G10 L12 P1 R8;             恢复绝对编程,用G10指令输入半径补偿值
                                     8mm
N30   G41 X-45 Y40 D1 F100;          导入半径补偿
N40   G3  X-35 Y30 R10;              走过渡圆弧,切向切入
N50   G1  X35;                       轮廓切削开始
N60   G2  X45 Y20 R10;
N70   G1  Y-20;
N80   G2  X35 Y-30 R10;
N90   G1  X-35;
N100  G2  X-45 Y-20 R10;
N110  G1  Y20;
N120  G2  X-35 Y30 R10;              轮廓切削结束
N130  G3  X-25 Y40 R10;              走过渡圆弧,切向切出
N140  G40 G1 X-35 Y50;               取消半径补偿
N150  M99;                           子程序结束并返回到主程序
%                                    程序结束符
```

2. 平面内相同形状的轮廓

如图3-38所示零件，A、B、C三个型腔的形状相同，但在不同的位置。在XY平面内的编程如果采用G90编程，则编写的程序段不会出现重复，程序段很多，因此要采用子程序的形式。根据需要具体可使用：①在轮廓的不同位置用不同的工件坐标系，然后调用子程序，XY平面内的铣削编程往往使用G90进行；②用一个工件坐标系，在主程序中使刀具移动到一定的位置，然后沿-Z方向下刀，而XY平面内的铣削编程必须采用G91进行。Z向的编程既可以用G90，也可以用G91。

例3-11 应用子程序编写如图3-38所示零件的加工程序。

（1）刀具选用与编程说明　选用φ12mm高速钢键槽铣刀，转速为600r/min，进给速度为50mm/min，背吃刀量为5mm。

如图3-38所示三个型腔的加工，刀具先分别定位到A、B、C三点处，然后沿-Z下刀到加工深度，通过调用子程序进行加工。

（2）参考程序　编程如下。

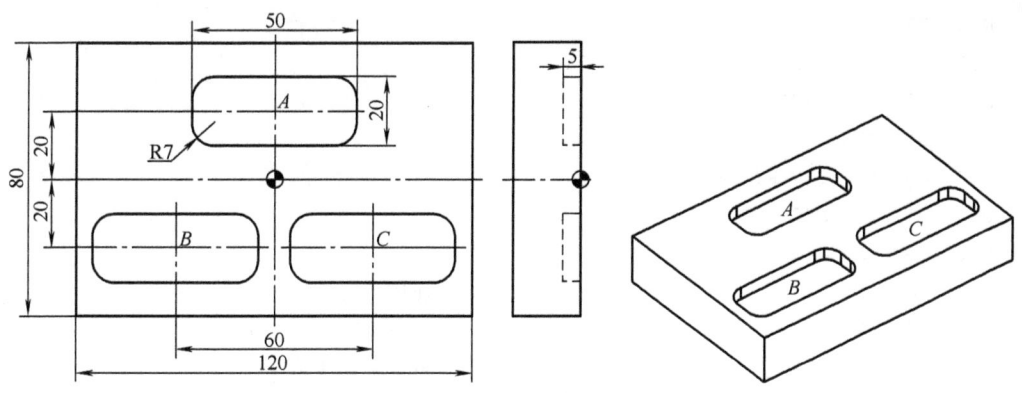

图 3-38 相同形状型腔的铣削加工

主程序：

O3011;	主程序名
N10 G90 G80 G40 G21 G17 G94;	系统初始化
N20 M6 T2;	换取 2 号刀，即 φ12mm 立铣刀
N30 G54 G90 G0 G43 H2 Z200 M3 S600;	选择 G54 工件坐标系，引入刀具长度补偿后快速移动到 Z200，主轴正转，转速为 600r/min
N40 X0 Y20;	快速定位到 A 点上方
N50 G10 L12 P2 R6;	用 G10 指令输入半径补偿值 6mm
N60 Z5 M8;	主轴快速下降到 Z5，切削液开
N70 G1 Z-5 F20;	刀具进给下降到 Z-5，进给速度为 20mm/min
N80 M98 P3111;	调用 O3111 子程序 1 次
N90 G90 G0 Z5;	绝对编程，刀具快速上升到 Z5 处
N100 X-30 Y-20;	快速定位到 B 点上方
N110 G1 Z-5 F20;	刀具切削下降到 Z-5，进给速度为 20mm/min
N120 M98 P3111;	调用 O3111 子程序 1 次
N130 G90 G0 Z5;	绝对编程，刀具快速上升到 Z5 处
N140 X30;	快速定位到 C 点上方
N150 G1 Z-5 F20;	刀具切削下降到 Z-5，进给速度为 20mm/min
N160 M98 P3111;	调用 O3111 子程序 1 次
N170 G90 G0 G49 Z0 M9;	刀具取消长度补偿，Z 向快速返回到机床原点，切削液关
N180 M30;	程序结束
%	程序结束符

子程序（独立文件）：

O3111;	子程序名
N10 G91 G1 G41 D2 X8 Y2 F50;	增量编程，导入半径补偿
N20 G3 X-8 Y8 R8 F13;	走过渡圆弧，切向切入
N30 G1 X-18 F50;	轮廓切削开始

```
N40  G3  X-7  Y-7  R7  F7;
N50  G1  Y-6  F50;
N60  G3  X7  Y-7  R7  F7;
N70  G1  X36  F50;
N80  G3  X7  Y7  R7  F7;
N90  G1  Y6  F50;
N100 G3  X-7  Y7  R7  F7;
N110 G1  X-18  F50;                 轮廓切削结束
N120 G3  X-8  Y-8  R8;              走过渡圆弧,切向切出
N130 G40 G1  X8  Y-2;               取消半径补偿
N140 M99;                           子程序结束并返回
%                                   程序结束符
```

3. 上述两种的综合

上述两种综合,即在 XY 平面内有相同形状的轮廓,而每个轮廓的加工深度又较深,这种情况往往要使用子程序嵌套的方式进行。

例 3-12 图 3-38 所示零件中,如果 A 型腔的加工深度为 -12mm,编写该零件的加工程序。

编程如下。

主程序:

```
O3012;                       主程序名
N10~N60;                     与 O3011 的 N10~N60 相同
N70  G1  Z0  F20;            刀具进给下降到 Z0,进给速度为 20mm/min
N80  M98  P33112;            调用 O3112 子程序 3 次
N90~N180;                    与 O3011 的 N90~N180 相同
%                            程序结束符
```

子程序二(独立文件):

```
O3112;                       子程序名
N10  G91  G1  Z-4  F20;      增量编程,沿-Z 方向进给 4mm
N20  M98  P3111;             调用 O3111 子程序(子程序一)1 次
N30  M99;                    子程序结束并返回
%                            程序结束符
```

例 3-13 用 φ12mm 键槽铣刀加工图 3-39 所示平面凸轮槽。

由于图 3-39 中只标注槽内侧的尺寸,因此在编制槽外侧的程序时,利用内侧尺寸通过半径补偿来实现。

编程如下。

主程序:

```
O3013;                                    主程序名
N10  G90  G80  G40  G21  G17  G94;        程序初始化
N20  M6  T2;                              换上 2 号刀,即 φ12mm 键槽铣刀
```

N30 G54 G90 G0 G43 H2 Z200 M3 S600;	绝对编程方式,调用G54工件坐标系,执行2号刀长度补偿,使刀具快速进给到Z200处,主轴正转,转速为600r/min
N40 X0 Y70 M8;	快速到达起刀点上方,切削液开
N50 Z5;	快速下降到Z5
N60 G10 L12 P2 R6.5;	给D2输入半径补偿值6.5,精加工余量为0.5mm
N70 G41 X-10 Y60 D2;	刀具半径左补偿
N80 G3 X0 Y50 R10;	圆弧过渡段
N90 G1 Z-5 F30 M98 P3113;	切入到Z-5,调用O3113子程序1次,粗加工槽内侧轮廓(铣第一层)
N100 G1 Z-10 F30 M98 P3113;	切入到Z-10,调用O3113子程序1次,粗加工槽内侧轮廓(铣第二层)
N110 G0 Z5;	子程序加工轮廓结束后返回到Z5
N120 G3 X10 Y60 R10;	圆弧过渡段
N130 G0 G40 X0 Y70;	取消半径补偿
N140 G10 L12 P2 R13.5;	给D2输入半径补偿值13.5,准备粗加工槽外侧轮廓
N150 G42 X20 D2;	刀具半径右补偿
N160 G2 X0 Y50 R20;	圆弧过渡段
N170 G1 Z-5 F30 M98 P3213;	切入到Z-5,调用O3213子程序1次,粗加工槽外侧轮廓(铣第一层)
N180 G1 Z-10 F30 M98 P3213;	切入到Z-10,调用O3213子程序1次,粗加工槽外侧轮廓(铣第二层)
N190 G90 G0 Z5;	子程序加工轮廓结束后返回到Z5
N200 G2 X-20 Y70 R20;	圆弧过渡段
N210 G0 G40 X0 Y70;	取消半径补偿
N220 G10 L12 P2 R14;	给D2输入半径补偿值14,准备精加工槽外侧轮廓
N230 G42 X20 D2;	刀具半径右补偿
N240 G2 X0 Y50 R20;	圆弧过渡段
N250 G1 Z-10 F30 S1500 M98 P3213;	切入到Z-10,转速增加到1500r/min,调用O3213子程序1次,精加工槽外侧轮廓
N260 G90 G0 Z5;	子程序加工轮廓结束后返回到Z5
N270 G2 X-20 Y70 R20;	圆弧过渡段
N280 G0 G40 X0 Y70;	取消半径补偿
N290 G41 X-10 Y60 D2;	刀具半径左补偿
N300 G3 X0 Y50 R10;	圆弧过渡段
N310 G1 Z-10 F30 M98 P3113;	切入到Z-10,调用O3113子程序1次,精加工槽内侧轮廓
N320 G0 Z200 M9;	子程序加工轮廓结束后返回到Z200,切削液关
N330 G3 X10 Y60 R10;	圆弧过渡段
N340 G0 G40 X0 Y70;	取消半径补偿

```
N350  G49  G90  Z0;              取消长度补偿,Z轴快速移动到机床坐标Z0处
N360  M30;                       程序结束
%                                程序结束符
```

子程序一:

```
O3113  N10  G2  X50  Y0  R50  F100;    顺圆切削半径为50mm圆弧(对内侧顺铣)
       N20  X35.034  Y-28.699  R35;    顺圆切削半径为35mm圆弧
       N30  G1  X12.025  Y-45.981;     直线切削
       N40  G2  X-60  Y-10  R45;       顺圆切削半径为45mm圆弧
       N50  X0  Y50  R60  M99;         顺圆切削半径为60mm圆弧,子程序结束并返回
%                                      程序结束符
```

子程序二:

```
O3213  N10  G3  X-60  Y-10  R60  F100; 逆圆切削半径为60mm圆弧(对外侧顺铣)
       N20  X12.025  Y-45.981  R45;    逆圆切削半径为45mm圆弧
       N30  G1  X35.034  Y-28.699;     直线切削
       N40  G3  X50  Y0  R35;          逆圆切削半径为35mm圆弧
       N50  X0  Y50  R50  M99;         逆圆切削半径为50mm圆弧,子程序结束并返回
%                                      程序结束符
```

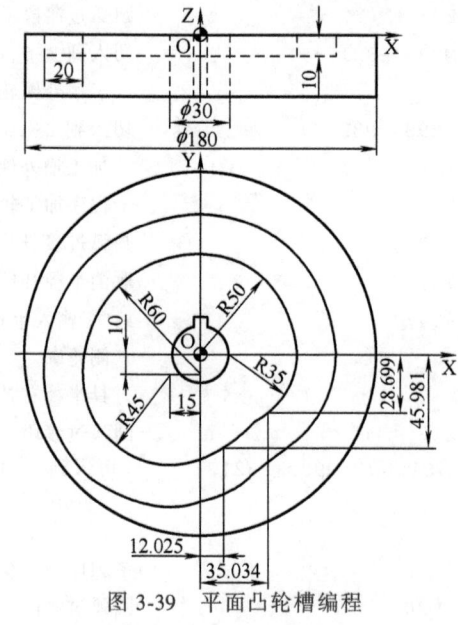

图 3-39 平面凸轮槽编程

课题六 应用缩放、旋转与镜像功能编程

一、应用比例缩放功能的编程

1. 比例缩放功能

在图 3-40a 中,比较轮廓 A 的尺寸(20mm×50mm、半径为 8mm)与轮廓 B 的尺寸

（30mm×75mm、半径为 12mm），B 轮廓是 A 轮廓的 1.5 倍。在编写程序及加工时，可以利用 G51 指令对编程的形状放大和缩小（比例缩放），如图 3-40c 所示。

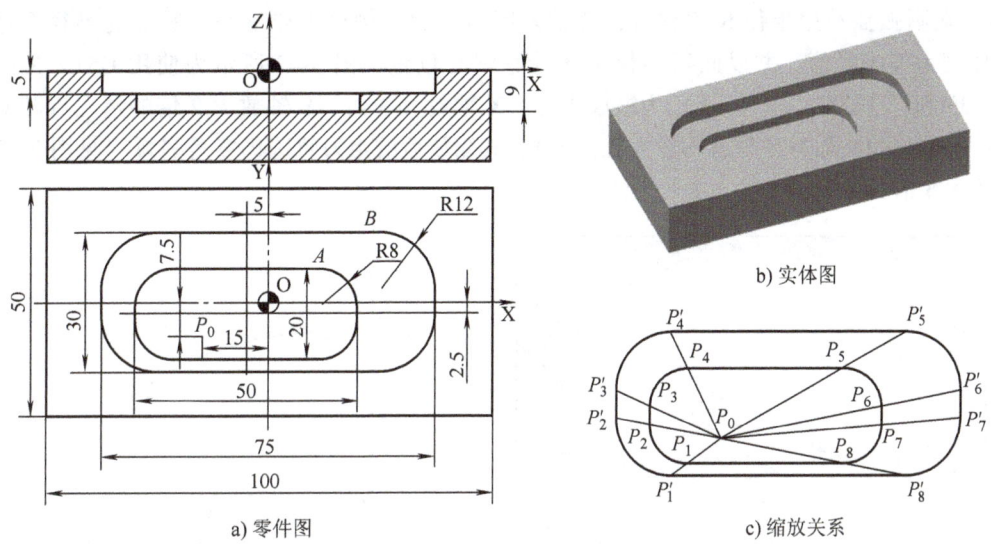

a) 零件图　　b) 实体图　　c) 缩放关系

图 3-40　轮廓比例缩放（P_0 为缩放中心，$P_1 P_2 P_3 P_4 P_5 P_6 P_7 P_8 \rightarrow P_1' P_2' P_3' P_4' P_5' P_6' P_7' P_8'$）

比例缩放有两种：对各轴应用相同倍率的比例缩放，和对每个轴应用不同倍率的不同轴的比例缩放。

G51 的各轴等比例缩放功能与 CAD 中的缩放功能相类似。

2. 编程格式

沿所有轴以相同的比例缩放	沿各轴以不同的比例缩放	意　义
G51　X＿　Y＿　Z＿　P＿； … G50；	G51　X＿　Y＿　Z＿　I＿　J＿　K＿； … G50；	缩放开始 缩放有效方式下的程序段 缩放取消

3. 参数说明

X＿　Y＿　Z＿：比例缩放中心的绝对坐标值（即使在 G91 方式下也视为绝对位置）；如果省略，则在执行 G51 前刀具中心所处的位置为比例缩放中心。

P＿：缩放比例（必须是正整数，如为负数则无效），以 0.001 为一个单位。如缩放 1.5 倍，应写成 P1500。

I＿　J＿　K＿：各轴对应的缩放比例（整数值），以 0.001 为一个单位。

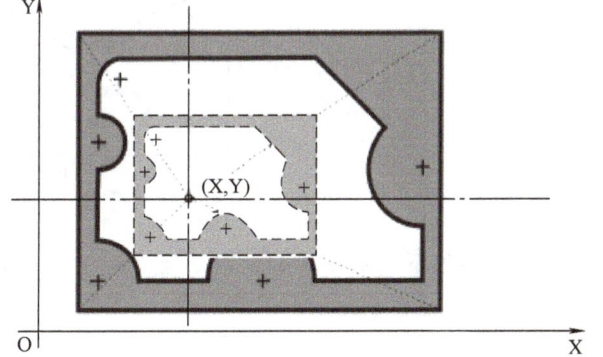

图 3-41　各轴相同比例时的缩放

4. 其他说明

1) 当各轴按相同的比例缩放时，其实际加工轮廓以编程轮廓按缩放中心进行相应的比例缩放后得到。图 3-41 所示为使用 G51　X＿　Y＿　P2000；是以（X，

Y）缩放中心等比例缩放 2 倍的情况。

2）对于圆弧，各轴指定不同的缩放比例，刀具也不会走出椭圆轨迹。

① 在圆弧插补用半径 R 编程时，各轴采用不同的比例放大或缩小，圆弧的半径会选用较大比例为新半径值，并以此新半径重新计算圆心位置。图 3-42 所示为使用 G51 X__ Y__ I3000 J2000 以（X，Y）为缩放中心、X 轴放大 3 倍、Y 轴放大 2 倍的情况（注意圆弧中心点的移位，而且半径选用较大比例值），其缩放后的走刀轨迹仍然是圆弧（见图 3-42 中 R 均放大 3 倍）。

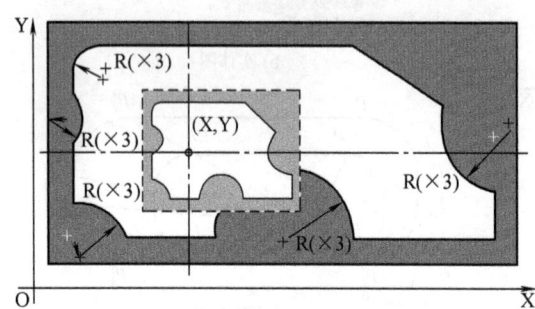

图 3-42　各轴不同比例时的缩放

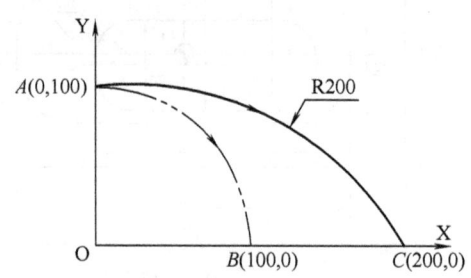

图 3-43　圆弧各轴不同缩放比例
（圆弧插补用半径 R）

举例说明如下（见图 3-43，以 O 点为缩放中心）。

用 G51 指令编写的程序：	等效程序：
G0　G90　X0　Y100；　　　　（到达 A） G51　X0　Y0　I2000　J1000；（X 向放大 2 倍，Y 向不放大） G2　X100　Y0　R100　F100；（编程按 A→B，实际走刀为 A→C）	G0　G90　X100　Y0；　　　　（到达 A） G2　X200　Y0　R200　F100；（A→C，半径 R 按 I、J 中的最大者缩放）

② 在圆弧插补用 I、J 编程时，其缩放后的走刀轨迹既不是圆弧，也不是椭圆，是一种阿基米德螺旋线（见图 3-44）。

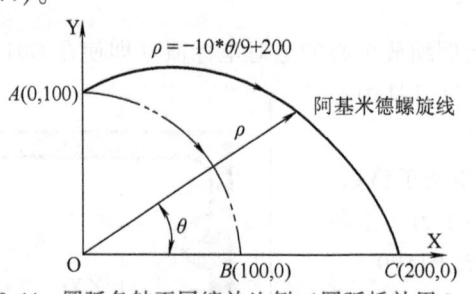

图 3-44　圆弧各轴不同缩放比例（圆弧插补用 I、J）

举例说明如下（见图 3-44，以 O 点为缩放中心）。

用 G51 指令编写的程序：
G0　G90　X0　Y100；　　　　　　（到达 A） G51　X0　Y0　I2000　J1000；　　（X 向放大 2 倍，Y 向不放大） G2　X100　Y0　I0　J-100　F100；（编程按 A→B，实际走刀为 A→C）

3）当各轴用不同的比例缩放时，如果缩放比例为"-"时，则形成镜像，此镜像作用与平面选择有关，依 G17/G18/G19 决定该给 I__ J__、I__ K__或 J__ K__等镜像负值。图 3-45 所示为使用 G51 X__ Y__ I1500 J-1500；是以（X，Y）为缩放中心、对应 Y 轴作镜像（因 J 值为负，其镜像平面为 X__）及放大 1.5 倍的情况。

4）对于刀具半径补偿、刀具长度补偿以及刀具位置偏置的刀具补偿量，比例缩放对其不影响。

例 3-14　用 ϕ12mm 键槽铣刀加工图 3-40a 所示的凹槽。

由于槽 B 与槽 A 在右侧的 X 向距离有 17.5mm，为切除槽 B 右部位的残料，编程时先采用放大 1.25 倍加工一次。

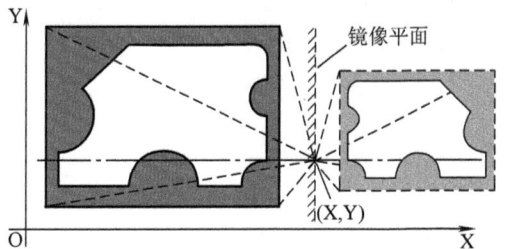

图 3-45　缩放比例为负时所产生的镜像

主程序：

```
O3014;                                  主程序名
N10  G90 G80 G40 G21 G17 G94;           程序初始化
N20  M6 T2;                             换上 2 号刀，即 φ12mm 键槽铣刀
N30  G54 G90 G0 G43 H2 Z200 M3 S600;    绝对编程方式,调用 G54 工件坐标系,执行 2 号
                                        刀长度补偿,使刀具快速进给到 Z200 处,主
                                        轴正转,转速为 600r/min
N40  X-22 Y-2.5 M8;                     快速到达起刀点上方,切削液开
N50  Z5;                                快速下降到 Z5
N60  G10 L12 P2 R6.3;                   指定刀具半径补偿为 6.3mm,留精加工余量为
                                        0.3mm
N70  G1 Z-5 F30;                        刀具下降到 Z-5
N80  M98 P3114;                         调用 O3114 子程序 1 次,粗加工槽 A 上面部分
N90  G90 G1 Z-9 F30;                    刀具下降到 Z-9
N100 M98 P3114;                         继续调用 O3114 子程序 1 次,粗加工出槽 A
N110 G90 G0 Z5;                         子程序粗加工槽 A 结束后返回到 Z5
N120 G51 X-15 Y-7 I1250 J1250;          指定缩放 1.25 倍(这儿没有使用 P1250,因 Z
                                        方向不缩放)
N130 G0 X-22 Y-2.5;                     快速到达加工槽 B 的起刀点上方
N140 G1 Z-5 F30;                        刀具下降到 Z-5
N150 M98 P3114;                         调用 O3114 子程序 1 次,粗加工槽 B
N160 G90 G0 Z5;                         子程序粗加工槽 B 结束后返回到 Z5
N170 G50;                               取消缩放
N180 G51 X-15 Y-7 I1500 J1500;          重新指定缩放为 1.5 倍
N190 G0 X-22 Y-2.5;                     快速到达加工槽 B 的起刀点上方
N200 G1 Z-5 F30;                        刀具下降到 Z-5
N210 M98 P3114;                         调用 O3114 子程序 1 次,第二次粗加工槽 B
N220 G90 G0 Z5;                         第二次粗加工槽 B 结束后返回到 Z5
N230 G50;                               取消缩放
```

```
N240  G10  L12  P2  R6;                 指定刀具半径补偿为 6mm,准备精加工
N250  S900;                              主轴转速增加到 900r/min,准备精加工
N260  G51  X-15  Y-7  I1500  J1500;      指定缩放为 1.5 倍
N270  G0   X-22  Y-2.5;                  快速到达加工槽 B 的起刀点上方
N280  G1   Z-5  F30;                     刀具下降到 Z-5
N290  M98  P3114;                        调用 O3114 子程序 1 次,精加工槽 B
N300  G90  G0  Z5;                       精加工槽 B 结束后返回到 Z5
N310  G50;                               取消缩放
N320  G0   X-22  Y-2.5;                  快速到达加工槽 A 的起刀点上方
N330  G1   Z-9  F30;                     刀具下降到 Z-9
N340  M98  P3114;                        调用 O3114 子程序 1 次,精加工槽 A
N350  G49  G90  Z0  M9;                  取消长度补偿,Z 轴快速移动到机床坐标 Z0 处,
                                         关闭切削液
N360  M30;                               程序结束
%                                        程序结束符
```

子程序:

```
O3114;                                   子程序名
N10   G91  G41  D2  X7  Y3  F50;         采用增量补偿,指定半径补偿
N20   G3   X-7  Y7  R7  F7;              走过渡圆弧,速度修调为 7mm/min
N30        X-8  Y-8  R8  F12.5;          加工左上角圆弧,速度修调为 12.5mm/min
N40   G1   Y-4  F50;                     加工左侧直线段,速度不修调
N50   G3   X8   Y-8  R8  F12.5;          加工左下角圆弧,速度修调为 12.5mm/min
N60   G1   X34  F50;                     加工下侧直线段,速度不修调
N70   G3   X8   Y8   R8  F12.5;          加工右下角圆弧,速度修调为 12.5mm/min
N80   G1   Y4   F50;                     加工右侧直线段,速度不修调
N90   G3   X-8  Y8   R8  F12.5;          加工右上角圆弧,速度修调为 12.5mm/min
N100  G1   X-34 F50;                     加工上侧直线段,速度不修调
N110  G3   X-7  Y-7  R7;                 走过渡圆弧,由于没有残料取消,所以速度不修调
N120  G1   G40  X7  Y-3;                 取消半径补偿
N130  M99;                               子程序结束,返回到主程序
%                                        程序结束符
```

二、应用旋转功能的编程

1. 坐标系旋转功能的适用场合

利用坐标系旋转指令,可将工件旋转某一指定的角度加工出来(见图 3-46);另外,如果工件的形状由许多相同的图形组成(见图 3-47),则可将图形单元编成子程序,然后用主程序的旋转指令调用,这样可简化编程,省时、省存储空间。

2. 坐标系旋转指令 G68、G69

在 G17 指令有效时,编程格式:

G68 X__ Y__ R__;   坐标系开始旋转

```
      ...
      G69;
```
坐标系旋转方式的程序段
坐标系旋转取消指令

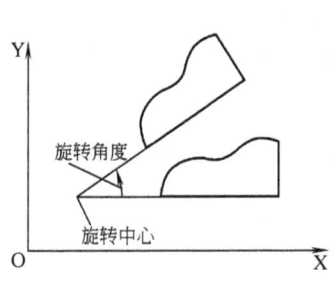

图 3-46 坐标系旋转

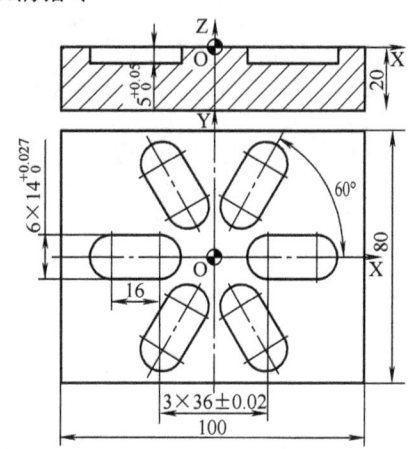

图 3-47 六槽绕圆周均布

3. 参数说明

X__ Y__：旋转中心的绝对坐标值。

R__：旋转角度，"+" 代表逆时针旋转，"-" 代表顺时针旋转（对 FANUC 0i-MD 系统，No.5400#0 设为 "1" 时为增量旋转角度。绝对旋转角度时，程序段中加 G90。No.5400#0 设为 "0" 时为绝对旋转角度，但 G91 不起作用）。

注意：坐标系旋转取消指令（G69）以后的第一个移动指令必须用绝对值编程；如果用增量值编程，将不执行正确的移动。

4. 举例说明

例 3-15 用 φ10mm 键槽铣刀加工图 3-48a 中的槽。

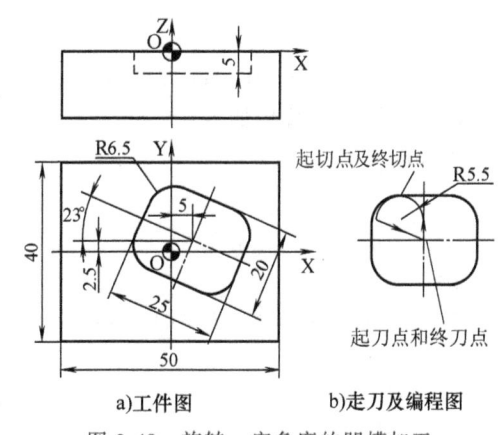

a) 工件图　　　b) 走刀及编程图

图 3-48 旋转一定角度的凹槽加工

采用旋转指令编程，编程如下：

O3015;	主程序名
N10 G90 G80 G40 G21 G17 G94;	程序初始化
N20 M6 T3;	换上 3 号刀，即 φ10mm 键槽铣刀
N30 G54 G90 G0 G43 H3 Z200 M3 S800;	刀具快速移动到 Z200（在 Z 方向调入了刀具长度补偿），主轴正转
N40 X5 Y2.5;	快速到达起刀点、旋转中心上方
N50 G68 X5 Y2.5 R-23;	指定旋转中心及旋转角度
N60 Z1 M8;	快速下降到 Z1，切削液打开
N70 G10 L12 P3 R5;	给 D3 输入半径补偿值 5
N80 G1 Z-5 F30;	向下进给切削到 Z-5
N90 G91 G41 X-0.5 Y4.5 D3 F100;	增量指令，刀具左侧补偿移动

```
N100  G3  X-5.5  Y5.5  R5.5  F10;           走圆弧过渡段,进给速度修调
N110  X-6.5  Y-6.5  R6.5  F23;              进行左上角半径为6.5mm圆弧切削,进给速
                                             度修调
N120  G1  Y-7  F100;                        加工左侧的直线段
N130  G3  X6.5  Y-6.5  R6.5  F23;           进行左下角半径为6.5mm圆弧切削,进给速
                                             度修调
N140  G1  X12  F100;                        加工下面的直线段
N150  G3  X6.5  Y6.5  R6.5  F23;            进行右下角半径为6.5mm圆弧切削,进给速
                                             度修调
N160  G1  Y7  F100;                         加工右侧的直线段
N170  G3  X-6.5  Y6.5  R6.5  F23;           进行右上角半径为6.5mm圆弧切削,进给速
                                             度修调
N180  G1  X-12  F100;                       加工上面的直线段
N190  G3  X-5.5  Y-5.5  R5.5;               走圆弧过渡段,由于不切削,进给速度不修调
N200  G90  G40  G1  X5  Y2.5;               绝对指令,取消刀具半径补偿,返回起刀点
N210  G0  Z200;                             快速抬刀
N220  G69  G49  Z0  M9;                     取消旋转指令、长度补偿,Z轴快速移动到机
                                             床坐标Z0处,切削液关
N230  M30;                                   程序结束
%                                            程序结束符
```

例 3-16 分别用 φ12mm 键槽铣刀(T1)和 φ10mm 立铣刀(T2)对图 3-47 所示六个槽进行粗、精加工。编程如下。

主程序:

```
O3016;                                        主程序名
N10   G90  G80  G40  G21  G17  G94;          程序初始化
N20   M6  T1;                                换上1号刀,即φ12mm 键槽铣刀
N30   G54  G90  G0  G43  H1  Z200  M3  S600; 绝对编程方式,调用G54工件坐标系,执行1号
                                              刀长度补偿,使刀具快速进给到Z200mm处,
                                              主轴正转,转速为600r/min
N40   X0  Y0;                                刀具快速定位到X0、Y0
N50   Z5  M8;                                刀具快速下到Z5,切削液打开
N60   G10  L12  P1  R6.2;                    在D1刀位指定半径补偿6.2mm,留精加工余
                                              量0.2mm
N70   M98  P3116;                            调用O3116子程序1次
N80   G0  G90  G49  Z0  M9;                  加工结束,取消刀具长度补偿,快速返回到机
                                              床原点,切削液关
N90   M6  T2;                                换上2号刀,即φ10mm 立铣刀
N100  G0  G43  H2  Z100  M3  S1200;          执行2号刀长度补偿,快速进给到
                                              Z100处,主轴转速为1200r/min
N110  X0  Y0;                                刀具快速定位到X0、Y0
N120  Z5  M8;                                刀具快速下到Z5,切削液打开
N130  G10  L12  P1  R5;                      在D1刀位指定半径补偿5mm(注意:由于两把
                                              铣刀调用同一个子程序加工,所以2号刀半
                                              径补偿仍然指定在D1)
N140  M98  P3116;                            调用O3116子程序1次
```

```
N150  G0  G90  G49  Z0  M9;              加工结束,取消刀具长度补偿,快速返回到机床原
                                          点,切削液关
N160  M30;                                程序结束
%                                         程序结束符
```

子程序一：

```
O3116;                                    子程序名
N10   M98  P3216;                         调用 O3216 子程序 1 次,加工图 3-47 中右水平槽
N20   G68  X0  Y0  R60;                   绕 X0、Y0 坐标系逆时针旋转 60°
N30   M98  P3216;                         调用 O3216 子程序 1 次,加工图 3-47 中右上槽
N40   G69;                                取消坐标系旋转
N50   G68  X0  Y0  R120;                  重新指定绕 X0、Y0 坐标系逆时针旋转 120°
N60   M98  P3216;                         调用 O3216 子程序 1 次,加工图 3-47 中左上槽
N70   G69;                                取消坐标系旋转
N80   G68  X0  Y0  R180;                  重新指定绕 X0、Y0 坐标系逆时针旋转 180°
N90   M98  P3216;                         调用 O3216 子程序 1 次,加工图 3-47 中左水平槽
N100  G69;                                取消坐标系旋转
N110  G68  X0  Y0  R240;                  重新指定绕 X0、Y0 坐标系逆时针旋转 240°
N120  M98  P3216;                         调用 O3216 子程序 1 次,加工图 3-47 中左下槽
N130  G69;                                取消坐标系旋转
N140  G68  X0  Y0  R300;                  重新指定绕 X0、Y0 坐标系逆时针旋转 300°
N150  M98  P3216;                         调用 O3216 子程序 1 次,加工图 3-47 中右下槽
N160  G69;                                取消坐标系旋转
N170  M99;                                子程序结束,返回到主程序
%                                         程序结束符
```

子程序二：

```
O3216;                                    子程序名
N10   G90  G0  X18  Y0;                   绝对值快速移动到槽左端半圆的圆心上方
N20   G1  Z-5  F25;                       绝对值下刀加工到槽深
N30   G91  G41  D1  X6.5  Y0.5  F50;      采用增量方式编程,走直线,指定刀具半径
N40   G3  X-6.5  Y6.5  R6.5  F4;          走过渡圆弧
N50   Y-14  R7  F7;                       加工槽一端圆弧
N60   G1  X16  F50;                       加工直线段
N70   G3  Y14  R7  F7;                    加工槽另一端圆弧
N80   G1  X-16  F50;                      加工直线段
N90   G3  X-6.5  Y-6.5  R6.5;             走过渡圆弧
N100  G1  G40  X6.5  Y-0.5;               取消半径补偿
N110  G90  G0  Z5;                        绝对值编程,刀具快速抬刀至 Z5 位置,为下面的坐
                                          标系旋转做准备
N120  M99;                                子程序结束,返回到上一级子程序
%                                         程序结束符
```

例 3-17 分别用 φ12mm 立铣刀（T1）和 φ10mm 立铣刀（T2）对图 3-49 所示槽轮进行

粗、精加工。

从图 3-49 中的结构来看，A~G 的走刀轨迹（见图 3-50）在其他的三个位置是重复的，可以采用调用子程序的方式，但其他三个位置是在第一个位置的基础上通过旋转功能才能使起刀点与终刀点重合，因此在编程时既要采用旋转功能，又要调用子程序。另外，在 -Z 方向由于加工厚度有 12mm，因此还要采用分层铣削，考虑铣刀刀尖影响，加工深度至 Z-13。另外，由于采用同一个程序进行粗、精加工，所以在指定刀具半径补偿值的刀位时与例 3-16 相同，指定在同一个刀位。

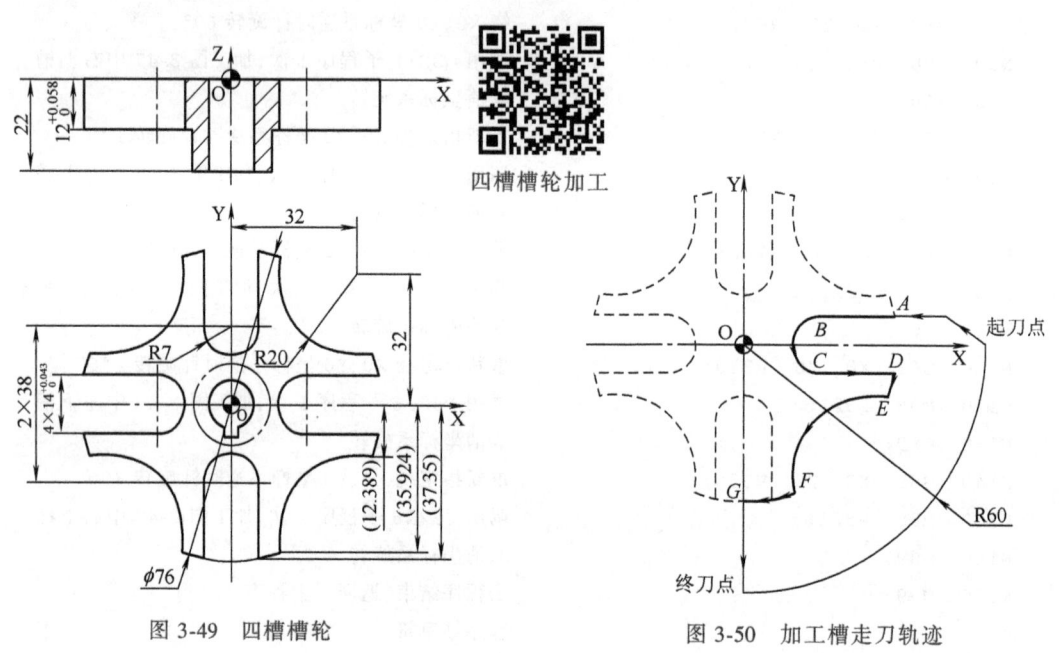

图 3-49 四槽槽轮　　　　　　　　图 3-50 加工槽走刀轨迹

编程如下。
主程序：

```
O3017;                                  主程序名
N10  G90 G80 G40 G21 G17 G94;           程序初始化
N20  M6 T1;                             换上 1 号刀，即 φ12mm 立铣刀
N30  G54 G90 G0 G43 H1 Z200 M3 S600;    绝对编程方式，调用 G54 工件坐标系，执行
                                        1 号刀长度补偿，使刀具快速进给到
                                        Z200 处，主轴正转，转速为 600r/min
N40  X60 Y0;                            刀具快速定位到达起刀点上方
N50  Z5 M8;                             刀具快速下到 Z5，切削液打开
N60  G10 L12 P1 R6.3;                   在 D1 刀位指定半径补偿 6.3mm，留精加工
                                        余量 0.3mm
N70  G1 Z-6 F50;                        以 50mm/min 进给到 Z-6，进行第一层切削
N80  M98 P3117;                         调用 O3117 子程序，进行第一层的粗加工
N90  G1 Z-13 F50;                       刀具进给到 Z-13，准备进行第二层切削
N100 M98 P3117;                         调用 O3117 子程序，进行第二层的粗加工
```

N110 G0 G49 Z0 M9;	加工结束,取消刀具长度补偿,快速返回到机床原点,切削液关
N120 M6 T2;	换上2号刀,即φ10mm立铣刀
N130 G0 G43 H2 Z100 M3 S1200;	执行2号刀长度补偿,快速进给到Z100处,主轴转速为1200r/min
N140 X60 Y0;	刀具快速定位到X60、Y0
N150 Z5 M8;	刀具快速下到Z5,切削液打开
N160 G10 L12 P1 R5;	在D1刀位指定半径补偿5mm(注意:由于两把铣刀调用同一个子程序加工,所以2号刀半径补偿仍然指定在D1)
N170 G1 Z-13 F50;	刀具进给到Z-13,准备进行精加工
N180 M98 P3117;	调用O3117子程序,进行精加工
N190 G0 G90 G49 Z0 M9;	加工结束,取消刀具长度补偿,快速返回到机床原点,切削液关
N200 M30;	程序结束
%	程序结束符

子程序一:

O3117;	子程序名
N10 M98 P3217;	调用O3217子程序1次加工图中A~G轮廓
N20 G68 X0 Y0 R-90;	坐标系统坐标原点顺时针旋转90°
N30 M98 P3217;	调用O3217子程序
N40 G69;	取消坐标系旋转
N50 G68 X0 Y0 R-180;	坐标系统坐标原点顺时针旋转180°
N60 M98 P3217;	调用O3217子程序
N70 G69;	取消坐标系旋转
N80 G68 X0 Y0 R-270;	坐标系统坐标原点顺时针旋转270°
N90 M98 P3217;	调用O3217子程序
N100 G69;	取消旋转指令
N110 M99;	子程序结束,返回到主程序
%	程序结束符

子程序二:

O3217;	子程序名
N10 G90 G41 X50 Y7 D1 F100	绝对指令,刀具进行左补偿移动
N20 X37.35	移动到A点(直线过渡段)
N30 X19	移动到B点
N40 G3 Y-7 R-7 F15	逆时针走圆到C点,进给速度修调为15mm/min
N50 G1 X37.35 F100	直线移动到D点
N60 G2 X35.924 Y-12.389 R38 F115	顺时针走圆到E点,进给速度修调为115mm/min
N70 G3 X12.389 Y-35.924 R20 F70	逆时针走圆到F点,进给速度修调为70mm/min
N80 G2 X0 Y-38 R38 F115	顺时针走圆到G点,进给速度修调为115mm/min
N90 G1 Y-50 F100	沿Y负向退至-50mm

N100　G40　Y-60	取消半径补偿,沿 Y 负向退至-60mm(与旋转后的起刀点重合)
N110　M99;	子程序结束,返回到上一级子程序
%	程序结束符

三、应用可编程镜像指令编程

用编程的镜像指令（G50.1、G51.1）可实现坐标轴的对称加工,如图3-51所示。

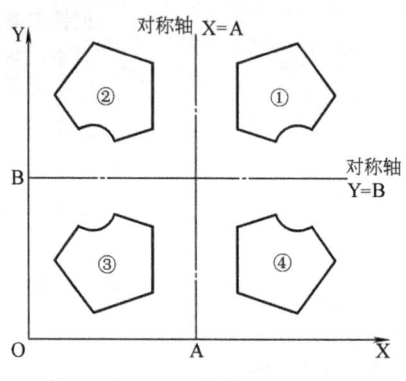

图 3-51　可编程镜像

在 G17 指令有效时,编程格式:

G51.1　X__　Y__;	设置可编程镜像
…	镜像前原始图形的程序段
	一般采用调用子程序方式:M98　P__;
G50.1　X__　Y__;	取消可编程镜像

图 3-51 的可编程镜像程序如下:

O3201;	程序名
N10　G90　G80　G40　G21　G17　G94;	程序初始化
N20　M6　T1;	换上刀具
N30　G54　G90　G0　G43　H1　Z200　M3　S600;	刀具快速移动到 Z200 处(在 Z 方向调入了刀具长度补偿),主轴正转,转速为 600r/min
N40　M98　P3202;	调用 O3202 子程序(程序略),加工图 3-51 中的①
N50　G51.1　X A;	以 X=A 为对称轴,设置可编程镜像
N60　M98　P3202;	调用 O3202 子程序加工图 3-51 中的②
N70　G51.1　Y B;	以 Y=B 为对称轴,再次设置可编程镜像
N80　M98　P3202;	调用 O3202 子程序加工图 3-51 中的③
N90　G50.1　X A;	取消 X=A 对称轴,Y=B 对称轴仍然有效
N100　M98　P3202;	调用 O3202 子程序加工图 3-51 中的④
N110　G50.1　Y B;	Y=B 对称轴也取消
N120　G49　G90　Z0;	取消长度补偿,Z 轴快速移动到机床坐标 Z0 处

```
N130 M30;                                   程序结束
%                                           程序结束符
```

在指定平面内对某个轴镜像时，使下列指令发生变化：
1) 圆弧指令 G02 和 G03 被互换。
2) 刀具半径编程 G41 和 G42 被互换。
3) 坐标旋转 CW 和 CCW（旋转方向）被互换。

另外，在同时使用镜像、缩放及旋转时应注意：CNC 的数据处理顺序是从程序镜像到比例缩放和坐标系旋转，应按该顺序指定指令；取消时，按相反顺序。在比例缩放或坐标系旋转方式，不能指定 G50.1 或 G51.1。

课题七 使用简化功能指令编程与螺纹铣削加工编程

一、应用倒角与拐角圆弧简化功能指令编程

1. 倒角与拐角圆弧简化编程的适用场合

在使用常规方式编制图 3-52 所示轮廓的程序时，必须知道各直线与直线、直线与圆弧、圆弧与圆弧之间的交点（见图 3-53）位置，才能逐段编制加工程序；而使用倒角与拐角圆弧简化编程时，相关的倒角（见图 3-52 中 C5、C8）与拐角圆弧（见图 3-52 中 R8、R9、R10、R12）不再编制单独的程序段。

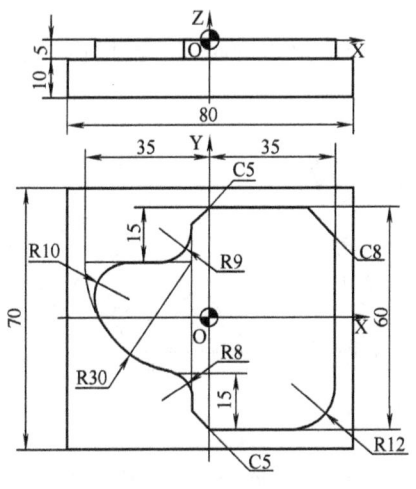
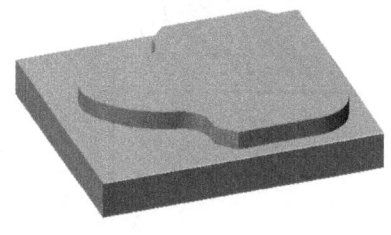

图 3-52 倒角与拐角圆弧实例

倒角和拐角圆弧过渡程序段可以自动地插入在下面的程序段之间：
1) 在直线插补和直线插补程序段之间，如图 3-53 中的 *ab* 段、*cd* 段、*ef* 段、*kl* 段、*mn* 段等。
2) 在直线（或圆弧）插补和圆弧（或直线）插补程序段之间，如图 3-53 中的 *gh* 段、*ij* 段等。
3) 在圆弧插补和圆弧插补程序段之间，如图 3-54 中的 *CD* 段。

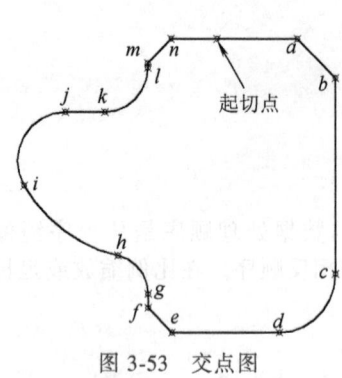

图 3-53 交点图

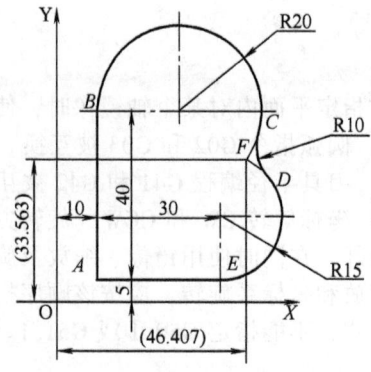

图 3-54 圆弧与圆弧之间的拐角圆弧

2. 编程格式

（1）倒角

，C __ ；

（2）拐角圆弧过渡

，R __ ；

上面的指令加在直线插补（G01）或圆弧插补（G02 或 G03）程序段的末尾时，加工中自动在拐角处加上倒角或过渡圆弧。

倒角和拐角圆弧过渡的程序段可连续地指定。

3. 说明

1）倒角。在 C 之后，指定从虚拟拐点到拐角起点和终点的距离。虚拟拐点是假定不执行倒角时实际存在的拐角点（见图 3-55a）。

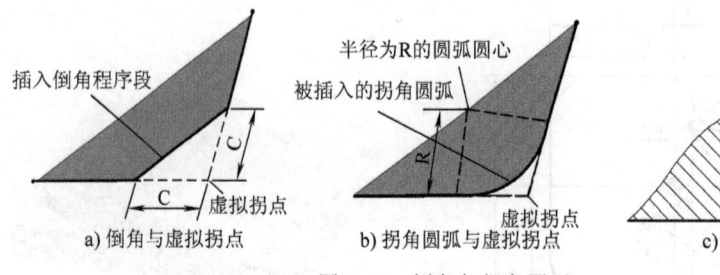
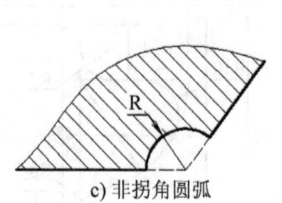

图 3-55 倒角与拐角圆弧

2）拐角圆弧过渡。在 R 之后，指定拐角圆弧的半径（见图 3-55b 中的 R）。在拐角圆弧简化编程中，圆弧必须与其他圆弧或直线相切，否则不能使用（见图 3-55c）。

3）在直线插补（G01）和圆弧插补（G02、G03）以外的程序段中，即使指定倒角（，C）或者拐角圆弧（，R），也要被忽略。

4）指定倒角操作或拐角圆弧操作的程序段后面，必须是直线插补（G01）或圆弧插补（G02、G03）的移动指令的程序段。如果是除此之外的指令，会有报警（PS0051）发出。但是，在这些程序段之间，可以仅插入一个 G04（暂停）程序段。在执行已被插入的倒角/拐角圆弧的程序段后进入暂停状态。

例 3-18 用 φ12mm 立铣刀采用简化功能指令编写加工图 3-52 所示的程序。其中的虚拟拐点如图 3-56 所示，编程所需的轮廓如图 3-57 所示。

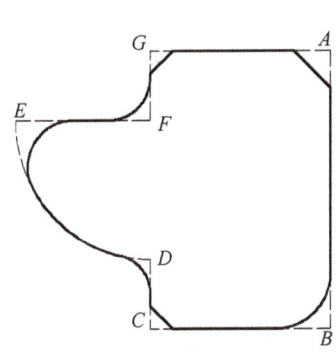

图 3-56 虚拟拐角图

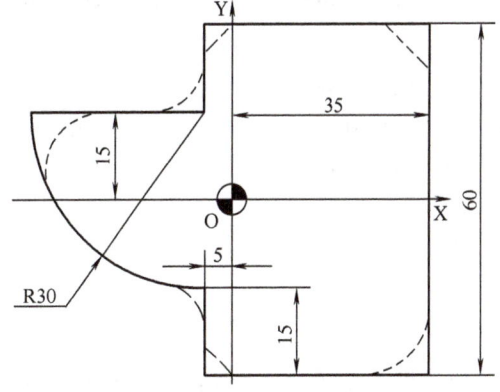

图 3-57 简化编程所需轮廓图

```
O3018;                              程序名
N10  G90 G80 G40 G21 G17 G94;       程序初始化
N20  M6  T1;                        换上 1 号刀，即 φ12mm 立铣刀
N30  G54 G90 G0 G43 H1 Z200 M3 S600; 绝对编程方式，调用 G54 工件坐标系，执
                                    行 1 号刀长度补偿，使刀具快速进给到
                                    Z200 处，主轴正转，转速为 600r/min
N40  X15  Y40;                      刀具快速定位到达起刀点上方
N50  Z5  M8;                        刀具快速下到 Z5，切削液打开
N60  G10 L12 P1 R6;                 在 D1 刀位指定半径补偿 6mm（本例不考
                                    虑粗、精加工）
N70  G1 Z-5 F50;                    以 50mm/min 进给到 Z-5
N80  G1 G41 D1 X5 F100;             指定半径左补偿
N90  G3 X15 Y30 R10;                走过圆弧到起切点（见图 3-53）
N100 G1 X35,C8;                     编程到虚拟拐点 A，起切点→a→b
N110 Y-30,R12;                      编程到虚拟拐点 B，b→c→d
N120 X-5,C5;                        编程到虚拟拐点 C，d→e→f
N130 Y-15,R8;                       编程到虚拟拐点 D，f→g→h
N140 G2 X-35 Y15 R30,R10;           编程到虚拟拐点 E，h→i→j
N150 G1 X-5,R9;                     编程到虚拟拐点 F，j→k→l
N160 Y30,C5;                        编程到虚拟拐点 G，l→m→n
N170 X15;                           n→返回到起切点（终切点）
N180 G3 X25 Y40 R10;                过渡圆弧切出
N190 G1 G40 X15;                    取消半径补偿
N200 G0 G49 Z0 M9;                  取消刀具长度补偿，返回到机床原点，切
                                    削液关
N210 M30;                           程序结束
%                                   程序结束符
```

通过例 3-18 可以看到，在使用倒角与拐角圆弧简化编程时，必须搞清楚虚拟拐点的位

置。编制图 3-54 的程序时，不必知道 C、D 两点的坐标，但必须知道与半径为 10mm 拐角圆弧所交两圆弧虚拟拐点 F 的坐标，其编制的部分程序如下：

```
...
G1  X10  Y45  F100;              →B
G2  X46.407  Y33.563  R-20,R10;  编程到虚拟拐点 F,B→C→D
    X40  Y5  R15;                D→E
G1  X10;                         E→A
...
```

二、应用固定循环指令进行孔加工编程

所谓固定循环，是指系统为方便用户编程而开发的一系列具有特定加工过程的工艺子程序。这些子程序是作为系统子程序固化在系统内部的。用户在使用固定循环时，只要根据实际需要对相应的加工参数进行修改，而不用对刀具的具体运行轨迹进行描述。固定循环的使用不但使编程的工作量大大减少，而且还简化了程序，节省了存储器空间。

一般来说，在数控加工中一个动作就应编制一个程序段。但是在孔加工时，往往需要快速接近工件、工进速度进行孔加工及孔加工完成后快速返回等固定动作。而固定循环指令可以用一个程序段完成一个孔加工的全部动作。FANUC 系统配备的固定循环主要包括钻孔、镗孔、攻螺纹等。固定循环指令的详细功能见表 3-6。

表 3-6 FANUC 系统固定循环指令功能一览表

G 指令	钻削(-Z 方向)	孔底的动作	回退(+Z 方向)	用　　途
G73	间歇进给		快速移动	高速深孔往复排屑钻循环
G74	切削进给	主轴:停转→正转	切削进给	反转攻左旋螺纹循环
G76	切削进给	主轴定向停止→刀具移位	快速移动	精镗孔循环
G80				取消固定循环
G81	切削进给		快速移动	点钻、钻孔循环
G82	切削进给	进给暂停数秒	快速移动	锪孔、镗阶梯孔循环
G83	间歇进给		快速移动	深孔往复排屑钻循环
G84	切削进给	主轴:停转→反转	切削进给	正转攻右旋螺纹循环
G85	切削进给		切削进给	精镗孔循环
G86	切削进给	主轴停止	快速移动	镗孔循环
G87	切削进给	主轴正转	快速移动	反镗孔循环
G88	切削进给	进给暂停→主轴停转	手动移动	镗孔循环
G89	切削进给	进给暂停数秒	切削进给	精镗阶梯孔循环

（一）孔加工固定循环概述

1. 孔加工固定循环动作

固定循环通常由六个基本动作构成（见图 3-58）：

动作 1——X、Y 轴定位。刀具快速定位到孔加工的位置（初始点）。

动作 2——快进到 R 点。刀具自初始点快速进给到 R 点（准备切削的位置），在多孔加工时，为了刀具移动的安全，应注意 R 点 Z 值的选取。

动作 3——孔加工。以切削进给方式执行孔加工的动作。

动作 4——在孔底的动作。包括暂停、主轴定向停止、刀具移位等动作。

动作 5——返回到 R 点。

动作 6——快速返回到初始点。

图 3-58　固定循环动作及图形符号

2. 孔加工固定循环通用编程格式

G90(G91)　G98(G99)　G73~G89　X＿＿　Y＿＿　Z＿＿　R＿＿　Q＿＿　P＿＿　F＿＿　K＿＿；

（1）数据形式　固定循环指令中地址 R 与地址 Z 的数据指定与 G90 或 G91 的方式选择有关，如图 3-59 所示。在采用 G90（绝对值指令）时，R 与 Z 一律取其终点的绝对坐标值；在采用 G91（增量值指令）时，R 是指自初始点到点 R 的增量（一般是负值），Z 是指自 R 点到孔底平面上 Z 点的增量（一般也是负值）。

（2）返回点平面选择指令　由 G98、G99 指令决定刀具在返回时到达的平面。G98 指令返回到初始点平面（初始平面）；G99 指令返回到 R 点平面（R 平面），如图 3-60 所示。

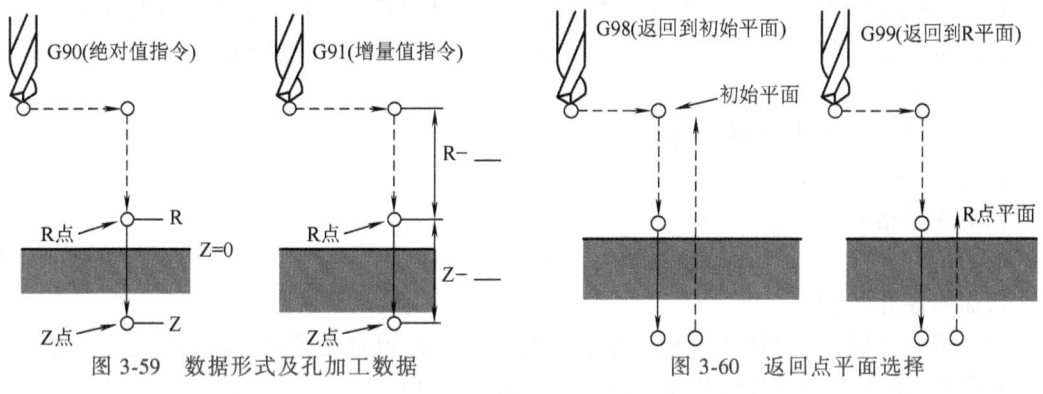

图 3-59　数据形式及孔加工数据　　　　图 3-60　返回点平面选择

（3）孔加工方式　G73~G89 规定孔加工方式，具体根据孔加工形式选取（见表 3-6）。

（4）孔加工位置

X、Y：孔加工位置坐标值。

（5）其他孔加工数据

Q：在 G73、G83 方式中，Q 规定每次加工的深度；在 G76、G87 方式中，Q 为刀具的偏移量。Q 值始终是增量值，且用正值表示，与 G91 的选择无关。

P：规定在孔底的暂停时间，用整数表示，以 ms 为单位。

F：切削的进给速度。在图 3-58 中，循环动作 3（切削进给）的速度由 F 指定，而循环动作 5（快速移动）的速度则由选定的循环方式确定。

（6）重复次数　在 K 中指定重复次数，对等间距孔进行重复钻孔。K 仅在被指定的程序段内有效。以增量方式（G91）指定第一孔位置，如果用绝对值方式（G90）指令，则在相同位置重复钻孔。

上述孔加工数据，不一定全部都写，根据需要可省略若干地址和数据。

（二）使用固定循环指令时的注意事项

1）在使用固定循环指令之前，必须用辅助功能指令使主轴旋转。当使用了主轴停转指令 M05 之后，一定要再次使主轴旋转。

2）在固定循环方式中，其程序段必须有 X、Y、Z 及 R 的位置数据，否则不执行固定循环。

3）在固定循环指令的程序段尾，若指令了 G04 P __，则是在完成固定循环后执行暂停，而固定循环指令中的 P 不被 G04 变更。

4）孔加工数据 Q、P 应在孔加工操作的程序段中指令。若在不进行孔加工动作的程序段中指令了这些数据，不保存。

5）撤销固定循环指令除了 G80 外，G00、G01、G02、G03 也能起撤销作用，因此编程时要注意。

6）当主轴回转控制使用在固定循环指令 G74、G84、G86、G88 时，如果连续加工的孔间距较小或初始点到 R 点的距离很短，则在进入孔加工的切削动作前，主轴可能没有达到正常转速。在这种情况下，必须在每个孔加工动作间插入一个暂停指令（G04 指令），使主轴获得规定的转速。

7）在固定循环方式中，G43、G44 仍起着刀具长度补偿的作用。

8）在固定循环中途，若按下复位或急停按钮使数控系统停止，但这时孔加工方式和孔加工数据还被存储着，所以在重新开始加工时要特别注意，应使固定循环剩余动作结束后，再执行其他动作。

（三）各固定循环指令格式与动作

1. 定位、钻孔（G81）循环

（1）编程格式

G81 X__ Y__ Z__ R__ K__ F__； K__表示重复次数，仅限需要重复时使用，后面的各指令相同

（2）孔加工动作　G81 指令用于中心钻的定位点孔和对孔要求不高的钻孔，切削进给执行到孔底，然后刀具从孔底快速移动退回（见图 3-61）。

（3）程序范例　加工如图 3-62 所示孔，用 G81 指令及 G90 方式进行编程。

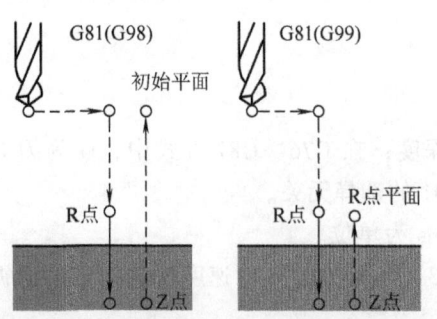

图 3-61　钻孔循环、钻中心孔循环指令 G81

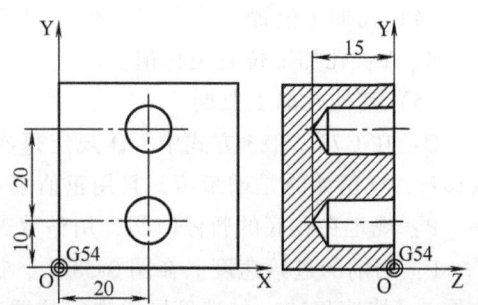

图 3-62　孔加工范例 1

```
O7001;
N10   G90  G80  G40  G21  G17  G94;
N20   M6   T1;
N30   G90  G54  G0   G43  Z200  H1  M3  S600;
N40   X0   Y0;
N50   Z50  M8;
N60   G90  G99  G81  X20  Y10  Z-15  R5  F60;     加工下孔;孔加工结束返回到R平面
N70   G98  Y30;                                    加工上孔,孔Y位置变化,其他参数不变,
                                                   孔加工结束返回到初始平面
N80   G80;                                         取消孔加工固定循环
N90   G0   G49  Z0   M9;
N100  M30;
%
```

2. 深孔钻循环（G73、G83）

G73 和 G83 一般用于较深孔的加工，又称为啄式孔加工指令。

（1）编程格式

G73 X__ Y__ Z__ R__ Q__ K__ F__；
G83 X__ Y__ Z__ R__ Q__ K__ F__；

（2）孔加工动作　G73 指令通过 Z 轴方向的啄式进给（见图 3-63）可以较容易地实现断屑与排屑。指令中的 Q 值是指每一次的加工深度（均为正值）。d 值由机床系统指定，无须用户指定。

G83 指令同样通过 Z 轴方向的啄式进给（见图 3-64）来实现断屑与排屑的目的。但与 G73 指令不同的是，刀具间隙进给后快速回退到 R 点，再快速进给到 Z 向距上次切削孔底平面 d 处，从该点处，快进变成工进，工进距离为 Q+d。此种方式多用于加工深孔（在机械加工中通常把孔深与孔径之比大于 6 的孔称为深孔）。

（3）程序范例　加工如图 3-65 所示孔，用 G73 或 G83 指令及 G91 方式进行编程。

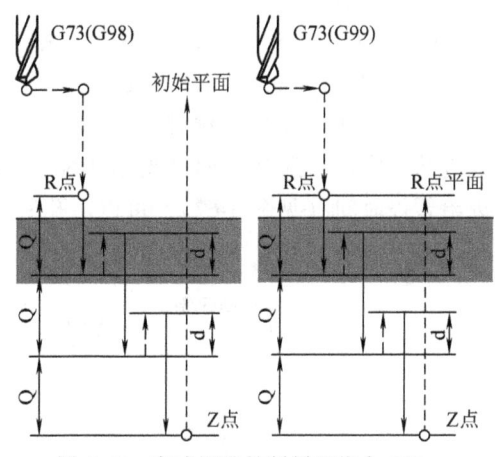

图 3-63　高速深孔钻削循环指令 G73

```
O7002;
N10   G90  G80  G40  G21  G17  G94;
N20   M6   T1;
N30   G90  G54  G0   G43  Z200  H1  M3  S600;
N40   X-10  Y-10;
N50   Z50  M8;
N60   G91  G99  G83  X40  Y50  Z-78  R-47  Q5  F60;   加工下孔,R平面距上表面3mm
N70   G98  Y60;                                        加工上孔,Y向位置变化,其他参
                                                       数不变
```

```
N80  G90  G0  G49  Z0  M9;        恢复到绝对值编程方式,用 G0 取消
                                   固定循环
N90  M30;
%
```

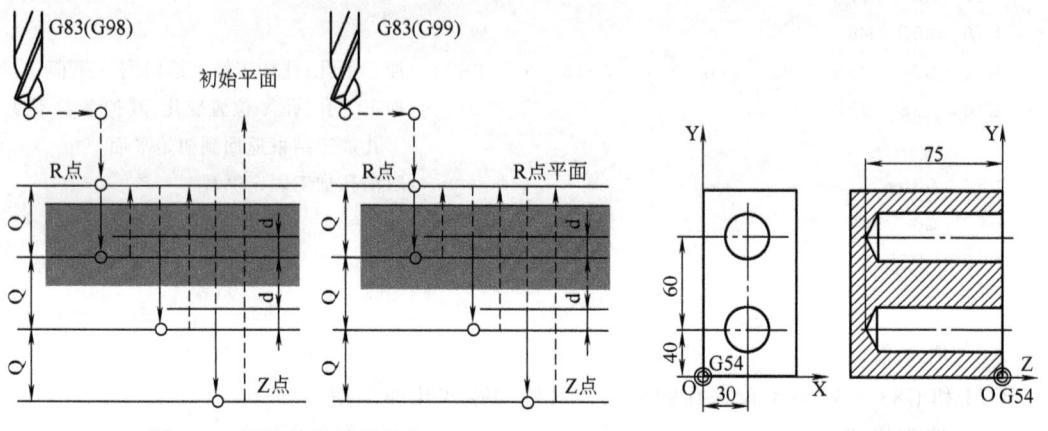

图 3-64 深孔钻削循环指令 G83   图 3-65 孔加工范例 2

3. 铰孔、精镗孔循环（G85）和精镗阶梯孔循环（G89）

（1）编程格式

G85 X__ Y__ Z__ R__ K__ F__;
G89 X__ Y__ Z__ R__ P__ K__ F__;

（2）孔加工动作　精镗孔（G85）循环时刀具以切削进给方式加工到孔底，然后以切削进给方式返回到 R 平面（见图 3-66）。而精镗阶梯孔（G89）循环时，刀具到孔底有一个进给暂停时间（见图 3-67），可以对孔底平面起到一个锪平的作用。

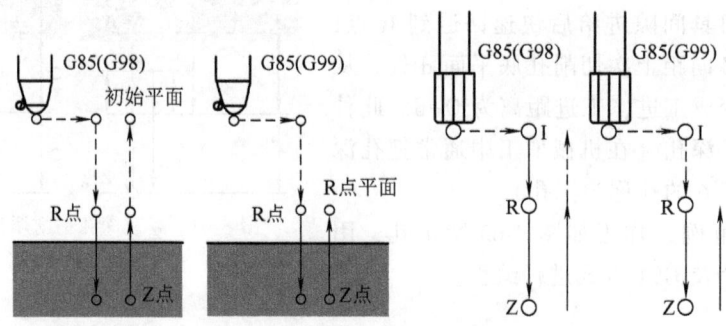

图 3-66 精镗孔、铰孔循环 G85

（3）程序范例　如图 3-68 所示，用 G85 指令完成铰孔加工。

…

G90 G98 G85 X25 Y20 Z-3 R45 F100;

…

4. 锪孔、镗阶梯孔循环（G82）

（1）编程格式

G82 X__ Y__ Z__ R__ P__ K__ F__;

（2）孔加工动作　锪孔、镗阶梯孔（G82）循环在工作时，刀具到孔底有一个进给暂停时间（见图3-69），可以对孔底平面起到一个锪平的作用。但在返回时，刀具从孔底快速移动退回，容易在工件已镗表面划出螺旋线痕，因此该指令常用于精度或粗糙度要求不高的镗孔加工。

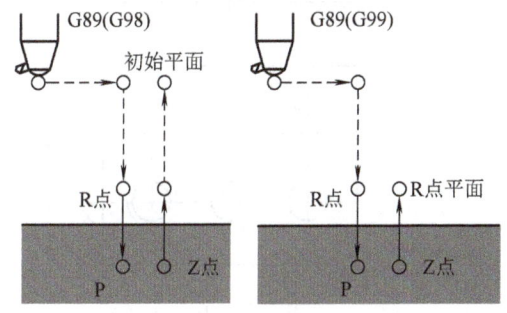

图3-67　精镗阶梯孔循环G89

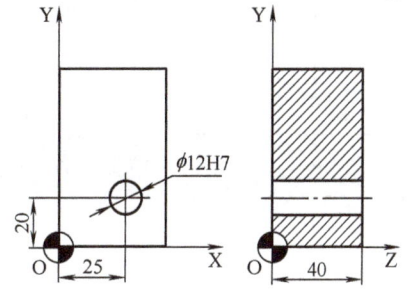

图3-68　孔加工范例3

5. 刚性攻螺纹循环（G74、G84）

（1）编程格式

G74 X__ Y__ Z__ R__ K__ F__;（加工左旋螺纹）
G84 X__ Y__ Z__ R__ K__ F__;（加工右旋螺纹）

（2）指令动作说明　G74循环为攻左旋螺纹循环，用于加工左旋螺纹。执行该循环时，主轴反转，在G17平面快速定位后快速移动到R点，执行攻螺纹到达孔底后，主轴正转退回到R点，完成攻螺纹动作（见图3-70）。

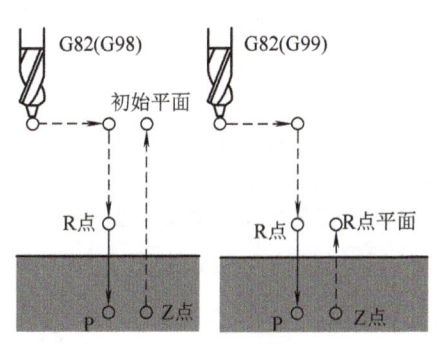

图3-69　锪孔、镗阶梯孔循环G82

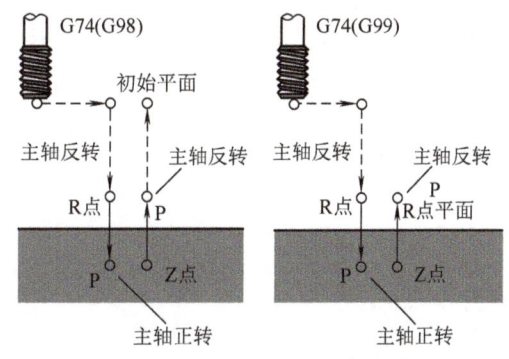

图3-70　反向攻螺纹循环指令G74

G84动作与G74基本类似，只是G84用于加工右旋螺纹。执行该循环时，主轴正转，在G17平面快速定位后快速移动到R点，执行攻螺纹到达孔底后，主轴反转退回到R点，完成攻螺纹动作（见图3-71）。

对FANUC系统而言，攻螺纹时进给量F需根据不同的进给模式指定。当采用G94模式时，进给量F=导程×转速；当采用G95模式时，进给量F=导程。

在指定G74前，应先使主轴反转。另外，在G74、G84攻螺纹期间，进给倍率、进给保持均被忽略。

（3）程序范例　用攻螺纹循环编写图 3-72 中两个螺纹孔的加工程序。

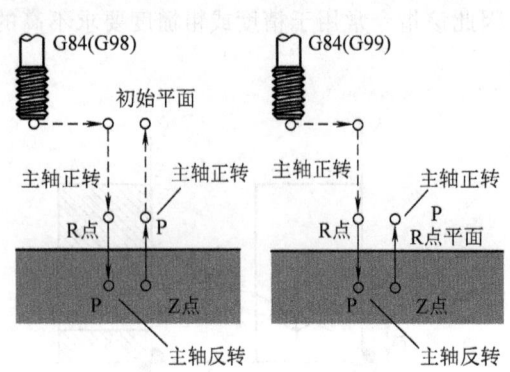

图 3-71　攻螺纹循环指令 G84

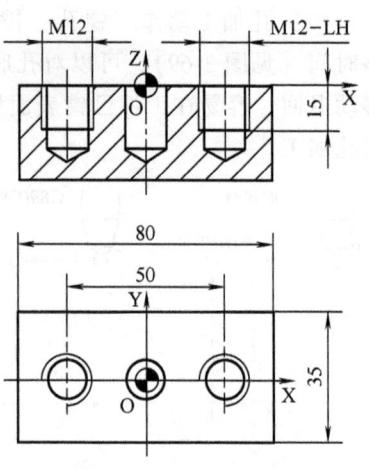

图 3-72　孔加工范例 4

```
O7003;
N10  G90 G80 G40 G21 G17 G94;
N20  M6 T1;                                换上 M12 右螺纹机用丝锥(螺距为 1.75mm)
N30  G95 G54 G0 G43 Z200 H1 M3 S200;       指定每转进给方式
N40  X0 Y0;
N50  Z50 M8;
N60  G98 G84 X-25 Y0 Z-15 R3 F1.75;        加工左侧的右旋螺纹
N70  G0 G49 Z0 M9;                         用G0 取消固定循环,取消长度编程
N80  M6 T2;                                换上 M12 左螺纹机用丝锥(螺距为 1.75mm)
N90  G94 G0 G43 Z200 H2 M4 S200;           指定每分钟进给方式,注意主轴反转
N100 X0 Y0;
N110 Z50 M8;
N120 G98 G74 X25 Y0 Z-15 R3 F350;          加工右侧的左旋螺纹,进给速度为 200r/min
                                           ×1.75mm/r＝350mm/min
N130 G0 G49 Z0 M9;                         用G0 取消固定循环,取消长度编程
N140 M30;
%
```

6. 粗镗孔循环（G86、G88）

（1）编程格式

G86　X__　Y__　Z__　R__　K__　F__;
G88　X__　Y__　Z__　R__　P__　K__　F__;

（2）孔加工动作说明　执行 G86 循环,刀具以切削进给方式加工到孔底,然后主轴停转,刀具快速退到 R 平面后,主轴正转（见图 3-73）。由于刀具在退回过程中容易在工件表面划出条痕,所以该指令常用于精度或粗糙度要求不高的镗孔加工。

执行 G88 循环,刀具以切削进给方式加工到孔底,刀具在孔底暂停后主轴停转,这时可通过手动方式从孔中安全退出刀具,再开始自动加工,Z 轴快速返回 R 点或初始平面,主轴恢复正转（见图 3-74）。此种方式虽能相应提高孔的加工精度，但加工效率较低。

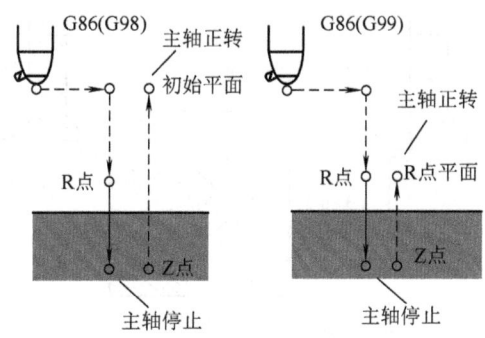

图 3-73 镗孔循环指令 G86

（3）程序范例 用粗镗孔加工指令编写如图 3-75 所示两个 φ30mm 孔的加工程序。

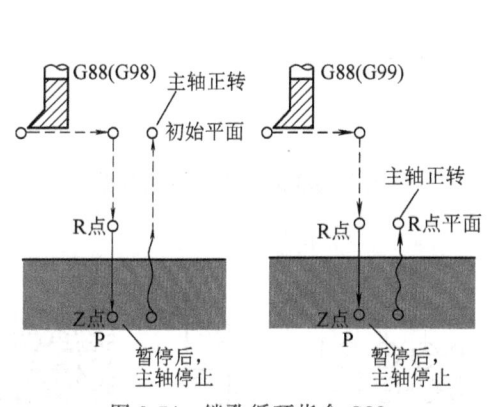

图 3-74 镗孔循环指令 G88

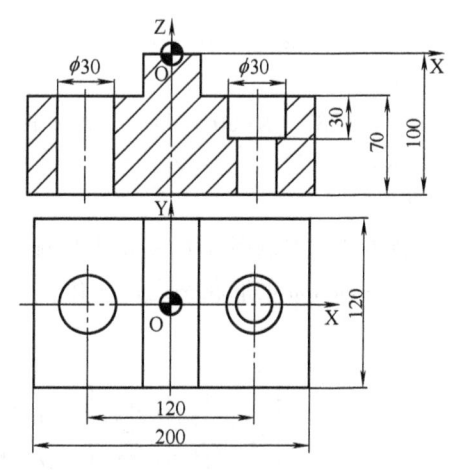

图 3-75 孔加工范例 5

...
G98 G86 X-60 Y0 Z-102 R-27 F60；（通孔用 G86）
G98 G88 X60 Z-60 R-27 P1000 F60；（台阶孔用 G88）
G80；
...

7. 精镗孔循环（G76、G87）

（1）编程格式

G76 X__ Y__ Z__ R__ Q__ P__ K__ F__；
G87 X__ Y__ Z__ R__ Q__ P__ K__ F__；

（2）指令动作说明 G76、G87 这两种指令（见图 3-76）只能用于有主轴定向停止（主轴准停）的数控铣削机床上。在 G76 指令中，刀具从上往下镗孔切削，切削完毕后定向停止，并在定向的反方向偏移一个 Q（一般取 0.5～1mm）后返回。在 G87 指令中，刀具首先定向停止，并在定向的反方向偏移一个 Q（一般取精加工单边余量+0.5～1mm），到孔底后由下往上进行镗孔切削。另外，在 G87 指令中，点 Z 的平面在点 R 的平面的上方，所以没有 G99 状态。

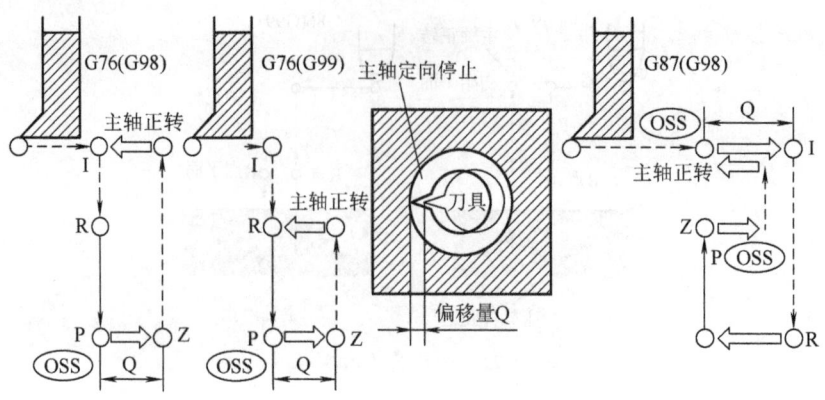

图 3-76　精镗孔循环指令 G76 与反精镗孔循环指令 G87

（3）程序范例　用精镗孔循环编写如图 3-75 所示左边 φ30mm 孔的加工程序。
…
G98　G87　X-60　Y0　Z-25　R-105　Q1000　F60；
G80；
…

例 3-19　编制图 3-77 所示零件排孔加工的程序。刀具选择 φ3mm 的中心钻先进行点孔，然后使用 φ6mm 的麻花钻进行钻孔。

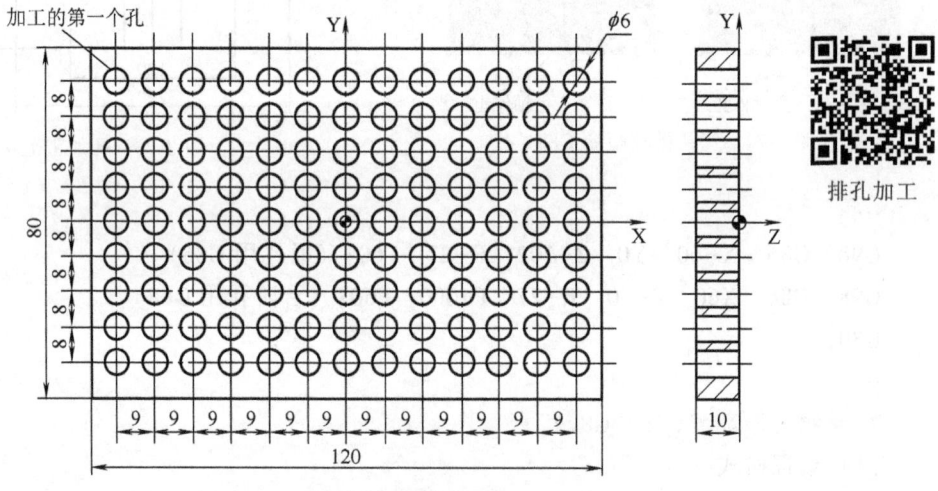

图 3-77　排孔加工

编程如下。
主程序：

```
O3019;                                      程序名
N10  G90  G80  G40  G21  G17  G94;          程序初始化
N20  M6  T1;                                换上 φ3mm 的中心钻
```

N30 G54 G90 G0 G43 Z200 H1 M3 S2000;	确定工件坐标系，引入刀具长度补偿，主轴转速为2000r/min
N40 X-63 Y40;	刀具定位（为加工的第一个孔X向偏一个列宽，Y向偏一个行距）
N50 Z20 M8;	刀具快速下降到Z20
N60 M98 P93119;	调用O3119子程序9次（调用次数9为加工孔的行数）
N70 G90 G0 G49 Z0 M9;	点孔结束，返回到机床原点
N80 M6 T2;	换上φ6mm的麻花钻
N90 G90 G0 G43 Z200 H2 M3 S1200;	引入刀具长度补偿，主轴转速为1200r/min
N100 X-63 Y40;	刀具定位（为加工的第一个孔X向偏一个列宽、Y向偏一个行距）
N110 Z20 M8;	刀具快速下降到Z20
N120 M98 P93219;	调用O3219子程序9次（调用次数9为加工孔的行数）
N130 G90 G0 G49 Z0 M9;	钻孔结束，返回到机床原点
N140 M30;	程序结束
%	程序结束符

子程序一：

O3119;	子程序名
N10 G0 G91 Y-8;	刀具从定位点开始在Y负方向每次移动8mm（排孔行距）
N20 G98 G81 X9 Z-6 R-17 K13 F100;	使用G81点孔13次循环（水平一排13个孔），点孔深3mm。X后为列宽，K后为列数
N30 G0 X-117;	点孔结束后沿X向返回（列宽9与列数13的乘积）
N40 M99;	子程序结束
%	程序结束符

子程序二：

O3219;	子程序名
N10 G0 G91 Y-8;	刀具从定位点开始在Y负方向每次移动8mm（排孔行距）
N20 G98 G81 X19 Z-15 R-17 K13 F100;	使用G81钻孔13次循环（水平一排13个孔）。由于是通孔，考虑到麻花钻头部形状，一般钻通孔的深度按孔尺寸加一个钻头半径。X后为列宽，K后为列数
N30 G0 X-117;	钻孔结束后沿X向返回（列宽9与列数13的乘积）
N40 M99;	子程序结束
%	程序结束符

例 3-20　图 3-78 所示为专用夹具，零件的台阶已加工好，由于对 12 个孔距的要求比较高，所以在加工中心上进行孔加工（其中 11 孔与 12 孔的孔壁有粗糙度要求）。

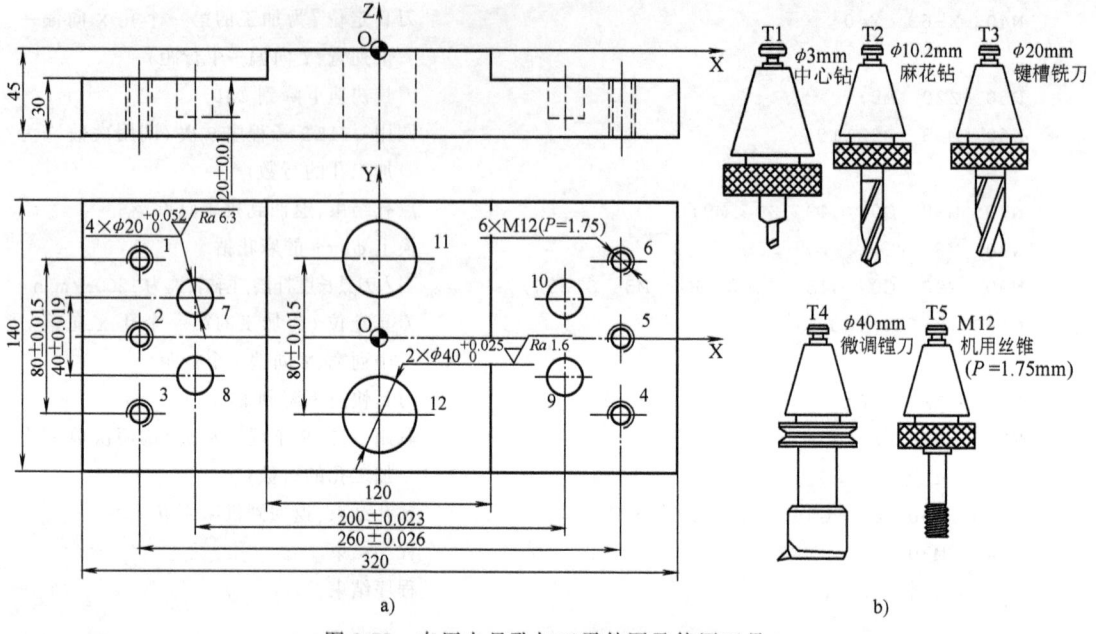

图 3-78　专用夹具孔加工零件图及使用刀具

编程如下。
主程序：

```
O3020;                                    主程序名
N10  G90 G80 G40 G21 G17 G94;             程序初始化
N20  M6 T1;                               换上 φ3mm 的中心钻
N30  G54 G90 G0 G43 Z200 H1 M3 S2000;     确定工件坐标系引入刀具长度补偿，
                                          主轴转速为 2000r/min
N40  X-130 Y80;                           刀具定位(准备对 1、2、3 进行钻中心孔)
N50  Z20 M8;                              刀具快速下降到 Z20,开切削液
N60  G91 G99 G81 Y-40 Z-5 R-33 K3 F200;   增量对 1、2、3 进行钻中心孔
N70  G90 G0 Z20;                          绝对指令,用 G0 取消固定循环,刀具
                                          抬到 Z20
N80  X-100 Y60;                           刀具定位(准备对 7、8 进行钻中心孔)
N90  G91 G98 G81 Y-40 Z-5 R-33 K2 F200;   增量对 7、8 进行钻中心孔,用 G98 返
                                          回到 Z20
N100 G90 G0 X0 Y80;                       刀具定位(准备对 11、12 进行钻中心
                                          孔)
N110 G91 G99 G81 Y-40 Z-5 R-18 K2 F200;   增量对 11、12 进行钻中心孔
N120 G90 G0 Z20;                          绝对指令,用 G0 取消固定循环,刀具
                                          抬到 Z20
```

N130 X100 Y60;	刀具定位(准备对10、9进行钻中心孔)
N140 G91 G98 G81 Y-40 Z-5 R-33 K2 F200;	增量对10、9进行钻中心孔,用G98返回到Z20
N150 G90 G0 X130 Y80;	刀具定位(准备对6、5、4进行钻中心孔)
N160 G91 G99 G81 Y-40 Z-5 R-33 K3 F200;	增量对6、5、4进行钻中心孔
N170 G90 G0 G49 Z0 M9;	绝对指令,用G0取消固定循环,返回到机床原点,关切削液
N180 M6 T2;	换上φ10.2mm的麻花钻
N190 G0 G43 Z200 H2 M3 S1200;	引入刀具长度补偿,主轴转速为1200r/min
N200 X-130 Y80;	刀具定位(准备对1、2、3进行钻孔)
N210 Z20 M8;	刀具快速下降到Z20,开切削液
N220 G91 G99 G83 Y-40 Z-37 R-33 Q5 K3 F100;	用G83增量对1、2、3进行钻孔
N230 G90 G0 Z20;	绝对指令,用G0取消固定循环,刀具抬到Z20
N240 X-100 Y60;	刀具定位(准备对7、8进行钻孔)
N250 G91 G98 G81 Y-40 Z-21.5 R-33 K2 F100;	增量对7、8进行钻孔,用G98返回到Z20
N260 G90 G0 X0 Y80;	刀具定位(准备对11、12进行钻孔)
N270 G91 G99 G73 Y-40 Z-52 R-18 Q5 K2 F100;	用G73增量对11、12进行钻孔
N280 G90 G0 Z20;	绝对指令,用G0取消固定循环,刀具抬到Z20
N290 X100 Y60;	刀具定位(准备对10、9进行钻孔)
N300 G91 G98 G81 Y-40 Z-21.5 R-33 K2 F100;	增量对10、9进行钻孔,用G98返回到Z20
N310 G90 G0 X130 Y80;	刀具定位(准备对6、5、4进行钻孔)
N320 G91 G99 G83 Y-40 Z-37 R-33 Q5 K3 F200;	增量对6、5、4进行钻孔
N330 G90 G0 G49 Z0 M9;	绝对指令,用G0取消固定循环,返回到机床原点,关切削液
N340 M6 T3;	换上φ20mm的键槽铣刀
N350 G0 G43 Z200 H3 M3 S800;	引入刀具长度补偿,主轴转速为800r/min

N360 X-100 Y60;	刀具定位(准备对7、8进行沉孔加工)
N370 Z20 M8;	刀具快速下降到Z20,开切削液
N380 G91 G98 G89 Y-40 Z-22 R-33 P1000 K2 F100;	用G88增量对7、8进行沉孔加工,用G98返回到Z20
N390 G90 G0 X100 Y60;	刀具定位(准备对10、9进行沉孔加工)
N400 G91 G98 G89 Y-40 Z-22 R-33 P1000 K2 F100;	用G88增量对10、9进行沉孔加工,用G98返回到Z20
N410 G90 G0 X0 Y40;	刀具定位(准备对11进行扩孔加工)
N420 Z2;	刀具快速下降到Z2
N430 G10 L12 P3 R10.2	对刀具半径指定10.2mm,留0.2mm单边的镗孔余量
N440 M98 P83120;	调用O3120子程序8次,对11进行扩孔加工
N450 G90 G0 Z2;	刀具抬刀到Z2
N460 X0 Y-40;	刀具定位(准备对12进行扩孔加工)
N470 M98 P83120;	调用O3120子程序8次,对12进行扩孔加工
N480 G90 G0 G49 Z0 M9;	绝对指令,返回到机床原点,关切削液
N490 M6 T4;	换上φ40mm的镗刀
N500 G0 G43 Z200 H4 M3 S3000;	引入刀具长度补偿,主轴转速为3000r/min
N510 X0 Y80;	刀具定位(准备对11、12进行镗孔加工)
N520 Z20 M8;	刀具快速下降到Z20,开切削液
N530 G91 G98 G87 Y-40 Z47 R-66 Q1 P1000 K2 F100;	用G87增量对11、12进行镗孔加工,用G98返回到Z20
N540 G90 G0 G49 Z0 M9;	绝对指令,返回到机床原点,关切削液
N550 M6 T5;	换上M12机用丝锥
N560 G0 G43 Z200 H5 M3 S200;	引入刀具长度补偿,主轴转速为200r/min

N570　X-130　Y80;	刀具定位(准备对1、2、3进行攻螺纹)
N580　Z20　M8;	刀具快速下降到Z20,开切削液
N590　G91　G98　G84　Y-40　Z-37　R-33　K3　F350;	增量对1、2、3进行攻螺纹,用G98返回到Z20
N600　G90　G0　X130　Y80;	绝对指令,用G0取消固定循环,刀具定位(准备对6、5、4进行攻螺纹)
N610　G91　G98　G84　Y-40　Z-37　R-33　K3　F350;	增量对6、5、4进行攻螺纹,用G98返回到Z20
N620　G90　G0　G49　Z0　M9;	绝对指令,返回到机床原点,关切削液
N630　M30;	程序结束
%	程序结束符

子程序:

O3120;	子程序名
N10　G91　G1　Z-6　F50;	增量在φ40mm的孔中间向下直线进给6mm
N20　G41　D3　X8　Y-12;	刀具半径左补偿移动
N30　G3　X12　Y12　R12　F8;	走过渡圆弧
N40　I-20　F25;	逆时针走整圆
N50　X-12　Y12　F50;	走过渡圆弧
N60　G1　G40　X-8　Y-12;	取消刀具半径补偿移动
N70　M99;	子程序结束并返回
%	程序结束符

三、螺纹铣削与密封沟槽的加工编程

螺纹铣削是通过主轴高速旋转并以圆弧插补的方式加工螺纹。只要通过改变程序就可以实现相同螺距不同直径的螺纹、左右螺纹及内外螺纹的加工,其柔性非常理想,如图3-79所示。另外,螺纹铣削还有线速度高、受力小、排屑好、加工精度高、表面粗糙度好等优点。

铣螺纹(见图3-80)与铣沟槽(见图3-81)的编程,关键在于确定其插补半径。在铣削螺纹时,确定螺旋线插补半径的方法有以下两种。

1. 铣削内螺纹时的插补半径

1) 首先根据螺纹小径理论尺寸加工出螺纹底孔(由于铣削螺纹时切削力所产生的材料塑性变形非常小,所以不必像车螺纹杆时需车小、车螺纹内底孔时需车大来进行处理),然后测出其实际孔径(见图3-82a中①)。

图3-79 螺纹铣削加工

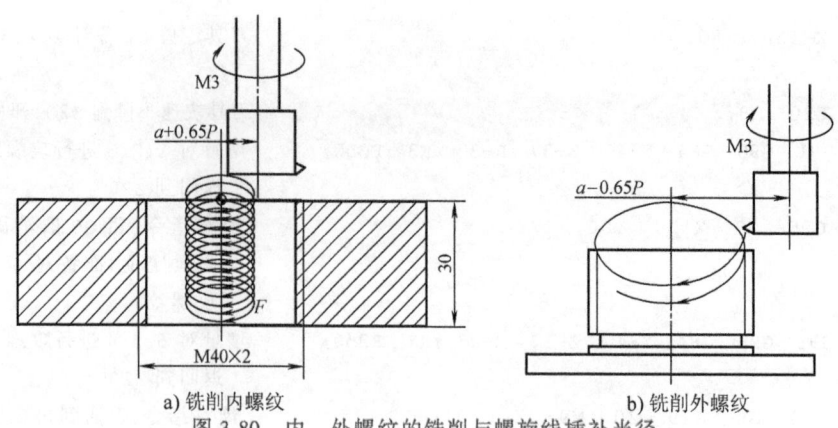

a) 铣削内螺纹　　　　　　　　　b) 铣削外螺纹

图 3-80　内、外螺纹的铣削与螺旋线插补半径

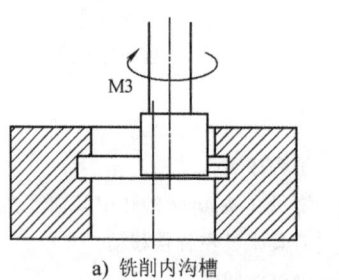 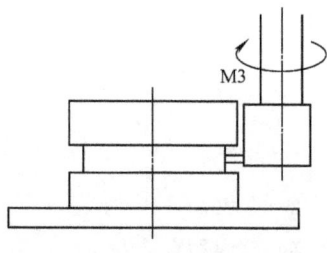

a) 铣削内沟槽　　　　　　　　　b) 铣削外沟槽

图 3-81　内、外沟槽的铣削

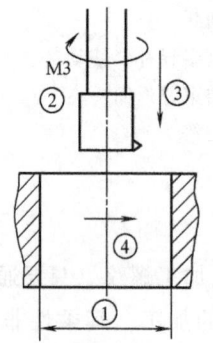 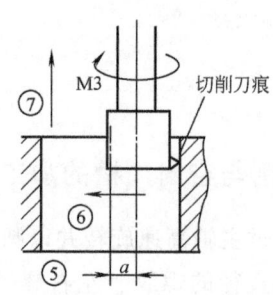

a) 铣内螺纹时插补半径的确定　　　b) 铣内螺纹时插补半径的确定

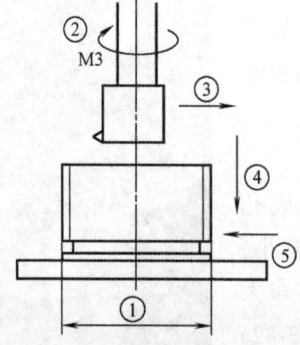 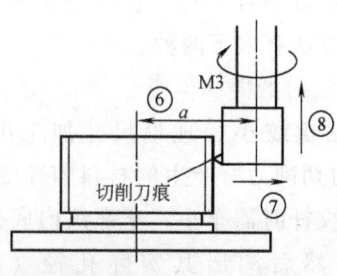

c) 铣外螺纹时插补半径的确定　　　d) 铣外螺纹时插补半径的确定

图 3-82　铣螺纹时螺旋线插补半径的确定

2）在主轴上装上螺纹铣刀，使主轴与螺纹孔中心重合，然后起动主轴旋转（见图3-82a中②）。

3）在手动方式下使主轴下降，下降到一定位置后沿X轴（或Y轴）慢慢移动（见图3-82a中③、④）。

4）当刀尖在孔壁上切出切削刀痕后停止移动，记下其移动量a（见图3-82b中⑤）。

5）沿X轴（或Y轴）反向移动后，使主轴上升（见图3-82b中⑥、⑦）。

6）计算插补半径：$R=a+0.65P$。

2. 铣削外螺纹时的插补半径

1）首先根据螺纹大径尺寸加工出圆柱，然后测出其实际直径（见图3-82c中①）。

2）在主轴上装上螺纹铣刀，使主轴与外螺纹圆柱中心重合，然后起动主轴旋转（见图3-82c中②）。

3）在手动方式下沿X轴（或Y轴）移动，然后下降主轴，下降到一定位置后慢慢沿X轴（或Y轴）反向移动（见图3-82c中③、④、⑤）。

4）当刀尖在圆柱上切出切削刀痕后停止移动，记下其移动量a（见图3-82d中⑥）。

5）沿X轴（或Y轴）反向移动后，使主轴上升（见图3-82d中⑦、⑧）。

6）计算插补半径：$R=a-0.65P$。

铣削内、外沟槽时确定圆弧插补半径的方法，与铣削螺纹时确定螺旋线插补半径的方法基本相同。

例3-21 用单齿螺纹铣刀加工图3-80a中的M40×2的内螺纹。假如$a=10.19$mm，则$R=10.19$mm$+0.65$mm$×2=11.49$mm。

编程如下。

主程序：

O3021;	主程序名
N10 G90 G80 G40 G21 G17 G94;	程序初始化
N20 M6 T1;	换上单齿螺纹铣刀
N30 G54 G90 G0 G43 Z200 H1 M3 S2000;	引入刀具长度补偿,主轴转速为2000r/min
N40 X11.49 Y0;	刀具快速定位
N50 Z4 M8;	Z轴下降,切削液开
N60 M98 P183121;	调用O3121子程序18次(Z从+4mm到-32mm)
N70 G90 G0 X0 Y0;	快速返回到孔中心(铣削外螺纹时,不是返回到圆柱中心,而是离开圆柱)
N80 Z200 M9;	返回到Z200,切削液关
N90 G49 Z0;	取消刀具长度补偿,返回到机床原点
N100 M30;	程序结束
%	程序结束符

子程序：

O3121;	子程序名
N10 G91 G2 I-11.49 Z-2 F200;	螺旋线插补加工右旋内螺纹(如果为左旋内螺纹,需用G3)

```
N20  M99;                           子程序结束,返回到主程序
%                                   程序结束符
```

对于华中系统,只需把 O3021 主程序中 N60 的程序段改为:N60 G91 G2 I-11.49 Z-2 L18 F200,不必调用子程序。

铣削内、外沟槽时,其走刀方式与铣削内、外螺纹的走刀方式有所不同。

1) 加工图 3-81a 中内沟槽的走刀方式为:①使旋转的刀具主轴与孔中心重合;②下降到一定的深度后沿 X 轴(或 Y 轴)进给(其移动量为确定的圆弧半径);③进行圆弧插补铣削;④圆弧铣削完毕后沿 X 轴(或 Y 轴)反向移动到孔中心;⑤沿-Z 方向进给;⑥进给后重复上面的步骤,重复步骤的次数取决于槽宽(在 Z 向取不同的深度进行加工);⑦最后刀具移动到孔中心后,沿+Z 返回。

2) 加工图 3-81b 中外沟槽的走刀方式为:①使旋转的刀具主轴在 X 轴或 Y 轴方向远离圆柱(以铣刀头在沿-Z 下降时不与圆柱碰撞为准);②下降到一定的深度后沿 X 轴(或 Y 轴)进给(进给到刀具主轴与圆柱中心距离为确定的圆弧插补半径值处);③进行圆弧插补铣削;④圆弧铣削完毕后沿 X 轴(或 Y 轴)反向移动远离圆柱中心;⑤沿-Z 方向进给;⑥进给后重复上面的步骤,重复步骤的次数取决于槽宽(在 Z 向取不同的深度进行加工);⑦最后在 X 轴(或 Y 轴)方向远离圆柱后,沿+Z 返回。

如果采用多齿螺纹铣刀(也称为螺纹梳刀,见图 3-83)加工图 3-80a 的内螺纹,已知 $d_c = 21\text{mm}$,则螺旋线的插补半径为 $R = D/2 - d_c/2 = (40/2 - 21/2)\text{mm} = 9.5\text{mm}$($D$ 为螺纹大径)。如果单齿螺纹铣刀的 d_c 也已知,那么不必按前面所介绍的方法来确定螺旋线半径补偿值,而直接按 $R = D/2 - d_c/2$ 进行计算。对铣削外螺纹,则 $R = D_1/2 + d_c/2$(D_1 为外螺纹小径)。用 7 齿螺纹铣刀铣图 3-80a 的内螺纹的程序为:

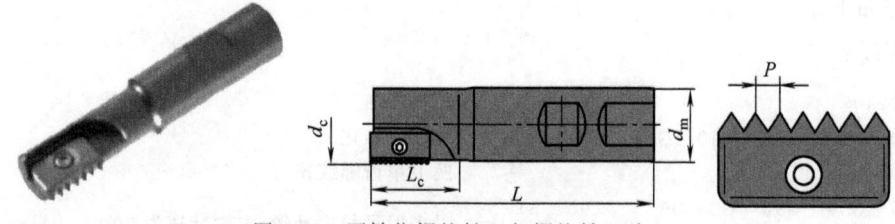

图 3-83 可转位螺纹铣刀与螺纹铣刀片

主程序:
```
O3521;                              主程序名
N10  G90 G80 G40 G21 G17 G94;       程序初始化
N20  M6  T1;                        换上 7 齿螺纹铣刀
N30  G54 G90 G0 G43 Z200 H1         引入刀具长度补偿,主轴转速为 2000r/min
     M3  S2000;
N40  X0  Y0;                        刀具快速定位
N50  Z3  M8;                        Z 轴下降,切削液开
N60  M98  P33621;                   调用 O3621 子程序 3 次
N70  G90  G49  G0  Z0  M9;          取消刀具长度补偿,返回到机床原点,切削液关
N80  M30;                           程序结束
%                                   程序结束符
```

子程序：

```
O3621;                         子程序名
N10  G91  G1  Z-12  F200;      Z方向增量下降12mm(具体说明见图3-84)
N20  G1   X9.5  F50;           沿X向进给到铣螺纹起始位置
N30  G2   I-9.5  Z-2  F100;    螺旋线插补加工内螺纹
N40  G1   X-9.5  F200;         铣螺纹结束沿X向退出，准备下一个循环
N50  M99;                      子程序结束，返回到主程序
%                              程序结束符
```

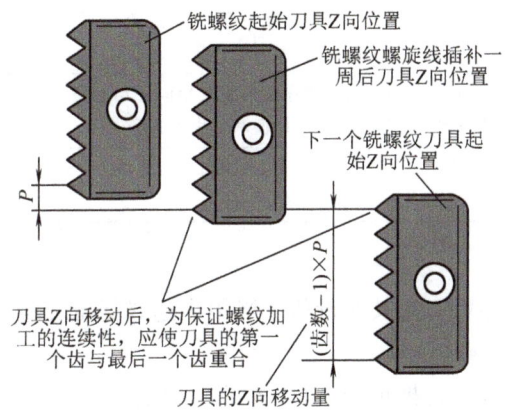

图 3-84　螺纹铣刀 Z 向移动位置关系图

课题八　使用宏程序编程

虽然子程序对一个重复操作很有用，但若使用用户宏程序功能，则还可以使用变量、运算指令以及条件转移，使一般程序（如型腔加工和用户自定义的固定循环等）的编写变得更加容易。

加工程序可以用一个简单的指令调用用户宏程序，就像调用子程序一样，如：

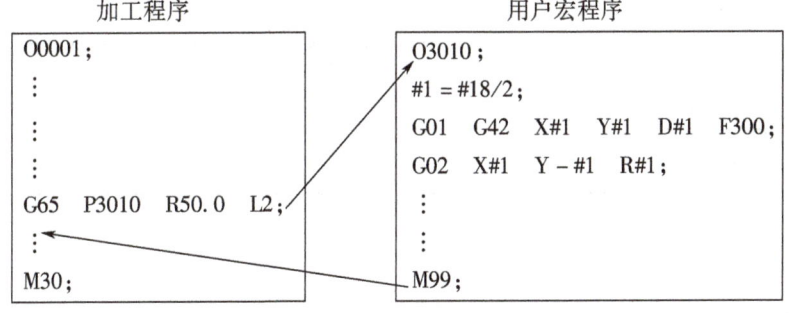

一、变量

普通的加工程序直接用数值指定 G 代码和移动量，如 G00　X100.0。使用用户宏程序时，除了可直接指定数值外，还可以指定变量号，可通过程序或 MDI 面板上的操作来改变该数值。

1. 变量的表示

变量用变量符号（#）和后面的变量号指定，如#1；表达式可以用于指定变量号，此时表达式必须封闭在方括号中，如#[#1+#2-12]。

变量号可用变量代替，如#[#3]，设#3 = 1，则#[#3]为#1。

2. 变量的类型

变量根据变量号可以分成三种类型，具体见表3-7。

表 3-7　变量的类型

变量号	变量类型	功　　能
#1～#33	局部变量	局部变量只能用在宏程序中存储数据，如运算结果。当断电时，局部变量被初始化为空。调用宏程序时，自变量对局部变量赋值
#100～#199 #500～#999	公共变量	公共变量在不同宏程序中的意义相同。当断电时，变量#100～#199初始化为空；变量#500～#999的数据保存，即使断电也不丢失
≥#1000	系统变量	系统变量是在系统中其用途被固定的变量。其属性共有三类：只读、只写、可读/写，根据各系统变量而属性不同

3. 变量的引用

在地址后指定变量号即可引用其变量值。当用表达式指定变量时，要把表达式放在括号中。如 G01　X[#1+#2]　F#3。

改变引用变量值的符号，要把负号"-"放在#的前面，如 G00　X-#1。

当引用未定义的变量时，变量及地址字都被忽略，如变量#1的值是0，并且变量#2的值是空时，G00　X#1　Y#2 的执行结果为 G00　X0。

在编程时，变量的定义、变量的运算只允许每行写一个（见表3-8），否则系统报警。但在使用宏程序调用G65、G66时，变量可以在一个程序段中定义。如 G65　P5008　A12.5　B29　I5.6　J100，该程序段中指定#1 = 12.5、#2 = 29、#4 = 5.6、#5 = 100（具体参见后面的自变量指定）。

表 3-8　变量的正误编程方法对比

正确的编程方法	错误的编程方法
N100　#1 = 0; N110　#2 = 6; N120　#3 = 8; N130　#4 = #2 * SIN[#1] + #3; N140　#5 = #2 - #2 * COS[#1];	N100　#1 = 0　#2 = 6　#3 = 8; N110　#4 = #2 * SIN[#1] + #3　#5 = #2 - #2 * COS[#1];

二、运算指令

宏程序可以在变量之间进行各类运算。运算指令可像一般的算术式一样进行编程。

$$\#i = <表达式>$$

运算指令右边的<表达式>是常量、变量、函数或算符的组合，下面用#j、#k 代之，也可以使用常量。在<表达式>中使用的不带小数点的常量，视为其末尾有小数点。

具体的运算指令见表3-9。

表 3-9 运算指令

运算的种类	运算指令	含 义	运算的种类	运算指令	含 义
①定义、替换	#i = #j	变量的定义或替换	④函数	#i = ATAN[#j]	反正切(1个自变量)、ATN
②加法型运算	#i = #j+#k	加法运算		#i = ATAN[#j]/[#k]	反正切(2个自变量)、ATN
	#i = #j-#k	减法运算		#i = ATAN[#j,#k]	反正切(2个自变量)、ATN
	#i = #j OR #k	逻辑和(32位的每一位)		#i = SQRT[#j]	平方根、SQR
	#i = #j XOR #k	按位加(32位的每一位)		#i = ABS[#j]	绝对值
③乘法型运算	#i = #j * #k	乘法运算		#i = BIN[#j]	由BCD变换为BINARY
	#i = #j/#k	除法运算		#i = BCD[#j]	由BINARY变换为BCD
	#i = #j AND #k	逻辑积(32位的每一位)		#i = ROUND[#j]	四舍五入、RND
	#i = #j MOD #k	余数(#j、#k取整后求取余数。#j为负时,#i也为负)		#i = FIX[#j]	小数点以下舍去
				#i = FUP[#j]	小数点以下舍入
④函数	#i = SIN[#j]	正弦[单位为(°)]		#i = LN[#j]	自然对数
	#i = COS[#j]	余弦[单位为(°)]		#i = EXP[#j]	以e为底的指数
	#i = TAN[#j]	正切[单位为(°)]		#i = POW[#j,#k]	幂乘级(#j的#k乘级)
	#i = ASIN[#j]	反正弦		#i = ADP[#j]	小数点附加
	#i = ACOS[#j]	反余弦			

注：BIN——二进制；BCD——十进制。ATAN、SQRT可简写成ATA、SQR。

几点说明：

1. 运算次序

函数→乘和除运算（*、/、AND）→加和减运算（+、-、OR、XOR）。

2. 括号嵌套

方括号"[ ]"被用来改变运算的优先顺序。括号可含五层，包括函数外面的括号。括号超过五层，会有报警（PS0118）发出。圆括号"( )"用于注释语句，给他人提示或说明，数控系统一律跳过其内容。

如三重括号嵌套加注释：#1 = SIN[[[#2+#3] * #4+#5] * #6]　（正弦计算后赋值给#1）

3. 反三角函数的取值范围

（1）#i = ASIN[#j]　当参数 No. 6004#0 设为"0"时，取值范围为90°~270°；当参数 No. 6004#0 设为"1"时，取值范围为-90°~90°。

（2）#i = ACOS[#j]　取值范围为180°~0°。

（3）#i = ATAN[#j]/[#k]　当参数 No. 6004#0 设为"0"时，取值范围为0°~360°；当参数 No. 6004#0 设为"1"时，取值范围为-180°~180°。

（4）#i = ATAN[#j]　在以一个自变量来指定 ATAN 时，该功能将返还反正切的主值（-90°≤ATAN[#j]≤90°）。在将本函数作为除法运算的被除数使用时，须以 [ ] 括起来以后再指定。不括起来的情形视为 ATAN[#j]/[#k]。

例：

#100 = [ATAN[1]]/10;　　　将一个自变量 ATAN 除以 10

#100 = ATAN[1]/[10];　　　作为两个自变量 ATAN 执行

#100 = ATAN[1]/10;　　　视为两个自变量 ATAN，但是由于 X 坐标的指定中没有
　　　　　　　　　　　　　[ ]，会有报警（PS1131）发出

4. 只入不舍和只舍不入（FUP 和 FIX）

当 CNC 对一个数进行操作后，其整数的绝对值比该数原来的绝对值大，这种操作称只入不舍；相反，对一个数进行操作后，其整数的绝对值比该数原来的绝对值小，这种操作称为只舍不入。

当处理负数时，要格外小心。

5. 运算指令的缩写

当函数在程序中被指定时，只需要前面的两个字符，后面的可以省略（如 ROUND→RO、FIX→FI 等），但 POW 不可省略。

三、宏程序语句和 NC 语句

下面的程序段为宏程序语句：

1) 包含算术或逻辑运算（=）的程序段。

2) 包含控制语句（如 GOTO、DO、END）的程序段。

3) 包含宏程序调用指令（如用 G65、G66、G67 或其他 G 指令、M 指令调用宏程序）的程序段。

除了宏程序语句以外的任何程序段都为 NC 语句。

四、转移和循环

在程序中，使用 GOTO 语句和 IF 语句可以改变控制的流向。转移和循环有下列三种。

转移和循环 ── GOTO 语句　（无条件转移）
　　　　　　├─ IF 语句　　（条件转移、如果…，那么…）
　　　　　　└─ WHILE 语句　（重复、～之间）

1. 无条件转移（GOTO 语句）

无条件转移是指转移到标有顺序号 N 的程序段。也可用表达式指定顺序号。

编程格式：

GOTO ＿＿；　　　（＿：顺序号，可为 1～99999）

例：GOTO 1；

　　GOTO #10；

2. 条件转移（IF 语句）

IF 之后指定条件表达式。

1) 如果指定的条件表达式满足，转移到标有顺序号 N 的程序段；如果指定的条件表达式不满足，执行下个程序段。

编程格式：

IF[条件表达式]GOTO＿；

例如，如果变量#1 大于 10，转移到程序段号 N2 的程序段：

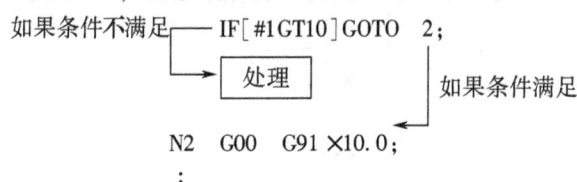

2）如果条件表达式满足，执行预先决定的宏程序语句。只执行一个宏程序语句。

编程格式：

IF[条件表达式]THEN　宏程序语句；

例如，如果#1 和#2 的值相同，0 赋给#3 的程序段：

IF[#1EQ#2]THEN　#3＝0；

说明：[条件表达式]有两种，即[简单条件表达式]和[复合条件表达式]。[简单条件表达式]即在相比较的两个变量或变量和常量之间的比较算符的条件表达式（见表3-10）。[复合条件表达式]即将多个[简单条件表达式]的真假结果以 AND（逻辑积）、OR（逻辑和）、XOR（按位加）进行运算的结果。

每个算符由两个字母组成，用来比较两个值，决定它们是否相等，或一个值比另一个值小、大。需要注意的是，等号（＝）、不等号（＞、＜）不可作为比较算符使用。

表 3-10　比较算符

算符	含义	算符	含义
EQ	等于（＝）	GE	大于或等于（≥）
NE	不等于（≠）	LT	小于（＜）
GT	大于（＞）	LE	小于或等于（≤）

3. 循环（WHILE 语句）

在 WHILE 后指定一个条件表达式。当指定条件满足时，执行从 DO 到 END 之间的程序。否则，转到 END 后的程序段。

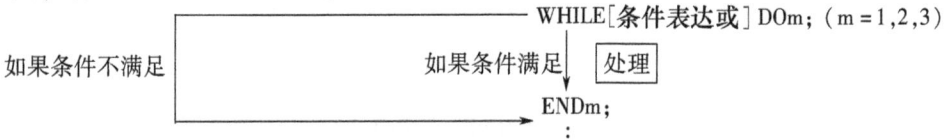

DO 后的号和 END 后的号是指定程序执行范围的标号，标号值为 1，2，3。

循环语句的嵌套可以使用以下几种：

1）识别号（1~3）可根据需要多次使用。

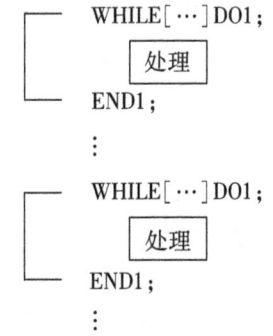

2）DO 的范围不能重叠。

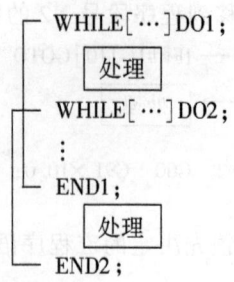

3）DO 循环可以嵌套，最大可嵌套三层。

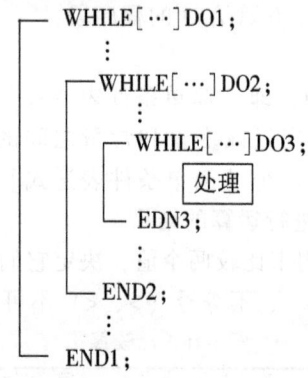

4）控制可转移到循环体外面。

```
┌─ WHILE[…]DO1;
│┌ IF[…]GOTO   n;
└─ END1;
└→ Nn   …;
```

5）不能转移到循环体中。

```
┌─ IF[…]GOTO   n;
│     ⋮
│┌ WHILE[…]DO1;
││    ⋮
│└→ Nn   …;
└─ END1;
```

例 3-22　用 G1 指令编写图 3-85 中 AB 圆弧的宏程序（不考虑刀具半径）。

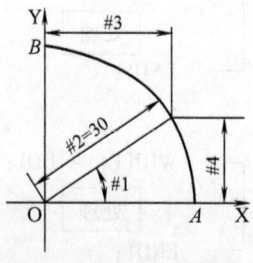

图 3-85　圆弧的宏程序

编程如下。
用 IF 语句:

```
O3022;                          程序名
M6 T1;                          换上 1 号刀
G54 G90 G0 G43 H1 Z50;          选择坐标系,调入长度补偿
M3 S800;                        主轴正转,转速为 800r/min
X30 Y0;                         快速定位到 A 点上方
Z2;                             主轴下降
G1 Z-2 F30;                     切入 Z-2
#1=0;                           被加数变量的初值
#2=30;                          存储数变量的初值
N1 #3=#2*COS[#1];               计算变量
#4=#2*SIN[#1];                  计算变量
IF[#1GT90]GOTO 2;               当角度大于 90°时,有条件转移到 N2
G1 X#3 Y#4 F50;                 以 50mm/min 进给
#1=#1+1;                        计算和数(角度增加 1°)
GOTO 1;                         无条件转移到 N1
N2 G0 Z200;                     快速上升
G49 Z0;                         取消长度补偿
M30;                            程序结束
%
```

用 WHILE 语句:

```
O3122;                          程序名
M6 T1;                          换上 1 号刀
G54 G90 G0 G43 H1 Z50;          选择坐标系,调入长度补偿
M3 S800;                        主轴正转,转速为 800r/min
X30 Y0;                         快速定位到 A 点上方
Z2;                             主轴下降
G1 Z-2 F30;                     切入 Z-2
#1=0;                           被加数变量的初值
#2=30;                          存储数变量的初值
WHILE[#1LE90]DO1;               当角度小于或等于 90°时,循环 DO1
#3=#2*COS[#1];                  计算变量
#4=#2*SIN[#1];                  计算变量
G1 X#3 Y#4 F50;                 以 50mm/min 进给
#1=#1+1;                        计算和数
END1;                           循环到 END1
G0 Z200;                        快速上升
G49 Z0;                         取消长度补偿
M30;                            程序结束
%
```

五、宏程序调用

宏程序的调用方法有：①简单调用（G65）；②模态调用（G66、G67）；③用 G 指令调用宏程序；④用 M 指令调用宏程序；⑤用 M 指令调用子程序；⑥用 T 指令调用子程序。

宏程序调用不同于子程序调用（M98），用宏程序调用可以指定自变量（数据传送到宏程序），M98 没有该功能。

1. 简单调用（G65）

编程格式：

G65 P__ L__； l<自变量指定>；

参数说明：

P__：要调用的程序。

l：重复次数（值为 1~9999，省略 L 值时，默认值为 1）。

自变量：数据传递到宏程序（其值被赋值到相应的局部变量）。

如： O0001；
⋮
G65 P9010 L2 A1.0 B2.0；
⋮
M30；

O9010；
#3 = #1 + #2；
IF[#3GT360]GOTO 9；
G00 G91 X#3；
N9 M99；

A1.0 代表#1 = 1.0

B2.0 代表#2 = 2.0

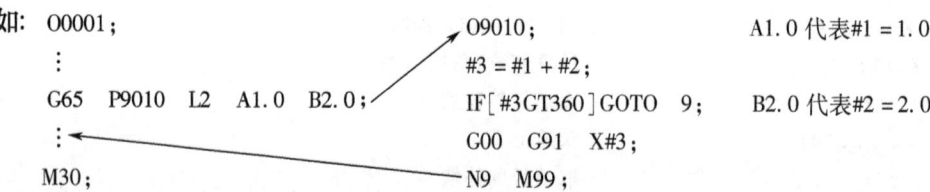

自变量的指定形式有两类：第 I 类自变量指定是除了 G、L、O、N 和 P 以外的字母，每个字母指定一次（见表 3-11）；第 II 类自变量指定是用 A、B、C 每个用一次和 10 组 I、J、K（见表 3-12）。使用自变量的指定种类是根据所用的字母自动决定的。

表 3-11 第 I 类自变量指定法

地址符	变量号	地址符	变量号	地址符	变量号	地址符	变量号	地址符	变量号	地址符	变量号
A	#1	I	#4	D	#7	H	#11	R	#18	U	#21	X	#24
B	#2	J	#5	E	#8	M	#13	S	#19	V	#22	Y	#25
C	#3	K	#6	F	#9	Q	#17	T	#20	W	#23	Z	#26

表 3-12 第 II 类自变量指定法

变量层	地址符	变量号	变量层	地址符	变量号	变量层	地址符	变量号	变量层	地址符	变量号
第1层	A	#1	第3层	I_3	#10	第6层	I_6	#19	第9层	I_9	#28
	B	#2		J_3	#11		J_6	#20		J_9	#29
	C	#3		K_3	#12		K_6	#21		K_9	#30
	I_1	#4	第4层	I_4	#13	第7层	I_7	#22	第10层	I_{10}	#31
	J_1	#5		J_4	#14		J_7	#23		J_{10}	#32
	K_1	#6		K_4	#15		K_7	#24		K_{10}	#33
第2层	I_2	#7	第5层	I_5	#16	第8层	I_8	#25			
	J_2	#8		J_5	#17		J_8	#26			
	K_2	#9		K_5	#18		K_8	#27			

注：在同一个 G65/G66 段中，按 I、J、K 顺序排列时，同一个地址符第几次指令（出现）就是第几层。

说明：

1) 在第 I 类自变量指定中，地址 G、L、N、O 和 P 不能在自变量中使用；不需要指定的地址可以省略，对应于省略地址的局部变量为空；除Ⅰ、J、K需要按字母顺序指定外，其他地址不需要按字母顺序指定，但应符合字地址的格式。如：

B__ A__ D__…J__ K__;　　对第Ⅰ类自变量指定正确
B__ A__ D__…J__ I__;　　对第Ⅰ类自变量指定不正确，变成两类指定法混用

例①：G65　P5001　A3.6　B95　I7.5　J20　E25.5；

在例①中，I、J均出现一次，且按I、J、K顺序指定，所以为第Ⅰ类自变量指定法。分别指定#1 = 3.6、#2 = 95、#4 = 7.5、#5 = 20、#8 = 25.5。

2）在第Ⅱ类自变量指定中，需根据I、J、K的指令（出现）情况，确定为第几层，指定给谁。

例②：G65　P5001　K-26　I99.6；

在例②中，I前面出现过K，所以I在第2层。分别指定#6 = -26、#7 = 99.6。

例③：G65　P5001　K3.6　J95　I7.5；

在例③中，J前面出现过K，所以J在第2层；I前面出现过K、J，所以I在第3层（如果排成J95　K3.6　I7.5，则I在第2层）。分别指定#6 = 3.6、#8 = 95、#10 = 7.5。

例④：G65　P5001　A3.6　B95　I7.5　I-26　I99.6　J20　J35.8　J-65　J105；

在例④中，除A、B、C、I、J、K出现外，其他字母没有出现，所以为第Ⅱ类自变量指定法。I前后连续出现3次，分别在第1~3层；J前后连续出现4次，分别在第3~6层。各地址分别指定#1 = 3.6、#2 = 95、#4 = 7.5、#7 = -26、#10 = 99.6、#11 = 20、#14 = 35.8、#17 = -65、#20 = 105。

例⑤：G65　P5001　A3.6　B95　I7.5　I-26　I99.6　J20　J35.8　Q33　J-65　J105　D38　H88　J285.6；

在例⑤中，除A、B、C、I、J、K出现外，还出现了其他字母，所以为两类指定法混合使用。如果同一局部变量既被第Ⅰ类自变量赋值，又被第Ⅱ类自变量赋值，那么先赋的值无效，后赋的值有效。本例中I的层数分别在第1~3层；J分别在第3~7层。各地址分别指定#1 = 3.6、#2 = 95、#4 = 7.5、#7 = -26（被后面的D38所替代，无效）、#10 = 99.6、#11 = 20（被后面的H88所替代，无效）、#14 = 35.8、#17 = 33（被后面的J-65所替代，无效）、#17 = -65、#20 = 105、#7 = 38、#11 = 88、#23 = 285.6。

2. 模态调用（G66）

编程格式：

G66　P__　L__;　　l　<自变量指定>;
…;
G67;

参数说明：

P__：要调用的程序。

l：重复次数（值为1~9999，省略L值时，默认值为1）。

自变量：数据传递到宏程序（其值被赋值到相应的局部变量）。

若用G66指定模态调用，每在执行沿轴移动的一个程序段后，调用一次宏指令，这个过程直到G67后才取消模态调用。

如：

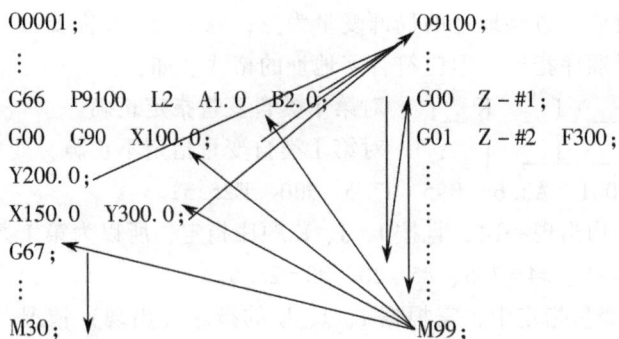

说明：在执行 G66 P9100 L2 A1.0 B2.0 后调用 O9100 两次后返回，执行 G00 G90 X100.0 后再调用 O9100 两次后返回，执行 Y200.0 后再调用 O9100 两次后返回，执行 X150.0 Y300.0 后再调用 O9100 两次后返回，执行 G67，取消宏程序调用。

例 3-23 用一个用户宏程序建立与钻孔循环 G81（见图 3-61）相同的操作，加工图 3-86 中的 5 个孔。为了使编程简化，这里将钻孔数据全部视为绝对值。

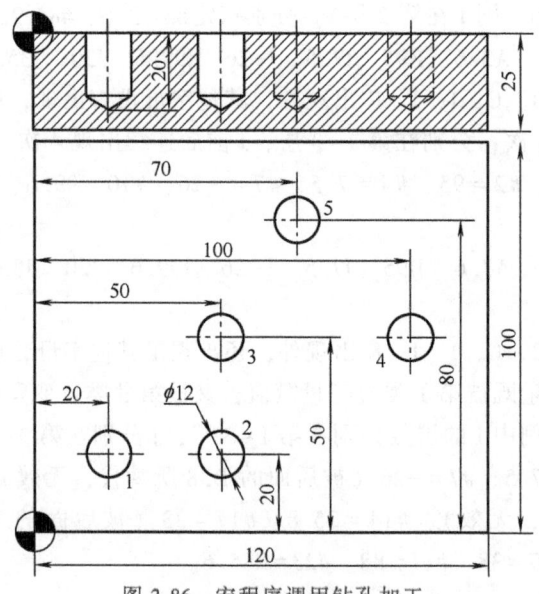

图 3-86 宏程序调用钻孔加工

主程序：

```
O3023;                                  主程序名
N10 G90 G80 G40 G21 G17 G94;            程序初始化
N20 M6 T1;                              换上 φ12mm 麻花钻
N30 G54 G90 G0 G43 Z200 H1              引入刀具长度补偿,主轴转速为 2000r/min
    M3 S2000;
N40 X0 Y0;                              刀具快速定位
N50 Z50 M8;                             Z 轴下降,切削液开
N60 X20 Y20;                            到 1 号孔上方
N70 G66 P6110 A0 C90 I500 J50           模态调用宏程序 O6110,定义各变量
    K99 Z-20 R5 F200;
```

```
N80   X50;                              到2号孔上方
N90   Y50;                              到3号孔上方
N100  X100;                             到4号孔上方
N110  X70 Y80 K98;                      到5号孔上方,指定G98
N120  G67;                              取消模态
N130  G90 G49 G0 Z0 M9;                 取消刀具长度补偿,返回到机床原点,切削液关
N140  M30;                              程序结束
%                                       程序结束符
```

子程序:

```
O6110;                                  子程序名
N10   G0 G90 Z#18;                      刀具快速进给到Z5所在的R平面
N20   G1 Z#26 F#9;                      以200mm/min的速度加工到Z-20
N30   IF[#6EQ98]GOTO 60;                如果#6(前面的K)等于98(G98),则有条件跳转到
                                        N60程序段
N40   G0 Z#18;                          以G0快速返回到Z5所在的R平面
N50   GOTO 70;                          无条件跳转到N70程序段
N60   G0 Z#5;                           快速抬刀到Z50的初始平面
N70   G#1 G#3 F#4;                      初始化到G0、G90、F500
N80   M99;                              宏程序调用结束返回
%                                       程序结束符
```

六、使用循环的宏程序编制

宏程序的编制对具备半径补偿量可变量赋值(FANUC系统中的G10,华中系统采用全局变量)的数控系统来说是很方便的,但对某些曲面的宏程序编制及不具备半径补偿量可变量赋值的数控系统,则应计算出刀具中心的轨迹,并且以此轨迹作为编程的轨迹。

1. 用立铣刀加工球面台、用球铣刀加工凹球面的宏程序

例3-24 在图3-87a、b中,球面的半径为$SR20$mm(#2)、球面台展角(最大为90°)为67°(#6)。图3-87a中所用立铣刀的半径为$R8$mm(#3);图3-87b中所用球铣刀的半径为$R6$mm(#3),刀位点在球刀的最下象限点处,在对刀及编程时应注意。

球面台外圈部分应先切除,即已加工出圆柱,程序略。

用立铣刀加工球面台的宏程序如下:

```
O3024;                                  程序名
N10   G90 G80 G40 G21 G17 G94;          程序初始化
N20   M6 T1;                            换上1号刀,即φ16mm立铣刀
N30   G54 G90 G0 G43 H1 Z200            刀具快速移动到Z200处(在Z方向调入了刀具长
      M3 S2000;                             度补偿),主轴正转,转速为2000r/min
N40   X0 Y0;                            刀具快速定位(下面#1=0时,#5=0)
N50   Z2 M8;                            Z轴下降,切削液开
```

```
N60    G1  Z0  F50;                刀具移动到工件表面的平面
N70    #1=0;                       定义变量的初值(角度初始值)
N80    #2=20;                      定义变量(球半径)
N90    #3=8;                       定义变量(刀具半径)
N100   #6=67;                      定义变量的初值(角度终止值)
N110   WHILE[#1LE67]DO1;           循环语句,当#1≤67°时,在N110~N180之间循环,加工球面
N120   #4=#2*[1-COS[#1]];          计算变量
N130   #5=#3+#2*SIN[#1];           计算变量
N140   G1  X#5  Y0  F200;          每层铣削时,X方向的起始位置
N150   Z-#4  F50;                  到下一层的定位
N160   G2  I-#5  F200;             顺时针加工整圆
N170   #1=#1+1;                    更新角度(加工精度越高,则角度的增量值应取得越小,这里
                                   取1°)
N180   END1;                       循环语句结束
N190   G0  Z200  M9;               加工结束后返回到Z200,切削液关
N200   G49  G90  Z0;               取消长度补偿,Z轴快速移动到机床坐标Z0处
N210   M30;                        程序结束
%                                  程序结束符
```

用球铣刀加工凹球面的宏程序如下:

```
O3124;                             程序名
N10    G90  G80  G40  G21  G17  G94;  程序初始化
N20    M6  T1;                     换上1号刀,即φ12mm球铣刀
N30    G54  G90  G0  G43  H1  Z200 刀具快速移动到Z200处(在Z方向调入了刀具长
       M3  S2000;                  度补偿),主轴正转,转速为2000r/min
N40    X8  Y0;                     刀具快速定位(下面#1=0时,#5=#3=8)
N50    Z2  M8;                     Z轴下降,切削液开
N60    #1=0;                       定义变量的初值(角度初始值)
N70    #2=20;                      定义变量(球半径)
N80    #3=6;                       定义变量(刀具半径)
N90    #6=67;                      定义变量的初始值(角度终止值)
N100   #7=#2-#2*COS[#6];           计算变量
N110   G1  Z-#7  F50;              刀具向下切削
N120   WHILE[#1LE67]DO1;           循环语句,当#1≤67°时,在N120~N190之间循环,
                                   加工凹球面
N130   #4=[#2-#3]*COS[#1]-#2*
       COS[#6]+#3;                 计算变量
N140   #5=[#2-#3]*SIN[#1];         计算变量
N150   Z-#4  F50;                  到上一层的定位
N160   G1  X#5  Y0;                每层铣削时,X方向的起始位置
N170   G3  I-#5  F200;             逆时针加工整圆
N180   #1=#1+1;                    更新角度
```

```
N190  END1;                            循环语句结束
N200  G0  Z200  M9;                    加工结束后返回到 Z200,切削液关
N210  G49  G90  Z0;                    取消长度补偿,Z 轴快速移动到机床坐标 Z0 处
N220  M30;                             程序结束
%                                      程序结束符
```

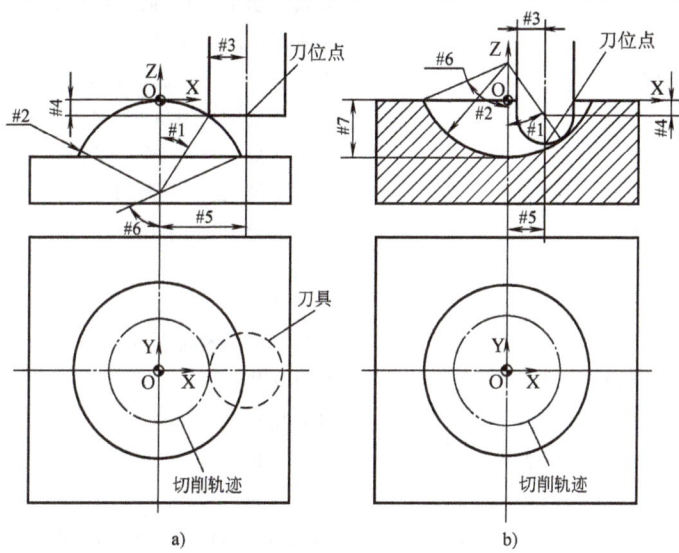

图 3-87 球面台与凹球面宏程序加工

2. 用键槽铣刀加工圆锥台的宏程序

例 3-25 在图 3-88 中，圆锥台上面的半径为 12mm（#2），下面的半径为 20mm（#3），键槽铣刀的半径为 6mm（#6）。

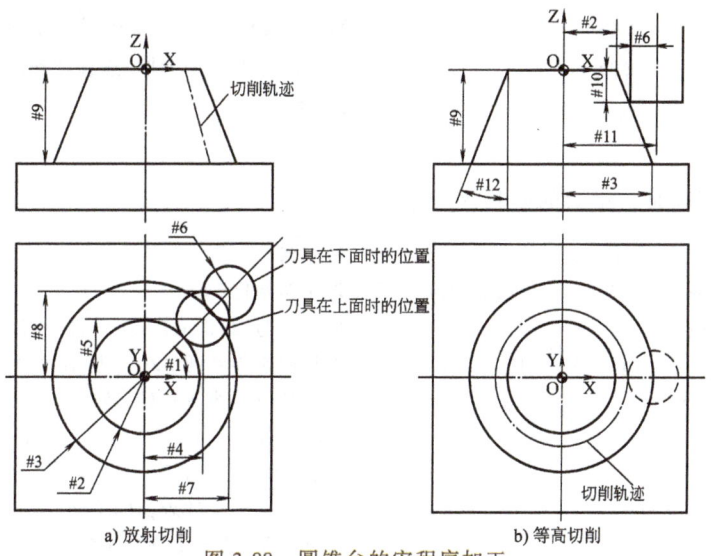

图 3-88 圆锥台的宏程序加工

圆锥台半径为 20mm 以外的部分应先切除（即已加工出圆柱），程序略。

1）用放射切削时，编写的宏程序如下：

```
O3025;                                  程序名
N10  G90 G80 G40 G21 G17 G94;           程序初始化
N20  M6 T1;                             换上1号刀,即φ12mm键槽铣刀
N30  G54 G90 G0 G43 H1 Z200             刀具快速移动到Z200处(在Z方向调入了刀具长
     M3 S2000;                          度补偿),主轴正转,转速为2000r/min
N40  X18 Y0;                            刀具快速定位(下面#1=0时,#4=#2+#6=18)
N50  Z2 M8;                             Z轴下降,切削液开
N60  G1 Z0 F50;                         刀具移动到工件表面的平面
N70  #1=0;                              定义变量的初始值(角度初始值)
N80  #2=12;                             定义变量(锥台上面的半径)
N90  #3=20;                             定义变量(锥台下面的半径)
N100 #6=6;                              定义变量(刀具半径)
N110 #9=20;                             定义变量(圆锥台高)
N120 WHILE[#1LE360]DO1;                 循环语句,当#1≤360°时,在N120~N210之间循
                                        环,加工圆锥台
N130 #4=[#2+#6]*COS[#1];                计算变量
N140 #5=[#2+#6]*SIN[#1];                计算变量
N150 #7=[#3+#6]*COS[#1];                计算变量
N160 #8=[#3+#6]*SIN[#1];                计算变量
N170 G1 X#4 Y#5 Z0 F200;                铣削时,圆锥台上面的起始位置
N180 X#7 Y#8 Z-#9;                      铣削时,圆锥台下面的终止位置
N190 G0 Z0;                             快速抬刀
N200 #1=#1+1;                           更新角度(加工精度越高,则角度的增量值应取得
                                        越小,这里取1°)
N210 END1;                              循环语句结束
N220 G0 Z200 M9;                        加工结束后返回到Z200处,切削液关
N230 G49 G90 Z0;                        取消长度补偿,Z轴快速移动到机床坐标Z0处
N240 M30;                               程序结束
%                                       程序结束符
```

2) 用等高切削时,编写的宏程序如下:

```
O3125;                                  程序名
N10  G90 G80 G40 G21 G17 G94;           程序初始化
N20  M6 T1;                             换上1号刀,即φ12mm键槽铣刀
N30  G54 G90 G0 G43 H1 Z200             刀具快速移动到Z200处(在Z方向调入了刀具长
     M3 S2000;                          度补偿),主轴正转,转速为2000r/min
N40  X18 Y0;                            刀具快速定位(下面#1=0时,#4=#2+#6=18)
N50  Z2 M8;                             Z轴下降,切削液开
N60  G1 Z0 F50;                         刀具移动到工件表面的平面
N70  #2=12;                             定义变量(锥台上面的半径)
N80  #3=20;                             定义变量(锥台下面的半径)
N90  #6=6;                              定义变量(刀具半径)
```

```
N100    #9=20;                          定义变量(圆锥台高)
N110    #10=0;                          定义变量的初值
N120    #12=ATAN[#3-#2]/[#9];           定义变量(计算角度)
N130    WHILE[#10LE#9]DO1;              循环语句,当#10≤#9时,在N130~N190之间循
                                        环,加工圆锥台
N140    #11=#2+#6+#10*TAN[#12];         计算变量
N150    G1 X#11 Y0 F200;                每层铣削时,X方向的起始位置
N160    Z-#10 F50;                      到下一层的定位
N170    G2 I-#11 F200;                  顺时针加工整圆,分层等高加工圆锥台
N180    #10=#10+0.1;                    更新切削深度(加工精度越高,则增量值应取得越小)
N190    END1;                           循环语句结束
N200    G0 Z200 M9;                     加工结束后返回到Z200处,切削液关
N210    G49 G90 Z0;                     取消长度补偿,Z轴快速移动到机床坐标Z0处
N220    M30;                            程序结束
%                                       程序结束符
```

3. 用立铣刀加工上圆下方的宏程序

例 3-26 在图 3-89 中,上圆的半径为 15mm(#2),下方的半边长为 20mm(#3),立铣刀的半径为 8mm(#4)。

下方 40mm×40mm 以外的部分应先切除(即已加工出一个方台),程序略。

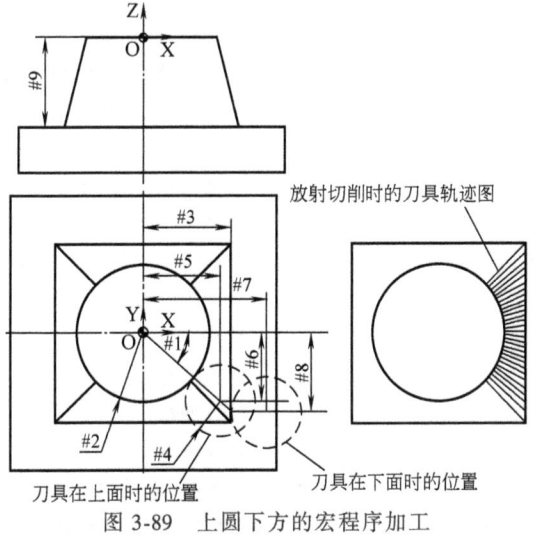

图 3-89 上圆下方的宏程序加工

用放射切削时,编写的宏程序如下。
主程序:

```
O3026;                                  程序名
N10  G90 G80 G40 G21 G17 G94;           程序初始化
N20  M6 T1;                             换上1号刀,即φ12mm立铣刀
N30  G54 G90 G0 G43 H1 Z200             刀具快速移动到Z200处(在Z方向调入了刀具长
     M3 S2000;                          度补偿),主轴正转,转速为2000r/min
```

```
N40   Z2  M8;                          Z轴下降,切削液开
N50   M98  P3126;                      调用O3126子程序1次
N60   G68  X0  Y0  R90;                绕原点旋转90°
N70   M98  P3126;                      调用O3126子程序1次
N80   G69;                             取消旋转
N90   G68  X0  Y0  R180;               绕原点旋转180°
N100  M98  P3126;                      调用O3126子程序1次
N110  G69;                             取消旋转
N120  G68  X0  Y0  R180;               绕原点旋转270°
N130  M98  P3126;                      调用O3126子程序1次
N140  G69;                             取消旋转
N150  G0  Z200  M9;                    加工结束后返回到Z200,切削液关
N160  G49  G90  Z0;                    取消长度补偿,Z轴快速移动到机床坐标Z0处
N170  M30;                             程序结束
%                                      程序结束符
```

子程序:

```
O3126;                                 子程序名
N10   G0  X16.263  Y-16.263;           快速定位到起始点(#1=-45°时刀具中心所处的
                                       位置)
N20   G1  Z0  F50;                     下降到Z0平面
N30   #1=-45;                          定义变量的初值(角度初始值)
N40   #2=15;                           定义变量(上面的半径)
N50   #3=20;                           定义变量(下面的半边长)
N60   #4=8;                            定义变量(刀具半径)
N70   #9=20;                           定义变量(锥台高)
N80   WHILE[#1LE45]DO1;                循环语句,当#1≤45°时,在N90~N180之间循环,
                                       加工锥台
N90   #5=[#2+#4]* COS[#1];             计算变量
N100  #6=[#2+#4]* SIN[#1];             计算变量
N110  #7=#3+#4;                        计算变量
N120  #8=#3* TAN[#1];                  计算变量
N130  G1  X#5  Y#6  Z0  F300;          铣削时,上面的起始位置
N140  X#7  Y#8  Z-#9;                  铣削时,下面的终止位置
N150  G0  Z0;                          快速抬刀
N160  #1=#1+1;                         更新角度(加工精度越高,则角度的增量值应取得
                                       越小,这里取1°)
N170  END1;                            循环语句结束
N180  G0  Z2;                          切削结束后快速返回到Z2平面
N190  M99;                             子程序结束并返回到主程序
%                                      程序结束符
```

对于上方下圆的方锥台的宏程序可参考上述程序进行编写。

4. 加工椭圆的宏程序

椭圆（见图 3-90）方程。

标准方程：
$$\frac{X^2}{a^2}+\frac{Y^2}{b^2}=1$$

参数方程：
$$\begin{cases} X = a * \cos\varphi \\ Y = b * \sin\varphi \end{cases}$$

例 3-27 用 φ16mm 的立铣刀加工图 3-91 所示椭圆（长轴为 50mm，短轴为 30mm）的周边轮廓部分。

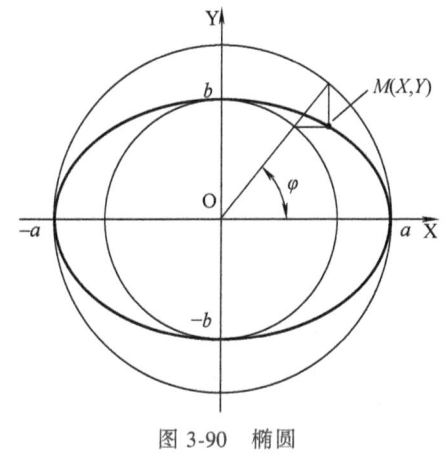

图 3-90 椭圆

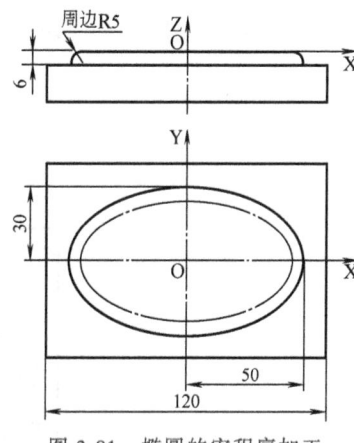

图 3-91 椭圆的宏程序加工

```
O3027;                           程序名
N10  G90 G80 G40 G21 G17 G94;    程序初始化
N20  M6 T1;                      换上1号刀,即φ16mm立铣刀
N30  G54 G90 G0 G43 H1 Z200      刀具快速移动到Z200处(在Z方向调
     M3 S1000;                   入了刀具长度补偿),主轴正转,转速
                                 为1000r/min
N40  X70 Y0;                     刀具快速定位
N50  Z2 M8;                      Z轴下降,切削液开
N60  G1 Z-6 F50;                 刀具进给到加工深度
N70  #1=360;                     定义变量初值(角度从360°开始)
N80  G41 X60 Y10 D1 F100;        导入半径补偿
N90  G3 X50 Y0 R10;              走圆弧过渡段
N100 WHILE[#1GE0]DO1;            循环语句,当#1≥0°时,在N100~N150之间循环
N110 #2=50* COS[#1];             计算变量
N120 #3=30* SIN[#1];             计算变量
N130 G1 X#2 Y#3;                 加工的点
N140 #1=#1-1;                    更新角度 (这儿把椭圆曲线分成360段,以直线拟合)
N150 END1;                       循环语句结束
```

```
N160  G3   X60   Y-10  R10;           走圆弧过渡段
N170  G1   G40   X70   Y0;            取消刀具半径补偿
N180  G0   Z200  M9;                  加工结束后返回到Z200处,切削液关
N190  G49  G90   Z0;                  取消长度补偿,Z轴快速移动到机床坐标Z0处
N200  M30;                            程序结束
%                                     程序结束符
```

5. 轮廓倒圆角、倒角的宏程序

对于轮廓棱边的倒圆角、倒角宏程序加工,一般应先加工出其基本轮廓,然后在其轮廓棱边上进行宏程序的加工。从俯视图中观察刀具中心的轨迹,就好像把轮廓不断地等距偏移,如图3-92所示。编写轮廓棱边倒圆角、倒角宏程序的关键在于找出刀具中心线(点)到已加工侧轮廓之间的法向距离,具体参见表3-13。

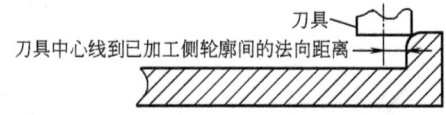

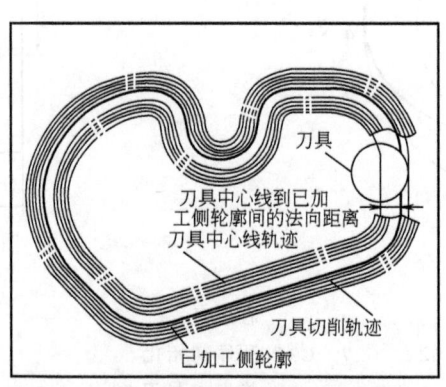

图3-92 轮廓倒角时的刀具中心轨迹图

表3-13 轮廓倒圆角、倒角的变量及计算

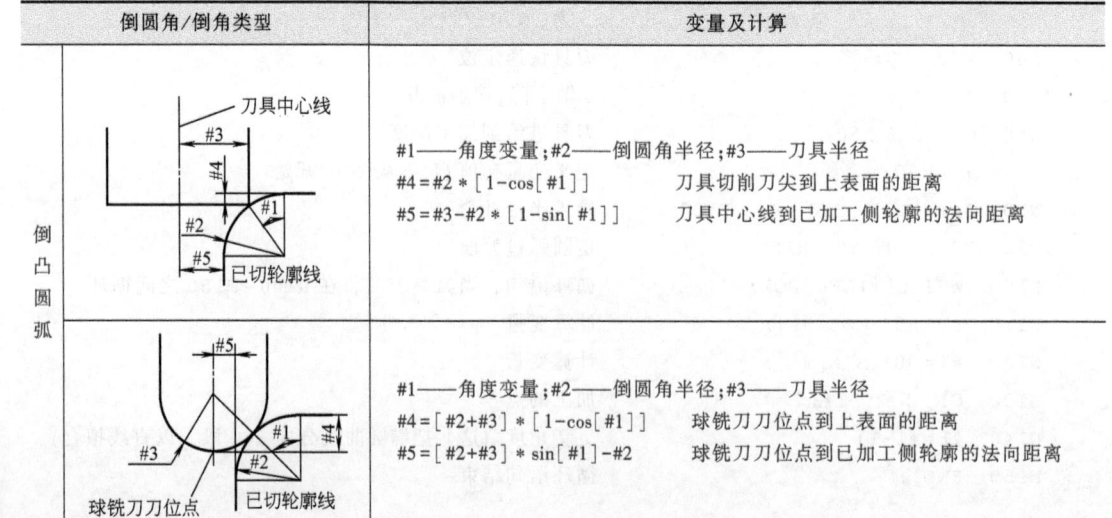

倒圆角/倒角类型	变量及计算
倒凸圆弧	#1——角度变量;#2——倒圆角半径;#3——刀具半径 #4 = #2 * [1-cos[#1]]　　刀具切削刀尖到上表面的距离 #5 = #3-#2 * [1-sin[#1]]　　刀具中心线到已加工侧轮廓的法向距离
	#1——角度变量;#2——倒圆角半径;#3——刀具半径 #4 = [#2+#3] * [1-cos[#1]]　　球铣刀刀位点到上表面的距离 #5 = [#2+#3] * sin[#1]-#2　　球铣刀刀位点到已加工侧轮廓的法向距离

(续)

倒圆角/倒角类型	变量及计算
倒凹圆弧	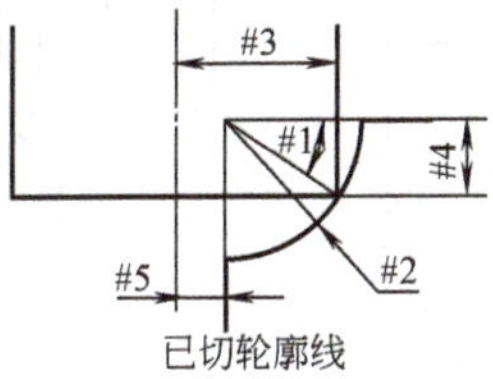 #1——角度变量；#2——倒圆角半径；#3——刀具半径 #4 = #2 * sin[#1]　　刀具切削刀尖到上表面的距离 #5 = #3-#2 * cos[#1]　　刀具中心线到已加工侧轮廓的法向距离
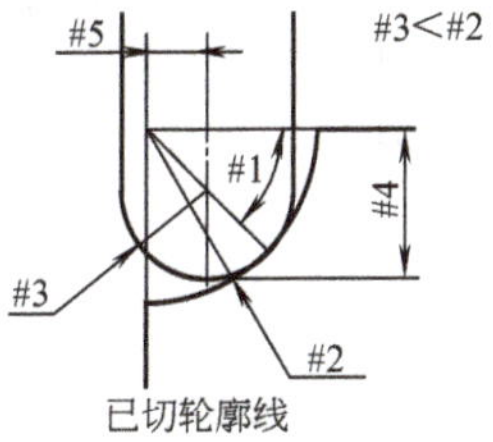 倒凹圆弧	#1——角度变量；#2——倒圆角半径；#3——刀具半径(必须小于圆角半径) #4 = #2 * sin[#1]+#3 * [1-sin[#1]]　　球铣刀刀位点到上表面的距离 #5 = [#2-#3] * cos[#1]　　球铣刀刀位点到已加工轮廓的法向距离(在使用刀具半径补偿时，该变量应设为"-")
倒任意角	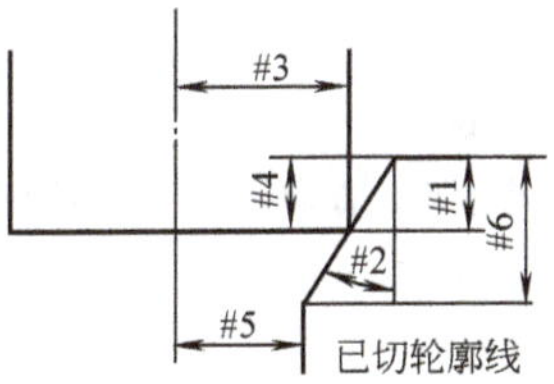 #1——深度变量；#2——倒角角度；#3——刀具半径；#6——倒角高 #4 = #1　　刀具切削刀尖到上表面的距离 #5 = #3-[#6-#1] * tan[#2]　　刀具中心线到已加工侧轮廓的法向距离
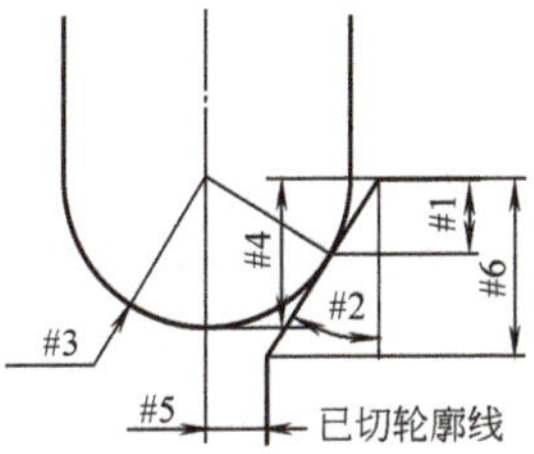 倒任意角	#1——深度变量；#2——倒角角度；#3——刀具半径；#6——倒角高 #4 = #1+#3 * [1-sin[#2]]　　球铣刀刀位点到上表面的距离 #5 = #3 * cos[#2]-[#6-#1] * tan[#2]　　球铣刀刀位点到已加工侧轮廓的法向距离

在倒圆弧时，把#1（角度）作为主变量，#4、#5作为从变量；如果把加工深度#4作为主变量，同样也可以推导出#5的计算式。

对轮廓棱边的倒圆角与倒角，在实际加工中往往采用图2-37c中的仿形铣刀和图3-93所示的倒角刀进行铣削，切削效率高，表面粗糙度值小。这里讨论的使用宏程序加工，主要是针对在加工时没有仿形铣刀和倒角刀而采取的变通办法，也是想通过这类宏程序的编制掌握宏程序的具体应用。

例3-28　用φ12mm的立铣刀加工图3-94所示凹槽的45°倒角、凸缘倒圆角半径为4mm。凹槽的加工程序及凸缘外轮廓的加工程序略。宏程序如下：

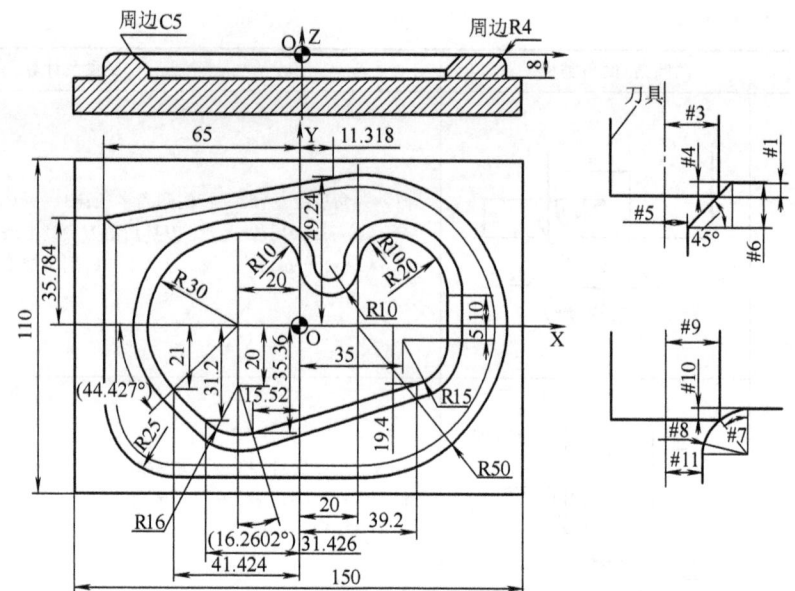

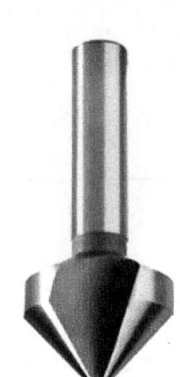

图 3-93　45°倒角铣刀　　　　图 3-94　轮廓的倒圆角、倒角宏程序

```
     O3028;                          程序名
N10  G90 G80 G40 G21 G17 G94;        程序初始化
N20  M6 T1;                          换上 1 号刀,即 φ12mm 立铣刀
N30  G54 G90 G0 G43 H1 Z200          刀具快速移动到 Z200 处(在 Z 方向调入了刀具长度
     M3  S2000;                      补偿),主轴正转,转速为 2000r/min
N40  X-30 Y0;                        刀具快速定位
N50  Z2 M8;                          Z 轴下降,切削液开
N60  G1 Z0 F50;                      刀具下降到工件表面
N70  #1=0;                           定义变量(深度)
N80  #3=6;                           定义变量(刀具半径)
N90  #6=5;                           定义变量(倒角尺寸)
N100 WHILE[#1LE#6]DO1;               循环语句。当 #1≤#6 时,在 N100~N320 之间循环
N110 #4=#1;                          计算变量
N120 #5=#3+#1-#6;                    计算变量
N130 Z-#4 F50;                       向下加工
N140 G10 L12 P1 R#5;                 给半径补偿 D1 赋值
N150 G1 G41 X-40 Y10 D1 F500;        导入半径补偿
N160 G3 X-50 Y0 R10;                 走圆弧过渡段,沿切向切入
N170 G3 X-41.424 Y-21 R30;           加工半径为 30mm 圆弧部分倒角
N180 G1 X-31.426 Y-31.2;             加工半径为 30mm 与半径为 16mm 之间直线段的倒角
N190 G3 X-15.52 Y-35.36 R16;         加工半径为 16mm 圆弧部分倒角
N200 G1 X39.2 Y-19.4;                加工半径为 16mm 与半径为 15mm 之间直线段的倒角
N210 G3 X50 Y-5 R15;                 加工半径为 15mm 圆弧部分倒角
N220 G1 Y10;                         加工半径为 15mm 与半径为 20mm 之间直线段的倒角
```

N230	G3 X30 Y30 R20;	加工半径为20mm圆弧部分倒角
N240	X20 Y20 R10;	加工半径为10mm圆弧部分倒角
N250	G2 X0 R-10;	加工半径为10mm半圆部分倒角,此处为凸圆弧
N260	G3 X-10 Y30 R10;	加工半径为10mm圆弧部分倒角
N270	G1 X-20;	加工半径为10mm与半径为30mm之间直线段的倒角
N280	G3 X-50 Y0 R30;	加工半径为30mm圆弧部分倒角
N290	X-40 Y-10 R10;	走圆弧过渡段,沿切向切出
N300	G1 G40 X-20 Y0;	取消半径补偿,到起刀点
N310	#1=#1+0.2;	更新深度(加工精度越高,增量应越小)
N320	END1;	循环语句结束
N330	G0 Z5;	快速上升到Z5mm处,刀具移动加工圆角
N340	X-85 Y0;	快速定位
N350	G1 Z0 F50;	进给下降到Z0
N360	#7=0;	定义变量(角度)
N370	#8=4;	定义变量(圆角半径)
N380	#9=6;	定义变量(刀具半径)
N390	WHILE[#7LE90]DO2;	循环语句。当#7≤90°时,在N390~N550之间循环
N400	#10=#8*[1-COS[#7]];	计算变量
N410	#11=#9-#8*[1-SIN[#7]];	计算变量
N420	Z-#10 F50;	Z轴下降
N430	G10 L12 P1 R#11;	给半径补偿D1赋值
N440	G1 G41 X-75 Y-10 D1 F500;	导入半径补偿
N450	G3 X-65 Y0 R10;	走圆弧过渡段,沿切向切入
N460	G1 Y35.784;	左侧直线上部分倒圆
N470	X11.318 Y49.24;	左上侧直线倒圆
N480	G2 X20 Y-50 R-50;	半径为50mm部分倒圆
N490	G1 X-40;	半径为50mm至半径为25mm直线倒圆
N500	G2 X-65 Y-25 R25;	半径为25mm部分倒圆
N510	G1 Y0;	左侧直线下部分倒圆
N520	G3 X-75 Y10 R10;	走圆弧过渡段,沿切向切出
N530	G1 G40 X-85 Y0;	取消刀具半径补偿
N540	#7=#7+1;	角度变量更新
N550	END2;	循环语句结束
N560	G0 Z200 M9;	加工结束后返回到Z200处,切削液关
N570	G49 G90 Z0;	取消长度补偿,Z轴快速移动到机床坐标Z0处
N580	M30;	程序结束
%		程序结束符

例3-29 用 ϕ16mm 的立铣刀加工图3-91所示椭圆(长轴为50mm、短轴为30mm)周边的半径为5mm圆角。

宏程序如下:

O3029;	程序名
N10 G90 G80 G40 G21 G17 G94;	程序初始化

```
N20    M6   T1;                          换上 1 号刀,即 φ16mm 立铣刀
N30    G54  G90  G0  G43  H1  Z200       刀具快速移动到 Z200 处(在 Z 方向调入了刀具
       M3   S2000;                           长度补偿),主轴正转,转速为 2000r/min
N40    X75  Y0;                          刀具快速定位
N50    Z2   M8;                          Z 轴下降,切削液开
N60    G1   Z0   F50;                    刀具下降到工件表面
N70    #1=0;                             定义变量(倒圆角角度)
N80    #2=5;                             定义变量(圆角半径)
N90    #3=8;                             定义变量(刀具半径)
N100   WHILE[#1LE90]DO1;                 循环语句。当#1≤90°时,在 N100~N270 之间循环
                                            (一级循环)
N110   #4=#2*[1-COS[#1]];                计算变量(倒圆角深)
N120   #5=#3-[1-SIN[#1]]*#2;             计算变量(刀具中心到轮廓之间的距离)
N130   G10  L12  P1  R#5;                给半径补偿 D1 赋值
N140   G1   Z-#4  F50;                   Z 向进给
N150   G41  X60  Y10  D1  F500;          导入半径补偿
N160   G2   X50  Y0   R10;               走圆弧过渡段,沿切向切入
N170   #6=360;                           定义角度变量
N180   WHILE[#6GE0]DO2;                  循环语句。当#6≥0°时在 N180~N230 之间循环(二
                                            级循环)
N190   #7=50*COS[#6];                    计算变量
N200   #8=30*SIN[#6];                    计算变量
N210   G1   X#7  Y#8;                    走椭圆,倒圆
N220   #6=#6-1;                          走椭圆角度变量更新
N230   END2;                             第二级循环结束
N240   G3   X60  Y-10  R10;              走圆弧过渡段,沿切向切出
N250   G1   G40  X75  Y0;                取消刀具半径补偿
N260   #1=#1+1;                          倒圆角度变量更新
N270   END1;                             程序循环结束
N370   G0   Z200  M9;                    加工结束后返回到 Z200 处,切削液关
N380   G49  G90   Z0;                    取消长度补偿,Z 轴快速移动到机床坐标 Z0 处
N390   M30;                              程序结束
%                                        程序结束符
```

七、G18(G19)平面中圆柱面的加工

对于图 3-95a 的 G18(G19)平面中的圆柱面,在手工编程时并不需要采用宏程序,仍然采用 G2、G3 及调用子程序的加工方式,具体编程时应注意以下几点:

1)在编制凹圆柱面时,一般采用球铣刀;在编制凸圆柱面时,一般采用立铣刀。但图 3-95b 中有一平面过渡的凹圆柱面,可采用立铣刀;图 3-95c 中有侧面的凸圆柱面,可采用球铣刀。

2)在编制用球铣刀切削凹圆柱面的程序时,其编程轨迹为轮廓轨迹(见图 3-95b 中粗实线、图 3-96 中 AB 线)向上偏置一个刀具半径(见图 3-95b 中细实线、图 3-96 中 ab 线);

在编制用立铣刀切削凹圆柱面的程序时，其编程轨迹为圆弧向内侧平移一个立铣刀的刀具半径（见图 3-95b 中双点画线）。

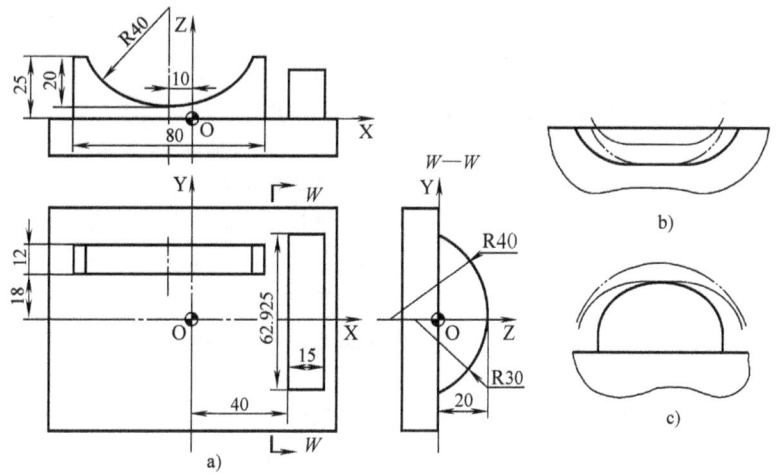

图 3-95　G18（G19）平面中的圆柱面

3）在编制用立铣刀切削凸圆柱面的程序时，以轮廓轨迹（见图 3-96 中 *CDE*）中的最高点（见图 3-96 中 *D* 点）为分割点，把圆弧向两侧平移一个立铣刀的刀具半径，即编程轨迹变为"圆弧+直线+圆弧"（见图 3-95c 中细实线、图 3-96 中 $cd'd''e$）；在编制用球铣刀切削凸圆柱面的程序时，其编程轨迹为轮廓轨迹向上偏置一个刀具半径（见图 3-95c 中双点画线）。

4）对于圆柱面的切削加工，如果没有进行粗加工，则在混合加工时应注意刀具的起切位置；为完全切除，应注意终切位置。一般情况下，起切位置应使刀具中心偏离轮廓的距离 $\geqslant R_{刀}+0.2$（见图 3-96 中 *F*、*H*）；终刀位置应使刀具中心切离轮廓的距离 $\geqslant 0.2$（见图 3-96 中 *G*、*K*）。

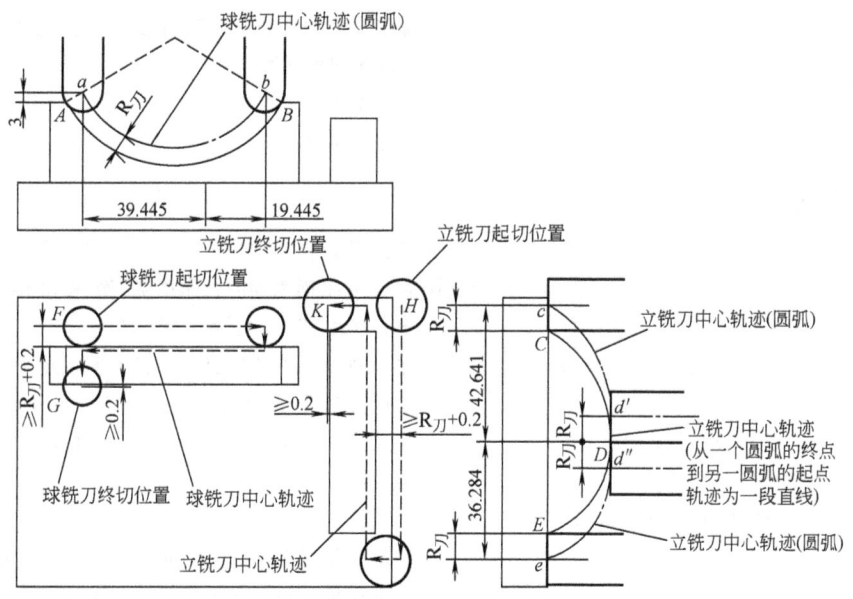

图 3-96　G18（G19）平面中的圆柱面走刀轨迹及刀位点

例 3-30　用 φ16mm 的立铣刀（T1）和 φ12mm 球铣刀（T2）加工图 3-95 中的圆柱面。

长、宽、高各为 62.925mm×15mm×20mm、80mm×18mm×25mm 的两个长方体应先加工出。其程序略。编程如下。

主程序：

O3029;	程序名
N10 G90 G80 G40 G21 G17 G94;	程序初始化
N20 M6 T1;	换上 1 号刀，即 φ16mm 立铣刀
N30 G54 G90 G0 G43 H1 Z200 M3 S1000;	刀具快速移动到 Z200 处（在 Z 方向调入了刀具长度补偿），主轴正转，转速为 1000r/min
N40 X63.3 Y42.641;	刀具快速定位（到达图 3-96 中 H 点上方）
N50 Z26 M8;	Z 轴下降，切削液开
N60 G1 Z0 F50;	刀具进给到加工起始位置（到达图 3-96 中 c 点）
N70 M98 P393129;	调用 O3129 子程序 39 次
N80 G90 G0 Z200 M9;	加工完凸圆柱面后返回到 Z200 处，切削液关
N90 G49 Z0;	Z 返回到机床原点
N100 M5;	主轴停转
N110 M6 T2;	换上 2 号刀，即 φ12mm 球铣刀
N120 G0 G43 H2 Z200;	刀具快速移动到 Z200 处（在 Z 方向调入了刀具长度补偿）
N130 M3 S1200;	主轴正转，转速为 1200r/min
N140 X-39.445 Y36.2;	刀具快速定位（到达图 3-96 中 H 点上方）
N150 Z33 M8;	Z 轴下降，切削液开（注意球铣刀的刀位点在球中心，如果 Z<(25+6)mm=31mm，则撞刀）
N160 G1 Z28 F50;	刀具进给到加工起始位置（到达图 3-96 中 a 点）
N170 M98 P313229;	调用 O3229 子程序 31 次
N180 G90 G0 Z200 M9;	加工完凹圆柱面后返回到 Z200 处，切削液关
N190 G49 Z0;	Z 返回到机床原点
N200 M30;	程序结束
%	程序结束符

子程序一：

O3129;	子程序名
N10 G90 G19 G3 Y8 Z20 R40 F100;	在 G19 平面内逆时针走圆弧（图 3-96 中 c 到 d'）
N20 G1 Y-8;	走直线段（图 3-96 中 c' 到 d"）
N30 G3 Y-36.284 Z0 R30;	在 G19 平面内逆时针走圆弧（图 3-96 中 d" 到 e）
N40 G91 G1 X-0.2;	增量指令沿 -X 向进给 0.2mm
N50 G90 G2 Y-8 Z20 R30;	恢复绝对指令，在 G19 平面内顺时针走圆弧
N60 G1 Y8;	走直线段
N70 G2 Y42.641 Z0 R40;	走圆弧
N80 G91 G1 X-0.2;	第二次增量指令沿 -X 向进给 0.2mm。完成一个切削循环，在 -X 方向共移动 0.4mm
N90 M99;	子程序结束并返回到主程序
%	程序结束符

子程序二：

```
O3229;                          子程序名
N10  G90  G18  G2  X19.445  Z28   在G18平面内顺时针走圆弧（图3-96中a到b）
     R34  F100;
N20  G91  G1  Y-0.2;            增量指令沿-Y向进给0.2mm
N30  G90  G3  X-39.445  Z28  R34;  恢复绝对指令，在G18平面内逆时针走圆弧（图3-96
                                 中b到a）
N40  G91  G1  X-0.2;            第二次增量指令沿-Y向进给0.2mm
N50  M99;                        子程序结束并返回到主程序
%                                程序结束符
```

课题九　零件的综合加工编程

综合实例1　加工图3-97所示零件。所用刀具见表3-14。

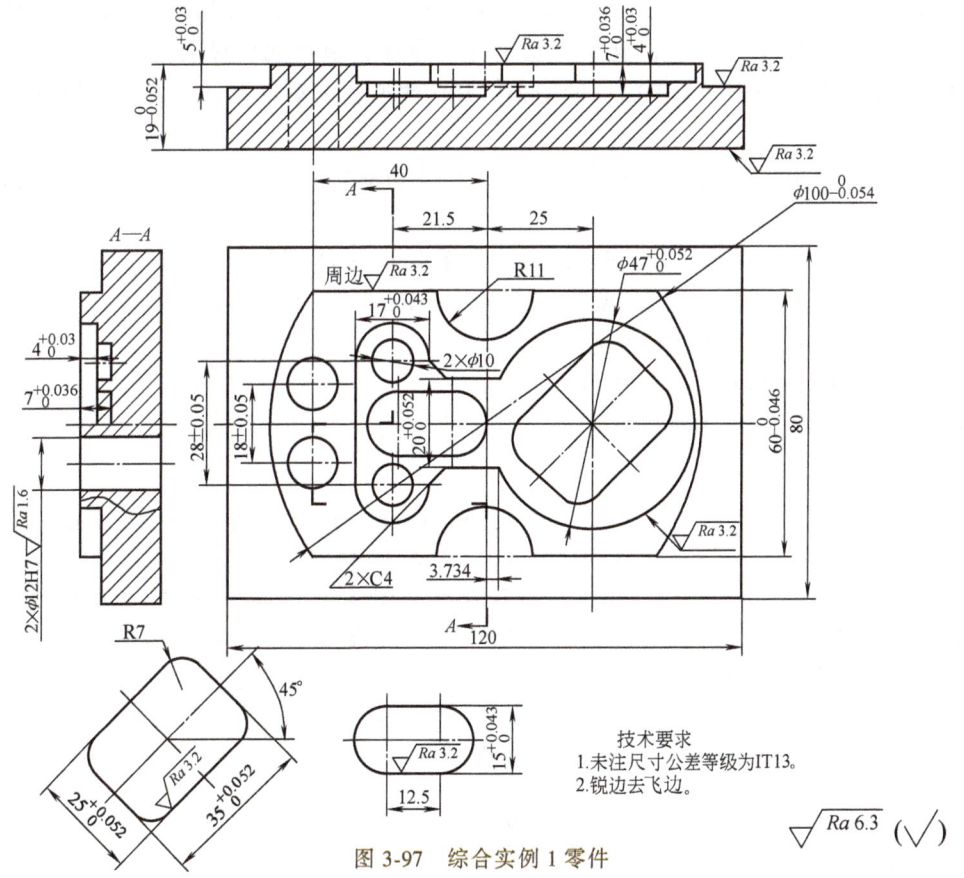

图3-97　综合实例1零件

表3-14　加工用刀具

刀具号	刀具名称	长度补偿号	半径补偿号
T1	φ80mm 面铣刀	H1	
T2	φ16mm 立铣刀	H2	D2

(续)

刀具号	刀具名称	长度补偿号	半径补偿号
T3	φ12mm 键槽铣刀	H3	D3
T4	φ10mm 键槽铣刀	H4	D4
T5	φ4mm 中心钻	H5	
T6	φ11.8mm 麻花钻	H6	
T7	φ12(H7)mm 机用铰刀	H7	

加工工序：

1）把 120mm×80mm×20mm 的长方形料用等高垫块垫在下面，放在已校正平行的机用虎钳中，使上表面高出钳口 7~8mm，用木槌或橡胶锤边敲击工件边夹紧机用虎钳。

2）用刀具 T1 铣削 120mm×80mm 的一个平面。结束后把工件翻转，擦净等高垫块及已加工的平面，重新装夹、夹紧。继续用刀具 T1 铣削平面，注意此时的长度补偿量应根据工件的厚度要求重新设置，具体操作为：在图 3-1 所示页面的磨损（H）中输入一个值，如 -0.2mm（具体值应根据工件原始厚及切削第一个平面时的背吃刀量综合确定），然后进行加工，等加工完毕后，重新测量工件的厚度，根据此厚度与工件厚度要求重新计算余量，把此余量与图 3-1 中已设的磨损（H）叠加，重新设置，设置完后再加工一次平面。

3）用刀具 T2 沿工件外轮廓路径粗加工（包括切除轮廓加工后的残料），粗、精加工外形。

4）用刀具 T3 粗、精加工 45°旋转的型腔及深 4mm 的大型腔。

5）用刀具 T4 粗、精加工月牙型腔，加工 2×φ10mm 孔。

6）用刀具 T5 点钻 2×φ12H7 中心。

7）用刀具 T6 钻 2×φ11.8mm 的孔。

8）用刀具 T7 铰 2×φ12H7 的孔。

加工平面的程序：

```
O3921;                        程序名(注意翻转加工前必须重新设置长度补偿量)
N10  M6  T1;                  换上1号刀,即φ80mm面铣刀
N20  G54 G90 G0 G43 H1 Z200;  刀具快速移动到Z200处(在Z方向调入了刀具长度补偿)
N30  M3  S600;                主轴正转,转速为600r/min
N40  X101 Y20;                快速定位
N50  Z26 M8;                  Z轴下降,切削液开
N60  G1 Z0 F50;               刀具进给到加工平面
N70  X-62 F120;
N80  Y-20;                    加工平面
N90  X62;
N100 G0 Z200 M9;              快速返回到Z200,切削液关
N110 G49 G90 Z0;              取消刀具长度补偿,Z轴快速移动到机床坐标Z0处
N120 M30;                     程序结束
%                             程序结束符
```

其他加工主程序：

```
O3021;                          主程序名
N10  M6 T2;                     换上2号刀,即φ16mm立铣刀
N20  G54 G90 G0 G43 H2 Z20;     刀具快速移动到Z200处(在Z方向调入了刀具长度补偿)
N30  M3 S800;                   主轴正转,转速为800r/min
N40  X-60 Y50;                  快速定位
N50  Z2 M8;                     主轴下降,切削液开
N60  G1 Z-5 F50;                主轴进给下降到Z-5
N70  Y40 F200;                  进给切削到Y40
N80  X60;
N90  Y-40;                      沿工件外轮廓路径加工
N100 X-60;
N110 Y50;
N120 G10 L12 P2 R8.2;           给定D2,指定刀具半径补偿量8.2mm(精加工余量为
                                0.2mm)
N130 M98 P3121;                 调用O3121子程序一次粗加工
N140 G10 L12 P2 R7.98;          重新给定D2,指定刀具半径补偿量7.98mm(考虑公差)
N150 M98 P3121;                 调用O3121子程序一次精加工
N160 G0 Z200 M9;                快速抬刀,切削液关
N170 G49 G90 Z0;                取消刀具长度补偿,Z轴快速移动到机床坐标Z0处
N180 M5;                        主轴停转
N190 M6 T3;                     换上3号刀,即φ12mm键槽铣刀
N200 G0 G43 H3 Z200;            刀具快速移动到Z200处(在Z方向调入了刀具长度补偿)
N210 M3 S800;                   主轴正转,转速为800r/min
N220 X25 Y0;                    快速定位
N230 Z2 M8;                     主轴下降,切削液开
N240 G10 L12 P3 R6.2;           给定D3,指定刀具半径补偿量6.2mm(精加工余量为
                                0.2mm)
N250 G1 Z0 F60;                 进给到Z0
N260 M98 P23221;                调用O3221子程序2次,粗加工旋转凹槽
N270 G0 Z-4;                    快速返回到Z-4
N280 M98 P3321;                 调用O3321子程序1次,粗加工大的凹槽
N290 G0 Z0;                     返回到Z0
N300 G10 L12 P3 R5.97;          重新给定D3,指定刀具半径补偿量5.97mm(考虑公差)
N310 G1 Z-4;                    进给到Z-4
N320 M98 P3321;                 调用O3321子程序1次,精加工大凹槽
N330 G1 Z-7;                    进给到Z-7
N340 M98 P3221;                 调用O3221子程序1次,精加工旋转凹槽
N350 G0 Z200 M9;                快速抬刀,切削液关
N360 G49 G90 Z0;                取消刀具长度补偿,Z轴快速移动到机床坐标Z0处
N370 M5;                        主轴停转
N380 M6 T4;                     换上4号刀,即φ10mm键槽铣刀
```

N390 G0 G43 H4 Z200;	刀具快速移动到Z200处(在Z方向调入了刀具长度补偿)
N400 M3 S1000;	主轴正转,转速为1000r/min
N410 X-7.5 Y0;	快速定位
N420 Z2 M8;	主轴下降,切削液开
N430 G10 L12 P4 R5.1;	给定D4,指定刀具半径补偿量5.1mm(精加工余量为0.1mm)
N440 G1 Z-7 F20;	进给到Z-7
N450 M98 P3421;	调用O3421子程序1次,粗加工月牙槽
N460 G10 L12 P4 R4.98;	重新给定D4,指定刀具半径补偿量4.98mm(考虑公差)
N470 M98 P3421;	调用O3421子程序1次,精加工月牙槽
N480 G0 Z20;	快速上升到Z20
N490 G99 G89 X-21.5 Y14 Z-7 R2 P1000 F20;	用键槽铣刀加工2×φ10mm孔(在孔底暂停1s)
N500 G98 Y-14;	
N510 G0 Z200 M9;	快速抬刀,切削液关
N520 G49 G90 Z0;	取消刀具长度补偿,Z轴快速移动到机床坐标Z0处
N530 M5;	主轴停转
N540 M6 T5;	换上5号刀,φ4mm中心钻
N550 G0 G43 H5 Z200;	刀具快速移动到Z200处(在Z方向调入了刀具长度补偿)
N560 M3 S1500;	主轴正转,转速为1500r/min
N570 G99 G81 X-40 Y9 Z-4 R3 F50 M8;	点钻2×φ12H7孔中心,切削液开
N580 G98 Y-9;	
N590 G49 G90 Z0 M9;	取消刀具长度补偿,Z轴快速移动到机床坐标Z0处,切削液关
N600 M5;	主轴停转
N610 M6 T6;	换上6号刀,即φ11.8mm麻花钻
N620 G0 G43 H6 Z200;	刀具快速移动到Z200处(在Z方向调入了刀具长度补偿)
N630 M3 S800;	主轴正转,转速为800r/min
N640 G99 G83 X-40 Y-9 Z-25 R3 Q5 F100 M8;	深孔往复钻孔
N650 G98 Y9;	
N660 G49 G90 Z0 M9;	取消刀具长度补偿,Z轴快速移动到机床坐标Z0处,切削液关
N670 M5;	主轴停转
N680 M6 T7;	换上7号刀,即φ12H7机用铰刀
N690 G0 G43 H7 Z200;	刀具快速移动到Z200处(在Z方向调入了刀具长度补偿)
N700 M3 S800;	主轴正转,转速为800r/min
N710 G99 G85 X-40 Y9 Z-22 R2 P1000 F100 M8;	铰2×φ12H7孔
N720 G98 Y-9;	

N730 G49 G90 Z0 M9;	取消刀具长度补偿,Z轴快速移动到机床坐标Z0处,切削液关
N740 M30;	主程序结束
%	程序结束符

加工外轮廓的子程序：

O3121;	子程序名
N10 G41 G1 Y30 D2;	刀具半径左补偿
N20 X-40;	走过渡段
N30 X-11;	
N40 G3 X11 R-11 F90;	
N50 G1 X40 F200;	
N60 G2 Y-30 R50;	
N70 G1 X11;	切削外形
N80 G3 X-11 R-11 F90;	
N90 G1 X-40 F200;	
N100 G2 Y30 R50;	
N110 G1 X-30 Y40;	走过渡段
N120 G40 X-60 Y50;	切削刀具半径补偿
N130 M99;	子程序结束并返回主程序
%	程序结束符

旋转槽的子程序：

O3221;	子程序名
N10 G90 G68 X25 Y0 R45;	绕(X25,Y0)逆时针旋转45°
N20 G91 Z-3.5 F30;	增量向下进给3.5mm
N30 G41 X-4 Y6 D3 F60;	刀具半径左补偿
N40 G3 X-6.5 Y6.5 R6.5;	走1/4圆弧过渡段
N50 X-7 Y-7 R7;	
N60 G1 Y-11;	
N70 G3 X7 Y-7 R7;	
N80 G1 X21;	加工旋转槽
N90 G3 X7 Y7 R7;	
N100 G1 Y11;	
N110 G3 X-7 Y7 R7;	
N120 G1 X-21;	
N130 G3 X-6.5 Y-6.5 R6.5;	走1/4圆弧过渡段
N140 G40 G1 X17 Y-6;	切削刀具半径补偿
N150 G90 G69;	取消旋转
N160 M99;	子程序结束并返回主程序
%	程序结束符

加工4mm深大型腔的子程序：

```
O3321;                                  子程序名
N10  G41 G1 X28.5 Y0 D3 F60;           刀具半径左补偿
N20  G3 X48.5 R-10;                    走半圆过渡段
N30  X3.734 Y10 R23.5;                 加工大型腔
N40  G1 X-9;
N50  X-13 Y14;
N60  G3 X-30 R-8.5 F20;
N70  G1 Y-14 F60;
N80  G3 X-13 R-8.5 F20;
N90  G1 X-9 Y-10 F60;
N100 X3.734;
N110 G3 X48.5 R23.5;
N120 X28.5 R-10;                       走半圆过渡段
N130 G40 G1 X25 Y0;                    取消刀具半径补偿
N140 M99;                              子程序结束并返回主程序
%                                      程序结束符
```

加工月牙槽的子程序(注意切入点的选择,选择不当会在引入半径补偿时产生过切):

```
O3421;                                 子程序名
N10  G91 G41 G1 X-14 Y6
     D4 F50;                           刀具半径左补偿,增量移动
N20  G3 X-6 Y-6 R6 F10;                走1/4圆弧过渡段
N30  X7.5 Y-7.5 R7.5 F20;
N40  G1 X12.5 F50;
N50  G3 Y15 R-7.5 F20;                 加工月牙型腔
N60  G1 X-12.5 F50;
N70  G3 X-7.5 Y-7.5 R7.5 F20;
N80  X6 Y-6 R6 F50;                    走1/4圆弧过渡段
N90  G90 G1 G40 X-7.5 Y0;              取消刀具半径补偿
N100 M99;                              子程序结束并返回主程序
%                                      程序结束符
```

综合实例2 加工图3-98所示零件。所用刀具见表3-15。

表3-15 加工用刀具

刀具号	刀 具 名 称	长度补偿号	半径补偿号
T1	φ40mm 硬质合金刀片立铣刀	H1	D1
T2	φ12mm 硬质合金四齿模具铣刀(轴端及周向都有切削刃)	H2	D2
T3	φ8.5mm 麻花钻	H3	
T4	M10 机用丝锥	H4	
T5	φ16mm 硬质合金四齿模具铣刀	H5	D5
T6	φ32mm 可微调镗刀	H6	

	X	Y
A	8.889	37.395
B	42.361	3.82
C	9.282	-36.784
D	-11.577	-34.538
E	-39.294	-0.897
F	-8.889	37.395
G	59.641	20
H	-53.623	-44.995

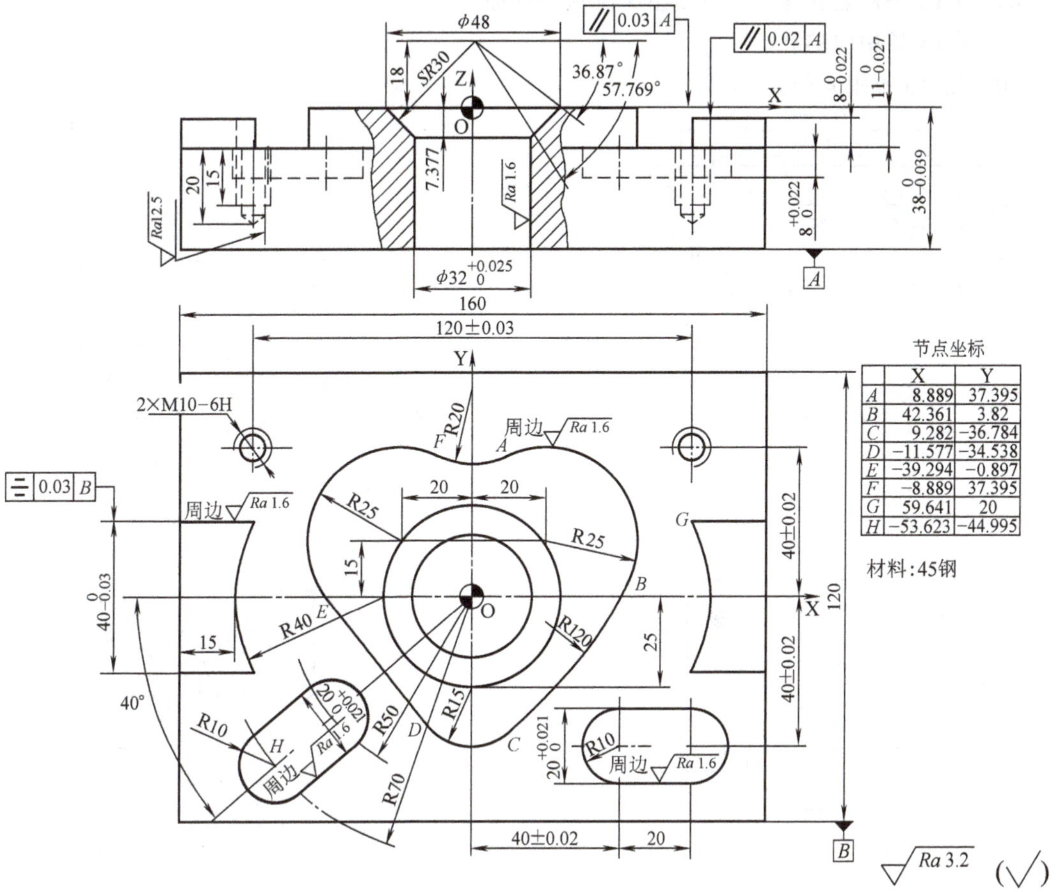

图 3-98　综合实例 2 零件

加工工序：

1）把 160mm×120mm×38mm（此尺寸通过其他方式已加工到位）的长方形料用等高垫块垫在下面（应避开中间孔的位置），放在机用虎钳中，使上表面高出钳口 13～15mm，校正长 160mm 的侧面与 X 轴平行及上表面与工作台平行后夹紧机用虎钳。

2）用 T1 刀具至 Z−3 处切削图 3-99 中打剖面线的平面。走刀轨迹为：沿所框轮廓走一周后去四角。

3）用 T1 刀具至 Z−11 处（分两层）切削图 3-100 中打剖面线的平面。走刀轨迹为：沿所框轮廓走一周。

4）用 T2 刀具加工图 3-101 所示轮廓，图 3-101 中打剖面线的部分需清角。

5）用 T2 刀具加工图 3-102 中的腰圆凹槽。加工方式：到 O′处采用局部坐标系调用子程序加工；到 O″处采用局部坐标系加坐标系旋转调用子程序加工。

6）用 T3 钻图 3-102 中的两个螺纹孔及预钻中间的孔。

7）用 T4 攻图 3-102 中的两个螺纹孔。

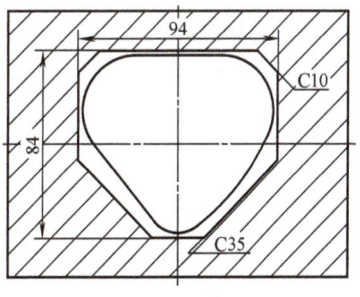

图 3-99　加工 Z−3 平面

8）用 T5 采用宏程序加工图 3-103 所示的球面。
9）用 T5 扩中间的孔。
10）用 T6 镗中间的孔。

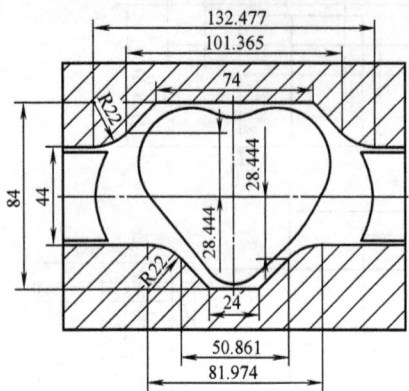

图 3-100　加工 Z-11 平面

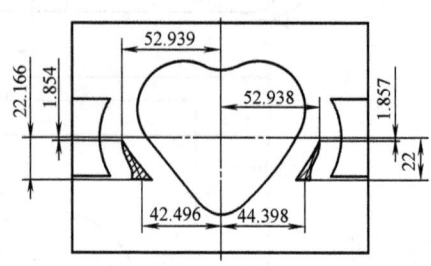

图 3-101　加工轮廓

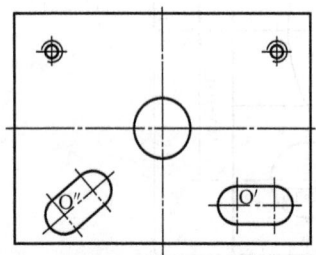

图 3-102　加工腰圆凹槽、螺纹孔及中间孔

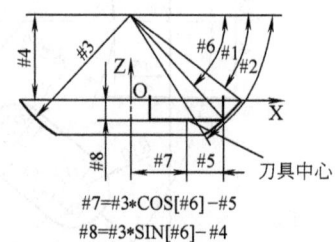

$#7=#3*COS[#6]-#5$
$#8=#3*SIN[#6]-#4$

图 3-103　宏程序加工球面

加工程序如下：

```
O3022;                              主程序名
N10  M6  T1;                        换上 1 号刀
N20  G54 G90 G0 G43 H1 Z200;        刀具快速移动到 Z200 处（在 Z 方向调入了刀具长
                                    度补偿）
N30  M3  S1200;                     主轴正转，转速为 1200r/min
N40  X-120 Y42;                     刀具快速定位到(X-120,Y42)处
N50  G10 L12 P1 R20;                给 D1 输入半径补偿 20mm
N60  Z-3;                           快速移动到 Z-3 处
N70  G1  G41 X-100 D1 F100 M8;      刀具左侧补偿移动，切削液开
N80  X-80;
N90  X37;
N100 X47  Y32;
N110 Y-7;
N120 X12  Y-42;                     切削图 3-99 所示轮廓
N130 X-12;
N140 X-47 Y-7;
N150 Y32;
```

```
N160  X-37  Y42;
N170  X-9  Y70;                     沿轮廓切向切出
N180  G40  X80;                     取消刀具左侧补偿
N190  Y-60;                         切除右上角(左上角在轮廓切入时已切除)
N200  X-80;                         切除右下角和左下角
N210  G0  Z5;                       主轴快速上升
N220  X-120  Y22;                   刀具定位
N230  Z-3;                          主轴下降准备切削图 3-100 所示轮廓
N240  M98  P23122;                  调用 O3122 子程序 2 次,切削图 3-100 所示轮廓
N250  G0  Z200  M9;                 主轴快速上升,切削液关
N260  G49  G90  Z0;                 取消长度补偿,Z 轴快速移动到机床坐标 Z0 处
N270  M5;                           主轴停转
N280  M6  T2;                       换上 2 号刀
N290  G54  G90  G0  G43  H2  Z200;  刀具快速移动到 Z200 处(在 Z 方向调入了刀具长度
                                    补偿)
N300  M3  S1200;                    主轴正转,转速为 1200r/min
N310  X-110  Y20;                   刀具定位
N320  G10  L12  P2  R6.5;           给 D2 输入半径补偿 6.5mm(0.5mm 为精加工余量)
N330  Z-11  M8;                     主轴快速下降,切削液开
N340  M98  P3222;                   调用 O3222 子程序粗加工图 3-101"左耳"轮廓
N350  G10  L12  P2  R6;             给 D2 重新输入半径补偿 6mm
N360  M98  P3222;                   调用 O3222 子程序精加工图 3-101"左耳"轮廓
N370  G0  Z5;                       主轴快速上升
N380  X110  Y-20;                   刀具定位
N390  Z-11;                         主轴快速下降
N400  G10  L12  P2  R6.5;           给 D2 输入半径补偿 6.5mm(0.5mm 为精加工余量)
N410  M98  P3322;                   调用 O3322 子程序粗加工图 3-101"右耳"轮廓
N420  G10  L12  P2  R6;             给 D2 重新输入半径补偿 6mm
N430  M98  P3322;                   调用 O3322 子程序精加工图 3-101"右耳"轮廓
N440  G0  Z5;                       主轴快速上升
N450  X0  Y-70;                     刀具定位
N460  G10  L12  P2  R6.5;           给 D2 输入半径补偿 6.5mm(0.5mm 为精加工余量)
N470  M98  P3422;                   调用 O3422 子程序粗加工图 3-101"心形"轮廓
N480  G10  L12  P2  R6;             给 D2 重新输入半径补偿 6mm
N490  M98  P3422;                   调用 O3422 子程序精加工图 3-101"心形"轮廓
N500  G0  X-42.496  Y-22.166;
N510  G1  Z-11  F50  M8;            清除图 3-101 中左侧的残料
N520  X-52.939  Y-1.854  F100;
N530  G0  Z5;                       主轴快速上升
N540  X52.938  Y-1.857;
N550  G1  Z-11  F50;                清除图 3-101 中右侧的残料
N560  X44.398  Y-22  F100;
```

N570	G0 Z200 M9;	主轴快速上升,切削液关
N580	G52 X40 Y-40 Z-11;	确定图 3-102 中 O′为局部坐标系原点
N590	G0 X0 Y-20;	刀具定位
N600	G43 H2 Z15;	重新引入刀具长度补偿
N610	G10 L12 P2 R6.5;	给 D2 输入半径补偿 6.5mm(0.5mm 为精加工余量)
N620	M98 P3522;	调用 O3522 子程序粗加工图 3-102 右下"腰圆凹槽"轮廓
N630	G10 L12 P2 R6;	给 D2 重新输入半径补偿 6mm
N640	M98 P3522;	调用 O3522 子程序精加工图 3-102 右下"腰圆凹槽"轮廓
N650	G52 X-53.623 Y-44.995 Z-11;	确定图 3-102 中 O″为局部坐标系原点
N660	G43 H2 Z15;	重新引入刀具长度补偿
N670	G68 X0 Y0 R40;	坐标系统 O″逆时针旋转 40°
N680	G0 X0 Y-20;	刀具定位
N690	G10 L12 P2 R6.5;	给 D2 输入半径补偿 6.5mm(0.5mm 为精加工余量)
N700	M98 P3522;	调用 O3522 子程序粗加工图 3-102 左下"腰圆凹槽"轮廓
N710	G10 L12 P2 R6;	给 D2 重新输入半径补偿 6mm
N720	M98 P3522;	调用 O3522 子程序精加工图 3-102 左下"腰圆凹槽"轮廓
N730	G0 Z200 M9;	主轴快速上升,切削液关
N740	G69;	取消坐标系旋转
N750	G52 X0 Y0 Z0;	取消局部坐标系
N760	G49 G90 Z0;	取消长度补偿,Z 轴快速移动到机床坐标 Z0 处
N770	M5;	主轴停转
N780	M6 T3;	换上 3 号刀
N790	G54 G90 G0 G43 H3 Z200;	刀具快速移动到 Z200 处(在 Z 方向调入了刀具长度补偿)
N800	M3 S600;	主轴正转,转速为 600r/min
N810	G0 Z20 M8;	刀具快速移动到 Z20,切削液开
N820	G99 G83 X-60 Y40 Z-31 R-8 Q3 F80;	采用 G83 固定循环指令钻图 3-102 中左上孔,返回到 R 平面
N830	G98 X60;	采用 G83 固定循环指令钻图 3-102 中右上孔,返回到初始平面
N840	X0 Y0 Z-43;	采用 G83 固定循环指令钻图 3-102 中中间孔,返回到初始平面
N850	G0 Z200 M9;	主轴快速上升,切削液关
N860	G49 G90 Z0;	取消长度补偿,Z 轴快速移动到机床坐标 Z0 处
N870	M5;	主轴停转
N880	M6 T4;	换上 4 号刀

N890 G54 G90 G0 G43 H4 Z200;	刀具快速移动到Z200处(在Z方向调入了刀具长度补偿)
N900 M3 S200;	主轴正转,转速为200r/min
N910 G0 Z20 M8;	刀具快速移动到Z20,切削液开
N920 G99 G84 X-60 Y40 Z-26 R-8 F300;	采用G84循环指令攻图3-102中左上螺纹,返回到R平面
N930 G98 X60;	采用G84循环指令攻图3-102中右上螺纹,返回到初始平面
N940 G0 Z200 M9;	主轴快速上升,切削液关
N950 G49 G90 Z0;	取消长度补偿,Z轴快速移动到机床坐标Z0处
N960 M5;	主轴停转
N970 M6 T5;	换上5号刀
N980 G54 G90 G0 G43 H5 Z200;	刀具快速移动Z200处(在Z方向调入了刀具长度补偿)
N990 M3 S1200;	主轴正转,转速为1200r/min
N1000 G0 X0 Y0 Z5;	刀具快速在中心上方定位
N1010 G1 Z0 F50 M8;	往下进给切削到Z0
N1020 #1=36.87;	定义初始变量
N1030 #2=57.769;	定义初始变量
N1040 #3=30;	定义初始变量
N1050 #4=18;	定义初始变量
N1060 #5=8;	定义初始变量
N1070 #6=#1;	定义变量
N1080 #7=#3* COS[#6]-#5;	计算变量
N1090 #8=#3* SIN[#6]-#4;	计算变量
N1100 G1 Z-#8 F50;	Z轴进给下降
N1110 X#7 F200;	X轴进给移动
N1120 G3 I-#7 F150;	走整圆
N1130 G1 X0 F200;	回到孔中间
N1140 #1=#1+0.5;	更新角度
N1150 IF[#1LE#2]GOTO 1070;	条件语句,如果#1≤#2,返回到N1070
N1160 M98 P83622;	调用扩孔子程序O3622共8次(留镗孔余量为单边0.2mm)
N1170 G0 Z200 M9;	主轴快速上升,切削液关
N1180 G49 G90 Z0;	取消长度补偿,Z轴快速移动到机床坐标Z0处
N1190 M5;	主轴停转
N1200 M6 T6;	换上6号刀
N1210 G54 G90 G0 G43 H6 Z200;	刀具快速移动到Z200处(在Z方向调入了刀具长度补偿)
N1220 M3 S1200;	主轴正转,转速为1200r/min
N1230 Z50 M8;	主轴移动到Z50,切削液开
N1240 G98 G85 X0 Y0 Z-39 R2 F100;	采用G85循环指令精镗$\phi32mm$的孔,返回到初始平面

```
N1250  G0  Z200  M9;                    主轴快速上升,切削液关
N1260  G49  G90  Z0;                    取消长度补偿,Z轴快速移动到机床坐标Z0处
N1270  M30;                              程序结束
%                                        程序结束符
```

切削图 3-100 轮廓的子程序：

```
O3122;
N10   G91  G0  Z-4;
N20   G90  G1  G41  X-100  D1  F100  M8;
N30   X-80;
N40   X-66.239;
N50   G3  X-50.683  Y28.444  R22;
N60   G1  X-37  Y42;
N70   X37;
N80   X50.683  Y28.444;
N90   G3  X66.239  Y22  R22;
N100  G1  X100;
N110  G0  Y-22;
N120  G1  X40.987  F100;
N130  G3  X25.431  Y-28.444  R22;
N140  G1  X12  Y-42;
N150  X-12;
N160  X-25.431  Y-28.444;
N170  G3  X-40.987  Y-22  R22;
N180  G1  X-82;
N190  G0  X-120;
N200  G40  X-120  Y22  M9;
N210  M99;
%
```

切削图 3-101 "左耳" 轮廓的子程序：

```
O3222;
N10   G41  X-90  D2;
N20   G1  X-80  F100  M8;
N30   X-59.641;
N40   G3  Y-20  R40;
N50   G1  X-80;
N60   X-90;
N70   G0  G40  X-110  Y20  M9;
N80   M99;
%
```

切削图 3-101 "右耳" 轮廓的子程序：

```
O3322;
N10 G41 X90 D2;
N20 G1 X80 F100 M8;
N30 X59.641;
N40 G3 Y20 R40;
N50 G1 X80;
N60 X90;
N70 G0 G40 X110 Y-20 M9;
N80 M99;
%
```

切削图 3-101 "心形" 轮廓的子程序：

```
O3422;
N10 G41 Y-60 D2;
N20 G3 Y-40 R-10;
N30 G1 Z-11 F50 M8;
N40 G2 X-11.577 Y-34.538 R15 F100;
N50 G1 X-39.294 Y-0.897;
N60 G2 X-8.889 Y37.395 R25;
N70 G3 X8.889 R20 F70;
N80 G2 X42.361 Y3.82 R25 F100;
N90 X9.282 Y-36.784 R120;
N100 X0 Y-40 R15;
N110 G0 Z5 M9;
N120 G3 Y-60 R-10;
N130 G0 G40 X0 Y-70;
N140 M99;
%
```

切削图 3-102 "腰圆凹槽" 轮廓的子程序：

```
O3522;
N10 G0 G41 D2 Y-10;
N20 G3 Y10 R-10;
N30 G1 Z-8 F50 M8;
N40 G3 Y-10 R-10 F40;
N50 G1 X20 F100;
N60 G3 Y10 R-10 F40;
N70 G1 X0 F100;
N80 G0 Z15 M9;
N90 G3 Y-10 R-10;
N100 G40 G0 X0 Y-20;
N110 M99;
%
```

扩中间孔的子程序：

```
O3622;
N10  G1  G91  Z-4  F50;
N20  X7.8;
N30  G3  I-7.8;
N40  G1  X-7.8;
N50  M99;
%
```

几点说明：

1）编写程序时，有些比较简单的轨迹不一定要用刀具半径补偿。

2）手工编程是相对麻烦的，在可能的情况下，尽量用 CAM 软件进行自动编程。

第四单元　FANUC Series 0i-MODEL D系统加工中心的操作

➢ 劳模是人民的楷模，以劳模为标杆，有追求，有理想，学好知识，练就技能。
➢ 当一个人怀有成就一番事业的雄心壮志，那他就会扎实肯干，倾注热情，成就卓越。要树立责任意识，要有社会担当，要认真学、刻苦练。
➢ 通过学习，树立良好的职业道德和爱岗敬业精神。

课题一　FANUC Series 0i-MODEL D 系统的操作面板

FANUC Series 0i-MODEL D 系统的数控铣削机床操作面板，由显示器与 MDI 面板、机床操作面板、手持盒等组成。图 4-1 所示为显示器与 MDI 面板；图 4-2 所示为机床操作面板；图 4-3 所示为手持盒。

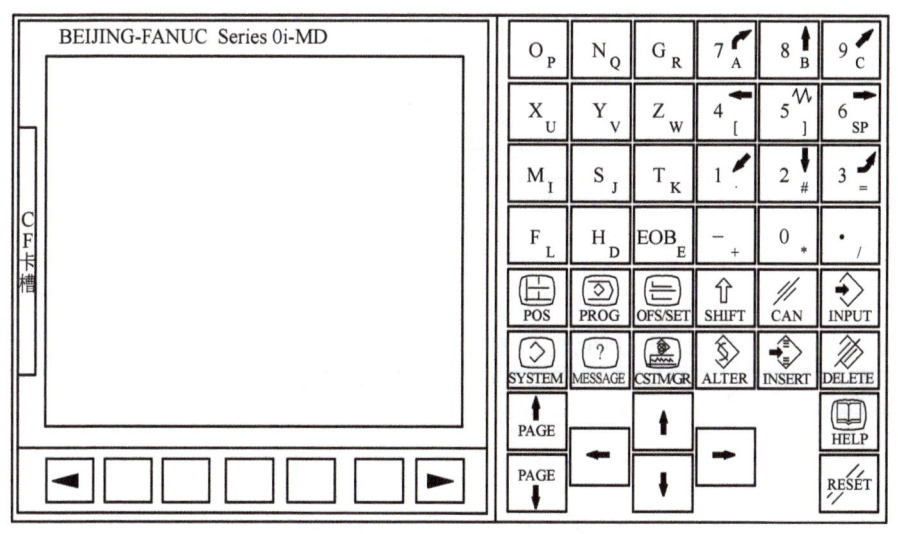

FANUC 系统操作面板

图 4-1　显示器与 MDI 面板

一、显示器与 MDI 面板

显示器与 MDI 面板由一个 8.4in LCD 显示器和一个 MDI 键盘构成。MDI 键盘上各键功用见表 4-1。

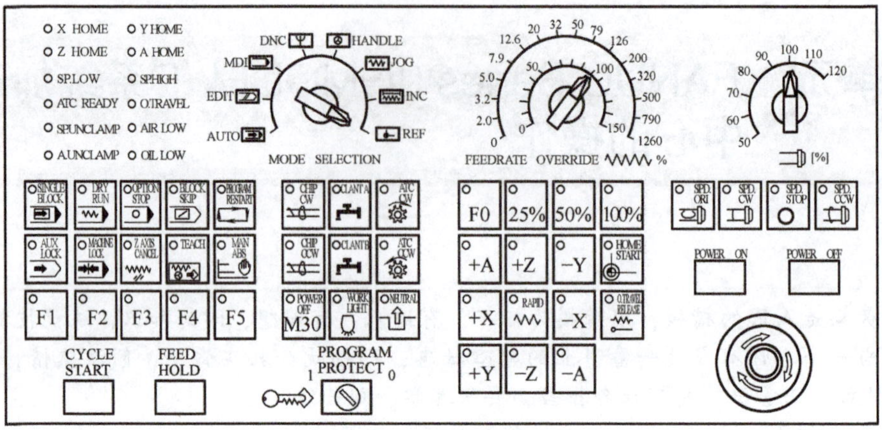

图 4-2 机床操作面板

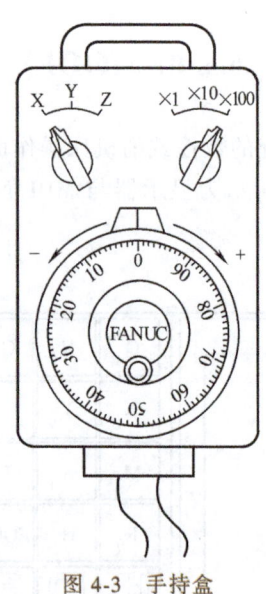

图 4-3 手持盒

表 4-1 LCD/MDI 面板上各键功用

键	名 称	功用说明
O_P 等	地址/数字输入键	按下这些键,输入字母、数字和运算符号等
SHIFT	上档键	按下此键,在地址输入栏出现上标符号(显示器倒数第三行),由原来的"〉__"变为"〉^",此时再按下"地址/数字输入键",则可输入其右下角的字母、符号等
EOB_E	段结束符键	在编程时用于输入每个程序段的结束符";"
POS	位置显示键	在 LCD 上显示加工中心当前的工件、相对或综合坐标位置

(续)

键	名 称	功 用 说 明
PROG	程序键	在 EDIT 方式,显示在内存中的信息和所有程序名称,进入程序输入、编辑状态 在 MDI 方式,显示和输入 MDI 数据,进行简单的程序操作
OFS/SET	偏置量等参数设定与显示键	刀具长度、半径偏置量的设置,工件坐标系 G54~G59、G54.1P1~P48 和变量等参数的设定与显示
SYSTEM	系统参数键	系统参数等设置按此键进入
MESSAGE	报警显示键	按此键显示报警内容、报警号
CSTM/GR	图像显示键	可显示当前运行程序的走刀轨迹线形图
INSERT	插入键	在编程时用于插入输入的字(地址、数字)
ALTER	替换键	在编程时用于替换已输入的字(地址、数字)
CAN	回退键	按下此键,可回退清除输入到地址输入栏">"后的字符
DELETE	删除键	在编程时用于删除已输入的字及删除在内存中的程序
INPUT	输入键	除程序编辑方式外,输入参数值等必须按下此键才能输入到 NC 内。另外,与外部设备通信时,按下此键,才能起动输入设备,开始输入数据或程序到 NC 内
RESET	复位键	按下此键,复位 CNC 系统,包括取消报警、中途退出自动操作运行等
PAGE↑ PAGE↓	界面变换键	用于 LCD 屏幕选择不同的界面。PAGE↑:返回上一级界面;PAGE↓:进入下一级界面
←↑↓→	光标移动键	用于 LCD 界面上、下、左、右移动光标(系统光亮显示)
HELP	帮助键	可以获得必要的帮助
	屏幕软键	屏幕软键根据 LCD 界面最后一行所提供的信息,进入相应的功能界面 ◀:菜单返回键,返回上一级菜单 ▶:菜单扩展键,进入下一级菜单
CF 卡槽	存储卡接口	CF 存储卡插入此接口后,可以浏览存储卡内的文件,并以纯文本的格式,输入/输出不同类型的数据,如加工程序、系统参数、偏置量数据等;在 DNC(在线加工)方式下,可对超长程序进行加工,而不必使用传输软件及传输数据线

二、机床操作面板

机床操作面板是由机床生产厂家自己设计的,因此各功能的实现是采用按钮还是旋钮在布局上会有所不同。

1. 工作方式选择旋钮

工作方式选择旋钮如图 4-4 所示,各工作方式的具体功用见表 4-2。

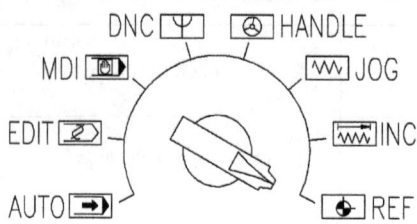

图 4-4 工作方式选择旋钮

表 4-2 各工作方式的功用

旋钮所指位置	工作方式	功用说明
AUTO	自动方式	可自动执行存储在 NC 里的加工程序
EDIT	编辑方式	可进行零件加工程序的编辑、修改等
MDI	手动数据输入方式	可在 MDI 界面进行简单的操作、修改参数等
DNC	在线加工方式	可通过计算机控制机床或通过存储卡进行零件加工
HANDLE	手轮方式	此方式下手摇脉冲发生器生效
JOG	JOG 进给方式	此方式下,按下进给轴选择按钮开关,选定的轴将以 JOG 进给速度移动,如同时再按下"快移(RAPID)"按钮,则快速叠加
INC	增量进给方式	此方式下,按下进给轴选择按钮开关,选定的轴将以手动进给倍率开关所指速度以点动的方式移动 1 个单位(如倍率选择×10,则按一下移动 0.01mm)
REF	参考点返回方式	配合进给轴选择按钮开关可进行各坐标轴的参考点返回

2. 手动进给倍率开关

在 JOG 手动或自动加工过程中,各轴的移动可通过调整手动进给倍率开关(见图 4-5)来改变其移动速度。在 JOG 手动移动各轴时,其移动速度等于外圈所对应值乘以 3;在自动操作运行时,其实际移动速度等于内圈所对应值的百分数乘以编程进给速度 F。

3. 手摇脉冲发生器

在手轮操作方式(HANDLE)下,通过图 4-6 中的选择坐标轴与倍率旋钮(×1、×10、×100 分别表示一个脉冲移动 0.001mm、0.010mm、0.100mm),旋转手摇脉冲发生器(见图 4-7)可运行选定的坐标轴。

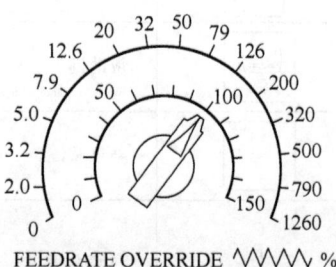

图 4-5 手动进给倍率开关

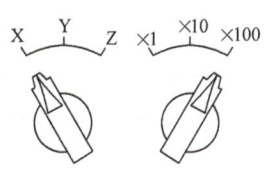

图 4-6 选择坐标轴与倍率旋钮

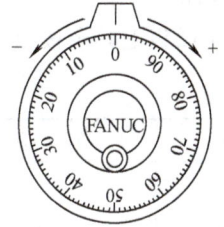

图 4-7 手摇脉冲发生器

4. 快速进给速率调整按钮

自动及手动运转时的快速进给速度进行调整时,使用快速进给速率调整按钮,具体见表 4-3。

表 4-3 快速进给速率调整按钮

按钮	F0	25%	50%	100%
对应的速度/(m/min)	0	5	10	20
使用场合	自动运转时:G00、G28、G30 手动运转时:快速进给,返回参考点			

5. 主轴倍率选择开关

手动操作主轴或在自动加工时,旋转主轴倍率选择开关(见图 4-8)可调整主轴的转速,主轴的实际转速等于编程时所设定的值乘以对应的百分数。

6. 进给轴选择按钮

JOG 方式下,按下欲运动轴的进给轴选择按钮(见图 4-9),被选择的轴会以 JOG 倍率进行移动,松开按钮则轴停止移动;如果同时按下 ![RAPID] ,则 JOG 倍率将加倍。

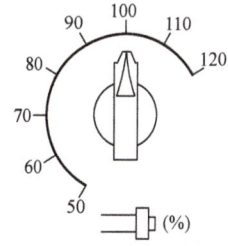

图 4-8 主轴倍率选择开关

7. 紧急停止按钮

运转中遇到危险的情况时,立即按下紧急停止按钮(见图 4-10),加工中心将立即停止所有的动作;欲解除时,顺时针方向旋转此钮(切不可往外硬拽,以免损坏此按钮),即可恢复待机状态。

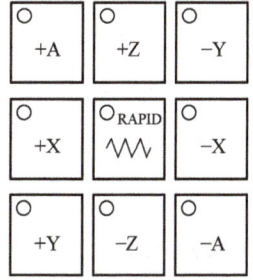

图 4-9 进给轴选择按钮

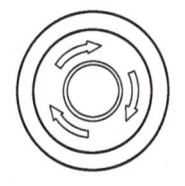

图 4-10 紧急停止按钮

8. 操作功能

机床操作面板上其余按钮的具体使用见表 4-4。

表 4-4 操作功能

按 钮	功 能	功 用 说 明
CYCLE START	循环启动按钮	在自动运行和 MDI 方式下使用,按下此按钮后可进行程序的自动运转
FEED HOLD	进给保持按钮	在自动运行和 MDI 方式下,按下<CYCLE START>按钮进行程序的自动运转,在此过程中按下此按钮可使其暂停;再次按下<CYCLE START>按钮可继续自动运转
SINGLE BLOCK	单程序段开关	"ON"(指示灯亮):在自动运转时,仅执行一单节的指令动作,动作结束后停止 "OFF"(指示灯熄):连续性地执行程序指令
DRY RUN	空运行开关	"ON"(指示灯亮):以手动进给倍率开关(见图 4-5)所设定的进给速度替换原程序所设定的进给速度 "OFF"(指示灯熄):以程序所设定的进给速度运行
OPTION STOP	选择停止开关	"ON"(指示灯亮):当 M01 已被输入程序中且被执行后,加工中心会自动停止运行 "OFF"(指示灯熄):程序中选择停止指令 M01 视同无效,加工中心不做暂时停止的动作
BLOCK SKIP	程序段跳过开关	"ON"(指示灯亮):运行到程序段前加"/"(只是斜杠,不包括引号)的程序段时,直接跳过而执行没有加斜杠的程序段 "OFF"(指示灯熄):运行到程序段前加"/"的程序段时仍会执行
PROGRAM RESTART	程序再启动	"ON"(指示灯亮):程序再启动功能生效。用于指定刀具断裂后重新启动程序时,将要启动的程序段的顺序号,从该段程序重新起动机床,也可用于高速检查程序 "OFF"(指示灯熄):程序再启动功能无效
AUX LOCK	辅助功能闭锁开关	"ON"(指示灯亮):功能 M、S、T 等辅助功能无效
MACHINE LOCK	机床闭锁开关	"ON"(指示灯亮):机床三轴被锁定,无法移动,但程序指令坐标仍会显示
Z AXIS CANCEL	Z 轴闭锁开关	"ON"(指示灯亮):在自动运行时,机床 Z 轴被锁定

(续)

按　钮	功　能	功　用　说　明
TEACH	教导功能开关	"ON"(指示灯亮):可在手动进给试切削时编写程序
MAN ABS	手动绝对值开关	"ON"(默认指示灯亮):在自动操作、手动操作时,其移动量进入绝对记忆中 "OFF"(指示灯熄):在自动操作、手动操作时,其移动量不进入绝对记忆中
F1	风冷却控制开关	"ON"(指示灯亮):风冷却开 "OFF"(指示灯熄):风冷却关 (F2~F5 为备用按钮)
CHIP CW / CHIP CCW	排屑正、反转开关	"ON"(指示灯亮):排屑螺杆依顺时针(连续控制)、逆时针方向转动(点动控制) "OFF"(指示灯熄):排屑螺杆不动作
CLANT A / CLANT B	切削液控制开关	"ON"(指示灯亮):切削液1、2流出 "OFF"(指示灯熄):切削液1、2停止
ATC CW / ATC CCW	刀库正、反转开关	ATC刀库依顺时针、逆时针方向转动 "OFF"(指示灯熄):ATC刀库不动作
POWER OFF M30	M30自动断电	"ON"(指示灯亮):在自动运行时,系统执行完M30后,机床将在设定的时间内自动关闭总电源
WORK LIGHT	工作灯开关	"ON"(指示灯亮):工作灯亮 "OFF"(指示灯熄):工作灯灭
NEUTRAL	主轴手动齿轮换档	保留功能选项
HOME START	原点复归开关	必须在参考点原点(REF)模式下使用此键
O.TRAVEL RELEASE	超程解除开关	当按下时,可以解除超程引起的急停状态

(续)

按钮	功能	功用说明
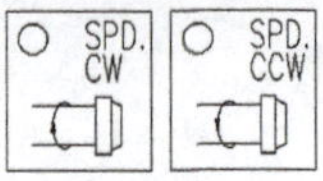 SPD.CW / SPD.CCW	主轴正、反转开关	"ON"（指示灯亮）：主轴依设定的RPM值，做顺时针、逆时针方向旋转
 SPD.STOP	主轴停止开关	"ON"（指示灯亮）：主轴立即停止旋转
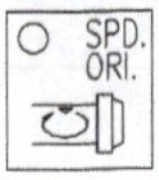 SPD.ORI.	主轴定向开关	"ON"（指示灯亮）：主轴返回定向位置
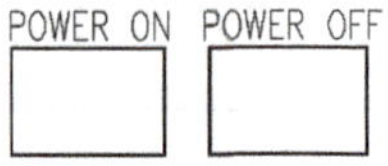 POWER ON / POWER OFF	电源ON/OFF按钮开关	按下"POWER ON"开关，系统上电 按下"POWER OFF"开关，系统断电
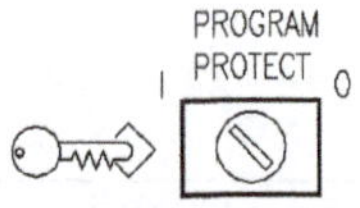 PROGRAM PROTECT	程序保护开关	"1"：允许程序和参数的修改 "0"：防止未授权人员修改程序和参数

9. 指示灯

指示灯的具体功能及说明参见表4-5。

表4-5　指示灯说明

指示灯	功能	说明
X HOME 等	X、Y、Z、A轴参考点指示灯	"ON"（指示灯亮）：表示各坐标已到达参考点位置
SP.HIGH SP.LOW	主轴高、低档指示灯	"ON"（指示灯亮）：表示主轴位于高、低档
ATC READY	刀库ATC指示灯	"ON"（指示灯亮）：表示ATC状态正常，可执行ATC动作 "OFF"（指示灯熄）：表示ATC状态不正常，无法执行ATC动作
O.TRAVEL	紧急停止指示灯	"ON"（指示灯亮）：表示紧急停止
SP.UNCLAMP	主轴松刀指示灯	"ON"（指示灯亮）：表示主轴刀具已松开 "OFF"（指示灯熄）：表示主轴刀具已夹紧
A.UNCLAMP	第四轴松开指示灯	"ON"（指示灯亮）：表示转台已松开 "OFF"（指示灯熄）：表示转台已夹紧
AIR LOW	气压不足指示灯	"ON"（指示灯亮）：需检查气压或管路 "OFF"（指示灯熄）：气压正常
OIL LOW	润滑油油量不足指示灯	"ON"（指示灯亮）：需检查油量或油压 "OFF"（指示灯熄）：油量和油压正常

课题二　开机、返回参考点及关机操作

本书中所有操作方式的说明如下：
1) < >是指机床操作面板上的按钮、旋钮开关。如<EDIT><CYCLE START>等。
2) ▭ 是指 MDI 键盘上的按键。如 POS 、 PROG 等。
3) [ ] 是指 LCD 显示器所对应的软键。如［程序］［工件系］等。

一、开机操作

开机的步骤如下：

1) 按加工中心操作规程进行必要的检查，排除一切可能影响加工中心和人身安全的不利因素。

开关机操作

2) 打开总电源，起动空压机，排空储气罐中的冷凝水。
3) 等气压到达规定的值后打开加工中心的机床电源开关。
4) 按下图 4-10 所示的紧急停止按钮（在上电和关机之前均应按下此按钮，以减少设备电流对 CNC 的电冲击）。
5) 按下<POWER ON>按钮，系统将进入自检。自检结束后，在显示器上可能将显示图 4-11 所示的系统报警显示界面（在任何操作方式下，按 MESSAGE 都可以进入此界面），CNC 提醒操作者注意数控机床有故障，必须排除故障后才能继续以后的操作（图 4-11 中"EMG"是提示紧急停止按钮没有旋出；而"ALM"则提醒有情况，此时需根据界面中的提示进行相应的处理，图 4-11 中"1005 X AXIS NO ZERO"等提示系统要进行返回参考点操作）。对有些厂家生产的加工中心，在开机前如果没有按下图 4-10 所示的紧急停止按钮，系统将直接进入图 4-12 所示界面。

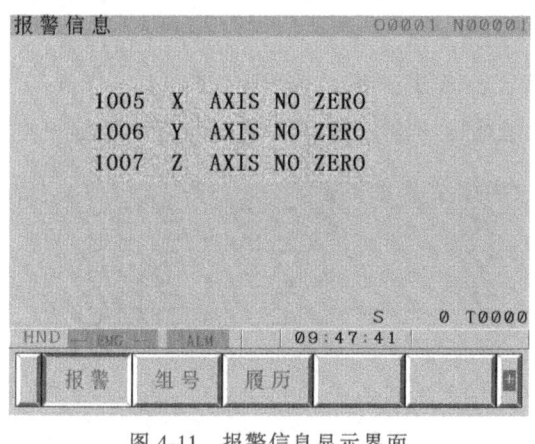

图 4-11　报警信息显示界面

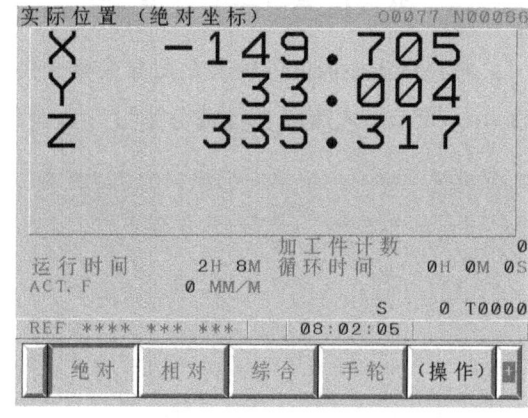

图 4-12　绝对坐标显示界面

6) 顺时针旋转图 4-10 所示的紧急停止按钮，使 CNC 进入复位状态。

二、返回参考点操作

这是开机后，为了使数控系统对机床零点进行记忆所必须进行的操作（对安装有绝对

编码器的加工中心,一般不需要进行返回参考点操作)。其操作步骤如下:

1) 在图 4-4 所示的工作方式选择旋钮中选择<REF>。

2) 在图 4-9 所示的进给轴选择按钮中分别按下<+Z><-X>(或<+X>) <+Y>(或<-Y>),此时会发现 X、Y、Z 三轴的参考点指示灯(图 4-2 左上角 XHOME、YHOME、ZHOME)在闪烁。

3) 按下原点复归开关<HOME START>,机床将首先进行"+Z"的返回参考点移动,移动结束后进行"-X"(或"+X")与"+Y"(或"-Y")的联动返回参考点。图 4-13 所示为返回参考点后,按了[综合]所显示的综合坐标界面。

4) 加工中心返回参考点后,为便于工件装夹等操作,要退离参考点,在图 4-4 所示的工作方式选择旋钮中选择<JOG>,在图 4-9 所示的进给轴选择按钮中分别按下<+X>(或<-X>) <-Y>(或<+Y>)、<-Z>退出。

三、关机操作

1) 取下加工好的零件;清理数控机床工作台面上夹具及沟槽中的切屑,启动排屑键,把切屑排出。

2) 取下刀库及主轴上的刀柄(预防在不用机床时由于刀库中刀柄等的重力作用使刀库变形)。

3) 在<JOG>方式,使工作台处在比较中间的位置;主轴尽量处于较高的位置。

4) 工作方式旋至<REF>,按下紧急停止按钮。

5) 按下<POWER OFF>按钮。

6) 关闭后面的机床电源开关。

课题三　加工中心的手动操作

手动操作

一、坐标位置显示方式操作

数控机床坐标位置显示方式有三种形式:综合、绝对、相对,分别如图 4-13、图 4-12、图 4-14 所示。连续按 POS 或分别按[绝对]、[相对]、[综合],均可进入相应的界面。

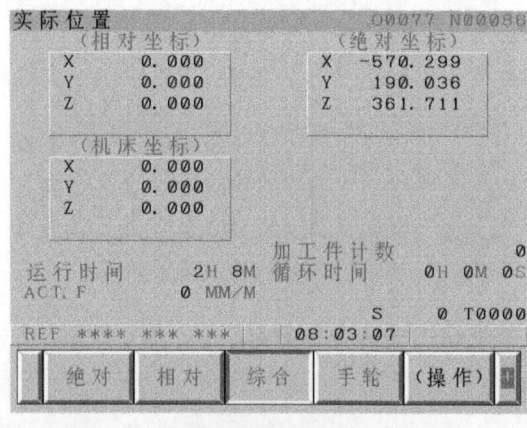

图 4-13　返回参考点后的综合坐标界面

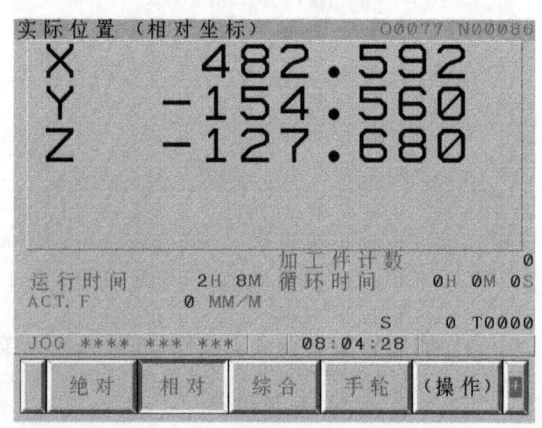

图 4-14　相对坐标显示界面

相对坐标可以在图 4-13 或图 4-14 的界面中进行坐标值归零及预置等操作，特别在对刀操作中利用坐标位置的归零及预置可以带来许多方便。坐标归零及预置的操作方法如下。

1）进入如图 4-13 或图 4-14 所示界面，按 X（或 Y、Z），此时界面最后一行将如图 4-15 所示，上面 X（或 Y、Z）将发生闪烁。按［归零］后，X 轴的相对坐标被清零（见图 4-16）。另外，也可按 X、0，然后按［预置］，同样可以使 X 轴的相对坐标清零。

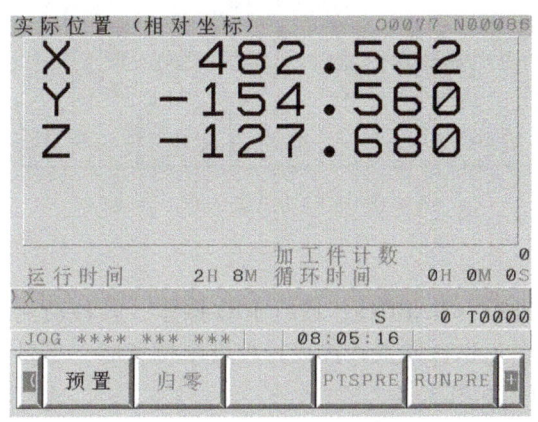 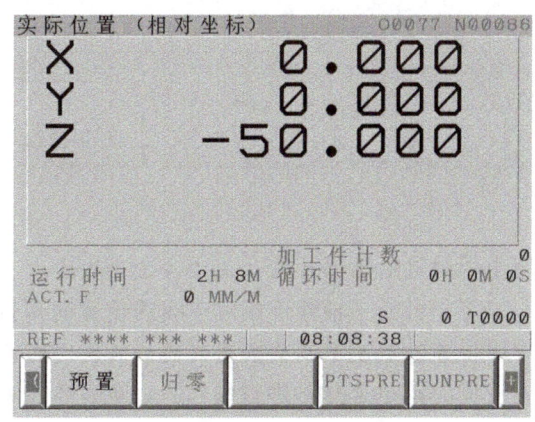

图 4-15 相对坐标归零操作界面　　　　图 4-16 X 轴相对坐标归零与 Z 轴相对坐标预置后的界面

2）如果要使坐标在特定的位置预设为某一坐标值（如采用标准值为 50mm 的 Z 轴设定器，如图 4-48 所示，而把主轴返回参考点后的位置设置为 Z-50），则按 Z、-、5、0，然后按［预置］，此时 Z 坐标将预置为-50（见图 4-16）。

3）如果要使所有的坐标都归零，先在图 4-15 界面按［归零］，然后在新的界面中按［全部］，此时所有相对坐标将全部显示为零。

二、主轴的启动操作及手动操作

1）方式选择<MDI>，按 PROG，进入如图 4-17 所示界面。

2）分别输入 M→3→S→3→0→0→EOB→INSERT，最后 O0000 处显示"O0000 M3　S300;"（见图 4-18）。

3）按<CYCLE START>，此时主轴正转。

4）选择<JOG>或<HANDLE>后按<SPD.STOP>，此时主轴停止转动；按<SPD.CW>，此时主轴正转；按<SPD.STOP>后按<SPD.CCW>，此时主轴反转。在主轴转动时，通过转动主轴倍率选择开关（见图 4-8）可使主轴的转速发生修调，其变化范围为 50%~120%。

三、坐标轴移动及其他操作

1. JOG 方式下的移动操作

在图 4-4 中选择<JOG>工作方式，此时可通过图 4-9 中的<+X><-X><+Y><-Y>按钮实现工作台的左、右、前、后的移动；通过<+Z><-Z>按钮可实现主轴的上下移动。其移动速

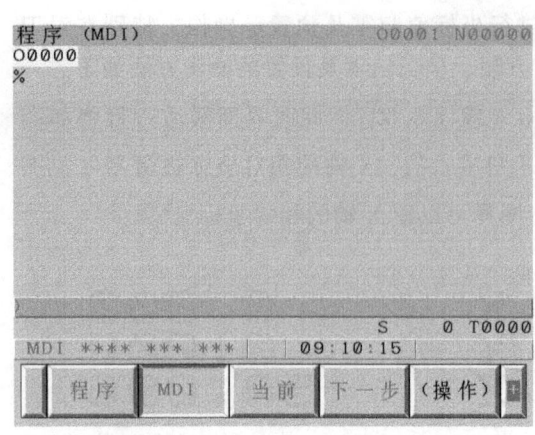 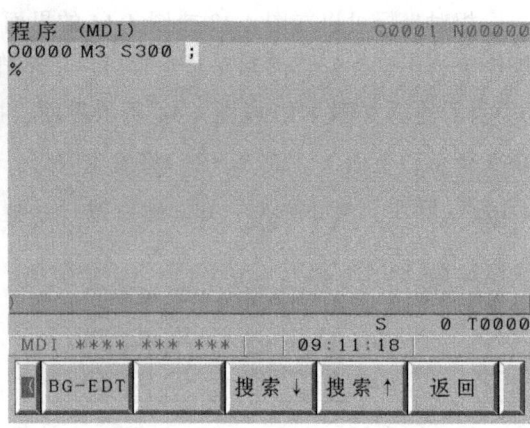

图 4-17　进入 MDI 方式时的界面　　　　图 4-18　MDI 方式输入后的界面

度由手动进给倍率开关（见图 4-5）决定。

工作台或主轴处于相对中间的位置时可同时按下<RAPID>，进行 JOG 操作，其移动速度由快速进给速率调整按钮（见表 4-3）确定；在工作台或主轴接近行程极限位置时，尽量不要同时用<RAPID>进行操作，以免发生超程而损坏机床。

2. 手轮方式下的坐标轴移动操作

在图 4-4 中选择<HANDLE>工作方式，此时可通过手持盒（见图 4-3）实现坐标轴的移动。移动哪个坐标、移动的速度多快，可通过图 4-6 中的选择坐标轴与倍率旋钮来实现，如选择 Y、×10，则手摇脉冲发生器（见图 4-7）转过一格（即发出一个脉冲），Y 轴移动 0.010mm，移动方向与手摇脉冲发生器的转动方向有关，顺时针转动坐标轴正向移动；逆时针转动坐标轴负向移动。

3. 切削液的开关操作

在 JOG 或 HANDLE 方式下进行手动切削时，如果要用切削液，则必须采用手动方法打开切削液（在自动运行时，用 M8 指令自动打开切削液，用 M9 指令自动关闭切削液），打开及关闭切削液的方法比较简单。按<CLANT A 或 B>，指示灯亮，切削液流出；指示灯熄，切削液停止。

4. 排屑的操作

加工中心在加工过程中切下的切屑，散布在工作台及其附近，每天必须作必要的清理。先用长柄棕刷把切屑（注意切削下来的金属边角料必须人工取出）刷到排屑口，然后用切削液把较难清理部位的切屑冲下。排屑必须在 JOG 及 HANDLE 方式下才能进行手动操作，按<CHIP CW>进行切屑的排出。

在清理切屑的过程中严禁用高压气枪（是用来清理已加工好的零件的）吹工作台侧及台面以下部位的切屑，以免切屑溅入传动部件而影响机床的运行精度。

5. 刀库中刀柄的装入与取出操作

加工中心在运行时，是从刀库中自动换刀并装入的，所以在运行程序前，要把装好刀具的刀柄装入刀库；在更换刀具或不需要某把刀具时，要把刀柄从刀库中取出。例如，φ16mm 立铣刀为 1 号刀，φ10mm 键槽铣刀为 3 号刀，其操作过程如下：

1）选择<MDI>工作方式，进入如图 4-17 所示界面，输入 M6　T1 后按<CYCLE START>

键执行。

2)待加工中心换刀动作全部结束后（实际上是主轴在刀库1号位空装一下后返回），换到<JOG>或<HANDLE>工作方式，在加工中心主轴立柱上按下"松/紧刀"按钮，把1号刀具的刀柄装入主轴。

3)继续在<MDI>方式下，输入M6　T3后按<CYCLE START>键执行。

4)待把1号刀装入刀库，在3号位空装一下等动作全部结束后，换到<JOG>或<HANDLE>方式，按下"松/紧刀"按钮，把3号刀具的刀柄装入主轴。

取出刀库中的刀具时，只需在MDI方式下执行要换下刀具的"M6　T×"指令，待刀柄装入主轴、刀库退回等一系列动作全部结束后，换到<JOG>或<HANDLE>方式，按下"松/紧刀"按钮，把刀柄取下。

注意：在取下刀柄时，必须用手托住刀柄（主轴停转），预防刀柄松下时掉落在工件、夹具或工作台面上，而引起刀具、工件、夹具或工作台面的损坏等。

课题四　加工程序的输入和管理

一、查看与打开内存中的加工程序

1)选择<EDIT>工作方式。

2)连续按 PROG 键，LCD上的界面在图4-19与图4-20之间切换（按［程序］或［列表］同样可以切换）。在图4-19中，显示存储在内存中的所有程序文件名（按 PAGE↓ 或 PAGE↑ 键可查看其他程序文件名）；在图4-20中，显示上次加工的程序（按 PAGE↓ 可查看其他程序段；按 RESET 键返回）。

程序输入与管理

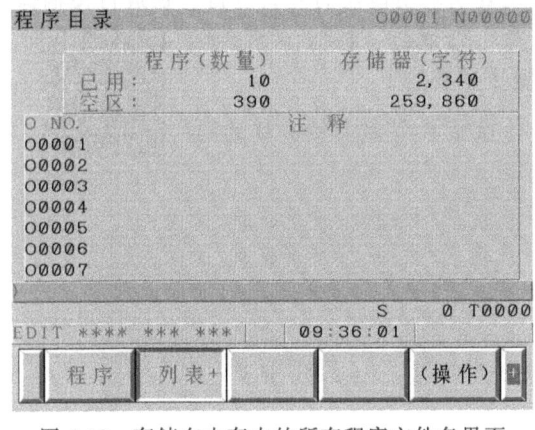

图4-19　存储在内存中的所有程序文件名界面

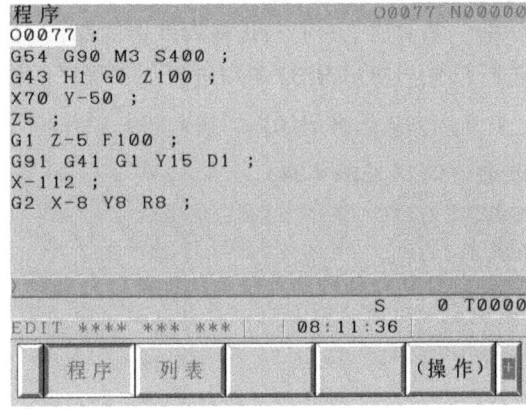

图4-20　程序显示界面

3)要打开某个程序，则在图4-19中输入O××××（程序名），此时图4-19将变成图4-21，按［O搜索］或光标移动键 ←、→、↑、↓ 中的任何一个都可以打开程序，如图4-22所示。

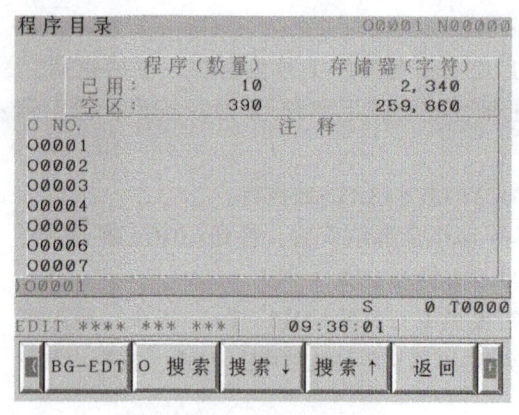
图 4-21 打开程序操作界面

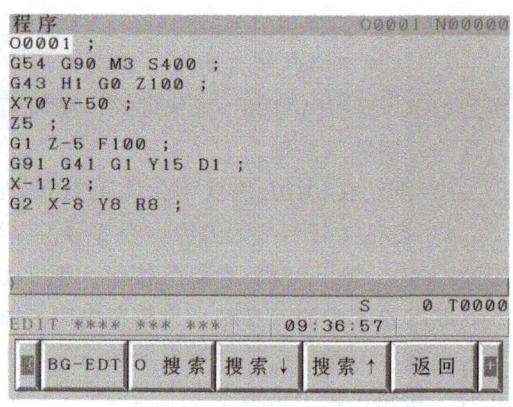
图 4-22 打开程序后的界面

二、加工程序的输入

1. 加工程序的手工输入

1）选择<EDIT>工作方式。

2）在图 4-19 界面中查看一下所输入的程序名在内存中是否已经存在，如果已经存在，则把将要输入的程序更名。如输入 O0006（程序名）→按 INSERT →按 EOB →按 INSERT；M6 T1（程序段）→按 EOB →按 INSERT ……，如图 4-23 所示。

3）程序输入完毕后，按 RESET 键，使程序复位到起始位置（见图 4-22，光标在程序名处），这样就可以进行自动运行加工了。

2. 使用 R232 串口进行加工程序的传输操作

由 CAM 软件生成的程序如果采用手工的方式输入到加工中心中，其工作量是非常巨大的，而且在手工输入过程中很容易输入错误，因此必须采用传输的方式进行。在进行传输操作前，需对加工中心与传输软件中的端口、波特率、奇偶位、校验位等参数进行设置。使用 R232 串口进行加工程序的传输操作过程如下：

程序的传输

1）方式选择<MDI>，按 OFS/SET 键，进入［设定］界面，将 I/O 通道改为"0"（见图 4-24）。

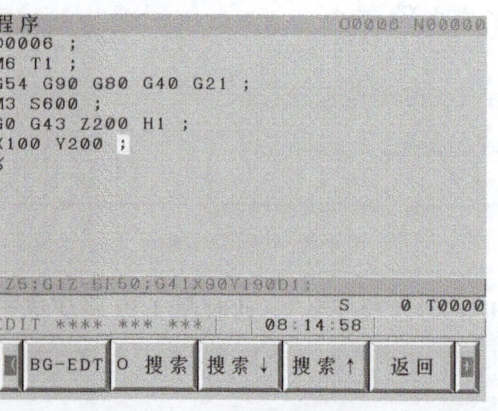
图 4-23 手工输入程序界面

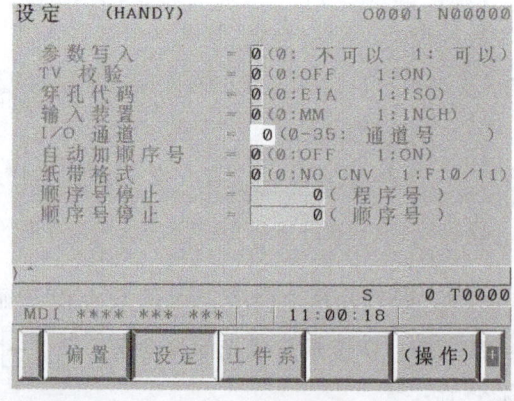
图 4-24 设定界面

2）方式选择<EDIT>，按 PROG 键，进入图 4-20 所示界面；按 [（操作）] 进入图 4-25 所示界面；按 [▶] 进入图 4-26 所示界面。

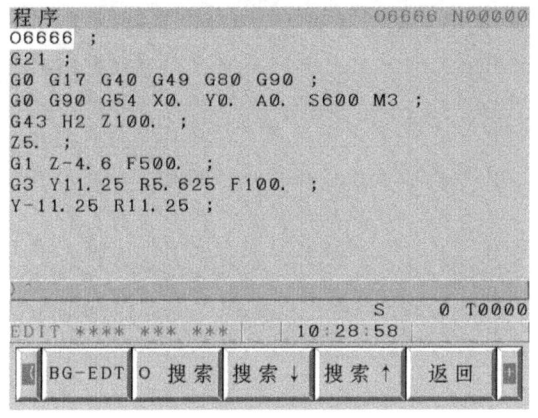

图 4-25　程序操作界面

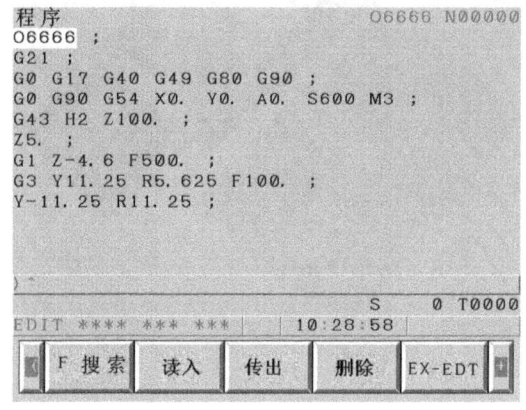

图 4-26　程序传输界面

3）在图 4-26 中按 [读入]，显示图 4-27 所示界面；在图 4-27 中按 [执行]，系统将显示图 4-28 所示界面，在倒数第二行的最后会显示"LSK"等待程序接收的信号。

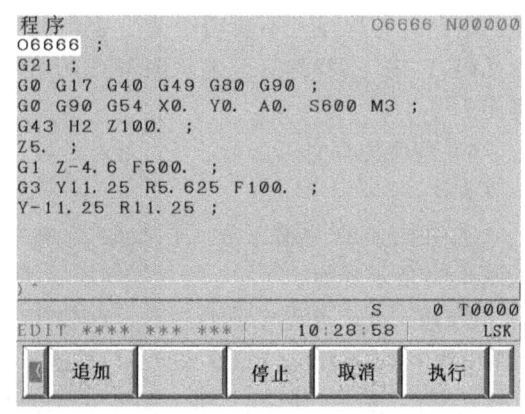

图 4-27　程序传输执行界面　　　　　　　图 4-28　程序传输接收等待界面

4）在计算机中点击传输软件的"发送"，等"LSK"消失，则程序传输结束。

3. 使用 CF 卡进行加工程序的复制操作

使用 R232 串口进行加工程序的传输操作时，有时受电信号的干扰会出现程序段丢失的现象，应用 FANUC 0i-MD 系统的加工中心带有 CF 卡槽（见图 4-1），可以先把 CAM 软件生成的加工程序复制到 CF 卡（见图 4-29）中，然后将 CF 卡中的程序复制到数控系统中，具体操作过程如下。

1）机床通电前，插入 CF 卡，然后按正常形式进行开机操作。

2）方式选择<MDI>，按 OFS/SET 键，进入 [设定] 界面，将 I/O 通道改为"4"（见图 4-30）。

使用 CF 卡进行加工程序的复制

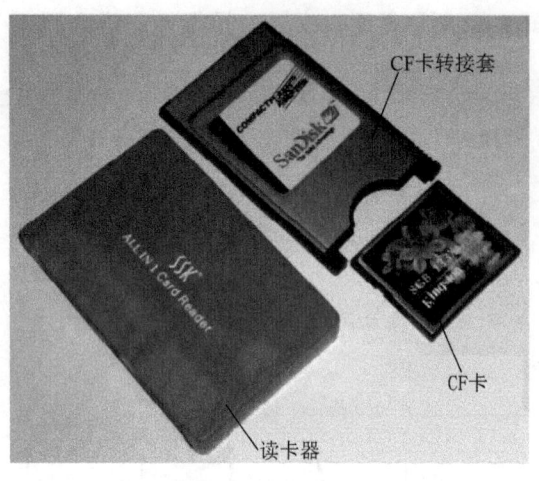

图 4-29 CF 卡及组件

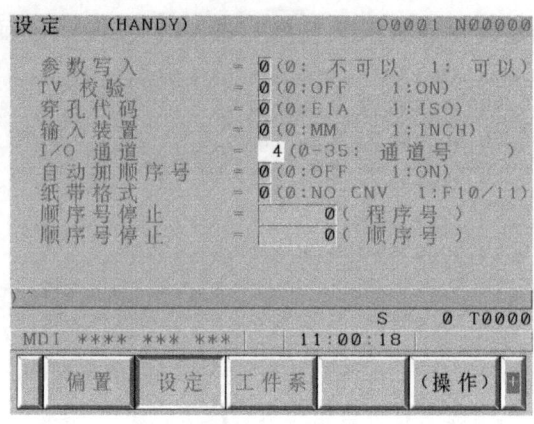

图 4-30 设定界面

3）方式选择<EDIT>，按 PROG 键，进入图 4-20 所示界面；按 [▶] 进入图 4-31 所示界面。

4）按 [卡] 进入图 4-32 所示界面，显示卡内程序（用数字、字母或数字与字母的组合命名程序，不要用中文，否则显示乱码）；按 [（操作）] 显示图 4-33 所示界面。

5）程序的复制。

方法一：

① 在图 4-33 中按下方 [F 读取]，进入图 4-34 所示界面。

② 输入欲读取程序前的序号，如程序 A.NC 的序号为 "0002"，输入 "2"（见图 4-35），然后按 [F 设定]，进入图 4-36 所示界面。

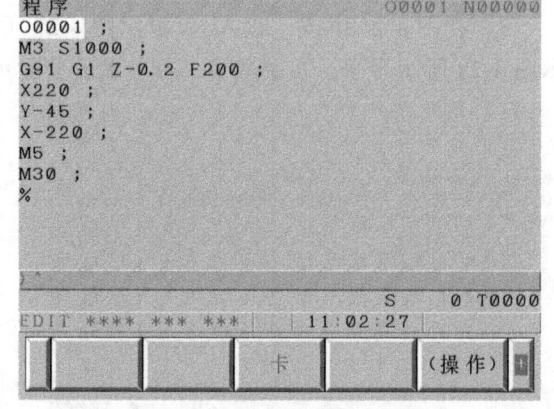

图 4-31 操作进入 CF 卡前

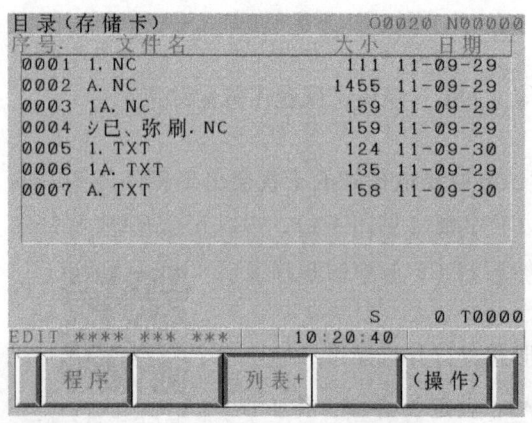

图 4-32 显示 CF 卡中程序界面

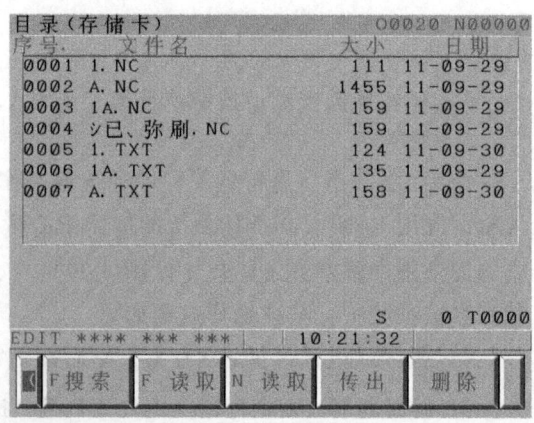

图 4-33 CF 卡复制操作界面

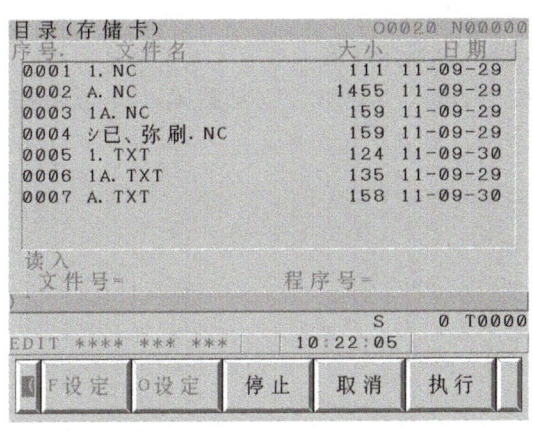

图4-34　CF卡［F读取］界面

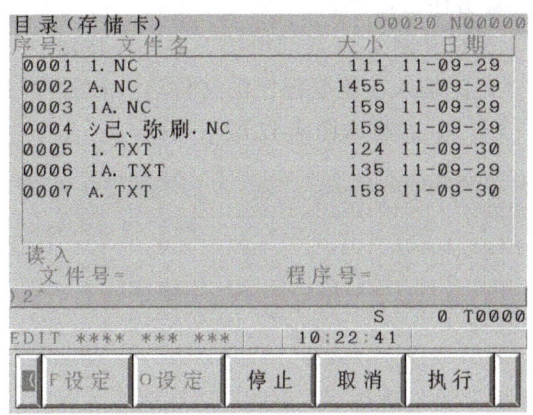

图4-35　在［F读取］输入文件序号

③ 输入所复制程序在数控系统中的程序名，必须是四位数字，如"6666"（见图4-37），然后按［O设定］完成程序号的设定（见图4-38）。

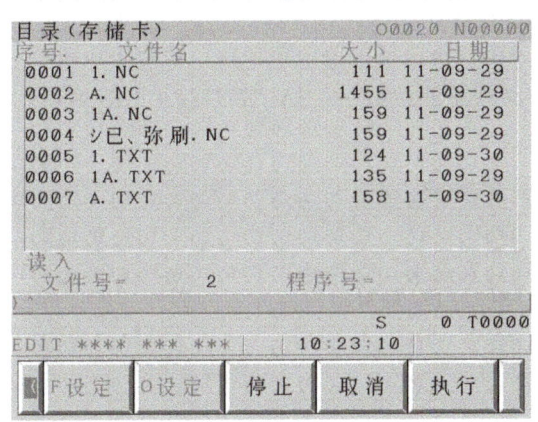

图4-36　文件号设定完成

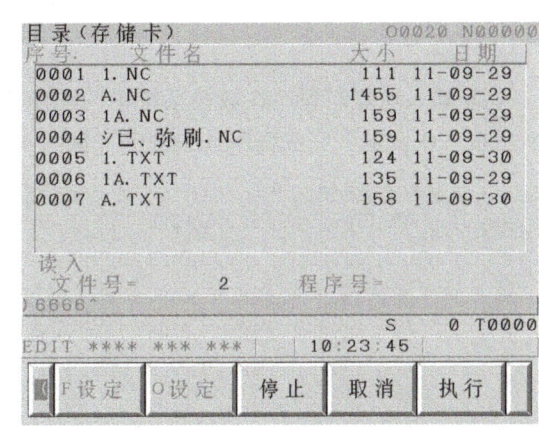

图4-37　输入程序号（一）

④ 按［执行］，完成程序的复制，按 PROG 键显示所复制的加工程序（见图4-39）。

图4-38　完成程序号的设定（一）

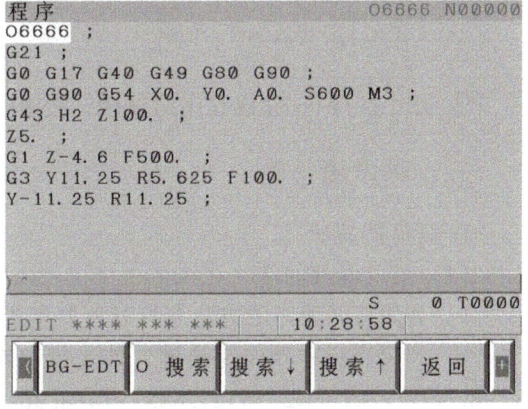

图4-39　所复制加工程序

方法二：

① 在图 4-33 界面中按下方 [N 读取]，进入图 4-40 所示界面。

② 输入欲读取程序的文件名，如程序 A.NC，则输入"A.NC"（见图 4-41），然后按 [文件名]，进入图 4-42 所示界面。

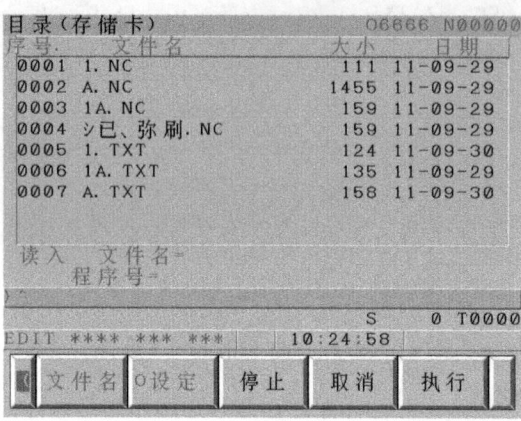

图 4-40　CF 卡 [N 读取] 界面

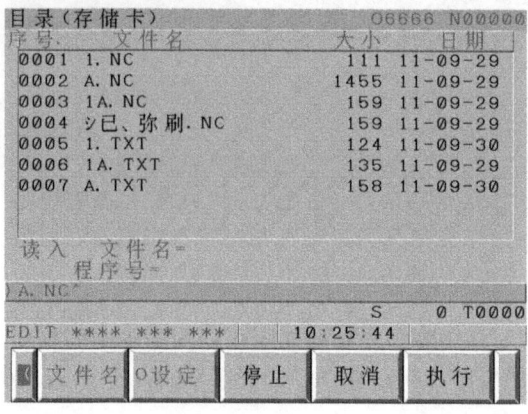

图 4-41　文件名输入

③ 输入所复制程序在数控系统中的程序名，必须是四位数字，如"7777"（见图 4-43），然后按 [O 设定] 完成程序号的设定（见图 4-44）。

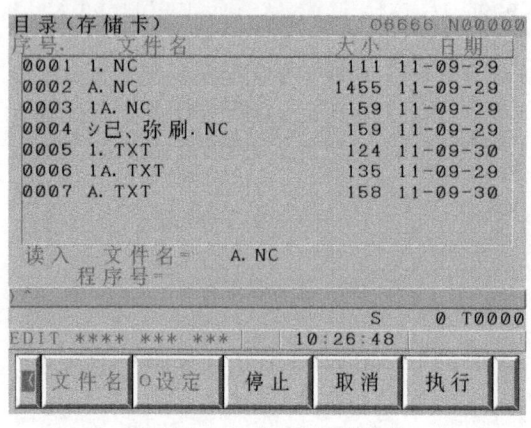

图 4-42　完成文件名的输入

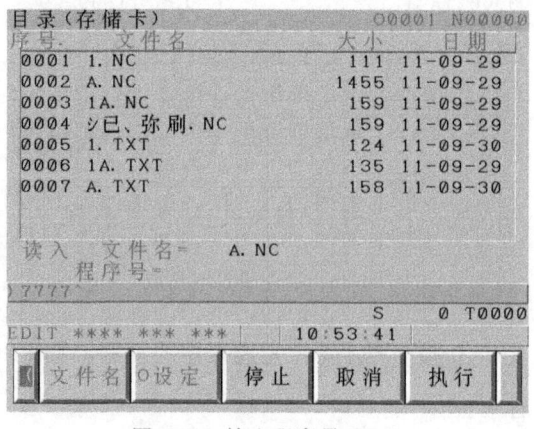

图 4-43　输入程序号（二）

④ 按 [执行]，完成程序的复制，按 PROG 键可显示所复制的加工程序。

三、程序的管理

1. 程序的编辑

（1）插入漏掉的字

1）利用打开程序的方法，打开所要编辑的程序。

2）利用光标和界面变换键，使光标移动到所需要插入位置前面的字，把光标移动到 Y198.36 处。如"G2　X123.685　Y198.36　F100;"，在该程序段中漏掉与半径有关的字。

3）输入如 R50 后按 INSERT 键，该程序段就变为："G2　X123.685　Y198.36　R50

F100。"

（2）删除输入错误的、不需要的字　在输入加工程序过程中输入了错误的、不需要的字，必须要删除。主要有两种情况：

第一种情况：在未按 INSERT 键前就发现错误，如图 4-23 界面中 ">" 所指行（在临时内存中）。处理方法是连续按 CAN 键进行回退清除。

第二种情况：在按 INSERT 键后发现有错误（程序段已输入到系统内存中）。处理方法是把光标移动到所需删除的字处，按 DELETE 键进行删除。

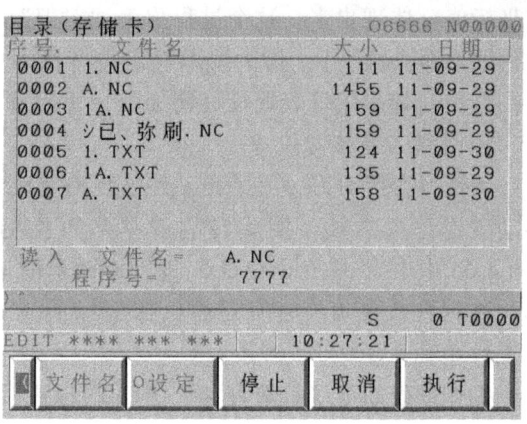

图 4-44　完成程序号的设定（二）

（3）修改输入错误的字　在程序输入完毕后，经检查发现在程序段中有输入错误的字，则必须要修改。

1）利用光标移动键使光标移动到所需要修改的字处，如 "G2　X12.869　Y198.36　R50　F100"，在该程序段中 X12.869 需改为 X123.869。

2）具体修改方法有两种：①输入正确的字，按 ALTER 键进行替换；②先按 DELETE 键删除错误的字，然后输入正确的字，按 INSERT 键插入。

3）处理完毕后，按 RESET 键，使程序复位到起始位置。

2. 删除内存中的程序

（1）删除一个程序的操作

1）选择<EDIT>方式按 PROG 键，进入图 4-19 所示界面。

2）输入 O××××（要删除的程序名，见图 4-21），按 DELETE 键删除该程序。

（2）删除所有程序的操作

1）选择<EDIT>方式按 PROG 键，进入图 4-19 所示界面。

2）输入 O-9999，按 DELETE 键，删除内存中的所有程序。

（3）删除指定范围内的多个程序

1）选择<EDIT>方式按 PROG 键，进入图 4-19 所示界面。

2）输入 "OXXXX，OYYYY"（XXXX 代表将要删除程序的起始程序号，YYYY 代表将要删除程序的终了程序号），按 DELETE 键，删除 OXXXX～OYYYY 之间的程序。

课题五　对刀、工件坐标系及刀具补偿设置

一、对刀操作

通过一定的方法把工件坐标系原点（实际上是工件坐标系原点所在的机

对刀、工件坐标系等设置

床坐标值)体现出来,这个过程称为"对刀"。在对刀前首先要把工件六个平面铣好(至少夹住的侧面应铣平);其次按工件定位基准面与机床运动方向一致的要求把工件定位装夹好;再次(如果工件表面没有精加工)用面铣刀把工件上表面铣平。

1. 用铣刀直接对刀

用铣刀直接对刀,就是在工件已装夹完成并在主轴上装入刀具后,通过手持单元操作移动工作台及主轴,使旋转的刀具与工件的前(后)、左(右)侧面及工件的上表面(图4-45中1~5这五个位置)进行极微量的接触切削(产生切削或摩擦声),分别记下刀具在进行极微量切削时所处的机床坐标值,对这些坐标值做一定的数值处理后就可以设定工件坐标系了。

操作过程如下(针对图4-45中1的位置):

1)工件装夹并校正平行后夹紧。

2)在主轴上装入已装好刀具的刀柄。

3)在 MDI 方式下,输入 M3   S300,按<循环启动>,使主轴旋转。

4)换到手动方式,使主轴停转。手持盒上选择 Z 轴(倍率可以选择×100),转动手摇脉冲发生器,使主轴上升一定的位置(在水平面移动时不会与工件及夹具碰撞即可);分别选择 X、Y 轴,移动工作台,使主轴处于工件上方适当的位置(见图4-46中 A)。

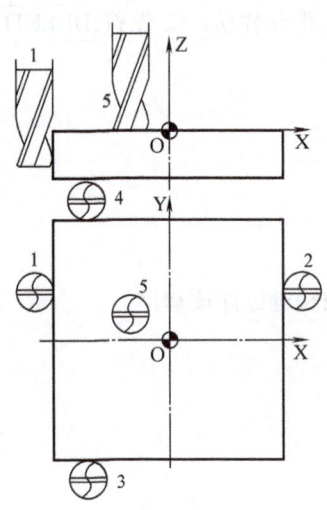

图 4-45 用铣刀直接对刀

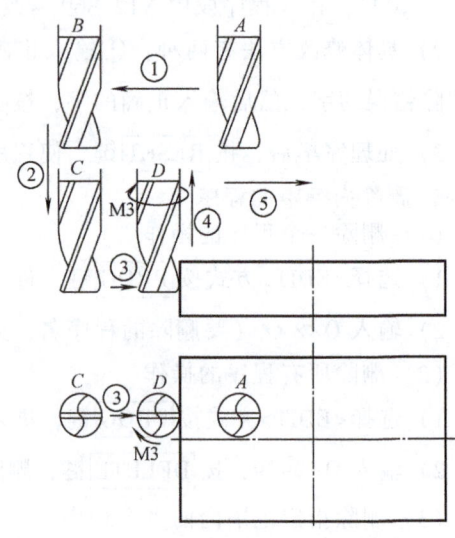

图 4-46 用铣刀直接对刀时的刀具移动图

5)手持盒上选择 X 轴,移动工作台(见图4-46中①),使刀具处在工件的外侧(见图4-46中 B);手持盒上选择 Z 轴,使主轴下降(见图4-46中②),刀具到达图4-46中 C;手持盒上重新选择 X 轴,移动工作台(见图4-46中③),当刀具接近工件侧面时用手转动主轴使刀具的切削刃与工件侧面相对,感觉切削刃很接近工件时,启动主轴使主轴转动,倍率选择×10 或×1,此时应一格一格地转动手摇脉冲发生器,应注意观察有无切屑(一旦发现有切屑应马上停止脉冲进给)或注意听声(一般刀具与工件微量接触切削时会发出"嚓""嚓""嚓"的响声,一旦听到声音应马上停止脉冲进给),即到达了图4-46中 D 的位置。

6）手持盒上选择Z轴（避免在后面的操作中不小心碰到脉冲发生器而出现意外）。记下此时X轴的机床坐标或把X的相对坐标清零。

7）转动手摇脉冲发生器（倍率重新选择为×100），使主轴上升（见图4-46中④）；移动到一定高度后，选择X轴，作水平移动（见图4-46中⑤），再停止主轴的转动。

图4-45中2、3、4三个位置的操作参考上面的方法进行。

在用刀具进行Z轴对刀时，刀具应处在今后切除部位的上方（见图4-46中A），转动手摇脉冲发生器，使主轴下降，待刀具比较接近工件表面时，启动主轴转动，倍率选小，一格一格地转动手摇脉冲发生器，当发现切屑或观察到工件表面切出一个圆圈时（也可以在刀具正下方的工件上贴一小片浸了切削液或油的薄纸片，纸片厚度可以用千分尺测量，当刀具把纸片转飞时），停止手摇脉冲发生器的进给，记下此时的Z轴机床坐标值（用薄纸片时应在此坐标值的基础上减去一个纸片厚度）；反向转动手摇脉冲发生器，待确认主轴是上升的，把倍率选大，继续主轴上升。

用铣刀直接对刀时，由于每个操作者对微量切削的感觉程度不同，所以对刀精度并不高。这种方法主要应用在要求不高或没有寻边器的场合。

2. 用寻边器对刀

用寻边器（见图4-47）对刀只能确定X、Y方向的机床坐标值，而Z方向只能通过刀具或刀具与Z轴设定器（见图4-48）配合来确定。图4-49所示为使用光电式寻边器在1~4这四个位置确定X、Y方向的机床坐标值，在5这个位置用刀具确定Z方向的机床坐标值。图4-50所示为使用偏心式寻边器在1~4这四个位置确定X、Y方向的机床坐标值，在5这个位置用刀具确定Z方向的机床坐标值。

a）偏心式寻边器   b）光电式寻边器(带蜂鸣器)

图4-47　寻边器

a）量表式Z轴设定器   b）光电式Z轴设定器(有带蜂鸣器)

图4-48　Z轴设定器

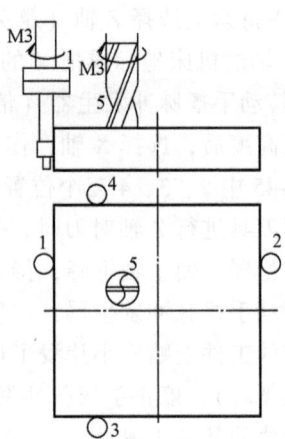

图 4-49 使用光电式寻边器对刀　　　　图 4-50 使用偏心式寻边器对刀

使用光电式寻边器时（主轴必须做 50~100r/min 的转动），当寻边器 $S\phi10$ 球头（是通过弹簧与其他部分连接的）与工件侧面的距离较小时，手摇脉冲发生器的倍率旋钮应选择×10 或×1，且一个脉冲、一个脉冲地移动；到出现发光或蜂鸣时应停止移动（此时光电寻边器与工件正好接触。其移动顺序参见图 4-46），且记录下当前位置的机床坐标值或相对坐标清零。在退出时应注意其移动方向，如果移动方向发生错误，会损坏寻边器，导致寻边器歪斜而无法继续准确使用。一般可以先沿 +Z 向移动退离工件，然后再做 X、Y 方向移动。使用光电式寻边器对刀时，在装夹过程中就必须把工件的各个面擦干净，不能影响其导电性。

使用偏心式寻边器的对刀过程如图 4-51 所示。图 4-51a 所示为偏心式寻边器装入主轴没有旋转时（如果没有偏心，请用手推下半部分）；图 4-51b 所示为主轴旋转时（转速为 200~300r/min。转速不能超过 350r/min，否则会在离心力的作用下把偏心式寻边器中的拉簧拉坏而引起偏心式寻边器损坏）寻边器的下半部分在内部拉簧（见图 4-52）的带动下一起旋转，在没有到达准确位置时出现虚像；图 4-51c 所示为移动到准确位置后上下重合，此时应记录下当前位置的机床坐标值或相对坐标清零；图 4-51d 所示为移动过头后的情况，下半部分没有出现虚像。对于初学者最好使用偏心式寻边器对刀，因为移动方向发生错误不会损坏寻边器。另外，在观察偏心式寻边器的影像时，不能只在一个方向观察，应在互相垂直的两个方向进行。

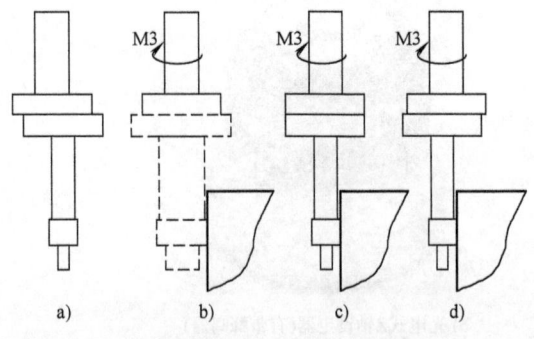

图 4-51 偏心式寻边器对刀过程

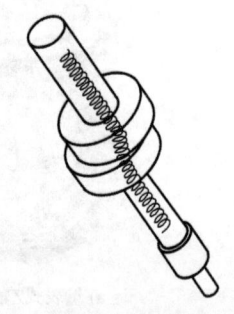

图 4-52 偏心式寻边器内部结构

3. 用检验棒和塞尺对刀

使用检验棒和塞尺（见图4-53）对刀同样只能确定X、Y方向的机床坐标值，而Z方向只能通过刀具或刀具与Z轴设定器配合来确定。

操作过程如下（针对图4-53中1这个位置）：

1）工件装夹并找正平行后夹紧；上表面铣平。

2）在手动方式下，把已装好检验棒的刀柄装入机床主轴。

3）过手持盒，使检验棒到达工件的上方后，像图4-46中①、②、③这样的移动步骤，移动到1所在位置，当检验棒接近到工件侧面时，选择某一尺寸规格的塞尺（如0.02mm）放在检验棒与工件侧面之间，把倍率换到"×10"这一档，边使检验棒向工件移动边抽动

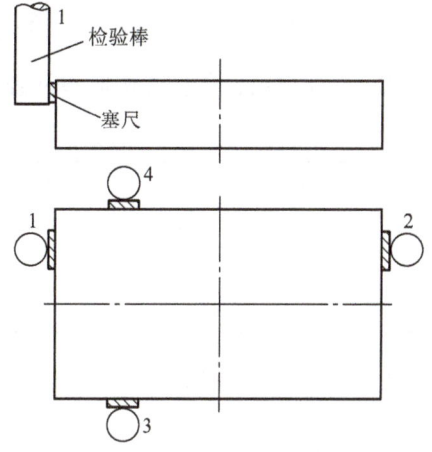

图4-53 用检验棒和塞尺对刀

塞尺，当塞尺无法抽动后停止检验棒的移动并记下此时X轴的机床坐标或把X轴的相对坐标清零。

图4-53中2、3、4三个位置的操作参考上面的方法进行。

二、工件坐标系与刀具补偿的设置

1. 对刀后的数值处理和 G54~G59 等工件坐标系的设置

通过对刀所得到的五个机床坐标值（在实际应用时有时可能只要3~4个），必须通过一定的数值处理才能确定工件坐标系原点的机床坐标值。代表性的情况有以下几种：

1）工件坐标系的原点与工件坯料的对称中心重合（见图4-45）。

在这种情况下，其工件坐标系原点的机床坐标值按以下计算式计算，即

$$\begin{cases} X_{工机} = \dfrac{X_{机1}+X_{机2}}{2} \\ Y_{工机} = \dfrac{Y_{机3}+Y_{机4}}{2} \end{cases}$$

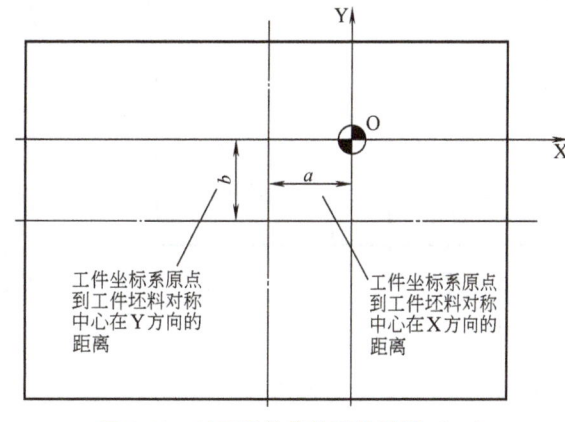

图4-54 对刀后数值处理关系图（一）

式中　　$X_{工机}$、$Y_{工机}$——工件坐标系原点的机床坐标图；

$X_{机1}$、$X_{机2}$、$Y_{机3}$、$Y_{机4}$——机床坐标系的坐标值。

2）工件坐标系的原点与工件坯料的对称中心不重合（见图4-54）。

在这种情况下，其工件坐标系原点的机床坐标值按以下计算式计算，即

$$\begin{cases} X_{工机} = \dfrac{X_{机1}+X_{机2}}{2} \pm a \\ Y_{工机} = \dfrac{Y_{机3}+Y_{机4}}{2} \pm b \end{cases}$$

式中 a、b 前正、负号的选取参见表 4-6。

表 4-6 不同位置 a、b 符号的选取

	工件坐标系原点在以工件坯料对称中心所划区域中的象限			
	第一象限	第二象限	第三象限	第四象限
a 取号	+	−	−	+
b 取号	+	+	−	−

3）工件坯料只有两个垂直侧面是加工过的，其他两侧面因要铣掉而不加工（见图 4-55）。

在这种情况下，其工件坐标系原点的机床坐标值按以下计算式计算，即

$$\begin{cases} X_{工机} = X_{机1}+a+R_{刀} \\ Y_{工机} = Y_{机3}+b+R_{刀} \end{cases}$$

式中 $R_{刀}$——刀具半径。

本组计算式只针对图 4-55 的情况，对其他侧面情况的计算可参考进行。

上面的数值处理结束后，进入图 4-56 的界面，分别在 G54（或 G55~G59）中 X、Y 的位置输入上面处理后的 $X_{工机}$ 和 $Y_{工机}$。

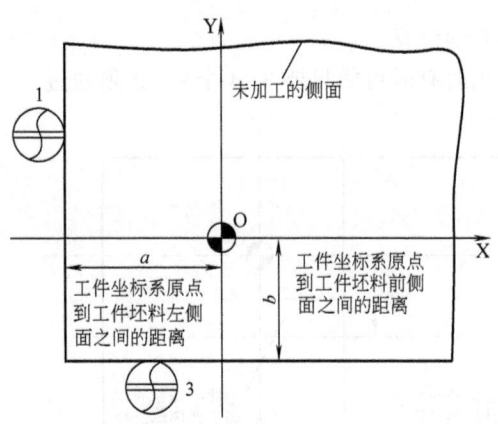

图 4-55 对刀后数值处理关系图（二）

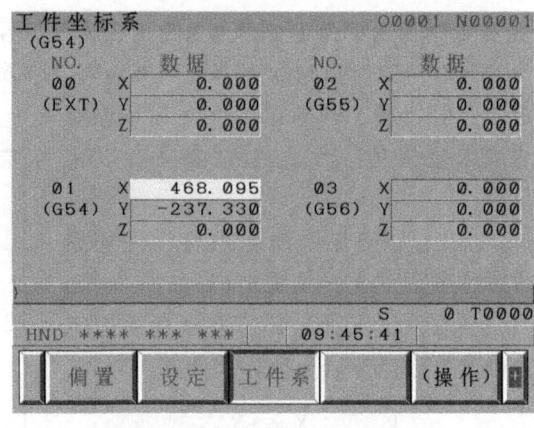

图 4-56 工件坐标系设置界面

2. 利用相对坐标清零功能进行 G54~G59 等工件坐标系的设置

把图 4-45 在 1 号位时的 X 相对坐标清零（见图 4-15 和图 4-16），到达 2 号位时可以从相对坐标显示界面（见图 4-57）上知道其相对坐标值。如果 X 轴的工件坐标系原点设在工件坯料的中心，只需按界面上 X 的相对坐标值除以 2，然后移动到这个相对坐标位置，进入图 4-56 所示界面，输入 "X0"（见图 4-58），然后按 [测量]，系统会自动把当前所设置的 X 方向工件坐标系原点的机床坐标值输入到 G54 中 X 的位置。也可以在 2 号位不动，同样把相对坐标值除以 2，然后在图 4-58 中输入 "X50.32"（假定计算出的值为 50.32，即刀具

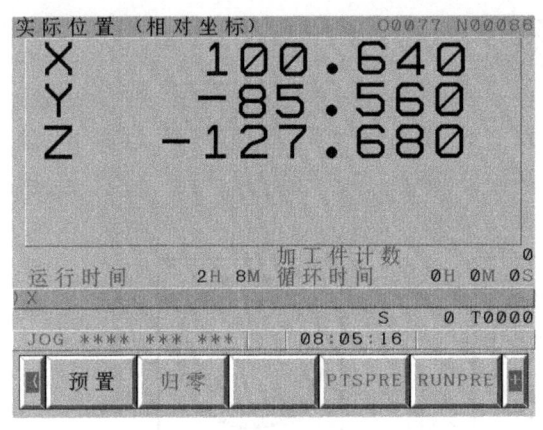

图 4-57 相对坐标显示界面

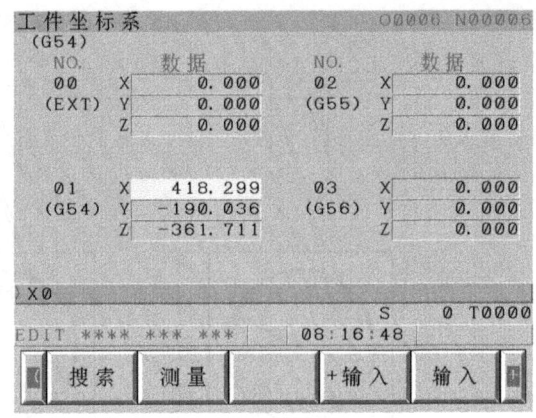

图 4-58 工件坐标系测量界面

中心当前位置在 X 轴的正方向，距离原点 50.32mm），按 [测量]，系统会自动把偏离当前点 50.32 的工件坐标系原点所处的机床坐标值输入到 G54 中 X 的设置位置。

如果 X 轴的工件坐标系原点不在工件坯料的中心，仍可以移动到上面除以 2 的位置，在图 4-58 界面中输入坯料中心在工件坐标系中的坐标值（如 O 在图 4-54 中的第一象限，a 为 30mm，那么应输入"X-30"）；或在 2 号位直接计算出工件坐标系原点 O 与现在位置之间的距离，如为 20.32，则输入"X20.32"，按 [测量] 后系统会自动计算出工件坐标系原点的机床坐标值并输入到 G54 等相应的设置位置。Y 轴的设置方法与上面相同。

在其他位置进行相对坐标值的直接设置时，应注意是 X 轴还是 Y 轴、在原点的哪个方向，即输入时是"+"还是"-"。

3. 工件坐标系原点 Z0 的设定与刀具长度补偿量的设置

(1) 工件坐标系原点 Z0 的设定　在编程时，工件坐标系原点 Z0 一般取在工件的上表面。但在设置时，工件坐标系原点 Z0 的设定一般采用以下两种方法：

方法一：工件坐标系原点 Z0 设定在工件的上表面。

方法二：工件坐标系原点 Z0 设定在机床坐标系的 Z0 处，如图 3-26 所示。在设置 G54 等时，Z 后面为 0。

对于第一种方法，必须选择一把刀具为基准刀具（通常选择在加工 Z 轴方向尺寸要求比较高的刀具为基准刀具），其他刀具通过与基准刀具的比较确定其长度补偿值。这种方法在基准刀具和其他刀具都出现断刀的情况下，较难重新确定长度补偿值，因此不推荐使用这种方法。

对于第二种方法，不设定基准刀具，每把刀具都以机床坐标原点为基准（此基准对某一台加工中心而言，从出厂后是固定不变的）。通过刀具在机床坐标原点所在位置到工件上表面位置之间的距离，来确定其长度补偿值（见图 3-26 中的 Z_j，由于为"-Z"方向移动，所以补偿值一般为负），通过长度补偿后使其仍以工件上表面为编程时的工件坐标系原点。

确定长度补偿值的具体操作方法为：

1) 用 Z 轴设定器

① 把 Z 轴设定器（见图 4-48）校准后放置在工件的水平表面上，主轴上装入已装夹好

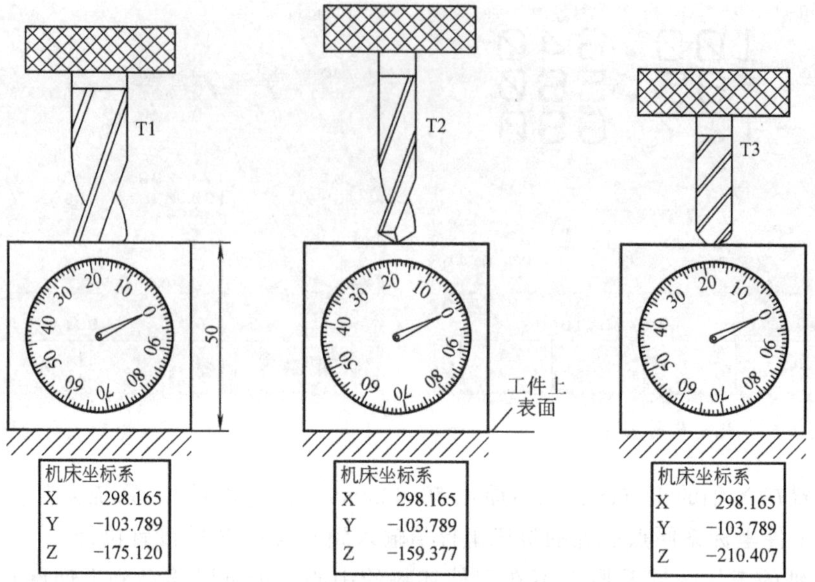

图 4-59 确定长度补偿值

刀具的各个刀柄刀具（见图 4-59），移动 X、Y 轴，使刀具尽可能处在 Z 轴设定器中心的上方。

② 移动 Z 轴，用刀具（主轴禁止转动）压下 Z 轴设定器圆柱台，使指针指到调整好的"0"位。

③ 记录每把刀具当前的 Z 轴机床坐标值（应该为当前机床坐标读数值减去 Z 轴设定器的标准高）。如图 4-59 中 T1 刀，其记录的 Z 轴机床坐标值应为：-175.12-50=-225.12；T2 刀为：-159.377-50=-209.377；T3 刀为：-210.407-50=-260.407。

2）直接用刀具

① 见前面"用铣刀直接对刀"中所述（见图 4-45 中 5）。

② 刀具禁止转动，移动 Z 轴，当刀具接近工件上表面时，在刀具与工件之间放入塞尺（如 0.02mm 塞尺），边使刀具向下移动边抽动塞尺，当塞尺无法抽动后停止刀具的下降，并记下此时 Z 轴的机床坐标（应在此坐标值的基础上减去一个塞尺厚度）。

（2）刀具长度补偿的设置 把上面所得到的每把刀具的 Z 轴机床坐标值，输入到图 3-1 所示的界面中。

4. 刀具半径补偿量及磨损量的设置

由于数控系统具有刀具半径自动补偿的功能，所以在编程时只需按照工件的实际轮廓尺寸编制即可，刀具半径补偿量设置在数控系统中相对应的位置。刀具在切削过程中，切削刃会出现磨损（刀具直径变小），最后会出现外轮廓尺寸偏大、内轮廓尺寸偏小（反之，则所加工的工件已报废），此时可通过刀具磨损量进行设置（见表 4-7），然后再精铣轮廓，一般就能达到所需的加工尺寸。

如果精加工结束后，发现工件的表面粗糙度很差且刀具磨损较严重，通过测量尺寸有偏差，此时必须更换铣刀重新精铣，此时磨损量先不要重设，等铣完后通过对尺寸的测量，再作是否补偿的决定，预防产生"过切"。

表 4-7 磨损量的设置　　　　　　　　　　　　　　　（单位：mm）

简　图	测量要素	要求尺寸	测量尺寸	磨损量设置值
	A	$100_{-0.054}^{0}$	100.12	$-0.087 \sim -0.06$
	B	$56_{0}^{+0.030}$	55.86	$-0.085 \sim -0.07$

注：如果在磨损量设置处已有数值（对操作者来说，由于加工工件及使用刀具的不同，开机后一般需把磨损量清零），则需在原数值的基础上进行叠加。例如，原有值为 -0.07mm，现尺寸偏大 0.1mm（单边 0.05mm），则重新设置的值为：-0.07mm-0.05mm=-0.12mm。

刀具半径及磨损量的设置操作如下：

进入图 3-1 的界面，在每把刀具对应的"外形（D）"下，输入刀具的半径补偿量；在"磨损（D）"下，输入刀具的磨损量。

课题六　MDI 及自动运行操作

一、MDI 运行操作

在 MDI 方式中，通过 MDI 面板可以编制最多 10 行（10 个程序段）的程序并被执行，程序格式和通常程序一样。MDI 运行适用于简单的测试操作，因为程序不会存储到内存中，在输入程序段并执行完毕后会马上被清除。MDI 运行操作过程如下：

1）选择 <MDI> 工作方式，进入图 4-60 所示界面。如果没有进入此界面，按 PROG 键进入。

2）与通常程序的输入方法相同输入程序段（见图 4-61）。

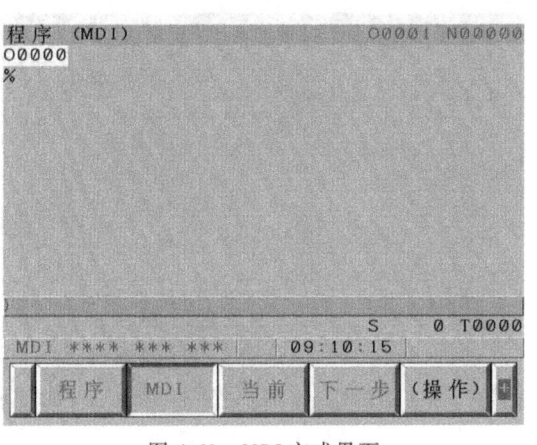

图 4-60 MDI 方式界面

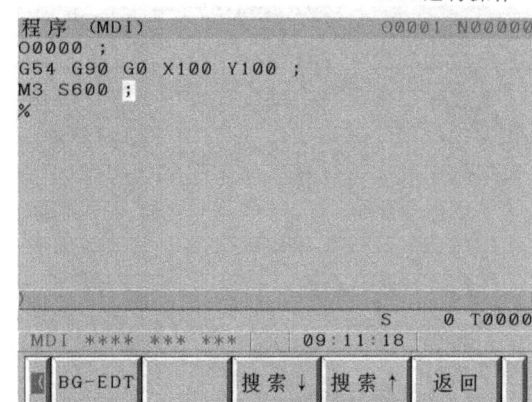

图 4-61 MDI 方式输入程序段后的界面

注意：如果输入一段程序段，则可直接按<CYCLE START>执行；但输入程序段较多时，需先把光标移回到 O0000 所在的第一行，然后按<CYCLE START>执行，否则从光标所在的程序段开始执行（如果主轴没有旋转，情况较危险）。

二、利用图形显示功能进行加工程序的效验操作

FANUC Series 0i-MODEL D 系统具有图形显示功能，可以通过其线框图观察程序的运行轨迹。如果程序有问题，系统会作相应的报警提示。其操作过程如下：

1) 在<EDIT>方式下打开或输入加工的程序。
2) 设置好工件坐标系、刀具的长度与半径偏置量。
3) 选择<AUTO>方式。
4) 按 CSTM/GR 键进入图 4-62 所示参数 1 设置界面；按 PAGE↓ 键可进入图 4-63 所示参数 2 设置界面。

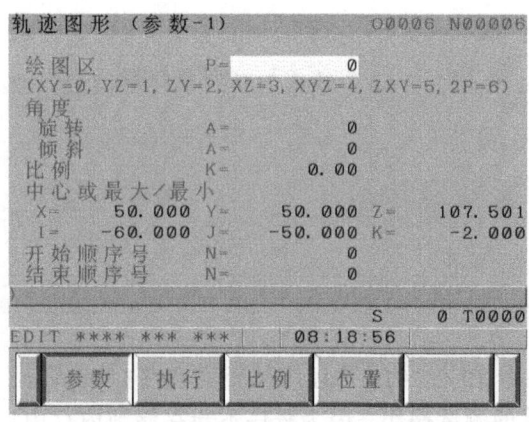

图 4-62 轨迹图形参数 1 设置界面

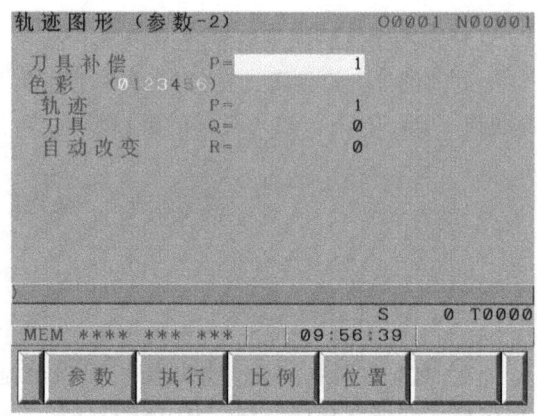

图 4-63 轨迹图形参数 2 设置界面

5) 设置好绘图区（视图）参数等后，按［执行］，进入图 4-64 所示界面。
6) 按［(操作)］，进入图 4-65 所示界面。

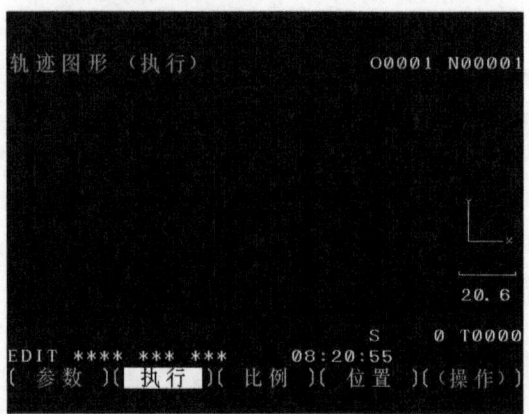

图 4-64 轨迹图形操作界面之一

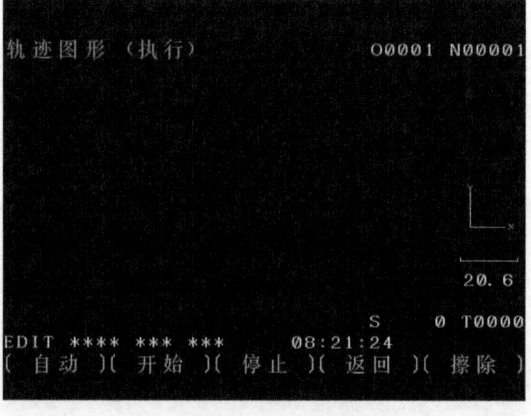

图 4-65 轨迹图形操作界面之二

7) 按 [开始] 后,系统将显示轨迹图形,如图 4-66(图 4-63 中 P 设置为 1)、图 4-67(图 4-63 中 P 设置为 0) 所示。

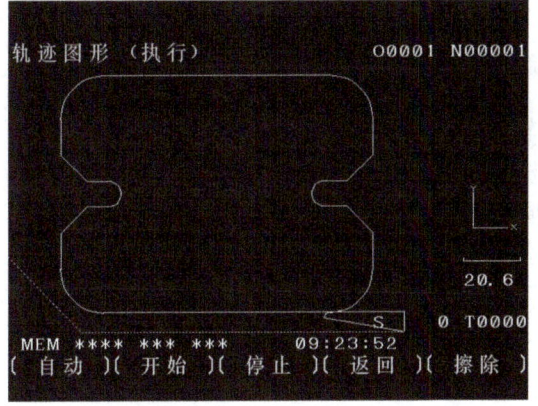 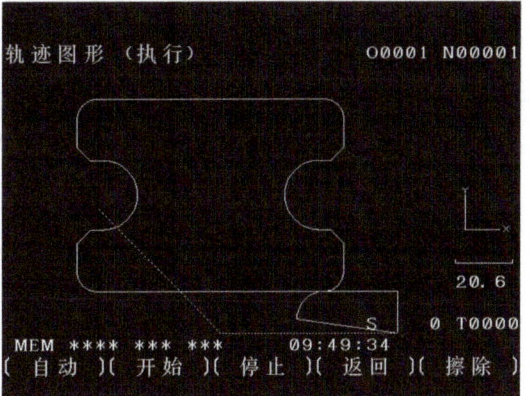

图 4-66　轨迹图形显示界面(带半径偏置)　　　图 4-67　轨迹图形显示界面(不带半径偏置)

三、内存中程序的运行操作

程序事先存储到内存中,当选择了这些程序中的一个并按下<CYCLE START>后,启动自动运行。操作过程如下:

1) 在<EDIT>方式下打开或输入加工的程序。
2) 装夹好工件,在手动方式下对刀并设置好刀具的长度与半径偏置量、工件坐标系。
3) 选择<AUTO>方式。
4) 选择表 4-3 中的<25%>按钮(在确保各种设置均正确并保证操作安全的情况下,可选择<100%>按钮);图 4-5 中的进给倍率开关旋至较小的值;把图 4-8 中的主轴倍率选择开关旋至 100%。
5) 按下<CYCLE START>,使机床进入自动操作状态。
6) 进入切削后把图 4-5 中的进给倍率开关逐步调大,观察切削下来的切屑情况及加工中心的振动情况,调到适当的进给倍率进行切削加工(有时还需同时调整图 4-8 的主轴倍率)。图 4-68 所示为自动运行时程序检查显示界面;图 4-69 所示为按 POS 键所显示的坐标界面。

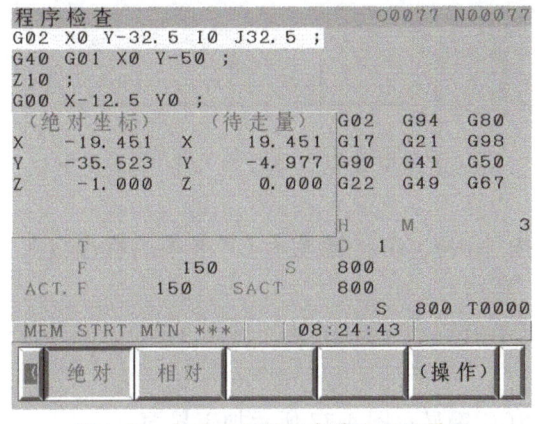 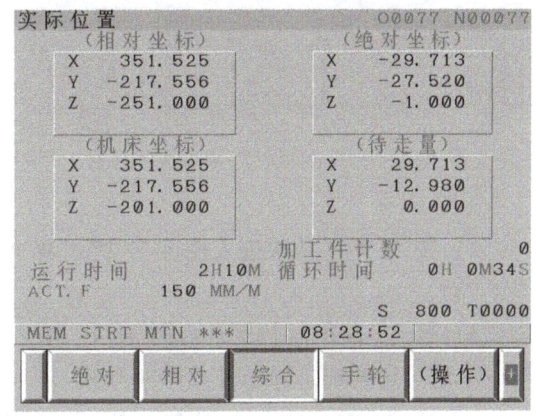

图 4-68　自动运行时程序检查显示界面　　　　图 4-69　坐标移动显示界面

在自动运行过程中,如果按下<SINGLE BLOCK>,则系统进入单段运行的操作,即数控系统执行完一个程序段后,进给停止,必须重新按下<CYCLE START>,才能执行下一个程序段。

四、使用 R232 串口进行零件的边传输边加工操作

由于数控系统的内存容量非常小,而 CAM 软件生成的加工程序会非常大,大容量的复制到内存中有时是无法实现的,如果一意孤行进行复制操作,数控系统会由于内存不足而出现"溢出"故障,需进行系统复位操作才能解除,严重时会使设置的参数丢失,所以对大容量的加工可采用 R232 边传输边加工的方式,或采用 CF 卡进行。使用 R232 传输加工的操作方法如下:

1) 在<MDI>方式,将 I/O 通道改为"0",如图 4-24 所示。
2) 图 4-4 中的工作方式选择<DNC>,系统会显示图 4-70 所示界面,在倒数第二行的右侧显示"LSK"等待程序接收的信号。
3) 按<CYCLE START >按钮,等待计算机中程序的发送。
4) 在计算机中点击传输软件的"发送",此时将边传输边加工。

注意:在采用边传输边加工操作过程中,尽可能不用计算机进行其他操作,以免计算机由于内存不足等造成"死机"而导致传输的中断。

五、读取 CF 卡内程序进行零件的加工

1) 图 4-4 的工作方式选择<DNC>,按 PROG 键显示图 4-71 所示界面。

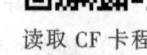

读取 CF 卡程序进行加工

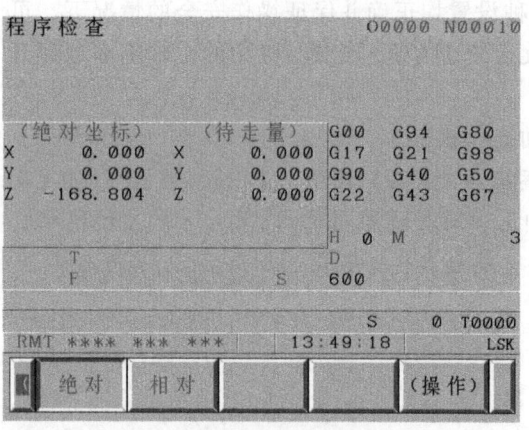

图 4-70 使用 R232 边传输边加工界面

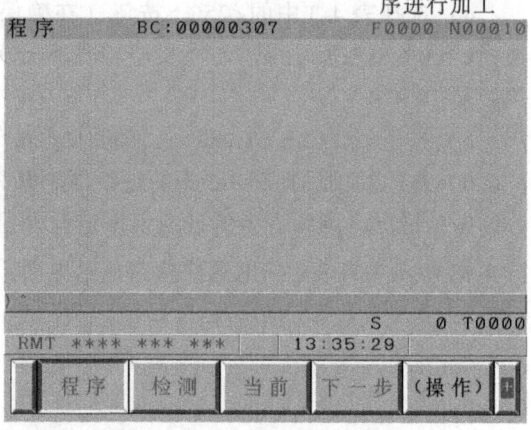

图 4-71 使用 CF 卡进行加工操作进入界面

2) 按 [▶] 两次进入图 4-72 所示界面;按 [DNC-CD] 键显示 CF 卡中的程序(见图 4-73)。

3) 按 [(操作)] 键进入图 4-74,输入加工程序文件名的序号(见图 4-75),然后按 [DNC-ST] 选择加工程序(见图 4-76)。

4) 按<CYCLE START>按钮启动加工,按 PROG 键显示图 4-77 所示加工界面。

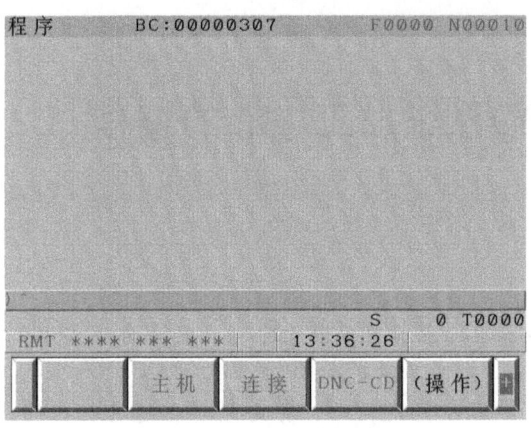

图 4-72　进入 DNC-CD 界面

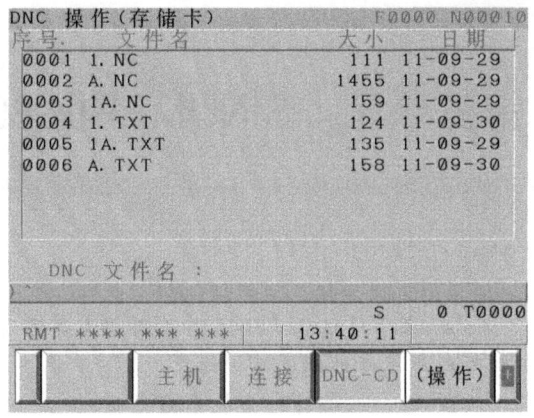

图 4-73　CF 卡中的程序显示

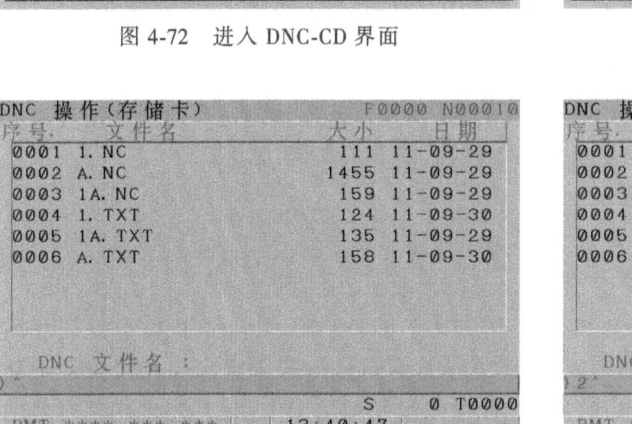

图 4-74　进入 CF 卡选择加工程序

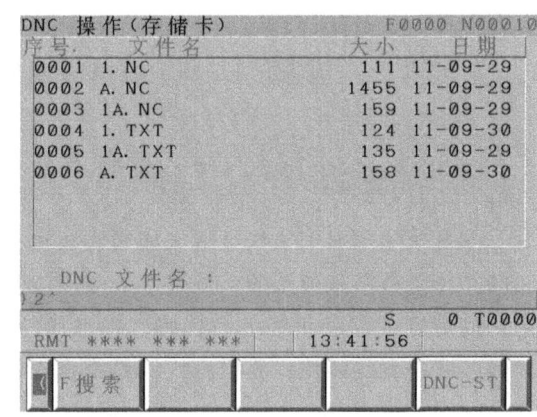

图 4-75　输入加工程序文件名的序号

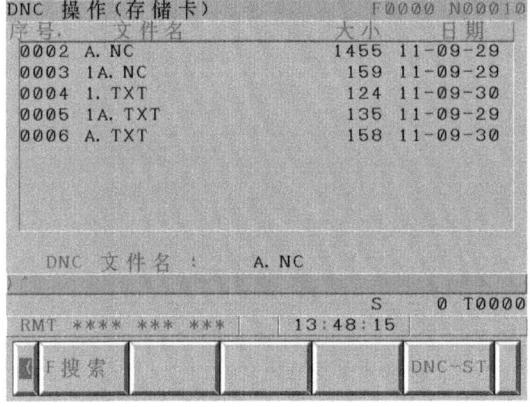

图 4-76　完成加工程序的选择

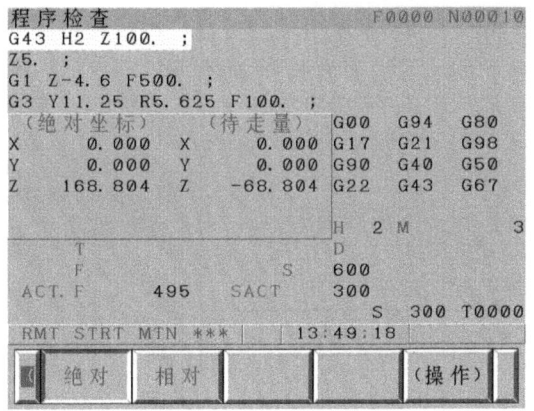

图 4-77　读取 CF 卡中的加工程序进行加工

第五单元　SINUMERIK 802D系统加工中心的编程

> ➢ 在学习过程中不断提高思想道德素养和科学文化水平，勤于学习，提高自我要求，努力成为优秀的祖国建设者。
>
> ➢ 每个人都有一个展示自己的舞台，要在学习中坚定信心、振奋精神，通过自己的拼搏，舞出精彩人生。

课题一　SINUMERIK 802D 系统编程功能

一、准备功能代码

准备功能主要用来指令机床或数控系统的工作方式。准备功能代码是用地址字 G 和后面的几位整数字来表示的，见表 5-1。G 代码按其功能的不同分为若干组。G 代码有两种状态：模态 G 代码和非模态 G 代码。模态代码是指直到同组其他 G 代码出现之前一直有效的代码，它具有延续性；非模态代码是指仅仅在所在的程序段中有效的代码。

表 5-1　准备功能 G 代码

G 代码	含　义	说　明	编　程
G0	快速移动	运动指令（插补方式），模态有效	G0　X__　Y__　Z__（直角坐标系） G0　AP=__　RP=__（极坐标系）
G1*	直线插补		G1　X__　Y__　Z__　F__（直角坐标系） G1　AP=__　RP=__　F__（极坐标系）
G2	顺时针圆弧插补		G2　X__　Y__　I__　J__　F__（圆心和终点） G2　X__　Y__　CR=__　F__（半径和终点） G2　AR=__　I__　J__　F__（张角和圆心） G2　AR=__　X__　Y__　F__（张角和终点） G2　AP=__　RP=__　F__（极坐标系）
G3	逆时针圆弧插补		G3__（其他同 G2）
G33	恒螺距的螺纹切削		S__　M__（主轴速度和方向） G33　Z__　K__（带有补偿夹具的锥螺纹切削，如 Z 方向）
G331	螺纹插补（攻螺纹）		N10　SPOS=__（主轴处于位置调节状态） N20　G331　Z__ K__ S__（在 Z 轴方向不带补偿夹具攻螺纹，左旋螺纹或右旋螺纹通过螺距的符号确定，如 K+） +：同 M3；-：同 M4
G332	不带补偿夹具切削内螺纹——退刀		G332 Z__ K__ S__（不带补偿夹具切削螺纹——Z 方向退刀；螺距符号同 G331）

（续）

G代码	含义	说明	编程
G4	暂停时间	特殊运行，程序段方式有效	G4 F__或 G4 S__(单独程序段)
G63	带补偿夹具攻螺纹		G63 Z__ F__ S__ M__
G74	回参考点		G74 X1=0 Y1=0 Z1=0(单独程序段)
G75	回固定点		G75 X1=0 Y1=0 Z1=0(单独程序段)
G25	主轴转速下限或工作区域下限		G25 S__(单独程序段) G25 X__ Y__ Z__(单独程序段)
G26	主轴转速上限或工作区域上限		G26 S__(单独程序段) G26 X__ Y__ Z__(单独程序段)
G110	极点尺寸，相对于上次编程的设定位置	写存储器，程序段方式有效	G110 X__ Y__(极点尺寸,直角坐标,如带 G17) G110 RP=__ AP=__(极点尺寸,极坐标;单独程序段)
G111	极点尺寸，相对于当前工件坐标系的零点		G111 X__ Y__(极点尺寸,直角坐标,如带 G17) G111 RP=__ AP=__(极点尺寸,极坐标;单独程序段)
G112	极点尺寸，相对于上次有效的极点		G112 X__ Y__(极点尺寸,直角坐标,如带 G17) G112 RP=__ AP=__(极点尺寸,极坐标;单独程序段)
G17*	X/Y 平面	平面选择，模态有效	G17__(该平面上的垂直轴为刀具长度补偿轴;切入方向为Z)
G18	Z/X 平面		
G19	Y/Z 平面		
G40*	刀尖半径补偿方式的取消	刀尖半径补偿，模态有效	
G41	刀具半径左补偿		
G42	刀具半径右补偿		
G500*	取消可设置零点偏移	可设置零点偏移，模态有效	
G54	第一可设置的零点偏移		
G55	第二可设置的零点偏移		
G56	第三可设置的零点偏移		
G57	第四可设置的零点偏移		
G58	第五可设置的零点偏移		
G59	第六可设置的零点偏移		
G53	按程序段方式取消可设置零点偏移	取消可设置零点偏移段方式有效	
G153	按程序段方式取消可设置零点偏移，包括基本框架		
G60*	精确定位	定位性能，模态有效	
G64	连续路径方式		
G9	准确定位，单程序段有效	程序段方式准停段方式有效	
G601*	在 G60、G9 方式下精确定位	准停窗口，模态有效	
G602	在 G60、G9 方式下粗准确定位		

(续)

G代码	含义	说明	编程
G70	英制尺寸	英制/米制尺寸,模态有效	
G71*	米制尺寸		
G700	英制尺寸,也用于进给率F		
G710	米制尺寸,也用于进给率F		
G90*	绝对尺寸	绝对尺寸/增量尺寸,模态有效	G90 X__ Y__ Z__(__) Y=AC(__)或X=AC(__)或Z=AC(__)
G91	增量尺寸		G91 X__ Y__ Z__(__) X=IC(__)或Y=IC(__)或Z=IC(__)
G94	进给率F,单位为mm/min	进给/主轴,模态有效	
G95*	主轴进给率F,单位为mm/r		
G450*	圆弧过渡(圆角)	刀尖半径补偿时拐角特性,模态有效	
G451	等距交点过渡(尖角)		

注:带有*记号的G代码,在程序启动时生效。

注意:

1) 不同组的G代码都可编在同一程序段中,例如:N10 G94 G17 G90 G53 G40 D0。

2) 如果在同一个程序段中指令了两个或两个以上属于同一组的G代码,则只有最后一个G代码有效。如N20 G01 G0 X100 Y100等同于N20 G0 X100 Y100。如果在程序中指令了G代码表中没有列出的G代码,则显示报警信息,为非法指令。

二、固定循环功能代码

固定循环指令见表5-2。

表5-2 固定循环指令

循环指令	功能	循环指令	功能
CYCLE81	钻孔、钻中心孔	HOLES2	钻削圆弧排列的孔
CYCLE82	中心钻孔	CYCLE90	螺纹铣削
CYCLE83	深孔钻孔	LONGHOLE	圆弧槽(径向排列的,槽宽由刀具直径确定)
CYCLE84	刚性攻螺纹	SLOT1	圆弧槽(径向排列的,综合加工,定义槽宽)
CYCLE840	带补偿夹具攻螺纹	SLOT2	铣圆周槽
CYCLE85	铰孔1(镗孔1)	POCKET3	矩形槽
CYCLE86	镗孔(镗孔2)	POCKET4	圆形槽
CYCLE87	带停止镗孔(镗孔3)	CYCLE71	端面铣削
CYCLE88	带停止钻孔2(镗孔4)	CYCLE72	轮廓铣削
CYCLE89	铰孔2(镗孔5)	CYCLE76	矩形凸台铣削
HOLES1	钻削直线排列的孔	CYCLE77	圆形凸台铣削

三、辅助功能代码

辅助功能代码是用地址字 M 及两位数字来表示的。它主要用于机床加工操作时的工艺性指令，用来指令操作时各种辅助动作及其状态，如主轴的启停、切削液的开关等，见表 5-3。

表 5-3 辅助功能 M 代码

M 指令	功 能	M 指令	功 能
M0	程序暂停	M6	自动换刀
M1	选择性停止	M7	外切削液开
M2	主程序结束	M8	内切削液开
M3	主轴正转	M9	切削液关
M4	主轴反转	M30	主程序结束，返回开始状态
M5	主轴停转	M17	子程序结束（或用 RET）

四、其他功能 F、S、T、D 代码

1. 进给功能代码 F

进给功能代码 F 表示进给速度（是刀具轨迹速度，它是所有移动坐标轴速度的矢量和），用字母 F 及其后面的若干位数字来表示。地址 F 的单位由 G 功能确定：

G94　　　　直线进给率（分进给），单位为 mm/min 或 in/min

G95　　　　旋转进给率（转进给），单位为 mm/r 或 in/r（只有主轴旋转才有意义）

例如，在 G94 有效时，米制 F100 表示进给速度为 100mm/min。F 在 G1、G2、G3、CIP、CT 插补方式中生效，并且一直有效，直到被一个新的地址 F 取代为止。G94 和 G95 均为模态指令，一旦写入一种方式（如 G94），它将一直有效，直到被 G95 取代为止。

2. 主轴功能代码 S

主轴功能代码 S 表示主轴转速，用字母 S 及其后面的若干位数字来表示，单位为 r/min。例如，S1000 表示主轴转速为 1000r/min。加工中心主轴转速一般均为无级变速。S 后值可以任意给，但必须给整数。

3. 刀具功能代码 T

刀具功能代码 T 主要用来指令数控系统进行选刀或换刀。在进行多道工序加工时，必须选取合适的刀具。每把刀具应安排一个刀号，刀号在程序中指定。刀具功能用字母 T 及其后面的两位数字来表示，如容量为 24 把刀的刀库，它的刀具号为 T1~T24，如 T21 表示第 21 号刀具。

4. 刀具补偿功能代码 D

刀具补偿功能代码 D 表示刀具补偿号。它由字母 D 及其后面的数字来表示。该数字为存放刀具补偿量的寄存器地址字。西门子系统中一把刀具最多给出 9 个刀沿号，因此最多为 D9，补偿号为一位数字。例如 D1，表示取 1 号刀沿的数据分别作为长度补偿值和半径补偿值。

五、程序结构及传输格式

1. 程序名称

每个程序均有一个程序名。SINUMERIK 802D 系统对程序名规定如下：

1）开始的两个符号必须是字母。
2）其后的符号可以是字母、数字或下划线。
3）最多为 16 个字母。
4）不得使用分隔符。
例如：CZQY1234、CY __ 88

2. 程序结构

NC 程序由各个程序段组成。每个程序段执行一个加工步骤。程序段由若干个字组成。字由地址符和数值组成。地址符一般为字母，数值是一个数字串，它可以带正负号和小数点，如 G1 X20.158 Y10.5 F80。一个程序段中含有执行一个工序所需的全部数据。程序段格式如图 5-1 所示。

```
/N … __字1__字2__…__字；注释__L_F

其中：
/         表示   在运行中可以被跳跃过去的程序段
N         表示   程序段号，主程序段中可以由字符":"取代地址符"N"
__        表示   中间空格(可以省略)
字1       表示   程序段指令
；注释    表示   对程序段进行说明，位于最后，用";"分开
L_F       表示   程序段结束，不可见。
```

图 5-1 程序段格式

程序段中有很多指令时建议按此顺序：N __ G __ X __ Y __ Z __ F __ S __ T __ D __ M __。程序段号以 5 和 10 为间隔选用（程序段号在输入程序时不会自动生成），以便以后插入程序段号时不会改变程序段号的顺序。程序段号也可省略，程序被运行时按顺序执行。

3. 程序的传输格式

一般数控系统为了方便用户使用和节省程序输入时间都提供了 RS232 传输接口，利用它可以实现 CNC 系统和用户 PC 进行数据的双向传输。但传输要有它特定的格式才行。SINUMERIK 系统规定传输格式为：

% __ N __ CZQY1 __ MPF
; $ PATH = / __ N __ MPF __ DIR

其中，CZQY1 为程序的名称，根据所需要传输的程序名给定。CNC 系统接收到后就生成一个程序名为 CZQY1.MPF 的主程序。如果将上例中 MPF 改为 SPF，那么 CNC 系统接收到后就生成一个程序名为 CZQY1.SPF 的子程序。

六、常用字符集和运算符号

在编程中可以使用以下字符，它们按一定的规则进行编译。

字母：A～Z。大写字母和小写字母没有区别。

数字：0～9。

特殊字符见表 5-4。

表 5-4 特殊字符

	符号	意义		符号	意义
可打印的特殊字符	( )	圆括号	可打印的特殊字符	:	主程序,标志符结束
	[ ]	方括号		" "	引号
	<	小于		—	字母下划线
	>	大于		;	注释标志符
	=	赋值,相等部分	不可打印的特殊字符	L_F	程序段结束符
	/	除号,跳跃符		空格	字之间的分隔符,空白字
	.	小数点			

运算功能符号见表 5-5。

表 5-5 运算功能符号

序号	符号	意义	序号	符号	意义
1	+	加号	9	ACOS( )	反余弦
2	-	减号	10	ATAN2( )	反正切(第二矢量作为角度参考),-180°~180°
3	*	乘号			
4	/	除号	11	SQRT( )	平方根
5	SIN( )	正弦	12	POT( )	平方值
6	COS( )	余弦	13	ABS( )	绝对值
7	TAN( )	正切	14	TRUNC( )	取整(小数点后舍去)
8	ASIN( )	反正弦	15	ROUND( )	圆整(四舍五入)

课题二 使用基本功能指令编程

一、定位数据

定位数据指令一般用来指定 NC 系统的一种状态,常用在程序的开头。

1. 平面选择指令(G17、G18、G19)

在计算刀具长度补偿和刀具半径补偿时必须首先确定一个平面,即确定一个两坐标轴的坐标平面,在此平面可以进行刀具半径补偿。对于钻头和铣刀,长度补偿的坐标轴为所选平面的垂直坐标轴。平面及坐标轴见表 5-6。立式加工中心机床选择 G17 作为主切削平面。G17 为开机默认指令。

表 5-6 平面及坐标轴

G 功能	平面(横坐标/纵坐标)	垂直坐标轴(切入实体方向轴)
G17	X/Y 平面	Z
G18	Z/X 平面	Y
G19	Y/Z 平面	X

图 5-2 所示为钻削/铣削时的平面和坐标轴的布置。在此要作几点说明：
1）圆弧插补总在主平面内。
2）刀具长度补偿总是垂直于主平面。
3）刀具半径补偿也总是在主平面内。
4）固定循环（钻孔/镗孔）总是垂直于主平面。

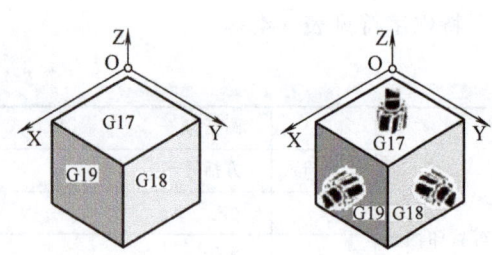

图 5-2 钻削/铣削时的平面和坐标轴布置

2. 绝对/增量尺寸编程指令（G90、G91、AC、IC）

（1）编程格式及意义

G90　　　　　绝对尺寸
G91　　　　　增量尺寸
=AC(__)　　　某轴以绝对尺寸输入，程序段方式
=IC(__)　　　某轴以相对尺寸输入，程序段方式

G90 和 G91 指令分别对应着绝对位置数据输入和增量位置数据输入。其中，G90 表示坐标系中目标点的坐标尺寸，G91 表示待运行的位移量。G90/G91 适用于所有坐标轴。G90 为开机默认指令。

用=AC(__)、=IC(__)定义，赋值时，必须要有一个等于号。数值要写在圆括号中。圆心坐标也可以以绝对尺寸用=AC(__)定义。

（2）编程举例

1）下列程序中是 G90、G91、AC、IC 的应用。

N10　G90　X200　Y100　Z80　　　　　绝对尺寸
N20　G1　X60　Z=IC(-20)F100　　　　X 仍然是绝对尺寸，Z 是增量尺寸
N30　G91　X40　Z20　　　　　　　　转换为增量尺寸
N40　X-15 Z=AC(18)　　　　　　　　X 仍然是增量尺寸，Z 是绝对尺寸

2）以一个实例说明 G90、G91 编程的区别。如编写图 5-3 A→B→C 的轨迹程序。编程如下：

N5　G90　G0　X5　Y5　　　　用 G90 编程
N10　G1　X10　Y15　F80
N15　X40　Y25

或 N5　G91　G0　X5　Y5　　　用 G91 编程
N10　G1　X5　Y10　F80
N15　X30　Y10

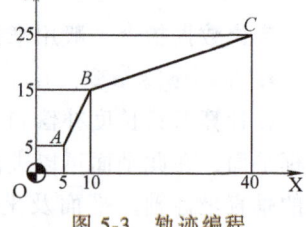

图 5-3 轨迹编程

3. 米制尺寸/英制尺寸指令（G71、G70、G710、G700）

工件所标注尺寸的尺寸系统可能不同于系统设定的尺寸系统（英制或米制），但这些尺寸可以直接输入到程序中，系统会完成尺寸的转换工作。

（1）编程格式及意义

G70　　　英制尺寸
G71　　　米制尺寸
G700　　 英制尺寸，也适用于进给率 F

G710   米制尺寸，也适用于进给率 F

系统根据所设定的状态把所有的几何值转换为米制尺寸或英制尺寸（这里刀具补偿和设定零点偏移值也作为几何尺寸）。同样，进给率 F 的单位分别为 mm/min 或 in/min。基本状态可以通过机床数据设定。基本状态为米制尺寸作为前提条件。G71 米制尺寸为开机默认指令。

用 G70 或 G71 编程所有与工件直接相关的几何数据，如在 G0、G1、G2、G3、G33、CIP、CT 功能下的位置数据 X、Y、Z，插补参数 I、J、K（也包括螺距），圆弧半径 CR，可编程的零点偏移（TRANS，ATRANS），极坐标半径 RP 等。所有其他与工件没有直接关系的几何数值，如进给率、刀具补偿、可设定的零点偏移，它们与 G70/G71 的编程无关。

G700/G710 用于设定进给率 F 的尺寸系统（in/min，in/r 或者 mm/min，mm/r）。

（2）编程举例

N10   G70   X2.151   Y5.25   F100   英制尺寸，X、Y 后值的单位均为 in，F 的单位为 mm/min

N20   X4.231   Y6.258   G70 继续生效，X、Y 后值的单位均为 in

…

N80   G71   X150   Y180   F100   开始米制尺寸，X、Y 后值的单位均为 mm

4. 极坐标、极点定义指令（G110、G111、G112）

通常情况下一般使用直角坐标系（X，Y，Z），但工件上的点也可以用极坐标定义。如果一个工件或一个部件，当其尺寸以到一个固定点（极点）的半径和角度来设定时，往往就使用极坐标系。极坐标同样以所使用的平面 G17~G19 为基准平面，也可以设定垂直于该平面的第三根轴的坐标值，在此情况下，可以作为柱面坐标系编程三维的坐标尺寸。

RP =   极半径，单位为 mm 或 in。极坐标半径 RP 定义该点到极点的距离。该值一直保存，只有当极点发生变化或平面更改后才需重新编程。

AP =   极角，取值范围为 –360°~360°。极角 AP 是指与所在平面的横坐标轴之间的夹角（如 G17 中 X 轴）。该角度可以是正角，也可以是负角。该值一直保存，只有当极点发生变化或平面更改后才需重新编程。

（1）编程格式及意义

G110   极点定义，相对于上次编程的设定位置（在平面中，如 G17）

G111   极点定义，相对于当前工件坐标系的零点（在平面中，如 G17）

G112   极点定义，相对于最后有效的极点，平面不变

定义极坐标：G110（或 G111、G112）X __ Y __ Z __
            G110（或 G111、G112）AP = __ RP = __

带极坐标的移动指令：
G0（或 G1、G2、G3）AP = __ RP = __

当一个极点已经存在时，极点也可以用极坐标定义。如果没有定义极点，则当前工件坐标系的零点就作为极点使用。

（2）编程举例   图 5-4 所示零件用极坐标编程为如下

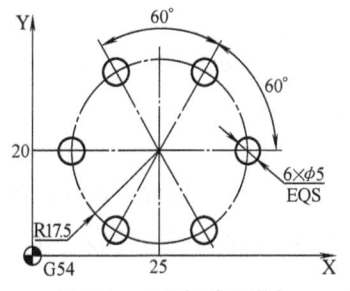

图 5-4   极坐标编程举例

程序,程序名为CZ1.MPF。

```
%__N__CZ1__MPF                 主程序名
;$PATH=/__N__MPF__DIR           传输格式
N10   G53 G90 G94 G40 G17      机床坐标系,绝对编程,分进给,取消刀补,切削平面;安全
                                 指令
N20   T1 M6                     换1号刀
N30   S700 M3                   转速为700r/min,主轴正转
N40   G0 G54 X0 Y0 D1           工件坐标系建立,刀具长度刀补值加入,快速定位
N50   G111 X25 Y20              定义极坐标
N60   G0 RP=17.5 AP=0           到达起刀点,定位在圆柱内
N70   L8                        调用子程序,在此省略
N80   G91 G0 AP=60              快速运动到下一个位置,极角以增量编程
N90   L8                        调用子程序
N100  G0 AP=IC(60)              快速运动到下一个位置
N110  L8                        调用子程序
N120  G0 AP=IC(60)              快速运动到下一个位置
N130  L8                        调用子程序
N140  G0 AP=IC(60)              快速运动到下一个位置
N150  L8                        调用子程序
N160  G0 AP=IC(60)              快速运动到下一个位置
N170  L8                        调用子程序
N180  G0 G90 Z200               快速抬刀
N190  M5                        主轴停转
N200  M30                       主程序结束
```

5. 可设定的零点偏移指令（G54~G59、G500、G53、G153）

可设定的零点偏移给出工件零点在机床坐标系中的位置（工件零点以机床零点为基准偏移）。当工件装夹到机床上后求出偏移量,并通过操作面板输入到规定的数据区。程序可以通过选择相应的G功能（G54~G59）激活此值。

(1) 编程格式

可设定的零点偏移调用：G54 或 G55 或 G56 或 G57 或 G58 或 G59。

取消可设定的零点偏移：G53、G500、G153 或 SUPA。

G500 为取消可设定的零点偏移——模态有效。G53 为取消可设定的零点偏移——程序段方式有效,可编程的零点偏移也一起取消。G153 如同 G53,取消附加的基本框架。

在 NC 程序中,通过执行 G54~G59 指令,使零点从机床坐标系移到工件坐标系。

图 5-5 所示为可设定的零点偏移。

(2) 编程举例 图 5-6 所示为可设定的零点编程举例。程序名为 CZ2.MPF,加工程序如下：

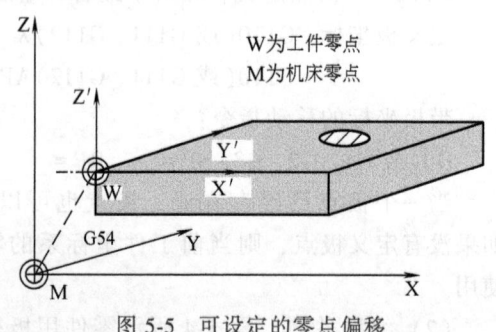

图 5-5 可设定的零点偏移

```
% __N__CZ2__MPF              主程序名
;$PATH=/__N__MPF__DIR         传输格式
...                           前段省略
N10  G0  G54  X0  Y0  Z5      调用第一可设定零点偏移
N20  L10                      调用子程序,加工工件1,L10程序省略
N30  G0  G55  X0  Y0  Z5      调用第二可设定零点偏移
N40  L10                      调用子程序,加工工件2
N50  G0  G56  X0  Y0  Z5      调用第三可设定零点偏移
N60  L10                      调用子程序,加工工件3
N70  G0  G57  X0  Y0  Z5      调用第四可设定零点偏移
N80  L10                      调用子程序,加工工件4
N90  G500  G0  X...           取消可设定零点偏移
...                           后段省略
```

6. 编程的工作区域限制指令（G25、G26、WALIMON、WALIMOF）

可以用 G25/G26 定义所有轴的工作区域，规定哪些区域可以运行，哪些区域不可以运行。当刀具长度补偿有效时，指刀尖必须要在此区域内；否则，刀架参考点必须在此区域内。坐标值以机床为参照系。

可以在设定参数中分别规定每个轴和每个方向其工作区域限制的有效性。除了通过 G25/G26 在程序中编程这些值外，另外也可以通过操作面板在设定数据中输入这些值。

为了使能或取消各个轴和方向的工作区域限制，可以使用可编程的指令组 WALIMON/WALIMOF。

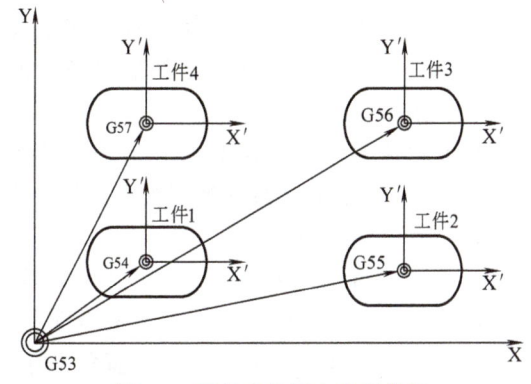

图 5-6 可设定的零点编程举例

（1）编程格式及意义

G25 X__ Y__ Z__   工作区域下限（在一个单独的 NC 程序段内编程）
G26 X__ Y__ Z__   工作区域上限（在一个单独的 NC 程序段内编程）
WALIMON   工作区域限制使能（有效），默认设置
WALIMOF   工作区域限制取消

这个功能可以在工作区域内为刀具运动设置一个保护区。G25/G26 限制所有的轴，所确定的值立即生效，复位和重新启动功能也不丢失。

（2）编程举例 坐标轴只有在回参考点之后，工作区域限制才有效。图 5-7 所示为可编程的工作区域限制举例。

图 5-7 所示零件加工程序如下，程序名为 CZ3.MPF。

```
% __N__CZ3__MPF               主程序名
;$PATH=/__N__MPF__DIR         传输格式
...                           前段省略
N10  G25  X10  Y-20  Z20      工作区域限制下限值
```

```
N20  G26  X150  Y160  Z320      工作区域限制上限值
N30  T1   M6                    换1号刀
N40  G0   X90   Y110  Z190      快速定位
N50  WALIMON                    工作区域限制使能,即有效
N60…                            程序内容省略
N300 WALIMOF                    工作区域限制取消
…                               后段省略
```

二、坐标轴运动

坐标轴运动指令也称为加工指令,这些指令可以使机床按规定的轨迹运动。

1. 快速直线移动指令（G0）

快速直线移动指令 G0 用于快速定位刀具,没有对工件进行加工。可以在几个轴上同时执行快速移动,由此产生一条线性轨迹。机床数据中规定每个坐标轴快速移动速度的最大值,一个坐标轴运行时就以此速度快速移动。如果快速在两个轴上执行,则移动速度为考虑所有参考轴的情况下所能达到的最大速度。

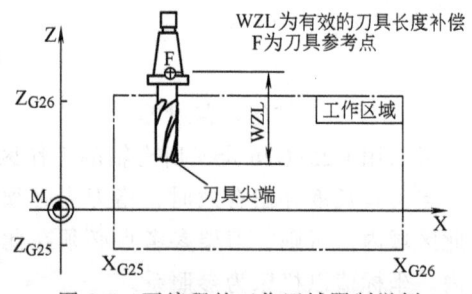

图 5-7 可编程的工作区域限制举例

用 G0 快速移动时,在地址 F 下编程的进给率无效。G0 一直有效,直到被同组中其他指令（G1、G2、G3 等）取代为止。

（1）编程格式及意义

```
G0  X__ Y__ Z__         直角坐标系中快速定位
G0  AP=__ RP=__         极坐标系中快速定位
其中:X__ Y__ Z__        直角坐标系内的终点坐标
     AP=                极坐标系的终点坐标,这里是极角
     RP=                极坐标系的终点坐标,这里是极半径
```

（2）编程举例 图 5-8 所示为快速移动举例。

```
N10  G0  X100  Y100  Z120       直角坐标系中快速定位
…
N60  G0  RP=20  AP=45           极坐标系中快速定位
```

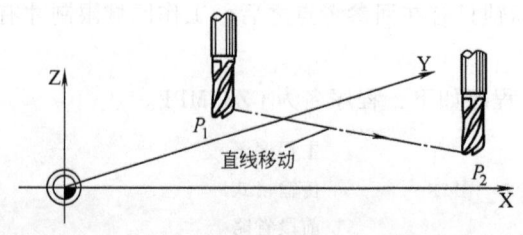

图 5-8 P_1 到 P_2 快速移动举例

2. 带进给率的线性插补指令（G1）

刀具以直线从起始点移动到目标位置，以地址 F 下编程的进给速度进行。所有的坐标轴可以同时运行。G1 一直有效，直到被同组中其他指令（G0、G2、G3 等）取代为止。

（1）编程格式及意义

```
G1    X __   Y __   Z __   F __          直角坐标系
G1    AP = __   RP = __   F __           极坐标系
G1    AP = __   RP = __   Z __   F __    柱面坐标系（三维）
```

其中：X、Y、Z   直角坐标系内的终点坐标
      AP =   极坐标系的终点坐标，这里是极角
      RP =   极坐标系的终点坐标，这里是极半径
      F   进给速度（mm/min）

用直角坐标系或极坐标系输入目标点，刀具以进给速度 F 沿直线从目前的起刀点运动到编程目标点，沿这样的路径，工件就被加工出来。

（2）编程举例　图 5-9 所示为加工空间一个槽的例子。程序名为 CZ4.MPF。加工程序如下：

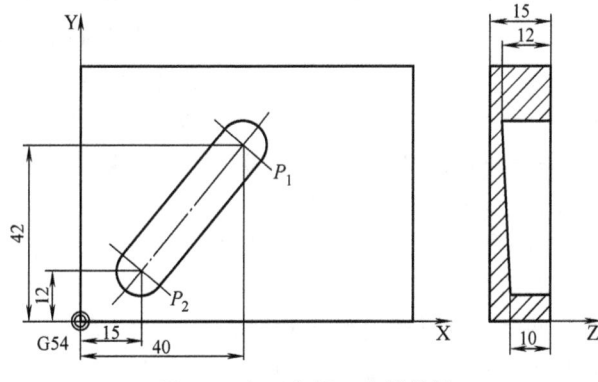

图 5-9　加工空间一个槽举例

```
%  __  N __  CZ4 __  MPF              主程序名
; $ PATH=/__N__MPF__DIR                传输格式
N10   G53  G90  G94  G40  G17          机床坐标系,绝对编程,分进给,取消刀补,切削平面;安全
                                        指令
N20   T1  M6                           换1号刀
N30   S600  M3                         转速为600r/min,主轴正转
N40   G90  G0  G54  X40  Y42  D1       工件坐标系建立,刀具长度补偿值加入,快速定位
N50   G0  Z2                           快速下刀
N60   G1  Z-12  F30                    进刀到Z-12,进给率为30mm/min
N70   X15  Y12  Z-10  F60              刀具在空间沿直线运行,从图5-9中$P_1$到$P_2$
N80   G0  Z200                         快速抬刀
N90   X0  Y0                           快速定位
N100  M5                               主轴停转
N110  M30                              主程序结束
```

3. 圆弧插补指令：（G2、G3）

刀具沿圆弧轮廓从起点运行到终点。运行方向由 G 功能定义：

G2——顺时针方向；

G3——逆时针方向。

图 5-10 所示为圆弧插补的方向规定。

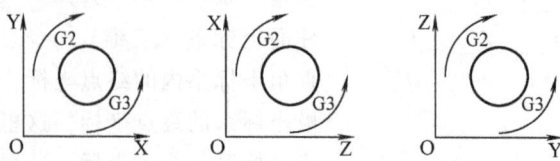

图 5-10　圆弧插补在三个平面内的方向规定

（1）编程格式

G2/G3	X __	Y __	I __	J __		终点和圆心增量坐标
G2/G3	X __	Y __	CR = __			终点和半径
G2/G3	X __	Y __	I=AC(__)	J=AC(__)		终点和圆心绝对坐标
G2/G3	AR = __	I __	J __			张角和圆心增量坐标
G2/G3	AR = __	X __	Y __			张角和终点
G2/G3	AP = __	RP = __				极坐标和极点圆弧

G2/G3 一直有效，直到被同组中其他指令（G0、G1 等）取代为止。

整圆只能用圆心和终点定义的程序段编程。

（2）编程举例　图 5-11 所示为圆弧插补编程举例，所要编程的是 A→B 的圆弧轨迹，该系统可以采用六种方法编制，在此强调第一种方法（终点和圆心增量坐标）是所有的数控系统通用的。而第二种方法（终点和半径）编程简单，较容易掌握，所以应用较广。其他圆弧编程方法是西门子系统特有的，它有时使圆弧编程更简单、更容易。

下面介绍六种方法。

1) 圆弧终点、圆心相对于圆弧起点的坐标增量。

G2　X90　Y50　I0　J40　F100

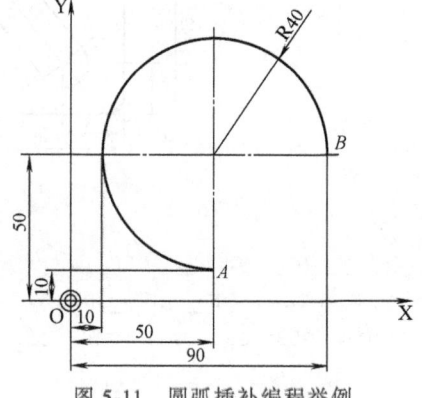

图 5-11　圆弧插补编程举例

2) 圆弧终点、圆弧半径（圆弧所对应的圆心角小于或等于 180°时，CR 值为正，圆弧所对应的圆心角大于 180°时，CR 值为负）。

G2　X90　Y50　CR=-40　F100

3) 圆弧终点、圆心绝对坐标。

G2　X90　Y50　I=AC(50)　J=AC(50)　F100

4) 张角、圆心相对于圆弧起点的坐标增量。

G2　AR=270　I0　J40　F100

5) 张角、终点坐标。

G2　AR=270　X90　Y50　F100

6）极角、极半径。

G111　X50　Y50　　　　　定义圆心为极坐标原点

G2　RP=40　AP=0　F100

4. 利用三点进行圆弧插补指令（CIP）

如果已经知道了圆弧轮廓上三个点，而不知道圆弧的圆心、半径和张角，则建议使用功能 CIP。圆弧方向由中间位置的点确定，对应不同的坐标轴，中间位置点定义如下：

I1=__用于 X 轴，J1=__用于 Y 轴，K1=__用于 Z 轴。

CIP 一直有效，直到被同组中其他指令（G0、G1、G2 等）取代为止。

可设定的位置数据输入 G90 或 G91 指令对终点和中间位置点有效。

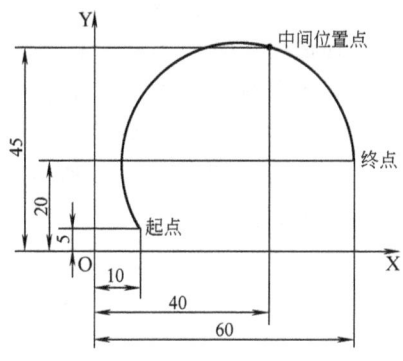

图 5-12　已知终点和中间位置点的圆弧插补

编程举例

图 5-12 所示为中间位置点圆弧插补编程举例。

N5　G1　G90　X10　Y5　F100　　　圆弧起始点

N10　CIP　X60　Y20　I1=40　J1=45　终点和中间位置点

5. 螺旋插补指令（G2/G3、TURN）

螺旋插补由两种运动组成：一是在 G17、G18 或 G19 平面中进行的圆弧运动；二是垂直于该平面的直线运动。此外用指令 TURN=__编程整圆循环的个数，这将附加到圆弧编程中。

螺旋插补可以用于铣削螺纹，或者用于液压缸的润滑槽加工中。

（1）编程格式及意义

G2/G3　X__　Y__　Z__　I__　J__　K__　TURN=__　　圆心和终点

G2/G3　X__　Y__　Z__　CR=__　TURN=__　　圆半径和终点

G2/G3　AR=__　I__　J__　K__　TURN=__　　张角和圆心

G2/G3　AR=__　X__　Y__　Z__　TURN=__　　张角和终点

G2/G3　AP=__　RP=__　TURN=__　　极坐标系，极点圆弧

例如，工作平面 G17，圆弧插补的轴是 X 和 Y，切入方向为垂直于这个平面的轴，这里是 Z 轴。运动顺序：到达起刀点→带 TURN=，执行一个完整的编程圆弧加工→到达圆弧终点→沿切入方向继续执行上述的第二、三步。最后具有一定导程的螺旋线就被加工出来。

（2）编程举例

N20　G1　G17　G90　X0　Y50　F100　　　回起始点

N30　G3　X0　Y0　Z33　I0　J-25　TURN=3　螺旋线

6. 恒螺距螺纹切削指令（G33）

恒螺距螺纹切削功能要求主轴有位置测量系统。加工中心有此功能，数控铣床一般不具备此功能。

该功能可以用来加工带恒螺距的螺纹，如果刀具合适，则可以使用带补偿夹具的攻

螺纹。

(1) 编程格式及意义

圆柱螺纹：G33　Z__　K__　SP=__　　　　SP=__多线螺纹时才需要

圆锥螺纹：G33　X__　Z__　K__　SP=__　K用于小于45°的锥螺纹
　　　　　G33　X__　Z__　I__　SP=__　I用于大于45°的锥螺纹

平面螺纹：G33　X__　I__　SP=__　　　　X是指直径，I是指导程

上述指令编程多用于车床系统的车削螺纹。G33一直有效，直到被同组中其他指令（G0、G1、G2、G3等）取代为止。

(2) 编程举例　图5-13所示为用G33攻螺纹的编程举例。M5×0.8螺纹，底孔尺寸φ4.2mm已经钻好。

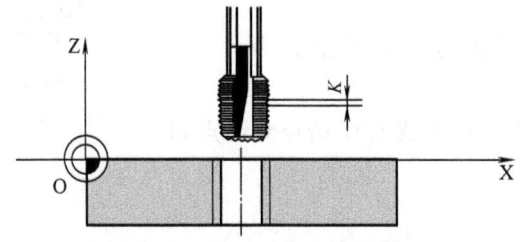

图5-13　G33攻螺纹编程举例

```
N10  G54 G0 G90 X10 Y10 Z5 S200 M3    回起始点,主轴顺时针旋转
N20  G33 Z-20 K0.8                    攻螺纹,螺距为0.8mm,深度为20mm
N30  Z5 K0.8 M4                       攻螺纹回退,主轴逆时针旋转
N40  G0 X__ Y__ Z__                   回到一个定位点
```

注意：用G33编程，加工螺纹的轴速度由主轴速度和螺距决定；进给率F不起作用。在加工螺纹期间主轴速度调节开关不得改变；在此程序段中进给修调开关不起作用。

7. 带补偿夹具攻螺纹指令（G63）

G63可以用于带补偿夹具的螺纹加工（也称为柔性攻螺纹），编程的进给率F必须与主轴速度S和螺距P相配（F=S×P）。G63以程序段方式有效，在G63之后的程序段中，以前的插补指令（G0、G1、G2、G3等）再次生效。

编程举例：

图5-13所示为M5×0.8螺纹，底孔尺寸φ4.2mm已经钻好。用G63指令编程：

```
N10  G54 G0 G90 X10 Y10 Z5 S300 M3    回起始点,主轴顺时针旋转
N20  G63 Z-20 F240                    攻螺纹,螺距为0.8mm,主轴转速为300r/
                                      min,F=300×0.8mm/min=240mm/min
N30  G63 Z5 M4                        攻螺纹回退,主轴逆时针旋转
N40  G0 X__ Y__ Z__                   回到一个定位点
```

8. 螺纹插补指令（G331、G332）

G331/G332进行不带补偿夹具的螺纹切削（也称为刚性攻螺纹）。用G331加工螺纹，用G332退刀。攻螺纹的深度由一个轴的指令X、Y或Z轴定义；螺距则由相应的I、J或K指令定义。在G332中的编程螺距与G331中的编程螺距一样，主轴自动反向。主轴用S编

程，不带 M3/M4。在攻螺纹之前，必须用 SPOS=__ 指令使主轴处于位置控制运行状态。

螺距的符号确定左、右旋螺纹时的主轴旋向。正：右旋螺纹（同 M3）；负：左旋螺纹（同 M4）。

G331/G332 中加工螺纹时的坐标轴速度由主轴转速和螺距确定，而与进给率 F 没有关系。

(1) 编程格式及意义

G331　X__　Y__　Z__　I__　J__　K__　　　　　攻螺纹孔
G332　X__　Y__　Z__　I__　J__　K__　　　　　返回

(2) 编程举例　图 5-14 所示为攻螺纹举例。

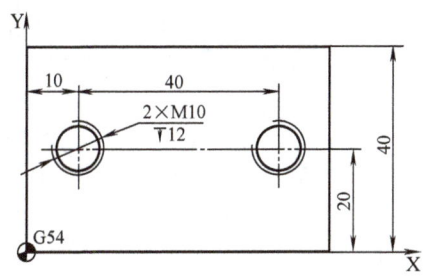

图 5-14　G331/G332 攻螺纹举例

攻螺纹程序名为：CZ5.MPF。

%__N__CZ5__MPF		主程序名
;$PATH=/__N__MPF__DIR		传输格式
N10	G53 G90 G94 G40 G17	机床坐标系,绝对编程,分进给,取消刀补,切削平面指定;安全指令
N20	T1 M6	换 1 号刀,即 M10 机用丝锥,攻螺纹
N30	M3 S200	主轴正转,转速为 200r/min
N40	G0 G54 X10 Y20 D1	快速定位,工件坐标系建立,刀具长度补偿值加入
N50	Z50	快速进刀
N60	SPOS=0	主轴处于位置控制状态
N70	M7	切削液开
N80	G331 Z-12 K1.5 S100	攻螺纹进给,主轴转速进给为 100r/min,K 为正,表示攻右旋螺纹
N90	G332 Z5 K1.5	攻螺纹回退
N100	G0 Z50	快速回退
N110	G0 X50 Y20	定位下一点
N120	G0 Z5	快速进刀
N130	G331 Z-12 K1.5 S100	攻螺纹进给,主轴转速进给为 100r/min
N140	G332 Z5 K1.5	攻螺纹回退
N150	G1 F2000 X0 Y0 S600 M3	取消攻螺纹状态定义主轴转速,主轴正转
N160	G0 Z100	快速回退
N170	Y150	工作台退至工件装卸位
N180	M5	主轴停转

N190 M9	切削液关
N200 M30	程序结束

9. 圆弧进给率修调指令（CFTCP、CFC）

如果刀具半径补偿（G41/G42）和圆弧编程已经形成切削运动，则若使编程的进给率 F 在圆弧轮廓处生效，就必须对刀具中心点处的进给率进行修调（见图 5-15）。如果该修调功能已经激活，则会自动考虑圆弧的内外加工，以及当前的刀具半径。对于直线轮廓的加工，则无须进行进给率的修调，此时刀具中心的进给率与所编程轮廓处的进给率相同。

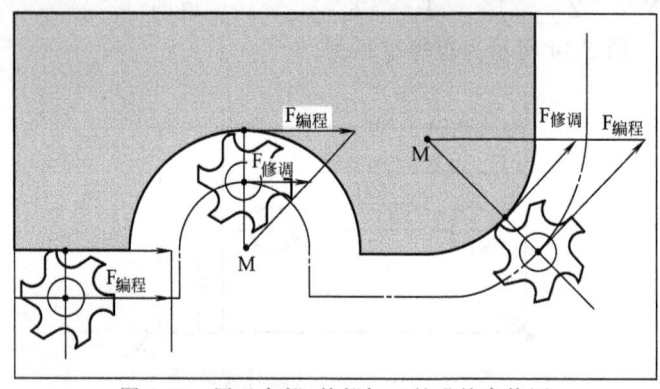

图 5-15 用于内部/外部加工的进给率修调

（1）编程格式及意义

CFTCP　　　　关闭进给率修调（编程的进给率在刀具中心有效）
CFC　　　　　开启圆弧进给率修调
凸圆弧加工时（一般不做修调）

$$F_{修调} = F_{编程} \times (R_{轮廓} + R_{刀具}) / R_{轮廓}$$

凹圆弧加工时

$$F_{修调} = F_{编程} \times (R_{轮廓} - R_{刀具}) / R_{轮廓}$$

式中　$F_{修调}$——刀具中心点修调进给率（mm/min）;

　　　$F_{编程}$——编程的进给率（mm/min）;

　　　$R_{轮廓}$——圆弧轮廓半径（mm）;

　　　$R_{刀具}$——刀具半径（mm）。

（2）编程举例

N10　G42　G1…	开启刀具半径补偿
N20　CFC	开启圆弧进给率修调
N30　G2　X__ Y__ I__ J__ F200	进给率值在轮廓处有效
N40　G3　X__ Y__ I__ J__	进给率值在轮廓处有效
…	
N80　CFTCP	关闭进给率修调,编程的进给率在刀具中心有效

10. 第四轴指令（A）

第四轴可以是回转工作台、旋转工作台，可以设计成直线轴，也可以设计成回转轴。在此介绍的第四轴是围绕 X 轴回转的回转轴 A。它的运行范围为 0°~360°。

A 轴和其他轴一起在一个程序段中，并且含有 G1 或 G2/G3 指令时，它不具有一个独立的进给率 F，而取决于进给轴 X、Y 和 Z 的进给率，并且与剩余轴一起开始和结束。如果该轴用指令 G1 编程在一个独立的程序段中，则它以有效的进给率 F 运行。用 G94 时单位是 (°)/min，用 G95 时单位是 (°)/r。该轴可以设定偏移量（G54~G59）进行编程。

编程举例：

```
N10  G94                          F 单位为 mm/min 或者(°)/min
N20  G0  X10  Y20  Z30  A45       快速移动所有轴
N30  G1  X20  Y40  Z20  A120 F100 所有轴均以 G1 运行
N40  G1  A180 F300                仅 A 轴以 300(°)/min 的进给率运行到 180°位置
```

回转轴中使用的特殊指令为 DC、ACP、ACN。编程格式及意义：

A = DC(__)　　直接到位的绝对数据输入（使用最短距离），旋转范围不超过 180°
A = ACP(__)　　正方向到位的绝对数据输入，旋转轴沿正方向旋转到在绝对坐标系内编程的位置
A = ACN(__)　　反方向到位的绝对数据输入，旋转轴沿反方向旋转到在绝对坐标系内编程的位置

编程举例：

N10 A = ACP（28.5）　　在正方向逼近 28.5°的位置

11. 暂停指令（G4）

通过在两个程序段之间插入一个 G4 程序段，可以使加工中断给定的时间，如退刀槽切削。G4 程序段只对单独程序段有效，并暂停所给定的时间。在此之前编程的进给率 F 和主轴速度 S 保持存储状态。

（1）编程格式及意义

G4 F__　　暂停时间单位为 s
G4 S__　　暂停主轴的转数

（2）编程举例

```
N10  G1  Z-10 F50 S400 M3
N20  G4  F2                暂停 2s
N30  G0  Z50               主轴上升
N40  G4  S80               主轴暂停 80r,相当于在 S=400r/min 和转速修调 100%时
                           暂停 12s
N50…
```

三、主轴运动

1. 主轴转速指令 S 和旋转方向

M3 表示主轴正转，M4 表示主轴反转，M5 表示主轴停止。对于 S __，S 后的数值为整数，是主轴转速，一般为无级变速。

2. 主轴转速极限指令（G25、G26）

通过在程序中写入 G25 或 G26 指令和地址 S 下的转速，可以限制特定情况下主轴的极限值范围。与此同时，原来设定数据中的数据被覆盖。

G25 或 G26 指令均要求一个独立的程序段,原先的编程速度 S 保持存储状态。

(1) 编程格式及意义

G25 S__　　　　　主轴转速的下限制

G26 S__　　　　　主轴转速的上限制

主轴转速的最高极限值在机床数据中设定。通过面板操作可以激活用于其他极限情况的设定参数。

(2) 编程举例

```
N10  G25  S30       主轴转速的下限:30r/min
N20  G26  S1200     主轴转速的上限:1200r/min
```

3. 主轴定位指令（SPOS）

对于可以进行位置控制的主轴,利用功能 SPOS 可以把主轴定位到一个确定的转角位置,然后主轴通过位置控制保持在这一位置,这在加工中心机床上换刀时,常用来定位主轴。定位运行的速度在机床数据中规定。

(1) 编程格式及意义

SPOS = __　　　　　　绝对位置：0°~360°

SPOS = ACP (__)　　　绝对数据输入,在正方向逼近位置

SPOS = ACN (__)　　　绝对数据输入,在反方向逼近位置

SPOS = IC (__)　　　　增量数据输入,符号规定运行方向

SPOS = DC (__)　　　　绝对数据输入,直接回到位置（使用最短行程）

(2) 编程举例

N10　SPOS = 0　　　　　主轴定位指令,位置点为 0°,即换刀时主轴位置

课题三　使用刀具补偿功能指令编程

一、一般说明

在进行编程时,编者无须考虑刀具长度或切削半径,可以直接根据图样对工件尺寸进行编程。

刀具参数单独输入到一专门数据区。在程序中只要调用所需的刀具号及其补偿参数,控制器利用这些参数执行所要求的轨迹补偿,就可加工出所要的工件。图 5-16 所示为用不同半径的刀具加工工件的情况。图 5-17 所示为返回工件位置的不同长度补偿的情况。

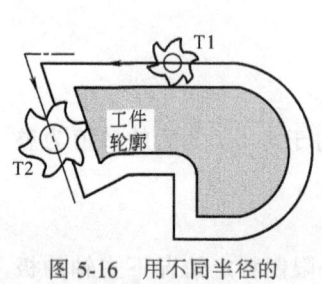

图 5-16　用不同半径的
刀具加工工件

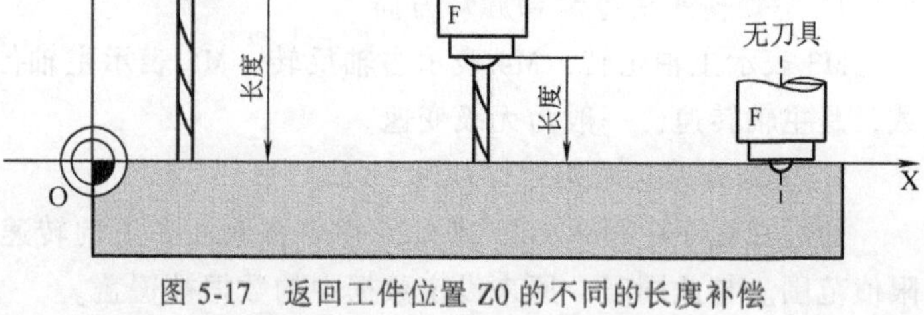

图 5-17　返回工件位置 Z0 的不同的长度补偿

二、刀具调用指令（T）

编程 T 指令可以选择刀具。在此，是用 T 指令直接更换刀具还是仅仅进行刀具的预选，这必须要在机床数据中确定。一般在数控车床中，转塔刀架就用 T 指令直接更换刀具；而加工中心机床仅用 T 指令预选刀具，另外还要用 M6 指令才可以进行刀具的更换。

刀具如果被激活，则它一直保持有效，不管程序是否结束以及电源是开是关。

（1）编程格式及意义

T…　　；刀具号，1~32000（刀具号总数根据刀库中实际存刀具数量决定），T0 没有刀具。

（2）编程举例

```
N10  T12       预选刀具 12 号
N20  M6        执行刀具更换,然后 T12 有效
```

三、刀具补偿号（D）

一个刀具可以匹配 1~9 几个不同补偿的数据组（用于多个切削刃）。用 D 及其对应的序号可以编程一个专门的切削刃。如果没有编写 D 指令，则 D1 自动生效。如果编程 D0，则刀具补偿值无效。系统中最多可以同时存储 64 个刀具补偿数据组。

（1）编程格式及意义

D __　　　刀具补偿号：1~9

D0　　　　没有补偿值有效

给刀具确定刀具补偿号的例子如图 5-18 所示。

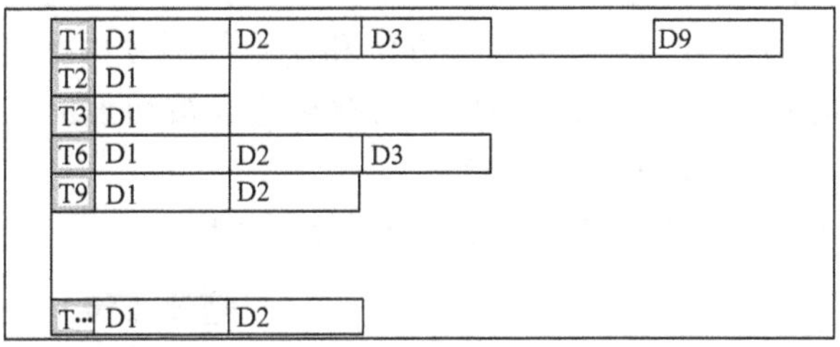

T1	D1	D2	D3		D9
T2	D1				
T3	D1				
T6	D1	D2	D3		
T9	D1	D2			
T…	D1	D2			

图 5-18　刀具中刀具补偿号匹配举例

需要特别说明两点（这与其他数控系统如 FANUC、华中等不同）：

1）西门子系统在刀具调用后，刀具长度补偿立即生效。如果没有编程 D 号，则 D1 值自动生效。先编程的长度补偿先执行，对应的坐标轴也先运行。

2）要想使半径补偿有效，必须使 G41/G42 激活。G41/G42 执行时，半径补偿值才能生效。

（2）编程举例

```
N10  T1                     预选 1 号刀具
N20  M6                     执行刀具更换,T1 中的 D1 值生效
N30  G0 G54 X0 Y0 Z50       在 G17 平面中,Z 是刀具长度补偿,长度补偿在此覆盖
…
```

N60 G0 Z50 D2	刀具1中D2值生效,D1→D2长度补偿的差值在此覆盖
N70 T2	预选2号刀具,此时T1中的D2仍然有效
N80 D2 M6	执行刀具更换,T2中的D2值生效

(3) 补偿存储器内容　补偿存储器内容有两个:

1) 刀具类型。它包括钻头和铣刀等。

2) 几何尺寸。它指的是长度、半径几何尺寸(由许多分量组成:基本尺寸和磨损尺寸)。控制器处理这些分量,计算并得到最后尺寸(如总的长度、总的半径)。在激活补偿存储器时这些最终尺寸有效。

四、刀具半径补偿指令 (G41、G42、G40)

刀具在所选择的G17~G19平面中带刀具半径补偿工作。刀具必须有相应的D号才能生效。刀具半径补偿通过G41/G42生效。控制器自动计算出当前刀具运行所产生的与编程轮廓等距离的刀具轨迹。图5-19所示为刀具半径补偿时刀具的运行情况。

(1) 编程格式及意义

G41　　　　刀具半径左补偿被激活,沿切削方向看,刀具在工件轮廓的左边

G42　　　　刀具半径右补偿被激活,沿切削方向看,刀具在工件轮廓的右边

G40　　　　取消刀具半径补偿

注意:

1) 只有在线性插补时(G0、G1)才可以进行G41/G42的选择。编程的两个坐标轴(如G17:X,Y),如果只给出一个坐标轴的尺寸,则第二个坐标轴自动地以最后编程的尺寸赋值。

2) G41/G42半径补偿量不能大于零件轨迹间距,否则会引起过切。

(2) 半径补偿方向的判别　可按下面的方法和原则判别方向:过补偿点,垂直于进给方向,顺着刀具的进给方向看,刀具中心位于轮廓轨迹(被切削的工件实体)哪侧。如果在左侧即左补偿G41,在右侧即右补偿G42。

图5-20所示为工件轮廓左边和右边补偿方向判别实例。

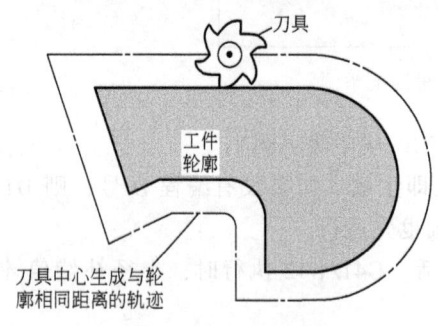

图5-19　刀具半径补偿

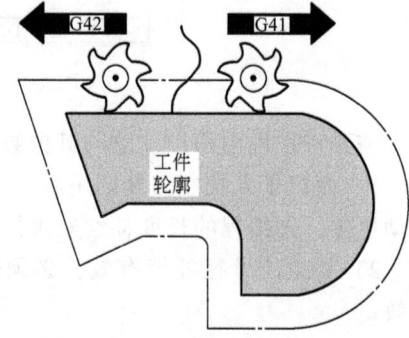

图5-20　工件轮廓左边/右边补偿

五、刀具半径补偿举例

刀具半径补偿的使用要特别注意的是G41/G42的切入方向和刀具半径补偿取消G40的撤销方向,不能使刀具运行时发生碰撞。选择起始点和终止点的时候要选择合理。许多时候

由于选择不当,导致程序出错、零件轮廓被过切或在零件轮廓上留下多余残留料。图 5-21 所示为半径补偿编程举例。注意补偿的加入点和撤销点的位置。编程轮廓轨迹从起点 (-20, -30) →A→B→C→D→E→F→A→终点(起点)。刀具为 φ16mm 的立铣刀。

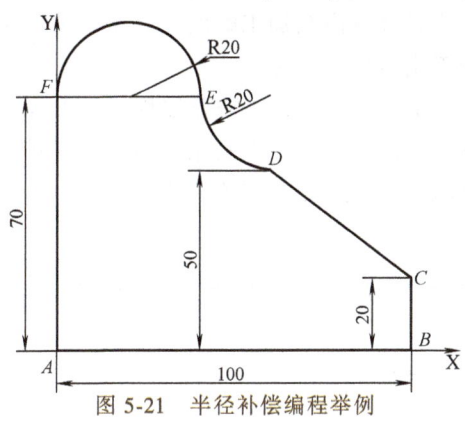

图 5-21 半径补偿编程举例

编制的程序名为 CZ6.MPF。

%__N__CZ6__MPF	主程序名
;$ PATH=/__N__MPF__DIR	传输格式
N10 G53 G90 G94 G40 G17	机床坐标系,绝对编程,分进给,取消刀补,切削平面;安全指令
N20 T1 M6	换 1 号刀,即 φ16mm 立铣刀
N30 S600 M3	主轴正转,转速为 600r/min
N40 G0 G54 X-20 Y-30 D1	工件坐标系建立,刀具长度补偿值加入,快速定位
N50 G0 Z2 M7	快速下刀,切削液开
N60 G1 Z-5 F200	工件进刀
N70 G1 G42 X-10 Y0 F100	刀具半径右补偿 G42 的加入。通过改变 T1D1 中的半径值,可以实现对轮廓的粗加工和精加工
N80 X0	到达图 5-21 中 A 点
N90 X100	轮廓加工到图 5-21 中 B 点
N100 Y20	轮廓加工到图 5-21 中 C 点
N110 X60 Y50	轮廓加工到图 5-21 中 D 点
N120 G2 X40 Y70 I0 J20	轮廓加工到图 5-21 中 E 点
N130 G3 X0 Y70 I-20 J0	轮廓加工到图 5-21 中 F 点
N135 G1 Y0	轮廓加工到图 5-21 中 A 点
N140 G1 Y-10	退出实体
N150 G1 G40 X-20 Y-30	撤销刀具半径补偿,回到刀具起点
N160 G0 G90 Z200	快速抬刀
N170 M9	切削液关
N180 M5	主轴停转
N190 M30	主程序结束

还需要指出的是对轮廓加工时,从加工工艺上考虑,需要对轮廓进行粗加工后再进行精加工。在编程时,就只要编制精加工程序。在此,可通过改变当前刀具半径补偿值来实现对

轮廓的粗加工和精加工。铣削外形时，将半径补偿值改大，则轮廓外形尺寸就变大，可实现粗加工。铣削内型腔时，将半径补偿值改大，则内轮廓尺寸就变小，可实现粗加工。一般从经验数据上，半径值改大 0.2~0.3mm 比较合理。粗加工后，对工件进行实际测量，根据测量值和图样尺寸进行比较来修整计算出精加工时的刀具半径值，再对工件进行精加工。这样才可以满足加工的要求，加工出合格的零件。

上述例子中，G40 的撤销是一种方法，这需要编程者对刀具取消后的路径很熟悉。但为了避免刀具碰撞工件，最好采用的办法是在刀具抬刀后，再撤销刀具半径补偿，即将上述例子中的 N150 和 N160 段对调即可。这是很保险的做法。

课题四　使用简化功能指令编程

一、任意角度倒角/拐角圆弧

编写外形和型腔的程序时，经常出现倒角与拐角圆弧的现象，此时可将倒角和拐角圆弧的程序段省略，而在相连的两程序段间（直线插补与直线插补程序段之间、直线插补与圆弧插补程序段之间、圆弧插补与直线插补程序段之间、圆弧插补与圆弧插补程序段之间）自动地插入，从而简化编程。

1. 编程格式

倒角　　　　G1　X__　Y__　F__　CHR=__
拐角圆弧　　G1　X__　Y__　F__　RND=__
　　　　　　G2/G3　X__　Y__　CR=__　F__　RND=__

在 CHR= 之后，指定从虚拟拐点到拐角起点和终点的距离，虚拟拐点是指假定不执行倒角，而实际存在的拐角点，如图 5-22a 所示。在 RND= 之后，指定拐角圆弧的半径，如图 5-22b 所示。X 与 Y 的坐标值，在 G90 时表示虚拟拐点的绝对坐标，在 G91 时表示虚拟拐点相对于前一点的坐标值。

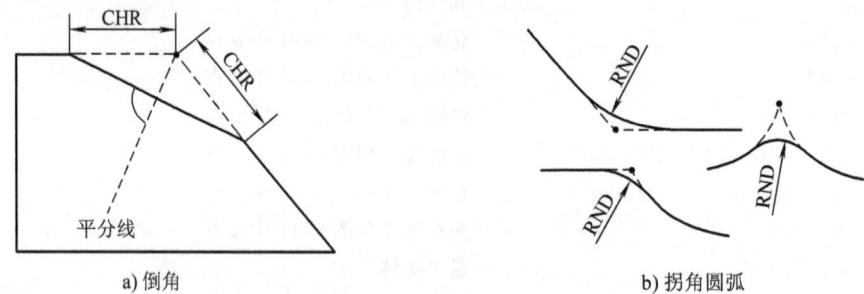

a) 倒角　　　　　　　　　　　　b) 拐角圆弧

图 5-22　任意角度倒角/拐角圆弧

2. 指令应用

以图 5-23 为例，完成轮廓的精加工编程，零件选材为 45 钢，外形尺寸为 100mm×80mm×20mm，已经完成加工。选用 ϕ10mm 的三刃立铣刀进行轮廓的精加工，精加工时半径补偿为 5mm，被加工轮廓上表面左下角位置为刀具执行长度补偿后的工件坐标系原点，起刀点为 $Q(-25,-20)$，轮廓从点 $A(0,0)$ 开始顺时针走刀。

编制的程序名为 CZ7.MPF。

```
%__N__CZ7__MPF              主程序名
;$PATH=/__N__MPF__DIR        传输格式
N1   M6T1
N2   G54 G90 G71 G94 M3 S400
N3   G0 Z100 D1 M8
N4   X-25 Y-20
N5   Z5
N6   G1 Z-5 F80
N7   G41 D1 X0
N8   Y0                      引入刀具半径左补偿到图 5-23 中起切点 A
N9   Y60 CHR=5               图 5-23 中虚拟点 B/倒角
N10  X40 CHR=5               图 5-23 中虚拟点 C/倒角
N11  Y45 RND=5               图 5-23 中虚拟点 D/拐角圆弧
N12  X70 RND=5               图 5-23 中虚拟点 E/拐角圆弧
N13  G2 X40 Y15 CR=30 RND=5  图 5-23 中虚拟点 F/拐角圆弧
N14  G1 Y0 CHR=5             图 5-23 中虚拟点 G/倒角
N15  X0                      到图 5-23 中终切点(亦是起切点)A
N16  X-25                    取消刀具半径补偿
N17  G40 Y-20
N18  G0 Z0 D0 M9
N19  M5
N20  M30
```

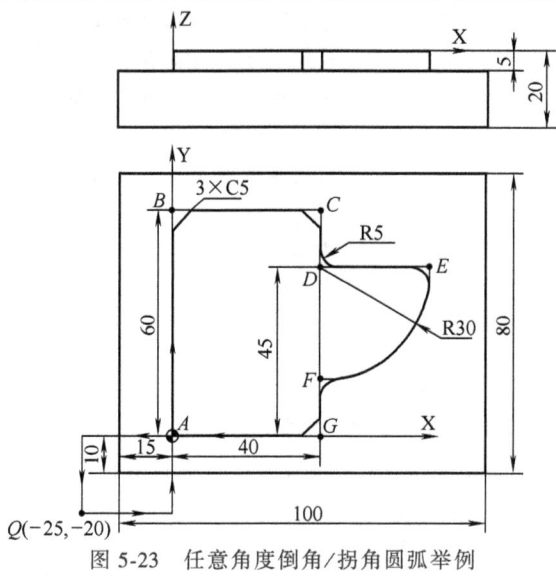

图 5-23　任意角度倒角/拐角圆弧举例

二、可编程零点偏移指令（TRANS、ATRANS）

如果工件上在不同的位置有重复出现的形状或结构，或者选用了一个新的参考点，在这种情况下就需要使用可编程零点偏移。由此就产生了一个当前工件坐标系，新输入的尺寸均是在该坐标系中的数据尺寸。

1. 编程格式

TRANS　X__　Y__　Z__　　　　可编程的偏移，清除所有关于偏移、旋转、比例系数、镜像的指令

ATRANS　X__　Y__　Z__　　　可编程的偏移，附加于当前的指令

TRANS　　　　　　　　　　　　不带数值，取消可编程的零点偏移，可设置的零点偏移仍处于有效状态

TRANS/ATRANS 指令要求一个独立的程序段。

2. 编程实例

如图 5-24 所示工件，所描述的形状在同一个程序里出现过两次。这个形状的加工程序储存在子程序里。用平移命令来设置这些工件零点，然后去调用子程序。

图 5-24 所示工件编写程序如下，程序名为 CZ8. MPF。

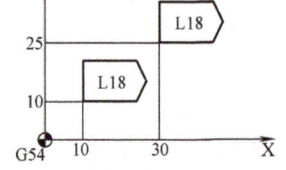

图 5-24 可编程零点平移举例

```
% __N__CZ8__MPF                    主程序名
;$ PATH=/__N__MPF__DIR             传输格式
N10  G53  G90  G94  G40  G17       机床坐标系,绝对编程,分进给,取消刀补,切削平面;安全指令
N20  T1  M6                        换1号刀
N30  S800  M3                      转速为800r/min,主轴正转
N40  G0  G54  X0  Y0  D1           工件坐标系建立,刀具长度刀补值加入,快速定位
N50  G0  Z2                        快速下刀
N60  TRANS  X10  Y10               绝对平移,将G54工件坐标系平移到位置(10,10)
N70  L18                           调用子程序,在此省略
N80  TRANS  X30  Y25               绝对平移,将G54工件坐标系平移到位置(30,25)
N90  L18                           调用子程序
N100 TRANS                         取消偏移,回到G54工件坐标系中
N110 G0  G90  Z200                 快速抬刀
N120 M5                            主轴停转
N130 M30                           主程序结束
```

三、可编程旋转指令（ROT、AROT）

在某些零件的加工过程中，经常遇到个别轮廓相对于直角坐标轴偏转了一定的角度，如果根据旋转后的实际加工轨迹进行编程，那么各点坐标计算的工作量将大大增加。此时可应用旋转指令，按未旋转的轨迹进行编程，从而简化了编程。在 SINUMERIK 802D 系统中，如果轮廓不绕坐标系原点旋转，必须先通过可编程的零点偏移（坐标系移动到旋转点）后再执行可编程旋转。

ROT/AROT 可以使工件坐标系在 G17 平面内绕着设定的轴（设定的工件坐标系或坐标系偏移后的 Z 轴）旋转一个角度，使用坐标旋转功能之后，新输入的尺寸均是在当前坐标系中的数据尺寸。

1. 编程格式

ROT RPL=__	坐标系的旋转，旋转中心默认为工件坐标系原点
…	坐标系未旋转的程序段（G90/G91 编程均可）
ROT	没有设定值，取消可编程旋转
或者	
X__ Y__	旋转中心，与工件坐标系原点不重合
AROT RPL=__	绕当前点的旋转
…	坐标系未旋转的程序段（必须用 G91 编程）
AROT	没有设定值，取消可编程旋转
或者	
TRANS X__ Y__	工件坐标系原点平移至原坐标系中的 X、Y 坐标值位置
AROT RPL=__	绕偏移后的工件坐标系旋转
…	坐标系未旋转的程序段（G90/G91 编程均可）
TRANS	取消所有偏移、旋转等指令

2. 指令和参数的意义

ROT　　　相对于目前通过 G54～G59 指令建立的工件坐标系零点的绝对旋转。
AROT　　相对于目前有效的设置或编程零点的相对旋转。
RPL　　　在平面内的旋转：坐标系统旋转过的角度。

3. 功能

ROT/AROT 可以围绕几何轴（X，Y，Z）中的一个旋转坐标系统，也可以在给定的平面内（G17～G19）或围绕垂直于它们的进给轴旋转一定的角度得到旋转后的坐标系统。这使得倾斜的表面或几个工件边在一次设置中被加工出来。

旋转方向：沿着第三坐标轴的正方向往负方向看过去，逆时针方向为正，反之为负。图 5-25 所示为在不同的平面内旋转角正方向的定义。

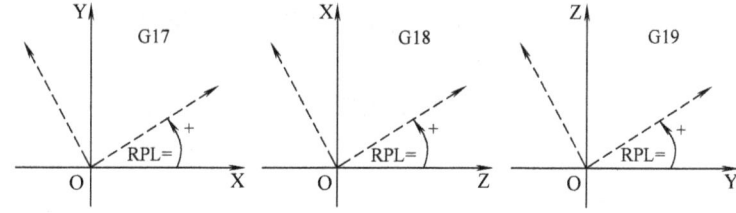

图 5-25　在不同的平面内旋转角正方向的定义

4. 编程举例

图 5-26 所示为可编程的偏移和旋转编程举例。

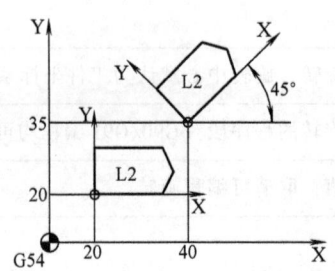

图 5-26 可编程的偏移和旋转编程举例

图 5-26 所示零件加工编程如下,程序名为 CZ9.MPF。

```
%__N__CZ9__MPF                主程序名
;$PATH=/__N__MPF__DIR          传输格式
N10   G53  G90  G94  G40  G17  机床坐标系,绝对编程,分进给,取消刀补,切削平面;安全指令
N20   T1  M6                   换1号刀
N30   S800  M3                 主轴正转,转速为800r/min
N40   G0  G54  X0  Y0  D1      工件坐标系建立,刀具长度刀补值加入,快速定位
N50   G0  Z2                   快速下刀
N60   TRANS  X20  Y20          绝对平移,将G54工件坐标系平移到位置(20,20)
N70   L2                       调用子程序,在此省略
N80   TRANS  X40  Y35          绝对平移,将G54工件坐标系平移到位置(40,35)
N90   AROT  RPL=45             附加旋转45°
N100  L2                       调用子程序
N110  TRANS                    取消偏移和旋转,回到G54工件坐标系中
N120  G0  G90  Z200             快速抬刀
N130  M5                        主轴停转
N140  M30                       主程序结束
```

四、可编程的比例系数指令(SCALE、ASCALE)

用 SCALE 和 ASCALE 可以为所有坐标轴编程一个比例系数,按此比例使所给定的轴放大或缩小。

1. 编程格式

SCALE X__ Y__ Z__   可编程的比例系数,清除所有关于偏移、旋转、比例系数、镜像的指令

ASCALE X__ Y__ Z__   可编程的比例系数,附加于当前的指令

SCALE   不带数值,取消可编程的比例系数

2. 命令和参数的意义及功能

SCALE:相对目前通过 G54~G59 所设置的有效的坐标系统来绝对缩放。

ASCALE:相对目前有效的设置或编程的坐标系统的相对缩放。

X、Y、Z:在特定轴方向的比例因子。

SCALE/ASCALE 指令要求一个独立的程序段。需要说明的是:

1) 图形为圆形时,两个轴的比例系数必须一致。
2) 如果在 SCALE/ASCALE 有效时编程 ATRANS,则偏移量也同样被比例缩放。

3. 编程举例

图 5-27 所示零件有三个形状,两个形状相同,这两个形状均为第一个小的形状通过放大得到。在这种情况下,编写小形状的加工程序储存在子程序里,通过平移来设置另两个工件零点,通过缩放来缩放轮廓,然后再调用子程序。

图 5-27 所示零件编写的程序名为 CZ10.MPF,加工程序如下:

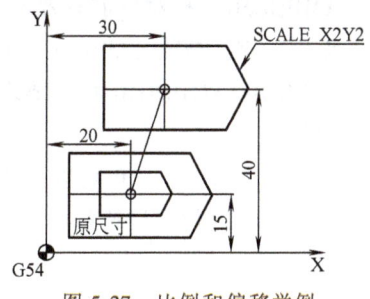

图 5-27 比例和偏移举例

%__N__CZ10__MPF	主程序名
;$PATH=/__N__MPF__DIR	传输格式
N10 G53 G90 G94 G40 G17	机床坐标系,绝对编程,分进给,取消刀补,切削平面;安全指令
N20 T1 M6	换 1 号刀
N30 S800 M3	主轴正转,转速为 800r/min
N40 G0 G54 X0 Y0 D1	工件坐标系建立,刀补值加入,快速定位
N50 G0 Z2	快速下刀
N60 TRANS X20 Y15	绝对平移,将 G54 工件坐标系平移到位置(20,15)
N70 L5	调用子程序,在此省略
N80 SCALE X2 Y2	X 轴和 Y 轴方向的轮廓放大 2 倍
N90 L5	调用子程序
N100 ATRANS X5 Y12.5	相对平移值也按编程放大两倍,即 X5 变成 X10、Y12.5 变成 Y25;G54 工件坐标系从(15,20)平移到(30,40)
N110 L5	调用子程序
N120 SCALE	取消比例系数
N130 TRANS	取消零点偏移,回到 G54 工件坐标系中
N140 G0 G90 Z200 M5	快速抬刀,主轴停转
N150 M30	主程序结束

五、可编程的镜像指令(MIRROR、AMIRROR)

用 MIRROR 和 AMIRROR 可以以坐标轴镜像工件的几何尺寸。编程了镜像功能的坐标轴,其所有运动都以反向运动。

1. 编程格式

MIRROR X0 Y0 Z0	可编程的镜像功能,清除所有偏移、旋转、比例系数、镜像的指令
AMIRROR X0 Y0 Z0	可编程的镜像功能,附加于当前的指令
MIRROR	不带数值,取消镜像功能

2. 命令和参数的意义及功能

MIRROR：相对目前通过 G54~G59 所设置的有效的坐标系统来绝对镜像。

AMIRROR：相对目前有效的设置或编程的坐标系统的相对镜像。

X、Y、Z：被改变的坐标轴的方向，这里的值可以随便选择，如 X0 Y0 Z0。

MIRROR/AMIRROR 指令要求一个独立的程序段。坐标轴的数值没有影响，但必须定义一个数值。

MIRROR/AMIRROR 可以被用来在坐标轴上镜像工件形状，所有编程的平移运动在镜像以后可以在新的位置被执行。

说明：

1）在镜像功能有效时，已经使用的刀具半径补偿（G41/G42）自动反向。

2）在镜像功能有效时，旋转方向 G2/G3 自动反向。

3. 编程举例

图 5-28 所示为镜像功能编程举例。图 5-28 所示零件编写的程序名为 CZ11.MPF，加工程序如下：

```
%__N__CZ11__MPF                主程序名
;$PATH=/__N__MPF__DIR          传输格式
…                               前段省略
N10  G17                        X/Y 平面,Z 轴垂直该平面
N20  L10                        调用子程序,轮廓编程,带 G41
N30  MIRROR  X0                 关于 Y 轴镜像
N40  L10                        调用子程序,轮廓编程
N50  MIRROR  Y0                 关于 X 轴镜像
N60  L10                        调用子程序,轮廓编程
N70  AMIRROR  X0                在关于 X 轴镜像的基础上,再关于 Y 轴镜像,即对 X/Y 方向
                                都镜像
N80  L10                        调用子程序,轮廓编程
N90  MIRROR                     取消镜像功能
…                               后段省略
```

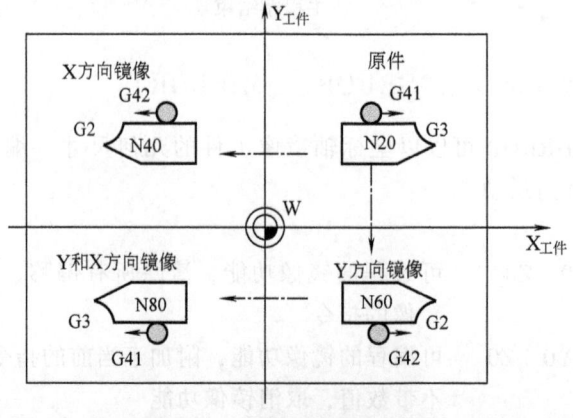

图 5-28 镜像功能编程举例

六、子程序

1. 概述

原则上讲，主程序和子程序之间并没有多大的区别。用子程序编写经常重复进行的加工，如某一个确定的轮廓形状。这时，就把那些重复的部分编写成一个子程序，以便主程序在需要的时候进行调用、运行。

子程序的一种形式就是加工循环，加工循环包含一般通用的加工工序，如螺纹切削、坯料切削加工等。通过规定的计算参数赋值就可以实现各种具体的加工。图5-29所示为子程序的内涵。

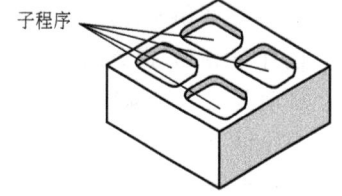

图5-29 一个工件加工中4次调用子程序

（1）程序的结构 子程序的结构与主程序相同，子程序以 M17 结尾，意指返回调用子程序的地方。

在子程序中，程序结尾符 RET 可以替换 M17，RET 必须单段编程。

（2）子程序的名字 为了方便地选择某一子程序，必须给子程序取一个程序名。程序名可以自由选取，但必须符合以下规定：

1）开始的两个符号必须是字母。
2）其后的符号可以是字母、数字或下划线。
3）最多为16个字母。
4）不得使用分隔符。

子程序中还可以使用地址字 L，其后的值可以有 7 位（只能为整数）。

注意：使用地址字 L 时，L 之后的零均有意义，不可省略。如 L128 并非 L0128 或 L00128。以上表示 3 个不同的子程序。

（3）编程举例 在一个程序中（主程序或子程序）可以直接用程序名调用子程序。子程序调用要求占用一个独立的程序段。如果要求多次地执行某个子程序，则在编程时必须在所调用子程序的程序后地址 P 下写入调用次数，最大次数可以为 9999（P1～P9999）。

```
N10   L123              调用子程序 L123
N20   CZ789             调用子程序 CZ789
N30   L456P3            调用子程序 L456,运行 3 次
```

（4）子程序嵌套深度 子程序不仅可以从主程序中调用，也可以从其他子程序中调用，这个过程称为子程序的嵌套。子程序的嵌套可以为 8 层，也就是 8 级程序界面（包括主程序界面）。图5-30所示为8级程序界面运行过程。

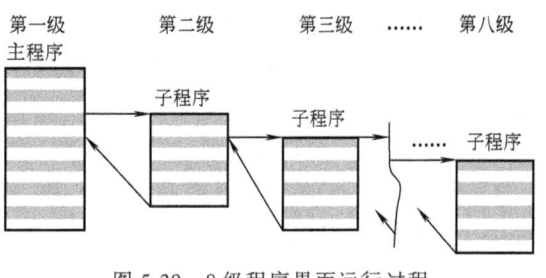

图5-30 8级程序界面运行过程

注意：在子程序中可以改变模态有效的 G 功能，如 G90 到 G91 的变换。在返回调用程序时应检查一下所有模态有效的功能指令，并按照要求进行调整。对于 R 参数也需要注意，不要无意识地用上级程序界面中所使用的计算参数来修改下级程序界面的计算参数。

2. 调用加工循环

循环是指用于特定加工过程的工艺子程序，如用于钻削、坯料切削或螺纹切削等。循环在用于各种具体加工过程时只要改变参数即可。

编程举例：

```
N10  CYCLE83 (30, ,3,…)      调用循环 83,单独程序段
```

3. 模态调用子程序

在有 MCALL 指令的程序段中调用子程序，如果其后的程序段中含有轨迹运行，则子程序会自动调用。该调用一直有效，直到调用下一个程序段。用 MCALL 指令模态调用子程序的程序段以及调用结束指令均需要一个独立的程序段。

编程举例：

```
N10  MCALL  CYCLE82 (30, ,3,3000)    模态调用钻孔循环 82,单独程序段
```

课题五　使用固定循环指令编程

一、概述

循环是指用于特定加工过程的工艺子程序，如用于钻削、坯料切削或螺纹切削等。循环在用于各种具体加工过程时只要改变参数就可以。

固定循环是指数控系统的生产厂家为了方便编程人员编程，简化程序而特别设计的，利用一条指令即可由数控系统自动完成一系列固定加工循环动作的功能。这些固定循环因数控系统不同而不同，而且即使是同一系统，由于其型号（控制类型）的区别也各不相同。

1. 循环的种类

SINUMERIK 802D 系统循环指令包括钻孔循环、钻孔样式循环和铣削循环（见表 5-2）。辅助循环子程序包括 CYCLESM.SPF、STEIGUNG.SPF、MELDUNG.SPF。这些子程序必须始终装入系统中，否则这些循环无法使用。

2. 编程循环

在程序编制中使用循环语句，循环执行时当前程序块中显示调用。调用循环时，有关循环的定义参数可以通过参数列表传输。注意：循环调用必须编程在单独的程序块中。

标准循环参数赋值的基本说明：

1）顺序和类型。参数定义时顺序必须遵守，一个循环每个定义的参数具有特定的数据类型。

2）R 参数（只允许数字值）和恒量。R 参数必须在调用程序中最先赋值。

3）使用不完整的参数列表和忽略参数。用")"终止参数列表。用"…, …"来占有空间，表示省略的部分。

二、钻孔循环

1. 概述

钻孔循环用于钻孔、镗孔、攻螺纹等规定的动作顺序。这些循环以具有

使用固定循环指令编程

定义的名称和参数表的子程序的形式来调用。

钻孔循环需定义两种类型的参数：几何参数和加工参数。几何参数包括参考平面和返回平面，以及安全间隙或相对的最后钻孔深度。

(1) 固定循环中各平面的定义

1）加工开始平面（亦称参考平面）。这一平面为固定循环加工时 Z 向由快进转变为进给的位置，不管刀具在 Z 轴方向的起始位置如何，固定循环执行时的第一个动作总是将刀具沿 Z 向快速移动到这一平面上。因此，必须选择加工开始平面高于加工表面。

2）加工底平面。这一平面的选择决定了最后钻孔的深度，因此加工底面在 Z 向的坐标即可作为加工底平面。在立式加工中心中，由于规定刀具离开工件为 Z 正向，所以加工底平面必须低于加工开始平面。

3）加工返回平面。这一平面规定了在固定循环中 Z 轴加工至底面后，返回哪一个位置，而在这一位置上工作台 XY 平面应可以做定位运动，因此，加工返回平面必须等于或高于加工开始平面。

图 5-31 所示为各个平面在工件坐标系中的定义。

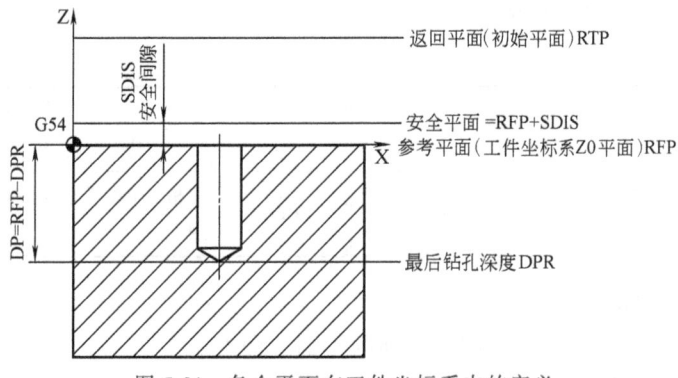

图 5-31　各个平面在工件坐标系中的定义

(2) 平面选择原则　考虑到实际加工的需要，对这三个平面一般按以下选择：

1）对于毛坯加工，加工开始平面一般高于加工表面 5mm 左右，对于粗加工完成后的加工，加工开始平面一般高于加工表面 2mm。

2）加工返回平面要求高于加工开始平面，并且保证在下次 XY 定位过程中不会碰撞工作台上的任何工件或夹具，同时，即使加工表面为平面，也必须遵循以下原则：对于毛坯，使用刚性攻螺纹循环（CYCLE84）时，返回平面必须高于加工表面 8~10mm。对于柔性攻螺纹（CYCLE840），返回平面必须高于加工表面 5mm 以上。

3）加工底面选择应考虑到通孔时的加工实际情况，因此在这种情况下对于加工底平面选择应在加工底面再加上一个钻头的半径为宜，以保证能可靠钻通。通常通孔钻孔深度 $H=$ 孔深 $h+0.5D$（钻头直径）。

(3) 钻孔循环调用和返回条件　钻孔循环是独立于实际轴名称而编程的。所以调用时要注意以下几个方面：

1）循环调用之前，前面程序必须使之到达孔的位置。

2）在钻孔循环中没有定义进给率、主轴转速和主轴旋转方向的值，则必须在零件程序中给定。

3) 循环指令之前，有效的 G 功能和当前数据记录在循环之后仍然有效。

(4) 钻孔循环的运动顺序

1) 孔点坐标 X、Y 轴定位。

2) Z 轴快速靠近参考平面。

3) Z 轴以进给速度加工至底平面。

4) 在孔底的动作。

5) 退回参考平面。

6) Z 轴快速返回初始平面（返回平面）。

此运动顺序所有钻孔循环都应遵守。但具体的循环指令定义的步骤又有所不同，要分别对待。

2. 钻孔、中心钻孔指令 CYCLE81

(1) 编程格式

CYCLE81（RTP，RFP，SDIS，DP，DPR）

(2) 参数的意义　参数的意义见表 5-7。

表 5-7　CYCLE81 参数

参　数	参数的意义	参　数	参数的意义
RTP	后退平面(返回平面,绝对)	DP	最后钻孔深度(绝对)
RFP	参考平面(绝对)	DPR	相当于参考平面的最后钻孔深度(无符号输入)
SDIS	安全间隙(无符号输入)		

CYCLE81 钻孔的运动顺序如下（见图 5-32）：

1) Z 轴快速（G0）到达安全间隙之前的平面，即安全平面。

2) Z 轴以进给速度（G1）进给至最后的钻孔深度。

3) Z 轴快速（G0）返回至返回平面 RTP。

(3) 编程举例　图 5-33 所示为 CYCLE 81 钻孔举例。程序名为 XH81.MPF，加工程序如下：

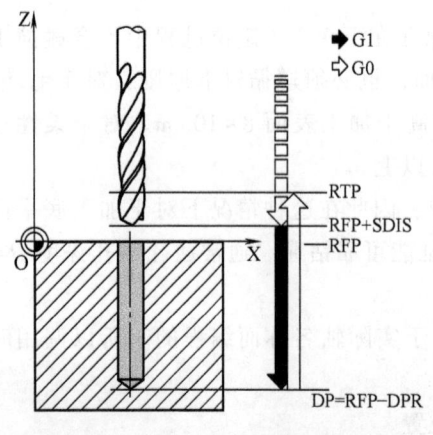

图 5-32　CYCLE81 钻孔的运动顺序

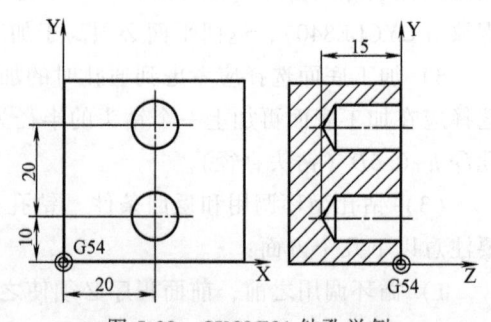

图 5-33　CYCLE81 钻孔举例

%__N__XH81__MPF	主程序名
;$PATH=/__N__MPF__DIR	传输格式
N10 G53 G90 G94 G40 G17	机床坐标系,绝对编程,分进给,取消刀补,切削平面指定;安全指令
N20 T1 M6	换1号刀
N50 M3 S600 F50	主轴正转,转速为600r/min,定义进给速度
N60 G0 G54 X20 Y10 D1	快速定位,工件坐标系建立,刀具长度补偿值加入
N70 Z50 M7	快速进刀,切削液开
N80 CYCLE81(30, ,3,-15)	调用钻孔指令钻孔,退回平面在Z30处,参考平面Z0,安全间隙为3mm,最后钻孔深度为Z-15,相当于参考平面的最后钻孔深度15mm
N90 X20 Y30	移到下一个钻孔位置
N100 CYCLE81(30, ,3, ,15)	调用钻孔指令钻孔,退回平面在Z30处,参考平面Z0,安全间隙为3mm,最后钻孔深度为Z-15,相当于参考平面的最后钻孔深度15mm
N110 G0 G90 Z200 M5	快速抬刀,主轴停转
N120 M9	切削液关
N130 M30	程序结束

说明：

1) RTP项不可省略。

2) 如果RFP省略，系统认为参考平面取在Z0处。

3) 如果SDIS省略，则Z轴以G0快速移动到RFP确定的平面，然后以G1钻孔。

4) DP与DPR二者只能省略其一。如果同时输入DP和DPR，最后钻孔深度则来自DPR；如果该值不同于由DP编程的绝对值深度，在信息栏会出现"深度：符合相对深度值"。

5) 省略时用逗号","隔开，逗号与逗号之间可以加空格也可以连续两个逗号；省略最后一个时，可不加逗号。

以下的程序段等效：

CYCLE81 (30, 0, 3, -15, 15)——G0移动到Z3；钻孔深度为Z-15。

CYCLE81 (30, , 3, -15,)——参考平面Z0省略；DPR省略。

CYCLE81 (30, 3, , -15)——参考平面为Z3；无安全间隙（SDIS省略）；DPR省略。

CYCLE81 (30, , 3, , 15)——参考平面Z0省略；DP省略，由参考平面往下计算孔深：(0-15)mm=-15mm。

CYCLE81 (30, 1, 2, -20, 16)、CYCLE81 (30, 1, 2, , 16) 或 CYCLE81 (30, 1, 2, -3, 16)——参考平面为Z1；安全间隙为2mm；-20及-3不起作用；由参考平面往下计算孔深：(1-16)mm=-15mm。

CYCLE81 (30, -2, 5, -15, 13)、CYCLE81 (30, -2, 5, -15) 或 CYCLE81 (30, -2, 5, , 13)——参考平面为Z-2；安全间隙为5mm；由参考平面往下计算孔深：(-2-13)mm=-15mm。

3. 中心钻孔（锪孔）指令 CYCLE82

（1）编程格式

CYCLE82（RTP，RFP，SDIS，DP，DPR，DTB）

（2）参数的意义　参数的意义见表 5-8。

表 5-8　CYCLE82 参数

参　数	参数的意义	参　数	参数的意义
RTP	后退平面(返回平面,绝对)	DP	最后钻孔深度(绝对)
RFP	参考平面(绝对)	DPR	相当于参考平面的最后钻孔深度(无符号输入)
SDIS	安全间隙(无符号输入)	DTB	最后钻孔深度时的停顿时间(断屑)，单位为 s

图 5-34 所示为 CYCLE82 钻孔的运动顺序：

1）Z 轴快速（G0）到达安全间隙之前的平面，即安全平面。

2）Z 轴以 G1 进给至最后的钻孔深度。

3）在最后钻孔深度处的停顿时间。

4）Z 轴快速（G0）返回至返回平面 RTP。

（3）编程举例　图 5-35 所示为 CYCLE82 中心钻孔举例。程序名为 XH82.MPF，加工程序如下：

```
%__N__XH82__MPF               主程序名
;$PATH=/__N__MPF__DIR          传输格式
N10  G53  G90  G94  G40  G17   机床坐标系,绝对编程,分进给,取消刀补,切削平面指定;
                               安全指令
N20  T1  M6                    换 1 号刀
N50  M3  S500  F50             主轴正转,转速为 500r/min
N60  G0  G54  X26  Y18  D1     快速定位,工件坐标系建立,刀具长度补偿值加入
N70  Z50  M7                   快速进刀,切削液开
N80  CYCLE82(30, , 3, -12, , 1) 调用钻孔指令钻孔,退回平面在 Z30 处,参照平面 Z0,安全
                               间隙为 3mm,最后钻孔深度 Z-12,相当于参考平面的最
                               后钻孔深度 12mm,孔底暂停 1s
N110 G0  G90  Z200  M5         快速抬刀,主轴停转
N120 M9                        切削液关
N130 M30                       程序结束
```

4. 深孔钻孔指令（CYCLE83）

（1）编程格式

CYCLE83（RTP，RFP，SDIS，DP，DPR，FDEP，FDPR，DAM，DTB，DTS，FRF，VARI）

（2）参数的意义　参数的意义见表 5-9。

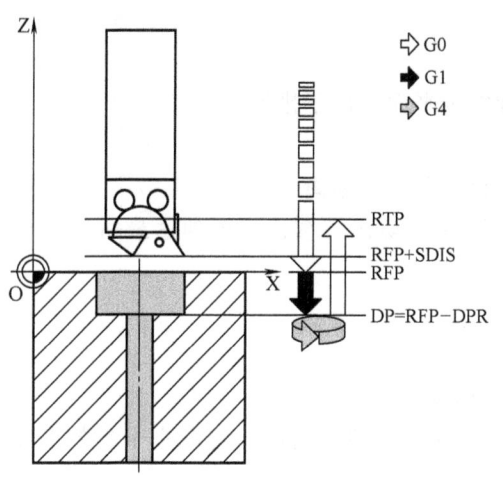

图 5-34 CYCLE82 钻孔的运动顺序

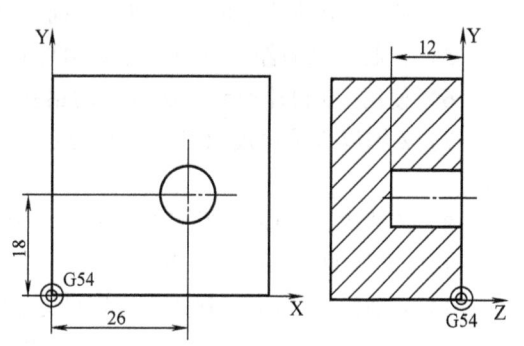

图 5-35 CYCLE82 中心钻孔举例

表 5-9 CYCLE83 参数

参数	参数的意义	参数	参数的意义
RTP	后退平面(返回平面,绝对)	FDPR	相当于参考平面的起始钻孔深度(无符号输入)
RFP	参考平面(绝对)	DAM	递减量(无符号输入)
SDIS	安全间隙(无符号输入)	DTB	最后钻孔深度时的停顿时间(断屑)
DP	最后钻孔深度(绝对)	DTS	起始点处和用于排屑的停顿时间
DPR	相当于参考平面的最后钻孔深度(无符号输入)	FRF	起始钻孔深度的进给率系数(无符号输入)值范围:0.001~1
FDEP	起始钻孔深度(绝对值)	VARI	加工类型:断屑=0,排屑=1

图 5-36 所示为 CYCLE83 深孔钻削排屑和断屑的运动顺序。

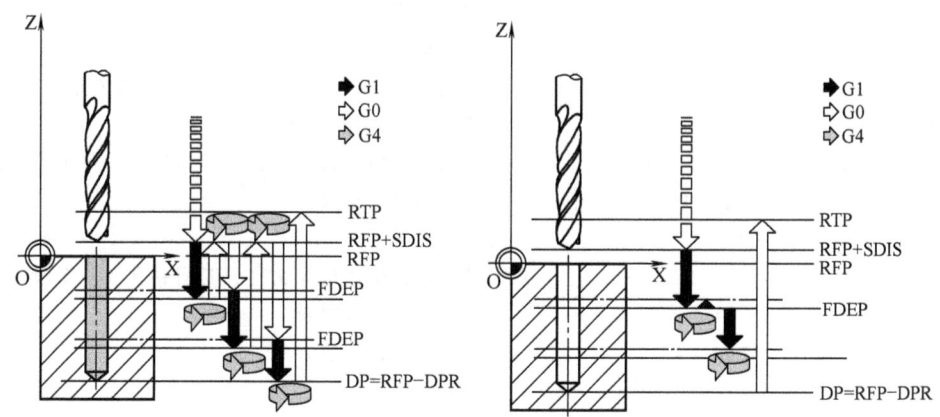

图 5-36 CYCLE83 深孔钻削排屑(左)和断屑(右)的运动顺序

钻削排屑的运动顺序如下:

1) Z 轴快速 (G0) 到达安全间隙之前的平面,即安全平面。

2) 使用 G1 移动到起始钻孔深度,进给来自程序调用中的进给率,它取决于参数 FRF

（进给率系数）。

3）在最后钻孔深度处的停顿时间（参数 DTB）。

4）使用 G0 快速返回安全间隙之前的平面，即安全平面，用于排屑。

5）在起始点的停顿时间（参数 DTS）。

6）使用 G0 快速回到上次到达的钻孔深度，并保持预留量距离。

7）Z 轴以进给速度（G1）进给至下一个钻孔深度（动作持续，直至到达最后的钻孔深度）。

8）Z 轴快速（G0）返回至返回平面 RTP。

钻削断屑的运动顺序如下：

1）Z 轴快速（G0）到达安全间隙之前的平面，即安全平面。

2）使用 G1 移动到起始钻孔深度，进给来自程序调用中的进给率，它取决于参数 FRF（进给率系数）。

3）在最后钻孔深度处的停顿时间（参数 DTB）。

4）使用 G1 从当前钻孔后退深度后退 1mm，采用调用程序中的进给率（用于断屑）。

5）使用 G1 按所编程的进给率执行下一个钻孔切削（该过程一直进行下去，直至到达最后的钻孔深度）。

6）Z 轴快速（G0）返回至返回平面 RTP。

（3）编程举例　图 5-37 所示为 CYCLE83 深孔钻孔举例。程序名为 XH83.MPF，加工程序如下：

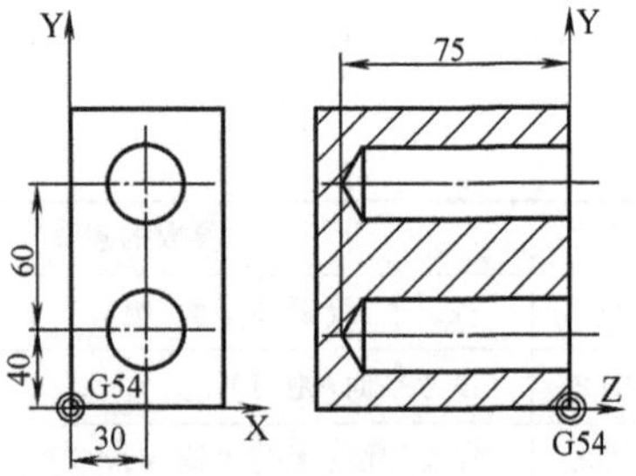

图 5-37　CYCLE83 深孔钻孔举例

% _ N _ XH83 _ MPF	主程序名
; $ PATH=/_ N _ MPF _ DIR	传输格式
N10　G53　G90　G94　G40　G17	机床坐标系,绝对编程,分进给,取消刀补,切削平面指定;安全指令
N20　T1　M6	换 1 号刀
N50　M3　S500　F50	主轴正转,转速为 500r/min,进给速度为 50mm/min
N60　G0　G54　X30　Y40　D1	快速定位,工件坐标系建立,刀具长度补偿值加入
N70　Z50　M7	快速进刀,切削液开
N80　CYCLE83 (30, ,3, -75, , -10, ,3, 0, 1, 0.8, 1)	调用深孔钻孔指令钻孔,排屑钻孔。各个参数意义请对照参数表
N90　G0　X30　Y100	定位
N100　CYCLE83 (30, ,3, ,-75, ,-10, 3, 1, 0, 0.8, 0)	调用深孔钻孔指令钻孔,断屑钻孔。各个参数意义请对照参数表
N110　G0　G90　Z200　M9	快速抬刀,切削液关
N120　M5	主轴停转
N130　M30	程序结束

5. 刚性攻螺纹指令（CYCLE84）

（1）编程格式

CYCLE84（RTP, RFP, SDIS, DP, DPR, DTB, SDAC, MPIT, PIT, POSS, SST, SST1）

（2）参数的意义　参数的意义见表 5-10。

表 5-10　CYCLE84 参数

参数	参数的意义	参数	参数的意义
RTP	后退平面（返回平面，绝对）	SDAC	循环结束时主轴的旋转方向，取值范围为 3、4、5，分别对应于 M3、M4、M5
RFP	参考平面（绝对）	MPIT	标准螺距，取值范围为 3(M3) ~ 48(M48)
SDIS	安全间隙（无符号输入）	PIT	螺距，取值范围为 0.001 ~ 2000.000mm
DP	最后钻孔深度（绝对）	POSS	主轴的准停角度
DPR	相当于参考平面的最后钻孔深度（无符号输入）	SST	攻螺纹进给速度
DTB	螺纹深度的停顿时间（断屑）	SST1	返回速度

图 5-38 所示为 CYCLE84 刚性攻螺纹的运动顺序：

1）Z 轴快速（G0）到达安全间隙之前的平面，即安全平面。
2）定位主轴停止（值在参数 POSS 中）以及将主轴转换为进给模式。
3）Z 轴以攻螺纹进给速度 SST 进给至底平面 DP。
4）底面暂停 DTB 确定的时间。
5）Z 轴以返回速度 SST1 到达安全间隙之前的平面，即安全平面。
6）Z 轴以 G0 速度和 SDAC 确定的主轴旋转方向返回至返回平面 RTP。

（3）编程举例　图 5-39 所示为 CYCLE84 刚性攻螺纹举例。程序名为 XH84.MPF，加工程序如下：

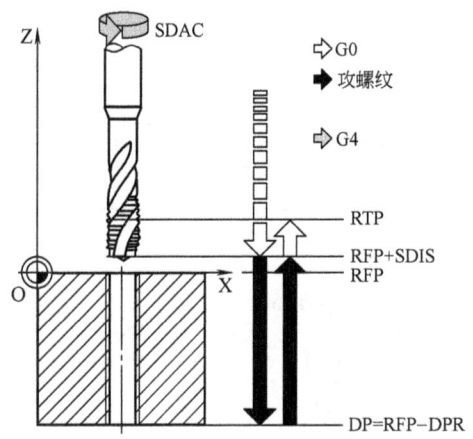

图 5-38　CYCLE84 刚性攻螺纹的运动顺序

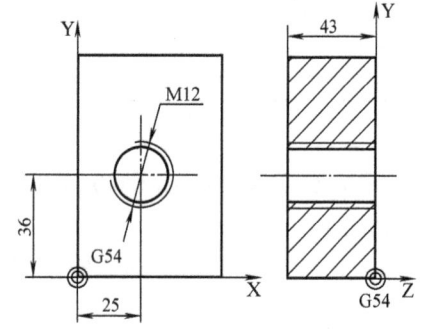

图 5-39　CYCLE84 刚性攻螺纹举例

```
%__N__XH84__MPF                       主程序名
;$PATH=/__N__MPF__DIR                 传输格式
N10 G53 G90 G94 G40 G17               机床坐标系,绝对编程,分进给,取消刀补,切削平面指
                                      定;安全指令
N20 T1 M6                             换 1 号刀
N30 M3 S200                           主轴正转,转速为 200r/min
```

N40	G0	G54	X25	Y36	D1	快速定位攻螺纹点,工件坐标系建立,刀具长度补偿值加入
N50	Z50	M7				快速进刀,切削液开
N60	SPOS=0					主轴定位
N70	CYCLE84(30, ,5,-43, , , 3, ,1.75,0,100,300) 或 CYCLE84(30,0,5,-43, , , 3,12, ,0,100,300)					调用刚性攻螺纹,孔深43mm,螺距1.75mm(粗牙标准螺距),攻螺纹速度为100mm/min,回退速度为300mm/min,其他参数意义请对照参数表
N80	G0	G90	Z200	M9		快速抬刀,切削液关
N90	M5					主轴转停
N100	M30					程序结束

注意：丝锥的头部有3~5牙是不完整的牙型,在攻通孔螺纹时,其深度应加5倍螺距的量。

6. 带补偿夹具攻螺纹指令（CYCLE840）

（1）编程格式

CYCLE840（RTP，RFP，SDIS，DP，DPR，DTB，SDR，SDAC，ENC，MPIT，PIT）

（2）参数的意义　参数的意义见表5-11。

表5-11　CYCLE840参数

参数	参数的意义	参数	参数的意义
RTP	后退平面(返回平面,绝对)	SDR	退回时的旋转方向,值为0(旋转方向自动颠倒)、3或4(用于M3、M4)
RFP	参考平面(绝对)	SDAC	循环结束时主轴的旋转方向,取值范围为3、4、5,分别对应于M3、M4、M5
SDIS	安全间隙(无符号输入)		
DP	最后钻孔深度(绝对)	ENC	带/不带编码器攻螺纹,值为0表示带编码器,值为1表示不带编码器
DPR	相当于参考平面的最后钻孔深度(无符号输入)	MPIT	标准螺距,取值范围为3(M3)~48(M48)
DTB	螺纹深度的停顿时间(断屑)	PIT	螺距,取值范围为0.001~2000.000mm

注：不需要的参数可以在调用中忽略或将它的值设为零。

图5-40所示为CYCLE840带补偿夹具攻螺纹的运动顺序：

1）Z轴快速（G0）到达安全间隙之前的平面,即安全平面。

2）Z轴以攻螺纹进给速度SST进给至底平面DP。

3）底面暂停DTB确定的时间。

4）Z轴以返回速度SST1到达安全间隙之前的平面,即安全平面。

5）Z轴以G0速度返回至返回平面RTP。

（3）编程举例　无编码器攻螺纹：CYCLE840（30, ,5,-43, , ,4,3,1, , ）,等同于G63。

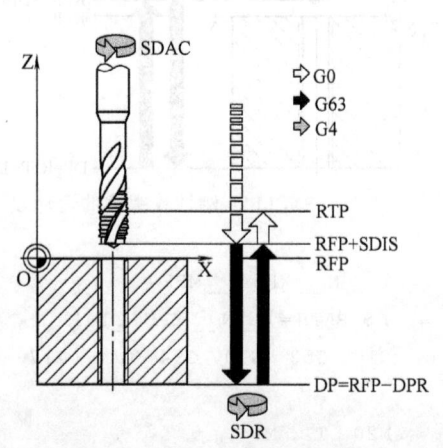

图5-40　CYCLE840带补偿夹具攻螺纹的运动顺序

已忽略 MPIT、PIT。

带编码器攻螺纹：CYCLE840(30, , 5, -43, , , 4, 3, 0, 0, 1.75)，等同于 G33。

7. 铰孔 1（镗孔 1）**指令**（CYCLE85）

(1) 编程格式

CYCLE85（RTP, RFP, SDIS, DP, DPR, DTB, FFR, RFF）

(2) 参数的意义　参数的意义见表 5-12。

表 5-12　CYCLE85 参数

参数	参数的意义	参数	参数的意义
RTP	后退平面(返回平面,绝对)	DPR	相当于参考平面的最后钻孔深度(无符号输入)
RFP	参考平面(绝对)	DTB	最后钻孔深度时的停顿时间(断屑)
SDIS	安全间隙(无符号输入)	FFR	进给率
DP	最后钻孔深度(绝对)	RFF	退回进给率

图 5-41 所示为 CYCLE85 铰孔 1 的运动顺序：

1) Z 轴快速（G0）到达安全间隙之前的平面，即安全平面。
2) Z 轴以 G1 插补 FFR 所编程的进给速度进给至最终的钻孔深度。
3) 在最后钻孔深度处的停顿时间。
4) Z 轴以 G1 插补 RFF 所编程的进给速度退回至安全间隙之前的平面，即安全平面。
5) Z 轴快速（G0）返回至返回平面 RTP。

(3) 编程举例　图 5-42 所示为 CYCLE85 铰孔 1（镗孔 1）举例。程序名为 XH85.MPF，加工程序如下：

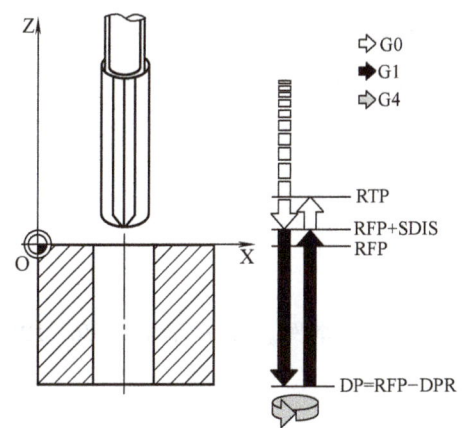

图 5-41　CYCLE85 铰孔 1 的运动顺序

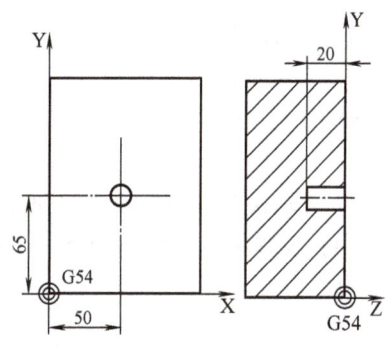

图 5-42　CYCLE85 铰孔 1 举例

```
%_N_XH85_MPF                         主程序名
;$PATH=/_N_MPF_DIR                   传输格式
N10 G53 G90 G94 G40 G17              机床坐标系,绝对编程,分进给,取消刀补,切削平面指定;安
                                     全指令
N20 T1 M6                            换 1 号刀
N30 M3 S300                          主轴正转,转速为 300r/min
N40 G0 G54 X50 Y65 D1                快速定位点,工件坐标系建立,刀具长度补偿值加入
```

```
N50    Z50   M7                  快速进刀,切削液开
N60    CYCLE85(30, , 2, -20, , 1,  循环调用,其参数对照参数表,前同 CY-
       30, 200)                   CLE81,孔底暂停 1s,铰孔进给速度为
                                  30mm/min,返回进给率为 200 mm/min
N70    G0   G90   Z200   M9       快速抬刀,切削液关
N80    M5                         主轴停转
N90    M30                        程序结束
```

8. 镗孔（镗孔 2）指令（CYCLE86）

（1）编程格式

CYCLE86（RTP, RFP, SDIS, DP, DPR, DTB, SDIR, RPA, RPO, RPAP, POSS）

（2）参数的意义 参数的意义见表 5-13。

表 5-13 CYCLE86 参数

参数	参数的意义	参数	参数的意义
RTP	后退平面(返回平面,绝对)	SDIR	旋转方向,值为 3 时,用于 M3;值为 4 时,用于 M4
RFP	参考平面(绝对)	RPA	平面中第一轴上(横坐标)的返回路径(增量,带符号输入)
SDIS	安全间隙(无符号输入)	RPO	平面中第二轴上(纵坐标)的返回路径(增量,带符号输入)
DP	最后钻孔深度(绝对)	RPAP	镗孔轴上的返回路径(增量,带符号输入)
DPR	相当于参考平面的最后钻孔深度(无符号输入)	POSS	循环中定位主轴停止的位置[以(°)为单位]
DTB	最后钻孔深度时的停顿时间(断屑)		

图 5-43 所示为 CYCLE86 镗孔的运动顺序：

1) Z 轴快速（G0）到达安全间隙之前的平面，即安全平面。
2) Z 轴以 G1 插补及所编程进给速度进给至最终的钻孔深度。
3) 在最后钻孔深度处的停顿时间。
4) 主轴定位停止在 POSS 编程的位置。
5) 使用 G0 在三个轴方向上返回。
6) Z 轴以 G0 速度退回至安全间隙之前的平面，即安全平面。
7) Z 轴快速（G0）返回至返回平面 RTP。

（3）编程举例 图 5-44 所示为 CYCLE86 镗孔（镗孔 2）举例。程序名为 XH86. MPF, 加工程序如下：

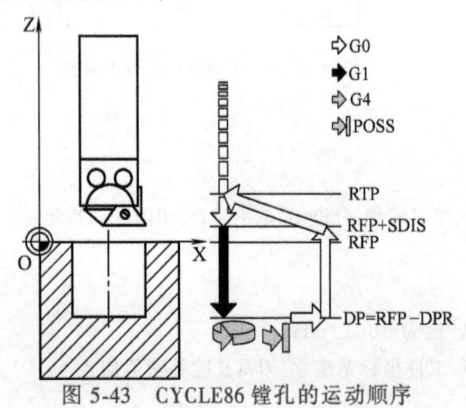

图 5-43 CYCLE86 镗孔的运动顺序

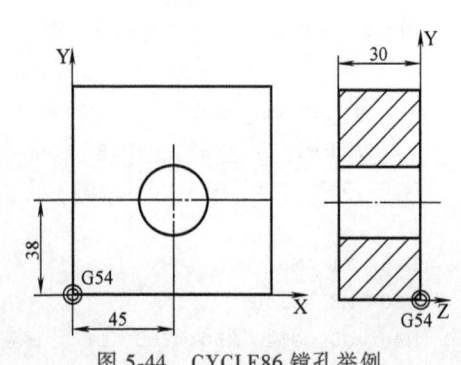

图 5-44 CYCLE86 镗孔举例

%__N__XH86__MPF		主程序名
;$ PATH=/__N__MPF__DIR		传输格式
N10 G53 G90 G94 G40 G17		机床坐标系,绝对编程,分进给,取消刀补,切削平面指定;安全指令
N20 T1 M6		换1号刀
N30 M3 S600 F40		主轴正转,转速为600r/min,进给速度为40mm/min
N40 G0 G54 X45 Y38 D1		快速定位点,工件坐标系建立,刀具长度补偿值加入
N50 Z50		快速进刀
N60 CYCLE86(30, ,3,-32, , ,3,-1,-1, ,0)		循环调用,其参数对照参数表,前同CYCLE82,孔底X轴移到-1mm,Y轴移到-1mm,主轴停在0°位置
N70 G0 G90 Z200		快速抬刀
N80 M5		主轴停转
N90 M30		程序结束

9. 带停止镗孔（镗孔3）指令（CYCLE87）

（1）编程格式

CYCLE87（RTP, RFP, SDIS, DP, DPR, DTB, SDIR）

（2）参数的意义 参数的意义见表5-14。

表5-14 CYCLE87、CYCLE88参数

参数	参数的意义	参数	参数的意义
RTP	后退平面(返回平面,绝对)	DPR	相当于参考平面的最后钻孔深度(无符号输入)
RFP	参考平面(绝对)	DTB	最后钻孔深度时的停顿时间(断屑)
SDIS	安全间隙(无符号输入)	SDIR	旋转方向,值为3时用于M3;值为4时用于M4
DP	最后钻孔深度(绝对)		

CYCLE87镗孔的运动顺序如下：

1) Z轴快速（G0）到达安全间隙之前的平面,即安全平面。
2) Z轴以G1插补及所编程进给速度进给至最终的钻孔深度。
3) 在最后钻孔深度处的停顿时间。
4) 主轴停止和程序停止（M5、M0）。程序停止后,按NC START继续。
5) Z轴快速（G0）返回至返回平面RTP。

（3）编程举例 用CYCLE87带停止镗孔（镗孔3）加工图5-44所示工件。程序名为XH87.MPF,加工程序如下：

%__N__XH87__MPF		主程序名
;$ PATH=/__N__MPF__DIR		传输格式
N10 G53 G90 G94 G40 G17		机床坐标系,绝对编程,分进给,取消刀补,切削平面指定;安全指令
N20 T1 M6		换1号刀

N30	M3	S600	F40		主轴正转,转速为 600r/min,进给速度为 40mm/min
N40	G0	G54	X45	Y38 D1	快速定位点,工件坐标系建立,刀具长度补偿值加入
N50	Z50				快速进刀
N60	CYCLE87(30, ,3,-32, , ,3)				循环调用,其参数对照参数表,前同 CYCLE82,主轴正转返回
N70	G0	G90	Z200		快速抬刀
N80	M5				主轴停转
N90	M30				程序结束

10. 带停止钻孔 2（镗孔 4）指令（CYCLE88）

（1）编程格式

CYCLE 88（RTP，RFP，SDIS，DP，DPR，DTB，SDIR）

（2）参数的意义 参数的意义见表 5-14。

CYCLE88 钻孔的运动顺序如下：

1) Z 轴快速（G0）到达安全间隙之前的平面，即安全平面。

2) Z 轴以 G1 插补及所编程进给速度进给至最终的钻孔深度。

3) 在最后钻孔深度处的停顿时间。

4) 主轴停止和程序停止（M5、M0）。程序停止后，按 NC START 继续。

5) Z 轴快速（G0）返回至返回平面 RTP。

（3）编程举例 用 CYCLE88 带停止钻孔 2（镗孔 4）加工图 5-44 所示工件。程序名为 XH88.MPF，加工程序如下：

%__N__XH88__MPF					主程序名
;$PATH=/__N__MPF__DIR					传输格式
N10	G53	G90	G94	G40 G17	机床坐标系,绝对编程,分进给,取消刀补,切削平面指定;安全指令
N20	T1	M6			换 1 号刀
N30	M3	S600	F40		主轴正转,转速为 600r/min,进给速度为 40mm/min
N40	G0	G54	X45	Y38 D1	快速定位点,工件坐标系建立,刀具长度补偿值加入
N50	Z50				快速进刀
N60	CYCLE88(30, ,3,-32, ,1,3)				循环调用,其参数对照参数表,前同 CYCLE82,主轴正转返回
N70	G0	G90	Z200		快速抬刀
N80	M5				主轴停转
N90	M30				程序结束

11. 铰孔 2（镗孔 5）指令（CYCLE89）

（1）编程格式

CYCLE89（RTP，RFP，SDIS，DP，DPR，DTB）

（2）参数的意义 参数的意义见表 5-15。

表 5-15 CYCLE89 参数

参数	参数的意义	参数	参数的意义
RTP	后退平面(返回平面,绝对)	DP	最后钻孔深度(绝对)
RFP	参考平面(绝对)	DPR	相当于参考平面的最后钻孔深度(无符号输入)
SDIS	安全间隙(无符号输入)	DTB	最后钻孔深度时的停顿时间(断屑)

CYCLE89 铰孔的运动顺序如下:

1) Z 轴快速 (G0) 到达安全间隙之前的平面,即安全平面。
2) Z 轴以 G1 插补及所编程进给速度进给至最终的钻孔深度。
3) 在最后钻孔深度处的停顿时间。
4) Z 轴以 G1 插补及所编程进给速度退回安全间隙之前的平面,即安全平面。
5) Z 轴快速 (G0) 返回至返回平面 RTP。

(3) 编程举例　用 CYCLE89 铰孔 2（镗孔 5）加工图 5-44 所示工件。程序名为 XH89.MPF,加工程序如下:

```
%__N__XH89__MPF              主程序名
;$PATH=/__N__MPF__DIR         传输格式
N10  G53 G90 G94 G40 G17     机床坐标系,绝对编程,分进给,取消刀补,切削平面指定;
                              安全指令
N20  T1 M6                    换 1 号刀
N30  M3 S600 F40              主轴正转,转速为 600r/min,进给速度为 40mm/min
N40  G0 G54 X45 Y38 D1        快速定位点,工件坐标系建立,刀具长度补偿值加入
N50  Z50                      快速进刀
N60  CYCLE89(30, ,3,-32, ,1)  循环调用,其参数对照参数表,前同 CYCLE82,主轴正转
                              返回
N70  G0 G90 Z200              快速抬刀
N80  M5                       主轴停转
N90  M30                      程序结束
```

三、钻孔样式循环

1. 排孔指令（HOLES1）

(1) 编程格式

HOLES1 (SPCA, SPCO, STA1, FDIS, DBH, NUM)

(2) 参数的意义　参数的意义见表 5-16。

表 5-16 HOLES1 参数

参数	参数的意义	参数	参数的意义
SPCA	直线(绝对值)上一参考点平面的第一坐标轴(横坐标)	FDIS	第一孔到参考点的距离(无符号输入)
SPCO	此参考点(绝对值)平面的第二坐标轴(纵坐标)	DBH	孔间距(无符号输入)
STA1	与平面第一坐标轴(横坐标)的夹角,-180°< STA1≤180°	NUM	孔的数量

参数说明如图 5-45 所示。从图样可以看出，SPCA 和 SPCO 定义了主平面内的一个参考点，STA1 为排孔直线和水平方向的夹角，FDIS 为第一个孔到参考点的距离，DBH 为其余的孔间距。NUM 为孔的数量。

此循环可以用来铣削一排孔，沿直线分布的一些孔或网格孔。孔的类型由已被调用的钻孔循环决定。

（3）编程举例

1）图 5-46 所示为 HOLES1 应用举例 1。

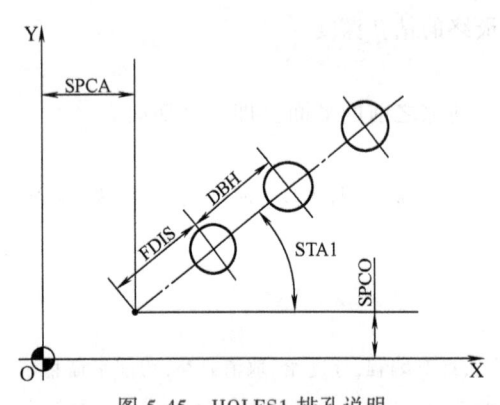

图 5-45 HOLES1 排孔说明

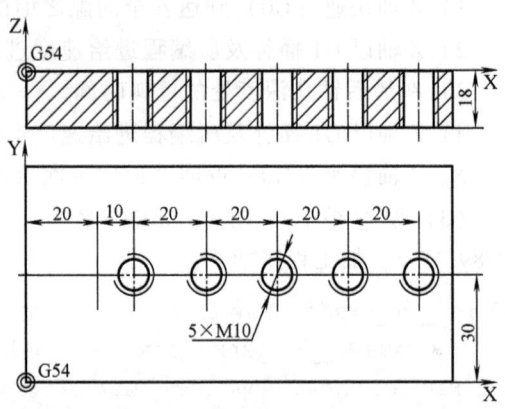

图 5-46 排孔 HOLES1 应用举例 1

使用此程序可以用来加工主平面（G17）中 5 个 M10 螺纹孔。螺纹孔是间距 20mm 的排孔。排孔的起点位于（X20，Y30）处，第一孔距离此点 10mm。循环 HOLES1 中介绍了该排孔的几何分布。首先，使用 CYCLE81 进行钻孔，然后使用 CYCLE84（无补偿夹具攻螺纹）执行攻螺纹。孔深为 15mm（参考平面和最后钻孔深度间的距离）。程序名为 PK1.MPF，加工程序如下：

```
%__N__PK1__MPF                       主程序名
;$PATH=/__N__MPF__DIR                 传输格式
N10   G53  G90  G94  G40  G17         机床坐标系,绝对编程,分进给,取消刀补,切削平面指
                                       定;安全指令
N20   T1  M6                          换 1 号刀,即 φ8.5mm 钻头
N30   M3  S700  F40                   主轴正转,转速为 700r/min,进给速度为 40mm/min
N40   G0  G54  X20  Y30  D1           快速定位点,工件坐标系建立,刀具长度补偿值加入
N50   Z50  M7                         快速进刀,切削液开
N60   MCALL  CYCLE81(30, ,3,-18)      调用钻孔指令钻孔,退回平面至 Z30 处,参考平面
                                       为 Z0,安全间隙为 3mm,最后钻孔深度为 Z-18,
                                       相当于参考平面的最后钻孔深度为 18mm
N70   HOLES1(20,30,0,10,20,5)         调用排孔循环;循环从第一孔加工;此循环中只回到
                                       钻孔位置
N80   MCALL                           取消模态调用
N90   G0  G90  Z50  M9                快速抬刀,切削液关
N100  M5                              主轴停转
```

```
N110  T2  M6                          换2号刀,即M10×1.5丝锥
N120  M3  S200                        主轴正转,转速为200r/min
N130  G0  G54  X20  Y30  D1           快速定位点,刀具长度补偿值加入
N140  Z50  M7                         快速进刀,切削液开
N150  MCALL  CYCLE84(30, , 5, -23,    调用刚性攻螺纹,孔深(15+5×1.5)mm≈23mm,螺
      , , ,1.5,0,100,300)             距为1.5mm,攻螺纹速度为100mm/min,回退速
                                      度为300mm/min,其他参数意义请对照参数表
N160  HOLES1(20, 30, 0, 10, 20, 5)    调用排孔循环
N170  MCALL                           取消模态调用
N180  G0  G90  Z200  M9               快速抬刀,切削液关
N190  M5                              主轴停转
N200  M30                             程序结束
```

2) 图 5-47 所示为 HOLES1 应用举例 2。

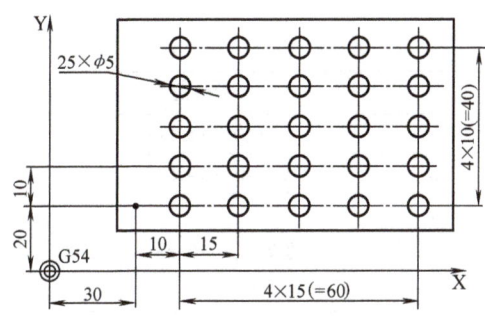

图 5-47 排孔 HOLES1 应用举例 2

使用此程序可以用来加工网格孔,包括 5 行,每行 5 个孔,分布在 XY 平面中,孔间距 X 轴方向为 15mm,Y 轴方向为 10mm。程序名为 PK2.MPF,加工程序如下:

```
%__N__PK2__MPF                        主程序名
;$PATH=/__N__MPF__DIR                 传输格式
R0=0  R1=30  R2=2  R3=-18             参考平面,返回平面,安全间隙,钻孔深度
R4=30                                 参考点:平面第一坐标轴排孔
R5=20                                 参考点:平面第二坐标轴排孔
R6=0  R7=10                           起始角,第一孔到参考点的距离
R8=15  R9=5  R10=5                    孔间距,每行孔的数量,行数
R11=0  R12=10                         行计数,行间距
N10  G53  G90  G94  G40  G17          机床坐标系,绝对编程,分进给,取消刀补,切削平面指
                                       定;安全指令
N20  T1  M6                           换1号刀,即 φ5mm 钻头
N30  M3  S800  F35                    主轴正转,转速为800r/min,进给速度为35mm/min
N40  G0  G54  X=R4  Y=R5  D1          快速定位点,工件坐标系建立,刀具长度补偿值加入
N50  Z50  M7                          快速进刀,切削液开
```

```
N60    MCALL  CYCLE81(R1,,R2,R3)           调用钻孔指令钻孔
N70    AAA:                                 标记符
N80    HOLES1(R4,R5,R6,R7,R8,R9)           调用排孔循环
N90    R5=R5+R12                            计算下一行的Y值
N100   R11=R11+1                            增量行计数
N120   IF  R11<R10  GOTOB  AAA              如果条件满足,返回AAA
N130   MCALL                                取消模态调用
N140   G0  G90  Z200  M9                    快速抬刀,切削液关
N150   M5                                   主轴停转
N160   M30                                  程序结束
```

2. 圆周孔指令（HOLES2）

（1）编程格式

HOLES2（CPA, CPO, RAD, STA1, INDA, NUM）

（2）参数的意义　参数的意义见表5-17。

表5-17　HOLES2参数

参　数	参数的意义
CPA	圆周孔的中心点(绝对值),平面的第一坐标轴(横坐标)
CPO	圆周孔的中心点(绝对值),平面的第二坐标轴(纵坐标)
RAD	圆周孔的半径(无符号输入)
STA1	起始角。与平面第一坐标轴(横坐标)的夹角,−180°<STA1≤180°
INDA	增量角。如果参数INDA的值为零,循环则会根据孔的数量按整周计算平均所需的角度
NUM	孔的数量

参数说明如图5-48所示。此循环可以用来加工圆周孔，孔的类型由已被调用的钻孔循环决定。

（3）编程举例　图5-49所示为HOLES2应用举例。

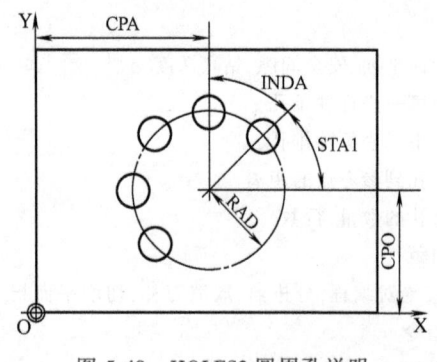

图5-48　HOLES2圆周孔说明

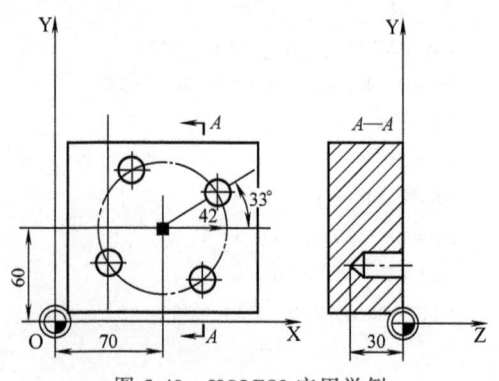

图5-49　HOLES2应用举例

该程序使用CYCLE82来加工4个孔，孔深为30mm，最后钻孔深度定义成参考平面的相对值；圆周由平面中的中心点（X70，Y60）和半径42mm决定，起始角为33°，钻孔轴Z的安全间隙为2mm。程序名为YZH1.MPF，加工程序如下：

```
%__N__YZH1__MPF                 主程序名
;$PATH=/__N__MPF__DIR            传输格式
N10  G53  G90  G94  G40  G17     机床坐标系,绝对编程,分进给,取消刀补,切削平面指
                                 定;安全指令
N20  T1  M6                      换1号刀
N30  M3  S600  F35               主轴正转,转速为600r/min,进给速度为35mm/min
N40  G0  G54  X0  Y0  D1         快速定位点,工件坐标系建立,刀具长度补偿值加入
N50  Z50  M7                     快速进刀,切削液开
N60  MCALL  CYCLE82(30,,2,-30,,1) 模态调用钻孔指令钻孔
N70  HOLES2(70,60,42,33,0,4)     调用圆周孔循环,参数INDA为0,增量角在循环中自
                                 动计算为90°
N80  MCALL                       取消模态调用
N90  G0  G90  Z200  M9           快速抬刀,切削液关
N100  M5                         主轴停转
N110  M30                        程序结束
```

四、铣削循环

1. 螺纹铣削指令(CYCLE90)

(1) 编程格式

CYCLE90 (RTP, RFP, SDIS, DP, DPR, DIATH, KDIAM, PIT, FFR, CDIR, TYPTH, CPA, CPO)

(2) 参数的意义 参数的意义见表5-18。

表5-18 CYCLE90 参数

参　数	参数的意义
RTP	后退平面(返回平面,绝对)
RFP	参考平面(绝对)
SDIS	安全间隙(无符号输入)
DP	最后钻孔深度(绝对)
DPR	相当于参考平面的最后钻孔深度(无符号输入)
DIATH	额定直径,螺纹外直径
KDIAM	中心直径,螺纹内直径
PIT	螺纹螺距,范围值:0.001~2000.000mm
FFR	螺纹铣削时的进给率(无符号输入)
CDIR	螺纹铣削时的旋转方向。值2表示使用G2铣削螺纹;值3表示使用G3铣削螺纹
TYPTH	螺纹类型。值0表示内螺纹;值1表示外螺纹
CPA	圆心,平面的第一坐标轴(绝对值、横坐标)
CPO	圆心,平面的第二坐标轴(绝对值、纵坐标)

使用CYCLE90,可以加工内螺纹或外螺纹。铣削螺纹的路径需要螺旋插补。

加工外螺纹循环的运动顺序如下：

1）使用 G0 将起始位置定位在当前平面中的返回平面的定点。
2）使用 G0 进给到安全间隙前的参考平面，用于清除碎屑。
3）按照 CDIR 下编程的 G2/G3 的反方向，沿圆弧路径移动到螺纹直径。
4）使用 G2/G3 以及 FFR 的进给率螺旋路径铣削螺纹。
5）按照 G2/G3 的反方向以及降低的 FFR 进给率沿圆弧路径返回。
6）使用 G0 退回到返回平面。

加工内螺纹循环的运动顺序如下：

1）使用 G0 定位在当前平面中位于返回平面的定点中心点。
2）使用 G0 进给到安全间隙前的参考平面，用于清除碎屑。
3）使用 G1 和降低的进给率 FFR 移动到循环内部计算的圆弧。
4）按照 CDIR 下编程的 G2/G3 方向，沿圆弧路径移动到螺纹直径。
5）使用 G2/G3 以及 FFR 的进给率螺旋路径铣削螺纹。
6）按照相同的旋转方向以及降低的 FFR 进给率沿圆弧路径返回。
7）使用 G0 退回到螺纹的中心点。
8）使用 G0 退回到返回平面。

（3）编程举例　图 5-50 所示为 CYCLE90 应用举例。程序名为 LWXX.MPF，加工程序如下：

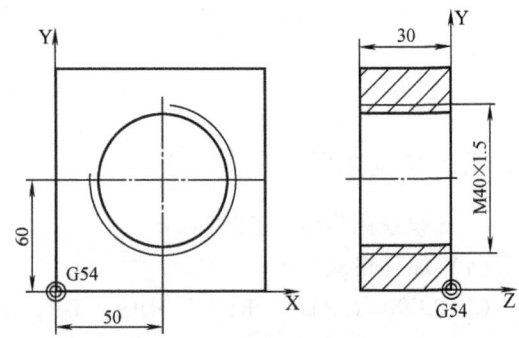

图 5-50　CYCLE90 铣削内螺纹应用举例

```
%__N__LWXX__MPF              主程序名
;$PATH=/__N__MPF__DIR         传输格式
N10  G53 G90 G94 G40 G17      机床坐标系,绝对编程,分进给,取消刀补,切削平面指
                              定;安全指令
N20  T1 M6                    换1号刀,即螺纹车刀
N30  M3 S1200 F30             主轴正转,转速为1200r/min,进给速度为30mm/min
N40  G0 G54 X0 Y0 D1          快速定位点,工件坐标系建立,刀具长度补偿值加入
N50  Z50 M7                   快速进刀,切削液开
N60  CYCLE90(30,,3,-35,0,40,38.5,  循环调用,铣削M40×1.5的内螺纹
     1.5,100,2,0,50,60)
N70  G0 G90 Z200 M9           快速抬刀,切削液关
N80  M5                       主轴停转
N90  M30                      程序结束
```

2. 圆弧槽指令（LONGHOLE）

（1）编程格式

LONGHOLE（RTP，RFP，SDIS，DP，DPR，NUM，LENG，CPA，CPO，RAD，STA1，INDA，FFD，FFP1，MID）

（2）参数的意义　参数的意义见表 5-19。

表 5-19 LONGHOLE 参数

参 数	参数的意义	参 数	参数的意义
RTP	后退平面(返回平面,绝对)	CPO	圆弧圆心(绝对值),平面的第二坐标轴
RFP	参考平面(绝对)	RAD	圆弧半径(无符号输入)
SDIS	安全间隙(无符号输入)	STA1	起始角度
DP	槽深(绝对)	INDA	增量角度
DPR	相当于参考平面的槽深度(无符号输入)	FFD	深度切削进给率
NUM	槽的数量	FFP1	表面加工进给率
LENG	槽长(无符号输入)	MID	每次进给时的进给深度(无符号输入)
CPA	圆弧圆心(绝对值),平面的第一坐标轴		

使用此循环可以加工按圆弧排列的径向槽。和凹槽相比,该槽的宽度由刀具直径确定。LONGHOLE 循环的运动顺序如下:

1) 使用 G0 到达循环中的起始点位置。在轴形成的当前平面中,移动到高度为返回平面的待加工第一槽的下一个终点,然后移动到安全间隙前的参考平面。

2) 每个槽以来回运动铣削。使用 G1 和 FFP1 下编程的进给率在平面中加工。在每个反向点,使用 G1 和进给率切削下一个加工深度,直到到达最后的加工深度。

3) 使用 G0 返回到返回平面,然后按最短的路径移动到下一个槽的位置。

4) 最后的槽加工完后,刀具按 G0 移动到加工平面中的位置,该位置是最后到达的位置,然后循环结束。

(3) 编程举例 图 5-51 所示为 LONGHOLE 加工槽应用举例。

用此程序加工 4 个长为 25mm、相对深度为 23mm 的槽,这些槽分布在圆心点为 (X40, Y45)、半径为 20mm 的 XY 平面的圆上。起始角是 45°,相邻角为 90°。最大切削深度为 5mm,安全间隙为 2mm。程序名为 YHC.MPF,加工程序如下:

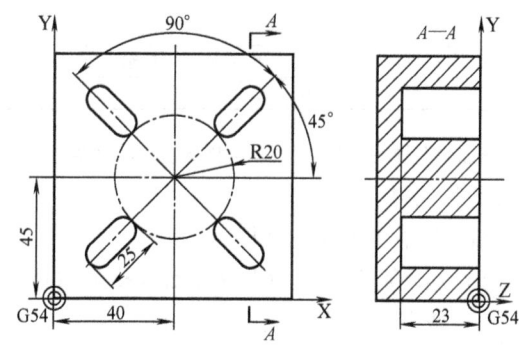

图 5-51 LONGHOLE 加工槽应用举例

```
% _N_YHC_MPF                           主程序名
;$PATH=/_N_MPF_DIR                     传输格式
N10  G53  G90  G94  G40  G17           机床坐标系,绝对编程,分进给,取消刀补,切
                                       削平面指定;安全指令
N20  T1  M6                            换 1 号刀,即 φ8mm 立铣刀
N30  M3  S800                          主轴正转,转速为 800r/min
N40  G0  G54  X0  Y0  D1               快速定位点,工件坐标系建立,刀具长度补偿
                                       值加入
N50  Z50  M7                           快速进刀,切削液开
N60  LONGHOLE(30,,2,-23,,4,25,40,45,20, 循环调用
     45,90,50,150,5)
N70  G0  G90  Z200  M9                 快速抬刀,切削液关
```

N80	M5	主轴停转
N90	M30	程序结束

3. 圆弧槽指令（SLOT1）

（1）编程格式

SLOT1（RTP, RFP, SDIS, DP, DPR, NUM, LENG, WID, CPA, CPO, RAD, STA1, INDA, FFD, FFP1, MID, CDIR, FAL, VARI, MIDF, FFP2, SSF）

（2）参数的意义　参数的意义见表 5-20。

表 5-20　SLOT1 参数

参数	参数的意义	参数	参数的意义
RTP	后退平面（返回平面，绝对）	STA1	起始角度
RFP	参考平面（绝对）	INDA	增量角度
SDIS	安全间隙（无符号输入）	FFD	深度切削进给率
DP	槽深（绝对）	FFP1	表面加工进给率
DPR	相当于参考平面的槽深度（无符号输入）	MID	每次进给时的进给深度（无符号输入）
NUM	槽的数量	CDIR	加工槽的铣削方向。值 2 表示使用 G2 铣削槽；值 3 表示使用 G3 铣削槽
LENG	槽长（无符号输入）	FAL	槽边缘的精加工余量（无符号输入）
WID	槽宽（无符号输入）	VARI	加工类型。值 0 表示完整加工；值 1 表示粗加工；值 2 表示精加工
CPA	圆弧圆心（绝对值），平面的第一坐标轴	MIDF	精加工时的最大进给深度
CPO	圆弧圆心（绝对值），平面的第二坐标轴	FFP2	精加工进给率
RAD	圆弧半径（无符号输入）	SSF	精加工速度

SLOT1 循环是一个综合的粗加工和精加工循环。用此循环可以加工环形排列的、定义了槽宽的径向槽。

SLOT1 循环的运动顺序如下：

1）循环起始时，使用 G0 回到槽的右边位置。

2）按以下步骤完成槽的加工：

① 使用 G0 回到安全间隙前的参考平面。

② 使用 G1 以及 FFD 中的进给率值进给至下一加工深度。

③ 使用 FFP1 中的进给率值在槽边缘上进行连续加工，直至精加工余量，然后使用 FFR2 中的进给率值和主轴速度 SSF 并按 CDIR 下编程的加工方向沿轮廓进行精加工。

④ 始终在加工平面中的相同位置进行深度进给，直至到达槽的底部。

3）将刀具退回到返回平面并使用 G0 移到下一槽。

4）加工完最后槽后，使用 G0 将刀具移到加工平面中的末端位置，循环结束。

（3）编程举例　图 5-52 所示为 SLOT1 加工圆弧槽的应用举例。

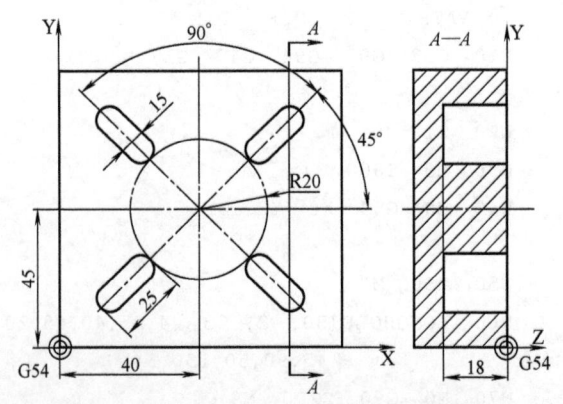

图 5-52　SLOT1 加工圆弧槽应用举例

用此程序加工 4 个长为 25mm、深度为 18mm、宽度为 15mm 的槽。圆心点为（X40，Y45），半径为 20mm，起始角是 45°，相邻角为 90°。最大切削深度为 5mm，安全间隙为 2mm；精加工余量为 0.2mm；铣削方向为 G2；精加工最大深度为 18mm。程序名为 YHC1.MPF，加工程序如下：

%__N__YHC1__MPF	主程序名
;$ PATH=/__N__MPF__DIR	传输格式
N10 G53 G90 G94 G40 G17	机床坐标系,绝对编程,分进给,取消刀补,切削平面指定;安全指令
N20 T1 M6	换 1 号刀,即 φ8mm 立铣刀
N30 M3 S800	主轴正转,转速为 800r/min
N40 G0 G54 X0 Y0 D1	快速定位点,工件坐标系建立,刀具长度补偿值加入
N50 Z50 M7	快速进刀,切削液开
N60 SLOT1(30, ,2,-18, ,4,25,15, 40,45,20,45,90,50,150, 5,2,0.2,0,18,0,0)	循环调用,对照参数表对应的参数定义,搞清其含义(如果 MIDF=0,进给深度等于最后深度。如果未编程 FFP2、SSF,进给率 FFP1 有效)
N70 G0 G90 Z200 M9	快速抬刀,切削液关
N80 M5	主轴停转
N90 M30	程序结束

4. 圆弧槽指令（SLOT2）

（1）编程格式

SLOT2（RTP，RFP，SDIS，DP，DPR，NUM，AFSL，WID，CPA，CPO，RAD，STA1，INDA，FFD，FFP1，MID，CDIR，FAL，VARI，MIDF，FFP2，SSF）

（2）参数的意义　参数的意义见表 5-21。

表 5-21　SLOT2 参数

参数	参数的意义	参数	参数的意义
RTP	后退平面(返回平面,绝对)	STA1	起始角度
RFP	参考平面(绝对)	INDA	增量角度
SDIS	安全间隙(无符号输入)	FFD	深度切削进给率
DP	槽深(绝对)	FFP1	表面加工进给率
DPR	相当于参考平面的槽深度(无符号输入)	MID	每次进给时的进给深度(无符号输入)
NUM	槽的数量	CDIR	加工槽的铣削方向。值 2 表示使用 G2 铣削槽；值 3 表示使用 G3 铣削槽
AFSL	槽长的角度(无符号输入)	FAL	槽边缘的精加工余量(无符号输入)
WID	槽宽(无符号输入)	VARI	加工类型。值 0 表示完整加工;值 1 表示粗加工；值 2 表示精加工
CPA	圆弧圆心(绝对值),平面的第一坐标轴	MIDF	精加工时的最大进给深度
CPO	圆弧圆心(绝对值),平面的第二坐标轴	FFP2	精加工进给率
RAD	圆弧半径(无符号输入)	SSF	精加工速度

SLOT2 循环是一个综合的粗加工和精加工循环。用此循环可以加工分布在圆上的圆周槽。参数说明如图 5-53 所示。

SLOT2 循环的运动顺序如下：

1) 循环起始时，使用 G0 移动到槽的起点位置。
2) 加工圆周槽的步骤和加工 LONGHOLE 的步骤相同。
3) 完整地加工完一个圆周槽后，刀具退回到返回平面并使用 G0 接着加工下一槽。
4) 加工完所有槽后，使用 G0 将刀具移到加工平面中的终点位置，然后循环结束。

（3）编程举例　图 5-54 所示为 SLOT2 加工圆弧槽应用举例。

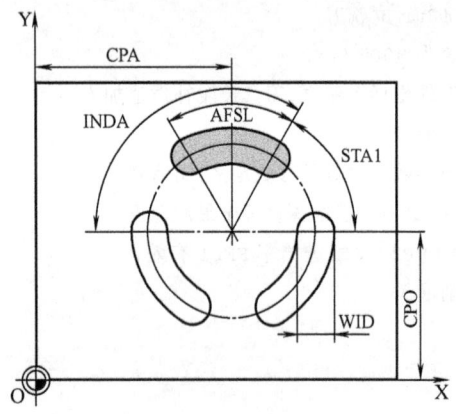

图 5-53　SLOT2 参数说明

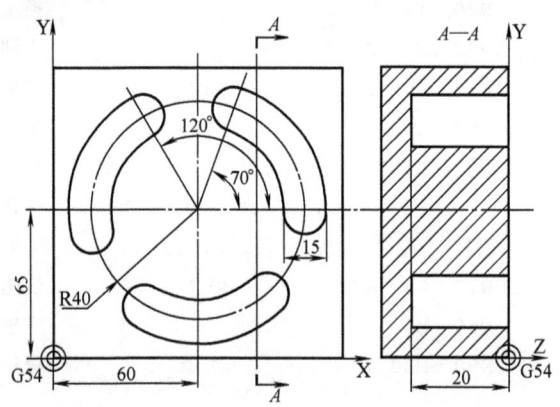

图 5-54　SLOT2 加工圆弧槽应用举例

此程序加工分布在圆周上的 3 个圆周槽，该圆周在 XY 平面中的中心是（X60，Y65），半径是 40mm。圆周槽的尺寸为：宽 15mm，槽长角度为 70°，深 20mm。起始角是 0°，增量角度是 120°。精加工余量是 0.2mm，安全间隙是 2mm，最大进给深度为 5mm，完整加工这些槽。精加工时的速度和进给率相同。执行精加工时的进给至槽深。程序名为 YHC2.MPF，加工程序如下：

```
%__N__YHC2__MPF              主程序名
;$PATH=/__N__MPF__DIR         传输格式
N10  G53 G90 G94 G40 G17      机床坐标系,绝对编程,分进给,取消刀补,切削平面指定
N20  T1 M6                    换 1 号刀
N30  M3 S700                  主轴正转,转速为 700r/min
N40  G0 G54 X60 Y65 D1        快速定位点,工件坐标系建立,刀具长度补偿值加入
N50  Z50 M7                   快速进刀,切削液开
N60  SLOT2(10,,2,-20,,3,70,   循环调用,对照参数表对应的参数定义,搞
     15,60,65,40,0,120,         清其含义(如果未编程 FFP2、SSF,进给
     50,150,5,2,0.2,            率 FFP1 有效)
     0,20,0,0)
N70  G0 G90 Z200 M9           快速抬刀,切削液关
N80  M5                       主轴停转
N90  M30                      程序结束
```

5. 矩形槽指令（POCKET3）

（1）编程格式

POCKET3（RTP，RFP，SDIS，DP，LENG，WID，CRAD，PA，PO，STA，MID，FAL，FALD，FFP1，FFD，CDIR，VARI，MIDA，AP1，AP2，AD，RAD1，DP1）

（2）参数的意义　参数的意义见表5-22。

表 5-22　POCKET3 参数

参　数	参数的意义
RTP	后退平面(返回平面,绝对)
RFP	参考平面(绝对)
SDIS	安全间隙(无符号输入)
DP	槽深(绝对值)
LENG	槽长,带符号从拐角测量
WID	槽宽,带符号从拐角测量
CRAD	槽拐角半径(无符号输入)
PA	槽参考点(绝对值),平面的第一轴
PO	槽参考点(绝对值),平面的第二轴
STA	槽纵向轴和平面第一轴间的角度(无符号输入),范围:0°≤STA<180°
MID	最大的进给深度(无符号输入)
FAL	槽边缘的精加工余量(无符号输入)
FALD	槽底的精加工余量(无符号输入)
FFP1	端面加工进给率
FFD	深度进给率
CDIR	加工槽的铣削方向,值0表示顺铣;值1表示逆铣;值2表示使用于G2铣削槽;值3表示使用于G3铣削槽
VARI	加工类型。个位值:1表示粗加工;2表示精加工 　　　　十位值:0表示使用G0垂直于槽中心;1表示使用G1垂直于槽中心;2表示沿螺旋状;3表示沿槽纵向轴摆动
MIDA	在平面的连续加工中作为数值的最大进给宽度
AP1	槽长的空白尺寸
AP2	槽宽的空白尺寸
AD	距离参考平面的空白槽深尺寸
RAD1	插入时螺旋路径的半径(相当于刀具中心点路径)或者摆动时的最大插入角
DP1	沿螺旋路径插入时每转(360°)的插入深度

POCKET3 循环可以用于粗加工和精加工循环。用此循环可以加工出矩形槽。

POCKET3 循环粗加工时运动顺序：使用 G0 回到平面的槽中心点；然后再同样以 G0 回到安全间隙前的参考平面；随后根据所选的插入方式并考虑已编程的空白尺寸对槽进行加工。

POCKET3 循环精加工时运动顺序：从槽边缘开始精加工，直到到达槽底的精加工余量，然后对槽底进行精加工，如果其中某个精加工余量为零，则跳过此部分的精加工过程。

1）槽边缘精加工。精加工槽边缘时，刀具只沿槽轮廓切削一次。路径包括一个到达拐角半径的 1/4 圆。此路径的半径通常为 2mm，但如果空间较小，半径等于拐角半径和铣刀半径的差。如果在边缘上的精加工余量大于 2mm，则应相应增加接近半径。使用 G0 朝槽中央执行深度进给，同时使用 G0 到达接近路径的起始点。

2）槽底精加工。精加工槽底时，机床朝中央执行 G0 功能，直至到达距离等于槽深+精加工余量+安全间隙处。从该点起，刀具始终垂直进给深度进给（因为具有副切削刃的刀具用于槽底的精加工），底端面只加工一次。

连续加工槽时，可以考虑空白尺寸（如加工预制的零件时），图 5-55 所示为空白尺寸的表述。图 5-56 所示为 POCKET3 的参数说明。

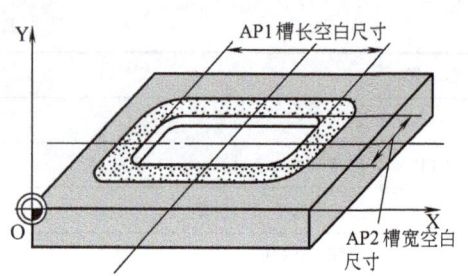

图 5-55　POCKET3 空白尺寸

（3）编程举例　图 5-57 所示为 POCKET3 加工矩形槽应用举例。

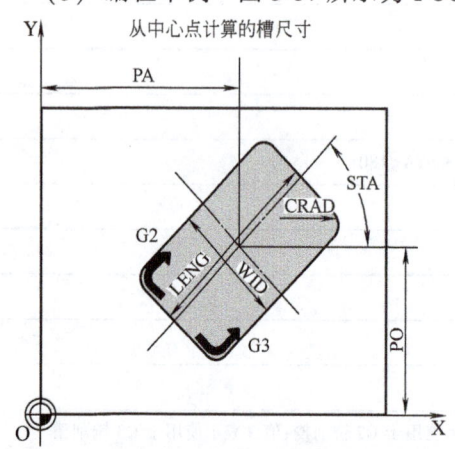

图 5-56　POCKET3 的参数说明

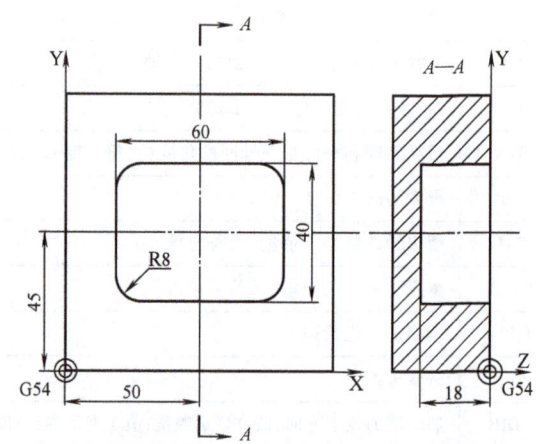

图 5-57　POCKET3 加工矩形槽应用举例

此程序加工一个在 XY 平面中的矩形槽，该槽位于在 XY 平面中的中心是（X50，Y45），槽长 60mm，宽 40mm；拐角半径是 8mm，深度为 18mm。该槽和 X 轴的角度为零，槽边缘精加工余量是 0.2mm，槽底精加工余量是 0.2mm，安全间隙是 1mm，最大进给深度为 4mm。

加工方向取决于在顺铣过程中主轴的旋转方向。使用 φ10mm 的键槽铣刀。程序编写为 JXC3.MPF。

%＿N＿JXC3＿MPF	主程序名
;$PATH=/＿N＿MPF＿DIR	传输格式
N10　G53　G90　G94　G40　G17	机床坐标系,绝对编程,分进给,取消刀补,切削平面指定
N20　T1　M6	换 1 号刀,即 φ10mm 的键槽铣刀
N30　M3　S800	主轴正转,转速为 800r/min
N40　G0　G54　X50　Y45　D1	快速定位点,工件坐标系建立,刀具长度补偿值加入

```
N50  Z50  M7                       快速进刀,切削液开
N60  POCKET3(10,,1,-18,60,40,      循环调用,对照参数表对应的参数定义,搞清其含义
     8,50,45,0,4,0.2,
     0.2,200,50,0,11,
     5,0,0,0,0,0)
N70  G0  G90  Z200  M9             快速抬刀,切削液关
N80  M5                            主轴停转
N90  M30                           程序结束
```

6. 圆形槽指令（POCKET4）

（1）编程格式

POCKET4（RTP, RFP, SDIS, DP, PRAD, PA, PO, MID, FAL, FALD, FFP1, FFD, CDIR, VARI, MIDA, AP1, AD, RAD1, DP1）

（2）参数的意义 参数的意义见表5-23。

表 5-23 POCKET4 参数

参　数	参数的意义
RTP	后退平面(返回平面,绝对)
RFP	参考平面(绝对)
SDIS	安全间隙(无符号输入)
DP	槽深(绝对值)
PRAD	槽半径
PA	槽中心点(绝对值),平面的第一轴
PO	槽中心点(绝对值),平面的第二轴
MID	最大进给深度(无符号输入)
FAL	槽边缘的精加工余量(无符号输入)
FALD	槽底的精加工余量(无符号输入)
FFP1	端面加工进给率
FFD	深度进给率
CDIR	加工槽的铣削方向,值0表示顺铣;值1表示逆铣;值2表示使用G2铣削槽;值3表示使用G3铣削槽
VARI	加工类型。个位值:1表示粗加工;2表示精加工 　　　　十位值:0表示使用G0垂直于槽中心;1表示使用G1垂直于槽中心;2表示沿螺旋状;3表示沿槽纵向轴摆动
MIDA	在平面的连续加工中作为数值的最大进给宽度
AP1	槽半径的空白尺寸
AD	距离参考平面的空白槽深尺寸
RAD1	插入时螺旋路径的半径(相当于刀具中心点路径)
DP1	沿螺旋路径插入时每转(360°)的插入深度

POCKET4 循环可以用于粗加工和精加工循环。用此循环可以加工出平面中的圆形槽。

POCKET4 循环粗加工时运动顺序：使用 G0 回到平面的槽中心点，然后再同样以 G0 回

到安全间隙前的参考平面。随后根据所选的插入方式并考虑已编程的空白尺寸对槽进行加工。

POCKET4 循环精加工时运动顺序：从槽边缘开始精加工，直到到达槽底的精加工余量，然后对槽底进行精加工。如果其中某个精加工余量为零，则跳过此部分的精加工过程。

1）槽边缘精加工。精加工槽边缘时，刀具只沿槽轮廓切削一次。路径包括一个到达拐角半径的 1/4 圆。此路径的半径通常为 2mm，但如果空间较小，半径等于拐角半径和铣刀半径的差。如果在边缘上的精加工余量大于 2mm，则应相应增加接近半径。使用 G0 朝槽中央执行深度进给，同时使用 G0 到达接近路径的起始点。

2）槽底精加工。精加工槽底时，机床朝槽中央执行 G0 功能，直至到达距离等于槽深+精加工余量+安全间隙处。从该点起，刀具始终垂直进行深度进给（因为具有副切削刃的刀具用于槽底的精加工），槽底端面只加工一次。

对于圆形槽，空白处也是圆（半径小于槽的半径），可以看出 POCKET4 循环还可以加工圆形环槽，中间可留有圆形岛屿。

图 5-58 所示为 POCKET4 的参数说明。

（3）编程举例　图 5-59 所示为 POCKET4 加工圆形槽应用举例。

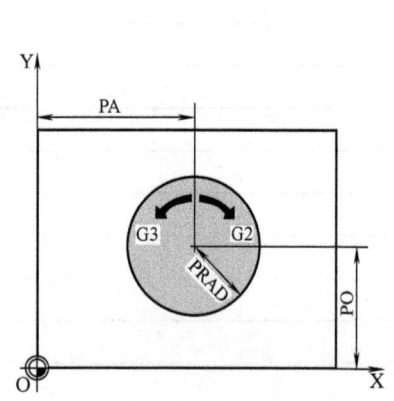

图 5-58　POCKET4 的参数说明

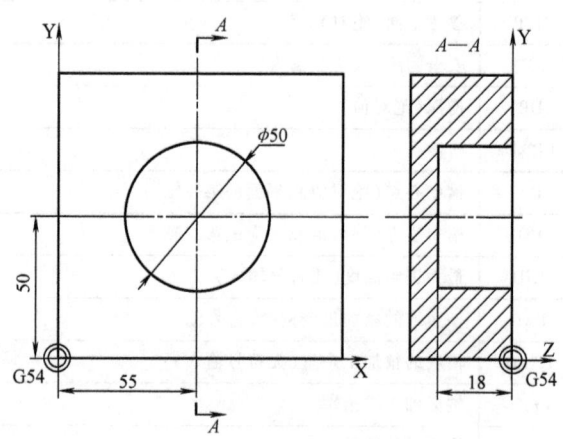

图 5-59　POCKET4 加工圆形槽应用举例

此程序加工一个在 XY 平面中的圆形槽，该槽位于 XY 平面中的中心是（X55，Y50），圆形槽直径为 50mm，深度为 18mm。槽边缘精加工余量是 0.2mm，槽底精加工余量是 0.2mm，安全间隙是 1mm，最大进给深度为 4mm。加工方向采用逆铣加工槽；使用 φ20mm 的键槽铣刀。程序名为 YXC4.MPF，加工程序如下：

```
%__N__YXC4__MPF                       主程序名
;$PATH=/__N__MPF__DIR                 传输格式
N10  G53  G90  G94  G40  G17          机床坐标系,绝对编程,分进给,取消刀补,切削
                                        平面指定
N20  T1  M6                           换1号刀,φ20mm 的键槽铣刀
N30  M3  S550                         主轴正转,转速为 550r/min
```

```
N40  G0  G54  X55  Y50  D1              快速定位点,工件坐标系建立,刀具长度补偿值
                                         加入
N50  Z50  M7                             快速进刀,切削液开
N60  POCKET4(10, ,1,-18,25,55,50,4,0.2,  循环调用,对照参数表对应的参数定
     0.2,200,50,1,21,10,0,0,2,3)         义,搞清其含义
N70  G0  G90  Z200  M9                   快速抬刀,切削液关
N80  M5                                  主轴停转
N90  M30                                 程序结束
```

7. 端面铣削指令（CYCLE71）

（1）编程格式

CYCLE71（RTP, RFP, SDIS, DP, PA, PO, LENG, WID, STA, MID, MIDA, FDP, FALD, FFP1, VARI, FDP1）

（2）参数的意义　参数的意义见表 5-24。

使用 CYCLE71 可以切削任何矩形端面。

表 5-24　CYCLE71 参数

参　数	参数的意义
RTP	后退平面(返回平面,绝对)
RFP	参考平面(绝对)
SDIS	安全间隙(无符号输入)
DP	深度(绝对值)
PA	起始点(绝对值),平面的第一轴
PO	起始点(绝对值),平面的第二轴
LENG	第一轴上的矩形长度,增量。尺寸的起始角由符号产生
WID	第二轴上的矩形长度,增量。尺寸的起始角由符号产生
STA	纵向轴和平面的第一轴间的角度(无符号输入),范围:0°≤STA<180°
MID	最大进给深度(无符号输入)
MIDA	平面中连续加工时作为数值的最大进给宽度(无符号输入)
FDP	精加工方向上的返回行程(增量,无符号输入)
FALD	深度的精加工大小(增量,无符号输入)
FFP1	端面加工进给率
VARI	加工类型。个位值:1 表示粗加工;2 表示精加工 十位值:1 表示在一个方向平行于平面的第一轴;2 表示在一个方向平行于平面的第二轴;3 表示平行于平面的第一轴;4 表示平行于平面的第二轴,方向可交替
FDP1	在平面的进给方向上越程(增量,无符号输入)

CYCLE71 循环的运动顺序如下:

1）使用 G0 回到当前位置高度的进给点,然后再同样以 G0 回到安全间隙前的参考平面。可以使用 G0,因为在开口处可以进行进给。可以采用不同的连续加工方式（在轴的一

个方向或来回摆动）。

2）粗加工时的运动顺序。根据参数 DP、MID 和 FALD 的编程值，可以在不同的平面中进行端面切削。从上而下进行加工，即每次切除一平面后在开口处进行下一个深度进给（参数 FDP）。平面中连续加工的进给路径取决于参数 LENG、WID、MIDA、FDP、FDP1 的值和有效刀具的半径。

加工最初路径时，始终保证进给深度和 MIDA 的值完全一致，以便进给宽度不大于最大允许值。这样刀具中心不会始终在边缘上进给（仅当 MIDA = 刀具半径时）。刀具进给时超出边缘的尺寸始终等于刀具半径 – MIDA 的值，即使只进行一次端面切削，即端面宽度 + 越程 – MIDA。内部计算宽度进给的其他路径，以便能够获得统一的路径宽度（≤MIDA）。

3）精加工时的运动顺序。精加工时，端面只在平面中切削一次。这表示在粗加工时必须选择精加工余量，以便剩余深度可以使用精加工刀具一次加工完成。

每次端面切削后，刀具将退回，返回行程编程在参数 FDP。在一个方向上加工时，刀具将在一个方向上的返回行程为精加工余量 + 安全间隙，并快速回到下一起点。在一个方向粗加工时，刀具将返回到计算的进给 + 安全间隙位置。深度进给也在粗加工中相同的位置进行。精加工结束后，刀具将返回上次到达位置的返回平面 RTP。

图 5-60 所示为 CYCLE71 端面铣削的参数说明。

（3）编程举例 图 5-61 所示为 CYCLE71 端面铣削应用举例。

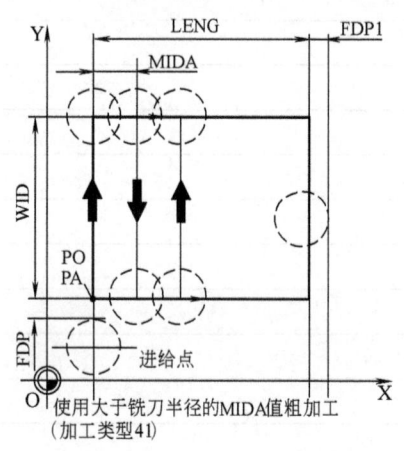

图 5-60 CYCLE71 端面铣削的参数说明

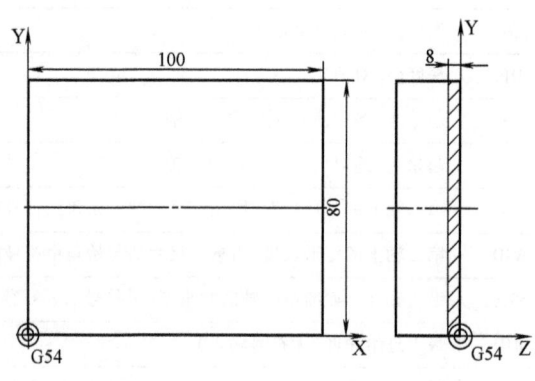

图 5-61 CYCLE71 端面铣削应用举例

此程序加工一个在 XY 平面中的矩形体端面，铣削深度为 8mm。使用的刀具选 ϕ32mm 立铣刀。程序名为 DMX.MPF，加工程序如下：

```
%__N__DMX__MPF              主程序名
;$PATH=/__N__MPF__DIR        传输格式
N10  G53 G90 G94 G40 G17    机床坐标系,绝对编程,分进给,取消刀补,切削平面
                             指定
N20  T1 M6                   换1号刀,即 φ32mm 的立铣刀
N30  M3 S450 F150            主轴正转,转速为450r/min,进给速度为150mm/min
N40  G0 G54 X55 Y50 D1       快速定位点,工件坐标系建立,刀具长度补偿值加入
N50  Z50 M7                  快速进刀,切削液开
```

```
    N60  CYCLE71(10,0,1,-8,150,120,-100,        循环调用,对照参数表对应的参数定
             -80,0,4,16,5,0.2,200,23,2)           义,搞清其含义
    N70  G0  G90  Z200  M9                      快速抬刀,切削液关
    N80  M5                                     主轴停转
    N90  M30                                    程序结束
```

8. 轮廓铣削指令（CYCLE72）

（1）编程格式

CYCLE72（KNAME, RTP, RFP, SDIS, DP, MID, FAL, FALD, FFP1, FFD, VARI, RL, AS1, LP1, FF3, AS2, LP2）

（2）参数的意义　参数的意义见表 5-25 及图 5-62。

表 5-25　CYCLE72 参数

参　数	参数的意义
KNAME	轮廓子程序名称
RTP	后退平面（返回平面，绝对）
RFP	参考平面（绝对）
SDIS	安全间隙（无符号输入）
DP	深度（绝对值）
MID	最大进给深度（无符号输入）
FAL	边缘轮廓的精加工余量（增量，无符号输入）
FALD	槽底的精加工余量（增量，无符号输入）
FFP1	端面加工进给率
FFD	深度进给率（无符号输入）
VARI	加工类型。个位值：1 表示粗加工；2 表示精加工 十位值：0 表示使用 G0 的中间路径；1 表示使用 G1 的中间路径 百位值：0 表示轮廓末端返回 RTP；1 表示轮廓末端返回 RFP+SDIS；2 表示轮廓末端返回 SDIS；3 表示轮廓末端不返回
RL	沿轮廓中心，向右或向左进给。40 表示 G40；41 表示 G41；42 表示 G42；接近和返回只有一条直线
AS1	接近方向/接近轮廓的定义（无符号输入）。个位值：1 表示直线切线；2 表示 1/4 圆；3 表示半圆 十位值：0 表示接近平面中的轮廓；1 表示接近沿空间路径的轮廓
LP1	接近路径的长度（使用直线）或接近圆弧的半径（使用圆，无符号输入）
FF3	返回进给率和平面中中间位置的进给率（在开口处）
AS2	返回方向/返回路径的定义（无符号输入）。个位值：1 表示直线切线；2 表示 1/4 圆；3 表示半圆 十位值：0 表示接近平面中的轮廓；1 表示接近沿空间路径的轮廓
LP2	返回路径的长度（使用直线）或返回圆弧的半径（使用圆，无符号输入）

注：参数 FF3、AS2、LP2 用作选项。

参数中 KNAME 名称可以是完整的程序，例如，KNAME＝"L28"，L28 为完整的一个子程序。KNAME 名称也可以是调用程序中的一部分，从开始标志位开始到结束标志位结束。例如，KNAME＝"STA：END"，STA 是开始标志位置，而 END 则为结束标志位置。

使用 CYCLE72 可以铣削定义在子程序中的任何轮廓。循环运行时可以有或没有刀具半径补偿。不要求轮廓一定是封闭的；可通过刀具半径补偿的位置（轮廓中央，左或右）来

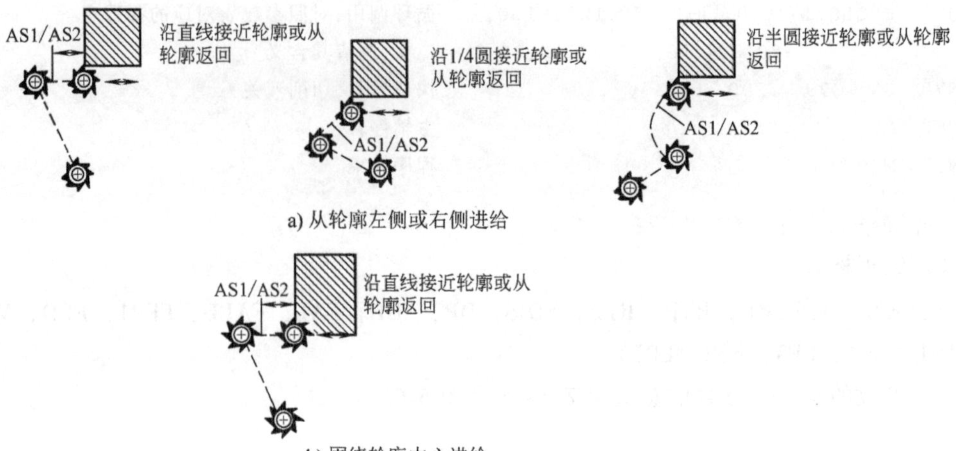

图 5-62 所示的轮廓铣削部分参数说明

a) 从轮廓左侧或右侧进给

b) 围绕轮廓中心进给

图 5-62 CYCLE72 轮廓铣削部分参数说明

定义内部或外部加工。轮廓的编程方向必须是它的加工方向，并且必须包含至少两个轮廓程序块（起点和终点），因为轮廓子程序直接在循环内部调用。

CYCLE72 循环的运动顺序如下：

1）粗加工时的运动顺序。

① 首次铣削时使用 G0/G1（和 FF3）移动到起始点。该起始点在系统内部计算并取决于以下方面：轮廓的起点（子程序中的第一点）、在起始点的轮廓方向、接近方向和参数以及刀具半径。

② 使用 G0/G1 进行深度进给至首次或第二次加工深度加上安全间隙。首次的加工深度以总深度、精加工余量和最大允许的进给深度决定。

③ 使用深度进给垂直接近轮廓，然后在平面中以编程的进给率或具有参数 FAD 下编程的进给率进行平稳进给。

④ 使用 G40/G41/G42 沿轮廓铣削。

⑤ 使用 G1 从轮廓平稳返回并始终以端面加工的进给率返回。

⑥ 使用 G0/G1 返回（和用于中间路径的进给率 FF3），取决于编程。

⑦ 使用 G0/G1（FF3）返回到深度进给点。

⑧ 在下一个加工平面中重复此动作顺序直至到达深度方向的精加工余量。

⑨ 粗加工结束时，刀具位于返回平面的轮廓返回点（系统内部计算得出）的上方。

2）精加工时的运动顺序。

① 精加工时，沿轮廓的底部按相应的进给率进行铣削，直至到达最后的尺寸。

② 按现有的参数进行平稳接近和返回轮廓。

③ 循环结束时，刀具位于返回平面的轮廓返回点。

（3）编程举例 图 5-63 所示为 CYCLE72 轮廓铣削应用举例。循环参数为深度 18mm，使用 G41 左补偿，在平面中沿 1/4 圆接近和返回轮廓，

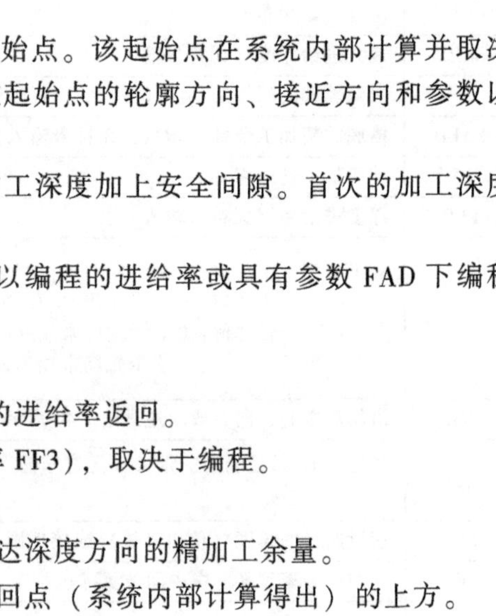

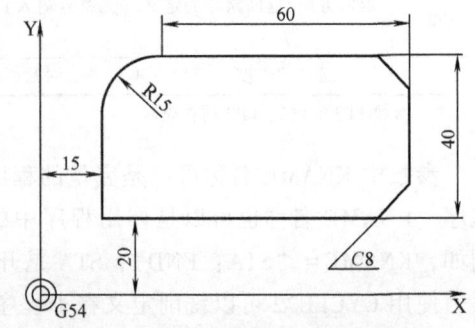

图 5-63 CYCLE72 轮廓铣削应用举例

使用 φ16mm 立铣刀。主程序名为 LKX.MPF，加工程序如下：

```
%__N__LKX__MPF                              主程序名
;$PATH=/__N__MPF__DIR                       传输格式
N10  G53  G90  G94  G40  G17                机床坐标系,绝对编程,分进给,取消刀补,切
                                              削平面指定
N20  T1  M6                                 换1号刀,即φ16mm的立铣刀
N30  M3  S600  F150                         主轴正转,转速为600r/min,进给速度为
                                              150mm/min
N40  G0  G54  X10  Y100  D1                 快速定位点,工件坐标系建立,刀具长度补偿
                                              值加入
N50  Z50  M7                                快速进刀,切削液开
N60  CYCLE72("LK72",10,0,1,-18,6,0.2,       循环调用,对照参数表对应的参数
     0.5,200,50,111,41,2,20,                  定义,搞清其含义
     1000,2,20)
N70  G0  G90  Z200  M9                      快速抬刀,切削液关
N80  M5                                     主轴停转
N90  M30                                    程序结束
```

子程序名为 LK72.SPF，子程序如下：

```
%__N__LK72__SPF                             子程序名
;$PATH=/__N__MPF__DIR                       传输格式
N10  G1  G90  X30  Y60
N20  X90  CHR=8
N30  Y20  CHR=8
N40  X15
N50  Y45
N60  G2  X30  Y60  CR=15
N70  M17
```

9. 矩形凸台铣削指令（CYCLE76）

（1）编程格式

CYCLE76（RTP, RFP, SDIS, DP, DPR, LENG, WID, CRAD, PA, PO, STA, MID, FAL, FALD, FFP1, FFD, CDIR, VARI, AP1, AP2）

（2）参数的意义　参数的意义见表 5-26。

表 5-26　CYCLE76 参数

参　数	参数的意义
RTP	后退平面(返回平面,绝对)
RFP	参考平面(绝对)
SDIS	安全间隙(无符号输入)
DP	最终凸台深度(绝对值)
DPR	与参考平面相关的深度(无符号输入)
LENG	凸台长,带符号从拐角测量

(续)

参　数	参数的意义
WID	凸台宽,带符号从拐角测量
CRAD	凸台边角半径(无符号输入)
PA	凸台的参考点(绝对值),平面的第一轴
PO	凸台的参考点(绝对值),平面的第二轴
STA	纵向轴和平面第一轴间的角度(无符号输入)。范围:0°≤STA<180°
MID	最大的进给深度(无符号输入)
FAL	空白轮廓处的最终加工许可量(增量的)
FALD	基部的精加工余量(增量的,无符号输入)
FFP1	轮廓处的加工进给率
FFD	深度进给率
CDIR	铣削方向。值为 0 时表示顺铣;值为 1 时表示逆铣;值 2 表示使用 G2 铣削;值 3 表示使用 G3 铣削
VARI	加工类型。值为 1 时表示粗加工至最终的加工余量;值为 2 时表示精加工(余量 X/Y/Z=0)
AP1	空白凸台的长度尺寸
AP2	空白凸台的宽度尺寸

使用该循环可加工平面上的矩形凸台。对于精加工,需要一把面铣刀。深度方向的进给在靠近轮廓半圆的逆向位置处进行。

CYCLE76 循环的运动顺序如下:

1) 粗加工时的运动顺序。

① 快速接近轮廓线。

② 以快速横向移动的方式接近退刀面 (RTP),接着在此高度上移动到加工平面内的起始点。

③ 刀具快速横向移动到安全间隙,之后以进给率横向移动到加工深度。

④ 以主轴为参考,确定铣削方向。

⑤ 若只在凸台处绕行一次,则在平面中以半圆离开轮廓,并且进刀到下一个加工深度。

⑥ 接着,沿着半圆再一次地接近轮廓,并在凸台处绕行一次。这一过程将不断重复,直至达到编程的凸台深度。接着,快速横向移动到退刀平面。

2) 精加工时的运动顺序。

根据设置的参数 FAL 和 FALD,精加工在表面轮廓处进行,或在基部进行,或在两个位置上都进行。与平面内运动相关的接近方法与粗加工时相同。

(3) 编程举例　图 5-64 所示为 CYCLE76 矩形凸台铣削应用举例。

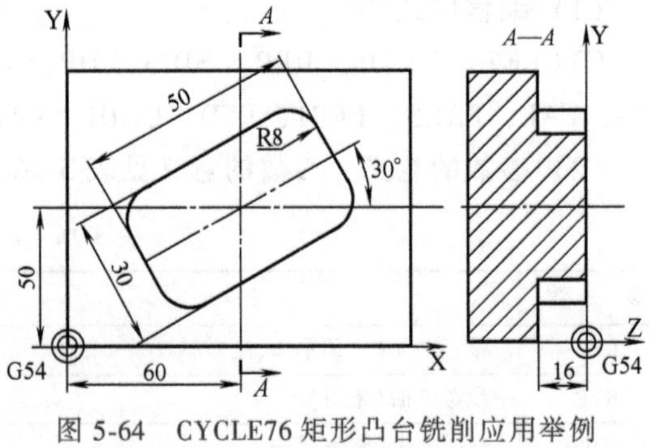

图 5-64　CYCLE76 矩形凸台铣削应用举例

此程序加工一个 XY 平面内的凸台。凸台长度为 50mm,宽度为 30mm,边角半径为 8mm,深度为 16mm。该凸台具有一个与 X 轴成 30°的夹角。使用 φ16mm 立铣刀。主程序名为 JXTT.MPF,加工程序如下:

```
%__N__JXTT__MPF              主程序名
;$PATH=/__N__MPF__DIR        传输格式
N10  G53 G90 G94 G40 G17     机床坐标系,绝对编程,分进给,取消刀补,切削平面指定
N20  T1 M6                   换1号刀,即φ16mm的立铣刀
N30  M3 S800 F150            主轴正转,转速为800r/min,进给速度为150mm/min
N40  G0 G54 X0 Y0 D1         快速定位点,工件坐标系建立,刀具长度补偿值加入
N50  Z50 M7                  快速进刀,切削液开
N60  CYCLE76(10,0,1,-16, ,-50,-30,  循环调用,对照参数表对应的参数定义,搞清其含义
     8,60,50,30,5, , ,
     200,60,0,1,0,0)
N70  G0 G90 Z200 M9          快速抬刀,切削液关
N80  M5                      主轴停转
N90  M30                     程序结束
```

10. 圆形凸台铣削指令（CYCLE77）

（1）编程格式

CYCLE77（RTP, RFP, SDIS, DP, DPR, PRAD, PA, PO, MID, FAL, FALD, FFP1, FFD, CDIR, VARI, AP1）

（2）参数的意义　参数的意义见表5-27。

使用该循环加工平面中的圆形凸台。

表5-27　CYCLE77参数

参数	参数的意义	参数	参数的意义
RTP	后退平面(返回平面,绝对)	MID	最大的深度方向进给(无符号输入)
RFP	参考平面(绝对)	FAL	轮廓处的最终加工余量(增量的)
SDIS	安全间隙(无符号输入)	FALD	基部的精加工余量(增量的,无符号输入)
DP	最终凸台深(高)度(绝对值)	FFP1	轮廓处的加工进给率
DPR	与参考平面相关的深度(无符号输入)	FFD	深度进给率
PRAD	凸台直径(无符号输入)	CDIR	铣削方向。值0表示顺铣;值1表示逆铣;值2表示使用G2铣削;值3表示使用G3铣削
PA	凸台的中心点(绝对值),横坐标	VARI	加工类型。值1表示粗加工至最终的加工余量处;值2表示精加工(余量X/Y/Z=0)
PO	凸台的中心点(绝对值),纵坐标	AP1	未加工凸台的长度尺寸

CYCLE77循环的运动顺序如下：

1）粗加工时的运动顺序。

① 快速接近轮廓线。

② 以快速横向移动的方式接近退刀面（RTP），接着在此高度上移动到加工平面内的起始点。

③ 刀具快速横向移动到安全间隙,之后以进给率横向移动到加工深度处。

④ 以主轴为参考,确定铣削方向。

⑤ 若只在凸台处绕行一次，则在平面中以半圆离开轮廓，并且进刀到下一个加工深度。

⑥ 接着，沿着半圆再一次地接近轮廓，并在凸台处绕行一次。这一过程将不断重复，直至达到编程的凸台深度。接着，快速横向移动到退刀平面。

深度方向的进给：一是进给到安全间隙处；二是插入到加工深度处。首个加工深度可通过总的深度、精加工余量和最大可能的深度方向上的进给计算得到。

2) 精加工时的运动顺序。根据设置的参数 FAL 和 FALD，精加工在表面轮廓处进行，或在基部进行，或在两个位置上都进行。与平面内运动相关的接近方法与粗加工时相同。

(3) 编程举例　图 5-65 所示为 CYCLE77 圆形凸台铣削应用举例。

在毛坯上加工一个直径为 56mm，深度为 15mm 的圆凸台。每次切削的最大进给深度为 5mm。从图 5-65 中可以看出 φ56mm 的凸台为空白凸台，刀具不宜加工的区域。主程序名为 YXTT.MPF，加工程序如下：

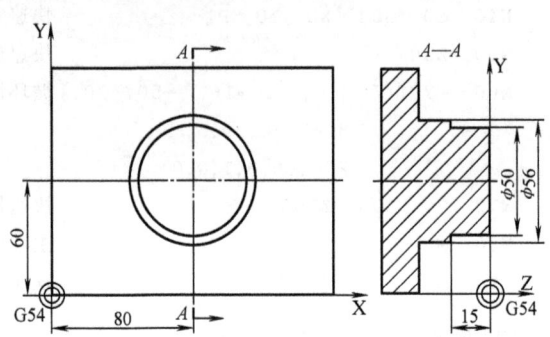

图 5-65　CYCLE77 圆形凸台铣削应用举例

```
%__N__YXTT__MPF                         主程序名
;$PATH=/__N__MPF__DIR                   传输格式
N10  G53 G90 G94 G40 G17                机床坐标系,绝对编程,分进给,取消刀补,切削平面
                                        指定
N20  T1 M6                              换1号刀,即φ16mm的立铣刀
N30  M3 S800 F150                       主轴正转,转速为800r/min,进给速度为150mm/min
N40  G0 G54 X0 Y0 D1                    快速定位点,工件坐标系建立,刀具长度补偿值加入
N50  Z50 M7                             快速进刀,切削液开
N60  CYCLE77(10,0,3,-15,,50,80,60,5,    调用粗循环指令,对照参数表对应的参
     0.5,0,200,50,1,1,56)                  数定义,搞清其含义
N70  G0 G90 Z100                        快速抬刀
N80  M42                                高速档开
N90  S1200                              主轴转速为1200r/min
N100 CYCLE77(10,0,3,-15,,50,80,60,5,    调用精加工循环指令,对照参数表对应的参数
     0,0,100,50,1,2,56)                    定义,搞清其含义
N110 G0 G90 Z200 M9                     快速抬刀,切削液关
N120 M5                                 主轴停转
N130 M30                                程序结束
```

课题六　使用 R 参数指令和程序跳转编程

一、计算参数 R

要使一个 NC 程序不仅仅适用于特定数值下的一次加工，或者必须要计算出数值，这两

种情况均可以使用计算参数。可以在程序运行时由控制器计算或设定所需要的数值；也可以通过操作面板设定参数数值。如果参数已经赋值，则它们可以在程序中对由变量确定的地址进行赋值。

如果值已经被指定给算术参数，那么它们就可以在程序中被指定给其他 NC 地址，这些地址字的值将是可变的。

1. 编程格式

R0 = ... ~ R299 = ...

2. 值的指定

可以在以下范围内给算术参数赋值：±（0.0 000 001 ~ 99 999 999）（8 位，十进制位，带符号和小数点）。

整数值小数点可省略，正号也可以一直省去。如 R0 = 3.567　R1 = -37.3　R2 = 2　R3 = -7　R4 = -45 678.123。

用指数表示法可以赋值更大的数值范围：±（10^{-300} ~ 10^{+300}）。指数的值书写在 EX 字符后面，最大的总字符个数为 10（包括符号和小数点）。EX 值的范围：-300 ~ +300。

举例：R0 = -0.1EX-5　　　　意义为 R0 = -0.000 001
　　　R1 = 1.874EX8　　　　意义为 R1 = 187 400 000

在一个程序段内可以有几个赋值或几个表达式赋值。

3. 给其他的地址赋值

通过给其他的 NC 地址分配计算参数或参数表达式，可以增加 NC 程序的通用性。可以用数值、算术表达式或 R 参数对任意 NC 地址赋值。但对地址 N、G 和 L 例外。当赋值时，在地址字后面书写字符"="，也可以赋一个带负号的值，给轴地址字赋值时必须在一个单独的程序段内。

举例：N10　G0　X = R1　　　　给 X 轴赋值

在计算参数时也遵循通常的数学运算规则。

4. 编程举例

（1）R 参数编程实例

```
N10    R1 = R1 + 1                         由原来的 R1 加上 1 后赋值给新的 R1
N20    R1 = R2 + R3   R4 = R5 - R6
       R7 = R8 * R9   R10 = R11/R12        加、减、乘、除运算
N30    R13 = SIN(25.3)                     R13 等于正弦 25.3°
N40    R14 = R1 * R2 + R3                  乘除优先于加减，R14 = (R1 * R2) + R3
N50    R14 = R3 + R2 * R1                  与 N40 一样
N60    R15 = SQRT(R1 * R1 + R2 * R2)       R15 = $\sqrt{R1^2 + R2^2}$
```

（2）坐标轴赋值编程实例

```
N10    G1   G91   X = R1   Z = R2   F300
N20    Z = R3
N30    X = -R4
N40    Z = -R5
...
```

二、标记符——程序跳转目标

标记符或程序段号用于标记程序中所跳转的目标程序段，用跳转功能可以实现程序运行的分支。标记符可以自由选取，但必须由 2~8 个字母或数字组成，其中开始两个字符必须为字母或下划线。跳转目标程序段标记后面必须为冒号。标记符位于程序段首。如果程序段有段号，则标记符紧跟着段号。在一个程序段中，标记符不能有其他含义。

编程举例：

```
N10  CZY1:G1  X__  Y__         CZY1 为标记符,跳转目标程序段;有段号
...
XHT8:G1  X__  Y__              XHT8 为标记符,跳转目标程序段,但没有段号
N90···                          程序段号可以是跳转目标
...
```

三、绝对跳转

NC 程序在运行时以写入时的顺序执行程序段。程序在运行时可以通过插入程序跳转指令改变执行顺序。跳转目标只能是有标记符的程序段；此程序段必须位于该程序之内。绝对跳转指令必须占用一个独立的程序段。

1. 编程格式和意义

GOTOF Label　　　　　向前跳转（向程序结束的方向跳转）
GOTOB Label　　　　　向后跳转（向程序开始的方向跳转）
Label 为所选标记符或程序段号的字符串。

2. 编程举例

```
N10  CZY1:G0  G54  X0  Y0  Z200  D1  S600  M3    CZY1 为标记符,跳转目标程序段
N20  G0  X1000  Y500
N30  X0  Y0
...
N80  GOTOB  CZY1                                  跳转到标记符 CZY1
```

四、有条件跳转

用 IF 条件语句表示有条件跳转。如果满足跳转条件，则进行跳转。跳转目标只能是有标记符的程序段，此程序段必须位于该程序之内。有条件跳转指令必须占用一个独立的程序段；在一个程序段中可以有许多个条件跳转指令。使用了条件跳转后有时会使程序得到明显的简化，使程序变得简练。

1. 编程格式和意义

IF　条件　GOTOF　Label　　　条件满足后，向前跳转（向程序结束的方向跳转）
IF　条件　GOTOB　Label　　　条件满足后，向后跳转（向程序开始的方向跳转）
条件：作为条件的计算参数，计算表达式。比较运算符号见表 5-28。

2. 编程举例

```
N10  IF  R1<>0  GOTOF  BJF1        R1 不等于零时,跳转到 BJF1 程序段
...
```

```
N100   IF  R1>1  GOTOF  BJF2        R1 大于 1 时,跳转到 BJF2 程序段
…
N1000  IF  R45==R7+1  GOTOB  BJF3   R45 等于 R7 加 1 时,跳转到 BJF3 程序段
…
```

表 5-28 比较运算符号

运算符号	意义	运算符号	意义
==	等于	<	小于
<>	不等于	>=	大于或等于
>	大于	<=	小于或等于

一个程序段中有多个条件跳转。

```
…
N120  2F  R1==1  GOTOB  WX1  IF  R1==2  GOTOF  WX2…
```

五、程序跳转举例

利用 R 参数加以程序跳转功能编程可以实现较复杂的程序编制。它同其他的数控系统(如 FANUC 系统、华中系统)的宏指令编程是一致的,只是它们采用的地址单元不同。宏指令采用#加数字表示地址单元。如#100=#100+10。它就相当于 R100=R100+10。

图 5-66 所示为在钢板上打 24 个 φ5mm 孔,如果按常规的方法给出 24 个孔点坐标,那编程太繁杂。下面用 R 参数和程序跳转编制程序。

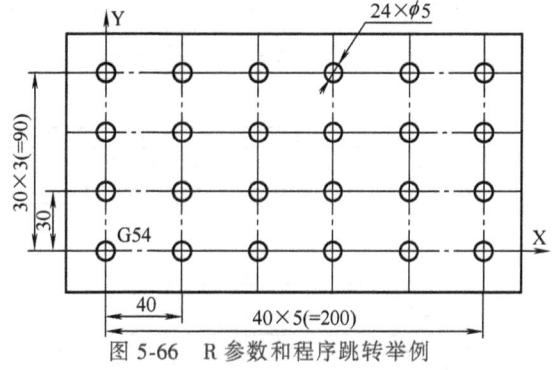

图 5-66 R 参数和程序跳转举例

程序名为 TZH1.MPF,加工程序如下:

```
%__N__TZH1__MPF              主程序名
;$PATH=/__N__MPF__DIR         传输格式
N10  G53  G90  G94  G40  G17  机床坐标系,绝对编程,分进给,取消刀补,切削平面指定;
                              安全指令
N20  T1  M6                   换 1 号刀,即 φ5mm 钻头
N30  M3  S700                 主轴正转,转速为 700r/min
N40  G0  G54  X0  Y0  D1      快速定位,工件坐标系建立,刀具长度补偿值加入
N50  Z50  M7  F50             快速进刀,切削液开,进给率为 50mm/min
N60  R0=0  R1=0  R2=0  R3=0   给 R 参数赋初值,R0 为 X 方向上孔的排数,R1 为 X 方向上
                              的孔距,R2 为 Y 方向上孔的孔距,R3 为 Y 方向上的排数
N70  AA1:                     AA1 为标记符,跳转目标程序段
N80  G0  X=R1  Y=R2           快速定位到钻孔点
N90  R0=R0+1                  X 方向上孔的计数,由原来的 R0 加上 1 后赋值给新的 R0
N100  R1=R1+40                X 方向上孔的尺寸,由原来的 R1 加上 40 后赋值给新的 R1
N110  CYCLE81(30,,3,-10,)     调用钻孔指令钻孔
N120  IF  R0<6  GOTOB  AA1    判别第一排 X 方向上的孔有没有被钻完成,若没有,再继续
```

```
N130    R2=R2+30            Y方向上孔的尺寸,由原来的R2加上30后赋值给新的R2
N140    R3=R3+1             Y方向上孔的计数,由原来的R3加上1后赋值给新的R3
N150    R0=0  R1=0          R0为X方向上孔的排数重新置零,R1为X方向上的孔距重
                            新置零
N160    IF  R3<4  GOTOB  AA1    判别Y方向上的孔有没有被钻完成,若没有,再继续
N170    G0  G90  Z200       快速抬刀
N180    M5                  主轴停转
N190    M9                  切削液关
N200    M30                 程序结束
```

课题七 零件的综合加工编程

一、综合实例1

如图5-67所示零件,毛坯外形尺寸为120mm×80mm×20mm,除上下表面以外的其他四面均已加工,并符合尺寸与表面粗糙度要求,材料为45钢。按图样要求制订正确的工艺方案（包括定位、夹紧方案和工艺路线）,选择合理的刀具和切削工艺参数,编写数控加工程序。

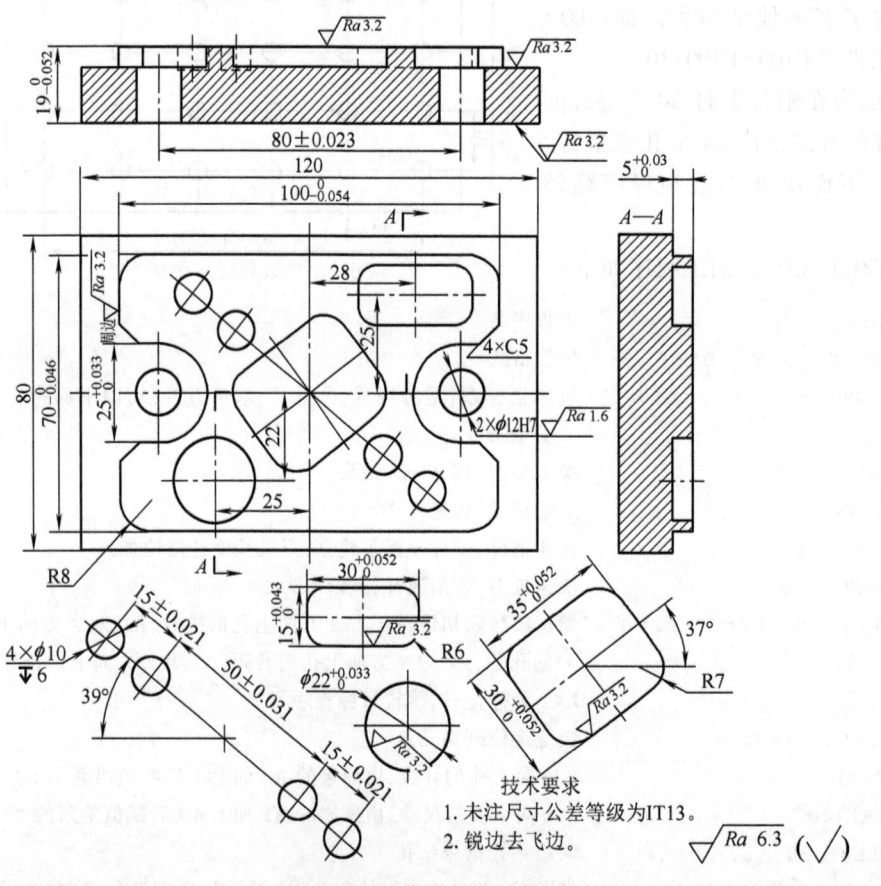

零件的综合加工编程

图5-67 综合实例1零件图

1. 工艺分析

如图 5-67 所示,零件外形规则,被加工部分的各尺寸公差、几何公差要求较高,表面粗糙度值要求小。图中包含了平面、内外轮廓、挖槽、钻孔、铰孔以及铣孔等加工,且大部分的尺寸公差等级均达到 IT7～IT8。

选用机用平口钳装夹工件,校正平口钳固定钳口与工作台 X 轴移动方向平行,在工件下表面与平口钳之间放入精度较高且厚度适当的平行垫块,工件露出钳口表面不低于 7mm,利用木槌或铜棒敲击工件,使平行垫块不能移动后夹紧工件。利用寻边器找正工件 X、Y 轴零点位于工件对称中心位置,设置 Z 轴零点与机床原点重合,刀具长度补偿利用 Z 轴定位器设定(有时也可不使用刀具长度补偿功能,而根据不同刀具设定多个工件坐标系零点进行编程加工)。工件上表面为执行刀具长度补偿后的 Z 轴零点表面。

2. 根据零件图样要求确定的加工工序和刀具

1)装夹工件,铣削 120mm×80mm 的平面(铣出即可),选用 ϕ80mm 可转位铣刀。

2)重新装夹工件(已加工表面朝下),铣削表面,保证总厚度尺寸 19mm。选用 ϕ80mm 可转位铣刀。

3)粗加工外轮廓及去除多余材料,保证深度尺寸 5mm,选用 ϕ16mm 三刃立铣刀。

4)粗加工旋转型腔与整圆型腔,保证深度尺寸 5mm,选用 ϕ12mm 键槽铣刀。

5)粗加工右上角小型腔,保证深度尺寸 5mm,选用 ϕ10mm 键槽铣刀。

6)铣孔 4×ϕ10mm,保证孔的直径和深度,选用 ϕ10mm 键槽铣刀。

7)精加工外轮廓与三个型腔,保证所有相关尺寸,选用 ϕ10mm 三刃立铣刀。

8)点孔加工,选用 ϕ4mm 中心钻。

9)钻孔加工,选用 ϕ11.8mm 直柄麻花钻。

10)铰孔加工,保证孔的直径和深度,选用 ϕ12mm 机用铰刀。

3. 切削参数的选择

各工序及刀具的切削参数见表 5-29。

表 5-29 各工序及刀具的切削参数

加工步骤		刀具与切削参数					
		刀具规格			主轴转速/	进给速度/	刀具补偿	
加工内容	刀号	刀具名称	材料	(r/min)	(mm/min)	长度	半径
工序 1:铣平面	T1	ϕ80mm 面铣刀(5 个刀片)	硬质合金	600	120	D1	
工序 2:铣另一平面							
工序 3:粗加工外轮廓/去余料	T2	ϕ16mm 三刃立铣刀	高速钢	400	100	D1	D1 = 8.1mm
工序 4:粗加工旋转型腔和整圆型腔	T3	ϕ12mm 键槽铣刀		700	60	D1	D1 = 6.1mm
工序 5:粗加工右上角型腔	T4	ϕ10mm 键槽铣刀		900	40	D1	D1 = 5.1mm
工序 6:铣 ϕ10mm 的孔					20		
工序 7:精加工所有轮廓	T11	ϕ10mm 三刃立铣刀		800	80	D1	D1 = 4.99mm
工序 8:点孔	T12	ϕ4mm 中心钻		1200	120	D1	
工序 9:钻孔	T13	ϕ11.8mm 直柄麻花钻		550	80	D1	
工序 10:铰孔	T14	ϕ12mm 机用铰刀		300	50	D1	

4. 编写程序

工序 1 铣削平面在 MDI 方式下完成，不必设置坐标系；在执行加工工序 2 之前要进行对刀，将刀具送入刀库（对号入座）并设置工件坐标系以及补偿等参数，工序 2~工序 10 由以下程序完成加工，正式加工前必须进行程序的检查和校验，确认无误后自动加工。

% __N__ZH1__MPF	程序名
; $ PATH=/__N__MPF__DIR	传输格式
N1 G53 G90 G0 Z0	Z 轴快速抬刀至机床原点
N2 M6 T1	调用 1 号刀具：φ80mm 面铣刀（工序 2）
N3 G54 G90 M3 S600	G54 工件坐标系，绝对坐标编程，主轴正转，转速为 600r/min
N4 G0 Z100 D1 M8	Z 轴快速定位，调用 1 号长度补偿，切削液开
N5 X-105 Y-20	X、Y 轴快速定位至起刀点
N6 Z5	Z 轴快速定位
N7 G1 Z0 F120	Z 轴直线进给，进给速度为 120mm/min
N8 X105	X 轴直线进给，铣削平面
N9 G0 Y20	Y 轴快速定位
N10 G1 X-105	X 轴直线进给，铣削平面
N11 G0 Z0 D0 M09	取消长度补偿，Z 轴快速定位到机床原点，切削液关闭
N12 M5	主轴停转
N13 M6 T2	调用 2 号刀具：φ16mm 三刃立铣刀（工序 3）
N14 M3 S400	主轴正转，转速为 400r/min
N15 G0 Z100 D1 M8	Z 轴快速定位，调用 1 号长度补偿，切削液开
N16 X-70 Y50	X、Y 轴快速定位至起刀点
N17 Z5	Z 轴快速定位
N18 G1 Z-5 F100	Z 轴直线进给，进给速度为 100mm/min
N19 G41 X-60 Y35 D1	X、Y 轴进给，引入刀具半径补偿 D1（D1=8.1mm）
N20 L2	调用子程序加工外轮廓，程序名为 L2.SPF
N21 G0 Z5	Z 轴快速定位
N22 X-70 Y0	X、Y 轴快速定位
N23 Z-5	Z 轴快速下刀
N24 G1 X-50	X 轴方向进给，去除多余材料
N25 G0 Z5	Z 轴快速定位
N26 X70	X 轴快速定位
N27 Z-5	Z 轴快速下刀
N28 G1 X50	X 轴方向进给，去除多余材料
N29 G0 Z0 D0 M09	取消长度补偿，Z 轴快速定位到机床原点，切削液关闭
N30 M5	主轴停转
N31 M6 T3	调用 3 号刀具：φ12mm 键槽铣刀（工序 4）
N32 M3 S700	主轴正转，转速为 700r/min
N33 G0 Z100 D1 M8	Z 轴快速定位，调用 1 号长度补偿，切削液开
N34 X0 Y0	X、Y 轴快速定位至起刀点
N35 Z5	Z 轴快速定位
N36 G1 Z-5 F20	Z 轴直线进给，进给速度为 20mm/min

N37	ROT RPL=37	坐标系旋转,相对(X0,Y0)逆时针旋转37°
N38	G41 G91 G1 X-9.5 Y8 D1 F60	相对编程,引入刀具半径补偿D1(D1=6.1mm),进给速度为60mm/min
N39	L3	调用子程序加工,程序名为L3.SPF
N40	X5	X轴直线进给,去除多余材料
N41	G0 Z5	Z轴快速定位
N42	ROT	取消坐标系旋转
N43	X-25 Y-22	X、Y轴快速定位
N44	G1 Z-5 F20	Z轴直线进给,进给速度为20mm/min
N45	G91 G41 X11 D1 F60	相对编程,引入刀具半径补偿D1(D1=6.1mm),进给率为60mm/min
N46	G3 I-11	整圆铣削
N47	G40 G1 X-11	取消刀具半径补偿
N48	G90 G0 Z0 D0 M09	绝对编程,取消长度补偿,Z轴快速定位到机床原点,切削液关闭
N49	M5	主轴停转
N50	M6 T4	调用4号刀具:φ10mm键槽铣刀(工序5)
N51	M3 S900	主轴正转,转速为900r/min
N52	G0 Z100 D1 M8	Z轴快速定位,调用1号长度补偿,切削液开
N53	X28 Y25	X、Y轴快速定位至起刀点
N54	Z5	Z轴快速定位
N55	G01 Z-5 F20	Z轴直线进给,进给速度为20mm/min
N56	G91 G41 X-9 Y7.5 D1 F40	相对编程,引入刀具半径补偿D1(D1=5.1mm)
N57	L4	调用子程序加工,程序名为L4.SPF
N58	G0 Z5	Z轴快速定位
N59	X0 Y0 F20	X、Y轴快速定位,以下钻孔进给速度为20mm/min
N60	ROT RPL=-39	坐标系旋转,相对(X0,Y0)顺时针旋转39°(工序6)
N61	MCALL CYCLE82 (30,,3,-6,,1)	固定循环,准备加工孔
N62	X-40 Y0	固定循环加工φ10mm孔
N63	X-25	固定循环加工φ10mm孔
N64	X25	固定循环加工φ10mm孔
N65	X40	固定循环加工φ10mm孔
N66	MCALL	取消固定循环
N67	ROT	取消坐标系旋转
N68	G0 Z0 D0 M09	取消长度补偿、固定循环,Z轴快速定位到机床原点,切削液关闭
N69	M5	主轴停转
N70	M6 T11	调用11号刀具:φ10mm三刃立铣刀(工序7)
N71	M3 S800	主轴正转,转速为800r/min
N72	G0 Z100 D1 M8	Z轴快速定位,调用1号长度补偿,切削液开

N73	X-70 Y50	X、Y轴快速定位至起刀点
N74	Z5	Z轴快速定位
N75	G1 Z-5 F80	Z轴直线进给,进给速度为80mm/min
N76	G41 X-60 Y35 D1	X、Y轴进给,引入刀具半径补偿D1(D1=4.99mm)
N77	L2	调用子程序加工外轮廓,程序名L2.SPF
N78	G0 Z5	Z轴快速定位
N79	X0 Y0	X、Y轴快速定位至起刀点
N80	G1 Z-5 F80	Z轴直线进给,进给速度为80mm/min
N81	ROT RPL=37	坐标系旋转,相对(X0,Y0)逆时针旋转37°
N82	G41 G91 G1 X-9.5 Y8 D1	相对编程,引入刀具半径补偿D1(D1=4.99mm)
N83	L3	调用子程序加工,程序名为L3.SPF
N84	G0 Z5	Z轴快速定位
N85	ROT	取消坐标系旋转
N86	X-25 Y-22	X、Y轴快速定位
N87	G1 Z-5	Z轴直线进给
N88	G91 G41 X11 D1	相对编程,引入刀具半径补偿D1(D1=4.99mm)
N89	G3 I-11	整圆铣削
N90	G40 G1 X-11	取消刀具半径补偿
N91	G90 G0 Z5	绝对编程,Z轴快速定位
N92	X28 Y25	X、Y轴快速定位至起刀点
N93	G01 Z-5	Z轴直线进给
N94	G91 G41 X-9 Y7.5 D1	相对编程,引入刀具半径补偿D1(D1=4.99mm)
N95	L4	调用子程序加工,程序名为L4.SPF
N96	G0 Z0 D0 M09	取消长度补偿,Z轴快速定位到机床原点,切削液关闭
N97	M5	主轴停转
N98	M6 T12	调用12号刀具:φ4mm中心钻(工序8)
N99	M3 S1200	主轴正转,转速为1200r/min
N100	G0 Z100 D1	Z轴快速定位,调用1号长度补偿
N101	X0 Y0 F120	X、Y轴快速定位
N102	MCALL CYCLE81 (30,,3,-7,,)	钻孔循环,准备点孔
N103	X40 Y0	固定循环点孔加工
N104	X-40	固定循环点孔加工
N105	MCALL	取消固定循环
N106	G0 Z0 D0	取消长度补偿,Z轴快速定位到机床原点
N107	M5	主轴停转
N108	M6 T13	调用13号刀具:φ11.8mm麻花钻(工序9)
N109	M3 S550	主轴正转,转速为550r/min
N110	G0 Z100 D1 M8	Z轴快速定位,调用1号长度补偿,切削液开
N111	X0 Y0 F80	X、Y轴快速定位
N112	MCALL CYCLE83(30,,	调用固定循环,准备钻孔加工

	3,-25,,-5,,,,,1,0)	
N113	X-40 Y0	固定循环钻孔加工
N114	X40	固定循环钻孔加工
N115	MCALL	取消固定循环
N116	G0 Z0 D0 M09	取消长度补偿,Z轴快速定位到机床原点,切削液关闭
N117	M5	主轴停转
N118	M6 T14	调用14号刀具:φ12mm机用铰刀(工序10)
N119	M3 S300	主轴正转,转速为300r/min
N120	G0 Z100 D1 M8	Z轴快速定位,调用1号长度补偿,切削液开
N121	MCALL CYCLE85 (30,,-2,-25,,,50,50)	调用固定循环,准备铰孔加工,进给速度为50mm/min
N122	X40 Y0	固定循环铰孔加工
N123	X-40	固定循环铰孔加工
N124	MCALL	取消固定循环
N125	G00 Z0 D0 M09	取消长度补偿、固定循环,Z轴快速定位到机床原点,切削液关闭
N126	M05	主轴停转
N127	M30	程序结束,返回起始行
L2.SPF		子程序名
N1	G1 X42	X向直线进给,切向切入轮廓
N2	G2 X50 Y27 CR=8	顺时针半径为8mm的圆弧铣削进给
N3	G1 Y17.5	Y向直线进给
N4	G91 X-5 Y-5	X、Y向直线进给
N5	X-5	X向直线进给
N6	G3 Y-25 CR=12.5	逆时针半径为12.5mm的圆弧进给
N7	G1 X5	X向直线进给
N8	X5 Y-5	X、Y向直线进给
N9	Y-9.5	Y向直线进给
N10	G2 X-8 Y-8 CR=8	顺时针半径为8mm的圆弧进给
N11	G1 X-84	X向直线进给
N12	G2 X-8 Y8 CR=8	顺时针半径为8mm的圆弧进给
N13	G1 Y9.5	Y向直线进给
N14	X5 Y5	X、Y向直线进给
N15	X5	X向直线进给
N16	G3 Y25 CR=12.5	逆时针半径为12.5mm的圆弧进给
N17	G1 X-5	X向直线进给
N18	X-5 Y5	X、Y向直线进给
N19	Y9.5	Y向直线进给
N20	G2 X8 Y8 CR=8	顺时针半径为8mm的圆弧进给
N21	G3 X10 Y10 CR=10	逆时针半径为10mm的圆弧过渡段,切向切出轮廓
N22	G90 G40 G1 X-70 Y50	绝对编程,取消刀具半径补偿至起刀点
N23	RET	子程序结束,返回主程序中
L3.SPF		子程序名

N1	G3	X-8	Y-8	CR=8	过渡圆弧进给,切向切入轮廓
N2	G1	Y-8			Y 向直线进给
N3	G3	X7	Y-7	CR=7	逆时针半径为 7mm 的圆弧进给
N4	G1	X21			X 向直线进给
N5	G3	X7	Y7	CR=7	逆时针半径为 7mm 的圆弧进给
N6	G1	Y16			Y 向直线进给
N7	G3	X-7	Y7	CR=7	逆时针半径为 7mm 的圆弧进给
N8	G1	X-21			X 向直线进给
N9	G3	X-7	Y-7	CR=7	逆时针半径为 7mm 的圆弧进给
N10	G1	Y-8			Y 向直线进给
N11	G3	X8	Y-8	CR=8	过渡圆弧进给,切向切出轮廓
N12	G90	G40	G1	X0 Y0	绝对编程,取消刀具半径补偿
N13	RET				子程序结束,返回主程序中
L4.SPF					子程序名
N1	G3	X-6	Y-6	CR=6	过渡圆弧进给,切向切入轮廓
N2	G1	Y-3			Y 向直线进给
N3	G3	X6	Y-6	CR=6	逆时针半径为 6mm 的圆弧进给
N4	G1	X18			X 向直线进给
N5	G3	X6	Y6	CR=6	逆时针半径为 6mm 的圆弧进给
N6	G1	Y3			Y 向直线进给
N7	G3	X-6	Y6	CR=6	逆时针半径为 6mm 的圆弧进给
N8	G1	X-18			X 向直线进给
N9	G90	G40	G1	X28 Y25	绝对编程,取消刀具半径补偿
N10	RET				子程序结束,返回主程序中

二、综合实例 2

如图 5-68 所示零件,毛坯外形尺寸为 160mm×120mm×30mm,除上下表面以外,其他四面均已加工,并符合尺寸与表面粗糙度要求,材料为 45 钢。按图样要求制订正确的工艺方案（包括定位、夹紧方案和工艺路线）,选择合理的刀具和切削工艺参数,编写数控加工程序。

1. 工艺分析

如图 5-68 所示,零件外形规则,被加工部分的各尺寸公差、几何公差要求较高,表面粗糙度值要求小。图中包含了平面、内外轮廓、挖槽、台阶面、G19 平面圆弧、钻孔、镗孔、铰孔、攻螺纹以及三维曲面的加工,且大部分的尺寸公差等级均达到 IT7～IT8。

选用机用虎钳装夹工件,校正机用虎钳固定钳口与工作台 X 轴移动方向平行,在工件下表面与平口钳之间放入精度较高且厚度适当的平行垫块,工件露出钳口表面不低于 12mm,利用木槌或铜棒敲击工件,使平行垫块不能移动后夹紧工件。利用寻边器找正工件 X、Y 轴零点位于工件对称中心位置,设置 Z 轴零点与机床原点重合,刀具长度补偿利用 Z 轴定位器设定（有时也可不使用刀具长度补偿功能,而根据不同刀具设定多个工件坐标系零点进行编程加工）。工件上表面为执行刀具长度补偿后的 Z 轴零点表面。

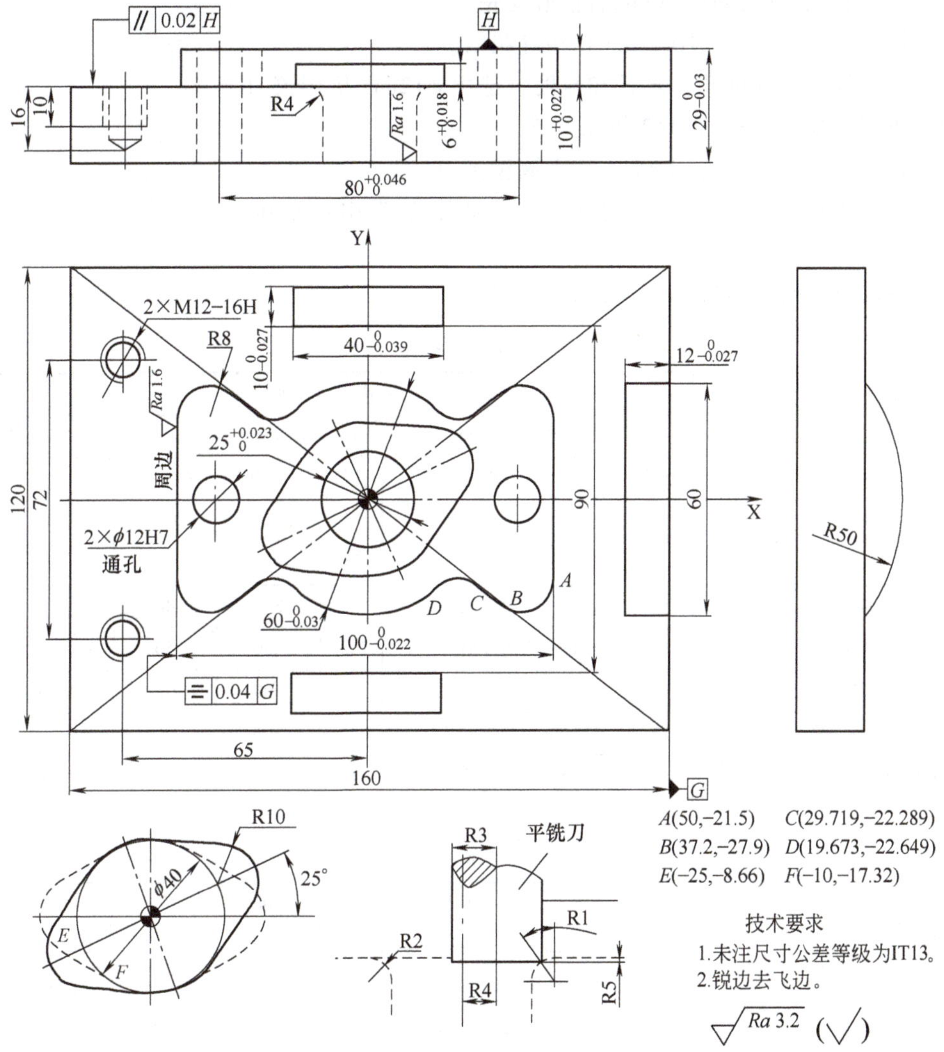

图 5-68 综合实例 2 零件图

2. 根据零件图样要求确定加工工序和刀具

1) 装夹工件，铣削 160mm×120mm 的平面（铣出即可），选用 φ80mm 可转位铣刀。

2) 重新装夹工件（已加工表面朝下），铣削表面，保证总厚度尺寸 29mm，选用 φ80mm 可转位铣刀。

3) 钻中心位置孔，选用 φ20mm 锥柄麻花钻。

4) 去除大量多余材料，保证深度尺寸 10mm，选用 φ20mm 三刃立铣刀。

5) 铣中心位置孔（扩孔）、粗加工旋转型腔、右侧方形，保证深度尺寸 10mm，选用 φ16mm 三刃立铣刀。

6) 粗加工外轮廓与两个相同矩形，保证深度尺寸 10mm 和 6mm，选用 φ14mm 三刃立铣刀。

7) 精加工所有外轮廓与型腔，加工 G19 平面圆弧半径为 50mm，保证所有尺寸精度，选用 φ10mm 三刃立铣刀。

8) 点孔加工，选用 φ4mm 中心钻。

9)钻孔加工,选用 ϕ11.8mm 直柄麻花钻。

10)钻孔加工,选用 ϕ10.2mm 直柄麻花钻。

11)铰孔加工,保证孔的直径和深度,选用 ϕ12mm 机用铰刀。

12)攻螺纹加工,选用 M12 机用丝锥。

13)镗中心位置孔,选用 ϕ25mm 微调精镗刀。

14)加工半径为 4mm 凸圆弧倒角(三维曲面),选用 ϕ16mm 三刃立铣刀。

3. 切削参数的选择

各工序及刀具的切削参数见表 5-30。

表 5-30 各工序及刀具的切削参数

加工步骤		刀具与切削参数					
加工内容	刀号	刀具规格		主轴转速/(r/min)	进给速度/(mm/min)	刀具补偿	
		刀具名称	材料			长度	半径
工序1:铣平面	T1	ϕ80mm 面铣刀(5个刀片)	硬质合金	600	120	D1	
工序2:铣另一平面							
工序3:钻中心位置孔	T2	ϕ20mm 锥柄麻花钻	高速钢	300	40	D1	
工序4:去除多余材料	T3	ϕ20mm 三刃立铣刀		350	80	D1	
工序5:粗加工型腔与轮廓等	T4	ϕ16mm 三刃立铣刀		400	100	D1	D1=8.1mm
工序6:粗加工其他轮廓	T5	ϕ14mm 三刃立铣刀		700	100	D1	D1=7.1mm
工序7:精加工所有轮廓	T6	ϕ10mm 三刃立铣刀		800	80	D1	D1=4.99mm
工序8:点孔	T11	ϕ4mm 中心钻		1200	120	D1	
工序9:钻孔	T12	ϕ11.8mm 直柄麻花钻		550	80	D1	
工序10:钻孔	T13	ϕ10.2mm 直柄麻花钻		600	100	D1	
工序11:铰孔	T14	ϕ12mm 机用铰刀		300	50	D1	
工序12:攻螺纹	T15	M12 机用丝锥		150	1.75	D1	
工序13:镗中心位置孔	T16	ϕ25mm 微调精镗刀		1200	100	D1	
工序14:铣削半径为 4mm 凸圆弧倒角	T4	ϕ16mm 三刃立铣刀		800	500	D1	

4. 编写程序

工序1铣削平面在 MDI 方式下完成,不必设置坐标系;在执行加工工序2之前要进行对刀,将刀具送入刀库(对号入座)并设置工件坐标系以及补偿等参数,工序2~工序14由以下程序完成加工,正式加工前必须进行程序的检查和校验,确认无误后自动加工。

```
%__N__ZH2__MPF              程序名
;$ PATH=/__N__MPF__DIR      传输格式
N1  G53  G90  G0  Z0        Z轴快速抬刀至机床原点
N2  M6  T1                  调用1号刀具:ϕ80mm 面铣刀(工序2)
N3  G54  G90  M3  S600      G54 工件坐标系,绝对坐标编程,主轴正转,转速为
                            600r/min
N4  G0  Z100  D1  M8        Z轴快速定位,调用1号长度补偿,切削液开
N5  X-125  Y-30             X、Y轴快速定位至起刀点
```

N6	Z5	Z轴快速定位
N7	G1 Z0 F120	Z轴直线进给,进给速度为120mm/min
N8	X125	X轴直线进给,铣削平面
N9	G0 Y30	Y轴快速定位
N10	G1 X-125	X轴直线进给,铣削平面
N11	G0 Z0 D0 M09	取消长度补偿,Z轴快速定位到机床原点,切削液关闭
N12	M5	主轴停转
N13	M6 T2	调用2号刀具:φ20mm麻花钻(工序3)
N14	M3 S300	主轴正转,转速为300r/min
N15	G0 Z100 D1 M08	Z轴快速定位,调用1号长度补偿,切削液开
N16	X0 Y0 F40	X、Y轴快速定位,进给速度为40mm/min
N17	CYCLE83(30,,3,-40,,-5,,,,,1,0)	钻孔加工
N18	G0 Z0 D0 M09	取消长度补偿,Z轴快速定位到机床原点,切削液关闭
N19	M05	主轴停转
N20	M6 T3	调用3号刀具:φ20mm三刃立铣刀(工序4)
N21	M3 S350	主轴正转,转速为350r/min
N22	G0 Z100 D1 M08	Z轴快速定位,调用1号长度补偿,切削液开
N23	X-32 Y-75	X、Y轴快速定位
N24	Z-10	Z轴快速进刀
N25	G1 Y-50.5 F80	Y方向进给加工,进给速度为80mm/min,去除多余材料
N26	X-80	X方向进给加工
N27	X-70.5	X方向退刀
N28	Y60	Y方向进给加工
N29	Y50.5	Y方向退刀
N30	X-32	X方向进给加工
N31	Y75	Y方向进给加工,离开轮廓面
N32	G0 X32	X方向快速定位
N33	G1 Y50.5	Y方向进给加工
N34	X95	X方向进给加工
N35	G0 Y-50.5	Y方向快速定位
N36	G1 X32	X方向进给加工
N37	Y-75	Y方向进给加工,离开轮廓面
N38	G0 Z0 D0 M09	取消长度补偿,Z轴快速定位到机床原点,切削液关闭
N39	M05	主轴停转
N40	M6 T4	调用4号刀具:φ16mm三刃立铣刀(工序5)
N41	M3 S400	主轴正转,转速为400r/min
N42	G0 Z100 D1 M08	Z轴快速定位,调用1号长度补偿,切削液开
N43	X0 Y0	X、Y轴快速定位
N44	Z0	Z轴快速定位
N45	L2 P3	连续调用子程序3次,程序名为L2.SPF
N46	G0 Z-10	Z轴快速定位
N47	ROT RPL=25	坐标系旋转,相对(X0,Y0)逆时针旋转25°

N48	G41	G1	X10	Y10	D1	F100	引入刀具半径补偿D1(D1=8.1mm),进给率为100mm/min
N49	L3						调用子程序加工,程序名为L3.SPF
N50	X95	Y-40					X、Y轴快速定位
N51	Z-10						Z轴快速下刀
N52	G41	G1	X85	Y-30	D1		引入刀具半径补偿D1(D1=8.1mm)
N53	L4						调用子程序加工,程序名为L4.SPF
N54	G0	Z0	D0	M09			取消长度补偿,Z轴快速定位到机床原点,切削液关闭
N55	M05						主轴停转
N56	M6	T5					调用5号刀具:φ14mm三刃立铣刀(工序6)
N57	M3	S700					主轴正转,转速为700r/min
N58	G0	Z100	D1	M08			Z轴快速定位,调用1号长度补偿,切削液开
N59	X-60	Y-80					X、Y轴快速定位
N60	Z-10						Z轴快速定位
N61	G1	G41	X-50	Y-50	D1	F100	引入刀具半径补偿D1(D1=7.1mm),进给速度为100mm/min
N62	L5						调用子程序加工,程序名为L5.SPF
N63	X30	Y-80					X、Y轴快速定位
N64	Z-10						Z轴快速进刀
N65	G1	G41	X25	Y-55	D1		引入刀具半径补偿D1(D1=7.1mm)
N66	L6						调用子程序加工,程序名为L6.SPF
N67	X30	Y80					X、Y轴快速定位
N68	Z-10						Z轴快速进刀
N69	G1	G41	X25	Y45	D1		引入刀具半径补偿D1(D1=7.1mm)
N70	L6						调用子程序加工,程序名为L6.SPF
N71	G00	Z0	D0	M09			取消长度补偿,Z轴快速定位到机床原点,切削液关闭
N72	M05						主轴停转
N73	M6	T6					调用6号刀具:φ10mm三刃立铣刀(工序7)
N74	M3	S800					主轴正转,转速为800r/min
N75	G0	Z100	D1	M08			Z轴快速定位,调用1号长度补偿,切削液开
N76	X0	Y0					X、Y轴快速定位
N77	Z-10						Z轴快速定位
N78	ROT	RPL=25					坐标系旋转,相对(X0,Y0)逆时针旋转25°
N79	G41	G1	X10	Y10	D1	F80	引入刀具半径补偿D1(D1=4.99mm),进给速度为80mm/min
N80	L3						调用子程序加工,程序名为L3.SPF
N81	X95	Y-40					X、Y快速定位
N82	Z-10						Z轴快速下刀
N83	G41	G1	X85	Y-30	D1		引入刀具半径补偿D1(D1=4.99mm)
N84	L4						调用子程序加工,程序名为L4.SPF

N85　X-60　Y-80	X、Y轴快速定位
N86　Z-10	Z轴快速定位
N87　G1　G41　X-50　Y-50　D1	引入刀具半径补偿D1(D1=4.99mm)
N88　L5	调用子程序加工,程序名为L5.SPF
N89　X30　Y-80	X、Y轴快速定位
N90　Z-10	Z轴快速进刀
N91　G1　G41　X25　Y-55　D1	引入刀具半径补偿D1(D1=4.99mm)
N92　L6	调用子程序加工,程序名为L6.SPF
N93　X30　Y-80	X、Y轴快速定位
N94　Z-10	Z轴快速进刀
N95　G1　G41　X25　Y45　D1	引入刀具半径补偿D1(D1=4.99mm)
N96　L6	调用子程序加工,程序名为L6.SPF
N97　G0　Z0　D0　M09	取消长度补偿,Z轴快速定位到机床原点,切削液关闭
N98　G55　G90　G0　Z10	G55工件坐标系,Z轴快速定位
N99　X90　Y-35	X、Y轴快速定位
N100　Z-10	Z轴快速下刀
N101　G1　X85　F300	X向进给
N102　L7　P90	连续调用子程序90次,程序名为L7.SPF
N103　G53　G90　G0　Z0　M09	Z轴快速定位到机床原点,切削液关闭
N104　M5	主轴停转
N105　M6　T11	调用11号刀具;φ4mm中心钻(工序8)
N106　G54　G90　M3　S1200	G54工件坐标系,绝对编程,主轴正转,转速为1200r/min
N107　G0　Z100　D1　F120	Z轴快速定位,调用1号长度补偿,进给率为120mm/min
N108　MCALL　CYCLE81(30,,2,-12,,)	调用固定循环,准备点孔
N109　X-65　Y36	固定循环点孔加工
N110　Y-36	固定循环点孔加工
N111　MCALL　CYCLE81(30,,2,-2,,)	调用固定循环,准备点孔
N112　X-40　Y0	固定循环点孔加工
N113　X40	固定循环点孔加工
N114　MCALL	取消固定循环
N115　G0　Z0　D0	取消长度补偿、固定循环,Z轴快速定位到机床原点
N116　M5	主轴停转
N117　M6　T12	调用12号刀具;φ11.8mm麻花钻(工序9)
N118　M3　S550	主轴正转,转速为550r/min
N119　G00　Z100　D1　M08　F80	Z轴快速定位,调用1号长度补偿,切削液开,进给速度为80mm/min
N120　MCALL　CYCLE83(30,,3,-35,,-5,,,,,1,0)	调用固定循环,准备钻孔

N121	X-40　Y0	固定循环钻孔加工孔
N122	X40	固定循环钻孔加工孔
N123	MCALL	取消固定循环
N124	G00　Z0　D0　M09	取消长度补偿与固定循环,Z轴快速定位到机床原点,切削液关闭
N125	M05	主轴停转
N126	M6　T13	调用13号刀具:φ10.2mm麻花钻(工序10)
N127	M3　S600	主轴正转,转速为600r/min
N128	G00　Z100　D1　M08　F100	Z轴快速定位,调用1号长度补偿,切削液开,进给速度为100mm/min
N129	MCALL　CYCLE83(30,,3,-26,, 　　　　-5,,,,,1,0)	调用固定循环,准备钻孔
N130	X-65　Y36	固定循环钻孔加工
N131	Y-36	固定循环钻孔加工
N132	MCALL	取消固定循环
N133	G00　Z0　D0　M09	取消长度补偿与固定循环,Z轴快速定位到机床原点,切削液关闭
N134	M05	主轴停转
N135	M6　T14	调用14号刀具:φ12mm机用铰刀(工序11)
N136	M3　S300	主轴正转,转速为300r/min
N137	G00　Z100　D1　M08	Z轴快速定位,调用1号长度补偿,切削液开
N138	MCALL　CYCLE85(30,,2,-35,,, 　　　　50,50)	调用固定循环,准备铰孔,进给速度为50mm/min
N139	X-40　Y0	铰孔加工
N140	X40	铰孔加工
N141	MCALL	取消固定循环
N142	G00　Z0　D0　M09	取消长度补偿与固定循环,Z轴快速定位到机床原点,切削液关闭
N143	M05	主轴停转
N144	M6　T15	调用15号刀具:M12机用丝锥(工序12)
N145	M3　S150	主轴正转,转速为150r/min
N146	G00　Z100　D1　M08	Z轴快速定位,调用1号长度补偿,切削液开
N147	MCALL　CYCLE84(30,,3,-20,,, 　　　　3,,1.75,,350,350)	调用固定循环,准备攻螺纹
N148	X-65　Y36	攻螺纹加工,螺纹导程为1.75mm
N149	Y-36	攻螺纹加工
N150	MCALL	取消固定循环
N151	G00　Z0　D0　M09	取消长度补偿与固定循环,Z轴快速定位到机床原点,切削液关闭
N152	M05	主轴停转
N153	M6　T16	调用16号刀具:φ25mm微调精镗刀(工序13)
N154	M3　S1200	主轴正转,转速为1200r/min

N155　G0　Z100　D1　M08	Z轴快速定位,调用1号长度补偿,切削液开
N156　X0　Y0　F100	X、Y轴快速定位,以下镗孔进给速度为100mm/min
N157　CYCLE86(30,,-7,-30,,,3,0.5,,,0)	镗孔加工孔
N158　G00　Z0　D0　M09	取消长度补偿与固定循环,Z轴快速定位到机床原点,切削液关闭
N159　M05	主轴停转
N160　M6　T4	调用4号刀具:φ16mm三刃立铣刀(工序14)
N161　M3　S800	主轴正转,转速为800r/min
N162　G00　Z100　D1　M08	Z轴快速定位,调用1号长度补偿,切削液开
N163　X0　Y0	X、Y轴快速定位
N164　R1=0	定义半径为4mm圆弧角起始角度
N165　R2=4	定义圆弧角半径
N166　R3=8	定义刀具的半径
N167　AA:R4=16.5-R2*SIN(R1)-R3	球面起点X点的坐标计算(16.5为孔半径与圆弧角半径之和)
N168　R5=R2-R2*COS(R1)	数值计算
N169　G01　X=R4　Y0　F500	进给至圆弧角的X、Y轴起点位置,进给速度为500mm/min
N170　Z=-R5-10	进给至球面的Z轴起点位置
N171　G02　I=-R4	整圆铣削加工
N172　R1=R1+1	球面角度的每次增加量
N173　IF　R1<=90　GOTOB　AA	当圆弧角小于或等于90°时,返回标识符AA程序行执行
N174　G00　Z0　D0　M09	取消长度补偿,Z轴快速定位到机床原点,切削液关闭
N175　M05	主轴停转
N176　M30	程序结束,返回起始行
L2.SPF	子程序名
N1　G91　G0　Z-10	相对编程,Z轴快速定位
N2　G90　G1　X4.3　F100	绝对编程,X轴切削进给,铣孔加工,进给速度100mm/min
N3　G3　I-4.3	整圆切削进给
N4　G1　X0	X轴进给退刀
N5　RET	子程序结束,返回主程序
L3.SPF	子程序名
N1　G3　X0　Y20　CR=10	过渡圆弧进给,切向切入轮廓
N2　G3　X-10　Y17.32　CR=20	逆时针半径为20mm的圆弧进给
N3　G1　X-25　Y8.66	X、Y向直线进给
N4　G3　Y-8.66　CR=10	逆时针半径为10mm的圆弧进给
N5　G1　X-10　Y-17.32	X、Y向直线进给
N6　G3　X10　CR=20	逆时针半径为20mm的圆弧进给
N7　G1　X25　Y-8.66	X、Y向直线进给

N8	G3 Y8.66 CR=10		逆时针半径为10mm的圆弧进给
N9	G1 X10 Y17.32		X、Y向直线进给
N10	G3 X0 Y20 CR=20		逆时针半径为20mm的圆弧进给
N11	X-10 Y10 CR=10		过渡圆弧进给,切向切出轮廓
N12	G40 G1 X0 Y0		取消刀具半径补偿
N13	G0 Z5		Z轴快速定位
N14	ROT		取消坐标系旋转
N15	RET		子程序结束,返回主程序

L4.SPF 子程序名

N1	X68	X向直线进给
N2	Y30	Y向直线进给
N3	X85	X向直线进给
N4	G40 X95 Y40	取消刀具半径补偿
N5	G0 Z5	Z轴快速定位
N6	RET	子程序结束,返回主程序中

L5.SPF 子程序名

N1	G01 Y21.5	直线铣削
N2	G02 X-37.2 Y27.9 CR=8	半径为8mm凸圆弧铣削
N3	G01 X-29.719 Y22.289	斜线铣削
N4	G03 X-19.673 Y22.649 CR=8	半径为8mm凹圆弧铣削
N5	G02 X19.673 CR=30	φ60mm凸圆弧铣削
N6	G03 X29.719 Y22.289 CR=8	半径为8mm凹圆弧铣削
N7	G01 X37.2 Y27.9	斜线铣削
N8	G02 X50 Y21.5 CR=8	半径为8mm凸圆弧铣削
N9	G01 Y-21.5	直线铣削
N10	G02 X37.2 Y-27.9 CR=8	半径为8mm凸圆弧铣削
N11	G01 X29.719 Y-22.289	斜线铣削
N12	G03 X19.673 Y-22.649 CR=8	半径为8mm凹圆弧铣削
N13	G02 X-19.673 CR=30	φ60mm凸圆弧铣削
N14	G03 X-29.719 Y-22.289 CR=8	半径为8mm凹圆弧铣削
N15	G01 X-37.2 Y-27.9	斜线铣削
N16	G02 X-50 Y-21.5 CR=8	半径为8mm凸圆弧铣削
N17	G3 X-58 Y-13.5 CR=8	过渡段圆弧,切向切出工件
N18	G01 G40 X-60 Y-80	退刀进给,取消刀具半径补偿
N19	G00 Z10	Z轴快速定位
N20	RET	子程序结束,返回主程序

L6.SPF 子程序名

N1	G91 G01 X-45	相对编程,直线铣削
N2	Y10	直线铣削
N3	X40	直线铣削
N4	Y-15	直线铣削
N5	G90 G00 Z10	绝对编程,Z轴快速定位

```
N6   G40   X0   Y0              X、Y轴快速定位,取消刀具半径补偿
N7   RET                        子程序结束,返回主程序
L7.SPF                          子程序名
G90  G19  G2  Y-5  Z0  CR=50    绝对编程,G19平面顺时针圆弧
G1   Y5                         Y向直线进给
G2   Y35  Z-10  CR=50           G19平面顺时针圆弧
G91  G1   X-0.1                 X向直线进给
G90  G3   Y5   Z0   CR=50       G19平面逆时针圆弧
G1   Y-5                        Y向直线进给
G3   Y-35  Z-10  CR=50          G19平面逆时针圆弧
G91  G1   X-0.1                 X向直线进给
RET                             子程序结束,返回主程序
```

三、综合实例3

圆柱凸轮毛坯为45钢,已经在车床等设备上进行了部分工序的加工,加工结果如图5-69所示。利用四轴加工中心完成圆柱凸轮上凹槽部分的加工(见图5-70和图5-71)。

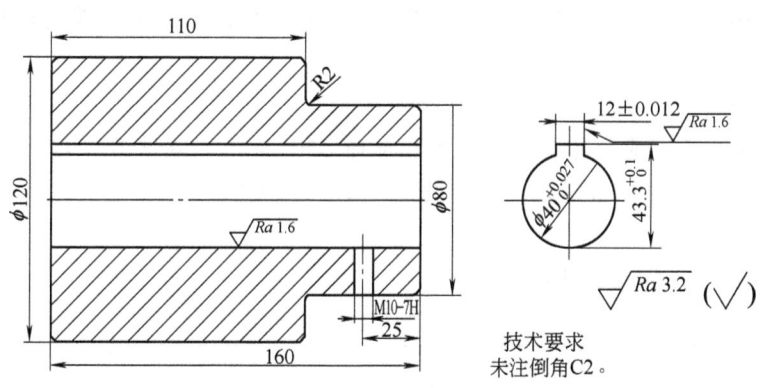

图5-69 圆柱凸轮工序图

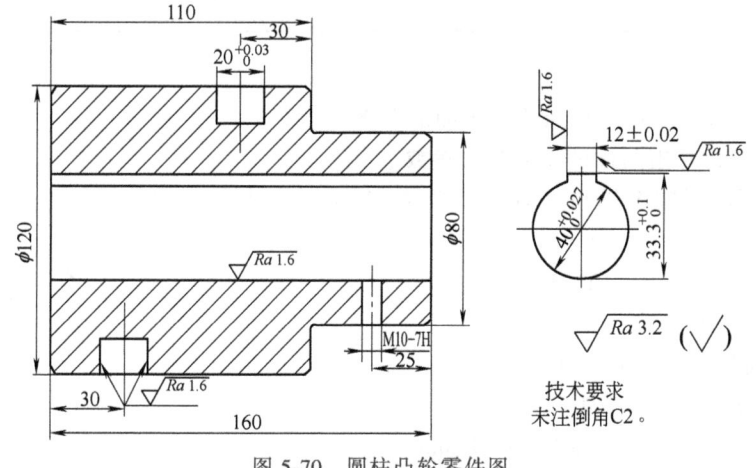

图5-70 圆柱凸轮零件图

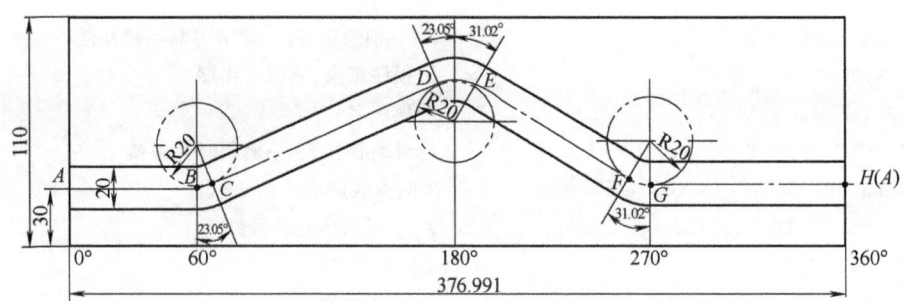

图 5-71 圆柱凸轮柱面展开图

圆柱面上的凹槽需要一个直线轴和一个回转轴联动才能完成加工，普通的三轴加工中心不能满足加工要求，必须选择四轴以上的加工中心进行加工。准备工作步骤为：数控回转轴定位工件→夹紧工件→装刀→对刀→程序编写并输入→加工→检测。

1. 工艺分析

圆柱凸轮凹槽宽 20mm，深度 15mm，未标注特别高的要求，因此选择 φ18mm 的键槽铣刀分层粗铣，选择 φ20mm 的三刃立铣刀进行精铣。

将圆柱凸轮装夹在立式加工中心第四轴（A 轴）的自定心卡盘上，伸出卡爪长度在 90mm 以上，利用磁性表座和杠杆百分表校正圆柱凸轮圆柱面的跳动，控制在 0.02mm 以内后，夹紧工件。

2. 根据零件图样要求确定的加工工序和刀具

在选择 φ18mm 键槽铣刀（T1）粗加工和选择 φ20mm 三刃立铣刀（T2）精加工时，均按照圆柱凸轮凹槽的中心轨迹编程，故不设置刀具半径偏置量。

3. 切削参数的选择

各工序及刀具的切削参数见表 5-31。

表 5-31 各工序及刀具的切削参数

加工内容	刀具与切削参数			主轴转速/(r/min)	进给速度/(mm/min)	刀具补偿
	刀具规格					
	刀号	刀具名称	材料			
粗加工圆柱凸轮凹槽	T1	φ18mm 键槽铣刀	高速钢	400	40	D1
精加工圆柱凸轮凹槽	T2	φ20mm 三刃立铣刀	高速钢	300	50	D1

4. 编写程序

（1）数值计算 根据圆柱凸轮外表面展开图所给定的尺寸（见图 5-71），可计算出圆弧过渡段相关参数。

其中，圆弧段对应 X 轴和 Y 轴的距离 X、Y 由下式计算：

$$X = R\cos\alpha$$
$$Y = R\sin\alpha$$

式中 R——圆弧半径；
α——圆弧段对应中心角。

A 轴角度增量由下式计算：

$$ANG = \frac{360Y}{\pi D} = \frac{360R\sin\alpha}{\pi D}$$

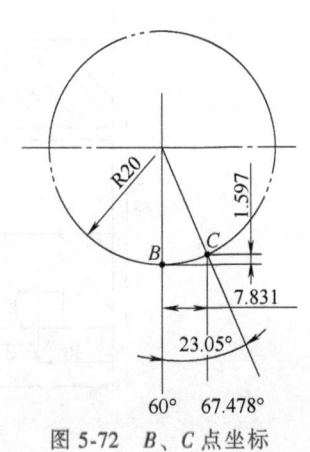

图 5-72 B、C 点坐标

式中 D——圆柱凸轮直径。

圆柱凸轮采用 X 轴和 A 轴联动加工出凸轮槽，所以编程时应用的坐标为 X 和 A。设定 A 点坐标为 (0, 0)，可分别求出 B 点~H 点的编程坐标，如图 5-72~图 5-74 所示。

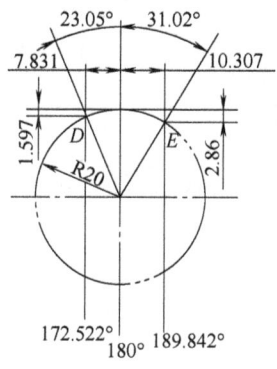

图 5-73 D、E 点坐标

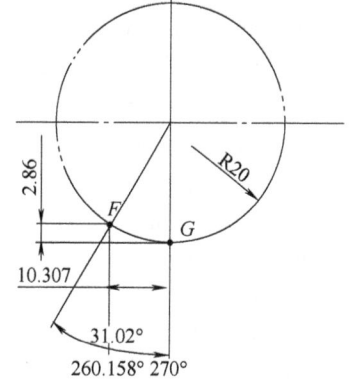

图 5-74 F、G 点坐标

B (0, 60)、C (1.597, 67.478)、D (48.403, 172.522)、E (47.14, 189.842)、F (2.86, 260.158)、G (0, 270)、H (0, 0)

(2) 加工程序

```
ZH3.MPF                    程序名
N1   G53  G90  G0   Z0     Z 轴快速抬刀至机床原点
N2   M6   T1                调用 1 号刀具：φ80mm 面铣刀 (工序 2)
N3   G54  G90  M3   S400   G54 工件坐标系，绝对坐标编程，主轴正转，转速为 400r/min
N4   G0   Z100 D1   M8     Z 轴快速定位，调用 1 号长度补偿，切削液开
N5   X0   Y0   A0          X、Y、A 轴快速定位
N6   Z5                     Z 轴快速定位
N7   G1   Z-5   F40        Z 轴直线进给，进给速度为 40mm/min，第 1 次进刀
N8   L2                     调用子程序 L2
N9   G1   Z-10              Z 轴直线进给，第 2 次进刀
N10  L2                     调用子程序 L2
N11  G1   Z-15              Z 轴直线进给，第 3 次进刀
N12  L2                     调用子程序 L2
N13  G0   Z0   D0   M9     取消长度补偿，Z 轴快速定位到机床原点，切削液关闭
N14  M5                     主轴停转
N15  M6   T2                调用 2 号刀具：φ20mm 三刃立铣刀，进行精加工
N16  G54  G90  M3   S300   G54 工件坐标系，绝对坐标编程，主轴正转，转速为 300r/min
N17  G0   Z100 D1   M8     Z 轴快速定位，调用 1 号长度补偿，切削液开
N18  X0   Y0   A0          X、Y、A 轴快速定位
N19  Z5                     Z 轴快速定位
N20  G1   Z-15 F50         Z 轴直线进给，进给速度为 50mm/min
N21  L2                     调用子程序 L2
N22  G0   Z0   D0   M9     取消长度补偿，Z 轴快速定位到机床原点，切削液关闭
```

N23	M30	结束主程序
L2.SPF		子程序名
N1	G1 X0 A60	A 点至 B 点
N2	R1=0	初始变量为 0°
N3	R2=360*20/(3.14*120)	
N4	AA:G1 X=20-20*COS(R1)	
	A=60+R2*SIN(R1)	计算点的坐标（B 点至 C 点）
N5	R1=R1+0.922	变量每次增加 0.922°
N6	IF R1<=23.05 GOTOB AA	变量比较，角度小于或等于 23.05°时，返回 AA 程序段执行
N7	G01 X48.403 A172.522	C 点至 D 点
N8	R1=23.05	初始变量为 23.05°
N9	BB:G1 X=50-20*(1-COS(R1))	
	A=180-R2*SIN(R1)	D 点至最大行程点
N10	R1=R1-0.922	变量每次减小 0.922°
N11	IF R1>=0 GOTOB BB	变量比较，角度大于或等于 0°时，返回 BB 程序段执行
N12	R3=0	初始变量为 0°
N13	CC:G1 X=50-20*(1-COS(R3))	
	A=180+R2*SIN(R3)	最大行程点至 E 点
N14	R3=R3+1.034	变量每次增加 1.034°
N15	IF R3<=31.02 GOTOB CC	变量比较，角度小于或等于 31.02°时，返回 CC 程序段执行
N16	G1 X2.86 A260.158	E 点至 F 点
N17	R3=31.02	初始变量为 31.02°
N18	DD:G1 X=20*(1-COS(R3))	
	A=270-R2*sin(R3)	F 点至 G 点
N19	R3=R3-1.034	变量每次减小 1.034°
N20	IF R3>=0 GOTOB DD	变量比较，角度大于或等于 0°时，返回 DD 程序段执行
N21	X0 A360	G 点至 H 点
N22	RET	子程序结束，返回主程序

第六单元　SINUMERIK 802D系统加工中心的操作

> ➢ 学习劳模，学习大师，就是要学习他们爱岗敬业、为国为民的主人翁精神和争创一流、与时俱进的进取精神，努力在工作岗位上制造出高质量和高精度产品。
>
> ➢ 抓住机遇试一试，就会知道自己行不行；理论学习虽有困难，但可以通过实践操作巩固知识内容，并将技能练就好。
>
> ➢ 成功者往往善于积极地思考，以乐观的精神实现人生目标；学好理论知识，练就一身技能，是学生今后成功的基础。

课题一　SINUMERIK 802D 系统的操作面板

SINUMERIK 802D 系统的数控铣削机床操作面板由显示器与 MDI 面板、机床操作面板、手持盒等组成。手持盒与 FANUC 系统的数控机床相同。

一、CNC 操作面板

SINUMERIK 802D 系统的 CNC 操作面板如图 6-1 所示，各按键功能说明见表 6-1。

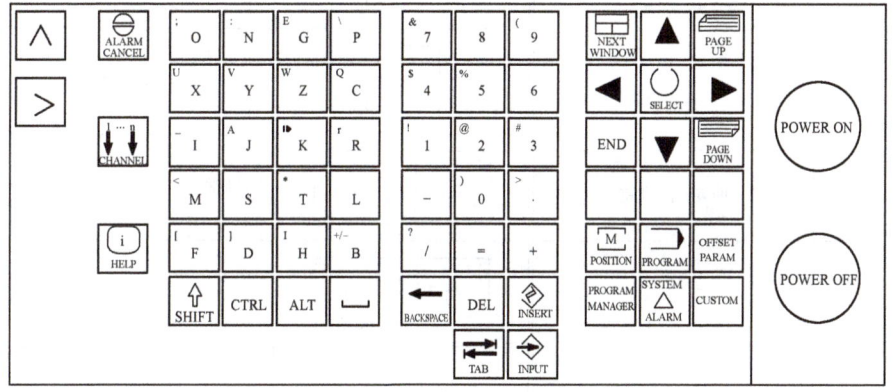

802D 系统的
操作面板

图 6-1　SINUMERIK 802D 系统的 CNC 操作面板

表 6-1　SINUMERIK 802D 系统操作面板各按键功能说明

按　键	功 能 说 明	按　键	功 能 说 明
∧	返回键	>	菜单扩展键

（续）

按键	功能说明	按键	功能说明
ALARM CANCEL	报警应答键	PROGRAM	程序操作区域键
CHANNEL	通道转换键	OFFSET PARAM	参数操作区域键
HELP	信息键	PROGRAM MANAGER	程序管理操作区域键
SHIFT	上档键	SYSTEM ALARM	报警/系统操作区域键
CTRL	控制键	CUSTOM / NEXT WINDOW	未使用
ALT	ALT键	PAGE UP / PAGE DOWN	翻页键
␣	空格键	▲ ◀ ▶ ▼	光标键
BACKSPACE	删除键（退格键）		
DEL	删除键	SELECT	选择/转换键
INSERT	插入键	END	至程序最后
TAB	制表键	A/J W/Z	字母键（上档键转换对应字符）
INPUT	回车/输入键	)/0 (/9	数字键（上档键转换对应字符）
POWER ON	系统电源开按钮	POWER OFF	系统电源关按钮
M POSITION	加工操作区域键		

二、机床控制面板

SINUMERIK 802D 机床控制面板如图 6-2 所示，各按键功能说明见表 6-2。

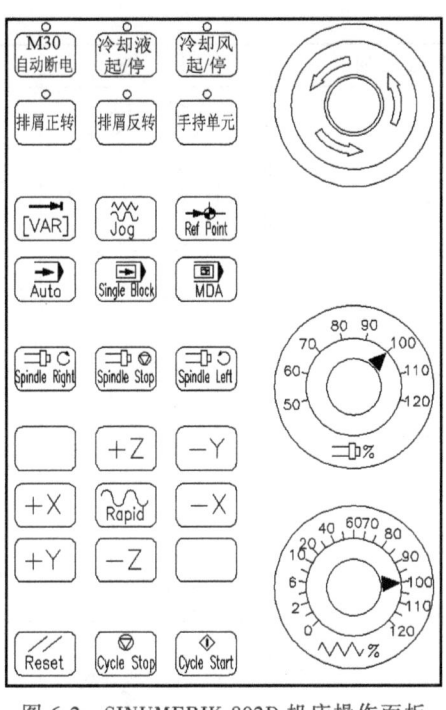

图 6-2 SINUMERIK 802D 机床操作面板

表 6-2 SINUMERIK 802D 机床操作面板各按键功能说明

按 键	功 能 说 明	按 键	功 能 说 明
M30自动断电	"ON"(指示灯亮):在自动运行时,系统执行完 M30 后,机床将在设定的时间内自动关闭总电源	手持单元	"ON"(指示灯亮):手持单元起作用 "OFF"(指示灯熄):手持单元无效
冷却液起/停	"ON"(指示灯亮):切削液流出 "OFF"(指示灯熄):切削液停止	[VAR]	增量选择
冷却风起/停	"ON"(指示灯亮):风冷却开 "OFF"(指示灯熄):风冷却关	Jog	点动
排屑正转	"ON"(指示灯亮):排屑螺杆按顺时针转动(连续控制) "OFF"(指示灯熄):排屑螺杆不动作	Ref Point	参考点
排屑反转	"ON"(指示灯亮):排屑螺杆按逆时针方向转动(点动控制。"松开"则指示灯熄,排屑螺杆不动作)	Auto	自动方式

(续)

按 键	功能说明	按 键	功能说明
Single Block	单段	(紧急停止按钮图)	紧急停止按钮
MDA	手动数据输入	Rapid	快速运动叠加
Spindle Right	主轴正转	Reset	复位
Spindle Stop	主轴停止	Cycle Stop	数控停止
Spindle Left	主轴反转	Cycle Start	数控启动
+X -X		(主轴转速修调旋钮)	主轴转速修调
+Y -Y	X、Y、Z轴点动	(进给速度修调旋钮)	进给速度修调
+Z -Z			

三、显示器屏幕界面

SINUMERIK 802D 系统显示器屏幕界面如图 6-3 所示。从图 6-3 中可以看出屏幕划分为

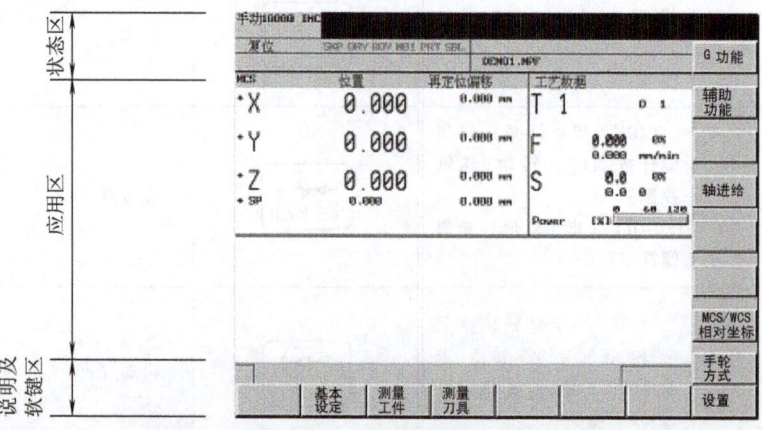

图 6-3 SINUMERIK 802D 系统显示器屏幕界面

以下几个区域：状态区、应用区和说明及软键区。

1. 状态区

图 6-4 所示为状态区详图。图 6-4 中单元说明见表 6-3。

图 6-4 状态区

表 6-3 状态区单元说明

图 6-4 中序号	显示及含义		图 6-4 中序号	显示及含义	
①	当前操作区域及有效方式		②	报警信息行。显示报警内容：报警号和报警文本；信息内容	
	加工	JOG：JOG 方式下的增量大小			
		MDA	③	程序状态	STOP：程序停止
		AUTOMATIC			RUN：程序运行
	参数				RESET：程序复位/基本状态
	程序		④	自动方式下的程序控制	
	程序管理器		⑤	保留	
	系统		⑥	NC 信息	
	报警		⑦	所选择的零件程序（主程序）	
	G291 标记的"外部语言"				

2. 说明及软键区

图 6-5 所示为说明及软键区图。图 6-5 中单元说明见表 6-4。

标准软键：返回：关闭该屏幕格式，返回前一屏幕格式；中断：中断输入，退出该窗口；接收：中断输入，进行计算；接收：中断输入，接收输入的值。

3. 应用区

应用区上部常显示的是机床实际坐标位置，相对下一个程序段还有没有运动的距离。工艺数据包括当前刀具 T 显示、进给速度 F、主轴转速 S 和主轴功率显示等。中间部分显示零件程序、文件等。不同的屏幕格式显示不同的内容。

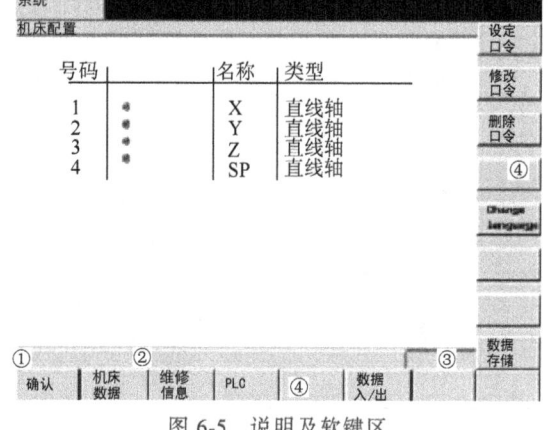

图 6-5 说明及软键区

四、操作区域

操作区域（见图 6-6）基本功能划分见表 6-5。

表 6-4 说明及软键区单元说明

图 6-5 中序号	显示	含义
①	⋀	返回键:在此区域出现该符号,表明处于子菜单上。按返回键,返回到上一级菜单
②		提示:显示提示信息
③	> / Σ / 图标 / 图标	MMC 状态信息 出现扩展键,表明还有其他软键功能 大小写字符转换 执行数据传送 链接 PLC 编程工具
④		垂直和水平软键

西门子系统可以通过设定口令对系统数据的输入和修改进行保护。保护级分为三级。用户级是最低级,但它可以对刀具补偿、零点偏移、设定数据、RS 232 设定和程序编制/程序修改进行保护。

另外,西门子系统还对系统的输入操作设置了计算器。按 SHIFT 和 = 符号可以启动数值的计算功能。用此功能可以进行数据的四则运算,还可以进行正弦、余弦、平方和开方等运算。

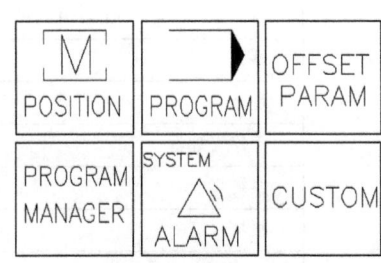

图 6-6 操作区域

表 6-5 操作区域基本功能划分

图标	功能	意义	图标	功能	意义
POSITION	加工	机床加工、机床加工状态显示	PROGRAM MANAGER	程序管理器	零件程序目录列表
OFFSET PARAM	偏移量/参数	输入刀具补偿值和零点偏移设定值	SHIFT + SYSTEM ALARM	系统	诊断和调试
PROGRAM	程序	生成零件程序、编辑修改程序	SYSTEM ALARM	报警	报警信息和信息表

系统还提供一种功能,即在程序编辑器和 PLC 报警文本中编辑中文字符。用于打开和关闭中文编辑器的功能键是 ALT + S。

系统使用专门的键指令,用于选择、复制、剪切和删除文字。具体为:CTRL + C (复制)、CTRL + B (选择)、CTRL + X (剪切)、CTRL + V (粘贴)、ALT + L (用于转换

大小写字符）和 |ALT|+|H|（帮助文本）。

帮助系统通过帮助键激活。该帮助系统对所有重要的操作功能提供相应的简要说明。具体有以下功能：简要显示 NC 指令、循环编程和驱动报警说明。

课题二　开机、返回参考点及关机操作

一、开机操作

开机的操作步骤如下：

1）按数控机床操作规程进行必要的检查。

2）等气压到达规定的值后打开后面的机床开关。

开机、返回参考点及关机操作

3）如果图 6-2 中的紧急停止按钮处在压下状态，则顺时针旋转此按钮，使其处在释放状态。

4）按下 |POWER　ON| 按键，系统进行自检后进入"手动 REF"运行方式，如图 6-7 所示。

二、回参考点操作

回参考点的操作步骤如下：

1）开机后机床会自动进入"手动 REF（返回参考点）"界面。

2）按坐标轴方向键<+Z><+X><+Y>，手动使每个坐标轴逐一回参考点，直到"回参考点"窗口中显示 ⊕ 符号（见图 6-8），表示各个坐标轴完成回参考点操作。如果选错了回参考点方向，则不会产生运动。○ 符号表示坐标轴未回参考点。

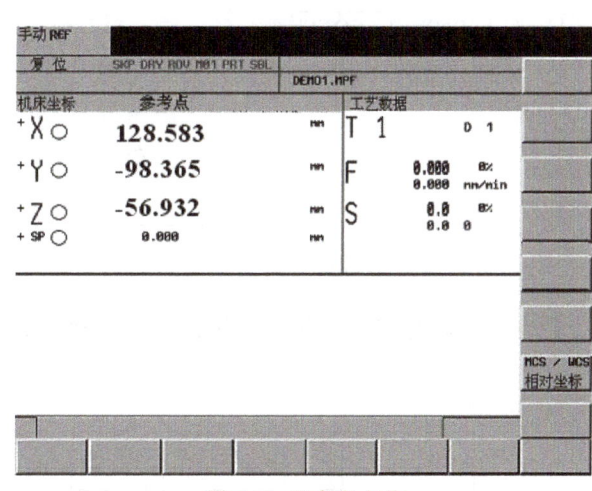

图 6-7　回参考点前

3）回完参考点后，通过选择另一种运行方式（如<MDA>或<Auto>或<Jog>）可以结束回参考点的功能。这里常常进行的操作是按下机床控制面板上的<Jog>键（界面变成图 6-9 所示的状态），进入手动运行方式，再分别按下方向键，使各个坐标轴离开参考点位置，所按坐标轴的方向为"回参考点"方向的反方向。注意不能按错方向键，否则机床会出现坐标轴超程报警信号；如出现超程报警，则按坐标轴的反方向退出即可。

三、关机操作

关机的操作步骤如下：

1）取下加工好的零件；清理数控机床工作台面上夹具及沟槽中的切屑，起动排屑把切屑排出。

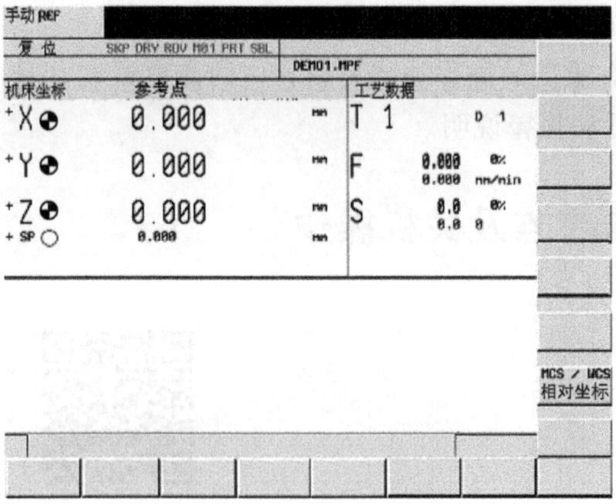

图 6-8 返回参考点后 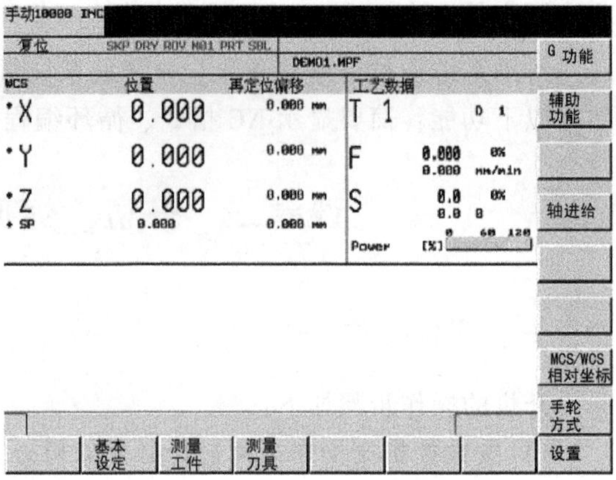　　　　　　　　　图 6-9 "JOG" 状态图

2）取下刀库及主轴上的刀柄（预防机床在不用时由于刀库中刀柄等的重力作用而使刀库变形）。

3）在<Jog>方式，使工作台处在比较中间的位置；主轴尽量处于较高的位置。

4）按下 POWER OFF 键。

5）关闭后面的机床电源开关。

课题三　手动与 MDA 操作

一、手动控制运行

手动控制运行指 Jog 方式。其各个菜单树及操作区位置如图 6-10 所示。

手动与 MDA 操作

	基本设定	测量工件	测量刀具			设置
	X=0					
	Y=0	零点偏移	刀具表			
	Z=0	X	长度			
		Y				
	设置关系	Z				切换 mm>inch
	删除基本 零偏					
	x=y=z=0	中断	设置直径			
	返回<<	计算	返回<<			返回<<

图 6-10　Jog 菜单树及操作区位置

1. 手动（Jog）操作

在 Jog 运行方式中，可以使坐标轴出现三种方式运行，其速度可以通过进给速度修调旋钮调节，Jog 方式的运行状态如图 6-9 所示。通过机床控制面板上的<Jog>键选择手动运行方

式,进入手动运行方式后三种具体操作步骤如下:

(1) 连续运动各个坐标轴 按相应的方向键<+X>~<-Z>可以使坐标轴运行。只要相应的键一直按着,坐标轴就一直以机床设定数据中规定的速度连续运行。需要时可以用进给速度修调开关调节速度。如果再同时按下<Rapid>键,则坐标轴以快速进给速度运行。

(2) 增量运动各个轴 按下<VAR>键可以选择1、10、100、1000四种不同的增量(单位为μm),步进量的大小也依次在屏幕上显示,此时每按一次方向键,导轨相应运动一个步进增量。如果按<Jog>键,则可以结束步进增量运行方式,恢复手动状态。

(3) 手轮手摇增量运动各个轴 在Jog方式,可以通过功能扩展键,进入"手轮"方式操作。图6-11所示为"手轮"窗口。

移动光标到所选的手轮,然后按相应的坐标轴软键,在窗口中出现符号☑,按[确认]表示已选择该坐标轴手轮。按[机床坐标]或[工件坐标]软键,可以从机床坐标系或工件坐标系中选择坐标轴,用来选择手轮,所设定的状态显示在"手轮"窗口中。摇动手轮可以像平时摇普通机床坐标轴一样实现坐标轴的增量进给。不过,初学者不宜选择较大的倍率,也不宜摇得太快。

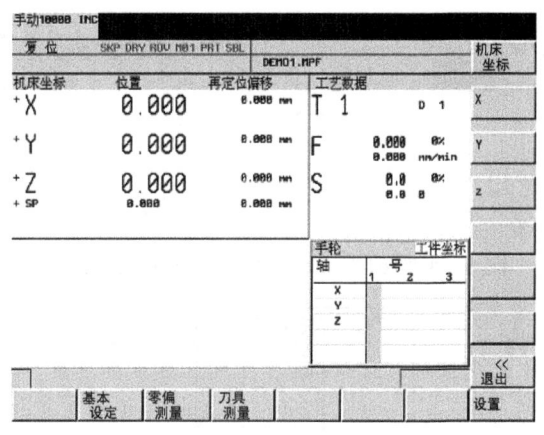

图6-11 "手轮"窗口

2. Jog运行方式下软功能键的功能介绍

在Jog运行方式下的界面中,按下软功能键[基本设定],出现如图6-12所示的基本设定菜单。在此菜单相对坐标系中可以设定临时的参考点和基本零偏。

具体操作如下:

1) 直接输入要求的轴位置。在加工窗口中把光标定位在所要求的轴,输入新位置,按输入键或移动光标完成输入。

2) 把所有的轴设为零。使用[X=Y=Z=0]的功能,分别把坐标轴的当前位置设置为零。

3) 设定单个坐标轴为零。如果选择软键[X=0]或[Y=0]或[Z=0],则当前的位置值被设定为零。

按下软功能键[设置],则出现如图6-13所示设置界面,在此屏幕格式下可以设置返回平面、安全距离、手动进给、递增变量和旋转方向。返回距离和安全距离主要用于端面加工设置;手动进给、递增变量用来设置Jog的进给率和增量值;旋转方向是指定在MDA方式下自动执行程序时的主轴旋转方向。

软功能键[切换]可以在米制和英制尺寸之间进行转换;[测量工件]用于零点偏移;[测量刀具]用于测量刀具偏移。

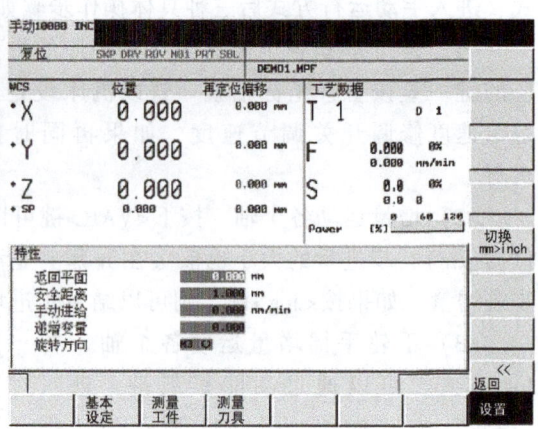

图 6-12 基本设定的界面　　　　图 6-13 设置界面

二、MDA 运行方式（手动输入）

图 6-14 所示为 MDA 菜单树及机床操作区。

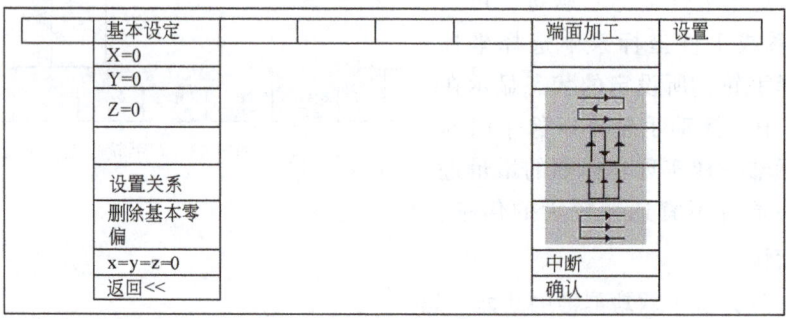

图 6-14 MDA 菜单树及机床操作区

1. 操作步骤

在 MDA 运行方式下可以编制一个零件程序段加以执行。此运行方式中所有的安全锁定功能与自动方式一样，MDA 方式的运行状态如图 6-15 所示。操作步骤如下：

1) 通过操作面板上的<MDA>键选择 MDA 运行方式，进入 MDA 功能界面。

2) 通过操作面板输入加工程序段，可以单段，也可多段，如 T10M6。

3) 按<Cycle Start>键执行输入的程序段，则主轴从刀库中换出 10 号刀，执行完毕后，输入区的内容仍保留，该程序段可以通过按<Cycle Start>键重新运行。

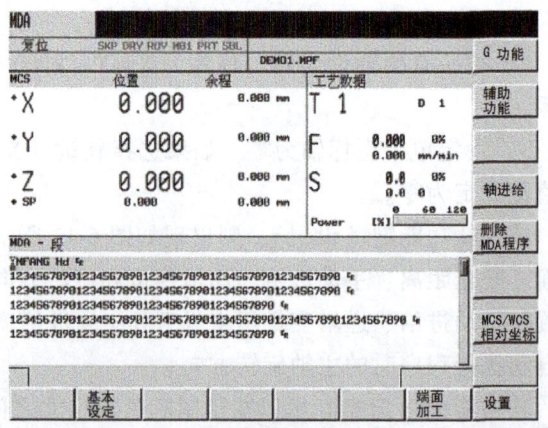

图 6-15 MDA 状态图

2. MDA 运行方式下软功能键的功能介绍

1）在图 6-15 中［基本设定］［端面加工］［设置］软功能键和 Jog 状态下功能相同。［G 功能］［辅助功能］［轴进给］这些软功能键则是显示操作区域的内容的。按下软功能键则显示相应的功能，如按下［G 功能］则显示有效的 G 功能。这些键再重复按一次，则可以退出其窗口。用［删除 MDA 程序］功能可以删除在程序窗口显示的所有程序。另外还有［保存 MDA 程序］按钮，用来在输入区定义 MDA 程序保存的名称，或者可以从列表中选择现有的程序名。切换输入区和程序列表，可以使用 |TAB| 键。［MCS/WCS 相对坐标］功能键可以在显示工件坐标和机床坐标上进行切换。

2）端面铣削。用端面铣削功能可以为其后的加工准备好毛坯，无须为此编写一个专门的零件程序。

在 MDA 方式下使用端面键打开输入屏幕格式：首先把坐标轴定位到起始点；其次在屏幕格式中输入参数值，图 6-16 所示为端面铣削的界面，在此屏幕格式中输入所有的参数，产生一个零件程序，然后按 NC 启动键就可以执行此程序了。此时关闭此屏幕格式，转换到加工屏幕格式，在此可以观察程序的执行过程。但必须注意的是，应事先在参数中定义退回平面和安全距离。 ⌐⌐、⌐⌐、⌐⌐ 为铣削端面的铣削方式。选择时，可以根据具体情况使用某种铣削方式。

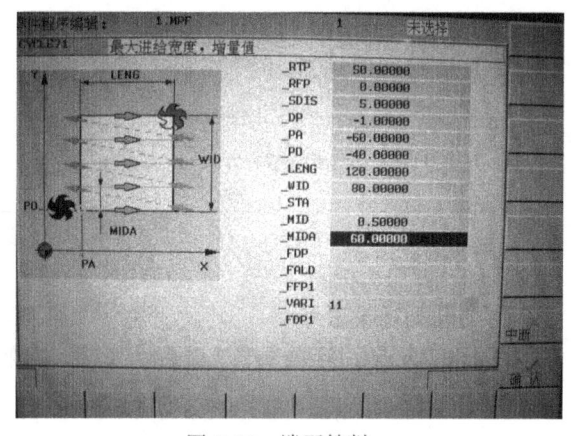

图 6-16 端面铣削

课题四 加工程序的管理与通信

选择面板操作区，按 |PROGRAM MANAGER| 键打开程序管理器，如图 6-17 所示。在程序目录中用光标键选择零件程序。系统在罗列程序清单时，是按照程序名的第一个字母的先后顺序排列的。

在程序管理窗口可以进行零件程序的建立、程序的打开、程序的删除、程序的选择、程序的读入和读出等操作。程序管理器窗口软键功能见表 6-6。

加工程序的管理

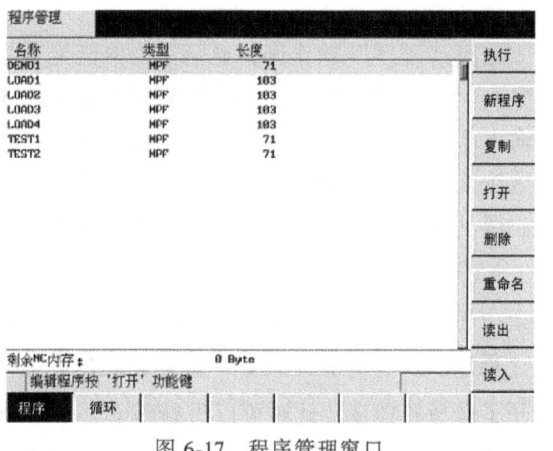

图 6-17 程序管理窗口

表 6-6　程序管理器窗口的软键功能

软　键	功能介绍
程序	按此键显示零件程序目录
执行	按下此键选择待执行的零件程序。在下次按<Cyle Start>键时启动该程序
新程序	新建一个程序
复制	操作此键可以把所选择的程序复制到另一个程序中
打开	按此键可以打开待加工程序或光标所在程序
删除	用此键可以删除光标定位的程序
重命名	操作此键出现一个窗口,在此可以更改光标所定位的程序名称。输入新程序名按[确认]键即可
读出	按此键,通过 RS232 接口把零件程序传出到计算机,进行程序的备份保护
读入	按此键,通过 RS232 接口把零件程序从计算机上传入到 CNC 系统
循环	按此键,显示标准循环目录。在标准循环菜单中可以对其进行人机交互式参数编程

一、程序的管理（输入、编辑、模拟）

1. 新建一个程序

选择"程序"操作区,显示 NC 中已经存在的程序目录。按[程序]后,再按下[新程序],便出现如图 6-18 所示新程序输入屏幕格式。在弹出的菜单中输入程序名,主程序不需输入扩展名".MPF",而子程序输入时必须连同扩展名一起输入,如"L123.SPF",输入完后按[确认]接受输入,生成新程序文件。接下来可以对新程序进行程序段的输入等编辑。按[中断]中断程序的编制,并关闭此窗口。

2. 编辑修改一个程序

选择面板操作区,按 PROGRAM MANAGER 键,则显示 NC 中已经存在的程序目录。按[程序]后,在程序列表中将光标定位在要进行编辑修改的程序名上,再按[打开]即打开了选择的程序,此时可以进行编辑了;或按 INPUT 也可打开程序文件并进行编辑。图 6-19 所示为程序编辑器窗口,图 6-20 所示为程序菜单树。

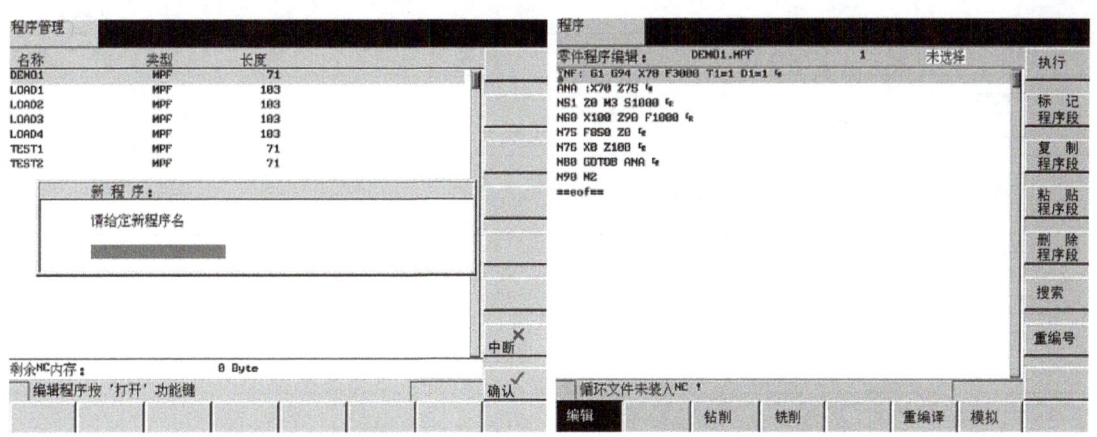

图 6-18 新程序输入窗口   图 6-19 程序编辑器窗口

编辑	钻削	铣削	重编译	模拟
执行	钻孔	端面铣削		自动缩放
标志程序段		轮廓铣削		到原点
复制程序段	沉孔钻削	矩形孔铣削		显示
粘贴程序段	深孔钻削	圆形孔铣削		缩放+
删除程序段	刚性钻削	图案铣削		缩放-
搜索	带补偿夹具			删除画面
重编号	孔图形			光标粗/细
	取消选择			
ETC				
示教				

图 6-20 程序菜单树

如果已经有程序被打开,这时按下操作面板上的 PROGRAM 键,则进入程序的编辑;如果无程序打开,则与按下 PROGRAM MANAGER 键一样打开程序列表。在程序编辑器中一些软键功能见表 6-7。

表 6-7 程序编辑器中的软键功能

软 键	功 能 介 绍
编辑	程序编辑器
执行	使用此键,执行所选择的文件
标记程序段	按此键,选择一个文本程序段,直至当前光标位置
复制程序段	用此键,复制一个程序段到剪切板
粘贴程序段	用此键,把剪切板上的文本粘贴到当前的光标位置

（续）

软　键	功能介绍
删除程序段	用此键，删除所选择的文本程序段
搜索	用此键主要用于字符串的查找
重编号	使用此键，替换当前光标位置到程序结束处之前的程序段号
钻削	用于编辑钻削循环程序，见第五单元课题五钻孔循环种类
铣削	用于编辑铣削循环程序，见第五单元课题五钻孔循环种类
模拟	用于模拟运行校验程序
重编译	对自动生成的程序块和程序段进行编译
轮廓	用轮廓元素编程，编程时只要在屏幕格式中填入必要的参数，需用户要求提供

3. 模拟运行程序

编程的刀具轨迹可以通过线图表示。按<Auto>，再按［模拟］，便可以进入图6-21所示模拟的初始状态，这时按<Cycle Start>，系统开始模拟所选择的零件程序。

在图6-21中，按［自动缩放］可以缩放轨迹窗口；按［到原点］可以恢复到图形的基本设定；按［显示］可显示整个工件；按［缩放+］和［缩放-］可以放大和缩小显示图形；按［删除画面］可以删除显示图形；按［光标粗/细］可以用来调整光标的步距大小。

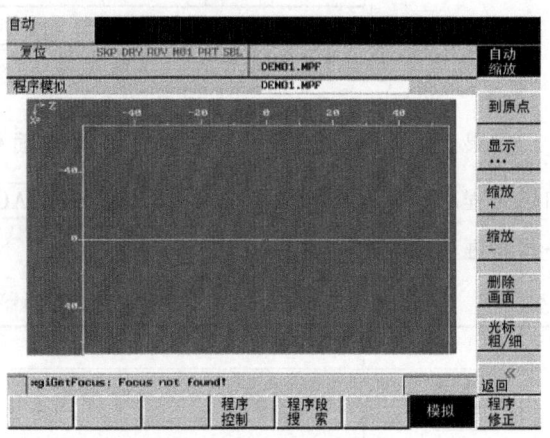

图6-21　模拟的初始状态

二、程序的通信

通过控制系统的RS232接口可以读出数据（如零件程序）并保存到外部设备（如计算机）中，同样也可从计算机上把数据读入系统中。这需要对系统的接口和计算机接口进行设置，使二者匹配。西门子使用较多的是名为PCIN.EXE可执行的DOS版本的文件。使用此软件操作很简单。图6-22所示为其传输软件的界面，图6-23所示为系统RS232数据传输接口的设置菜单。从图6-23中可以看出传输设置包括设备（XON/XOFF或RTS/CTS）、波特率、停止位、数据位、奇偶校验、传输结束等，还有许多特殊功能的设置，如图6-24所示。

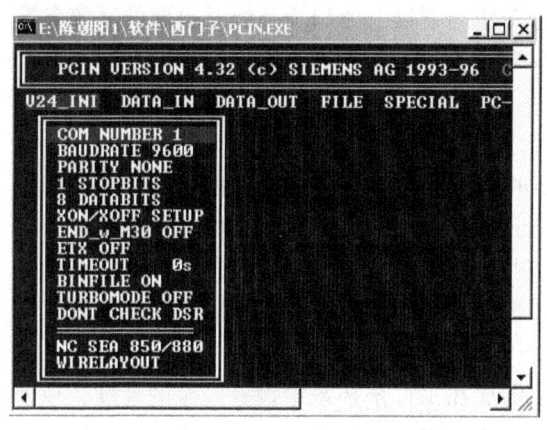

图 6-22 PCIN.EXE 传输软件的界面

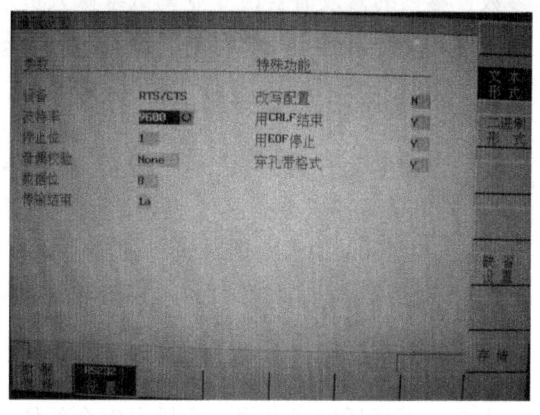

图 6-23 系统 RS232 数据传输接口的设置

例如，下载一个程序的具体操作是：用西门子专用的传输线（9 芯对 9 芯）将计算机串口和机床 RS232 通信口相连；计算机打开传输软件设置好传输参数后，将光标移动到 DATA_IN 一栏按下回车，在输入栏输入程序存放的路径名称，再按 Enter 键等待机床数据输入；机床对 RS232 接口设置完毕后存储退出，将光标移动到需要传出的程序名上（见图 6-17），此时按［读出］后，系统弹出图 6-25 所示窗口；再次按［启动］，便可以将选中的程序下载到计算机中指定存储区。如果想中断传输，则按［停止］。按软键［全部文件］，可以选中程序列表中全部的文件。按［错误记录］则显示传输过程中所有的报警信息。程序传入机床方法与下载程序方法相似，此时机床应先读入等待，按下 DATA_OUT，输入要传入机床的程序在计算机的路径和名称，按 INPUT 键即可。

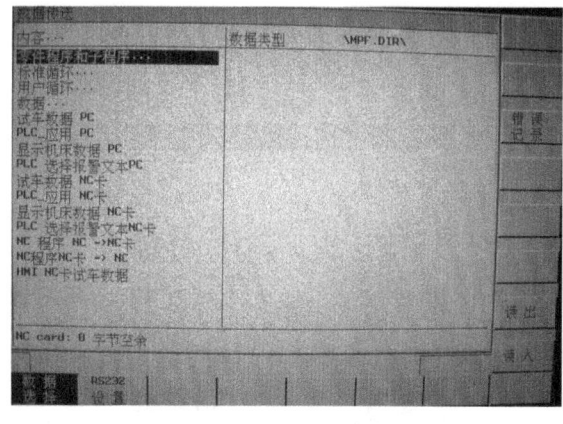

图 6-24 系统 RS232 数据选择窗口

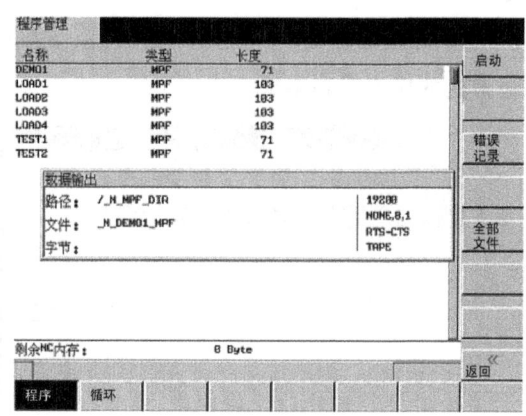

图 6-25 下载程序窗口

另外，西门子系统传输数据包括很多，它不光是传输程序，而且它的机床数据、PLC 数据等都可以进行相互传输。图 6-24 所示为传输数据类型的选择。

在西门子的数据设置中特别规定了数据有效的方式：So 为立即生效，Cf 为确认后生效，Re 为复位生效和 Po 上电后生效。在修改数据中也要注意这些生效方式，但值得注意的是，参数设置错误会损坏机器，所以，这里不对系统参数进行介绍。操作者一般无须去改变系统参数，参数的修改需要由专业调试维修人员进行操作。不过，西门子系统对重要的系统参数都设置了保护级口令，用户只能进入用户口令级操作。

三、程序的空运行测试

程序的空运行测试操作步骤为：按面板上的<Auto>进入自动加工状态，按［程序控制］，在其屏幕格式中选择［程序测试］［空运行进给］［ROV有效］功能，这时按<Cycle Start>，系统开始空运行测试选择的零件程序。测试零件程序时，机床被锁住不动，进给以空运行速度进行。注意在空运行程序时，通常要按［程序测试］，如果不按此软键，则机床不被锁住，这样机床以空运行的速度进行进给是很危险的。

在检测零件程序时，也可以空运行机床，但需要在工件坐标系中设置安全的高度，以便使主轴碰不到任何障碍物。这样在安全的情况下，通过空运行检测了零件编程的正确性。

课题五　工件坐标系、刀具补偿的确定与设置

在CNC进行工作之前，必须在NC上通过参数的输入和修改对机床、刀具等进行调整：输入刀具参数及刀具补偿参数，输入/修改零点偏移和输入设定数据。

一、刀具的参数设定

刀具参数包括刀具几何参数、刀具磨损量参数和刀具型号参数。

1. 刀具参数输入的操作步骤

刀具设置

按面板上的 OFFSET　PARAM 键进入参数设置菜单，一般按下软键默认进入的是刀具参数补偿窗口，如图6-26所示。在输入区将光标定位，输入数值后再按 INPUT 键确定。对于一些特殊的刀具，可以按［扩展］，填入全部参数。图6-27所示为特殊刀具的输入屏幕格式。

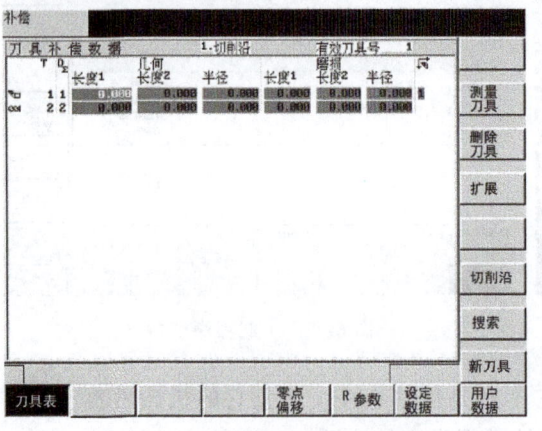

图6-26　刀具参数补偿屏幕格式

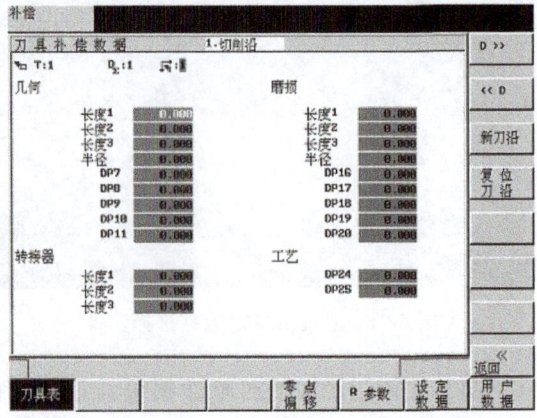

图6-27　特殊刀具的输入屏幕格式

2. 软键功能介绍

［测量刀具］用于测量刀具的补偿数据；［删除刀具］用于清除刀具所有刀沿的刀具补

偿参数；[扩展]用于显示所有参数；[切削沿]用于建立和显示其他刀沿，按[切削沿]可打开一个子菜单，提供所有功能；[D≫]用于选择递增的刀沿号；[≪D]用于选择递减的刀沿号；[新刀沿]用于建立一个新刀沿；[复位刀沿]用于复位刀沿的所有补偿参数；[搜索]键的功能为：输入待查找的刀具号，按确认键，如果所查找的刀具存在，则光标会自动移动到相应的行；[新刀具]用于建立一个新刀具的刀具补偿。值得注意的是，最多可以建立 48 个刀具，每把刀最多可以建立 9 个刀沿号。

3. 建立新刀具

在刀具参数补偿屏幕格式下，若按[新刀具]，则出现如图 6-28 所示新刀具窗口和图 6-29 所示的刀具号输入窗口，在新刀具窗口中选择刀具类型，在刀具号输入窗口输入刀具号，按[确认]，在刀具组清单中自动生成所设置的刀具号数据组。

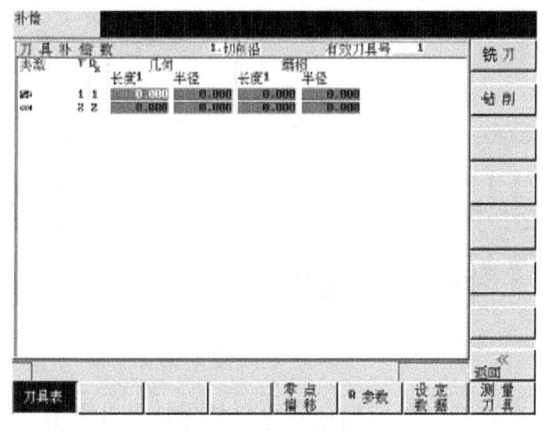

图 6-28 新刀具窗口

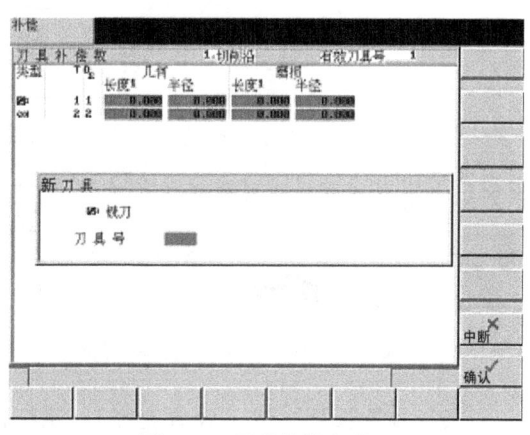

图 6-29 刀具号输入窗口

4. 确定刀具补偿值

刀具参数补偿值包括长度补偿值和半径补偿值。半径补偿值为刀具的实际半径值。不过，为了在加工中实现粗加工和精加工，常常需要更改此值，将其变大或变小。

刀具补偿设置

刀具长度补偿值，实际上是在自动换刀后执行一个长度值的加减计算，Z 轴执行这个值可以使所有的刀尖在 Z 轴方向上的长度值达到统一的点，那在编程时可以认为刀尖无长短之分，所有刀具的工件零点都相同，从而使编程简单化。

确定刀具长度补偿值有两种方法：一种是在刀具长度测量仪器上直接测量出所有使用的刀具的长度值；另一种是在机床上利用 Z 轴定位器在同一 Z 轴高度测量所有使用刀具刀尖在机床中的 Z 轴坐标值。这两种方法前种需要专用的仪器设备，需增加成本，但节省了机床的使用时间，提高效益。第二种方法，在机床上对刀具的长度值，浪费了机床的加工时间，但在不具备测量设备的条件下也是最好的办法了。

在机床上进行对刀的步骤是：先让机床回参考点，把 Z 轴定位器放于机床比较平稳的工作台面上或工件表面（和工作台面平行的平面）上。把刀具装入主轴孔中，手动移动 Z 轴到 Z 轴定位器正上方，快接近时，转换为手轮方式，选择 Z 轴，将增量倍率调整为 100，摇动轴慢慢地接近 Z 轴定位器。将增量倍率调整为 10 或 1，将 Z 轴定位器突出的平面压平，Z 轴定位器的指针指向零位，这时记下 Z 轴的坐标值，将 Z 轴抬高离开 Z 轴定位器。换第二把刀，重复上述步骤即可找出这把刀的 Z 轴坐标值，反复执行上述步骤，可以记下所有使用刀具的 Z 轴坐标值。如果将其中一把作为基准刀，那么这把刀的长度补偿值为零，其他刀具长度补偿值为其 Z 轴的坐标值减去基准刀的 Z 轴坐标值，得到的值可能有正有负，把这些值输入对应的刀具补偿号中，即完成了刀具长度补偿值的输入。

另外，在刀具补偿值菜单中，按［测量刀具］，便会出现手动和半自动测量菜单，在此菜单中的手动测量便可打开补偿值窗口，如图 6-30 所示的对刀窗口、长度测量和图 6-31 所示的刀具直径测量。

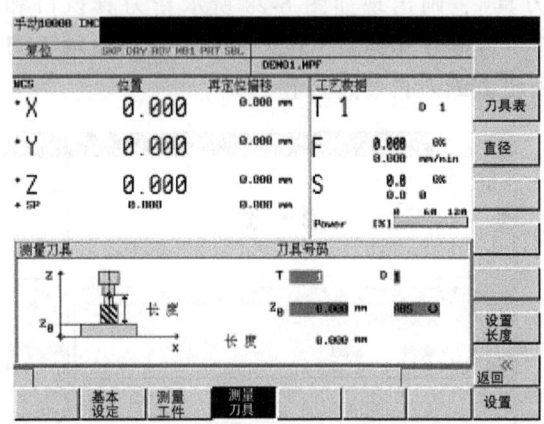

图 6-30 "对刀"窗口、长度测量 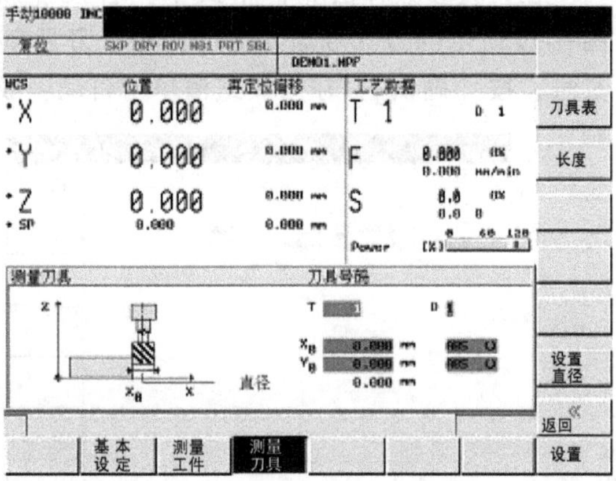　　　　图 6-31 刀具直径测量

按［设置长度］或［设置直径］，系统根据所选择的坐标轴计算出它们对应的几何长度或直径，所计算出的补偿值被存储。

二、零点偏移值的设定

零点偏移值是指编程时的工件坐标系所在的机床坐标值。通过对刀将工件坐标系原点的机床坐标值找出来，将其输入到工件坐标系 G54～G59 中，其过程为零点偏移的设定。

1. 输入/修改零点偏移值

按面板上的 OFFSET PARAM 键，进入参数设定菜单，按［零点偏移］，进入零点偏移窗口，如图 6-32 所示。通过 ◀、▲、▼、▶ 键移动光标到待修改的位置，可以通过输入键输入零点偏移的大小。

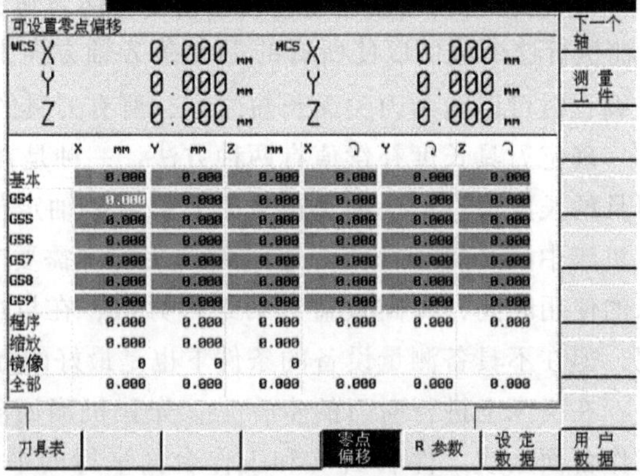

2. 计算零点偏移值

零点偏移值通常是先找出再输入的，但西门子系统也可以自动计算置入。具体方法是按［测量工件］，控制系统转换到加工操作

图 6-32 零点偏移窗口

区，出现对话框用于测量零点偏移，所对应的坐标轴以背景为黑色的软键显示。移动刀具，使其与工件相接触，在工件坐标系"设定 Z 位置"区域，输入所要接触的工件边沿的位置值；在确定 X 和 Y 方向的偏移时，必须考虑刀具移动的方向。按［计算］可以计算零点偏移，结果显示在零偏栏。图 6-33 所示为确定 X 方向零点偏移；图 6-34 所示为确定 Z 方向零点偏移。

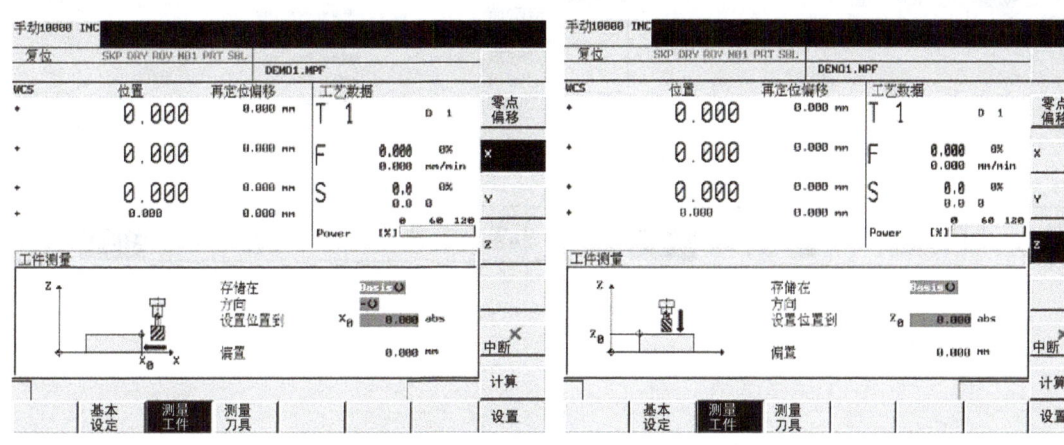

图 6-33　确定 X 方向零点偏移　　　　　图 6-34　确定 Z 方向零点偏移

三、设定数据的设定

利用设定数据可以设定运行状态，并在需要时进行修改。

1. 操作步骤

按面板上的［OFFSET PARAM］，再按［设置数据］便进入其状态图，如图 6-35 所示。在此菜单中可以对系统的各个选件进行设定，方法是将光标移动到所要求的位置输入数字值，再按输入键或移动光标确认输入。

2. 软键功能介绍

［工作区］可以设定工作区域，限制数值的大小。使用［置有效］使输入的值有效/无效，如图 6-36 所示。［计时器　计数器］可以设定零件加工的计数和计时，如图 6-37 所示。

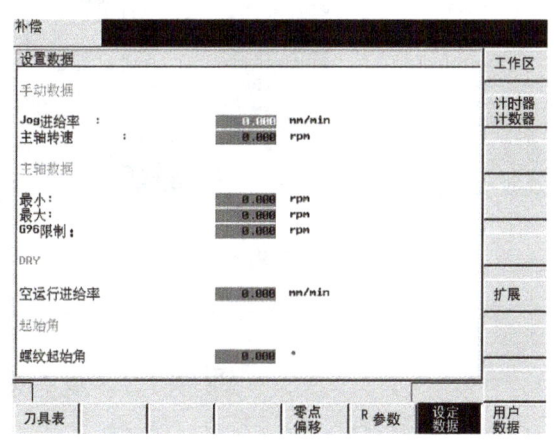

图 6-35　"设置数据"状态图

按［扩展］显示控制系统所有设定数据清单。该数据分别为：通用设定数据、轴专用设定数据和通道设定数据，如图 6-38 所示。

按面板上的［OFFSET　PARAM］进入参数设定菜单。按［R 参数］进入 R 参数设置窗口，如图 6-39 所示。将光标移到所要设置的参数区域输入数值，按 INPUT 键或移动光标键。

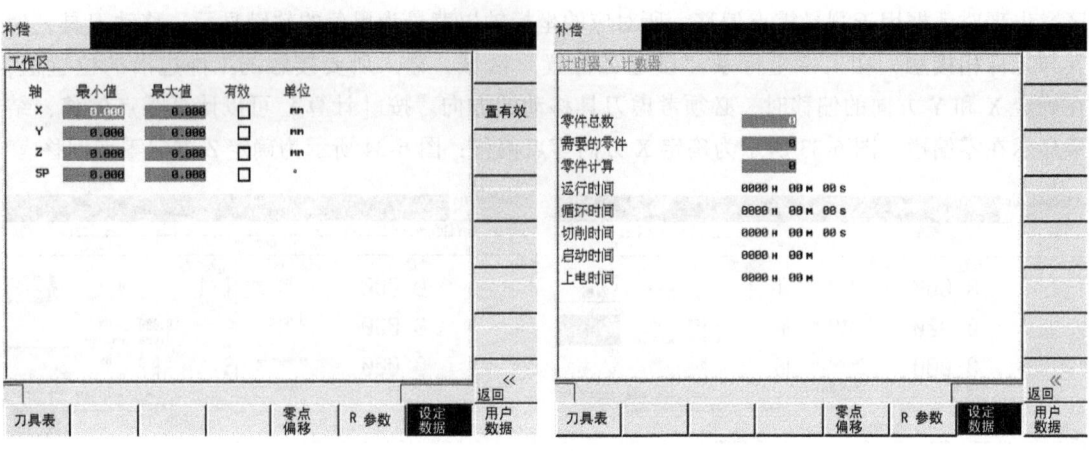

图 6-36　工作区窗口　　　　　图 6-37　计时器和计数器窗口

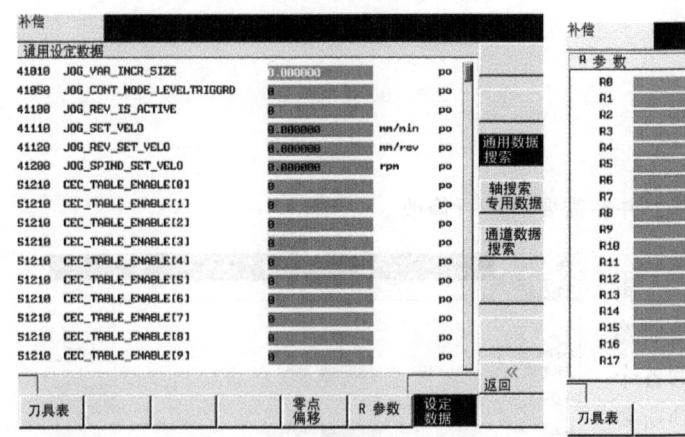
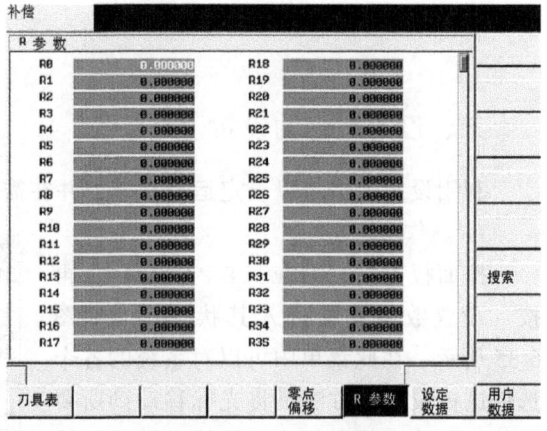

图 6-38　设定数据窗口　　　　　图 6-39　R 参数窗口

课题六　运行控制与加工

一、自动运行方式

在自动方式下零件程序可以自动加工执行，其前提条件是已经回参考点，加工的零件程序和必要的参数已经输入。自动方式的运行状态如图 6-40 所示，可以显示位置、主轴值、刀具值以及当前的程序段。在此功能菜单中有［程序控制］［程序段搜索］［模拟］［程序修正］等功能，各个功能菜单树如图 6-41 所示。软键功能介绍见表 6-8。

运行控制
与加工

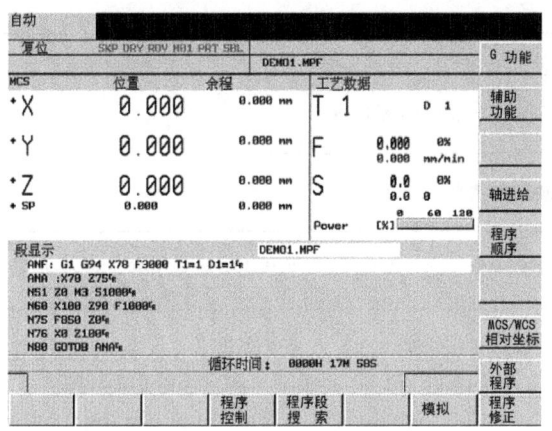

图 6-40 "自动方式"状态图

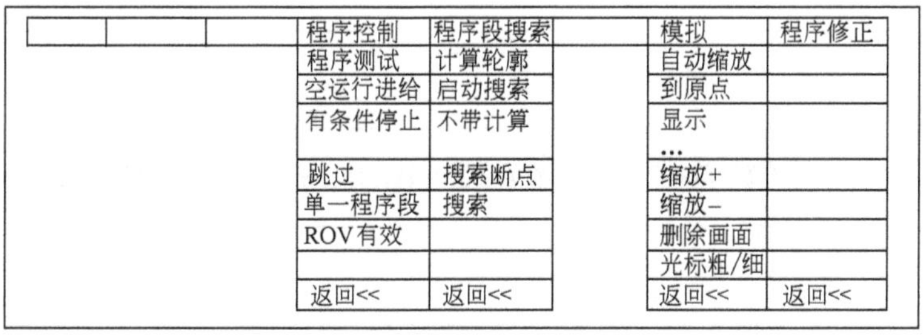

		程序控制	程序段搜索		模拟	程序修正
		程序测试	计算轮廓		自动缩放	
		空运行进给	启动搜索		到原点	
		有条件停止	不带计算		显示 …	
		跳过	搜索断点		缩放+	
		单一程序段	搜索		缩放−	
		ROV有效			删除画面	
					光标粗/细	
		返回<<	返回<<		返回<<	返回<<

图 6-41 自动方式菜单树

表 6-8 自动方式的软键功能

软 键	功 能 介 绍
程序控制	按下此键显示用于选择程序控制方式的软键(如程序跳跃、程序测试)
程序测试	测试程序,禁止输出所有的进给轴和主轴的旋转
空运行进给	进给轴以空运行设定数据中的设定参数运行,执行空运行进给时,编程指令无效
有条件停止	程序执行到有M01指令的程序段时停止运行
跳过	前面有斜线标志的程序段在程序运行时跳过不予执行(如"/N180")
单一程序段	此功能生效时,零件程序按单段执行
ROV有效	按下快速修调键,修调开关对于快速进给生效
返回《	按退出键退出当前正在执行的窗口

（续）

软　键	功　能　介　绍
程序段搜索	可以找到程序中任意一个程序段
计算轮廓	程序段搜索，计算照常进行
启动搜索	程序段搜索，直至程序段终点位置。搜索完毕后，程序可从搜索点开始执行
不带计算	程序段搜索，不进行计算
搜索断点	光标定位到中断点所在的主程序段，在子程序中自动设定搜索目标
搜索	搜索键提供功能"行查找"和"文本查找"
模拟	利用线图可以显示编程的刀具轨迹
程序修正	在此可以修改错误的程序，所有修改会立刻被存储。一般用于正在执行时的程序修改
G功能	打开 G 功能窗口，显示所有有效的 G 功能
辅助功能	此窗口显示所有有效的辅助功能。再按此键，关闭窗口
轴进给	按此键显示轴进给窗口
程序顺序	从 7 段程序转到 3 段程序（该按键不激活时，屏幕上显示 7 行程序；如果激活，只显示 3 行程序）
MCS/WCS 相对坐标	选择机床坐标系、工件坐标系或相对坐标系中的实际值
外部程序	外部程序可以通过 RS232 接口传到控制系统，然后按 NC 启动键后立即执行

1. 选择和启动零件程序

在启动程序之前必须要调整好系统和机床，也必须注意机床生产厂家的安全说明。具体操作如下：

1）选择机床控制面板上 Auto "自动方式选择"键，机床进入自动运行方式。

2）再按操作面板上的 PROGRAM 键，进入程序管理菜单，如图 6-42 所示。在"程序"菜单中显示所有的程序清单，把光标移动到指定的程序上，按［执行］选择待加工的程序，被选择的程序名在屏幕区"程序名"下。如果要确定程序的运行状态，则按［程序控制］进行设置（见图 6-43）。

3）按 Cycle Start 键执行零件程序，程序将自动执行。

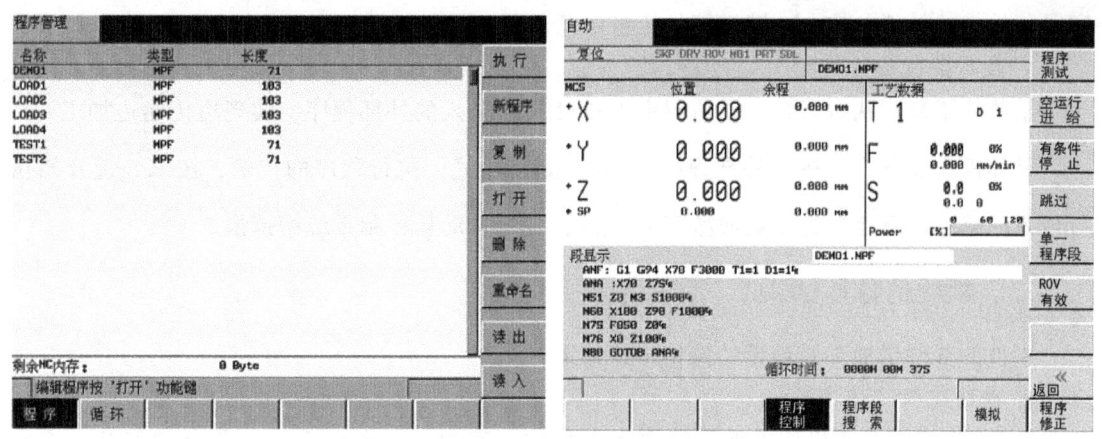

图 6-42　程序管理窗口　　　　　图 6-43　程序控制窗口

4）在 CNC 操作面板上按［POSITION］，可显示加工过程中的有关参数，如主轴转速、进给率，显示机床坐标系（MCS）或工件坐标系（WCS）中坐标轴的当前位置及剩余行程等。

5）在程序自动运行过程中，可按 [Cycle Stop]"数控停止"键，则暂停程序的运行，按 [Cycle Start]"数控启动"键，可恢复程序继续运行。

6）在程序自动运行过程中，如按 [Reset]"复位"键，则中断整个程序的运行，光标返回到程序开头，按 [Cycle Start]"数控启动"键，程序从头开始重新自动执行。

2. 程序段搜索加工

系统处于复位状态后，如果要重新执行程序，不必从头执行，可以从程序中的某一段作为开始点执行，这时需要进行程序段的搜索加工。

程序段的搜索加工具体操作步骤为：按［程序段搜索］，弹出如图 6-44 所示程序段搜索窗口，可以将光标直接移动到要执行的程序段，按［启动搜索］后，按下 [Cycle Start]"数控启动"键两次，程序就可以从搜索的程序段开始执行。

3. 程序段断点加工

程序中断后（用"复位"键），可以用手动方式（Jog）从轮廓退出刀具，再从刚才的断点处继续后面的加工。其操作的方法为：选择机床控制面板上 [Auto]"自动方式选择"键。按［程序段搜索］，再按［搜索断点］填入中断点坐标；按［计算轮廓］启动中断点的搜索，使机床回中断点，执行一个到中断程

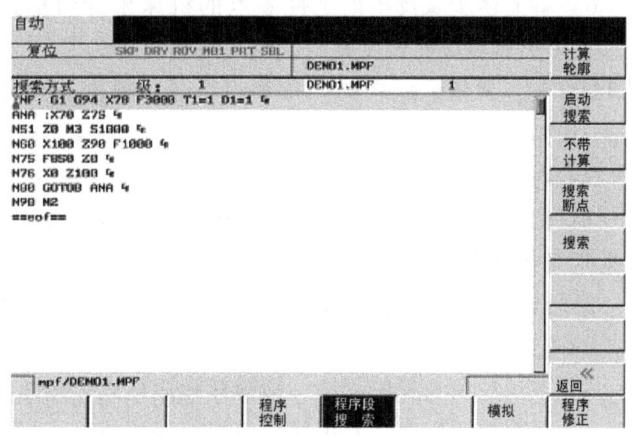

图 6-44　程序段搜索窗口

序段起始点的补偿；按 [Cycle Start] 键继续加工被中断的程序。

4. 执行外部程序（由 RS232 接口输入）

系统处于复位状态后，可以执行由 RS232 接口输入的外部程序，实现边传输边加工。

具体操作步骤为：按 [外部程序]，连接好传输线，执行程序的传输，按 [Cycle Start] 键开始执行传入的程序。程序运行结束或按下 [Reset] 键，程序自动从控制系统中退出。

二、零件的首件试加工

零件的首件试加工要进行的操作步骤如下：

1. 准备工作（机床）

1）打开机床接通机床电源；回参考点操作；回到参考点后手动把各个轴移开参考点位置。

2）安装夹具，找正夹具在机床中的正确安装位置；在夹具中定位好工件后，夹紧工件或毛坯。

3）根据所编制的程序来选择刀具，编制刀具号；列出刀具清单，包括刀具的切削用量。

4）测量刀具的长度补偿值。若有设备，在测量设备上测；若没有条件，在机床上用Z轴定位器对刀。将记下的各把刀具的Z轴机床坐标值进行处理，计算出各个刀具的长度补偿值。

5）选择光电式或机械偏心式寻边器，找出并计算出工件编程原点的机床坐标值X和Y；装上基准刀具对Z轴的编程零点，找出其机床坐标值并记下。如果不想选择基准刀具，记下每把刀具在工作表面的Z向对刀数值，这些值为每把刀具的长度补偿值，那G54工件坐标系中的Z值可以设为零。

6）将上述步骤找出的工件零点的机床坐标值输入到工件坐标系G54（或G55～G59）中，将每把刀对应的长度补偿值输入到相应的刀具和刀沿号中。例如T1D1，其值能否输入到T1D2中，要看程序中的刀具和刀沿号。根据编程要求写入刀具半径，如果程序为精加工，一般填写刀具实际值。

2. 程序的输入和测试

1）把编制好的程序手工输入到机床CNC系统，或先输入计算机内，再用传输软件传输到机床CNC系统中。

2）选择一个要执行的零件程序，把要执行的程序从程序列表中调到当前存储区，准备进行编译加工。

3）空运行所选择的程序。检验其程序格式、语法等是否符合该系统的编制格式。

4）模拟校验程序，利用线图模拟编程的轨迹，以此来验证所编制的程序轮廓轨迹是否正确。

5）修改零件程序，使其通过空运行测试和模拟图形校验。在自动状态下执行该程序，为了安全起见，建议使用最小修调倍率，最好在单步状态下执行。执行过程中如果发现有异样，就快速将倍率旋到"0"，或按下急停开关，也可按下 [Reset] "复位"键。

3. 零件的尺寸控制

首件试切得到的零件首先要进行项目的检测，因为所有的努力就是为了得到合格的零件产品。检测项目包括零件的尺寸公差、几何公差和表面粗糙度。零件的尺寸超差一般从切削参数、刀具磨损、编程尺寸和工艺安排等方面查找原因。

几何公差达不到要求一般要从装夹工件的夹具上查找原因，当然，零件编程原点的正确与否也很重要，通常首件要到测量精度较高的仪器上测量，如三坐标测量机，对照测量的结果再次修正工件坐标系。

表面粗糙度达不到要求，很大程度上是由于工艺安排不合理造成的（如轮廓铣削不分粗加工和精加工），其次是切削参数的选择不合理，再有就是机床刚性较差。针对上述不合理处，加以改正，选择较为合理的加工工艺和切削参数，这样才可以得到较好的表面质量。

4. 参数的修改

零件首件加工完毕，经检测得到结果后，要对结果进行分析。分析出原因后，必要时要对程序执行前的参数进行修改。具体修改项目为工件坐标系 G54 的值，此值会直接引起工件在夹具中的定位精度和零件中有关的几何公差；其次为刀具的长度补偿值和半径补偿值，刀具长度补偿值要根据零件实际切削的 Z 方向上尺寸和编程的实际尺寸来决定，半径补偿值则根据刀具实际切削下的零件尺寸来校准刀具的磨损量值，填入实际的刀具磨损后半径值。

5. 零件程序的整理

作为在加工中心上进行的首件试切加工，通常做法是一把刀具作为单独的一次加工，从而给调整程序和零件尺寸带来方便。但首件加工完毕后，对于每一个独立的程序就需要把它整理规范成一个完整的程序体。在加工过程中程序上存在的不合理之处，也需要改正。如主切削参数和进给切削参数的修改、切削轮廓节点的修改等。把修改好的程序书写成一个连续的完整的程序，便于下面零件的成批加工。

第七单元　华中HNC—210B系统加工中心的编程

> ➢ 打破国外封锁，中国数控的"中国芯"——华中系统。
> ➢ 以严谨的态度对待每一次操作，高标准、严要求，确保加工出合格的产品。
> ➢ 大力弘扬劳模精神、劳动精神和工匠精神，激励青年一代走技能成才、技能报国之路。

课题一　华中 HNC—210B 系统的程序

一、华中（HNC—210B）系统程序结构

1. 零件程序的组成

零件程序是由数控装置专用编程语言书写的一系列指令和数据组成的。它遵循一定的结构、句法和规则格式，由若干个程序段组成，而每个程序段由若干个指令字组成，程序的结构如图 7-1 所示。

一个指令字由地址符（指令字符）和带符号（如定义坐标的字）或不带符号（如准备功能字 G 代码）的数字数据组成，程序段中不同的指令字符及其后续数值确定了每个指令字的含义，华中（HNC—210B）系统加工中心程序段中包含的主要指令字符见表 7-1。

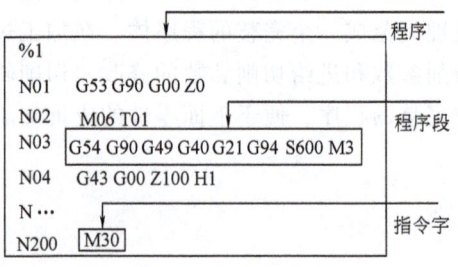

图 7-1　程序的结构

表 7-1　华中（HNC—210B）系统加工中心指令字符一览表

机　能	地　址	意　义
零件程序号	O(％)	程序编号，如 O1、O4-7295
程序段号	N	程序段编号，如 N0、N180
准备功能	G	指令动作方式(直线、圆弧等)G00~G99
尺寸字	X、Y、Z、A、B、C、U、V、W	坐标轴的移动命令
	R	圆弧半径，固定循环参数
	I、J、K	圆心相对于起点的坐标，固定循环参数
进给速度	F	进给速度的指定
主轴功能	S	主轴旋转速度的指定
刀具功能	T	刀具编号的指定

(续)

机　能	地　址	意　义
辅助功能	M	机床主轴、切削液等开/关控制的指定
补偿号	D、H	刀具补偿号的指定
暂停	P	暂停时间的指定
程序号的指定	P	子程序号的指定
重复次数	L	子程序或固定循环的重复次数
参数	R、Q、K	固定循环的参数

2. 零件程序的格式

（1）文件名　程序文件名格式是字母 O 后跟一位或多位（最多为七位）字母、数字或字母与数字的组合，新建立的文件名不能与数控系统中已存在的文件名相同。华中（HNC—210B）系统的文件名必须以字母 O 开头，否则新建立的文件名在数控系统中"选择程序"界面的电子盘上无法显示，不能直接读取，而该程序仍然存于数控系统中。若要读取不以 O 字母开头的文件，需在程序菜单下按"编辑程序"键，再按"新建程序"键，在出现的"输入新建程序名"对话框中输入欲读取的文件名，按 Enter 键即可读出。一个文件名中包含零件的完整程序，即主程序和所有的子程序。

（2）程序名　文件名建立后即可编写程序，程序第一行须写程序名，程序名由%或字母 O 开头，后跟程序号（必须是数值）组成。子程序接在主程序结束指令后编写，程序名不能和主程序名或其他子程序名相同。

（3）程序段　一个零件的程序是按程序段的输入顺序执行的，而不是按程序段号的顺序执行的。书写程序时建议按升序书写程序段号，但也可不书写程序段号。程序段的格式如下：

　　N×…×　　G×　×　　X±×…×Z±×…×　　F××S××M××T××
　　程序段号　准备功能　　坐标运动位置　　　工艺性指令

华中（HNC—210B）系统的程序段号需自己输入，程序段在换行时不自动生成。

二、华中（HNC—210B）系统功能

1. 准备功能指令

准备功能指令由大写字母 G 后跟一位或两位数字组成，它用来规定刀具和工件的相对运动轨迹、机床和工件坐标系、坐标平面、刀具补偿、固定循环指令等多种加工操作。

G 指令有非模态 G 指令和模态 G 指令之分：

1）非模态 G 指令只在所规定的程序段中有效，程序段结束时被注销（见表 7-2 中 00 组中的 G 指令）。

　　例如：N10　G04　P10　　　　　　　　　程序暂停 10s
　　　　　N20　G91　G21　G01　Y100　F100　Y 轴往正方向移动 100mm

N10 程序段中 G04 为非模态指令，不影响 N20 程序段中 Y 向的移动。

2）模态 G 指令是一组可相互注销的 G 功能，这些功能一旦被执行，则一直有效，直到被同一组的 G 指令注销为止（见表 7-2 中除 00 组外的其他 G 指令）。模态 G 指令组中包含一个默认 G 指令（见表 7-2 中带☆的 G 指令），上电时将初始化为该功能。华中（HNC—210B）系统加工中心准备功能 G 指令见表 7-2。

例如：N10　G90　G01　X60　F100
　　　N20　Y80　　　　　　　G90、G01 仍然有效
　　　N30　G02　X80　R-10　G02 有效，而 G01 无效，但 G90 仍然有效

没有共同参数的不同组 G 指令可以放在同一程序段中，而且与顺序无关。例如，G90、G17 可与 G01 放在同一程序段中，但 G24、G68、G51 等特殊指令则不能与 G01 放在同一程序段中。同组 G 指令不能出现在同一程序段中，否则将执行后出现的 G 指令。

表 7-2　华中（HNC—210B）系统加工中心准备功能 G 指令

G 指令	组号	功　　能	G 指令	组号	功　　能
G00	01	快速定位	G57	11	工件坐标系设定
☆G01		直线插补	G58		工件坐标系设定
G02		顺时针圆弧插补	G59		工件坐标系设定
G03		逆时针圆弧插补	G60	00	单方向定位
G04	00	暂停	☆G61	12	精确停止校验方式
G07	16	虚轴指定	G64		连续方式
G09	00	准停校验	G65	00	宏指令调用
☆G17	02	XY 平面选择	G68	05	坐标旋转
G18		XZ 平面选择	☆G69		旋转取消
G19		YZ 平面选择	G73	06	深孔断屑钻孔循环
G20	08	英制尺寸	G74		攻左旋螺纹循环
☆G21		米制尺寸	G76		精镗孔循环
G22		脉冲当量	☆G80		取消固定循环
G24	03	镜像开	G81		点孔/钻孔循环
☆G25		镜像关	G82		钻孔循环
G28	00	返回参考点	G83		深孔排屑钻孔循环
G29		由参考点返回	G84		攻右旋螺纹循环
☆G40	09	取消刀具半径补偿	G85		镗孔循环
G41		引入刀具半径左补偿	G86		镗孔循环
G42		引入刀具半径右补偿	G87		反镗孔循环
G43	10	刀具长度正向补偿	G88		镗孔循环
G44		刀具长度负向补偿	G89		镗孔循环
☆G49		取消刀具长度补偿	☆G90	13	绝对值编程
☆G50	04	比例缩放关	G91		相对值编程
G51		比例缩放开	G92	00	工件坐标系设定
G53	00	机床坐标系	☆G94	14	每分钟进给
☆G54		工件坐标系设定	G95		每转进给
G55		工件坐标系设定	☆G98	15	固定循环返回初始平面
G56		工件坐标系设定	G99		固定循环返回 R 平面

2. 辅助功能

辅助功能由大写字母 M 后跟一位或两位数字组成，主要用于控制零件程序的走向，以及机床各种辅助功能的开关动作。M 指令在同一程序段中不能同时出现两个或多个，否则执行后出现的 M 指令。

M 功能有非模态 M 功能和模态 M 功能之分（见表 7-3）；也可分为前作用 M 功能和后作

用 M 功能，前作用 M 功能表示在程序段编制的轴运动之前执行，后作用 M 功能则在程序段编制的轴运动之后执行。华中（HNC—210B）系统加工中心准备功能 M 指令见表 7-3。

表 7-3　华中（HNC—210B）系统加工中心辅助功能 M 指令

M 指令	分类	功　　能	M 指令	分类	功　　能
M00	非模态	程序暂停	M09	模态	切削液关
M02	非模态	程序结束	M21	非模态	刀库正转（顺时针旋转）
M03	模态	主轴正转（顺时针旋转）	M22	非模态	刀库反转（逆时针旋转）
M04	模态	主轴反转（逆时针旋转）	M30	非模态	程序结束并返回起始行
M05	模态	主轴停止	M41	非模态	刀库向前
M06	非模态	换刀	M98	非模态	调用子程序
M07/M08	模态	切削液开	M99	非模态	子程序结束返回主程序

注：表中除 M21、M22、M30、M41、M98、M99 外，其他 M 指令可省略前面的 0，如 M00 可写成 M0。

其中，M00、M02、M30、M98、M99 用于控制零件程序的走向，是 CNC 内定的辅助功能，不由机床制造商决定，即与 PLC 程序无关。其余 M 指令用于机床各种辅助功能的开关动作，其功能不由 CNC 内定，而是由 PLC 程序指定，所以有可能因机床制造厂家不同而有差异（表 7-3 为标准 PLC 指定的功能），使用时必须参考机床说明书。

（1）程序暂停指令（M00）　程序在自动运行时执行到 M00 指令后，将停止执行当前程序，以便于操作人员进行观察加工状况。若要进行工件的测量，须在该指令程序段前用 M05 指令停止主轴，如果加工时切削液开，还需用 M09 指令关闭切削液。暂停时，机床进给停止，而全部现存的模态信息保持不变，欲继续执行后续程序，再次按操作面板上的"循环启动"按钮。M00 为后作用 M 功能。

（2）程序结束指令（M02）　M02 编写在主程序的最后一个程序段中，当 CNC 执行到 M02 指令时，机床的进给停止，加工结束。使用 M02 的程序结束后，若要重新执行该程序，必须在"程序"菜单下按［重新运行］，然后再按操作面板上的"循环启动"按钮。

（3）程序结束并返回起始行指令（M30）　M30 与 M02 功能基本相同，区别是 M30 指令还兼有控制返回到程序起始行（%或 O）的作用。使用 M30 指令结束程序后，若要重新执行该程序，只需再次按操作面板上的"循环启动"按钮。

（4）主轴控制指令 M03、M04、M05

M03：主轴正转（即从 Z 轴正向往负向观察，主轴顺时针旋转）。

M04：主轴反转（即从 Z 轴正向往负向观察，主轴逆时针旋转）。

M05：主轴停止转动。

M03、M04 为模态前作用 M 功能，M05 为模态后作用 M 功能，M05 为默认功能。M03、M04、M05 可相互注销。

（5）换刀功能指令（M06）　M06 用于从刀库中调用一个欲安装在主轴上的刀具。华中系统（HNC—210B）加工中心在执行换刀功能后，主轴仍然移动到换刀前的 Z 位置（换刀前后机械坐标一致）后停止，如果调用的刀具比执行换刀指令前主轴上的刀具长时，换刀后刀具容易与工件或工作台面发生碰撞，因此换刀前必须将 Z 轴抬高至换刀点（一般设定在机械坐标为 Z-110 位置左右）或换刀点以上的位置，然后执行换刀指令。

执行 M06 指令后的换刀动作为：①主轴 Z 向移动至换刀点；②主轴定向；③刀库向前移动夹住刀柄；④主轴松开刀柄并向上移动（一般移动至机械原点）；⑤刀库就近旋转至欲调用的刀具号；⑥主轴下降至换刀点并夹紧刀柄；⑦刀库后退；⑧主轴移动至换刀动作前的 Z 位置。

换刀前，机床必须返回参考点。必须检查刀库参数：按下主菜单上的"刀具补偿"按钮，再按"刀库表"按钮，此时显示刀库参数。参数第一行中的"当前位置"为#0000，"刀号"应为刀库当前位置刀具号，若不正确，可以按 Enter 键进行修改。"组号"应为 0，如果组号不正确，不能进行换刀，否则换刀时执行完换刀动作④后，刀库将一直旋转，无法停止。出现该现象后，只能关机后再开，修正完参数后再执行换刀。如果关机时恰巧刀库当前位置有刀，此时应设法使刀库当前位置上没有刀具（解决方法见下面刀库控制指令的说明中），然后再执行换刀指令。换刀动作执行前刀库当前位置上决不允许有刀具，否则换刀时将撞坏刀库；换刀时也决不允许按下急停按钮或关机，以免发生故障。M06 指令为非模态后作用 M 功能。

（6）切削液打开、关闭指令（M07/M08、M09） M07/M08 为模态前作用 M 功能，M09 为模态后作用 M 功能，M09 为默认功能。

（7）刀库控制指令（M21、M22、M41）

M21：刀库正转（即从 Z 轴正向往负向观察，刀库顺时针旋转）。

M22：刀库反转（即从 Z 轴正向往负向观察，刀库逆时针旋转）。

M41：刀库向前移动。

M21、M22、M41 指令在正常情况下不允许使用，主要用来解决刀库故障。例如，当换刀动作执行完步骤④时，急停按钮被按下，此时刀具停留在刀库的当前位置，释放急停按钮后，刀库自动后退；若直接采用 M06 指令进行换刀将会撞坏刀库。利用 M21 或 M22 指令将刀库旋转，使刀库当前位置上没有刀具，然后再执行换刀指令；或先将主轴抬高至机械原点（主轴上没有刀具），执行 M41 指令使刀库向前，此时系统显示急停，手动从刀库上取下刀具，然后将急停按钮按下后再释放，刀库自动后退。如果换刀动作执行完步骤③时，急停按钮被按下，此时只需将急停按钮释放，刀库将自动后退，刀具仍然存在于主轴上。

（8）子程序调用指令 M98 及子程序结束并返回到主程序指令（M99）

1) 调用子程序的格式：

M98 P__ L__

其中，

P：被调用的子程序号。

L：子程序重复调用次数，只调用一次时可省略不写。

2) 子程序的格式：

% (O) ××××

…

M99

华中（HNC—210B）系统加工中心的子程序接在主程序结束语（M30）后编写，程序名不能和主程序名或其他子程序名相同。

3. 进给功能

进给功能由地址符 F 后跟若干位数字组成，F 指令表示刀具相对于工件的合成进给速度（进给率），F 的单位取决于 G94（每分钟进给量 mm/min）或 G95（每转进给量 mm/r）。F 指令为模态指令，在 G01、G02 或 G03 方式下，F 一直有效，直到被新的 F 值取代；而在 G00、G60 方式下，快速定位的速度是各轴的最高速度，与程序中的 F 无关，只受操作面板上"快速修调"按钮的控制。

借助于操作面板上的"进给修调"旋钮，F 可在一定范围内进行倍率修调（一般范围：0%～200%）。当执行攻螺纹循环指令 G74 或 G84 时，倍率按键不起作用，进给倍率默认 100%。

4. 主轴转速功能

主轴功能 S 控制主轴转速，其后的数值表示主轴速度，单位为转每分钟（r/min）。S 为模态指令，当执行 S600　M03 使主轴以 600r/min 的速度顺时针旋转时，可借助于操作面板上"主轴修调"旋钮进行调整（一般范围：10%～150%）。当执行攻螺纹循环指令 G74 或 G84 时，旋钮不起作用，转速倍率默认 100%。一般机床出厂后主轴转速具有一定的范围，系统参数将进行设置。当程序中给出的转速超出该范围时，系统将默认最高转速；给出的转速低于该范围时，系统默认最低转速。

5. 刀具功能

刀具功能由地址符 T 和其后的数值组成，数值表示选择的刀具号，T 代码与刀具的关系是由机床厂家规定的。在加工中心上执行 T 指令时必须与换刀指令 M06 一起使用，T 表示需要选择的刀具，而 M06 指令才能执行换刀动作。如果执行的刀具号超出了刀库的范围，则该换刀指令不执行。T 指令为非模态指令，执行时不调入刀具长度和半径补偿值。

课题二　使用基本功能指令编程

一、有关单位的设定

1. 尺寸单位的选择指令（G20/G21/G22）

编程格式：

G20 英制输入形式。线性轴尺寸单位是 in，旋转轴尺寸单位是（°）

G21 米制输入形式。线性轴尺寸单位是 mm，旋转轴尺寸单位是（°）

G22 脉冲当量输入形式。线性轴尺寸单位是移动脉冲当量，旋转轴尺寸单位是旋转脉冲当量

G20、G21、G22 是模态功能指令，一般在程序的起始行选择其一，它们可相互注销，G21 为默认值，这三个 G 代码必须在程序执行运动指令前指令。尺寸单位输入形式的转换将改变以下值的单位：由 F 代码指令的进给速度、位置坐标指令、工件零点偏移值、刀具补偿值、手摇脉冲发生器的刻度单位、增量方式下的移动距离以及固定循环中的参数等。

2. 进给速度单位的设定指令 G94/G95

编程格式：

G94　F＿＿

G95 F __

G94 为每分钟进给，F 之后的数值直接指定刀具每分钟的进给量。对于线性轴，F 的单位依照 G20/G21/G22 的设定而分别为 in/min、mm/min 和脉冲当量/min；对于旋转轴，F 的单位是（°）/min 或脉冲当量/min。

G95 为每转进给，即主轴转一圈时刀具的进给量。F 的单位依照 G20/G21/G22 的设定而分别为 in/r、mm/r 和脉冲当量/r。此功能只有在主轴装有编码器时才能使用。

G94、G95 为模态功能，可相互注销，G94 为默认值。

二、有关坐标系和坐标的指令

1. 机床坐标系设定指令（G53）

编程格式：

G53　　　　　　　　　　　以机床原点或机械零点为坐标轴原点的坐标系编程

说明：在含有 G53 的程序段中，绝对值编程时的指令坐标值是在机床坐标系中的坐标值，G53 指令为非模态指令。由于华中（HNC—210B）系统加工中心执行完换刀动作后，主轴将自动移动到换刀之前的 Z 位置，为防止撞刀，一般在换刀程序前运用 G53 指令将 Z 轴移动到机床原点位置。例如：

%1
N10　G53　G90　G00　Z0　　　　　刀具抬刀至机床坐标原点
N20　M6　T10　　　　　　　　　　换刀：调用 10 号刀具
N30　G54　G90　G21　G94　S600　M3

2. 工件坐标系设定指令（G92）

编程格式：

G92　X__　Y__　Z__　A__

说明：X、Y、Z、A 表示设定的工件坐标系原点到刀具起点的有向距离（刀具当前位置即为工件坐标系中的坐标位置），如图 7-2 所示。G92 指令通过设定刀具起点（对刀点）与坐标系原点的相对位置建立工件坐标系，与机床原点没有关系。工件坐标系一旦建立，绝对值编程时的指令值就是该坐标系中的坐标值（注意：华中 HNC—210B 系统最大联动轴数为 4，假设第 4 轴用 A 表示）。

执行此程序段只建立工件坐标系，刀具并不产生移动。G92 指令为非模态指令，一般放在零件程序的前面。目前 G92 指令一般不选用，尤其在加工批量产品时，执行完程序或开机后，刀具必须移动到起刀点才能再次运行程序，关机前也必须移动到起刀点，这给加工带来不便。G92 可用于对刀时的绝对坐标值"清零"。在 MDI 方式下输入 G92 X0　Y0，选择自动方式，再按"循环启动"按钮执行。

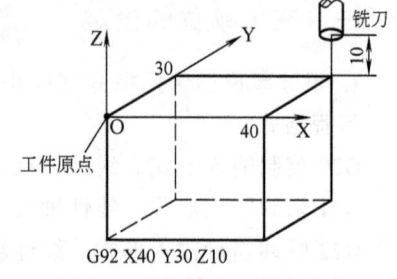

图 7-2　G92 建立工件坐标系

3. 工件坐标系选择指令（G54~G59）

编程格式：G54、G55、G56、G57、G58 或 G59 设定当前机床坐标位置为工件坐标系原点

说明：G54~G59 是系统预定的六个工件坐标系，可根据需要任意进行选用，如图 7-3 所示。

华中（HNC—210B）系统最多设定六个工件坐标系，选用工件坐标系时以简化编程为原则，复杂零件的编程可根据需要设定多个工件坐标系，但这些坐标系中原点所对应的机床坐标值，必须要输入到相应的参数中，坐标系之间没有影响。

例7-1 如图7-4所示，用G54和G56选择工件坐标系指令编程。要求：刀具从当前点（任一点）移动到A点，再从A点移动到B点。

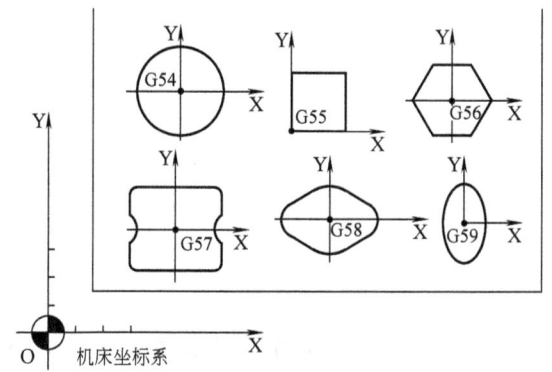

图7-3　G54~G59工件坐标系

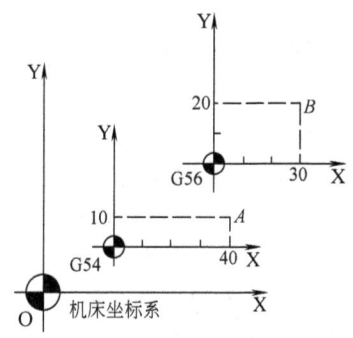

图7-4　G54和G56坐标系编程

编程如下：

%1

N10	G53	G90	G00	Z0		
N20	M6	T1				
N30	G54	G90	G94	G21	S600	M3	选择工件坐标系G54
N40	G00	X40	Y10				从当前位置点快速定位至A点
N50	G56						选择工件坐标系G56
N60	G00	X30	Y20				从A点快速定位至B点
N70	M05					
N80	M30					

这六个预定工件坐标系的原点在机床坐标系中的坐标值可预先输入到"设置"菜单下的"坐标系"功能中，系统自动记忆。当程序执行G54~G59中的任一指令，后续程序中绝对值编程时的指令值均为相对于工件坐标系原点的坐标值。G54~G59建立的各工件坐标系在下次开机时仍然有效，并与刀具的当前位置无关，但开机后必须返回机床参考点。

G54~G59为模态功能，可相互注销，G54为默认值。

4. 绝对和相对值坐标指令（G90/G91）

编程格式：

G90　绝对值编程，表示坐标轴上的编程值是相对于工件原点的坐标值

G91　相对值编程，表示坐标轴上的编程值是终点相对于前一位置点，即起点的坐标值

说明：G90、G91主要针对坐标X、Y、Z值以及固定循环中的一些参数编程，它们是模态指令，G90为默认值。G90、G91可用于同一程序段中，但要注意其顺序所造成的差异。

选择合适的编程方式可使编程简化。当图样尺寸由一个固定基准给定时，采用绝对方式编程较为方便；而当图样尺寸是以轮廓顶点间的间距给出时，采用相对方式编程较为方便。

例 7-2 使用绝对和相对值坐标 G90/G91 进行编程，如图 7-5 所示。控制刀具由 A 点→ B 点→ C 点。

绝对编程：
G90　X40　Y30　　A 至 B
G90　X60　Y30　　B 至 C

相对编程：
G91　X30　Y20　　A 至 B
G91　X20　Y0　　　B 至 C

5. 坐标平面的确定指令（G17/G18/G19）

编程格式：
G17　　　选择 XY 平面
G18　　　选择 ZX 平面
G19　　　选择 YZ 平面

说明：在进行圆弧插补和建立刀具半径补偿功能时，必须用该组指令选择所在平面，移动指令与平面选择无关。采用刀具长度补偿功能时，平面选择决定了长度补偿的坐标轴。

G17、G18、G19 为模态功能，可相互注销，G17 为默认值，坐标平面如图 7-6 所示。

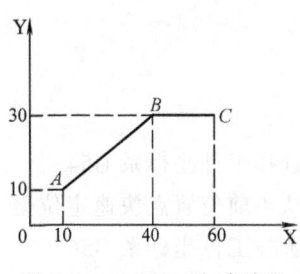

图 7-5　G90/G91 方式编程

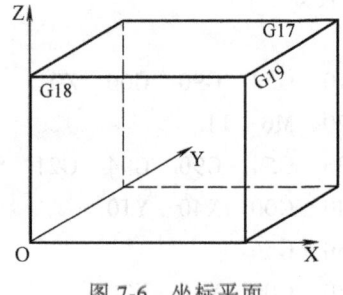

图 7-6　坐标平面

三、进给控制指令

1. 快速点定位指令（G00）

编程格式：
G90/G91　G00　X__　Y__　Z__　A__

说明：X、Y、Z、A 为快速定位的终点，在 G90 时为终点在工件坐标系中的坐标；在 G91 时为终点相对于定位起点的坐标值。不移动的轴可省略不写。

G00 指令刀具相对于工件以各轴预先设定的速度，从当前位置快速移动到程序段指令的目标点。由于各轴以各自的速度移动，不能保证同时到达终点，其运动轨迹不一定是两点的连线，而有可能是一条折线。

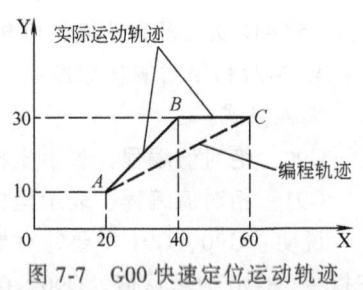

图 7-7　G00 快速定位运动轨迹

如图 7-7 所示，使用 G00 编程，当 X 轴和 Y 轴的快进速度相同时，刀具从 A 点快速定位到 C 点的运动轨迹为：A 点→ B 点→ C 点。

绝对编程时：G90　G00　X60　Y30　　　A 至 C 点
增量编程时：G91　G00　X40　Y20　　　A 至 C 点

由于 G00 指令的速度很快，甚至高达 30m/min，使用时必须格外小心。为防止刀具与工件发生碰撞，编程加工时，应先将 Z 轴移动到安全高度，然后再执行该指令。

快速移动速度由机床参数"快速进给速度"对各轴分别设定，借助于操作面板上的快速进给修调按钮，G00 的速度可在一定的范围内进行倍率修调（一般范围：0%～100%）。开始执行程序时，应将倍率放低些，以免由于对刀错误导致刀具与机床猛力撞击；在保证对刀正确的前提下，可将倍率放在 100% 执行加工程序，以便提高加工效率。G00 多用于加工前快速定位或加工后快速退刀。

2. 直线插补指令（G01）

编程格式：

G90/G91　G01　X__　Y__　Z__　A__　F__

说明：X、Y、Z、A 为直线进给的终点，在 G90 时为终点在工件坐标系中的坐标；在 G91 时为终点相对于直线起点的坐标值。不移动的轴可省略不写，F 为进给速度。G01 指令刀具以联动的方式，按 F 规定的合成进给速度，从当前位置按线性线路（运动轨迹为终点与起点的连线）移动到程序段指令的终点。

如图 7-8 所示，使用 G01 编程：要求从 A 点线性进给到 B 点（此时的进给路线是 A→B 的直线）。

绝对编程：G90　G01　X60　Y30　F200　　A 至 B 点
增量编程：G91　G01　X40　Y20　F200　　A 至 B 点

G01 为模态代码，可由 G00、G02 或 G03 功能注销。

3. 圆弧插补指令（G02/G03）

编程格式：

$$G17 \begin{Bmatrix} G02 \\ G03 \end{Bmatrix} X\_\_ \quad Y\_\_ \begin{Bmatrix} R\_\_ \\ I\_\_ \quad J\_\_ \end{Bmatrix} F\_\_$$

$$G18 \begin{Bmatrix} G02 \\ G03 \end{Bmatrix} X\_\_ \quad Z\_\_ \begin{Bmatrix} R\_\_ \\ I\_\_ \quad K\_\_ \end{Bmatrix} F\_\_$$

$$G19 \begin{Bmatrix} G02 \\ G03 \end{Bmatrix} Y\_\_ \quad Z\_\_ \begin{Bmatrix} R\_\_ \\ J\_\_ \quad K\_\_ \end{Bmatrix} F\_\_$$

参数说明：

X、Y、Z：圆弧终点坐标。在 G90 编程时表示圆弧终点在工件坐标系中的坐标；在 G91 编程时为圆弧终点相对于圆弧起点的位移量。

G02/G03：顺圆/逆圆。在圆弧坐标平面内，从未被指定坐标轴（G17 平面：Z 轴；G18 平面：Y 轴；G19 平面：X 轴）的正方向往负方向观察，顺时针圆弧为 G02；而逆时针圆弧为 G03。对于各平面内的顺圆与逆圆如图 7-9 所示。

R：圆弧半径，当圆弧圆心角小于 180° 时，R 为正值；否则 R 为负值；整圆不能用 R 指令，只能用 I、J、K 指令。同一程序段中，如果 I、J、K 与 R 同时出现时，I、J、K 有效。

I、J、K：适用于任意圆弧，分别表示圆弧圆心相对于圆弧起点在 X、Y 和 Z 方向的位移量，如图 7-10 所示。I、J、K 与 G90 或 G91 编程指令无关，当它们为零时可以省略。

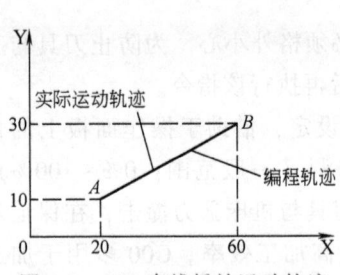

图 7-8 G01 直线插补运动轨迹

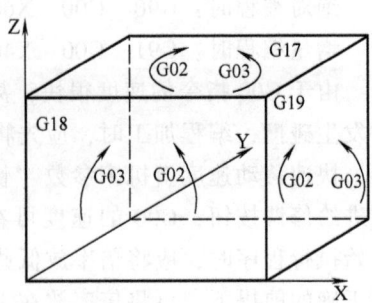

图 7-9 不同平面的 G02 与 G03 选择

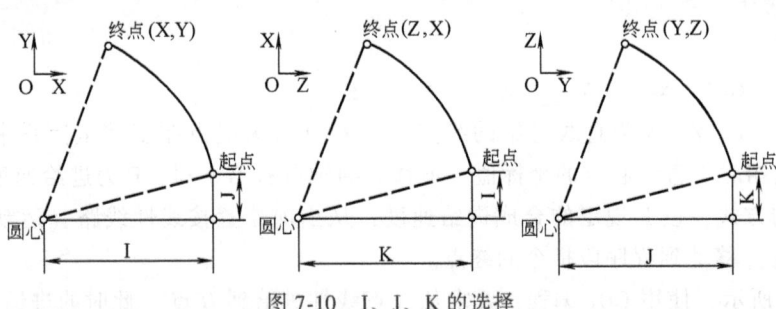

图 7-10 I、J、K 的选择

F：圆弧进给时的移动速度。

编写 G18 和 G19 平面的圆弧程序时，可根据图 7-11 所示的编程轨迹（刀具中心轨迹），结合子程序的方法进行，子程序在后面有详细介绍。图 a 所示为用平底立铣刀加工 G18 平面凸圆弧，图 b 所示为用球铣刀加工 G18 平面凸圆弧，图 c 所示为用球形铣刀加工 G19 平面凹圆弧。

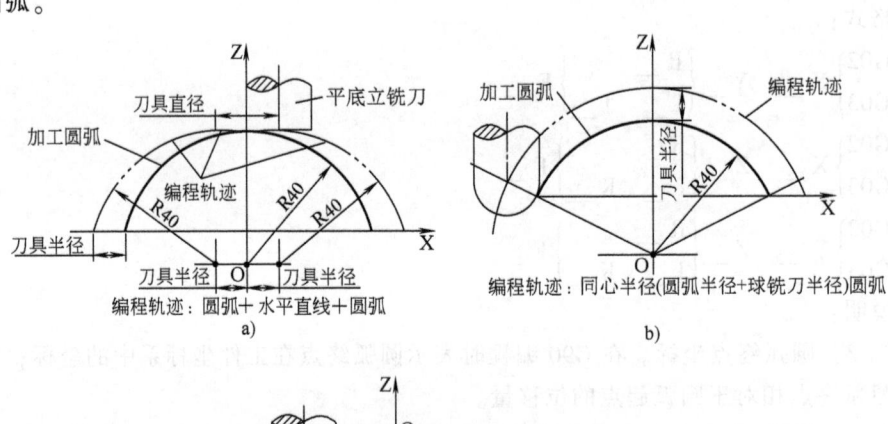

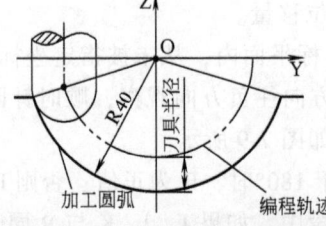

图 7-11 G18/G19 平面圆弧编程方法

例 7-3 用 G02、G03 指令编写图 7-12 所示圆弧轮廓。

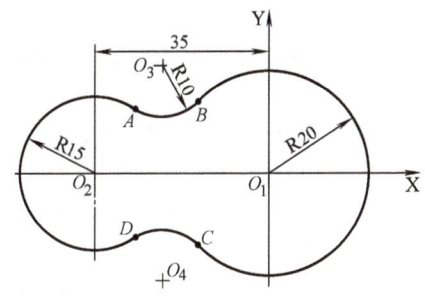

各点的坐标值

	X	Y
A	-26.857	12.597
B	-14.286	13.997
C	-14.286	-13.997
D	-26.857	-12.597
O_1	0	0
O_2	-35	0
O_3	-21.429	20.996
O_4	-21.429	-20.996

图 7-12 用 G02、G03 指令编程

编程如下（程序文件名 O7003）：

%1	程序名
N10 G53 G90 G00 Z0	Z 轴快速抬刀至机床原点
N20 M6 T8	调用 8 号刀具
N30 G54 G90 M3 S600	G54 工件坐标系,绝对坐标编程,主轴正转,转速为 600r/min
N40 G00 Z100	Z 轴快速定位
N50 X-26.857 Y12.597	X、Y 轴快速定位至 A 点
N60 Z5	Z 轴快速定位,接近工件表面
N70 G01 Z-1 F60	Z 向进给切削,进给速度为 60mm/min
N80 G90 G03 X-14.286 Y13.997 R10	绝对坐标、R 方式编程,逆时针沿弧 AB 到点 B
或 G90 G03 X-14.286 Y13.997 I5.428 J8.399	绝对坐标、IJ 方式编程,逆时针沿弧 AB 到点 B
或 G91 G03 X12.571 Y1.4 R10	相对坐标、R 方式编程,逆时针沿弧 AB 到点 B
或 G91 G03 X12.571 Y1.4 I5.428 J8.399	相对坐标、IJ 方式编程,逆时针沿弧 AB 到点 B
N90 G90 G02 X-14.286 Y-13.997 R-20	绝对坐标、R 方式编程,顺时针沿弧 BC 到点 C
或 G90 G02 X-14.286 Y-13.997 I14.286 J-13.997	绝对坐标、IJ 方式编程,顺时针沿弧 BC 到点 C
或 G91 G02 X0 Y-27.994 R-20	相对坐标、R 方式编程,顺时针沿弧 BC 到点 C
或 G91 G02 X0 Y-27.994 I14.286 J-13.997	相对坐标、IJ 方式编程,顺时针沿弧 BC 到点 C
N100 G90 G03 X-26.857 Y-12.597 R10	绝对坐标、R 方式编程,逆时针沿弧 CD 到点 D

或 G90 G03 X-26.857 Y-12.597 I-7.143 J-6.999	绝对坐标、IJ方式编程,逆时针沿弧CD到点D
或 G91 G03 X-12.571 Y1.4 R10	相对坐标、R方式编程,逆时针沿弧CD到点D
或 G91 G03 X-12.571 Y1.4 I-7.143 J-6.999	相对坐标、IJ方式编程,逆时针沿弧CD到点D
N110 G90 G02 X-26.857 Y12.597 R-15	绝对坐标、R方式编程,顺时针沿弧DA到点A
或 G90 G02 X-26.857 Y12.597 I-8.143 J12.597	绝对坐标、IJ方式编程,顺时针沿弧DA到点A
或 G91 G02 X0 Y25.194 R-15	相对坐标、R方式编程,顺时针沿弧DA到点A
或 G91 G02 X0 Y25.194 I-8.143 J12.597	相对坐标、IJ方式编程,顺时针沿弧DA到点A
N120 G90 G01 Z5	Z轴进给退刀离开轮廓
N130 G00 Z200	Z轴快速定位退刀
N140 M05	主轴停转
N150 M30	程序结束,返回起始行

例7-4 用G02、G03指令对图7-13所示的整圆编程。

从 A 点顺时针旋转一周时的程序如下:
G90 G02 X0 Y22 I0 J-22 F100
或 G91 G02 X0 Y0 I0 J-22 F100

从 B 点逆时针旋转一周时的程序如下:
G90 G03 X-22 Y0 I22 J0 F100
或 G91 G03 X0 Y0 I22 J0 F100

4. 螺旋线进给指令 G02/G03

编程格式:

$$G17 \begin{Bmatrix} G02 \\ G03 \end{Bmatrix} X\_\_ Y\_\_ \begin{Bmatrix} R\_\_ \\ I\_\_ J\_\_ \end{Bmatrix} Z\_\_ F\_\_$$

$$G18 \begin{Bmatrix} G02 \\ G03 \end{Bmatrix} X\_\_ Z\_\_ \begin{Bmatrix} R\_\_ \\ I\_\_ K\_\_ \end{Bmatrix} Y\_\_ F\_\_$$

$$G19 \begin{Bmatrix} G02 \\ G03 \end{Bmatrix} Y\_\_ Z\_\_ \begin{Bmatrix} R\_\_ \\ J\_\_ K\_\_ \end{Bmatrix} X\_\_ F\_\_$$

说明:X、Y、Z中由G17/G18/G19平面选定的两个坐标为螺旋线投影圆弧的终点,意义同圆弧进给;另外一个坐标是与选定平面相垂直的轴终点;其余参数的意义同圆弧进给。

该指令对另一个不在圆弧平面上的坐标轴施加移动指令,对于任何小于360°的圆弧,可附加任一数值的单轴指令。

例7-5 用G03指令对图7-14所示的螺旋线进行编程。

AB 为一条螺旋线,起点 A 的坐标为 (30, 0, 0),终点 B 的坐标为 (0, 30, 10);圆

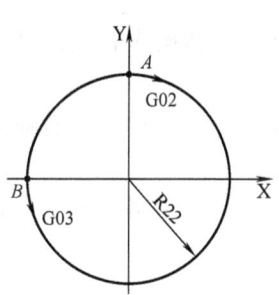

图 7-13 用 G02、G03 指令编整圆

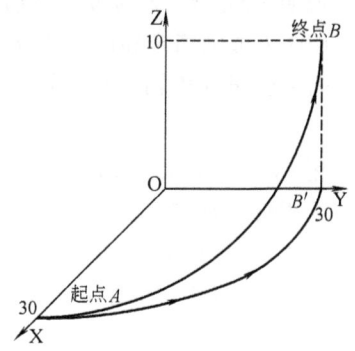

图 7-14 螺旋线编程

弧插补平面为 XY 面，圆弧 AB' 是 AB 在 XY 平面上的投影，B' 的坐标值是（0，30，0），从 A 点到 B' 是逆时针方向。在加工 AB 螺旋线前，要把刀具移到螺旋线起点 A 处，则加工程序编写如下：

G90 G17 G03 X0 Y30 R30 Z10
或 G91 G17 G03 X-30 Y30 R30 Z10

5. 单方向定位指令（G60）

编程格式：

G60 X__ Y__ Z__

说明：X、Y、Z 为单向定位终点，在 G90 时为终点在工件坐标系中的坐标；在 G91 时为终点相对于起点的位移量。

G60 单方向定位过程：各轴先以 G00 快速运动到一个定位中间点，然后以一个固定速度移动到定位终点，如图 7-15 所示。各轴的定位方向（从中间点到定位终点的方向）以及中间点与定位终点的距离（过冲量）由系统参数"单向定位偏移值"设定。当过冲量值小于零时，定位方向为负，如图 7-15 中起始点 1 或起始点 2 运动到终点。当过冲量值大于零时，定位方向为正，如图 7-16 所示。

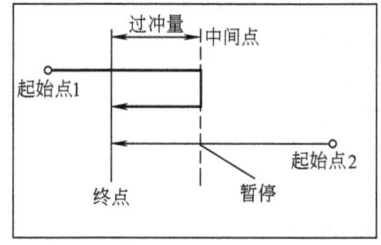

图 7-15 G60 执行过程及负方向定位

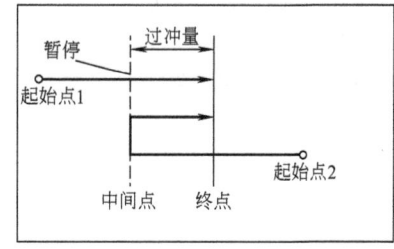

图 7-16 G60 执行过程及正方向定位

G60 指令为非模态指令。

6. 虚轴指定及正弦线插补指令（G07）

编程格式：

G07 X__ Y__ Z__ A__

说明：X、Y、Z 为被指令轴，后跟数字 0 时，该轴为虚轴；后跟数字 1 时，该轴为实轴。G07 为虚轴指定和取消指令。G07 为模态指令。

若一轴设为虚轴，则此轴只参加计算，不运动。虚轴仅对自动操作有效，对手动操作无效。

用 G07 可进行正弦曲线插补，即在螺旋线插补指令功能前，将参加圆弧插补的某一轴指定为虚轴，则螺旋线插补变为正弦线插补。

例 7-6 使用 G03 和 G07 指令对图 7-17 所示的关于 YZ 平面上的正弦线编程（正弦线在 XY 平面上的投影如图 7-18 所示）。

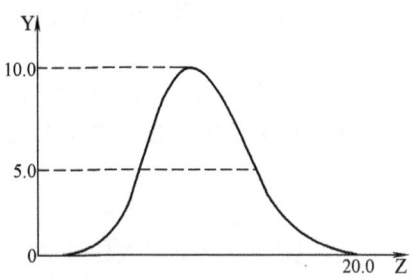

图 7-17 正弦线插补编程

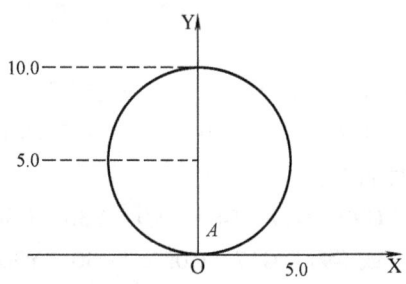

图 7-18 正弦线在 XY 平面的投影

编程如下（程序文件名为 O7006）：

```
%1                                       程序名
N10   G53  G90  G00  Z0                  Z 轴快速抬刀至机床原点
N20   M6   T8                            调用 8 号刀具
N30   G54  G90  M3   S600                G54 工件坐标系,绝对坐标编程,主轴正
                                         转,转速为 600r/min
N40   G00  Z50                           Z 轴快速定位
N50   X0   Y0                            X、Y 轴快速定位
N60   G01  Z0   F100                     Z 向进给切削,进给速度为 100mm/min
N70   G07  X0                            设定 X 轴为虚轴
N80   G03  X0   Y0   I0   J5   Z20  F100 正弦线插补功能
N90   G07  X1                            设定 X 轴为实轴
N100  G00  Z50                           Z 轴快速定位退刀
N110  M05                                主轴停转
N120  M30                                程序结束,返回起始行
```

四、回参考点指令

1. 自动返回参考点指令（G28）

编程格式：

G28 X__ Y__ Z__

说明：X、Y、Z 为回参考点时经过的中间点（不是机床参考点），在 G90 时为中间点在

工件坐标系中的坐标；在G91时为中间点相对于起点的位移量。

G28指令先使所有的编程轴都快速定位到中间点，然后再从中间点到达参考点，如图7-19所示。

G28指令一般用于刀具自动更换或者消除机械误差，在执行该指令之前应取消刀具半径补偿和刀具长度补偿。在G28的程序段中不仅产生坐标轴移动指令，而且记忆了中间点坐标值，以供G29使用。

系统电源接通后，在没有手动返回参考点的状态下，执行G28指令时，刀具从当前点经中间点自动返回参考点，与手动返回参考点的结果相同。这时从中间点到参考点的方向就是机床参数"回参考点方向"设定的方向。G28指令仅在其被规定的程序段中有效。

2. 自动从参考点返回指令（G29）

编程格式：

G29 X__ Y__ Z__

说明：X、Y、Z是返回的定位终点，在G90时为定位终点在工件坐标系中的坐标；在G91时为定位终点相对于G28中间点的位移量。

G29可使所有编程轴以快速进给经过由G28指令定义的中间点，然后再到达指定点。通常该指令紧跟在G28指令之后。G29指令仅在其被规定的程序段中有效。

例7-7 用G28、G29对图7-20所示的路径编程：要求由点A经过中间点B并返回参考点，然后从参考点经由中间点B返回到C点。

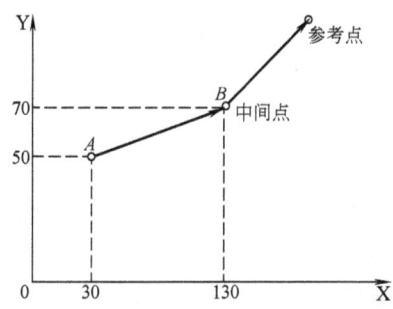

图7-19 G28编程刀具路径

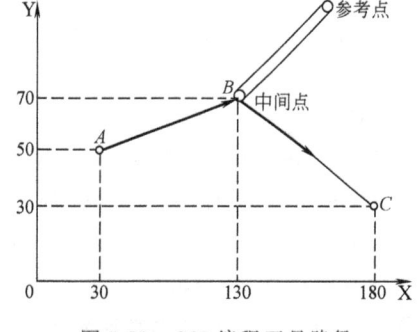

图7-20 G29编程刀具路径

```
%1                          程序名
N10  G53  G90  G00  Z0      Z轴快速抬刀至机床原点
N20  M6   T1                调用1号刀具
N30  G54  G90  M3  S600     G54工件坐标系,绝对坐标编程,主轴正转,转速为600r/min
N40  G00  Z100              Z轴快速定位
N50  G28  X130  Y70  Z0     从A点移动到B点,最后回到参考点
N60  G29  X180  Y30         从参考点经过B点,到达C点
N70  G00  Z200              Z轴快速定位退刀
N80  M05                    主轴停转
N90  M30                    程序结束,返回起始行
```

注意：使用 G28、G29 指令时，中间点选择要合适，防止发生撞刀现象。

五、其他功能指令

1. 程序暂停指令（G04）

编程格式：

G04　P＿＿

说明：P 为暂停时间，单位为 s（秒）。G04 在前一程序段的进给速度降到零之后才开始暂停动作，直到暂停指令指定的时间结束才继续执行下一程序段。G04 一般用于铣刀锪平面或钻孔时，在执行含 G04 指令的程序段时，先执行暂停功能。

2. 准停检验指令（G09）

编程格式：

G09

说明：一个包括 G09 的程序段在继续执行下个程序段前，准确停止在本程序段的终点，该功能用于机床进给速度较快时加工尖锐的棱角。

编写图 7-21 所示两条轮廓边程序，要求编程轮廓与实际轮廓相符。

…

G90　G41　G01　X50　Y20　D1
G01　G09　Y100　F300
G09　X150
…

3. 段间过渡方式指令（G61、G64）

编程格式：

G61 或 G64

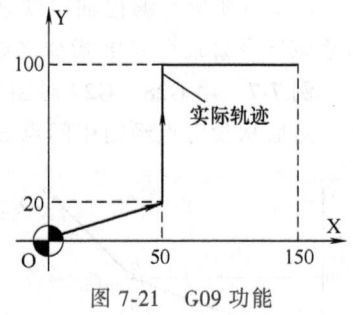

图 7-21　G09 功能

说明：G61 表示精确停止检验，G64 表示连续切削方式。在 G61 后的各程序段编程轴都要准确停止在程序段的终点，然后再继续执行下一程序段；在 G64 之后的各程序段编程轴刚开始减速时（未到达所编程的终点）就执行下一程序段。但在定位指令（G00、G60）或有准停校验（G09）的程序段中，以及在不含运动指令的程序段中，进给速度仍减速到零才执行定位校验。

G61 方式的编程轮廓与实际轮廓相符，G61 与 G09 的区别在于 G61 为模态指令。

G64 方式的编程轮廓与实际轮廓不同。其不同程度取决于 F 值的大小及两路径间的夹角。F 越大，其区别越大。一般在实际加工时，如果要求程序段间不停顿，连续做小线段切削，则设定在 G64 方式。

编写图 7-22 所示两条轮廓边程序，要求程序段间不停顿。

…

G90　G41　G01　X50　Y20　D1
G01　G64　Y100　F300
X150
…

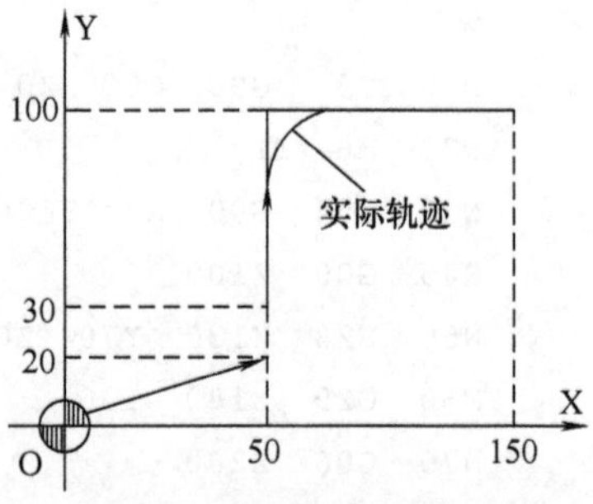

图 7-22　G64 功能

课题三 使用刀具补偿功能指令编程

一、刀具半径补偿（G40/G41/G42）

编程格式：

$$\begin{Bmatrix} G17 \\ G18 \\ G19 \end{Bmatrix} \begin{Bmatrix} G40 \\ G41 \\ G42 \end{Bmatrix} \begin{Bmatrix} G00 \\ G01 \end{Bmatrix} \quad X\_\_ \quad Y\_\_ \quad Z\_\_ \quad D\_\_$$

为简化编程，方便计算，设置了刀具半径补偿功能，这样在对工件进行编程时，无须考虑刀具半径的影响，可直接按零件图样编程。数控系统计算后，刀具将自动偏移一定的距离后进行加工。

参数说明：

G41：刀具半径左补偿。沿着刀具的前进方向观察，刀具中心在工件轮廓的左侧，此时补偿值应为正值，如图 7-23a 所示；若补偿值输入负值，将变为刀具半径右补偿 G42。通常顺铣时采用左补偿，外轮廓顺时针加工和内轮廓逆时针加工时选用 G41 补偿。

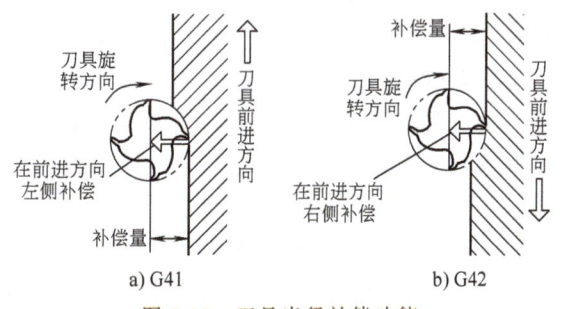

图 7-23 刀具半径补偿功能

G42：刀具半径右补偿。沿着刀具的前进方向观察，刀具中心在工件轮廓的右侧，此时补偿值应为正值，如图 7-23b 所示；若补偿值输入负值，将变为刀具半径左补偿 G41。通常逆铣时采用右补偿，外轮廓逆时针加工和内轮廓顺时针加工时选用 G42 补偿。

G40：取消刀具半径补偿，即取消 G41 或 G42 指令的刀具半径补偿，使刀具中心与编程轨迹重合。刀具补偿时的移动轨迹如图 7-24 所示。

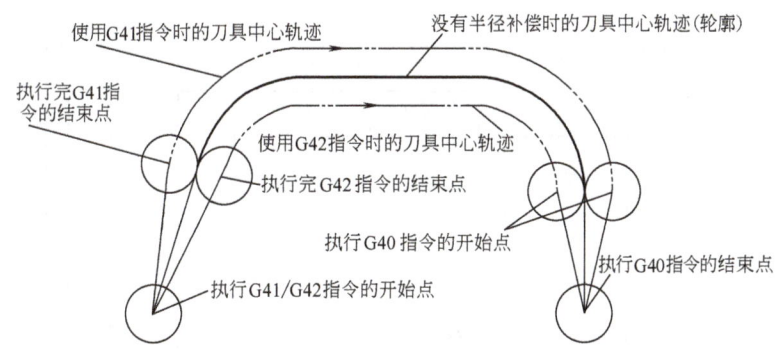

图 7-24 刀具半径补偿时的移动轨迹

G17/G18/G19：刀具半径补偿平面为 XY 平面/ZX 平面/YZ 平面。

X、Y、Z：G00/G01 的参数，即刀补建立或取消的终点（注意：投影到补偿平面上的刀具轨迹受到补偿）。

D：G41/G42 的参数，刀具补偿号码（#0001~#0099），它代表了刀补表中对应的半径补偿值。

G40、G41、G42 都是模态代码，可相互注销。

刀具半径补偿功能还可以使同一加工程序完成不同的加工情况。例如，用同一个程序完成零件的粗加工、精加工及刀具磨损后的补偿，只需在刀补表中更改相关的半径补偿值即可。

使用刀具半径补偿指令时应注意以下事项：

1) 刀具半径补偿平面的切换必须在补偿取消方式下进行。

2) 在刀具半径补偿的建立与取消时，其移动指令只能用 G00 或 G01，而不能用 G02 或 G03 指令。否则系统报警：刀补建立出错。

3) 在执行 G41、G42 及 G40 指令时，刀具必须移动一定的距离，该距离必须大于刀具半径补偿值，否则刀补引入和取消时将破坏轮廓；若该距离为零，刀补将直接在 G41 或 G42 后一程序段的移动指令中执行，取消刀补也会在 G40 指令前一程序段移动指令中执行。

4) 为提高轮廓的整体精度，在采用 G00 或 G01 方式引入与取消刀具半径补偿时，可不直接移动到工件轮廓。引入刀补后经过一个过渡段（直线或圆弧）切向切入工件，取消刀补前也经过一个过渡段（直线或圆弧）切向切出工件，如图 7-25 所示。

5) 刀具半径补偿值必须小于或等于内外轮廓中凹圆弧的半径值，否则系统报警：圆弧数据错。

6) 刀具半径补偿值越大，外轮廓尺寸越大，内轮廓尺寸越小。因此，粗加工时的半径补偿值大于精加工时的半径补偿值。

例 7-8 利用刀具半径补偿功能编写如图 7-26 所示工件的外轮廓。

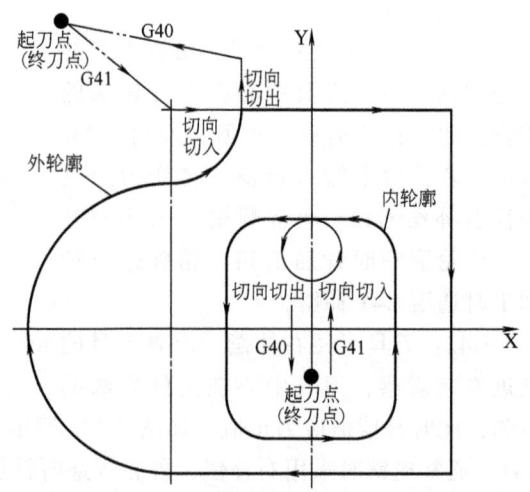

图 7-25 刀具半径补偿时的切入、切出

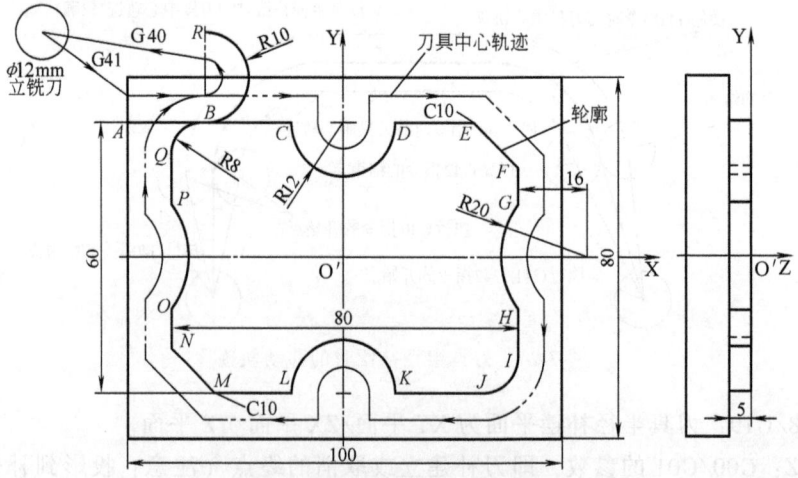

图 7-26 刀具半径补偿编程

编程如下（程序文件名为 O7008）：

```
%1                              程序名
N10  G53 G90 G00 Z0             Z轴快速抬刀至机床原点
N20  M6 T1                      调用1号刀具,即φ12mm立铣刀
N30  G54 G90 M3 S750            G54工件坐标系,绝对坐标编程,主轴正转,转速为750r/min
N40  G00 Z200 M08               Z轴快速定位,切削液打开
N50  X-60 Y50                   X、Y轴快速定位至起刀点
N60  Z5                         Z轴快速定位
N70  G01 Z-5 F60                Z轴直线进给,进给速度为60mm/min
N80  G41 G01 X-50 Y30 D1        引入刀具半径左补偿到达A点(设置D1为6mm)
N90  X-12                       从A点走过渡段,直线进给至C点
N100 G03 X12 R-12               加工180°逆时针圆弧CD至D点
N110 G01 X30                    直线进给至E点
N120 X40 Y20                    直线进给至F点
N130 Y12                        直线进给至G点
N140 G03 Y-12 R20               加工逆时针圆弧GH至H点
N150 G01 Y-22                   直线进给至I点
N160 G02 X32 Y-30 R8            加工顺时针圆弧IJ至J点
N170 G01 X12                    直线进给至K点
N180 G03 X-12 R-12              加工180°逆时针圆弧KL至L点
N190 G01 X-30                   直线进给至M点
N200 G01 X-40 Y-20              直线进给至N点
N210 Y-12                       直线进给至O点
N220 G03 Y12 R20                加工逆时针圆弧OP至P点
N230 G01 Y22                    直线进给至Q点
N240 G02 X-32 Y30 R8            加工顺时针圆弧QB至B点
N250 G03 Y50 R-10               走过渡段,加工180°逆时针圆弧BR至R点
N260 G40 G01 X-60 Y50           取消刀具半径左补偿,到达起刀点
N270 G00 Z200 M09               Z轴快速定位退刀,切削液关闭
N280 M05                        主轴停转
N290 M30                        程序结束,返回起始行
```

二、刀具长度补偿（G43/G44/G49）

编程格式。

引入刀具长度补偿：$\begin{Bmatrix} G17 \\ G18 \\ G19 \end{Bmatrix} \begin{Bmatrix} G43 \\ G44 \end{Bmatrix} \begin{Bmatrix} G00 \\ G01 \end{Bmatrix}$ X__ Y__ Z__ H__

取消刀具长度补偿：$G49 \begin{Bmatrix} G00 \\ G01 \end{Bmatrix}$ X__ Y__ Z__

参数说明。

G17：XY平面，刀具长度补偿轴为Z轴。

G18：ZX 平面，刀具长度补偿轴为 Y 轴。

G19：YZ 平面，刀具长度补偿轴为 X 轴。

G43：刀具长度正方向补偿，刀具相对于基准往正 Z 方向移动，补偿值为正；若选用长度负补偿 G44 指令，则补偿值用负值。

G44：刀具长度负方向补偿，刀具相对于基准往负 Z 方向移动，补偿值为正；若选用长度正补偿 G43 指令，则补偿值用负值。

H：刀具长度补偿偏置号（#0001~#0099），它代表了刀具表中对应的长度补偿值。

G49：取消刀具长度补偿。

X、Y、Z：G00/G01 的参数，即刀补建立或取消的终点坐标。G90 表示在工件坐标系中的坐标，G91 表示相对于当前点的位移量。不论是 G90 或 G91，程序中指定的 Z 值都要与 H 指令的对应补偿值进行计算，G43 指令时加上补偿值，G44 指令时减去补偿值，最后把计算结果作为终点坐标。

华中（HNC—210B）系统加工中心只有 6 个工件坐标系可以选择，在加工复杂零件且调用 6 把以上刀具时，按每把刀具设置一个坐标系的情况将不允许，使用刀具长度补偿功能可在一个工件坐标系下实现多把刀具的编程和加工。当刀具长度方向的尺寸发生变化（更换新刀或刀具磨损）时，可在不改变程序的情况下，通过设置刀具长度补偿来完成零件的加工。

以图 7-27 所示加工过程中崩刀更换同尺寸刀具为例，换刀后不改变工件坐标系。图 7-27 左表示刀具损坏前的位置，图 7-27 右表示更换新的刀具后缩短了 3mm。按原来程序加工轮廓，深度将减少了 3mm，此时可通过刀具长度补偿的方法来解决（用 G44 指令，H 对应的偏置值为 3mm）。

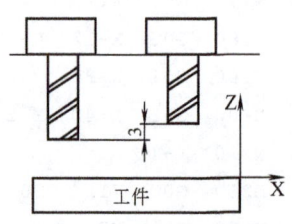

图 7-27 刀具长度补偿举例

刀具长度补偿指令一般用于刀具轴向（Z 方向）的补偿，使用时必须先确定基准。用基准刀具时，以设置的工件坐标原点的机械坐标为长度基准；不用基准刀具时，以机械坐标原点为长度基准，该方法应用广泛。刀具相对于基准往 Z 轴的正向或负向移动后，使刀具在 Z 方向的实际位移量比程序给定值增加或减少一个偏移量，即执行了刀具长度正补偿或负补偿。华中系统最多可设置 99 个长度补偿偏移值，改变刀具长度补偿量时，需重新指定刀具补偿号，刀具长度按新的偏移值进行补偿。

例 7-9 在选用一个工件坐标系（G54）的前提下，采用不同刀具加工零件不同部位时，刀具长度补偿指令的应用见表 7-4（G54 中的 Z 设置为"0"，每把刀具都采用长度补偿，工件上表面为执行刀具长度补偿后的 Z0 位置）。以机械原点为长度基准，通过表 7-4 的刀具选择及对刀结果编写程序，使四把刀具的刀尖都在工件表面以上 10mm 的位置上定位。该程序（程序文件名为 O7009）也可用来校验刀具长度补偿设置是否正确。

%1						程序名
N10	G53	G90	G00	X0	Y0 Z0	Z 轴快速抬刀至机床原点
N20	M6	T1				调用 1 号刀具，即 φ80mm 面铣刀
N30	G54	G90	M3	S600		G54 工件坐标系，绝对坐标编程，主轴正转，转速为 600r/min
N40	G00	G43	H1	Z10	M8	Z 轴快速定位，调用 1 号长度补偿，切削液开

N50 G49 G00 Z0	取消长度补偿,z轴快速定位到机械原点
N60 M05	主轴停转
N70 M6 T2	调用2号刀具,即φ16mm立铣刀
N80 M3 S450	主轴正转,转速为450r/min
N90 G00 G43 H2 Z10 M8	Z轴快速定位,调用2号长度补偿,切削液开
N100 G49 G00 Z0	取消长度补偿,z轴快速定位到机械原点
N110 M05	主轴停转
N120 M6 T3	调用3号刀具,即φ12mm键槽铣刀
N130 M3 S750	主轴正转,转速为750r/min
N140 G00 G43 H3 Z10 M8	Z轴快速定位,调用3号长度补偿,切削液开
N150 G49 G00 Z0	取消长度补偿,z轴快速定位到机械原点
N160 M05	主轴停转
N170 M6 T4	调用4号刀具,即φ8.5mm麻花钻
N180 M3 S600	主轴正转,转速600r/min
N190 G00 G43 H4 Z10 M8	Z轴快速定位,调用4号长度补偿,切削液开
N200 G49 G00 Z0	取消长度补偿,z轴快速定位到机械原点
N210 M05	主轴停转
N220 M30	程序结束,返回起始行

表 7-4 刀具长度补偿举例

刀具简图	φ80mm面铣刀 T1	φ16mm立铣刀 T2	φ12mm键槽铣刀 T3	φ8.5mm麻花钻 T4
刀具名称	φ80mm面铣刀	φ16mm立铣刀	φ12mm键槽铣刀	φ8.5mm麻花钻
对刀后机床坐标值	−250.362	−230.586	−242.603	−205.84
用G43设置时的补偿值	H1=−250.362	H2=−230.586	H3=−242.603	H4=−205.84
用G44设置时的补偿值	H1=250.362	H2=230.586	H3=242.603	H4=205.84

课题四 使用简化功能指令编程

一、任意角度倒角/拐角圆弧指令

编写外形和型腔的程序时,经常出现倒角与拐角圆弧的现象,此时可将倒角和拐角圆弧的程序段省略，而在相连的两个程序段间（直线插补与直线插补程序段之间、直线插补与圆弧插补程序段之间、圆弧插补与直线插补程序段之间、圆弧插补与圆弧插补程序段之间）自动插入，从而简化编程。

1. 编程格式

倒角：G01　X__　Y__　F__　C__

拐角圆弧：G01　X__　Y__　F__　RC=__ 或 G02/G03　X__　Y__　R__　F__　RC=__

在 C 之后，指定从虚拟拐点到拐角起点和终点的距离，虚拟拐点是指假定不执行倒角，而实际存在的拐角点，如图 7-28 所示。在 R 之后，指定拐角圆弧的半径，如图 7-29 所示。X 与 Y 的坐标值，在 G90 时表示虚拟拐点的绝对坐标，在 G91 时表示虚拟拐点相对于前一点的坐标值。

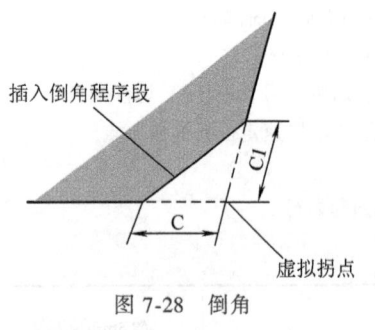

图 7-28　倒角

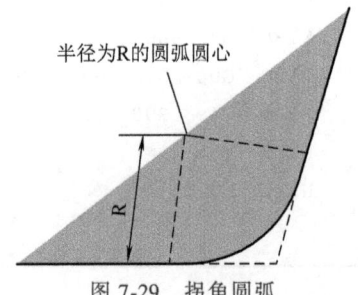

图 7-29　拐角圆弧

2. 指令应用

以图 7-30 为例，完成轮廓的精加工编程，零件选材为 45 钢，外形尺寸为 100mm×80mm×20mm 且已完成加工。选用 ϕ8mm 的三刃立铣刀进行轮廓的精加工，精加工时半径补偿为 4mm，被加工轮廓上表面左下角位置为刀具执行长度补偿后的工件坐标系原点，起刀点为 Q（-25，-20），轮廓从点 A（0，0）开始顺时针走刀。

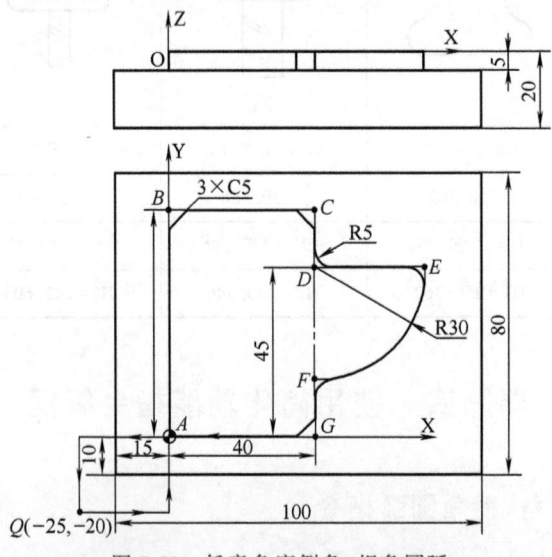

图 7-30　任意角度倒角/拐角圆弧

编程如下：

```
%1                                     程序名
N10  G53 G90 G00 X0 Y0 Z0              Z轴快速抬刀至机床原点
N20  M6 T1                             调用φ8mm的三刃立铣刀，精加工
N30  G54 G90 G94 G21 M3 S600           G54工件坐标系，绝对坐标编程，主轴正转，转速为600r/min
N40  G43 H1 G0 Z100 M8                 Z轴快速定位，调用1号长度补偿，切削液开
N50  X-25 Y-20                         X、Y轴快速定位至起刀点
N60  Z5                                Z轴快速定位
N70  G1 Z-5 F80                        Z轴直线进给，进给速度为80mm/min
N80  G41 D1 X0                         引入刀具半径左补偿（设置D1为4mm）
N90  Y0                                走过渡直线到达A点
N100 Y60 C5                            虚拟点B/倒角
N110 X40 C5                            虚拟点C/倒角
N120 Y45 RC=5                          虚拟点D/拐角圆弧
N130 X70 RC=5                          虚拟点E/拐角圆弧
N140 G2 X40 Y15 R30 RC=5               虚拟点F/拐角圆弧
N150 G1 Y0 C5                          虚拟点G/倒角
N160 X0                                走直线返回到A点
N170 X-25                              走过渡直线
N180 G40 Y-20                          取消半径补偿
N190 G49 G0 Z0 M9                      取消长度补偿，Z轴快速定位到机械原点
N200 M5                                主轴停转
N210 M30                               程序结束，返回起始行
```

二、子程序调用指令

当一些相同的程序段在一个程序中多次出现时，为简化编程，可将这些相同的程序段抽出，按一定的格式编写成子程序，原来的程序称为主程序。子程序接在主程序结束符后编写，当主程序在执行过程中需要某一子程序时，可以调用该子程序，子程序结束后可用返回指令回到主程序中，然后继续执行后面的程序（见图7-31）。一般一个子程序还可以调用另一个子程序，嵌套深度为八级（见图7-32），一个主程序最多可以调用64个子程序，最多可重复调用下一子程序32767次。

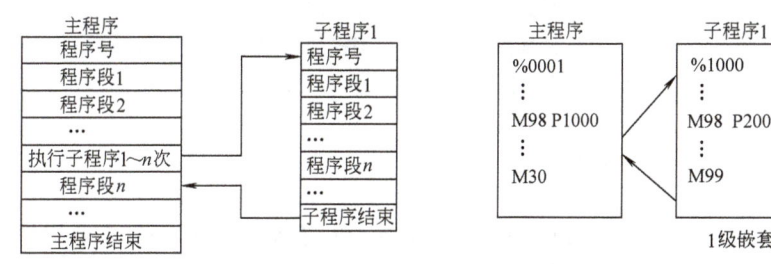

图7-31 子程序的调用　　　　　　　　图7-32 子程序的嵌套

子程序的编写与主程序基本相同，只是程序结束时用M99指令，表示子程序结束并返

回到调用子程序的主程序中，子程序名由%或O后跟数字组成，调用子程序及子程序的格式见本单元课题一。

从主程序中调用子程序的执行顺序如图7-33所示，主程序执行到N30时转去执行子程序%2，重复执行两次后，返回主程序%1中继续执行N40程序段，在执行N50程序段时又转去执行%2子程序一次，返回主程序%1后继续执行N60及其后面的程序段。从子程序中调用子程序与从主程序中调用子程序相同。

子程序通常应用在以下三种场合，分别举例说明。

1. 轮廓的粗精加工

进行轮廓加工时，粗精加工所经过的路径相同，将该路径编写成子程序，以便粗精加工时调用，而轮廓的粗精加工则通过调用不同的刀具半径补偿来实现。以图7-34为例，选用 $\phi16mm$ 的三刃立铣刀进行轮廓的粗加工，粗加工时D1=8.2mm；选用 $\phi12mm$ 的三刃立铣刀进行轮廓的精加工，精加工时D2=6mm，工件上表面的中心为刀具执行长度补偿（$\phi16mm$ 的刀：H1；$\phi12mm$ 的刀：H2）后的工件坐标系原点。

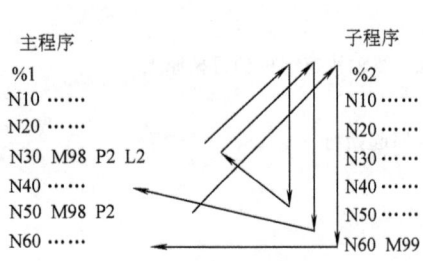

图7-33 子程序的执行顺序

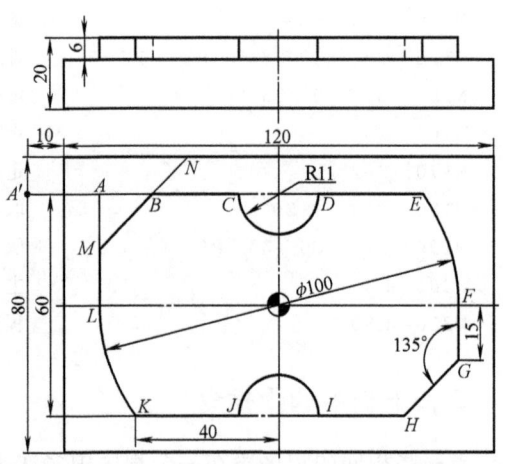

图7-34 应用子程序编写

编程如下（程序文件名为O7060）:

```
%1                                主程序名
N10   G53  G90  G00  Z0           Z轴快速抬刀至机床原点
N20   M6   T1                     调用1号刀具，即φ16mm的立铣刀
N30   G54  G90  M3   S450         G54工件坐标系,绝对坐标编程,主轴正转,转速为450r/min
N40   G00  G43  H1   Z200  M08    Z轴快速定位,调用1号长度补偿,切削液开
N50   X-80 Y50                    X、Y轴快速定位至起刀点
N60   Z5                          Z轴快速定位
N70   G01  Z-6   F120             Z轴直线进给,进给速度为120mm/min
N80   G41  G01  X-50  Y30   D1    引入刀具半径左补偿到达A点（设置D1为8.2mm）
N90   M98  P2                     调用子程序%2,进行粗加工
N100  G49  G00  Z0    M09         取消刀具长度补偿,Z轴快速定位到机床原点,切削液关闭
N110  M05                         主轴停转
```

N120 M6 T2		调用2号刀具,即φ12mm的立铣刀
N130 M3 S750		主轴正转,转速为750r/min
N140 G00 G43 H2 Z200 M08		Z轴快速定位,调用2号长度补偿,切削液开
N150 X-80 Y50		X、Y轴快速定位至起刀点
N160 Z5		Z轴快速定位
N170 G01 Z-6 F80		Z轴直线进给,进给速度为80mm/min
N180 G41 G01 X-50 Y30 D2		引入刀具半径左补偿到达A点(设置D2为6mm)
N190 M98 P2		调用子程序%2,进行精加工
N200 G49 G00 Z0 M09		取消刀具长度补偿,Z轴快速定位到机床原点,切削液关闭
N210 M05		主轴停转
N220 M30		程序结束,返回起始行
%2		子程序名
N10 G01 X-11		直线进给经过B点至C点
N20 G03 X11 R-11		加工180°逆时针圆弧CD至D点
N30 G01 X40		直线进给至E点
N40 G02 X50 Y0 R50		顺时针圆弧进给至F点
N50 G01 Y-30 C15		直线进给至G点直线进给至H点
N60 X11		直线进给至I点
N70 G03 X-11 R11		加工180°逆时针圆弧IJ至J点
N80 G01 X-40		直线进给至K点
N90 G02 X-50 Y0 R50		顺时针圆弧进给至L点
N100 G01 Y15		直线进给至M点
N110 G01 X-25 Y40		直线进给经过B点至N点
N120 G40 G01 X-80 Y50		取消刀具半径左补偿,到达起刀点
N130 M99		子程序结束,返回主程序

2. 轮廓粗加工时的分层铣削

轮廓进行粗加工时,如果铣削深度较大,选用刀具不能一次完成切削加工,可将加工程序编写成子程序,每下一次刀就要调用一次子程序(可考虑连续调用)。若考虑精加工时也要调用该子程序,则必须将引入刀具半径补偿指令写在主程序中。仍以图7-34为例,将图中的轮廓铣削深度6mm改为12mm,选用直径为16mm的三刃立铣刀进行轮廓的粗加工分层铣削(每次铣削6mm),粗加工时D1=8.2mm;选用φ12mm三刃立铣刀进行轮廓的精加工,精加工时D2=6mm,工件上表面的中心为刀具执行长度补偿(φ16mm的刀:H1;φ12mm的刀:H2)后的工件坐标系原点。

编程如下(程序文件名为O7061):

%1		主程序名
N10~N60		与轮廓的粗精加工举例主程序段N10~N60相同
N70 G01 Z0 F120		Z轴直线进给,进给速度为120mm/min
N80 G41 G01 X-70 Y30 D1		引入刀具半径左补偿到达A'点(设置D1为8.2mm)
N90 M98 P2 L2		调用子程序%2,连续调用两次,进行粗加工
N100~N160		与轮廓的粗精加工举例主程序段N100~N160相同
N170 G01 Z-6 F80		Z轴直线进给,进给速度为80mm/min

N180 G41 G01 X-70 Y30 D2	引入刀具半径左补偿到达A'点（设置D2为6mm）
N190 M98 P2	调用子程序%2，进行精加工
N200 G49 G00 Z0 M09	取消刀具长度补偿，Z轴快速定位到机床原点，切削液关闭
N210 M05	主轴停转
N220 M30	程序结束，返回起始行
%2	子程序名
N10 G91 G01 Z-6	增量编程，相对铣削深度为6mm
N20 G90 X-11	绝对编程，直线进给经过B点至C点
N30~N140	与轮廓的粗精加工举例子程序段N30~N140相同
N150 M99	子程序结束，返回主程序

3. 相同轮廓的加工

对于加工尺寸完全相同的轮廓，也可将轮廓编写成子程序后进行调用，从而简化编程。以图7-35为例（考虑子程序嵌套），选用φ12mm的键槽铣刀进行轮廓的粗加工，粗加工时D1=6.1mm；选用φ10mm的三刃立铣刀进行轮廓的精加工，精加工时D2=5mm。工件上表面的中心为刀具执行长度补偿（φ12mm的键槽铣刀：H1；φ10mm的三刃立铣刀：H2）后的工件坐标系原点。

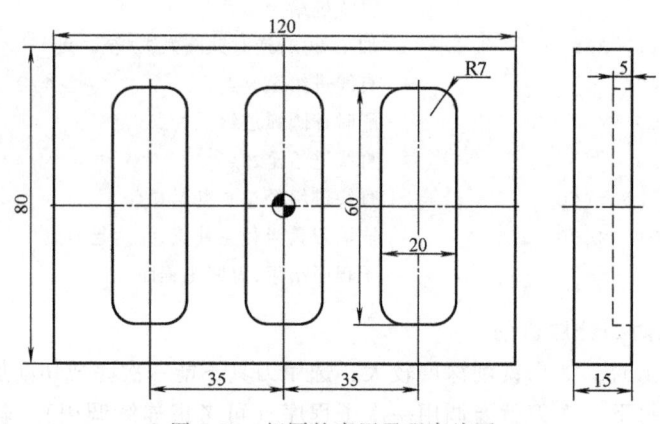

图7-35 相同轮廓用子程序编写

编程如下（程序文件名为O7062）：

%1	主程序名
N10 G53 G90 G00 Z0	Z轴快速抬刀至机床原点
N20 M6 T1	调用1号刀具，即φ12mm的键槽铣刀
N30 G54 G90 M3 S750	G54工件坐标系，绝对坐标编程，主轴正转，转速为750r/min
N40 G00 G43 H1 Z200 M08	Z轴快速定位，调用1号长度补偿，切削液开
N50 X-35 Y0	X、Y轴快速定位至起刀点
N60 Z5	Z轴快速定位
N70 M98 P2 L3	调用子程序%2，连续调用三次，进行粗加工
N80 G49 G00 Z0 M09	取消刀具长度补偿，Z轴快速定位到机床原点，切削液关闭
N90 M05	主轴停转
N100 M6 T2	调用2号刀具，即φ10mm的立铣刀

N110	M3	S900			主轴正转,转速为900r/min
N120	G00	G43	H2	Z200 M08	Z轴快速定位,调用2号长度补偿,切削液开
N130	X-35	Y0			X、Y轴快速定位至起刀点
N140	Z5				Z轴快速定位
N150	M98	P3	L3		调用子程序%3,连续调用三次,进行精加工
N160	G49	G00	Z0	M09	取消刀具长度补偿,Z轴快速定位到机床原点,切削液关闭
N170	M05				主轴停转
N180	M30				程序结束,返回起始行
%2					一级子程序名
N10	G91	G41	X0	Y14 D1	相对编程,引入刀具半径左补偿D1(设置D1为6.1mm)
N20	M98	P4			调用子程序%4
N30	M99				子程序结束,返回主程序
%3					一级子程序名
N10	G91	G41	X0	Y14 D2	相对编程,引入刀具半径左补偿D2(设置D2为5mm)
N20	M98	P4			调用子程序%4
N30	M99				子程序结束,返回主程序
%4					二级子程序名
N10	G90	G01	Z-5	F20	绝对编程,Z向直线进给,进给速度为20mm/min
N20	G91	G03	Y16	R-8 F60	增量编程,走圆弧过渡段到轮廓,进给速度为60mm/min
N30	G01	X-10	RC=7		X向直线进给,左上方1/4圆弧
N40	Y-60	RC=7			Y向直线进给,左下方1/4圆弧
N50	X20	RC=7			X向直线进给,右下方1/4圆弧
N60	Y60RC=7				Y向直线进给,右上方1/4圆弧
N70	X-10				X向直线进给
N80	G03	Y-16	R-8		走圆弧过渡段离开轮廓
N90	G40	G01	Y-14		直线进给并取消刀具半径补偿
N100	Z10				Z方向退刀离开轮廓
N110	G00	X35			X向快速定位
N120	M99				子程序结束,返回一级子程序

三、旋转指令 G68/G69

在某些零件的加工过程中,经常遇到个别轮廓相对于直角坐标轴偏转了一定的角度,此时可应用旋转指令进行编程,从而节省了节点的计算时间,简化了编程。

编程格式:

G17　G68　X__　Y__　P__

或 G18　G68　X__　Z__　P__

或 G19　G68　Y__　Z__　P__

　　　…

　　　G69

其中,

G68:建立旋转。

G69：取消旋转指令。

X、Y、Z：旋转中心的坐标值，G90 表示旋转中心在工件坐标系中的坐标，G91 表示旋转中心相对于当前点的坐标。旋转中心的确定以简化编程为原则，对称轮廓大多取在对称中心点。

P：旋转角度，单位是（°），表示实际轮廓相对于编程轮廓的旋转角度，逆时针旋转时角度为正，顺时针旋转时角度为负，如图 7-36 所示。

在有刀具半径补偿的情况下，使用旋转指令时，最好先旋转后建立刀补；轮廓加工完成后，最好先取消刀补再取消旋转，以免刀具路径的变化发生过切现象；在有缩放功能的情况下，先缩放后旋转。

例 7-10 应用旋转指令编写图 7-37 所示工件，选用 φ12mm 的键槽铣刀进行加工，工件上表面的中心为刀具执行长度补偿（H1）后的工件坐标系原点。

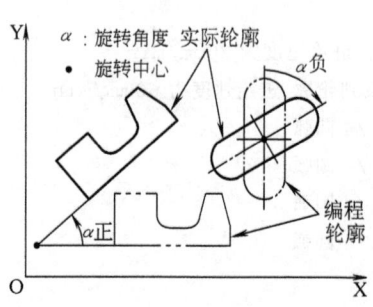

图 7-36 坐标系旋转

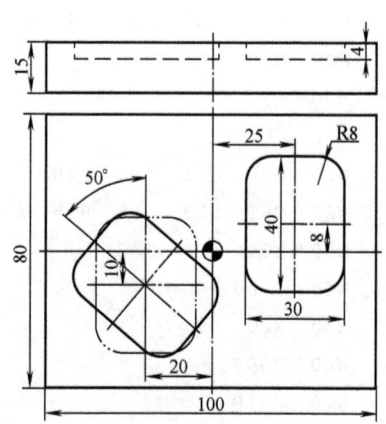

图 7-37 应用旋转指令编程

编程如下（程序文件名为 O7010）：

```
%1                              主程序名
N10  G53 G90 G00 Z0             Z轴快速抬刀至机床原点
N20  M6 T1                      调用1号刀具，即φ12mm的键槽铣刀
N30  G54 G90 M3 S750            G54工件坐标系,绝对坐标编程,主轴正转,转速为750r/min
N40  G00 G43 H1 Z200 M08        Z轴快速定位,调用1号长度补偿,切削液开
N50  X25 Y8                     X、Y轴快速定位至起刀点
N60  Z5                         Z轴快速定位
N70  M98 P2                     调用子程序%2
N80  X-20 Y-10                  X、Y轴快速定位至起刀点
N90  G68 X-20 Y-10 P50          建立旋转,沿此坐标中心逆时针旋转50°
N100 M98 P2                     调用子程序%2
N110 G69                        取消旋转
N120 G49 G00 Z0 M09             取消刀具长度补偿,Z轴快速定位到机床原点,切削液关闭
N130 M05                        主轴停转
N140 M30                        程序结束,返回起始行
```

```
%2                              子程序名
N10   G01  Z-5   F20            Z向直线进给,进给速度为20mm/min
N20   G91  G41  X10  Y10  D1    增量编程,引入刀具半径补偿D1(设置D1为6mm)
N30   G03  X-10  Y10  R10  F60  走圆弧过渡段到轮廓,进给速度为60mm/min
N40   G01  X-15  RC=8           X向直线进给,左上方1/4圆弧
N50   Y-40  RC=8                Y向直线进给,左下方1/4圆弧
N60   X30   RC=8                X向直线进给,右下方1/4圆弧
N70   Y40   RC=8                Y向直线进给,右上方1/4圆弧
N80   X-7                       X向直线进给
N90   G03  X-10  Y-10  R10      走圆弧过渡段离开轮廓
N100  G40  G01  X10  Y-10       直线进给并取消刀具半径补偿
N110  Y-8                       去除轮廓内多余材料
N120  G90  G00  Z5              绝对编程,Z方向退刀离开轮廓
N130  M99                       子程序结束,返回主程序
```

四、镜像功能（G24/G25）

编程格式：

G24 X__ Y__ Z__
M98 P__
G25 X__ Y__ Z__

其中，

G24：建立镜像。

G25：取消镜像。

X、Y、Z：镜像的轴位置。当工件相对于某一轴具有对称形状时，可以利用镜像功能和子程序，只对工件的一部分进行编程，从而能加工出工件的对称部分。当某一轴的镜像有效时，该轴执行与编程方向相反的运动。

例7-11 应用镜像功能指令编写图7-38所示工件，加工深度为3mm。选用φ12mm的键槽铣刀进行加工，工件上表面的中心为刀具执行长度补偿（H1）后的工件坐标系原点。

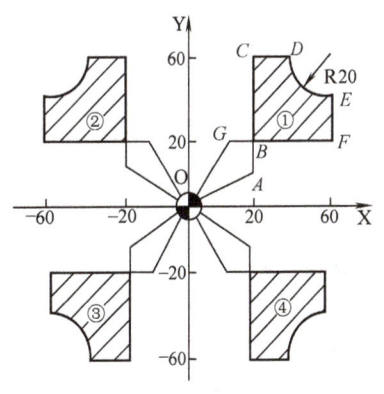

图7-38 应用镜像功能编程

编程如下（程序的文件名为O7011）：

```
%1                                   主程序名
N10   G53  G90  G00  Z0              Z轴快速抬刀至机床原点
N20   M6   T1                        调用1号刀具,即φ12mm的键槽铣刀
N30   G54  G90  M3  S750             G54工件坐标系,绝对坐标编程,主轴正转,转速为750r/min
N40   G00  G43  H1  Z200  M08        Z轴快速定位,调用1号长度补偿,切削液开
N50   X0   Y0                        X、Y轴快速定位至起刀点
N60   Z5                             Z轴快速定位
N70   M98  P2                        调用子程序%2,加工①
```

```
N80   G24  X0                Y轴镜像,镜像位置为 X=0
N90   M98  P2                调用子程序%2,加工②
N100  G24  Y0                X、Y 轴镜像,镜像位置为 X=0,Y=0
N110  M98  P2                调用子程序%2,加工③
N120  G25  X0                X 轴镜像继续有效,取消 Y 轴镜像
N130  M98  P2                调用子程序%2,加工④
N140  G25  Y0                取消镜像
N150  G49  G00  Z0  M09      取消刀具长度补偿,Z轴快速定位到机床原点,切削液关闭
N160  M05                    主轴停转
N170  M30                    程序结束,返回起始行
%2                           子程序名
N10   G00  G41  X20  Y10  D1 引入刀具半径补偿 D1(设置 D1 为 6mm)
N20   G01  Z-3  F20          Z 向直线进给,进给速度为 20mm/min
N30   Y60                    Y 向直线进给
N40   X40                    X 向直线进给
N50   G03  X60  Y40  R20     逆时针圆弧进给
N60   G01  Y20               Y 向直线进给
N70   X10                    X 向直线进给
N80   G00  Z8                Z 方向退刀离开轮廓
N90   G90  G40  X0  Y0       免对编程,取消刀具半径补偿
N100  M99                    子程序结束,返回主程序
```

五、缩放功能指令（C50/G51）

编程格式：

G51　X__　Y__　Z__　P__
M98　P__
G50

其中，

G51：建立缩放。

G50：取消缩放。

X、Y、Z：缩放中心的坐标值，G90 表示缩放中心在工件坐标系中的坐标，G91 表示缩放中心相对于当前点的坐标。

P：缩放倍数。

G51 既可指定平面缩放，也可指定空间缩放。在 G51 后，运动指令的坐标值以（X，Y，Z）为缩放中心，按 P 规定的缩放比例进行计算。

在有刀具补偿的情况下，先进行缩放，再进行刀具半径补偿和长度补偿较为妥当。

例 7-12　应用缩放功能指令编写图 7-39 所示工件，

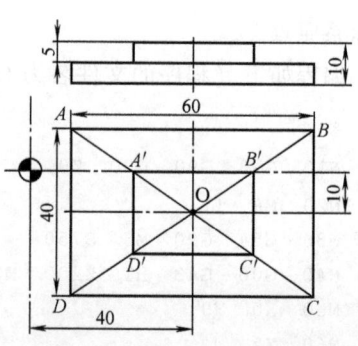

图 7-39　应用缩放功能编程

选用 φ16mm 的立铣刀进行加工。

编程如下（程序文件名为 O7012）：

%1					主程序名
N10	G53	G90	G00	Z0	Z 轴快速抬刀至机床原点
N20	M6	T1			调用 1 号刀具，即 φ16mm 的立铣刀
N30	G54	G90	M3	S750	G54 工件坐标系，绝对坐标编程，主轴正转，转速为 750r/min
N40	G00	G43	H1	Z200 M08	Z 轴快速定位，调用 1 号长度补偿，切削液开
N50	X0	Y0			X、Y 轴快速定位至起刀点
N60	Z5				Z 轴快速定位
N70	G01	Z-10	F100		Z 向进给，进给速度为 100mm/min
N80	M98	P2			调用子程序%2，加工长方体 ABCD
N90	G01	Z-5	F100		Z 向进给，进给速度为 100mm/min
N100	G51	X40	Y-10	P0.5	缩放中心为 (40,-10)，缩放系数为 0.5
N110	M98	P2			调用子程序%2，加工长方体 A'B'C'D'
N120	G49	G00	Z0	M09	取消刀具长度补偿，Z 轴快速定位到机床原点，切削液关闭
N130	M05				主轴停转
N140	M30				程序结束，返回起始行
%2					子程序名
N10	G41	X10	Y10	D1	引入刀具半径补偿 D1（设置 D1 为 8mm）
N20	X70				X 向直线进给
N30	Y-30				Y 向直线进给
N40	X10				X 向直线进给
N50	Y10				Y 向直线进给
N60	G40	X0	Y0		取消刀具半径补偿
N70	M99				子程序结束，返回主程序

课题五　使用固定循环指令编程

立式数控铣床及加工中心编制孔加工程序应采用固定循环指令，固定循环是数控系统为简化编程工作，将一系列典型的加工动作（如快速接近工件、孔加工进给、进给后的快速退刀等）预先编好程序，存储在内存中。固定循环包括钻孔、镗孔、攻螺纹等指令，固定循环指令及其功能见表 7-5。

表 7-5　固定循环指令及其功能

指　令	孔加工动作 （-Z 方向）	孔底的动作	退刀动作 （+Z 方向）	用　途
G73	间歇进给	进给可暂停数秒	快速（G00）	高速深孔往复断屑钻循环
G74	切削进给	暂停→主轴正转	切削进给（G01）	反转攻左螺纹循环
G76	切削进给	主轴定向停止→刀具移位	快速（G00）	精镗孔循环

（续）

指　令	孔加工动作 （-Z方向）	孔底的动作	退刀动作 （+Z方向）	用　途
G80				取消固定循环
G81	切削进给	无	快速（G00）	点孔、钻孔循环
G82	切削进给	进给暂停数秒	快速（G00）	锪孔、镗阶梯孔循环
G83	间歇进给	进给可暂停数秒	快速（G00）	深孔往复排屑钻循环
G84	切削进给	暂停→主轴反转	切削进给（G01）	正转攻右螺纹循环
G85	切削进给	主轴正转	切削进给（G01）	精镗孔循环
G86	切削进给	主轴停止	快速（G00）	镗孔循环
G87	切削进给	主轴正转	快速（G00）	反镗孔循环
G88	切削进给	进给暂停→主轴停转	手动进给	镗孔循环
G89	切削进给	进给暂停数秒	切削进给（G01）	镗孔循环

固定循环通常由六个基本动作构成，如图7-40所示。

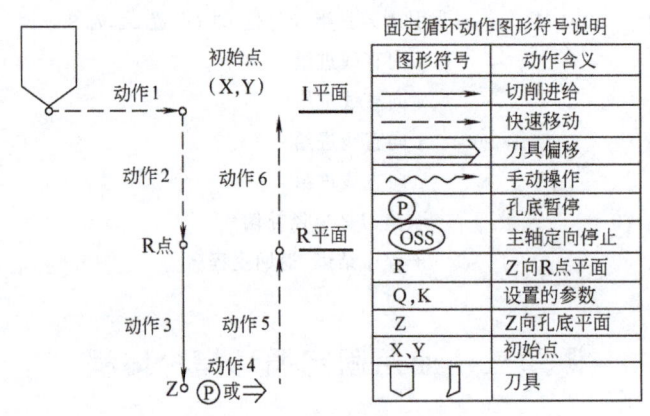

图7-40　固定循环动作及图形符号

动作1：X、Y轴快速定位至孔的加工位置。

动作2：定位至R点。刀具从Z轴初始点平面快速进给至R点平面。在多孔加工时，为了刀具移动的安全，应注意R点平面Z值的选取。

动作3：孔加工。以切削进给方式执行孔加工的动作。

动作4：在孔底的动作。包括进给暂停、主轴定向停止、刀具移位等动作。

动作5：以一定的方式返回R点平面。

动作6：快速返回到初始点平面。

一、固定循环格式

G90/G91　G98/G99　G73~G89　X__　Y__　Z__　R__　Q__　P__　I__　J__

K__ F__ L__

各指令及字母表示的意义如下：

1）G90/G91：绝对/相对方式，固定循环指令中地址 X、Y、Z 及 R 的数据指定与其有关。在采用绝对方式时，X、Y 表示孔的位置坐标，Z、R 统一取终点坐标值；在采用相对方式时，X、Y 表示孔位相对于当前点的相对坐标值，Z 是指孔底坐标相对于 R 点的相对坐标值，R 是指 R 点相对初始点的相对坐标值，如图 7-41 所示。

2）G98/G99：孔切削进给结束后，刀具返回时到达的平面。G98 指令返回到初始平面（初始平面指在执行固定循环指令前的 Z 位置平面），G99 指令返回到 R 点平面，如图 7-42 所示。

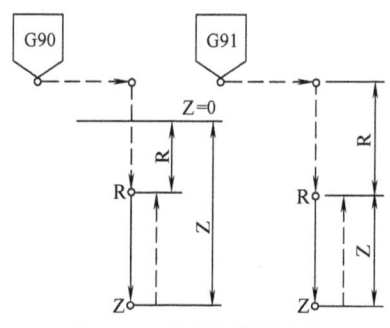

图 7-41 绝对与增量表示

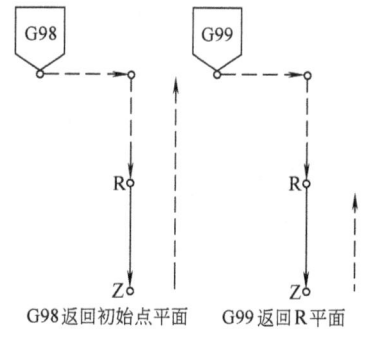

图 7-42 返回点平面选择

3）G73~G89：固定循环指令，规定孔加工方式，加工时根据具体要求从表 7-5 中选择。
4）Q：每次加工的深度，Q 值始终是增量值，用负值表示（在 G73 与 G83 指令中使用）。
5）P：刀具在孔底的暂停时间，单位为秒（s）。
6）I/J：刀具在轴反向位移增量（G76/G87）。
7）K：每次退刀距离，为正值，一般在 1mm 左右。
8）F：切削进给速度，也可表示螺纹导程（G74/G84）。
9）L：固定循环的重复次数。

固定循环指令是模态指令，一旦指定就一直有效，直到用 G80 指令取消固定循环指令为止。因此，只要在开始时用了这些指令，在后面连续的加工中不必重新指定。若某孔加工数据发生了变化，仅需要修改变化了的数据即可。此外，G00、G01、G02、G03 指令也起取消固定循环指令的作用。

二、固定循环指令

1. 高速深孔断屑加工循环指令（G73）

编程格式：

G98/G99 G73 X__ Y__ Z__ R__ Q__ P__ K__ F__ L__

该指令的具体动作如图 7-43 所示，沿着 X 和 Y 轴快速定位后，快速移动到 R 点，从 R 点起切削进给 Q 深，快速向上退刀 K 距离，以便断屑；继续切削进给至 2Q 深，快速向上退刀 K 距离，一直反复执行至 Z 点深度，最后刀具快速退回至初始平面或 R 平面。加工至孔底时，可根据需要选择指令 P 进行暂停。

2. 反转攻左旋螺纹循环指令（G74）

编程格式：

G98/G99　G74　X__　Y__　Z__　R__　P__　F__　L__

该指令的具体动作如图 7-44 所示，沿着 X 和 Y 轴快速定位后，快速移动到 R 点，从 R 点至 Z 点进行攻螺纹加工，主轴正转并返回到 R 点平面或初始平面，最后主轴反转。程序中的 F 表示螺纹导程，其进给速度根据主轴转速和螺纹导程自动计算，因此攻螺纹时主轴倍率、进给倍率、进给保持均不起作用，直至完成该固定循环后才停止进给。加工至孔底时，可根据需要选择指令 P 进行暂停。

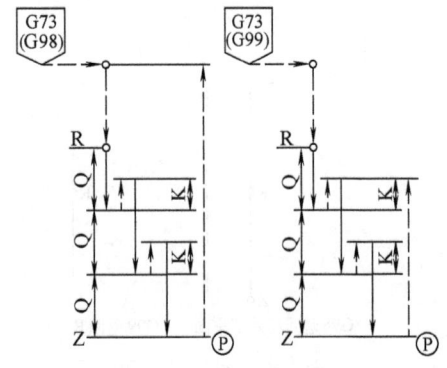

图 7-43　G73 指令动作图

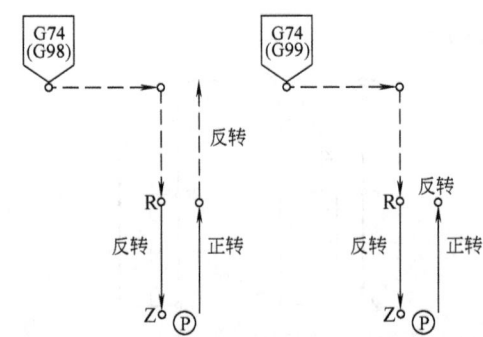

图 7-44　G74 指令动作图

3. 精镗循环指令（G76）

编程格式：

G98/G99　G76　X__　Y__　Z__　R__　P__　I__　J__　F__　L__

该指令的具体动作如图 7-45 所示，沿着 X 和 Y 轴快速定位后，快速移动到 R 点，从 R 点至 Z 点进行镗孔加工，到达深度后主轴定向停止，向刀尖反方向移动，快速退刀至 R 平面或初始平面，刀尖向正方向移动，恢复到孔中心位置，最后主轴转动。这种带有让刀的退刀不会划伤已加工平面，保证了镗孔精度。

该指令只适用于单刃镗刀加工孔，在应用时必须格外小心，以免发生撞刀等大的安全事故。程序中一般选用 I 编程较多，即沿 X 方向退刀。镗刀安装在主轴上以后，利用操作面板上的<主轴定向>按钮将主轴定向，观察镗刀刀尖所指方向，若指向 -X，则 I 值为正；若指向 +X，则 I 值为负，I 值一般不超过孔直径与镗刀刀尖至刀柄母线距离之差。加工至孔底时，可根据需要选择指令 P 进行暂停。

4. 钻孔、点孔循环指令（G81）

编程格式：

G98/G99　G81　X__　Y__　Z__　R__　F__　L__

该指令的具体动作如图 7-46 所示，沿着 X 和 Y 轴快速定位后，快速移动到 R 点，从 R 点至 Z 点执行钻孔切削进给加工，最后刀具快速退回至初始平面或 R 平面。

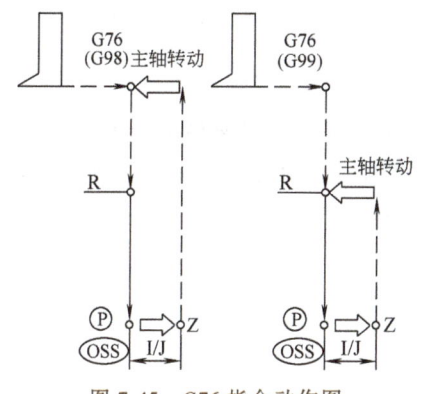

图 7-45　G76 指令动作图

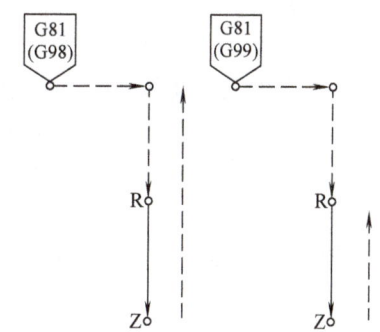

图 7-46　G81 指令动作图

5. 带停顿的钻孔循环指令（G82）

编程格式：

G98/G99　G82　X__　Y__　Z__　R__　P__　F__　L__

G82 指令除了要在孔底暂停外，其他动作与 G81 相同。暂停时间由地址 P 给出，G82 指令主要用于加工盲孔，以提高孔深精度。

6. 深孔排屑钻循环指令（G83）

编程格式：

G98/G99　G83　X__　Y__　Z__　R__　Q__　P__　K__　F__　L__

该指令的具体动作如图 7-47 所示，沿着 X 和 Y 轴快速定位后，快速移动到 R 点，从 R 点起切削进给 Q 深，快速退回 R 平面，快速进给至第一次 Q 深度上 K 点，切削进给至 2Q 深，快速退回 R 点平面，一直反复执行至 Z 点深度，最后刀具快速退回至初始平面或 R 点平面。加工至孔底时，可根据需要选择指令 P 进行暂停。

7. 正转攻右旋螺纹循环指令（G84）

编程格式：

G98/G99　G84　X__　Y__　Z__　R__　P__　F__　L__

该指令的具体动作如图 7-48 所示，沿着 X 和 Y 轴快速定位后，快速移动到 R 点，从 R 点至 Z 点进行攻螺纹加工，主轴反转并返回到 R 点平面或初始平面，主轴正转。程序中的 F 表示螺纹导程，与反转攻左旋螺纹循环 G74 指令同样不受倍率按钮的控制。

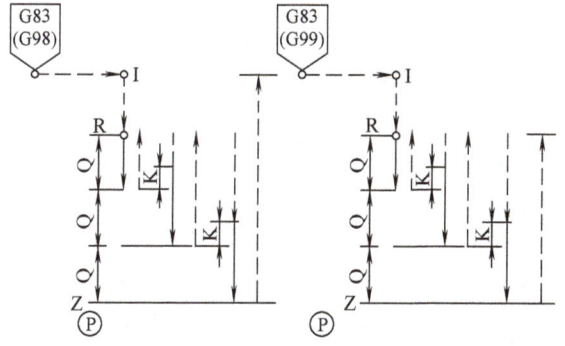

图 7-47　G83 指令动作图

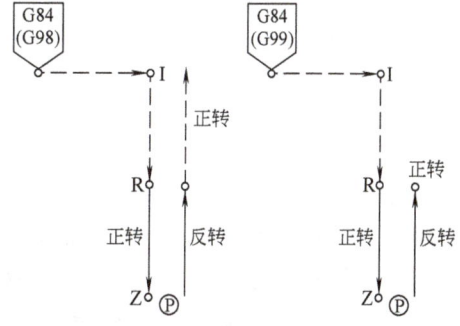

图 7-48　G84 指令动作图

8. 镗孔循环指令（G85）

编程格式：

G98/G99 G85 X__ Y__ Z__ R__ P__ F__ L__

该指令的具体动作如图 7-49 所示，沿着 X 和 Y 轴快速定位后，快速移动到 R 点，从 R 点至 Z 点进行镗孔加工，到达孔底后以切削进给时的速度返回到 R 点平面或返回到 R 点平面后快速返回初始平面。加工至孔底时，可根据需要选择指令 P 进行暂停。

9. 镗孔循环指令（G86）

G86 指令格式与 G81 相同，但到达孔底时主轴停止，然后快速退回到 R 平面或初始平面，主轴继续旋转。

10. 反镗孔循环指令（G87）

编程格式：

G98/G99 G87 X__ Y__ Z__ R__ P__ I__ J__ F__ L__

该指令的具体动作如图 7-50 所示，沿着 X 和 Y 轴快速定位后，主轴定向停止，X、Y 分别向刀尖的反方向移动 I、J 值，快速移动至 R 点（孔底），X、Y 分别向刀尖方向移动 I、J 值，主轴正转，往 +Z 方向加工至 Z 点，主轴定向停止，X、Y 分别向刀尖方向移动 I、J 值，或返回初始点后在 X、Y 方向向刀尖方向移动 I、J 值。加工至深度时，可根据需要选择指令 P 进行暂停。

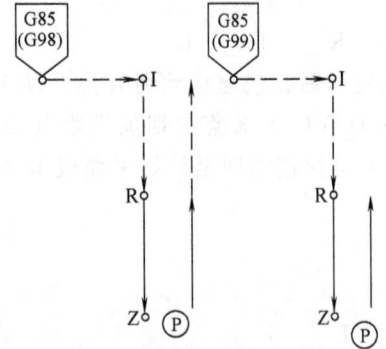

图 7-49 G85 指令动作图

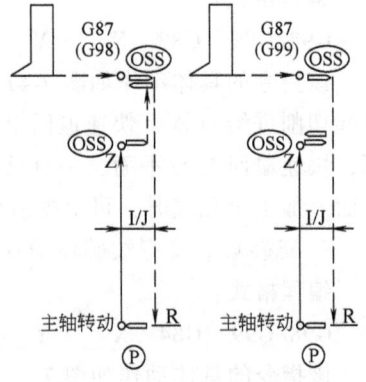

图 7-50 G87 指令动作图

该指令只适用于单刃镗刀加工孔，反镗孔一般用在特殊场合。

11. 手动镗孔循环指令（G88）

编程格式：

G98/G99 G88 X__ Y__ Z__ R__ P__
            F__ L__

该指令的具体动作如图 7-51 所示，沿着 X 和 Y 轴快速定位后，快速移动到 R 点，从 R 点至 Z 点进行镗孔加工，暂停后主轴停止，可转换为手动或增量方式，将刀具从孔中退出。在自动方式下按循环启动按钮后，刀具返回到 R 点平面或初始平面，X、Y 回到孔的中心，最后主轴正转。

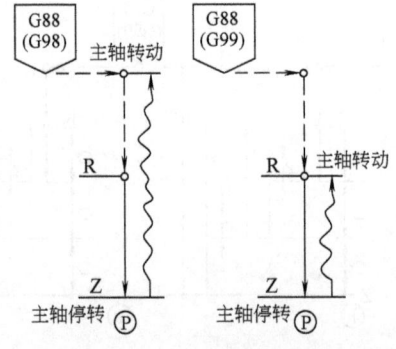

图 7-51 G88 指令动作图

12. 镗孔循环指令（G89）

编程格式：

G98/G99 G89 X__ Y__ Z__ R__ P__ F__ L__

该指令的具体动作与 G86 相同，但到达孔底时有暂停。

13. 取消固定循环指令（G80）

编程格式：

G80

三、使用固定循环时的注意事项

1）在固定循环指令前应使用 M03 或 M04 指令使主轴回转，在循环指令执行前的程序中必须有 X、Y 以及 Z 坐标轴的指令。

2）在固定循环程序段中，X、Y、Z、R 数据应至少指令其中一个才能进行孔加工。

3）孔加工参数 Q、K 应在孔加工操作的程序段中指令。若在不进行孔加工动作的程序段中指令了这些数据，这些数据不会保存为状态资料。

4）在使用控制主轴回转的固定循环（G74、G84）时，如果连续加工一些孔间距比较小，或者初始平面到 R 点平面的距离比较短的孔，会出现在进入孔的切削动作前，主轴还没有达到正常转速的情况。遇到这种情况时，应在各孔的加工动作之间插入 G04 指令，以获得时间，使主轴获得规定转速。

5）当用 G00~G03 指令注销固定循环时，若 G00~G03 指令和固定循环出现在同一程序段，按后出现的指令执行加工。

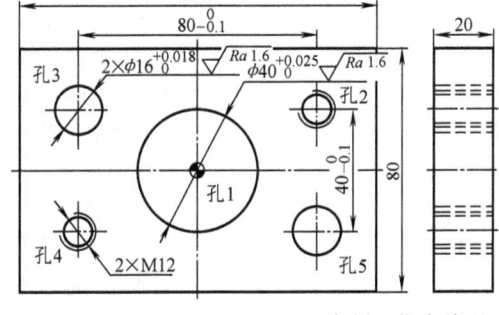

图 7-52 固定循环指令编程

6）在固定循环程序段中，如果指定了 M，则在最初定位时送出 M 信号，等待 M 信号完成，才能进行孔加工循环。

例 7-13 应用固定循环功能指令编写如图 7-52 所示工件上的一系列孔。选用刀具见表 7-6。

表 7-6 刀具与工艺参数选择

刀具号及名称	加工内容	主轴转速 /(r/min)	长度补偿	进给速度 /(mm/min)
T1：ϕ25mm 麻花钻	钻削孔 1	300	H1	20
T2：ϕ16mm 立铣刀	铣削孔 1	400	H2	100
T3：ϕ4mm 中心钻	点钻孔 2~5	1200	H3	120
T4：ϕ10.3mm 麻花钻	钻削孔 2~5	600	H4	100
T5：ϕ15.8mm 麻花钻	扩孔 3、5	400	H5	50
T6：M12 机用丝锥	攻螺纹孔 2、4	150	H6	1.75
T7：ϕ16mm 机用铰刀	铰孔 3、5	250	H7	40
T8：ϕ40mm 微调镗刀	镗孔 1	1200	H8	100

编程如下（程序文件名为 O7013）：

```
%1                                      程序名
N10   G53  G90  G00  Z0                 Z轴快速抬刀至机床原点
N20   M6   T1                           调用1号刀具,即φ25mm麻花钻
N30   G54  G90  M3   S300               G54工件坐标系,绝对坐标编程,主轴正转,转速为
                                        300r/min
N40   G00  G43  H1   Z200  M08          Z轴快速定位,调用1号长度补偿,切削液开
N50   X0   Y0                           X、Y轴快速定位
N60   G73  G99  X0   Y0    Z-35         钻孔加工孔1,进给速度为30mm/min
      R2   Q-6  K1   F30
N70   G49  G00  Z0   M09                取消长度补偿与固定循环,Z轴快速定位到机床原
                                        点,切削液关闭
N80   M05                               主轴停转
N90   M6   T2                           调用2号刀具,即φ16mm立铣刀
N100  M3   S400                         主轴正转,转速400r/min
N110  G00  G43  H2   Z200  M08          Z轴快速定位,调用2号长度补偿,切削液开
N120  X0   Y0                           X、Y轴快速定位
N130  G00  Z-10                         Z轴快速进给
N140  G01  X11.7 F100                   X轴切削进给,铣孔加工孔1,进给速度为100mm/min
N150  G03  I-11.7                       整圆切削进给
N160  G01  X0                           X轴进给退刀
N170  G00  Z-20                         Z轴快速进给
N180  G01  X11.7                        X轴切削进给
N190  G03  I-11.7                       整圆切削进给
N200  G01  X0                           X轴进给退刀
N210  G49  G00  Z0   M09                取消长度补偿与固定循环,Z轴快速定位到机床原
                                        点,切削液关闭
N220  M05                               主轴停转
N230  M6   T3                           调用3号刀具,即φ4mm中心钻
N240  M3   S1200                        主轴正转,转速为1200r/min
N250  G00  G43  H3   Z200               Z轴快速定位,调用3号长度补偿
N260  X0   Y0                           X、Y轴快速定位
N270  G81  G99  X40  Y20   Z-2          点孔加工孔2,进给速度为120mm/min
      R2   F120
N280  X-40                              点孔加工孔3
N290  Y-20                              点孔加工孔4
N300  X40                               点孔加工孔5
N310  G49  G00  Z0                      取消长度补偿与固定循环,Z轴快速定位到机械原点
N320  M05                               主轴停转
N330  M6   T4                           调用4号刀具,即φ10.3mm麻花钻
N340  M3   S600                         主轴正转,转速为600r/min
N350  G00  G43  H4   Z200  M08          Z轴快速定位,调用4号长度补偿,切削液开
```

N360 X0 Y0	X、Y轴快速定位
N370 G73 G99 X40 Y20 Z-25 R2 Q-6 K1 F100	钻孔加工孔2,进给速度为100mm/min
N380 X-40	钻孔加工孔3
N390 Y-20	钻孔加工孔4
N400 X40	钻孔加工孔5
N410 G49 G00 Z0 M09	取消长度补偿与固定循环,Z轴快速定位到机床原点,切削液关闭
N420 M05	主轴停转
N430 M6 T5	调用5号刀具,即φ15.8mm麻花钻
N440 M3 S400	主轴正转,转速为400r/min
N450 G00 G43 H5 Z200 M08	Z轴快速定位,调用5号长度补偿,切削液开
N460 X0 Y0	X、Y轴快速定位
N470 G73 G99 X-40 Y20 Z-28 R2 Q-6 K1 F50	扩孔加工孔3,进给速度为50mm/min
N480 X40 Y-20	扩孔加工孔5
N490 G49 G00 Z0 M09	取消长度补偿与固定循环,Z轴快速定位到机床原点,切削液关闭
N500 M05	主轴停转
N510 M6 T6	调用6号刀具,即M12机用丝锥
N520 M3 S150	主轴正转,转速为150r/min
N530 G00 G43 H6 Z200 M08	Z轴快速定位,调用6号长度补偿,切削液开
N540 X0 Y0	X、Y轴快速定位
N550 G84 G99 X40 Y20 Z-25 R2 F1.75	攻螺纹加工孔2,螺纹导程为1.75mm
N560 X-40 Y-20	攻螺纹加工孔4
N570 G49 G00 Z0 M09	取消长度补偿与固定循环,Z轴快速定位到机床原点,切削液关闭
N580 M05	主轴停转
N590 M6 T7	调用7号刀具,即φ16mm机用铰刀
N600 M3 S250	主轴正转,转速为250r/min
N610 G00 G43 H7 Z200 M08	Z轴快速定位,调用7号长度补偿,切削液开
N620 X0 Y0	X、Y轴快速定位
N630 G85 G99 X-40 Y20 Z-25 R2 F40	铰孔加工孔3,进给速度为40mm/min
N640 X40 Y-20	铰孔加工孔5
N650 G49 G00 Z0 M09	取消长度补偿与固定循环,Z轴快速定位到机床原点,切削液关闭
N660 M05	主轴停转
N670 M6 T8	调用8号刀具,即φ40mm微调镗刀
N680 M3 S1200	主轴正转,转速为1200r/min
N690 G00 G43 H8 Z200 M08	Z轴快速定位,调用8号长度补偿,切削液开

```
N700    X0   Y0                    X、Y轴快速定位
N710    G76  G99  X0   Y0   Z-22   镗孔加工孔1,进给速度为100mm/min
        R2   I1   F100
N720    G49  G00  Z0   M09         取消长度补偿与固定循环,Z轴快速定位到机床原点,切
                                   削液关闭
N730    M05                        主轴停转
N740    M30                        程序结束,返回起始行
```

课题六　使用宏程序编程

三维曲面铣削是数控机床加工的优势，但利用手工编程时较为复杂，一般使用 CAD/CAM 软件进行绘图自动编程。对于某些简单或规则的三维图形（凹凸球面、椭圆球面、抛物面、轮廓倒角倒圆等），可使用类似于高级语言的宏程序功能进行编写。使用宏程序可进行变量的算术运算、逻辑运算和函数的混合运算，此外宏程序还提供了循环语句、赋值语句、条件语句和子程序调用语句等，减少甚至免去了手工编程时的烦琐数值计算，精简了程序量。对于不同的数控系统，宏程序的编写指令和格式有所差异，但编写的方法和思路基本相同。编写宏程序前，必须选择合理的铣削路径和刀具等来保证三维曲面加工后的表面粗糙度值和精度。

一、宏变量及常量

1. 宏变量

变量用变量符号#后跟变量号指定，如#1；变量号可以用变量或表达式来代替，此时变量或表达式必须写在中括号内，如#［#8］（假设#8＝6，则#［#8］为#6）或#［#1+#2＊#2］。华中（HNC—210B）系统宏变量的类型见表 7-7。

表 7-7　宏变量的类型

变量号	变量类型	变量号	变量类型
#0~#49	当前局部变量	#450~#499	5 层局部变量
#50~#199	全局变量	#500~#549	6 层局部变量
#200~#249	0 层局部变量	#550~#599	7 层局部变量
#250~#299	1 层局部变量	#600~#699	刀具长度寄存器 H0~H99
#300~#349	2 层局部变量	#700~#799	刀具半径寄存器 D0~D99
#350~#399	3 层局部变量	#800~#999	刀具寿命寄存器
#400~#449	4 层局部变量	#1000~#1199	200 个具体意义宏变量

在地址字后指定的所有变量或变量表达式必须放在中括号内，如 G01 X［-#1］Y［#2+#3］F［#4］。变量值有符号时，必须将符号放在括号内#的前面。当调用未定义的变量时，地址字与变量被忽略。编程时，变量与通过计算的变量赋值时，只允许每个程序段写一个。

2. 常量

PI：圆周率 π。

TRUE：条件成立（真）。
FALSE：条件不成立（假）。

二、运算符与表达式

变量的算术与逻辑运算见表 7-8。

表 7-8　算术与逻辑运算

类　别	表　示　符　号
算术运算符	+,-,*,/
条件运算符	EQ(=),NE(≠),GT(>),GE(≥),LT(<),LE(≤)
逻辑运算符	AND,OR,NOT
函数	SIN,COS,TAN,ATAN,ATAN2,ABS,INT,SIGN,SQRT,EXP
表达式	175/SQRT[2]*COS[55*PI/180]或SQRT[#1*#1]（运算符连接起来的常数或变量）

注：华中系统角度计算时单位是弧度。

三、赋值语句

编程格式：

宏变量=常数或表达式

把常数或表达式的值送给一个宏变量称为赋值。例如：

#3=124

#2=175/SQRT[20]*COS[55*PI/180]

四、条件判别语句（IF、ELSE、ENDIF）

编程格式 1：

IF 条件表达式

…

ELSE

编程格式 2：

IF 条件表达式

…

ENDIF

五、循环语句（WHILE、ENDW）

编程格式：WHILE 条件表达式

…

ENDW

例 7-14　应用宏程序指令编写图 7-53 所示半径为 12mm 半凸球面及 50mm×50mm 方台

四周的C4倒角。选用φ16mm的立铣刀进行加工。长度补偿为H1，半径为12mm半凸球面顶点为执行刀具长度补偿后的零点表面。工件尺寸为50mm×50mm×32mm长方体，各个面的表面粗糙度值为 $Ra3.2\mu m$。

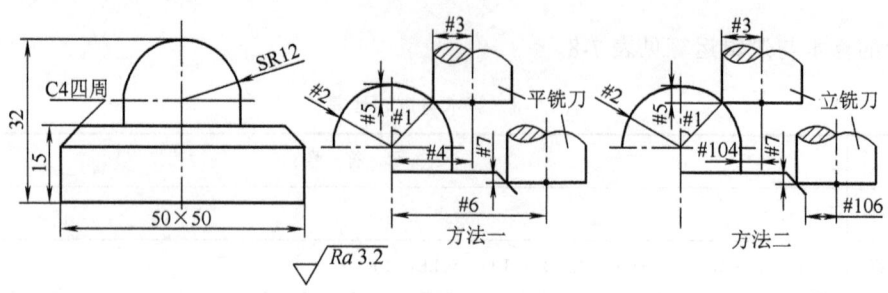

图7-53 宏程序编写三维曲面

编程如下（程序文件名为O7014）：

%1	程序名
N10 G53 G90 G00 Z0	Z轴快速抬刀至机床原点
N20 M6 T1	调用1号刀具，即φ16mm立铣刀
N30 G54 G90 M3 S400	G54工件坐标系，绝对坐标编程，主轴正转，转速为400r/min
N40 G00 G43 H1 Z200 M08	Z轴快速定位，调用1号长度补偿，切削液开
N50 X-40 Y-40	X、Y轴快速定位至起刀点
N60 Z-8.5	Z轴快速进刀
N70 G41 G01 X-12 Y-25 D1 F100	X、Y轴进给,引入刀具半径补偿D1(D1=8.2mm)，进给速度为100mm/min
N80 M98 P2	调用子程序,程序名为%2
N90 G00 Z-17	Z轴直线进给
N100 G41 G01 X-12 Y-25 D1	X、Y轴进给,引入刀具半径补偿D1(D1=8.2mm)
N110 M98 P2	调用子程序,程序名为%2
N120 G00 X20.2 Y-35	X、Y轴快速定位
N130 G01 Y35	Y轴进给,去除边角料
N140 G00 X-40	X轴快速定位
N150 Y-40	Y轴快速定位,至起刀点
N160 G41 G01 X-12 Y-25 D2 F80	X、Y轴进给,引入刀具半径补偿D2(D2=8mm)，进给速度为80mm/min
N170 M98 P2	调用子程序,程序名为%2
N180 G00 Z10	Z轴快速定位退刀
N190 X0 Y0	X、Y轴快速定位

编写曲面程序的方法一：

N200 #1=0	定义半径为12mm球面起始角度
N210 #2=12	定义球面的半径
N220 #3=8	定义刀具的半径

N230　M3　S800	主轴正转,转速为800r/min
N240　WHILE　#1　LE　PI/2	判断圆心角是否到达终点
N260#4=#2* SIN[#1]+#3	球面起点X点的坐标计算
N270#5=#2-#2* COS[#1]	数值计算
N280　G01　X[#4]　Y0　F1000	进给至球面的X、Y轴起点位置,进给速度为1000mm/min
N290　Z[-#5]	进给至球面的Z轴起点位置
N300　G02　I[-#4]	整圆铣削加工
N310#1=#1+PI/180	球面角度的每次增加量
N320　ENDW	结束并返回WHILE程序段
N330　G01　X35	X轴方向退刀
N340#7=0	定义倒角的起始距离
N350#3=8	定义刀具的半径
N360　IF　#7　LE　4	判断倒角距离是否达到
N370　#6=25-4+#7+#3	倒角起点X的坐标计算
N380　G01　X[#6]　Y[-#6]	进给至倒角的X、Y轴起点位置
N390　Z[-[17+#7]]	进给至倒角Z轴起点位置
N400　X[-#6]	X轴方向进给
N410　Y[#6]	Y轴方向进给
N420　X[#6]	X轴方向进给
N430　Y[-#6]	Y轴方向进给
N440　#7=#7+0.05	倒角深度的每次增加量
N450　ENDIF	结束并返回IF程序段
N460　G49　G00　Z0　M09	取消长度补偿,Z轴快速定位到机械原点,切削液关闭
N470　M05	主轴停转
N480　M30	程序结束,返回起始行
%2	
N10　G01　Y0	Y轴方向进给(过渡段切向切入)
N20　G02　I12	整圆铣削
N30　G01　Y25	Y轴方向退刀(过渡段切向切出)
N40　G40　X-40　Y-40	取消刀具半径补偿至起刀点
N50　M99	子程序结束,返回主程序

编写曲面程序的方法二（可代替方法一的 N200~N450 程序段）：

N200#1=0	定义半径为12mm球面起始角度
N210#2=12	定义球面的半径
N220#3=8	定义刀具的半径
N230　M3　S800	主轴正转,转速为800r/min
N240　WHILE　#1　LE　PI/2	判断圆心角是否到达终点
N250　#104=#2* SIN[#1]+#3-#2	计算加工球面时的刀具半径补偿值
N260　#5=#2-#2* COS[#1]	计算加工球面时的深度
N270　G01　Z[-#5]　F1000	进给至球面的Z轴起点位置,进给速度为1000mm/min
N280　G41　D104　X22　Y10	进给至球面的X、Y轴起点位置

```
N290    G3   X12  Y0   R10              切向切入加工
N300    G02  I-12                       整圆铣削加工
N310    G3   X22  Y-10 R10              切向切出加工
N320    G40  G1   Y0                    取消半径补偿
N330    #1=#1+PI/180                    球面角度的每次增加量
N340    ENDW                            结束并返回WHILE程序段
N350    G01  X35  Y-35                  X轴方向退刀
N360    #7=0                            定义倒角的起始距离
N370    #3=8                            定义刀具的半径
N380    IF   #7   LE   4                判断倒角距离是否达到
N390    #106=#3-[4-#7]                  计算倒角时的刀具半径补偿值
N400    G01  Z[-[17+#7]]                进给至倒角Z轴起点位置
N410    G41  D106  X35  Y-25            进给至倒角的X、Y轴起点位置
N420    X-25                            X轴方向进给
N430    Y25                             Y轴方向进给
N440    X25                             X轴方向进给
N450    Y-35                            Y轴方向进给
N460    G40  X35                        取消半径补偿
N470    #7=#7+0.05                      倒角深度的每次增加量
N480    ENDIF                           结束并返回IF程序段
```

课题七 零件的综合加工编程

综合实例1 图7-54所示零件,毛坯外形尺寸为120mm×80mm×20mm,除上、下表面以外的其他四面均已加工,并符合尺寸与表面质量要求,材料为45钢。按图样要求制订正确的工艺方案（包括定位、夹紧方案和工艺路线）,选择合理的刀具和切削工艺参数,编写数控加工程序。

1. 工艺分析

如图7-54所示,零件外形规则,被加工部分的各尺寸公差、几何公差要求较高,表面粗糙度值要求较小。图7-54中包含了平面、内外轮廓、挖槽、钻孔、铰孔以及铣孔等加工,且大部分的尺寸公差等级均达到IT7~IT8。

选用机用虎钳装夹工件,校正机用虎钳固定钳口与工作台X轴移动方向平行,在工件下表面与机用虎钳之间放入精度较高且厚度适当的平行垫块,工件露出钳口表面不低于6mm,利用木槌或铜棒敲击工件,使平行垫块不能移动后夹紧工件。利用寻边器找正工件X、Y轴零点位于工件对称中心位置,设置Z轴零点与机床原点重合,刀具长度补偿利用Z轴定位器设定（有时也可不使用刀具长度补偿功能,而根据不同刀具设定多个工件坐标系零点进行编程加工）。工件上表面为执行刀具长度补偿后的Z零点表面。

2. 根据零件图样要求确定的加工工序和选择刀具如下:

1) 装夹工件,铣削120mm×80mm的平面（铣出即可）,选用φ80mm面铣刀。

2) 重新装夹工件（已加工表面朝下）,铣削表面,保证总厚度尺寸19mm。选用

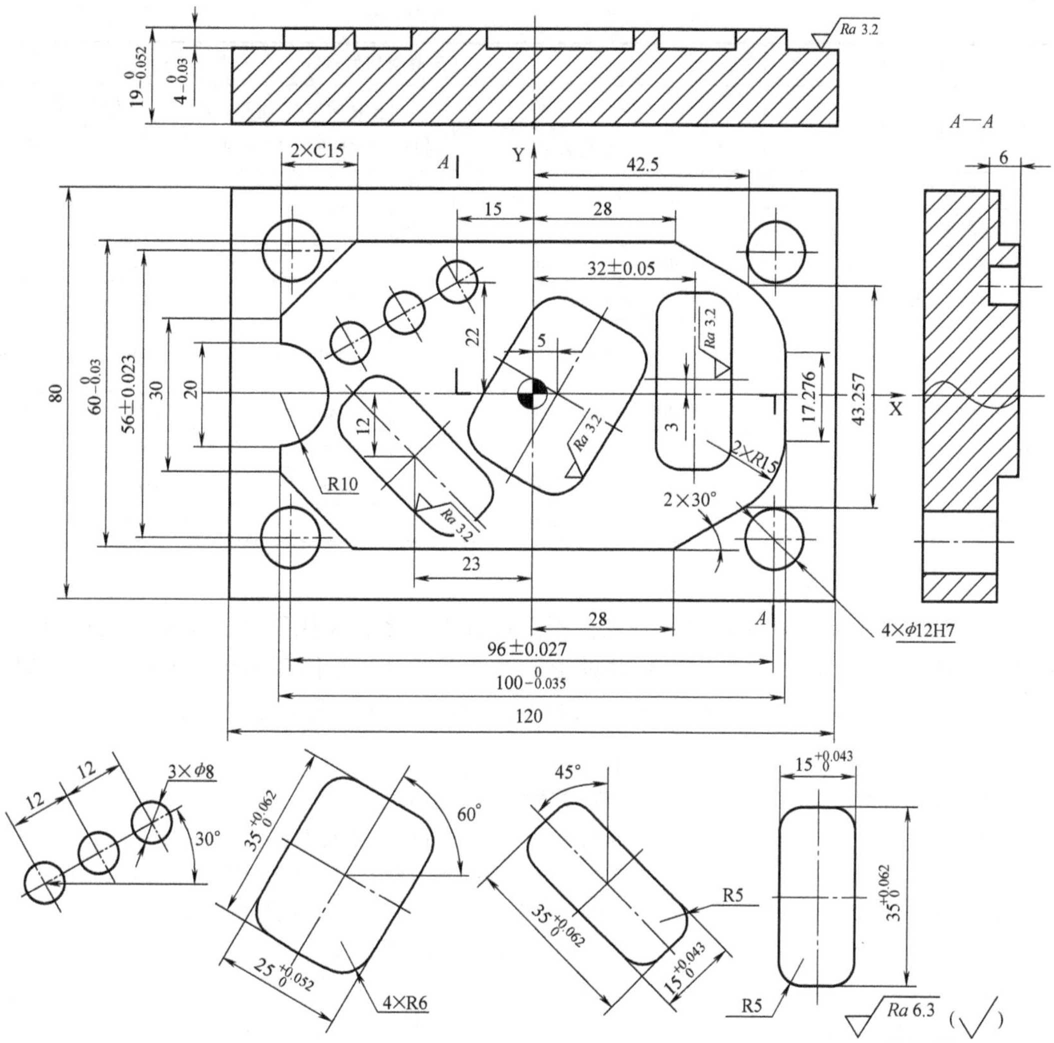

技术要求
1.未注尺寸公差等级为IT13。
2.去毛刺。

图 7-54　综合实例 1 零件图

ϕ80mm 可转位铣刀。

3）粗加工外轮廓及去除多余材料，保证深度尺寸 4mm，选用 ϕ16mm 三刃立铣刀。

4）粗加工中间旋转大型腔，保证深度尺寸 4mm，选用 ϕ10mm 键槽铣刀。

5）粗加工两相同型腔，保证深度尺寸 4mm，选用 ϕ8mm 键槽铣刀。

6）铣孔 3×ϕ8mm，保证孔的直径和深度，选用 ϕ8mm 键槽铣刀。

7）精加工外轮廓与三个型腔，保证所有相关尺寸，选用 ϕ10mm 三刃立铣刀。

8）点孔加工，选用 ϕ4mm 中心钻。

9）钻孔加工，选用 ϕ11. 8mm 直柄麻花钻。

10）铰孔加工，保证孔的直径和深度，选用 ϕ12mm 机用铰刀。

3. 切削参数的选择

各工序及刀具的切削参数见表 7-9。

表 7-9 各工序及刀具的切削参数

加工工序		刀具与切削参数					
加工内容	刀具规格			主轴转速/(r/min)	进给率/(mm/min)	刀具补偿	
	刀号	刀具名称	材料			长度	半径
工序1:铣平面	T1	φ80mm 面铣刀(5个刀片)	硬质合金	600	120	H1	
工序2:铣另一平面							
工序3:粗加工外轮廓/去余料	T2	φ16mm 三刃立铣刀	高速钢	400	100	H2	D2=8.1mm
工序4:粗加工大型腔	T3	φ10mm 键槽铣刀		900	40	H3	D3=5.1mm
工序5:粗加工两小型腔	T4	φ8mm 键槽铣刀		1000	30	H4	D4=4.1mm
工序6:铣φ8mm的孔					15		
工序7:精加工所有轮廓	T11	φ10mm 三刃立铣刀		800	80	H11	D11=4.99mm
工序8:点孔	T12	φ4mm 中心钻		1200	120	H12	
工序9:钻孔	T13	φ11.8mm 直柄麻花钻		550	80	H13	
工序10:铰孔	T14	φ12mm 机用铰刀		300	50	H14	

4. 编写程序 （程序文件名为 O7015）

工序1铣削平面在 MDI 方式下完成,不必设置坐标系;在执行加工工序2之前要进行对刀,将刀具送入刀库（对号入座）并设置工件坐标系以及补偿等参数,工序2~7由以下程序完成加工,正式加工前必须进行程序的检查和校验,确认无误后自动加工。

```
%1                              程序名
N1   G53  G90  G0  Z0           Z轴快速抬刀至机床原点
N2   M6   T1                    调用1号刀具,即φ80mm面铣刀(工序2)
N3   G54  G90  M3  S600         G54工件坐标系,绝对坐标编程,主轴正转,转速为600r/min
N4   G0   G43  H1  Z200  M8     Z轴快速定位,调用1号长度补偿,切削液开
N5   X-105   Y-20               X、Y轴快速定位至起刀点
N6   Z5                         Z轴快速定位
N7   G1   Z0   F120             Z轴直线进给,进给速度为120mm/min
N8   X105                       X轴直线进给,铣削平面
N9   G0   Y20                   Y轴快速定位
N10  G1   X-105                 X轴直线进给,铣削平面
N11  G49  G0   Z0   M09         取消长度补偿,Z轴快速定位到机床原点,切削液关闭
N12  M5                         主轴停转
N13  M6   T2                    调用2号刀具,即φ16mm三刃立铣刀(工序3)
N14  M3   S400                  主轴正转,转速为400r/min
N15  G0   G43  H2  Z200  M8     Z轴快速定位,调用2号长度补偿,切削液开
N16  X-70   Y50                 X、Y轴快速定位至起刀点
N17  Z5                         Z轴快速定位
N18  G1   Z-4  F100             Z轴直线进给,进给速度为100mm/min
N19  G41  X-60  Y30  D2         X、Y轴进给,引入刀具半径补偿D2(D2=8.1mm)
N20  M98  P2                    调用子程序加工外轮廓,程序名为%2
N21  G0   Z5                    Z轴快速定位
N22  X-40  Y-50                 X、Y轴快速定位
```

N23	Z-4	Z轴快速下刀,去除多余材料
N24	G1 X-60 Y-36	X、Y轴直线进给
N25	Y36	Y轴方向进给
N26	X-40 Y50	X、Y轴直线进给
N27	G0 X40	X轴快速定位
N28	G1 X60 Y36	X、Y轴直线进给
N29	Y-36	Y轴方向进给
N30	X40 Y-50	X、Y轴直线进给
N31	G49 G0 Z0 M09	取消长度补偿,Z轴快速定位到机床原点,切削液关闭
N32	M5	主轴停转
N33	M6 T3	调用3号刀具,即φ10mm键槽铣刀(工序4)
N34	M3 S900	主轴正转,转速为900r/min
N35	G0 G43 H3 Z200 M8	Z轴快速定位,调用3号长度补偿,切削液开
N36	X5 Y0	X、Y轴快速定位至起刀点
N37	Z5	Z轴快速定位
N38	G1 Z-4 F20	Z轴直线进给,进给速度为20mm/min
N39	G68 X5 Y0 P60	坐标系旋转,相对逆时针旋转60°
N40	G41 G91 G1 X-9.5 Y8 D3 F40	相对编程,引入刀具半径补偿D3(D3=5.1mm),进给速度为40mm/min
N41	M98 P3	调用子程序加工,程序名为%3
N42	X10	X轴直线进给,去除多余材料
N43	G0 Z5	Z轴快速定位
N44	G69	取消坐标系旋转
N45	G49 G0 Z0 M09	取消长度补偿,Z轴快速定位到机床原点,切削液关闭
N46	M5	主轴停转
N47	M6 T4	调用4号刀具,即φ8mm键槽铣刀(工序5)
N48	M3 S1000	主轴正转,转速为1000r/min
N49	G0 G43 H4 Z200 M8	Z轴快速定位,调用4号长度补偿,切削液开
N50	X32 Y3	X、Y轴快速定位至起刀点
N51	Z5	Z轴快速定位
N52	G1 Z-4 F15	Z轴直线进给,进给速度为15mm/min
N53	G41 G91 G1 X-2.5 Y17.5 D4 F30	相对编程,引入刀具半径补偿D4(D4=4.1mm),进给速度为30mm/min
N54	M98 P4	调用子程序加工,程序名为%4
N55	X-23 Y-12	X、Y轴快速定位至起刀点
N56	G1 Z-4 F15	Z轴直线进给,进给速度为15mm/min
N57	G68 X-23 Y-12 P45	坐标系旋转,相对逆时针旋转45°
N58	G41 G91 G1 X-2.5 Y17.5 D4 F30	相对编程,引入刀具半径补偿D4(D4=4.1mm),进给速度为30mm/min
N59	M98 P4	调用子程序加工,程序名为%4
N60	G69	取消坐标系旋转
N61	X-15 Y22	X、Y轴快速定位

N62	G68	X-15	Y22	P30	坐标系旋转,相对逆时针旋转30°(工序6)
N63	G82	G99	X-15	Y22	固定循环加工φ8mm孔,进给速度为15mm/min
	Z-6	R2	P3	F15	
N64	X-27				固定循环加工φ8mm孔
N65	X-39				固定循环加工φ8mm孔
N66	G69				取消坐标系旋转
N67	G49	G0	Z0	M09	取消长度补偿、固定循环,Z轴快速定位到机床原点,切削液关闭
N68	M5				主轴停转
N69	M6	T11			调用11号刀具,即φ10mm三刃立铣刀(工序7)
N70	M3	S800			主轴正转,转速为800r/min
N71	G0	G43	H11	Z200 M8	Z轴快速定位,调用11号长度补偿,切削液开
N72	X-70	Y50			X、Y轴快速定位至起刀点
N73	Z5				Z轴快速定位
N74	G1	Z-4	F80		Z轴直线进给,进给速度为80mm/min
N75	G41	X-60	Y30	D11	X、Y轴进给,引入刀具半径补偿D11(D11=4.99mm)
N76	M98	P2			调用子程序加工外轮廓,程序名为%2
N77	G0	Z5			Z轴快速定位
N78	X5	Y0			X、Y轴快速定位至起刀点
N79	G1	Z-4			Z轴直线进给
N80	G68	X5	Y0	P60	坐标系旋转,相对逆时针旋转60°
N81	G41	G91	G1	X-9.5 Y8 D11	相对编程,引入刀具半径补偿D11(D11=4.99mm)
N82	M98	P3			调用子程序加工,程序名为%3
N83	G0	Z5			Z轴快速定位
N84	G69				取消坐标系旋转
N85	X32	Y3			X、Y轴快速定位至起刀点
N86	Z5				Z轴快速定位
N87	G1	Z-4			Z轴直线进给
N88	G41	G91	G1	X-2.5 Y17.5 D11	相对编程,引入刀具半径补偿D11(D11=4.99mm)
N89	M98	P4			调用子程序加工,程序名为%4
N90	X-23	Y-12			X、Y轴快速定位至起刀点
N91	G1	Z-4			Z轴直线进给
N92	G68	X-23	Y-12	P45	坐标系旋转,相对逆时针旋转45°
N93	G41	G91	G1	X-2.5 Y17.5 D11	相对编程,引入刀具半径补偿D11(D11=4.99mm)
N94	M98	P4			调用子程序加工,程序名为%4
N95	G69				取消坐标系旋转
N96	G49	G0	Z0	M09	取消长度补偿,Z轴快速定位到机床原点,切削液关闭
N97	M05				主轴停转
N98	M6	T12			调用12号刀具,即φ4mm中心钻(工序8)
N99	M3	S1200			主轴正转,转速为1200r/min
N100	G0	G43	H12	Z200	Z轴快速定位,调用12号长度补偿
N101	X0	Y0			X、Y轴快速定位

N102　G81　G99　X48　Y-28 　　　Z-6　R2　F120	固定循环点孔加工,进给速度为120mm/min
N103　Y28	固定循环点孔加工
N104　X-48	固定循环点孔加工
N105　Y-28	固定循环点孔加工
N106　G49　G0　Z0	取消长度补偿、固定循环,Z轴快速定位到机床原点
N107　M5	主轴停转
N108　M6　T13	调用13号刀具,即φ11.8mm麻花钻(工序9)
N109　M3　S550	主轴正转,转速为550r/min
N110　G0　G43　H13　Z200　M8	Z轴快速定位,调用13号长度补偿,切削液开
N111　X0　Y0	X、Y轴快速定位
N112　G73　G99　X48　Y-28　Z-25 　　　R2　Q-6　K1　F80	固定循环钻孔加工,进给速度为80mm/min
N113　Y28	固定循环钻孔加工
N114　X-48	固定循环钻孔加工
N115　Y-28	固定循环钻孔加工
N116　G49　G0　Z0　M09	取消长度补偿、固定循环,Z轴快速定位到机床原点,切削液关闭
N117　M5	主轴停转
N118　M6　T14	调用14号刀具,即φ12mm机用铰刀(工序10)
N119　M3　S300	主轴正转,转速为300r/min
N120　G0　G43　H14　Z200　M8	Z轴快速定位,调用14号长度补偿,切削液开
N121　X0　Y0	X、Y轴快速定位
N122　G85　G99　X48　Y-28 　　　Z-25　R2　F50	固定循环铰孔加工,进给速度为50mm/min
N123　Y28	固定循环铰孔加工
N124　X-48	固定循环铰孔加工
N125　Y-28	固定循环铰孔加工
N126　G49　G00　Z0　M09	取消长度补偿、固定循环,Z轴快速定位到机床原点,切削液关闭
N127　M05	主轴停转
N128　M30	程序结束,返回起始行
%2	子程序名
N1　G1　X28	X向直线进给,切向切入轮廓
N2　X42.5　Y21.628	X、Y向直线进给
N3　G2　X50　Y8.638　R15	顺时针半径为15mm的圆弧进给
N4　G1　Y-8.638	Y向直线进给
N5　G2　X42.5　Y-21.628　R15	顺时针半径为15mm的圆弧进给
N6　G1　X28　Y-30	X、Y向直线进给
N7　X-35	X向直线进给
N8　X-50　Y-15	X、Y向直线进给
N9　Y-10	Y向直线进给

N10	G3	Y10	R10		逆时针半径为10mm的圆弧铣削进给
N11	G1	Y15			Y向直线进给
N12	X-25	Y40			X、Y向直线进给
N13	G40	X-70	Y50		取消刀具半径补偿至起刀点
N14	M99				子程序结束,返回主程序%1中
%3					子程序名
N1	G3	X-8	Y-8	R8	过渡圆弧进给,切向切入轮廓
N2	G1	Y-6.5			Y向直线进给
N3	G3	X6	Y-6	R6	逆时针半径为mm的圆弧进给
N4	G1	X23			X向直线进给
N5	G3	X6	Y6	R6	逆时针半径为6mm的圆弧进给
N6	G1	Y13			Y向直线进给
N7	G3	X-6	Y6	R6	逆时针半径为6mm的圆弧进给
N8	G1	X-23			X向直线进给
N9	G3	X-6	Y-6	R6	逆时针半径为6mm的圆弧进给
N10	G1	Y-6.5			Y向直线进给
N11	G3	X8	Y-8	R8	过渡圆弧进给,切向切出轮廓
N12	G90	G40	G1	X5 Y0	绝对编程,取消刀具半径补偿
N13	M99				子程序结束,返回主程序%1中
%4					子程序名
N1	G3	X-5	Y-5	R5	逆时针半径为5mm的圆弧进给
N2	G1	Y-25			Y向直线进给
N3	G3	X5	Y-5	R5	逆时针半径为5mm的圆弧进给
N4	G1	X5			X向直线进给
N5	G3	X5	Y5	R5	逆时针半径为5mm的圆弧进给
N6	G1	Y25			Y向直线进给
N7	G3	X-5	Y5	R5	逆时针半径为5mm的圆弧进给
N8	G1	X-5			X向直线进给
N9	G40	G1	X2.5	Y-17.5	取消刀具半径补偿
N10	G90	G0	Z5		绝对编程,Z轴快速定位
N11	M99				子程序结束,返回主程序%1中

综合实例2 如图7-55所示的零件毛坯外形尺寸为160mm×120mm×39mm,除上、下表面以外的其他四面均已加工,并符合尺寸与表面质量要求,材料为45钢。按图样要求制订正确的工艺方案(包括定位、夹紧方案和工艺路线),选择合理的刀具和切削工艺参数,编写数控加工程序。

1. 工艺分析

如图7-55所示,零件外形规则,被加工部分的各尺寸公差、几何公差要求较高,表面粗糙度值要求较小。图7-55中包含了平面、内外轮廓、挖槽、钻孔、镗孔、铰孔、攻螺纹以及三维曲面的加工,且大部分的尺寸公差等级均达到IT7~IT8。

选用机用虎钳装夹工件,校正机用虎钳固定钳口与工作台X轴移动方向平行,在工件下表面与机用虎钳之间放入精度较高且厚度适当的平行垫块,工件露出钳口表面不低于

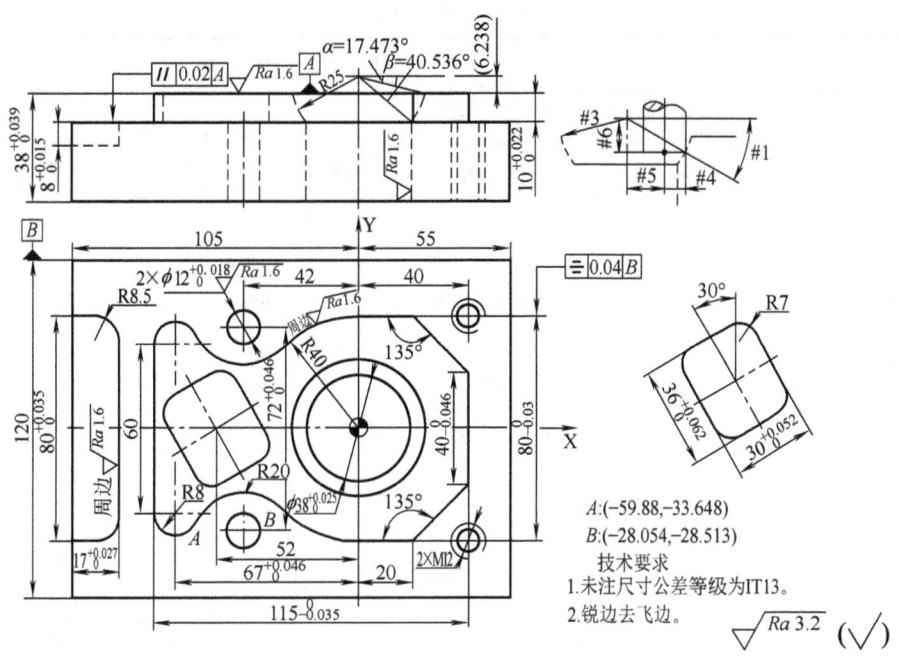

图 7-55　综合实例 2 零件图

12mm，利用木槌或铜棒敲击工件，使平行垫块不能移动后夹紧工件。利用寻边器找正工件 X、Y 轴零点位于工件 φ38mm 孔的中心位置，设置 Z 轴零点与机床原点重合，刀具长度补偿利用 Z 轴定位器设定（有时也可不使用刀具长度补偿功能，而根据不同刀具设定多个工件坐标系零点进行编程加工）。工件上表面为执行刀具长度补偿后的 Z 零点表面。

2. 根据零件图样要求确定的加工工序和选择刀具如下：

1) 装夹工件，铣削 160mm×120mm 的平面（铣出即可），选用 φ80mm 面铣刀。

2) 重新装夹工件（已加工表面朝下），铣削表面，保证总厚度尺寸 38mm，选用 φ80mm 可转位铣刀。

3) 钻工件原点位置孔，选用 φ25mm 锥柄麻花钻。

4) 铣工件原点位置孔（扩孔），粗加工外轮廓、宽 80mm 的槽及去除多余材料，保证所有相关轮廓深度尺寸，选用 φ16mm 三刃立铣刀。

5) 粗加工旋转型腔，保证深度尺寸 10mm，选用 φ12mm 键槽铣刀。

6) 精加工内外轮廓三个，保证所有相关尺寸，选用 φ10mm 三刃立铣刀。

7) 点孔加工，选用 φ4mm 中心钻。

8) 钻孔加工，选用 φ11.8mm 直柄麻花钻。

9) 钻孔加工，选用 φ10.3mm 直柄麻花钻。

10) 铰孔加工，保证孔的直径和深度，选用 φ12mm 机用铰刀。

11) 攻螺纹加工，选用 M12 机用丝锥。

12) 镗工件原点位置孔，选用 φ38mm 微调精镗刀。

13) 加工 R25mm 凹圆弧面（三维曲面），选用 φ16mm 三刃立铣刀。

3. 切削参数的选择

各工序及刀具的切削参数见表 7-10。

表 7-10 各工序及刀具的切削参数

加工步骤	刀具与切削参数						
加工内容	刀具规格			主轴转速/(r/min)	进给速度/(mm/min)	刀具补偿	
	刀号	刀具名称	材料			长度	半径
工序1:铣平面	T1	φ80mm 面铣刀(5个刀片)	硬质合金	600	120	H1	
工序2:铣另一平面	T1			600	120	H1	
工序3:钻中心孔	T2	φ25mm 锥柄麻花钻		300	30	H2	
工序4:粗加工相关轮廓	T3	φ16mm 三刃立铣刀		400	80	H3	D3 = 8.1mm
工序5:粗加工旋转型腔	T4	φ12mm 键槽铣刀		700	60	H4	D4 = 6.1mm
工序6:精加工所有轮廓	T5	φ10mm 三刃立铣刀		800	80	H5	D5 = 4.99mm
工序7:点孔	T11	φ4mm 中心钻	高速钢	1200	120	H11	
工序8:钻孔	T12	φ11.8mm 直柄麻花钻		550	80	H12	
工序9:钻孔	T13	φ10.3mm 直柄麻花钻		600	100	H13	
工序10:铰孔	T14	φ12mm 机用铰刀		300	50	H14	
工序11:攻螺丝	T15	M12 机用丝锥		150	1.75	H15	
工序12:镗中心位置孔	T16	φ38mm 微调精镗刀		1200	100	H16	
工序13:铣削 R25mm 凹圆弧面	T3	φ16mm 三刃立铣刀		800	500	H3	

4. 编写程序（程序文件名 O7017）

工序1铣削平面在MDI方式下完成,不必设置坐标系;在执行加工工序2之前要进行对刀,将刀具送入刀库（对号入座）并设置工件坐标系以及补偿等参数,工序2~工序13由以下程序完成加工。正式加工前必须进行程序的检查和校验,确认无误后自动加工。

%1	程序名
N1　G53　G90　G0　Z0	Z轴快速抬刀至机床原点
N2　M6　T1	调用1号刀具,即φ80mm 面铣刀(工序2)
N3　G54　G90　M3　S600	G54工件坐标系,绝对坐标编程,主轴正转,转速为600r/min
N4　G0　G43　H1　Z200　M8	Z轴快速定位,调用1号长度补偿,切削液开
N5　X-150　Y-30	X、Y轴快速定位至起刀点
N6　Z5	Z轴快速定位
N7　G1　Z0　F120	Z轴直线进给,进给速度为120mm/min
N8　X100	X轴直线进给,铣削平面
N9　G0　Y30	Y轴快速定位
N10　G1　X-150	X轴直线进给,铣削平面
N11　G49　G0　Z0　M09	取消长度补偿,Z轴快速定位到机床原点,切削液关闭
N12　M5	主轴停转
N13　M6　T2	调用2号刀具,即φ25mm 麻花钻(工序3)

N14	M3	S300				主轴正转,转速为300r/min
N15	G00	G43	H2	Z200	M08	Z轴快速定位,调用2号长度补偿,切削液开
N16	X0	Y0				X、Y轴快速定位
N17	G73	G99	X0	Y0	Z-50	钻孔加工,进给速度为30mm/min
	R2	Q-6	K1	F30		
N18	G49	G00	Z0	M09		取消长度补偿与固定循环,Z轴快速定位到机床原点,切削液关闭
N19	M05					主轴停转
N20	M6	T3				调用3号刀具,即φ16mm三刃立铣刀(工序4)
N21	M3	S400				主轴正转,转速为400r/min
N22	G00	G43	H3	Z200	M08	Z轴快速定位,调用3号长度补偿,切削液开
N23	X0	Y0				X、Y轴快速定位
N24	Z0					Z轴快速定位
N25	M98	P2	L4			连续调用子程序4次,程序名为%2
N26	G0	Z5				Z轴快速定位
N27	X65	Y-60				X、Y轴快速定位至起刀点
N28	G1	Z-10	F80			Z轴直线进给,进给速度为80mm/min
N29	G41	X40	Y-40	D3		X、Y轴进给,引入刀具半径补偿D3(D3=8.1mm)
N30	M98	P3				调用子程序加工外轮廓,程序名为%3
N31	X70	Y-53				X、Y轴快速定位
N32	G1	X-42				X轴直线进给,开始去除多余材料
N33	Y-45					Y轴直线进给
N34	Y-53					Y轴直线进给
N35	X-105					X轴直线进给
N36	X-90					X轴直线进给
N37	Y-40					Y轴直线进给
N38	X-98					X轴直线进给
N39	Y40					Y轴直线进给
N40	X-90					X轴直线进给
N41	X-98					X轴直线进给
N42	Y53					Y轴直线进给
N43	X40					X轴直线进给
N44	Y50					Y轴直线进给
N45	Y53					Y轴直线进给
N46	X55					X轴直线进给
N47	X50					X轴直线进给
N48	Y-70					Y轴直线进给
N49	G0	Z5				Z轴快速定位
N50	X-120	Y-30				X、Y轴快速定位
N51	G0	Z-18				Z轴快速定位,铣槽
N52	G41	G1	X-110	Y-40	D3 F100	X、Y轴进给,引入刀具半径补偿D3(D3=8.1mm)
N53	M98	P4				调用子程序加工,程序名为%4

N54　G49　G0　Z0　M09	取消长度补偿,Z轴快速定位到机床原点,切削液关闭
N55　M5	主轴停转
N56　M6　T4	调用4号刀具,即φ12mm键槽铣刀(工序5)
N57　M3　S700	主轴正转,转速为700r/min
N58　G0　G43　H4　Z200　M8	Z轴快速定位,调用4号长度补偿,切削液开
N59　X-52　Y0	X、Y轴快速定位至起刀点
N60　Z5	Z轴快速定位
N61　G1　Z-5　F20	Z轴直线进给,进给速度为20mm/min
N62　G68　X-52　Y0　P30	坐标系旋转,相对逆时针旋转30°
N63　G41　G91　G1　X8　Y10　D4　F60	相对编程,引入刀具半径补偿D4(D4=6.1mm),进给率为60mm/min
N64　M98　P5	调用子程序加工,程序名为%5
N65　Y-5	Y轴直线进给,去除多余材料
N66　G0　Z5	Z轴快速定位
N67　G69	取消坐标系旋转
N68　G90　G49　G0　Z0　M09	绝对编程,取消长度补偿,Z轴快速定位到机床原点,切削液关闭
N69　M5	主轴停转
N70　M6　T5	调用5号刀具,即φ10mm三刃立铣刀(工序6)
N71　M3　S800	主轴正转,转速为800r/min
N72　G0　G43　H5　Z200　M8	Z轴快速定位,调用5号长度补偿,切削液开
N73　G0　Z5	Z轴快速定位
N74　X65　Y-60	X、Y轴快速定位至起刀点
N75　G1　Z-10　F80	Z轴直线进给,进给速度为80mm/min
N76　G41　X40　Y-40　D5	X、Y轴进给,引入刀具半径补偿D5(D5=4.99mm)
N77　M98　P3	调用子程序加工外轮廓,程序名为%3
N78　X-120　Y-30	X、Y轴快速定位
N79　G0　Z-18	Z轴快速定位,铣槽
N80　G41　G1　X-110　Y-40　D5	X、Y轴进给,引入刀具半径补偿D5(D5=4.99mm)
N81　M98　P4	调用子程序加工外轮廓,程序名为%4
N82　G0　Z5	Z轴快速定位
N83　X-52　Y0	X、Y轴快速定位至起刀点
N84　G1　Z-5	Z轴直线进给
N85　G68　X-52　Y0　P30	坐标系旋转,相对逆时针旋转30°
N86　G41　G91　G1　X8　Y10　D5	相对编程,引入刀具半径补偿D5(D5=4.99mm)
N87　M98　P5	调用子程序加工,程序名为%5
N88　G69	取消坐标系旋转
N89　G49　G0　Z0　M09	取消长度补偿,Z轴快速定位到机床原点,切削液关闭
N90　M5	主轴停转
N91　M6　T11	调用11号刀具,即φ4mm中心钻(工序7)
N92　M3　S1200	主轴正转,转速为1200r/min
N93　G0　G43　H11　Z200	Z轴快速定位,调用11号长度补偿

N94	X0	Y0				X、Y轴快速定位
N95	G81	G99	X40	Y40	Z-12	固定循环点孔加工,进给速度为120mm/min
	R2	F120				
N96	X-42	Y36				固定循环点孔加工
N97	Y-36					固定循环点孔加工
N98	X40	Y-40				固定循环点孔加工
N99	G49	G0	Z0			取消长度补偿、固定循环,Z轴快速定位到机床原点
N100	M5					主轴停转
N101	M6	T12				调用12号刀具,即φ11.8mm麻花钻(工序8)
N102	M3	S550				主轴正转,转速为550r/min
N103	G00	G43	H12	Z200	M08	Z轴快速定位,调用12号长度补偿,切削液开
N104	X0	Y0				X、Y轴快速定位
N105	G73	G99	X-42	Y36	Z-46	固定循环钻孔加工孔,进给速度为80mm/min
	R2	Q-6	K1	F80		
N106	Y-36					固定循环钻孔加工孔
N107	G49	G00	Z0	M09		取消长度补偿与固定循环,Z轴快速定位到机床原点,切削液关闭
N108	M05					主轴停转
N109	M6	T13				调用13号刀具,即φ10.3mm麻花钻(工序9)
N110	M3	S600				主轴正转,转速为600r/min
N111	G00	G43	H13	Z200	M08	Z轴快速定位,调用13号长度补偿,切削液开
N112	X0	Y0				X、Y轴快速定位
N113	G73	G99	X40	Y40	Z-46	固定循环钻孔加工,进给速度为100mm/min
	R2	Q-6	K1	F100		
N114	Y-40					固定循环钻孔加工
N115	G49	G00	Z0	M09		取消长度补偿与固定循环,Z轴快速定位到机床原点,切削液关闭
N116	M05					主轴停转
N117	M6	T14				调用14号刀具,即φ12mm机用铰刀(工序10)
N118	M3	S300				主轴正转,转速为300r/min
N119	G00	G43	H14	Z200	M08	Z轴快速定位,调用14号长度补偿,切削液开
N120	X0	Y0				X、Y轴快速定位
N121	G85	G99	X-42	Y36	Z-46	铰孔加工,进给速度为50mm/min
	R2	F50				
N122	Y-36					铰孔加工
N123	G49	G00	Z0	M09		取消长度补偿与固定循环,Z轴快速定位到机床原点,切削液关闭
N124	M05					主轴停转
N125	M6	T15				调用15号刀具,即M12机用丝锥(工序11)
N126	M3	S150				主轴正转,转速为150r/min
N127	G00	G43	H15	Z200	M08	Z轴快速定位,调用15号长度补偿,切削液开
N128	X0	Y0				X、Y轴快速定位

N129	G84 G99 X40 Y40 Z-45 R2 F1.75	攻螺纹加工,螺纹导程为1.75mm
N130	Y-40	攻螺纹加工
N131	G49 G00 Z0 M09	取消长度补偿与固定循环,Z轴快速定位到机床原点,切削液关闭
N132	M05	主轴停转
N133	M6 T16	调用16号刀具,即φ38mm微调精镗刀(工序12)
N134	M3 S1200	主轴正转,转速为1200r/min
N135	G00 G43 H16 Z200 M08	Z轴快速定位,调用16号长度补偿,切削液开
N136	X0 Y0	X、Y轴快速定位
N137	G76 G99 X0 Y0 Z-40 R2 I1 F100	镗孔加工孔,进给速度为100mm/min
N138	G49 G00 Z0 M09	取消长度补偿与固定循环,Z轴快速定位到机床原点,切削液关闭
N139	M05	主轴停转
N140	M6 T3	调用3号刀具,即φ16mm三刃立铣刀(工序13)
N141	M3 S800	主轴正转,转速为800r/min
N142	G00 G43 H3 Z200 M08	Z轴快速定位,调用3号长度补偿,切削液开
N143	X0 Y0	X、Y轴快速定位
N144	#1=14	定义半径为25mm球面起始角度($\alpha=17.473°$)
N145	#2=41	定义半径为25mm球面终止角度($\beta=40.536°$)
N146	#3=25	定义球面的半径
N147	#4=8	定义刀具的半径
N148	WHILE #1 LE #2	判断圆心角是否到达终点
N149	#5=#3*COS[#1*PI/180]-#4	球面起点X点的坐标计算
N150	#6=#3*SIN[#1*PI/180]	数值计算
N151	G01 X[#5] Y0 F500	进给至球面的X、Y轴起点位置,进给速度为500mm/min
N152	Z[6.238-#6]	进给至球面的Z轴起点位置
N153	G02 I[-#5]	整圆铣削加工
N154	#1=#1+1	球面角度的每次增加量
N155	ENDW	结束并返回WHILE程序段
N156	G49 G00 Z0 M09	取消长度补偿,Z轴快速定位到机床原点,切削液关闭
N157	M05	主轴停转
N158	M30	程序结束,返回起始行
%2		子程序名
N1	G91 G0 Z-10	相对编程,Z轴快速定位
N2	G90 G1 X10.7 F100	绝对编程,X轴切削进给,铣孔加工,进给速度为100mm/min
N3	G3 I-10.7	整圆切削进给
N4	G1 X0	X轴进给退刀
N5	M99	子程序结束,返回主程序%1中
%3		子程序名
N1	G1 X0	X向直线进给,切向切入轮廓

N2	G2	X-28.054	Y-28.513	R40	顺时针半径为40mm的圆弧进给
N3	G3	X-59.88	Y-33.648	R20	逆时针半径为20mm的圆弧进给
N4	G2	X-75	Y-30	R8	顺时针半径为8mm的圆弧进给
N5	G1	Y30			Y向直线进给
N6	G2	X-59.88	Y33.648	R8	顺时针半径为8mm的圆弧进给
N7	G3	X-28.054	Y28.513	R20	逆时针半径为20mm的圆弧进给
N8	G2	X0	Y40	R40	顺时针半径为40mm的圆弧进给
N9	G1	X20			X向直线进给
N10		X40	Y20		X、Y向直线进给
N11		Y-20			Y向直线进给
N12		X10	Y-50		X、Y向直线进给,切向切出轮廓
N13	G40	X65	Y-60		取消刀具半径补偿
N14	G0	Z5			Z轴快速定位
N15	M99				子程序结束,返回主程序%1
%4					子程序名
N1	G91	G1	X13.5		相对编程,X向直线进给,切向切入轮廓
N2	G3	X8.5	Y8.5	R8.5	逆时针半径为8.5mm的圆弧进给
N3	G1	Y63			Y向直线进给
N4	G3	X-8.5	Y8.5	R8.5	逆时针半径为8.5mm的圆弧进给
N5	G1	X-18			X向直线进给,切向切出轮廓
N6	G90	G40	X-120	Y30	绝对编程,X、Y向直线进给
N7	M99				子程序结束,返回主程序%1
%5					子程序名
N1	G3	X-8	Y8	R8	过渡圆弧进给,切向切入轮廓
N2	G1	X-8			X向直线进给
N3	G3	X-7	Y-7	R7	逆时针半径为7mm的圆弧进给
N4	G1	Y-22			Y向直线进给
N5	G3	X7	Y-7	R7	逆时针半径为7mm的圆弧进给
N6	G1	X16			X向直线进给
N7	G3	X7	Y7	R7	逆时针半径为7mm的圆弧进给
N8	G1	Y22			Y向直线进给
N9	G3	X-7	Y7	R7	逆时针半径为7mm的圆弧进给
N10	G1	X-8			X向直线进给
N11	G3	X-8	Y-8	R8	过渡圆弧进给,切向切出轮廓
N12	G90	G40	G1	X-52 Y0	绝对编程,取消刀具半径补偿
N13	M99				子程序结束,返回主程序%1

第八单元　华中HNC—210B MD系统加工中心的操作

> ➤ 热爱钻研技能、追求提高技能，打造高素质技能人才队伍，培养更多大国工匠。
> ➤ 技术工人队伍是支撑中国制造和中国创造的重要力量。

课题一　华中 HNC—210B MD 系统加工中心的操作面板

一、华中 HNC—210B MD 系统操作装置

华中 HNC—210B MD 系统操作装置是由液晶显示器、MDI 键盘、功能键、主菜单键、机床控制面板、倍率旋钮、启动按钮、电源开关及手持单元等组成（见图 8-1、图 8-2）。

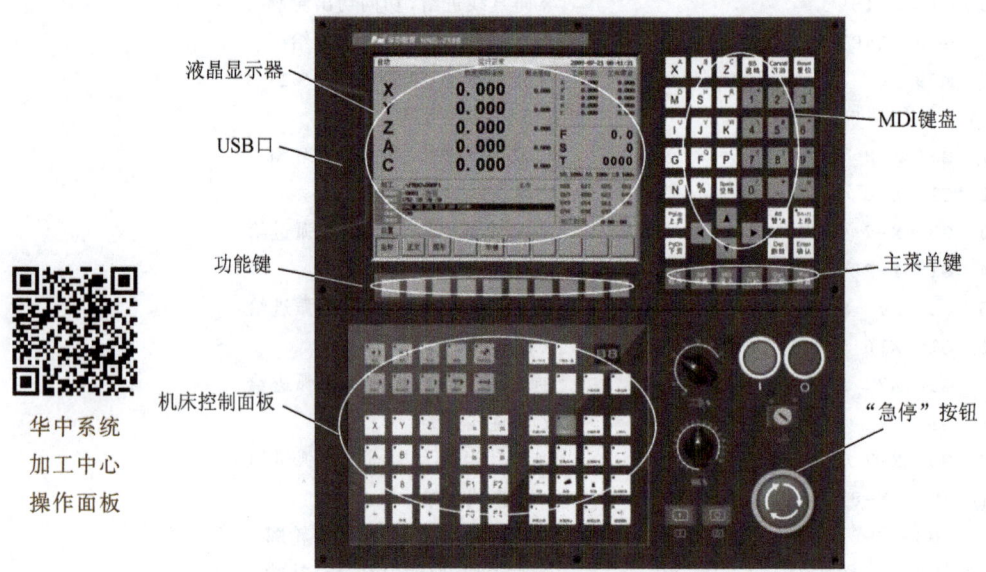

图 8-1　华中 HNC—210B MD 系统操作装置

1. 显示器

显示器位于操作面板的左上部，为 10.4in（1in = 25.4mm）彩色液晶显示器，用于汉字菜单、系统状态、故障报警的显示和加工轨迹的图形仿真等。

2. NC 键盘

NC 键盘包括精简型 MDI 键盘、六个主菜单键和十个功能键，主要用于零件程序的编制、参数输入、MDI 及系统管理操作等。其中 MDI 键盘的大部分键具有上档键功能，同时

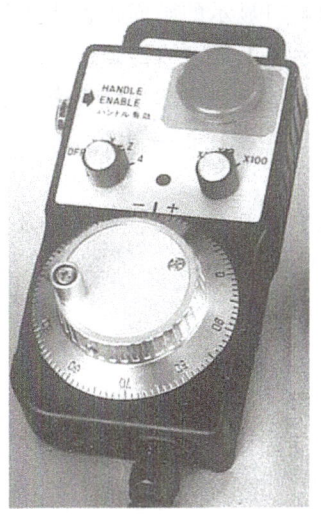

图 8-2 手持单元

按下 Shift 键和字母/数字键，输入的是上档键的字母/数字；六个主菜单键包括［程序］［设置］［MDI］［刀补］［诊断］［位置］等；十个功能键与软件菜单的十个菜单按钮一一对应。

二、软件操作界面

HNC—210B MD 的软件操作界面如图 8-3 所示。

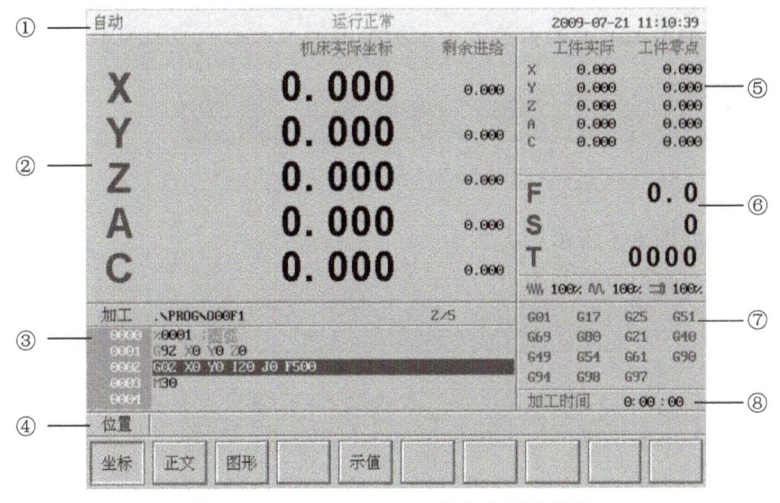

图 8-3 HNC—210B MD 的软件操作界面

① 标题栏：标题栏显示当前加工方式、系统运行状态及当前时间。

●工作方式　系统工作方式根据机床控制面板上相应按键的状态可在自动（运行）、单段（运行）、手动（运行）、增量（运行）、回零、急停等之间切换。

●运行状态　系统运行状态在"运行正常""进给暂停""出错"间切换。

●当前时间　显示当前系统时间（机床参数里可选）。

② 图形显示窗口：图形显示窗口显示的画面根据所选菜单键的不同而不同。

③ G 代码显示区：预览或显示加工程序的代码。

④ 菜单命令条：通过菜单命令条中对应的功能键来完成系统功能的操作。

⑤ 选定坐标系下的坐标值：在［设置］→［显示］菜单下的小字符选项中进行切换选定坐标系下的坐标值。

⑥ 辅助机能：显示自动加工中的 F、S、T 代码，以及修调信息。

⑦ G 模态：显示加工过程中的 G 模态。

⑧ 加工时间：显示系统本次加工的时间。

三、软件菜单功能

软件的菜单由六个主菜单（［程序］［设置］［MDI］［刀补］［诊断］［位置］）组成。每个主菜单由若干子菜单组成，其操作与功能键一一对应。下面对软件菜单的组织结构予以简单说明。

1）程序主菜单如图 8-4 所示。

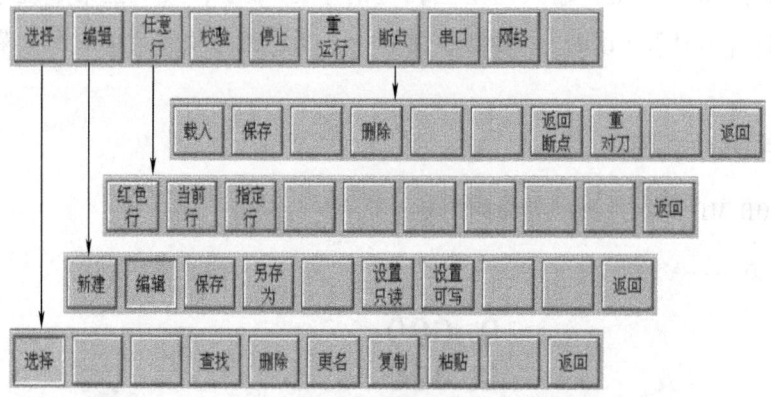

图 8-4 程序主菜单

2）设置主菜单如图 8-5 所示。

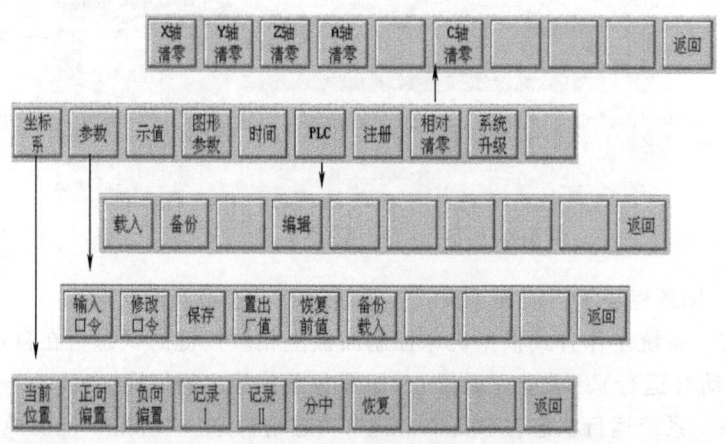

图 8-5 设置主菜单

3) MDI 主菜单在不同的操作下表现为不同的界面。刚进入时如图 8-6 所示；在输入数据时如图 8-7 所示；在运行 MDI 时如图 8-8 所示。

图 8-6　刚进入时 MDI 主菜单

图 8-7　输入数据时 MDI 主菜单

图 8-8　运行 MDI 时主菜单

4) 刀补主菜单如图 8-9 所示。

图 8-9　刀补主菜单

5) 诊断主菜单如图 8-10 所示。

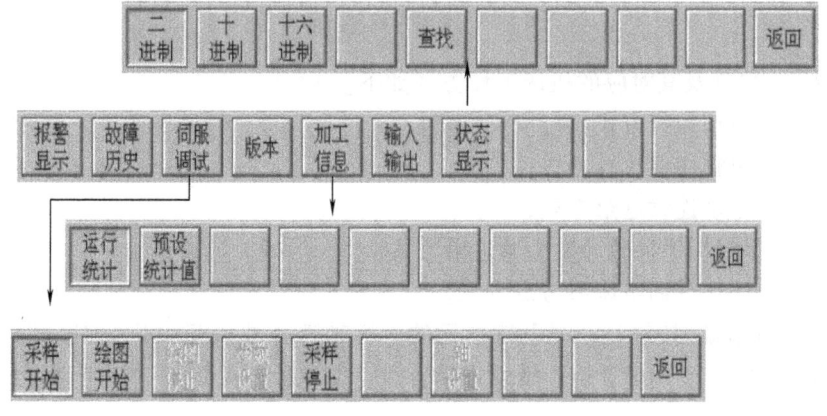

图 8-10　诊断主菜单

6）位置主菜单如图 8-11 所示。

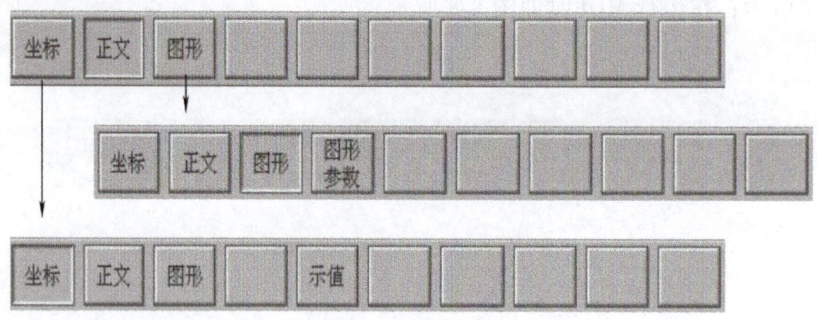

图 8-11　位置主菜单

四、机床控制面板上各按键、按钮的作用与使用方法

1. <急停>按钮

机床运行过程中，在危险或紧急情况下，按下<急停>按钮（见图 8-12），CNC 即进入急停状态，伺服进给及主轴运转立即停止工作（控制柜内的进给驱动电源被切断）；松开<急停>按钮（右旋此按钮，自动跳起），CNC 进入复位状态。

解除急停前，应先确认故障原因是否已经排除，而急停解除后应重新执行回参考点操作，以确保坐标位置的正确性。

注意：在上电和关机之前应按下<急停>按钮，以减少设备电冲击。

图 8-12　<急停>按钮

2. <方式选择>按键

机床的工作方式由手持单元和控制面板上的<方式选择>按键（见图 8-13）共同决定。

图 8-13　<方式选择>按键

<方式选择>按键及其对应的机床工作方式如下。

① <自动>：自动运行方式；
② <单段>：单程序段执行方式；
③ <手动>：手动连续进给方式；
④ <增量>：增量/手摇脉冲发生器进给方式；
⑤ <回参考点>：返回机床参考点方式。

其中，按下<增量>按键时，视手持单元的坐标轴选择波段开关位置对应两种机床工作方式：①波段开关置于"Off"档：增量进给方式；②波段开关置于"Off"档之外：手摇脉冲发生器进给方式。

注意：①控制面板上的<方式选择>按键互锁，即按一下其中一个（指示灯亮），其余几个会失效（指示灯灭）；②系统启动复位后，默认工作方式为<回参考点>；③当某一方式有效时，相应按键内指示灯亮。

3. <轴手动>按钮

<轴手动>按钮（见图8-14）用于在手动连续进给、增量进给和返回机床参考点方式下，选择进给坐标轴和进给方向。

4. 速率修调旋钮和按钮

（1）<进给修调>旋钮（见图8-15）　在自动方式或MDI运行方式下，当F代码编程的进给速度偏高或偏低时，可旋转进给修调波段开关，修调程序中编制的进给速度。修调范围为0%~120%。

在手动连续进给方式下，此波段开关可调节手动进给速率。

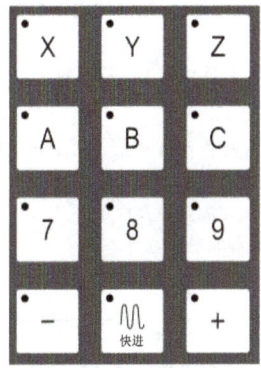

图8-14　<轴手动>按钮

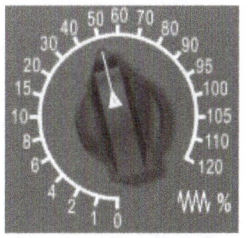

图8-15　<进给修调>旋钮

（2）<快速修调>按钮（见图8-16）　在自动方式、MDI运行方式及手动操作各轴移动时，可控制G0的移动速度，其G0的移动速度是系统所设定的最高快移速度值乘相应的百分数（见图8-16中各按钮的下半部分）。修调范围为0%、25%、50%、100%。

在增量方式时（按下图8-13中的<增量>按钮），增量进给的增量值由"×1""×10""×100""×1000"四个增量倍率按键（图8-16中各按钮的上半部分）控制，对应的增量值分别是0.001mm、0.01mm、0.1mm和1mm。

（3）<主轴修调>旋钮（见图8-17）　在自动方式或MDI运行方式下，当S代码编程的主轴速度偏高或偏低时，可旋转主轴修调波段开关，修调程序中编制的主轴速度。修调范围为50%~120%。

在手动方式时，此波段开关可调节手动时的主轴速度。

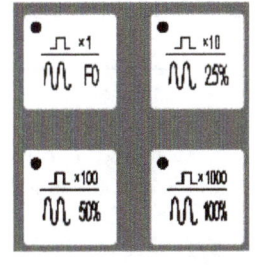

图8-16　<快速修调>按钮

图8-17　<主轴修调>旋钮

5. 其他按键的操作功能

其他按键的操作功能参见表 8-1。

表 8-1 其他按键操作功能

按键	功能	功 用 说 明
	循环启动	自动方式时,在程序主菜单下选择要运行的程序,然后按一下<循环启动>按键(指示灯亮),自动加工开始 注意:适用于自动运行方式的按键同样适用于 MDI 运行方式和单段运行方式 在自动运行暂停状态下,按一下<循环启动>按键,系统将重新启动,从暂停前的状态继续运行
	进给保持	在自动运行过程中,按一下<进给保持>按键(指示灯亮),程序执行暂停,机床运动轴减速停止 暂停期间,辅助功能 M、主轴功能 S、刀具功能 T 保持不变
	空运行	在自动方式下,按一下<空运行>按键(指示灯亮),CNC 处于空运行状态。程序中编制的进给速率被忽略,坐标轴以最大快移速度移动 空运行不做实际切削,目的在于确认切削路径及程序 在实际切削时,应关闭此功能,否则可能造成危险 此功能对螺纹切削无效
	程序跳段	如果在程序中使用了跳段符号"/",当按下该键后,程序运行到有该符号标定的程序段时,跳过(即不执行)该段程序;解除该键,则跳段功能无效
	选择停止	如果程序中使用了 M01 辅助指令,当按下该键后,程序运行到 M01 指令即停止;再按<循环启动>键,程序段继续运行;解除该键,则 M01 辅助指令功能无效
	机床锁住	禁止机床坐标轴动作 在手动方式下,按一下<机床锁住>按键(指示灯亮),再按<循环启动>按键,系统执行程序,显示屏上的坐标轴位置信息变化,但不输出伺服轴的移动指令,所以机床停止不动。这个功能用于校验程序 注意:①即便是 G28、G29 功能,刀具也不运动到参考点;②机床辅助功能 M、S、T 可通过<MST 锁住>按键来操作其是否有效;③在自动运行过程中,按<机床锁住>按键,机床锁住无效;④在自动运行过程中,只在运行结束时,方可解除<机床锁住>按键;⑤每次执行此功能后,须再次进行回参考点操作
	Z 轴锁住	该功能用于禁止进刀。在只需要校验 XY 平面的机床运动轨迹时,可以使用<Z 轴锁住>功能。在手动方式下,按一下<Z 轴锁住>按键(指示灯亮),再切换到自动方式运行加工程序,Z 轴坐标位置信息变化,但 Z 轴不进行实际运动 注意:<Z 轴锁住>键在自动方式下按压无效

（续）

按键	功能	功 用 说 明
单段	单段运行	按一下<单段>按键，系统处于单段自动运行方式（指示灯亮），程序控制将逐段执行：①按一下<循环启动>按键，运行一程序段，机床运动轴减速停止，刀具停止运行；②再按一下<循环启动>按键，又执行下一程序段，执行完了后又再次停止 在单段运行方式下，适用于自动运行的按键依然有效
超程解除	超程解除	在伺服轴行程的两端各有一个极限开关，作用是防止伺服机构碰撞而损坏。每当伺服机构碰到行程极限开关时，就会出现超程 当某轴出现超程（<超程解除>按键内指示灯亮）时，系统视其状况为紧急停止，要退出超程状态时，必须：①置工作方式为"手动"或"手摇"方式；②一直按压着<超程解除>按键（控制器会暂时忽略超程的紧急情况）；③在手动（手摇）方式下，该轴向相反方向退出超程状态；④松开<超程解除>按键 若显示屏上运行状态栏"运行正常"取代了"出错"，表示恢复正常，可以继续操作 注意：在移回伺服机构时请注意移动方向及移动速率，以免发生撞机
主轴正转	主轴正转	在手动方式下，按一下<主轴正转>按键（指示灯亮），主电动机以机床参数设定的转速正转
主轴反转	主轴反转	在手动方式下，按一下<主轴反转>按键（指示灯亮），主电动机以机床参数设定的转速反转
主轴停止	主轴停止	在手动方式下，按一下<主轴停止>按键（指示灯亮），主电动机停止运转
主轴定向	主轴定向	如果机床上有换刀机构，通常就需要主轴定向功能，这是因为换刀时，主轴上的刀具必须完成定位，否则会损坏刀具或刀爪 在手动方式下，当<主轴制动>无效（指示灯灭）时，按一下<主轴定向>按键，主轴立即执行主轴定向功能，完成定位后，按键内指示灯亮，主轴准确停止在某一固定位置
主轴点动	主轴点动	在手动方式下，可用<主轴点动>按键，点动转动主轴；按压<主轴点动>按键（指示灯亮），主轴将产生正向连续转动；松开<主轴点动>按键（指示灯灭），主轴即减速停止
主轴制动	主轴制动	在手动方式下，主轴处于停止状态时，按一下<主轴制动>按键（指示灯亮），主轴电机被锁定在当前位置
换刀允许	换刀允许	在手动方式下，按一下<换刀允许>按键（指示灯亮），允许刀具松/紧操作，再按一下又为不允许刀具松/紧操作（指示灯灭），如此循环

（续）

按键	功能	功 用 说 明
刀具松/紧	刀具松/紧	在<换刀允许>有效时(指示灯亮)，按一下<刀具松/紧>按键，松开刀具(默认值为夹紧)，再按一下又为夹紧刀具，如此循环
刀库正转 刀库反转	刀库正转/反转	在手动方式下，按一下<刀库正转>按键，刀库以设定的转速正转；按一下<刀库反转>按键，刀库以设定的转速反转 注意：<刀库正转>、<刀库反转>这两个按键互锁，即按一下其中一个(指示灯亮)，其余键会失效(指示灯灭)
工作灯	工作灯	在手动方式下，按一下<工作灯>按键，机床照明打开(默认值为关闭)；再按一下<工作灯>按键，机床照明关闭；再按一下<工作灯>按键，机床照明又打开，如此循环
防护门	防护门	在手动方式下，按一下<防护门>按键，防护门打开(默认值为关闭)；再按一下<防护门>按键，防护门关闭；再按一下<防护门>按键，防护门又打开，如此循环
冷却	冷却	在手动方式下，按一下<冷却>按键，切削液开(默认值为切削液关)，再按一下<冷却>按键，切削液关，如此循环
润滑	润滑	在手动方式下，按一下<润滑>按键，机床润滑开(默认值为机床润滑关)，再按一下为机床润滑关，如此循环
吹屑	吹屑	在手动方式下，按一下<吹屑>按键(指示灯亮)，启动吹屑；再按一下<吹屑>按键(指示灯灭)，吹屑停止，如此循环
自动断电	自动断电	程序中使用了M30指令，当按下该键后，程序运行完M30指令后即自动断电
排屑正转 排屑停止 排屑反转	排屑正转 排屑停止 排屑反转	在手动方式下，按一下<排屑正转>按键，排屑管则正转 在手动方式下，按一下<排屑停止>按键，排屑管则停止运作 在手动方式下，按一下<排屑反转>按键，排屑管则反转
	系统电源开关	按下<｜>开关，系统上电 按下<○>开关，系统断电
	程序保护	<ON>：允许程序和参数的修改 <OFF>：防止未授权人员修改程序和参数

课题二　上电、返回机床参考点与关机操作

一、上电操作

上电操作即开机操作，具体操作过程如下：

1）检查机床状态是否正常。
2）检查电源电压、气压是否符合要求。
3）按下<急停>按钮。
4）打开机床总电源。

开机、回参考点、关机

5）按下系统电源开关，给系统上电。接通数控装置电源后，HNC—210B MD 自动运行系统软件。此时，工作方式为"急停"（见图 8-18）。

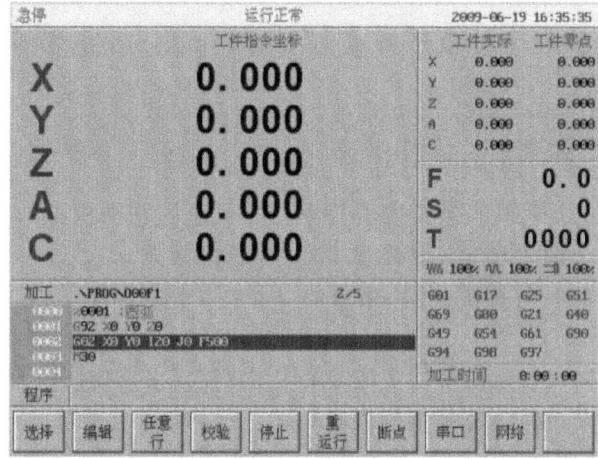

图 8-18　系统上电界面

6）检查面板上的指示灯是否正常，检查结束右旋并拔起操作台右下角的<急停>按钮使系统复位，并接通伺服电源。系统默认进入"回参考点"方式，软件操作界面的工作方式变为"回零"。

二、返回机床参考点操作

控制机床运动的前提是建立机床坐标系，为此，系统接通电源、复位后首先应进行机床各轴回参考点操作。方法如下：

1）如果系统显示的当前工作方式不是回零方式，按一下控制面板上面的<回参考点>按键，确保系统处于"回零"方式。

2）以 X 轴回参考点为例，按一下<X>键（见图 8-14），再选择<+>或<->方向键，X 轴回到参考点后，<X>按键内的指示灯亮。

3）用同样的方法，使 Y、Z 轴回参考点。

所有轴回参考点后，即建立了机床坐标系。

注意：

1）在每次电源接通后，必须先用这种方法完成各轴的返回参考点操作，然后再进入其他运行方式，以确保各轴坐标的正确性。

2）在回参考点前，应确保回零轴位于参考点的"回参考点方向"相反侧；否则应手动移动该轴直到满足此条件。

三、关机操作

关机操作具体操作过程如下：
1）按下控制面板上的<急停>按钮，断开伺服电源。
2）断开数控电源。
3）断开机床电源。

课题三　加工中心的手动操作

加工中心的手动操作主要由手持单元（见图8-2）和机床控制面板（见图8-1）组成。

一、坐标轴移动操作

手动移动加工中心坐标轴的操作由手持单元和机床控制面板上的<方式选择>（见图8-13）、<轴手动>（见图8-14）、<进给修调>（见图8-15）、<快速修调>（见图8-16）等按键共同完成。

加工中心的手动操作

1. 手动进给

按一下<手动>按键（指示灯亮，见图8-13），系统处于手动运行方式，可点动移动加工中心坐标轴（下面以点动移动X轴为例说明）：

1）按压<X>键（见图8-14），然后按<＋>键（指示灯亮），X轴将产生正向连续移动。

2）松开<＋>按键（指示灯灭），X轴即减速停止。

同时按压多个方向的轴按键，每次能连续移动多个坐标轴。

2. 手动快速移动

在手动进给时，若同时按压<快进>按键（见图8-14），则产生相应轴的正向或负向快速运动。

3. 增量进给

按一下控制面板上的<增量>按键（指示灯亮，见图8-13），系统处于增量进给方式，可增量移动加工中心坐标轴（下面以增量进给X轴为例说明）：

1）按一下<X>键（见图8-14），然后按<＋>或<－>按键（指示灯亮），X轴将向正向或负向移动一个增量值（其值根据事先按下的图8-16所示按键确定）。

2）再按一下<X>键，然后按<＋>或<－>按键，X轴将向正向或负向继续移动一个增量值。

用同样的操作方法，可使Y、Z轴向正向或负向移动一个增量值。

同时按一下多个方向的轴手动按键，每次能增量进给多个坐标轴。

4. 手摇进给

当手持单元（见图 8-2）的坐标轴选择波段开关置于"X""Y""Z""4TH"档时，按一下控制面板上的<增量>按键（指示灯亮），系统处于手摇进给方式，可手摇进给加工中心坐标轴。

以 X 轴手摇进给为例，正向或负向移动一个增量值的操作方法如下：

1）手持单元的坐标轴选择波段开关置于"X"档。

2）顺时针/逆时针旋转手摇脉冲发生器一格，可控制 X 轴向正向或负向移动一个增量值。

用同样的操作方法使用手持单元，可以控制 Y 轴、Z 轴、4TH 轴正向或负向移动一个增量值。

手摇进给方式每次只能增量进给一个坐标轴。

手摇进给的增量值（手摇脉冲发生器每转一格的移动量）由手持单元的增量倍率波段开关"×1""×10""×100"控制，对应的增量值分别为 0.001mm、0.01mm、0.1mm。

二、主轴控制操作

1. 主轴正转

在手动方式下，按一下<主轴正转>按键（指示灯亮），主电动机以机床参数设定的转速正转。

2. 主轴反转

在手动方式下，按一下<主轴反转>按键（指示灯亮），主电动机以机床参数设定的转速反转。

3. 主轴停止

在手动方式下，按一下<主轴停止>按键（指示灯亮），主电动机停止运转。

注意：<主轴正转>、<主轴反转>、<主轴停止>这几个按键互锁，即按一下其中一个（指示灯亮），其余两个会失效（指示灯灭）。

4. 主轴定向

在手动方式下，按一下<主轴定向>按键（指示灯亮），主轴立即执行主轴定向功能，主轴准确停止在某一固定位置，如使用 G76 进行镗孔加工，镗刀安装时就必须要有主轴定向。

5. 主轴点动

在手动方式下，可用<主轴点动>按键，点动转动主轴：按压<主轴点动>键（指示灯亮），主轴将产生正向连续转动；松开<主轴点动>按键（指示灯灭），主轴即减速停止。

6. 主轴制动

在手动方式下，主轴处于停止状态时，按一下<主轴制动>按键（指示灯亮），主轴电动机被锁定在当前位置。

7. 主轴速度修调

主轴正转及反转的速度可通过<主轴修调>旋钮（见图 8-17）调节：旋转主轴修调波段开关，倍率的范围为 50%~120%。

三、手动数据输入（MDI）运行

按 MDI 主菜单键进入 MDI 功能，如图 8-19 所示。进入 MDI 菜单后，有

MDI 运行

光标在闪烁，这时可以从 NC 键盘输入并执行一个 G 代码指令段。

注意：自动运行过程中，不能进入 MDI 运行方式，可在进给保持后进入。

1. 输入 MDI 指令段

MDI 输入的最小单位是一个有效指令字。因此，输入一个 MDI 运行指令段可以有下述两种方法：

1）一次输入，即一次输入多个指令字的信息。

2）多次输入，即每次输入一个指令字信息。

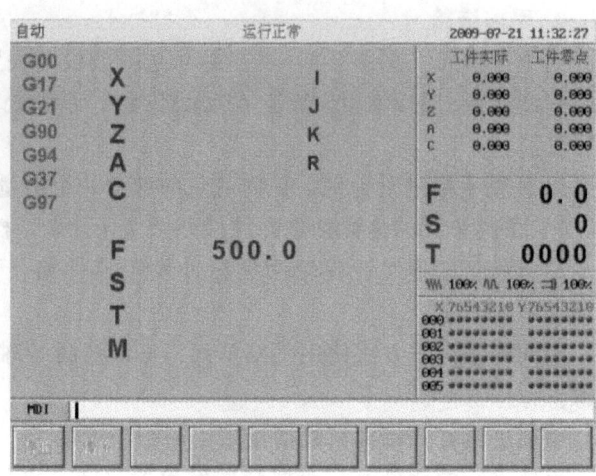

图 8-19　MDI 功能界面

例如，要输入"G01 X90 Y100 F800" MDI 运行指令段，方法如下：①直接输入"G01 X90 Y100 F800"并按 Enter 键，图 8-20 显示窗口内关键字 G、X、Y、F 的值将分别变为 01、90、100、800；②先输入"G01"并按 Enter 键，图 8-20 显示窗口内左上角将显示字符"G01"，再输入"X90"并按 Enter 键，然后输入"Y100"并按 Enter 键，再次输入"F800"并按 Enter 键，显示窗口内将依次显示大字符"X90""Y100""F800"。

在输入命令时，可以在命令行看见输入的内容，在按 Enter 键之前，

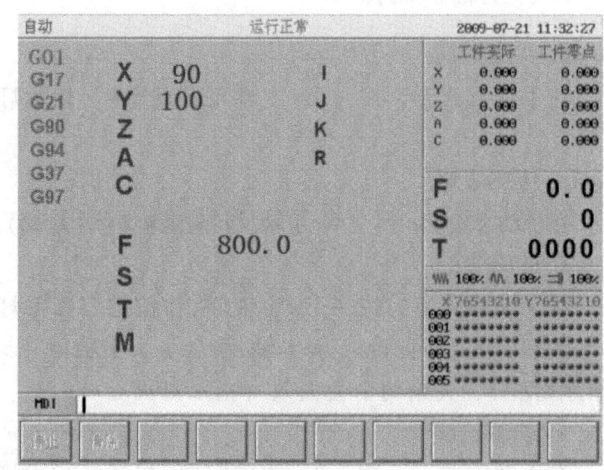

图 8-20　MDI 功能输入指令段后的界面

发现输入错误，可用 BS 、▶ 和 ◀ 键进行编辑；按 Enter 键后，系统发现输入错误，会提示相应的错误信息，此时可按 ［清除］键将输入的数据清除。

2. 运行 MDI 指令段

在输入完一个 MDI 指令段后，按一下操作面板上的 <循环启动> 键，系统即开始运行所输入的 MDI 指令。

如果输入的 MDI 指令信息不完整或存在语法错误，系统会提示相应的错误信息，此时不能运行 MDI 指令。

四、刀库中刀柄的装入与取出操作

1. 刀柄装入刀库

以六把刀具（均已装在刀柄上）为例，将它们分别装入刀库中的 1、2、3、11、12、13

号位置（即 T1、T2、T3、T11、T12、T13），操作步骤如下：

1）检查刀库上的 1、2、3、11、12、13 号位置，保证没有刀具。

2）机床返回参考点或开机后返回过参考点。

3）按［MDI］主菜单键进入 MDI 功能，如图 8-19 所示，输入"M6T1"，按 Enter 键后按一下操作面板上的<循环启动>键，刀库执行换刀动作。动作完成后，刀库当前位置为 1 号，即主轴上的刀具号为 T1（主轴实际上还没有刀具）。

刀库中刀柄的装入与取出

4）在"手动"方式下按<换刀允许>键，再按<刀具松/紧>键，将 1 号刀具装入主轴（刀柄上的键槽对准主轴上的定位键）；按<刀具松/紧>键，再按<换刀允许>键，刀具固定在主轴上，完成换刀动作。

5）选择并进入 MDI 界面，输入"M6T2"，按 Enter 键后按一下操作面板上的<循环启动>键，刀库执行换刀动作，将主轴上的 T1 刀具送到刀库当前位置 1 号，刀库旋转使 2 号刀具到当前位置，"手动"方式下，以装入 1 号刀具的方法安装 2 号刀具，将其固定在主轴上。

6）其他刀具均按照这样的方式进行。

注意：执行换刀指令前，主轴位置应处于换刀点位置的正方向；安排刀库位置时，应考虑刀库的受力平衡，即刀具在刀库中对称放置。

2. 刀柄从刀库中取出

将已装入刀库的 T1、T2、T3、T11、T12、T13 六把刀具从刀库中取出，操作步骤如下：

1）按［MDI］主菜单键进入 MDI 功能，如图 8-19 所示，输入"M6T×"（"T×"为所需取下的刀具号），按 Enter 键后按一下操作面板上的<循环启动>键，刀库执行换刀动作。动作完成后，刀库中的"×"号位置刀具被换在了主轴上。

2）用手托住刀柄（主轴停转），在"手动"方式下按<换刀允许>键，再按<刀具松/紧>键，将"×"号刀具从主轴上取下；按<刀具松/紧>键，再按<换刀允许>键，完成卸刀动作。

注意：执行换刀指令前，主轴位置应处于换刀点位置的正方向；按<换刀允许>键及按<刀具松/紧>键前必须用手托住刀柄，以免刀具掉落在工件、夹具或工作台面上，损坏刀具或工件等。

其他手动操作功能见表 8-1 中功用说明。

课题四　对刀与建立工件坐标系及刀具补偿设置操作

一、对刀与建立工件坐标系

对刀操作具体参见第四单元课题五中的描述，根据对刀操作所在位置或得到的机床坐标值可进行工件坐标系的设置，具体设置操作步骤如下：

1）按［设置］→［坐标系］（见图 8-5）对应功能键，进入手动输

对刀与建立工件坐标系

入坐标系数据的方式，如图 8-21 所示。

2）通过 $\boxed{\text{PgDn}}$、$\boxed{\text{PgUp}}$、◀、▶、▲ 和 ▼ 键选择要输入的数据类型（G54、G55、G56、G57、G58、G59 工件坐标系中的一个），设置当前工件坐标系的偏置值（工件坐标系零点相对于机床零点的值）或当前相对值零点。

3）在编辑框（见图 8-21 中坐标系一栏）直接输入所需数据（如"X253.118 Y-98.653"），然后按 $\boxed{\text{Enter}}$ 键；或者按［当前位置］、［正向偏置］、［负向偏置］、［记录Ⅰ］、［记录Ⅱ］、［分中］、［恢复］。

其中各项功能见表 8-2。

表 8-2 工件坐标系设置的按键功能

［当前位置］	［正向偏置］	［负向偏置］	［记录Ⅰ］	［记录Ⅱ］	［分中］	［恢复］
系统读取当前刀具位置	当前位置加上输入的数据	当前位置减去输入的数据	保存当前机床位置Ⅰ	保存当前机床位置Ⅱ	记录Ⅰ和记录Ⅱ的平均值	还原上一次设定的值

4）若输入正确，界面窗口相应位置将显示修改过的值，否则原值不变。

在对刀操作过程中也可采用相对坐标清零的方式（见图 8-5 中［相对清零］）进行工件坐标系的相关设置。

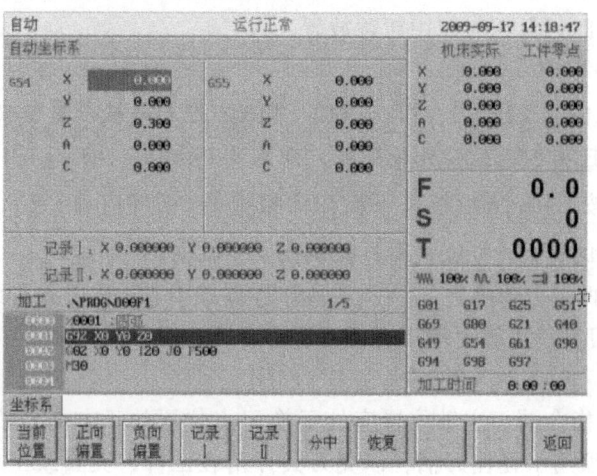

图 8-21 工件坐标系设置界面

二、刀具补偿的设置

1）按［刀补］→［刀补表］键（见图 8-9），进入刀具半径补偿、长度补偿（刀具长度补偿值的测量同样参见第四单元课题五）的设置界面，如图 8-22 所示。

2）用 ▲、▼、◀、▶、$\boxed{\text{PgUp}}$ 和 $\boxed{\text{PgDn}}$ 键选择要编辑的选项（见图 8-22 中①）；按 $\boxed{\text{Enter}}$ 键，蓝色亮条所指刀具数据的颜色和背景都发生变化，同时有一光标在闪烁（见图 8-22 中②）。

3）在光标处输入要设置的值，如 4 号刀的长度补偿值为"-198.368"，则先在光标处输入"-198.368"，然后按 $\boxed{\text{Enter}}$ 键确认。

4）若输入正确，界面窗口相应位置将显示修改过的值，否则原值不变。

各刀具的半径补偿、长度补偿的设置均需移动到相应位置进行同样的设置。

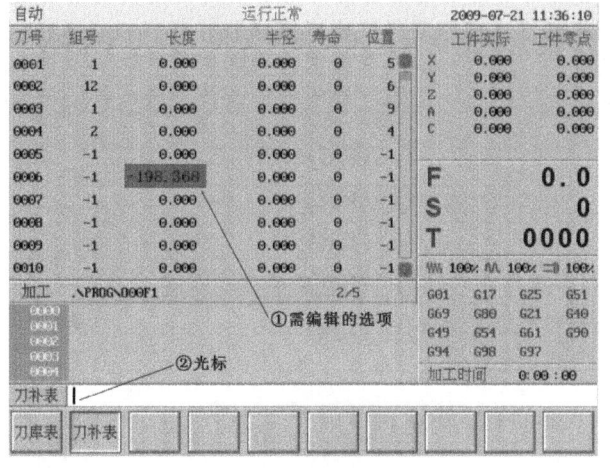

刀具补偿的设置

图 8-22　刀具补偿设置界面

课题五　程序输入与文件管理操作

一、选择文件

在程序主菜单下选择对应功能键，将出现如图 8-23 所示的界面。

程序的输入与管理

图 8-23　程序选择界面

其中，系统盘是指保存在系统盘上的程序文件；CF 卡是指保存在 CF 卡上的程序文件；U 盘是指保存在 U 盘（USB 外接存储设备）上的程序文件；DMC 是指由串口发送过来的程序文件。

选择程序的操作方法如下：

1）如图 8-23 所示，用光标键在存储器和程序文件间切换；也可用 Enter 键查看所选存储器的目录。

2）用 ▲ 和 ▼ 选中当前存储器或者存储器上的一个程序文件。

3）按 Enter 键，即可将该程序文件选中并调入加工缓冲区，如图 8-24 所示。

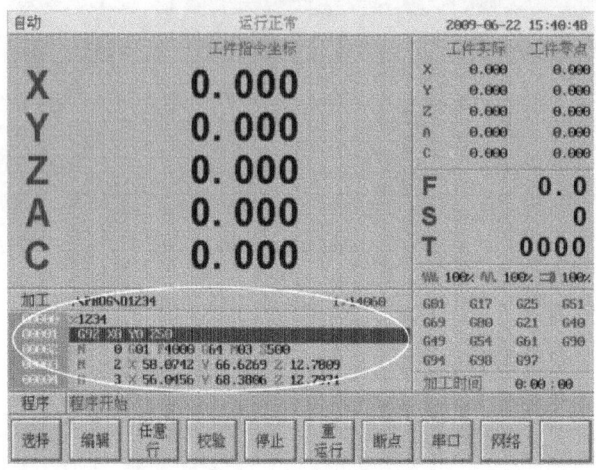

图 8-24　调入文件到加工缓冲区

4）如果被选程序文件是只读 G 代码文件，则有 [R] 标识。

注意：

1）如不选择，系统指向上次存放在加工缓冲区的一个加工程序。

2）程序文件名一般由字母 "O" 开头，后跟四个（或多个）数字或字母，系统默认为程序文件名是由 O 开头的。

3）HNC—210B MD 扩展了标识程序文件的方法，可以使用任意 DOS 文件名（即 8+3 文件名：1~8 个字母或数字后加点，再加 0~3 个字母或数字，如 "MyPart.001" 和 "O1234" 等）标识程序文件。

二、后台编辑

后台编辑就是在系统进行加工操作的同时，用户也可以对其他程序文件进行编辑工作。操作步骤如下：

1）按 [程序] → [选择] 键，进入图 8-23 所示界面。

2）利用光标键选择文件的盘符，用户可以按 Enter 键，查看所选盘符的文件夹。

3）切换到文件列表，选择文件。

4）按 [后台编辑] 键，则进入编辑状态。具体操作和前台编辑相仿，这里不再详述。

三、新建程序

按 [程序] 键进入图 8-4 所示程序主菜单，按 [编辑] 功能键进入图 8-25 所示界面，继续按 [新建] 功能键，将进入图 8-26 所示的菜单，输入文件名，按 Enter 键确认后，就可通过 MDI 键盘输入、编辑新程序了，输入完毕后按 [保存] 功能键，系统给出图 8-27 所示的提示；当程序为只读文件时，按［保存］键后，系统会提示"保存文件失败"（见图 8-28），此时只能使用［另存为］功能。在编辑过程中用到的主要快捷键见表 8-3。

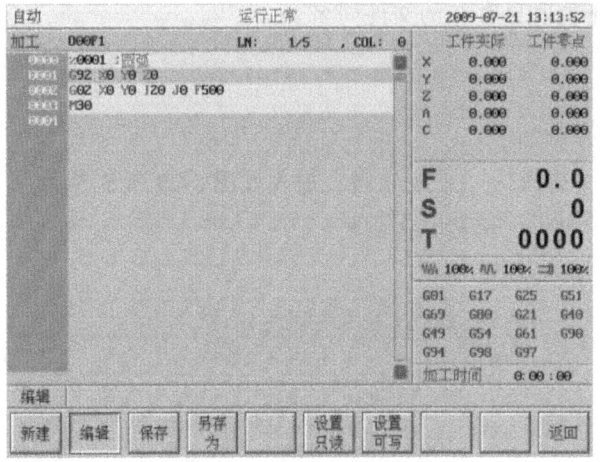

图 8-25 编辑程序界面

图 8-26 新建程序输入文件名菜单

图 8-27 保存程序成功菜单

图 8-28 不能保存程序提示菜单

表 8-3 编辑所用快捷键说明

快捷键	功能	快捷键	功能
Del	删除光标后的一个字符,光标位置不变,余下的字符左移一个字符位置	ALT+B	定义块首
		ALT+E	定义块尾
PgUp	使编辑程序向程序头滚动一屏,光标位置不变,如果到了程序头,则光标移到文件首行的第一个字符	ALT+D	块删除
		ALT+X	剪切
PgDn	使编辑程序向程序尾滚动一屏,光标位置不变,如果到了程序尾,则光标移到文件末行的第一个字符	ALT+C	复制
		ALT+V	粘贴
BS	删除光标前的一个字符,光标向前移动一个字符位置,余下的字符左移一个字符位置	ALT+F	查找
		ALT+N	查找下一个
◀	使光标左移一个字符位置	ALT+R	替换
▶	使光标右移一个字符位置	ALT+L	行删除
▲	使光标向上移一行	ALT+H	文件首
▼	使光标向下移一行	ALT+T	文件尾

注意：
1）系统设置默认保存程序文件目录为程序目录（Prog）。
2）新建文件名不能和已存在的文件同名。

四、查找程序

查找程序的操作步骤如下：
1）按［程序］→［选择］→［查找］键，进入如图 8-29 所示界面。
2）输入搜索的关键字，再按 Enter 键。

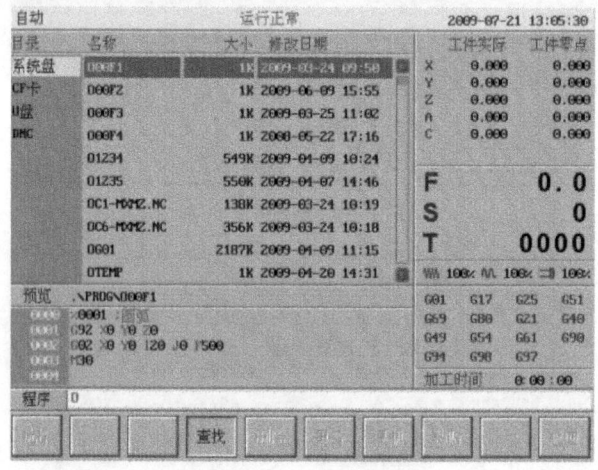

图 8-29　查找程序界面

五、删除程序

删除指定的文件，操作步骤如下：
1）在选择程序菜单（见图 8-23）中用 ▲ 和 ▼ 键移动光标条选中要删除的程序文件。
2）按［删除］功能键，系统出现图 8-30 所示的提示，按 Y 键（或 Enter 键）将选中程序文件从当前存储器上删除，按 N 键则取消删除操作。

注意：删除的程序文件不可恢复。

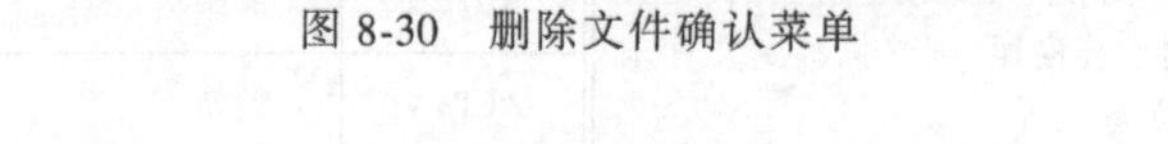

图 8-30　删除文件确认菜单

六、程序校验

程序校验用于对调入加工缓冲区的程序文件进行校验，并提示可能的错误。以前未在机床上运行的新程序，在调入后最好先进行校验运行，正确无误后再启动自动运行。程序校验运行的操作步骤如下：
1）调入要校验的加工程序（［程序］→［选择］）。

2）按机床控制面板上的<自动>或<单段>键进入程序运行方式。

3）在程序菜单下，按［校验］键（见图8-4），此时软件操作界面的工作方式显示改为"自动校验"（见图8-31）。

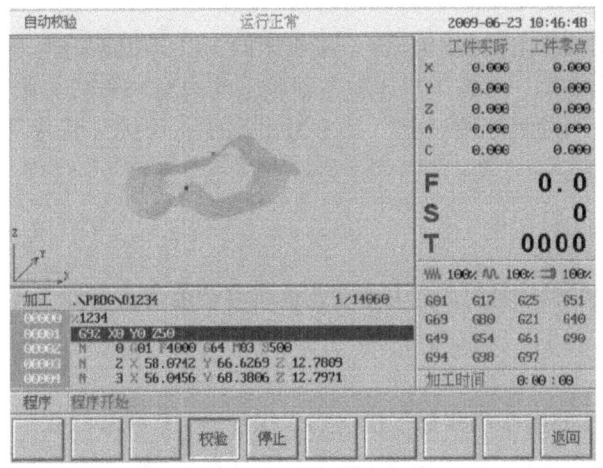

图8-31　程序校验运行界面

4）按机床控制面板上的<循环启动>键，程序校验开始。

5）若程序正确，校验完后，光标将返回到程序头，且软件操作界面的工作方式显示改为"自动"或"单段"；若程序有错，命令行将提示程序的哪一行有错。

注意：

1）校验运行时，机床不动作。

2）为确保加工程序正确无误，请选择不同的图形显示方式来观察校验运行的结果。

课题六　运行控制与加工

一、启动、暂停、中止

1. 启动自动运行

系统调入零件加工程序，经校验无误后，可正式启动运行：

1）按一下机床控制面板上的<自动>按键（指示灯亮），进入程序运行方式。

2）按一下机床控制面板上的<循环启动>按键（指示灯亮），机床开始自动运行调入的零件加工程序。

2. 暂停运行

在程序运行的过程中，需要暂停运行，可按下述步骤操作：

1）在程序运行的任何位置，按一下机床控制面板上的<进给保持>按键（指示灯亮），系统处于进给保持状态。

2）再按机床控制面板上的<循环启动>按键（指示灯亮），机床又开始自动运行载入的零件加工程序。

运行控制与加工

3. 中止运行

在程序运行的过程中，需要中止运行，可按下述步骤操作：

1) 在程序运行的任何位置，按一下机床控制面板上的<进给保持>按键（指示灯亮），系统处于进给保持状态。

2) 按下机床控制面板上的<手动>键，将机床的 M、S 功能关掉。

3) 此时如要退出系统，可按下机床控制面板上的<急停>按钮，中止程序的运行。

4) 此时如要中止当前程序的运行，又不退出系统，可按［程序］→［重运行］键（见图 8-4），重新装入程序。

二、从任意行执行

在自动运行暂停状态下，除了能从暂停处重新启动继续运行外，还可控制程序从任意行（见图 8-4）执行。

1. 红色行

从红色行开始运行的操作步骤如下：

1) 按机床控制面板上的<进给保持>键（指示灯亮），系统处于进给保持状态。

2) 用 ▲、▼、PgUp 和 PgDn 键移动光标（红色两条）到要开始的运行。

3) 按［红色行］功能键，如图 8-32 所示。

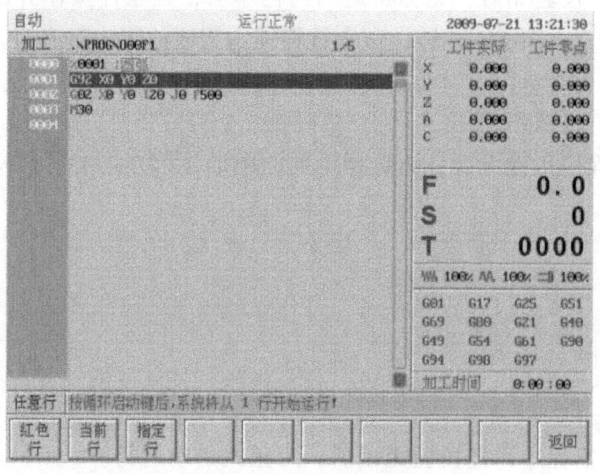

图 8-32　暂停运行时从红色行开始运行

4) 按机床控制面板上的<循环启动>键，程序从红色行处开始运行。

2. 指定行

从指定行开始运行的操作步骤如下：

1) 按机床控制面板上的<进给保持>键（指示灯亮），系统处于进给保持状态。

2) 在任意行子菜单下，按［指定行］键，系统给出如图 8-33 所示的编辑框。

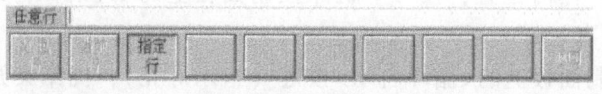

图 8-33　指定行输入

3) 按 Enter 键后，系统给出如图 8-34 所示提示。

图 8-34　从指定行开始运行

4) 按机床控制面板上的<循环启动>键，程序从指定行开始运行。

3. 当前行

从当前行开始运行的操作步骤如下：
1) 按机床控制面板上的<进给保持>键（指示灯亮），系统处于进给保持状态。
2) 在任意行子菜单下，按［当前行］键，系统给出如图 8-35 所示提示。

图 8-35　从当前行开始运行

3) 按机床控制面板上的<循环启动>键，程序从蓝色亮条处开始运行。

三、空运行

在自动方式下，按一下机床控制面板上的<空运行>键（指示灯亮），CNC 处于空运行状态。程序中编制的进给速率被忽略，坐标轴以最大快移速度移动。
空运行不做实际切削，目的在于确认切削路径及程序。
在实际切削时，应关闭此功能，否则可能造成危险。
注意：此功能对螺纹切削无效。

四、程序跳段

如果在程序中使用了跳段符号"/"，按下该键后，程序运行到有该符号标定的程序段时，跳过（即不执行）该段程序；解除该键，则跳段功能无效。

五、选择停

如果程序中使用了 M01 辅助指令，按下该键后，程序运行到 M01 指令即停止，再按<循环启动>键，程序段继续运行；解除该键，则 M01 辅助指令功能无效。

六、单段运行

按一下机床控制面板上的<单段>键（指示灯亮），系统处于单段自动运行方式，程序控制将逐段执行：
1) 按一下<循环启动>键，运行一程序段，机床运动轴减速停止，刀具停止运行。
2) 再按一下<循环启动>键，又执行下一程序段，执行完了后又再次停止。

七、加工断点保存与恢复

一些大零件，其加工时间一般都会超过一个工作日，有时甚至需要好几天。如果能在零件加工一段时间后,保存断点(让系统记住此时的各种状态),关断电源,并在隔一段时间后,打开电源,恢复断点(让系统恢复上次中断加工时的状态),从而继续加工,可为用户提供极大的方便。

1. 保存断点

保存加工断点的操作步骤如下:

1)按机床控制面板上的<进给保持>键(指示灯亮),系统处于进给保持状态。

2)按[断点]键,如图8-36所示。

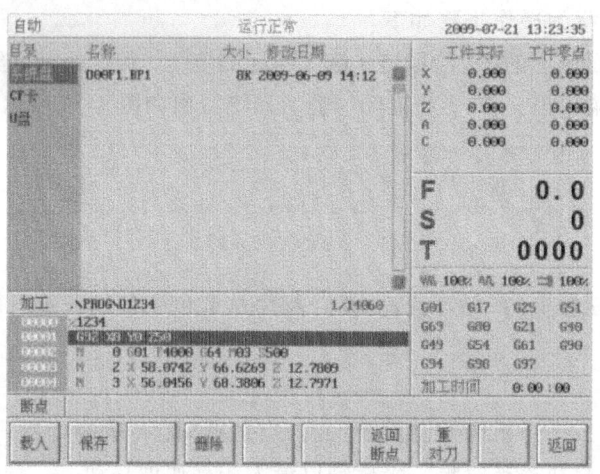

图 8-36 保存断点界面

3)利用光标键 ▲、▼选择需要存放的盘符(按 Enter 键,可以查看所选盘符的文件夹)。

4)按[保存]键,系统将自动建立一个名为当前加工程序名的断点文件,用户也可将该文件名改为其他名字(见图8-37)。

5)按 Enter 键以确认操作。

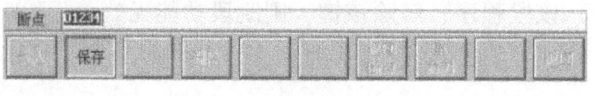

图 8-37 修改断点文件名

2. 载入断点

载入断点的操作步骤如下:

1)如果在保存断点后,关断了系统电源,则上电后首先应进行回参考点操作,否则直接按[程序]→[断点]键(见图8-38)。

2)利用光标键选择目标文件所在的目录,切换到文件列表,选择需要载入的断点文件。

3)按[载入]键,系统会根据断点文件中的信息(见图8-39),恢复中断程序运行时的状态。

3. 删除断点

1)按[程序]→[断点]键,使用光标键选择断点文件。

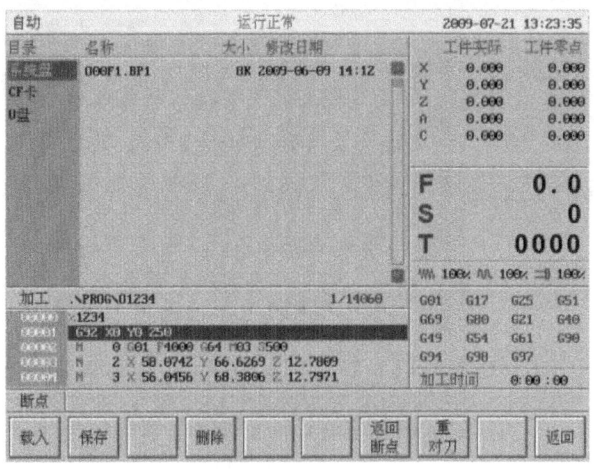

图 8-38　载入断点

图 8-39　载入断点文件后的系统提示

2）按［删除］键，出现图 8-40 所示的提示。

3）按 Y 键（或 Enter 键）将选中的断点文件从当前存储器上删除，按 N 键则取消删除操作。

注意：删除的程序文件不可恢复。

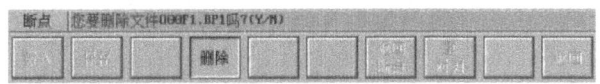

图 8-40　确认删除断点文件

4. 返回断点

在保存断点后，如果对某些坐标轴还进行过移动操作，那么在从断点处继续加工之前，必须先重新定位至加工断点。具体操作如下：

1）手动移动坐标轴到断点位置附近，并确保在机床自动返回断点时不发生碰撞。

2）在断点子菜单下按［返回断点］键，如图 8-41 所示。

3）按<循环启动>键启动运行，系统将移动刀具到断点位置。

4）定位至加工断点后，按机床控制面板上的<循环启动>键即可继续从断点处加工了。

注意：在返回断点之前，必须载入相应的零件程序，否则系统会提示："不能成功恢复断点"。

八、加工步骤

1）根据加工图样尺寸与精度要求，选择机床型号。

2）分析零件，确定加工方案（包括加工工序、各工序的装夹方式、加工刀具与切削参数、对刀的方法、工件坐标系的设定、工量具的选择以及测量方法）。

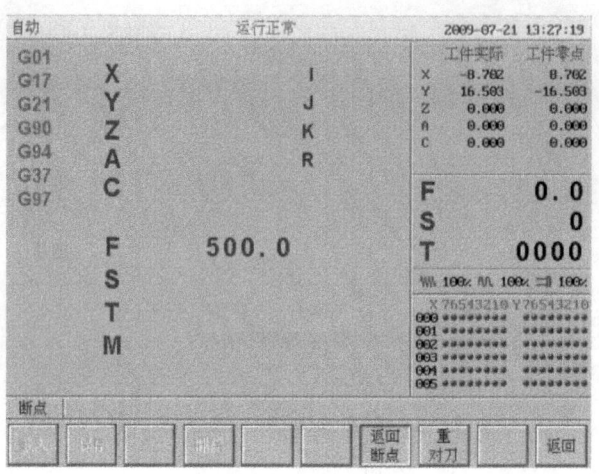

图 8-41 返回断点

3）根据加工工序、刀具与切削参数进行列表，编写零件程序。

4）开机（所选机床），返回机床参考点，找正并装夹工件毛坯，对刀，设定坐标系，设置刀具长度补偿与半径补偿，刀具放到刀库中对应的位置（与程序中的刀号对应）。

5）输入编写的程序，运用系统校验功能检查程序，确认无误。

6）自动加工零件，根据工序要求测量工件，修改刀具长度与半径补偿值，加工完成并符合图样要求。

7）拆卸工件与刀具（从刀库中取下），打扫保养机床。

8）关机。

附　　录　操作练习题

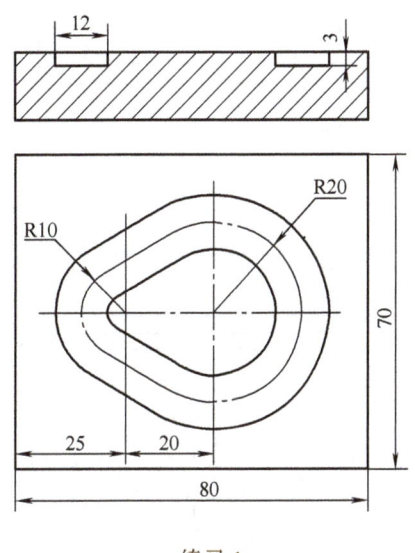

练习 1

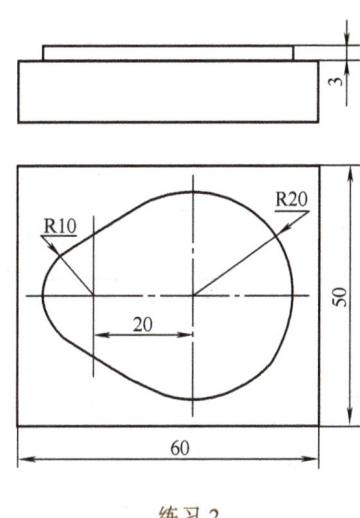

练习 2

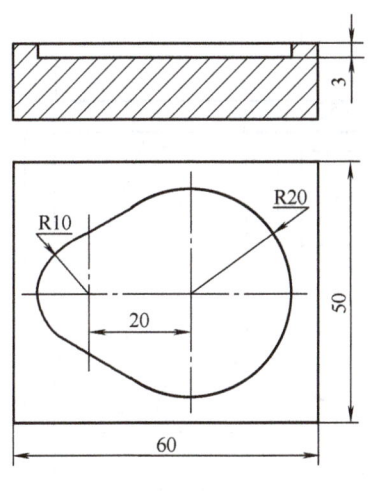

练习 3

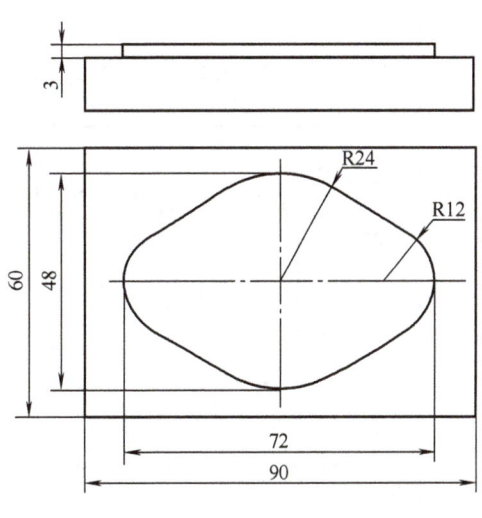

练习 4

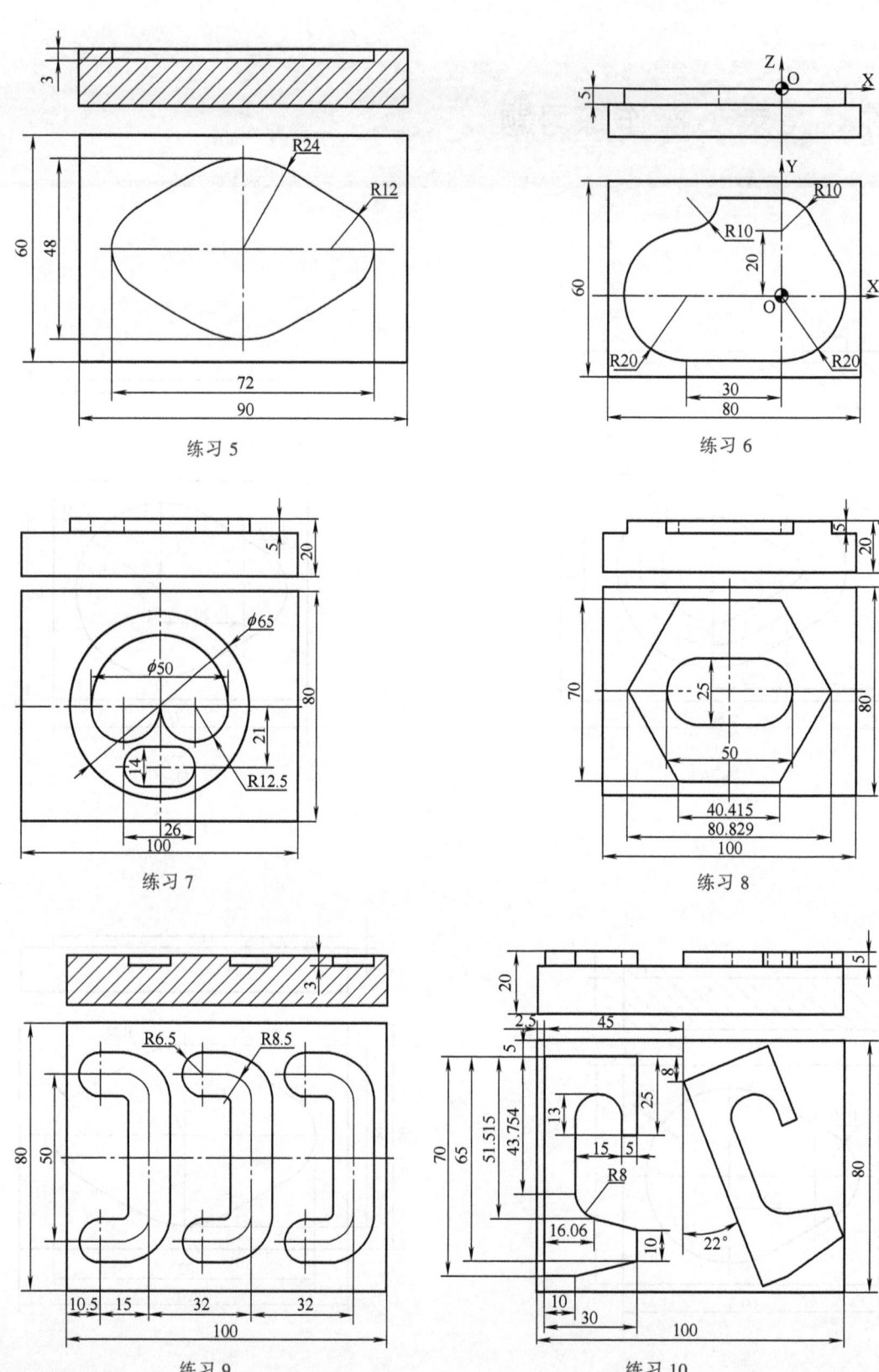

练习 5　练习 6　练习 7　练习 8　练习 9　练习 10

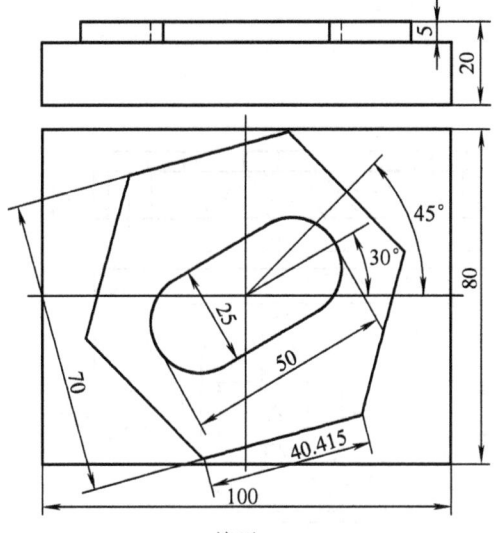

练习 11

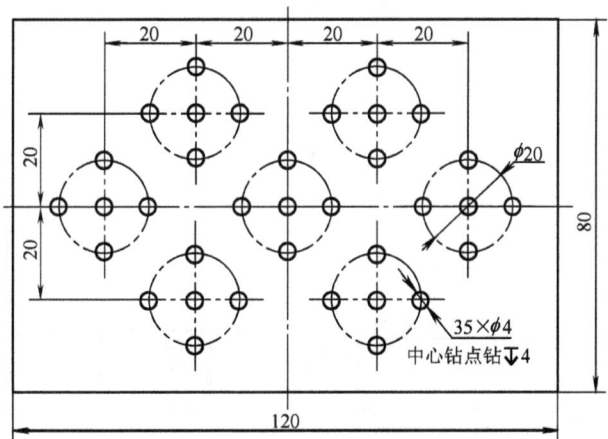

练习 12

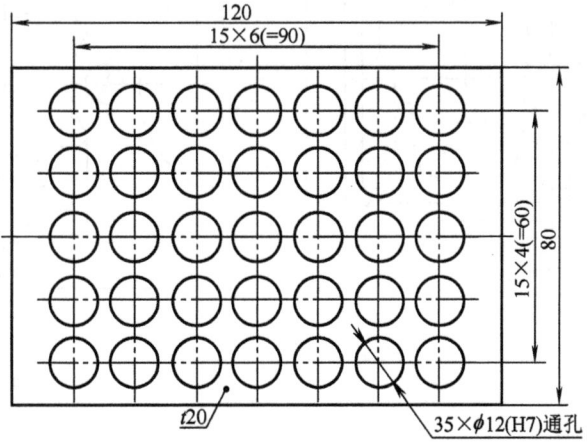

练习 13

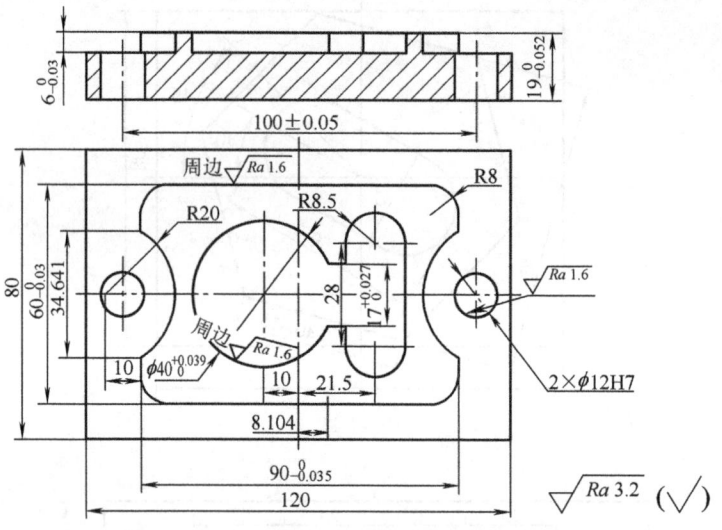

练习 14

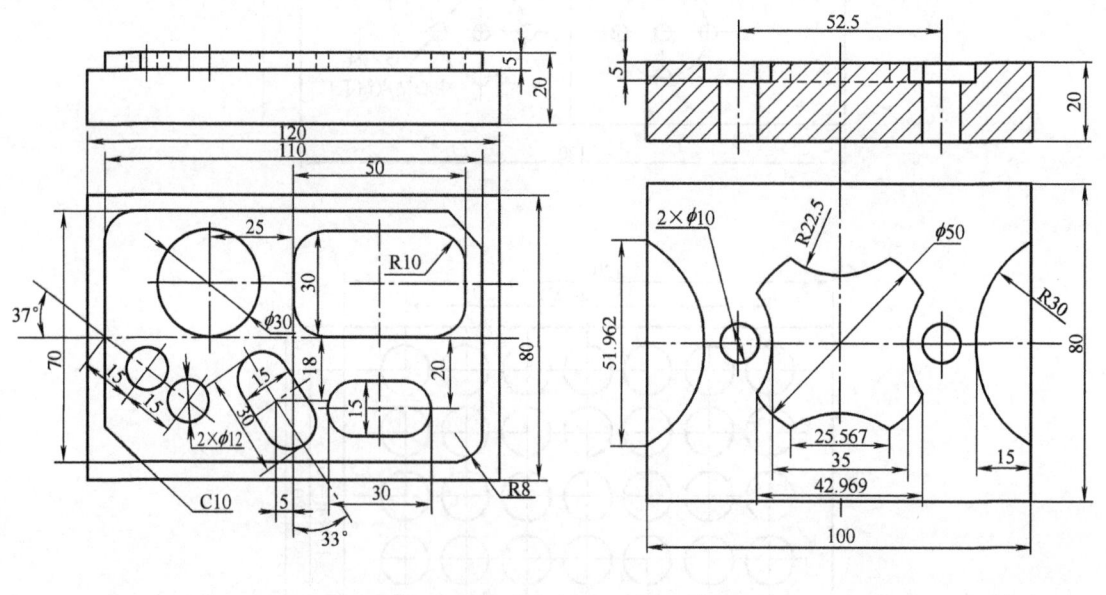

练习 15　　　　　　　　　　　　练习 16

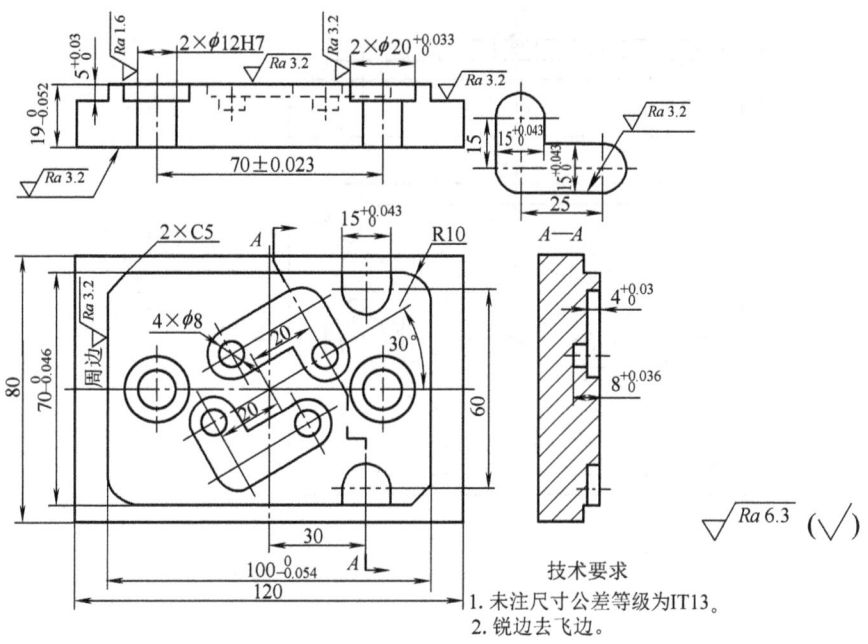

练习 17

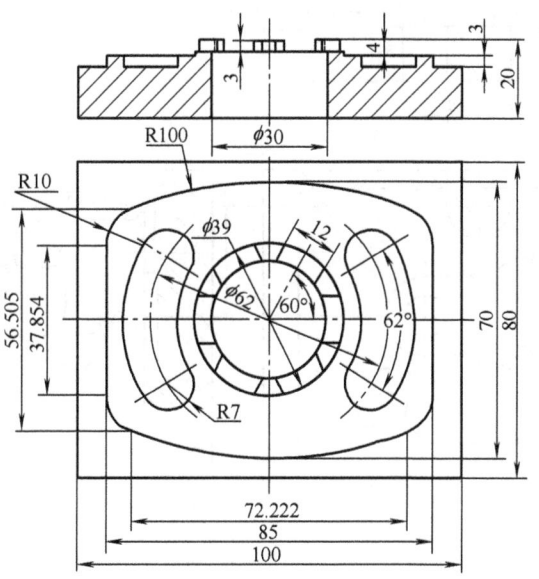

练习 18

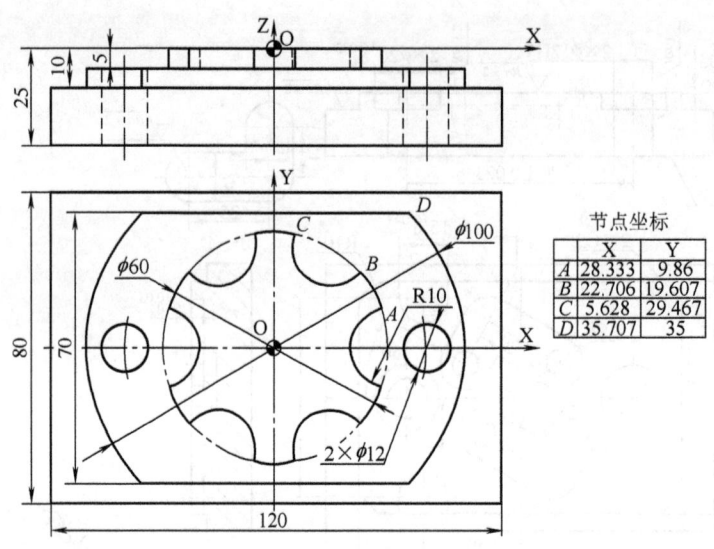

练习 19

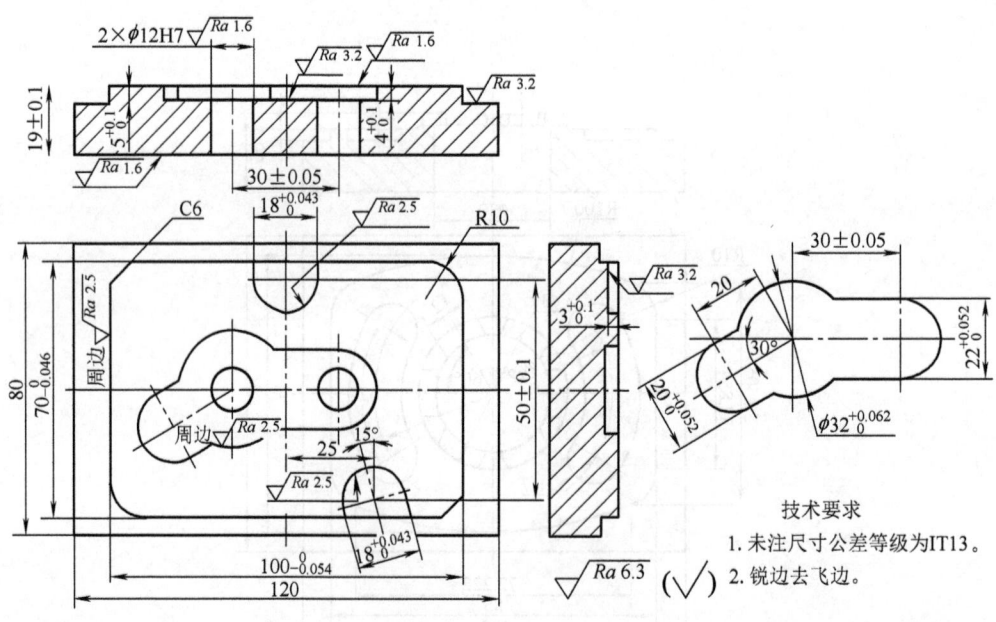

练习 20

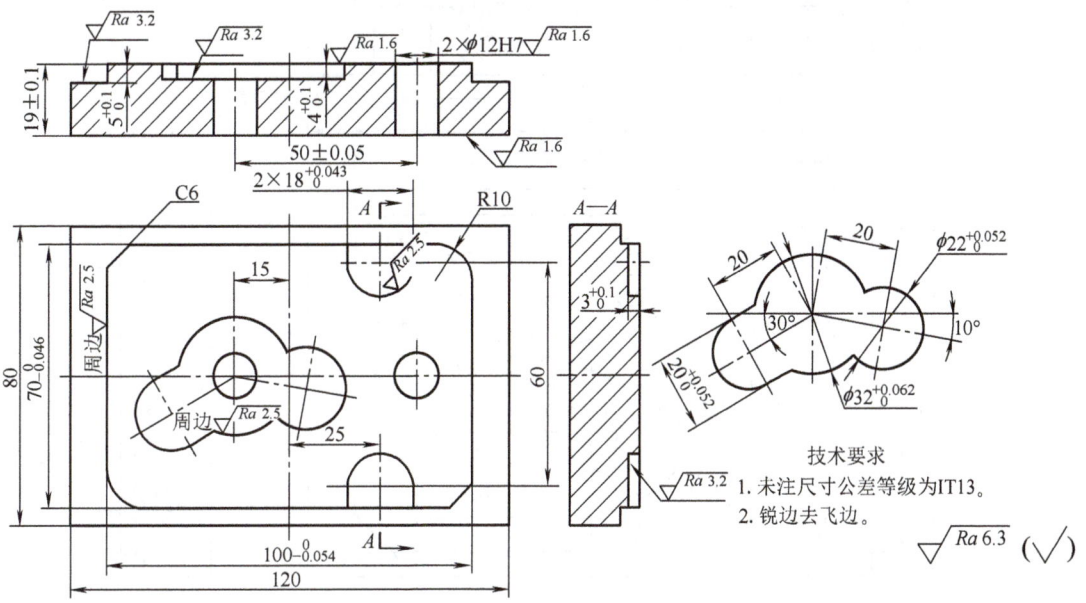

练习 21

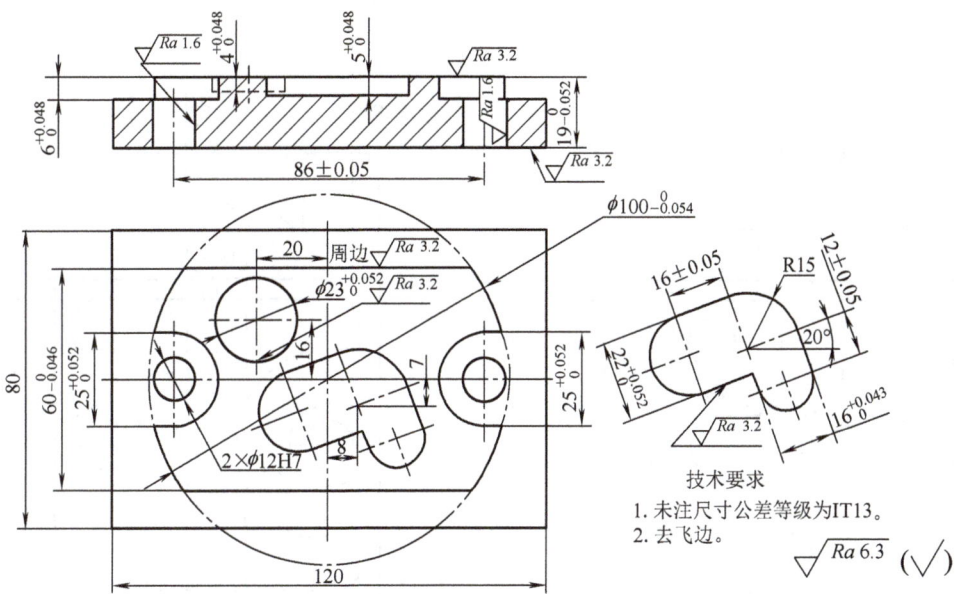

练习 22

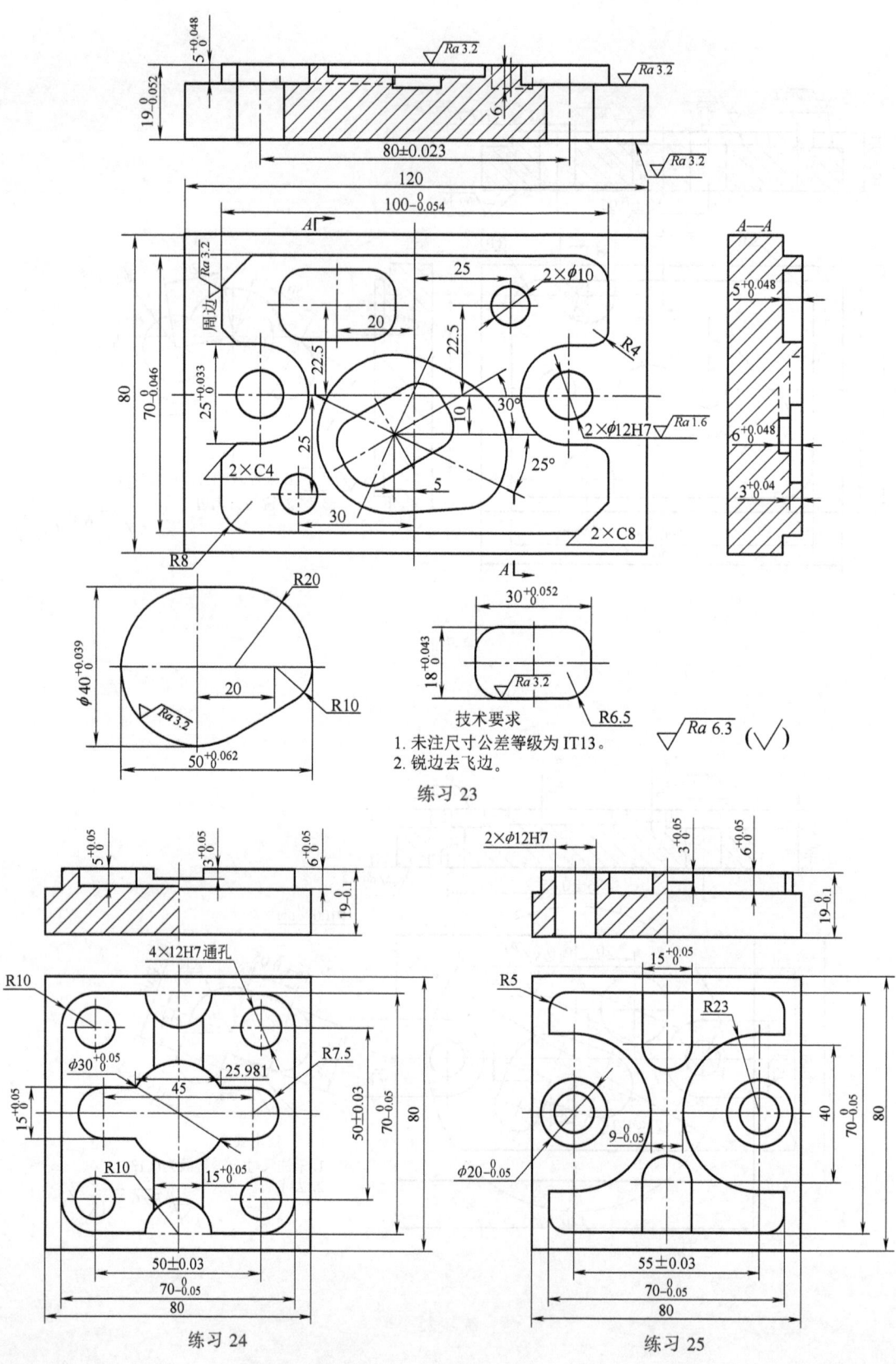

技术要求
1. 未注尺寸公差等级为IT13。
2. 锐边去飞边。

练习 23

练习 24

练习 25

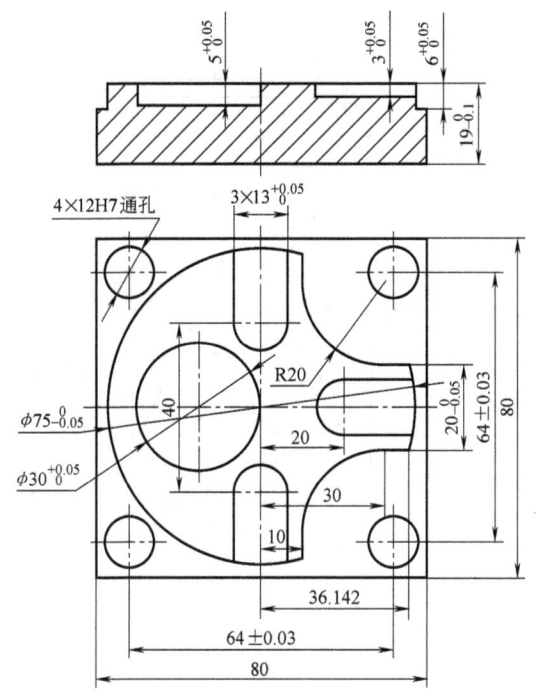

练习 26

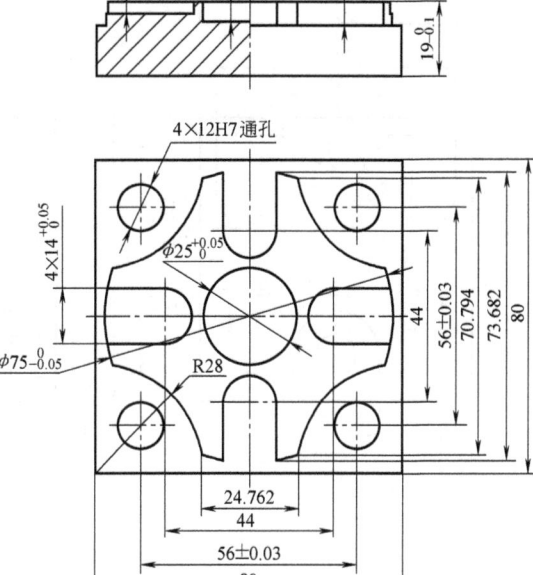

练习 27

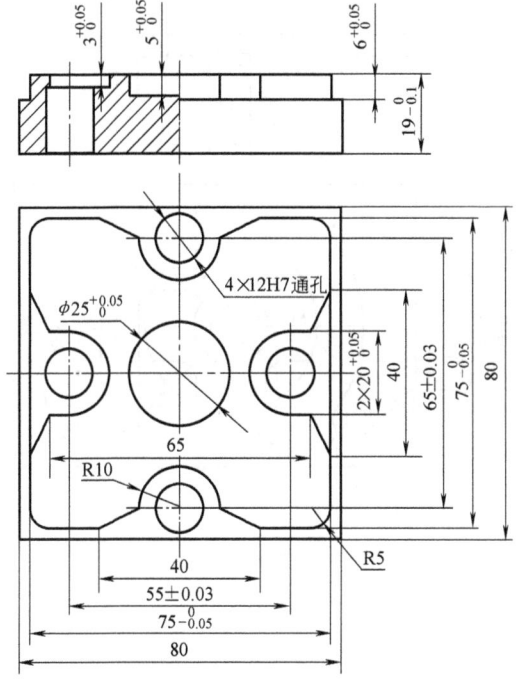

练习 28

练习 29

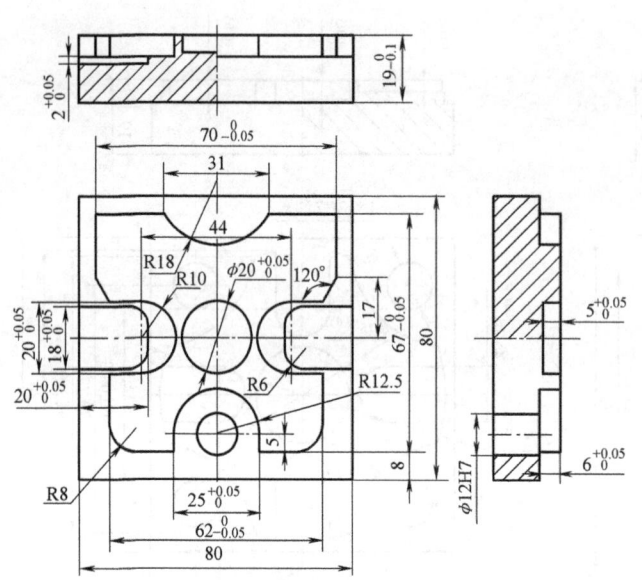

练习 30

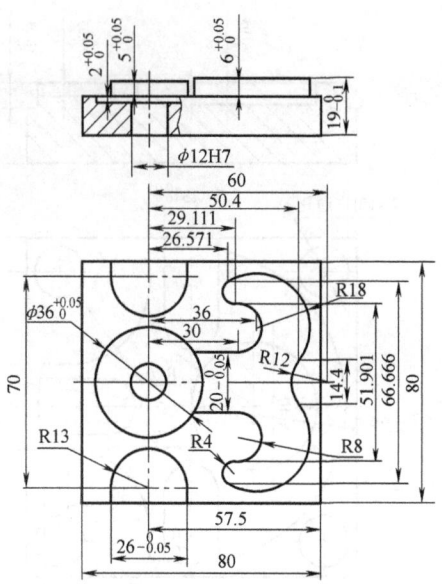

练习 31

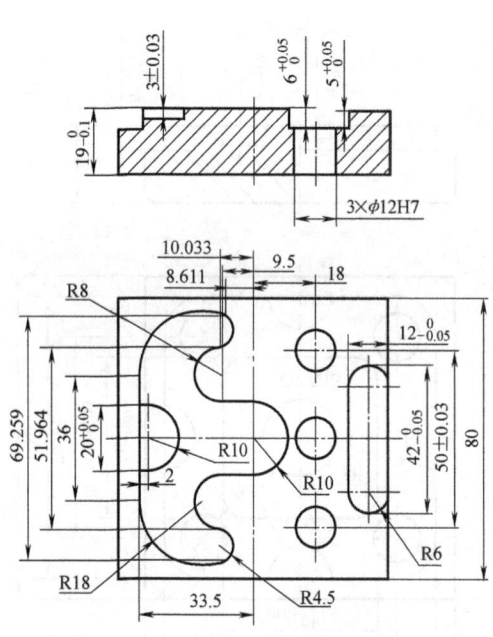

练习 32

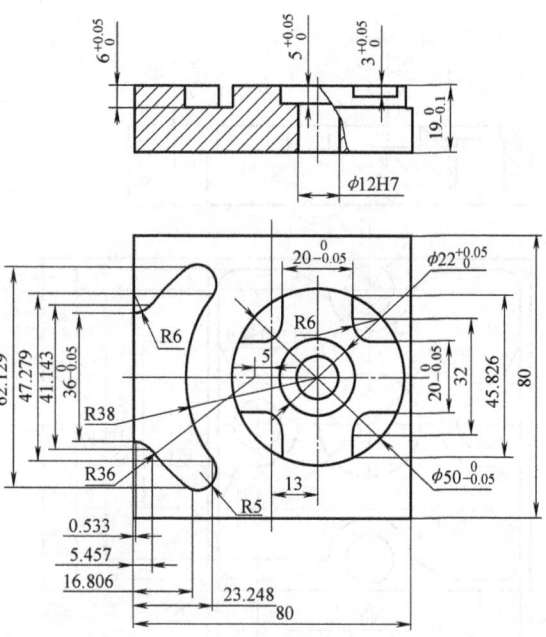

练习 33

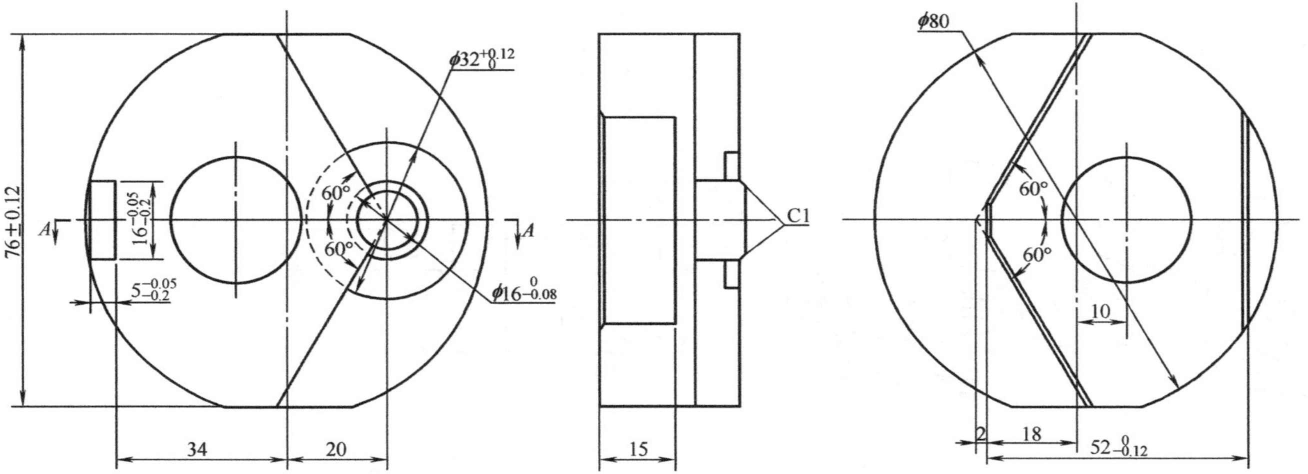

技术要求

1. 去尖角、飞边，锐角倒钝约0.2。
2. 未注公差尺寸按GB/T 1804—m。

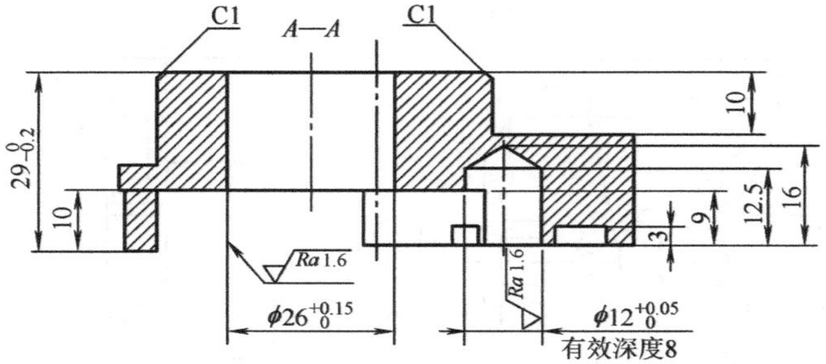

GB/T 1804未注尺寸公差摘录

公差等级	基本尺寸分段			
	0.5~3	3~6	6~30	30~120
中等 m	±0.1	±0.1	±0.2	±0.3

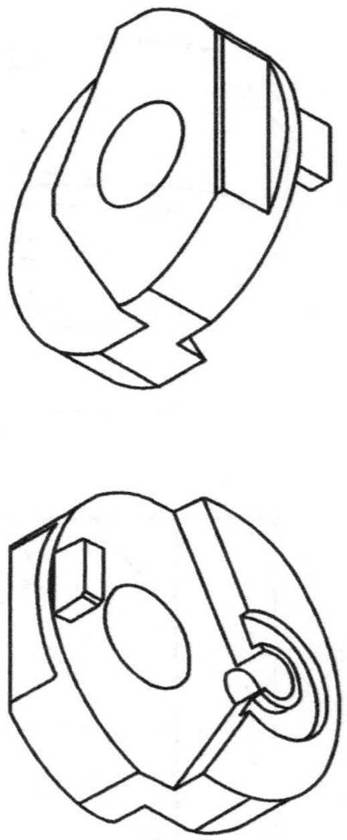

练习 34

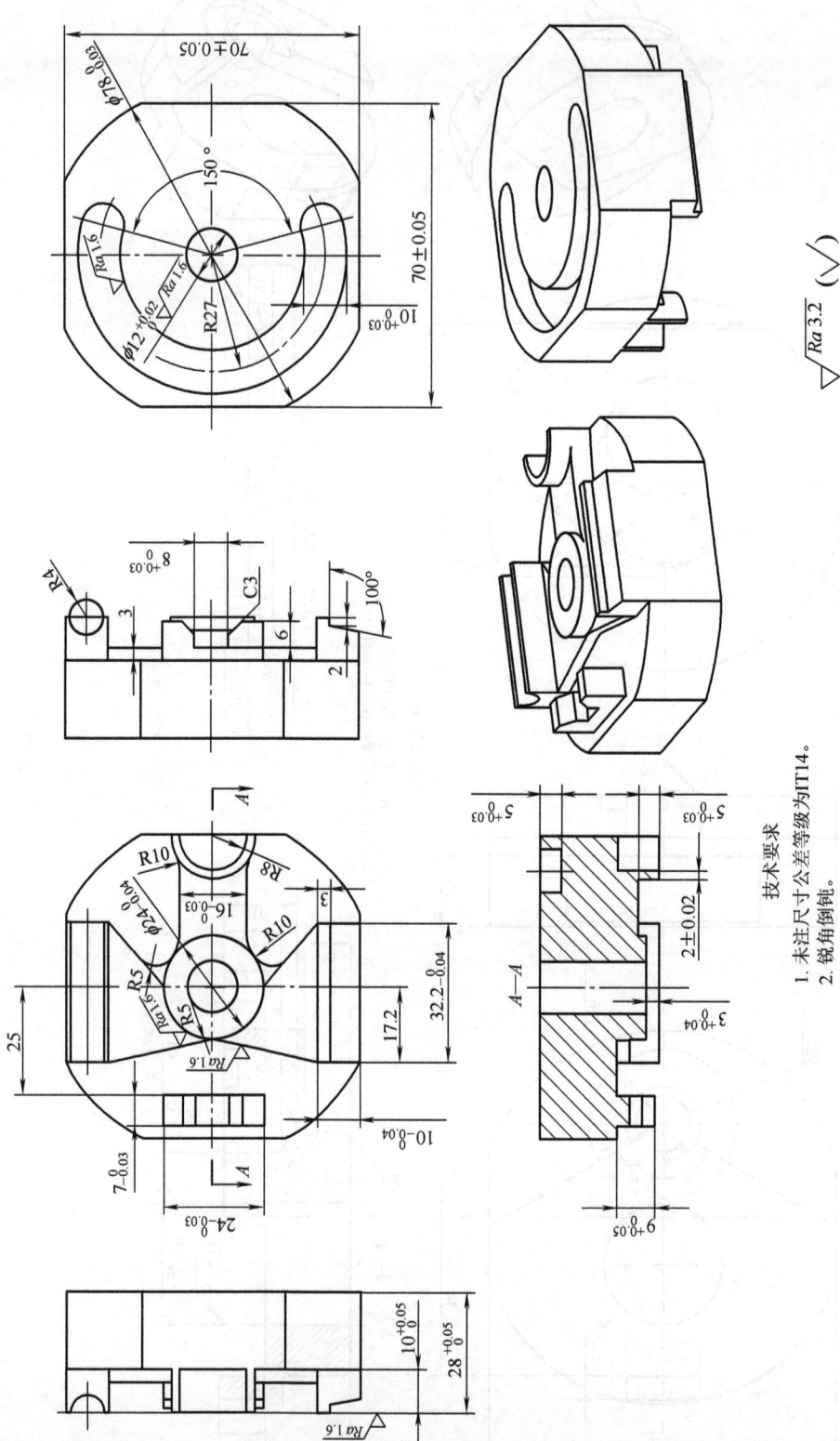

练习 35

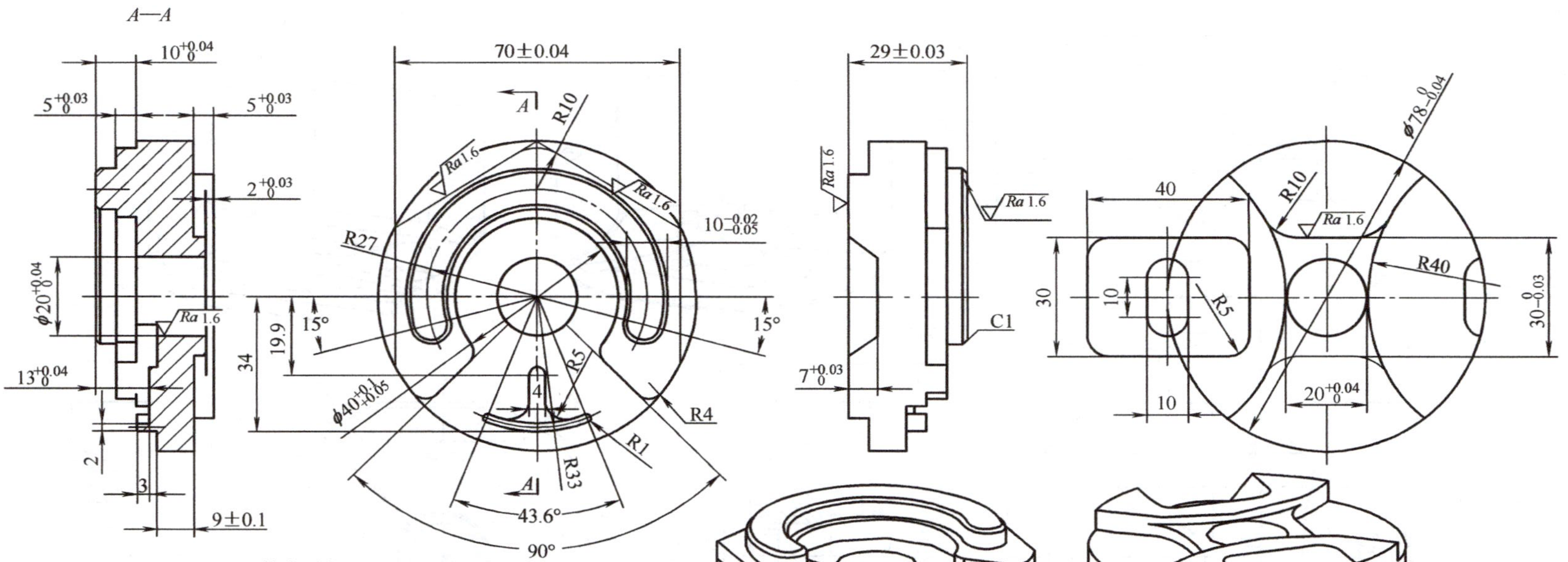

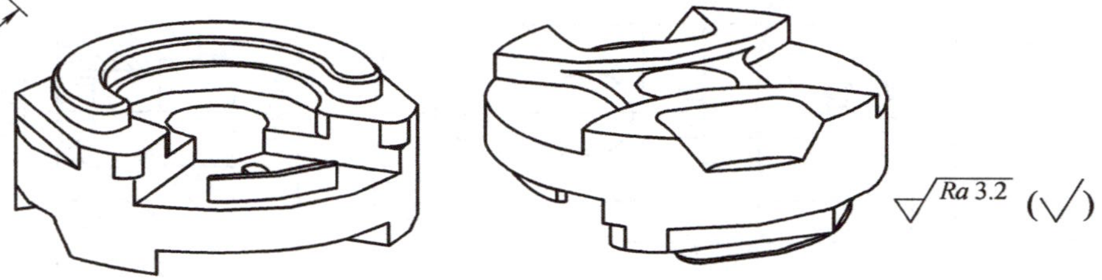

技术要求
1. 未注尺寸公差等级为IT14。
2. 锐角倒钝。

练习 36

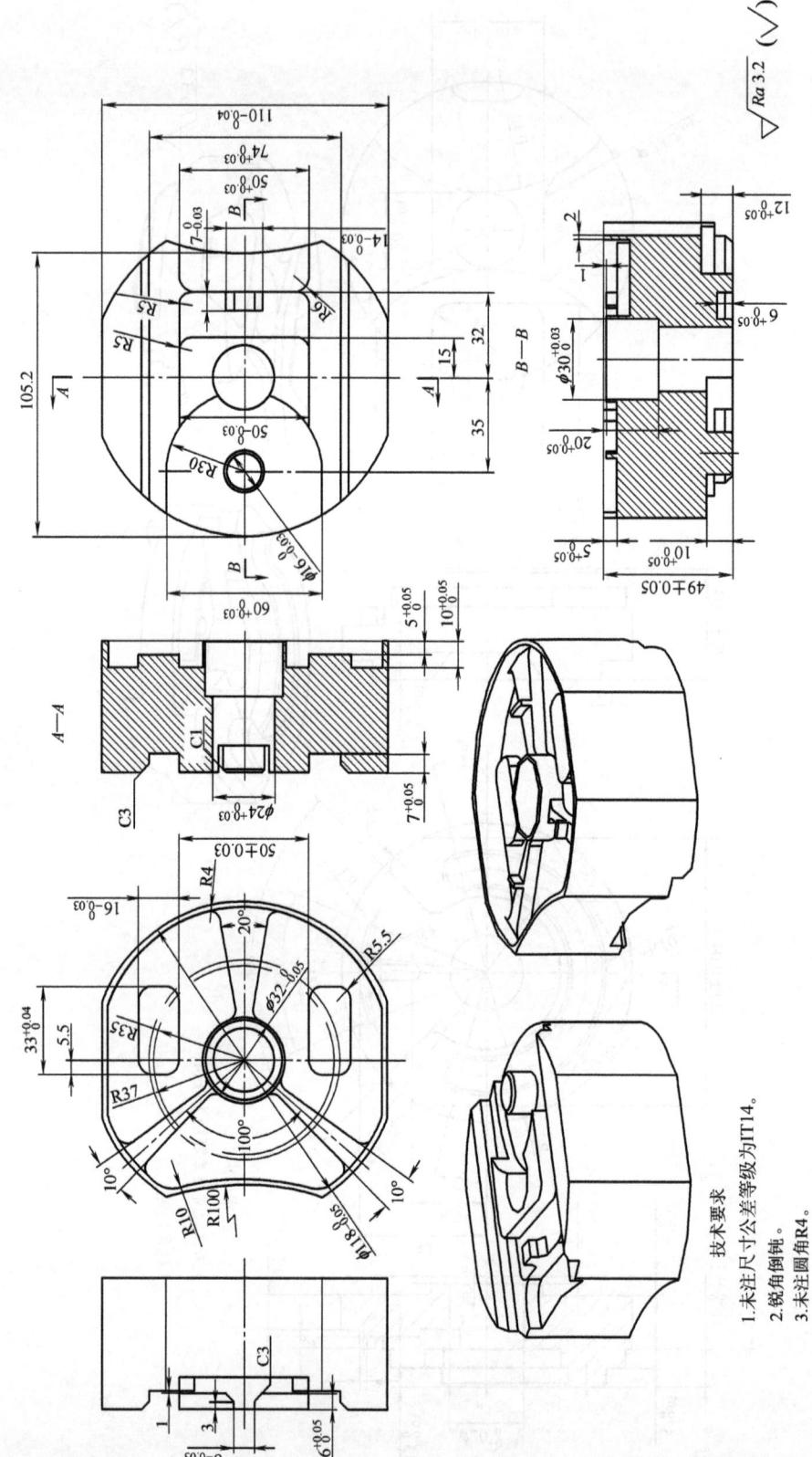

练习 37

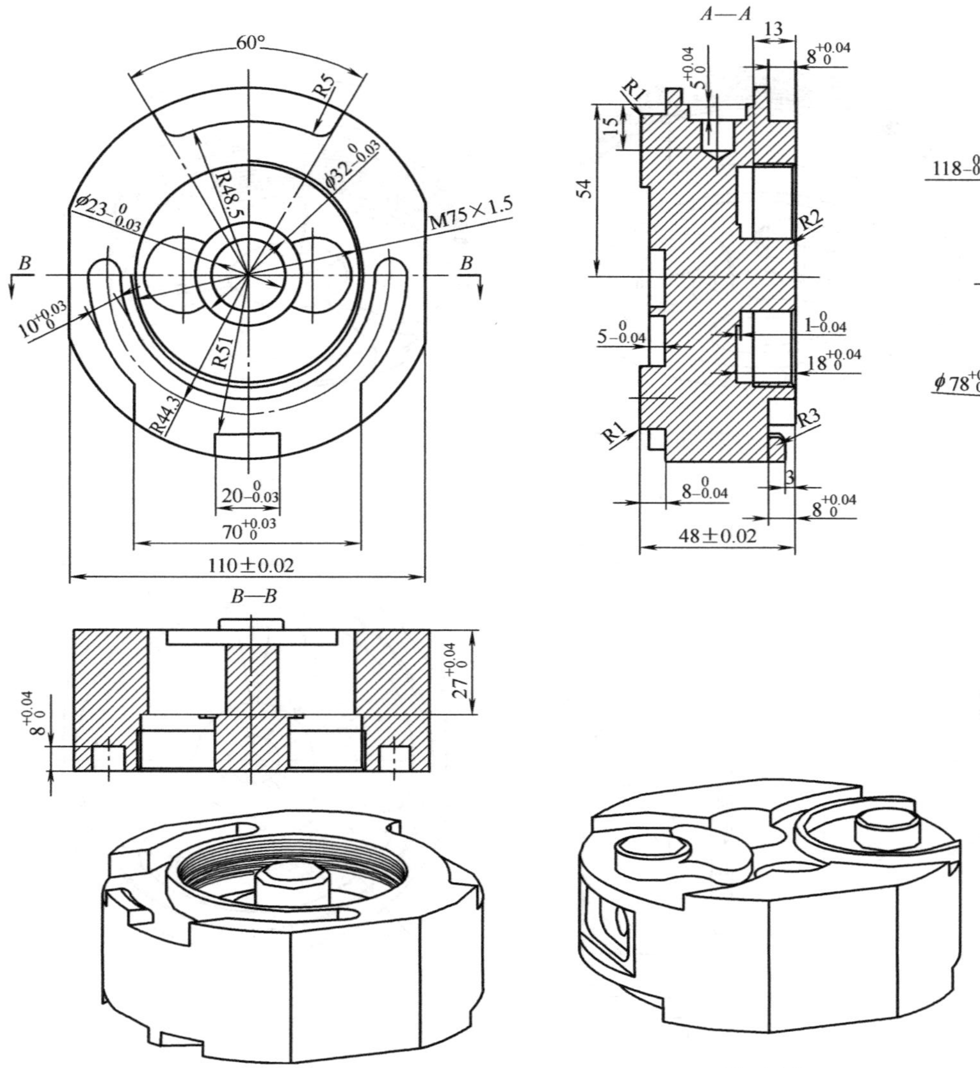

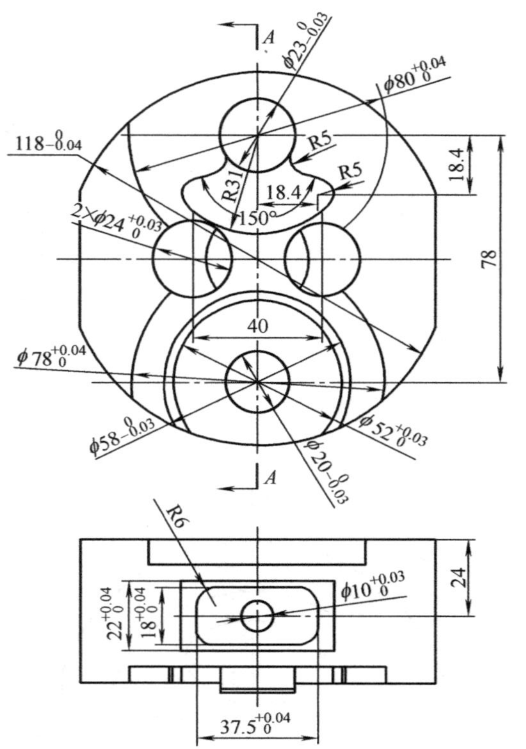

技术要求
1. 未注尺寸公差等级为IT14。
2. 锐角倒钝。
3. 未注圆角R2。

$\sqrt{Ra\ 3.2}$ (√)

练习 38

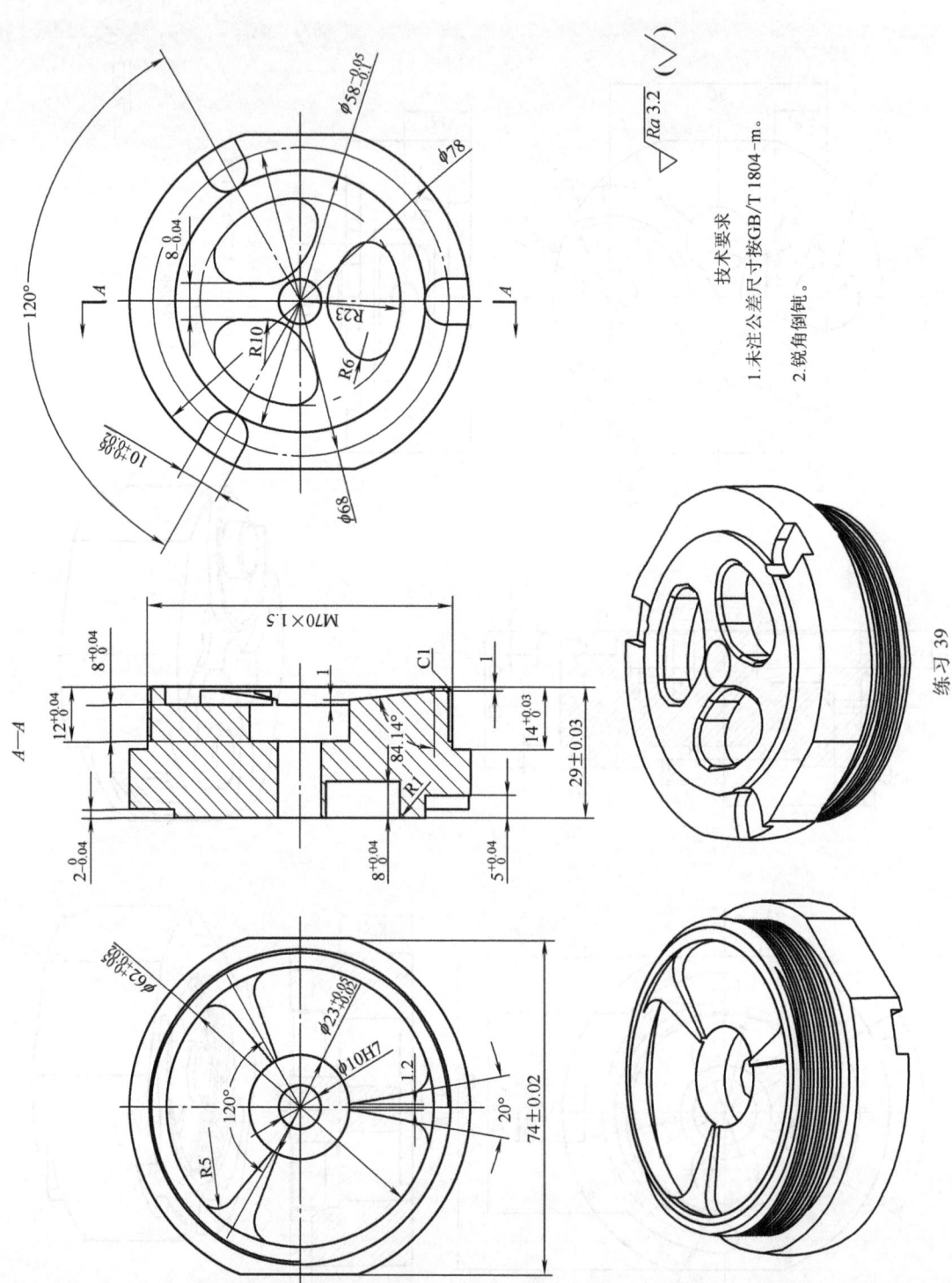

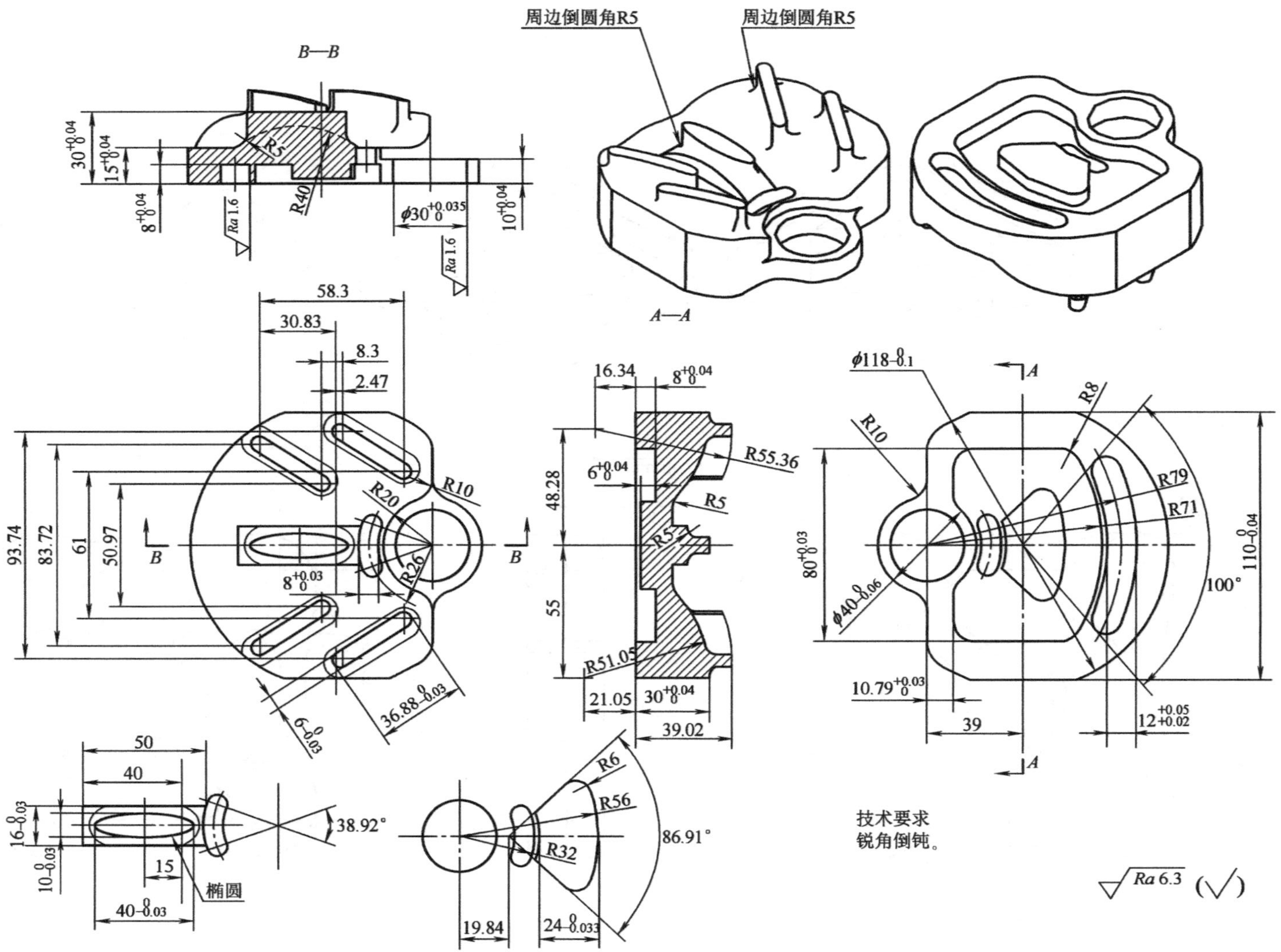

技术要求
锐角倒钝。

练习 40

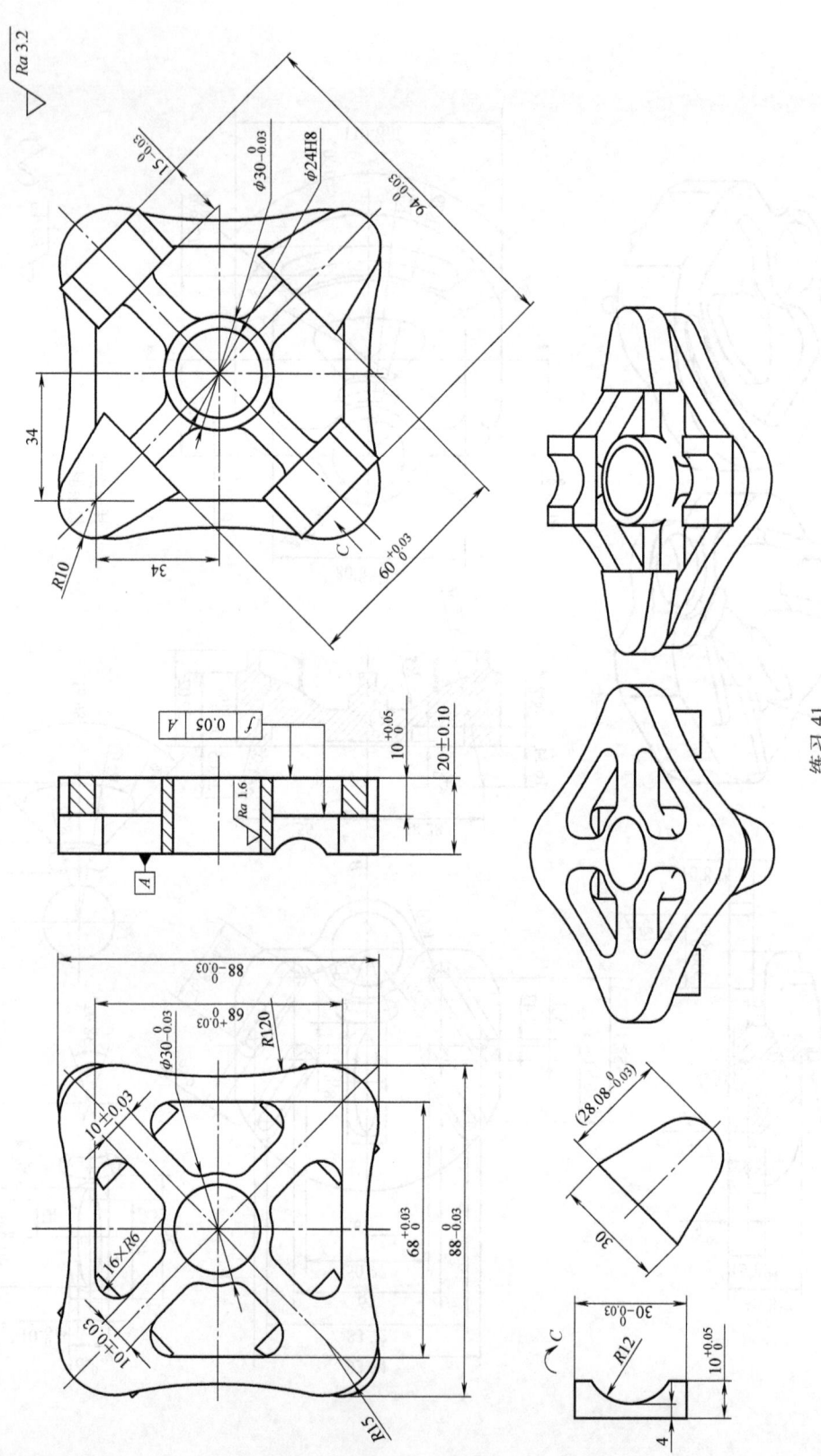

练习 41

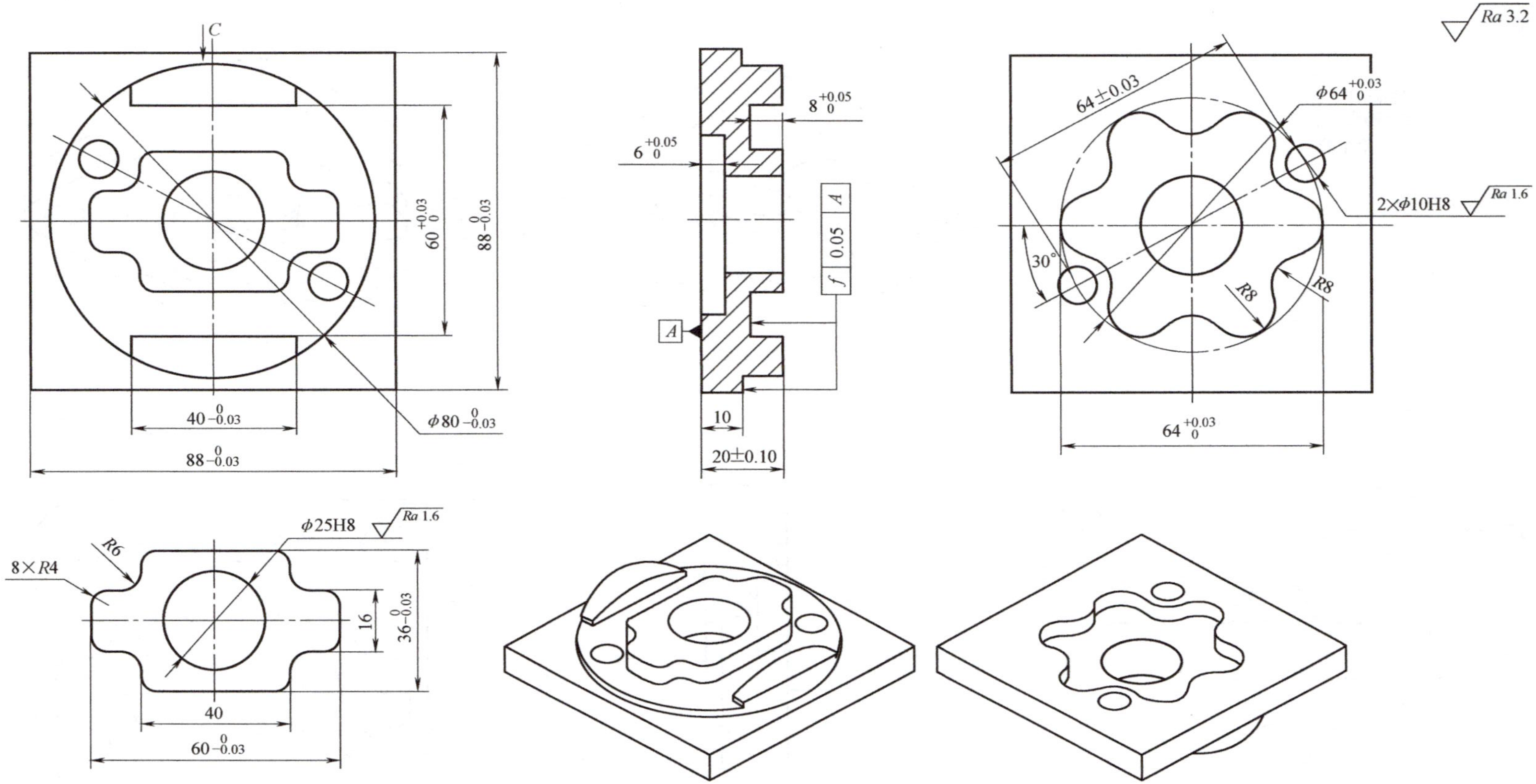

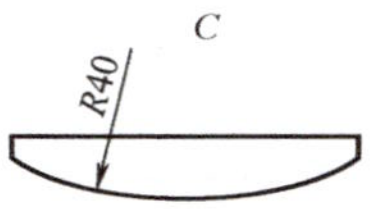

技术要求
1. 锐边去毛倒棱R0.3。
2. 工时定额4小时。

练习 42

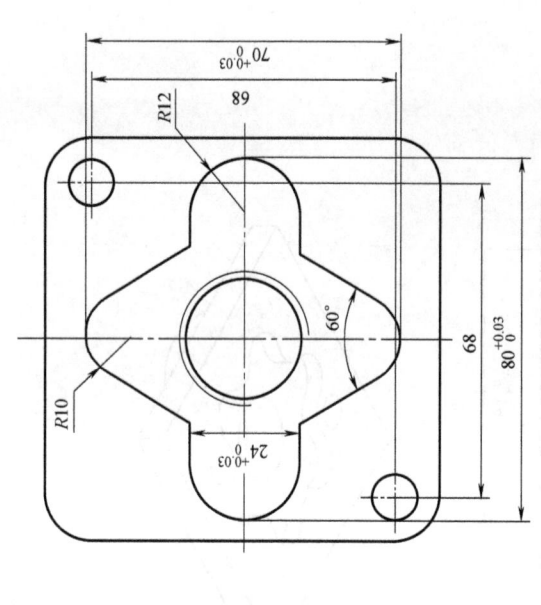

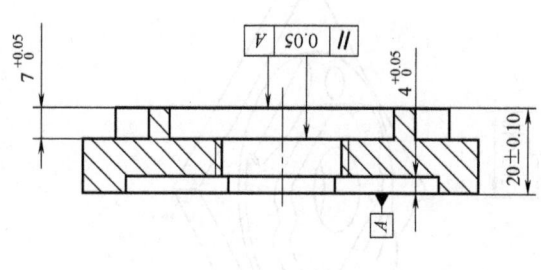

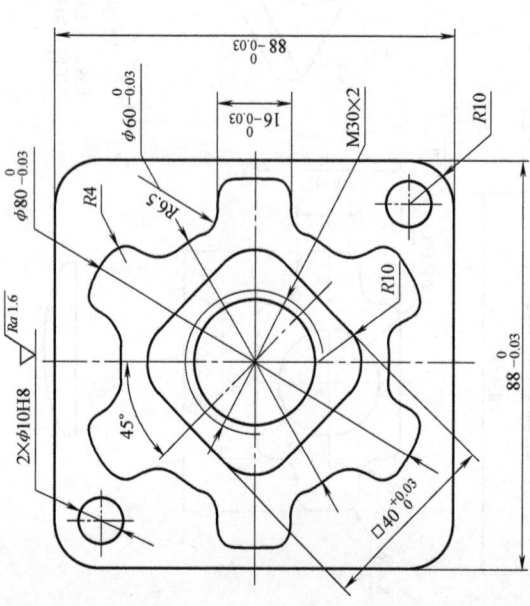

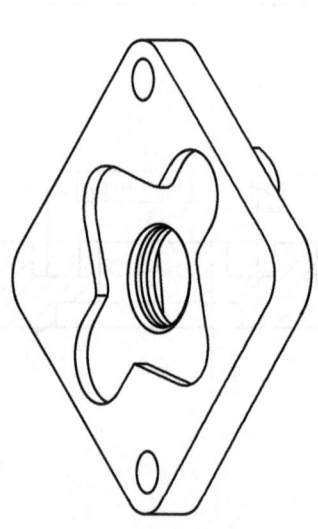

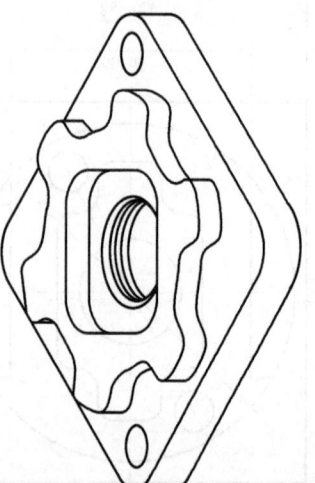

技术要求
1. 锐边去毛刺倒棱R0.3。
2. 工时定额4小时。

练习 43

参 考 文 献

[1] 王荣兴. 加工中心培训教程 [M]. 2版. 北京：机械工业出版社，2014.
[2] 王荣兴. 数控铣削加工实训 [M]. 上海：华东师范大学出版社，2008.
[3] 周维泉. 数控车/铣宏程序的开发与应用 [M]. 北京：机械工业出版社，2012.

参 考 文 献